최신 출제기준에 맞춘 |최|고|의|수|험|서|

국가기술자격시험
한 권으로
끝내기!

위험물 기능사

이응재
윤두수 공저
김선기

과년도

이 책의 특징

- 다년간 실무 및 강의 경험이 풍부한 최상급 저자
- 시험에 자주 출제되는 내용을 요약정리
- 각 연도별 시험문제를 보기 쉽게 정리
- 계산문제는 공식과 풀이과정을 자세하게 정리
- 이론문제도 이해하기 쉽도록 상세하게 설명
- 최근 기출문제 및 해설 수록

질의응답 사이트 운영

http://www.kkwbooks.com(도서출판 건기원)
본서로 공부하면서 내용에 의문점이나 이해가 되지 않는 부분에 관하여 질의응답을 원하는 분은 위 사이트로 문의하시면 항상 감사하는 마음으로 정성껏 답하여 드리겠습니다.

 CBT검정활용

머리말

산업사회의 급속한 변화와 발달로 인해 위험물을 취급하는 석유화학, 위험물의 제조 저장소, 유기 합성물 제조업, 의약품 제조업 등의 분야에서 위험물질의 위험성과 사고에 대한 보안 감독이 크게 강화되고, 이 분야의 안전관리자 역할이 강조되면서 위험물 안전관리자의 수요가 급증하고 있습니다.

지금 현장에서 근무하는 많은 직장인이나 전공·비전공 분야의 학생들이 이 분야의 전문자격을 취득하고자 하는 열의로 공부를 하고 있으며, 또한 단기간에 많은 지식을 얻어 자격을 취득하고자 희망하고 있습니다.

이에 저자는 이러한 요구에 보답하기 위해 국가기술자격시험에서 출제되는 기준과 출제경향을 철저하고 세밀하게 파악·분석하여 시험에 응시하는 모든 수험생들이 가장 쉽고 빠르게 접근할 수 있도록 국가기술자격에 출제되었던 과년도 문제를 체계적으로 복습하게 구성이 되어 있습니다.

지금 위험물 자격증을 취득하고자 하는 모든 분들에게 미흡하나마 도움이 되어 드리고자 하는 마음으로 이 책을 집필하였으며, 부족하고 미흡한 점이 있다면 반드시 수정·보완을 해서 보다 완벽한 책이 될 수 있도록 노력하겠습니다.

끝으로, 이 책으로 공부하시는 모든 수험생이 꼭 합격의 영광을 누릴 수 있기를 진심으로 기원하며 이 책의 출간에 힘써 주신 도서출판 건기원 임직원께 감사드립니다.

저 자

CBT(컴퓨터 시험) 가이드

한국산업인력공단에서 2016년 5회 기능사 필기 시험부터 자격검정 CBT(컴퓨터 시험)으로 시행됩니다. CBT의 진행 과정과 메뉴의 기능을 미리 알고 연습하여 새로운 시험 방법인 CBT에 대비하시기 바랍니다.
다음과 같이 순서대로 따라해 보고 CBT 메뉴의 기능을 익혀 실전처럼 연습해 봅시다.

STEP 1 : 자격검정 CBT 들어가기

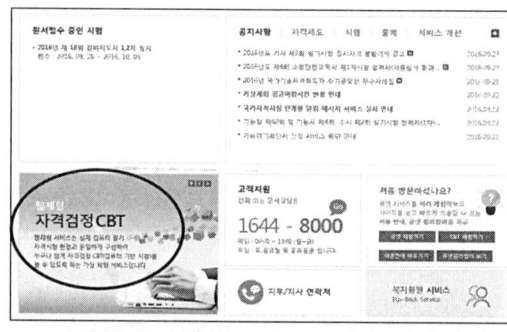

○ 큐넷(http://www.q-net.or.kr)에서 표시된 부분을 클릭하면 '웹체험 자격검정 CBT'를 할 수 있습니다.

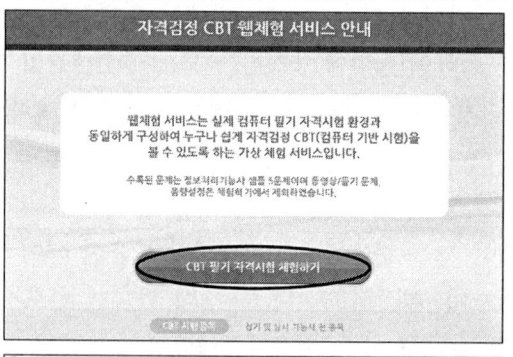

○ 'CBT 필기 자격시험 체험하기'를 클릭하면 시작됩니다.

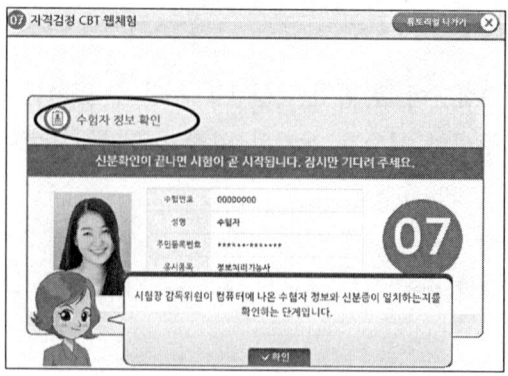

○ 시험 시작 전 배정된 좌석에 앉으면 수험자 정보를 확인합니다. 시험장 감독위원이 컴퓨터에 표시된 수험자 정보와 신분증의 일치여부를 확인합니다.

STEP 2 : 자격검정 CBT 둘러보기

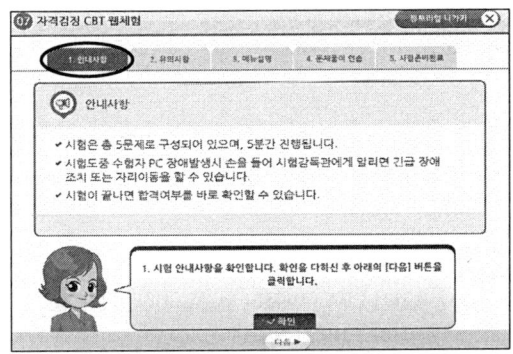

⊃ 수험자 정보 확인이 끝난 후 시험 시작 전 'CBT 안내사항'을 확인합니다.

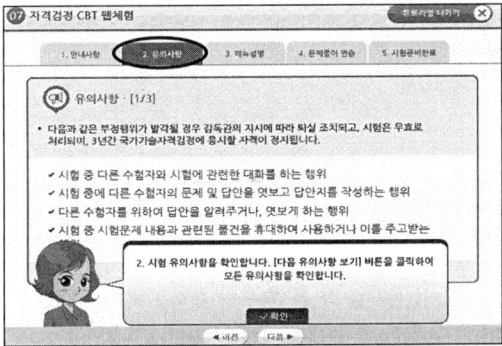

⊃ 'CBT 유의사항'을 확인합니다. '다음 유의사항 보기'를 클릭하면 전체 유의사항을 확인할 수 있으며 보지 못한 유의사항이 있으면 '이전 유의사항 보기'를 클릭하여 다시 볼 수 있습니다.

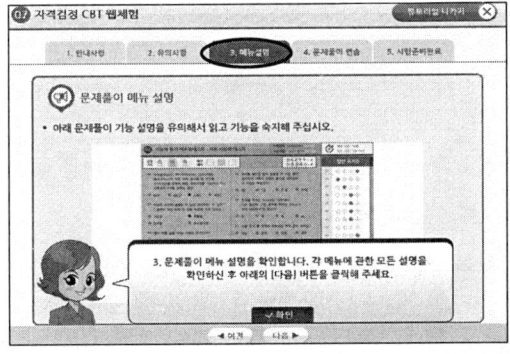

⊃ '문제풀이 메뉴 설명'을 확인합니다.
  ↳ '자격검정 CBT 메뉴 미리 알아두기'에서 자세히 살펴보기

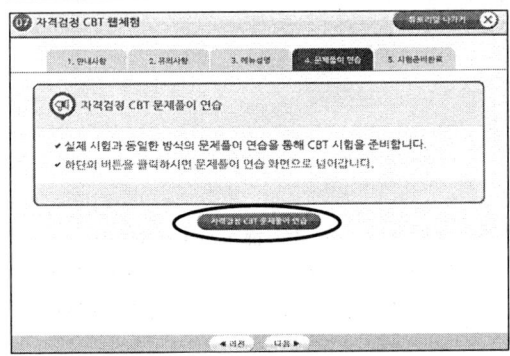

⊃ '자격검정 CBT 문제풀이 연습'을 클릭하면 실제 시험과 동일한 방식으로 진행됩니다.

> **STEP 3** 자격검정 CBT 연습하기

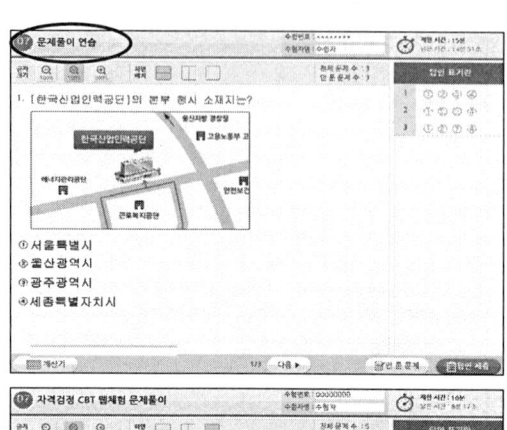

◎ 자격검정 CBT 문제풀이 연습을 시작합니다. 총 3문제로 구성되어 있습니다.

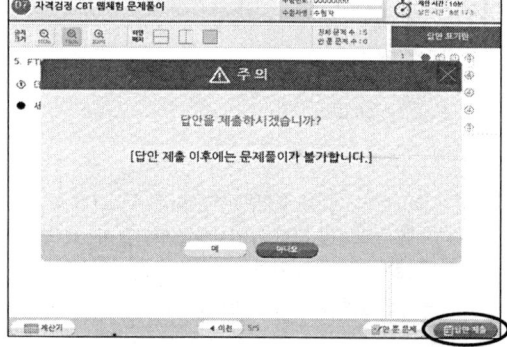

◎ 시험문제를 다 푼 후 답안 제출을 하거나 시험 시간이 경과되었을 경우 시험이 종료됩니다.

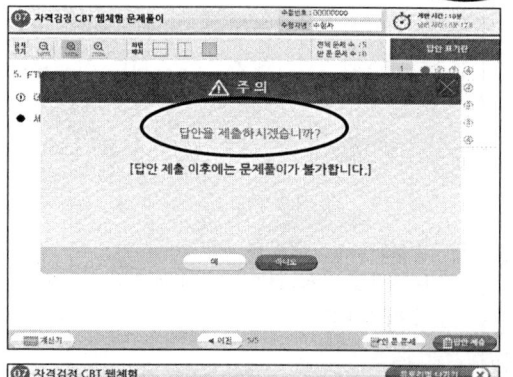

◎ 답안 제출은 실수 방지를 위해 두 번의 확인 과정을 거칩니다. 시험 종료 후 시험 결과를 바로 확인할 수 있습니다.

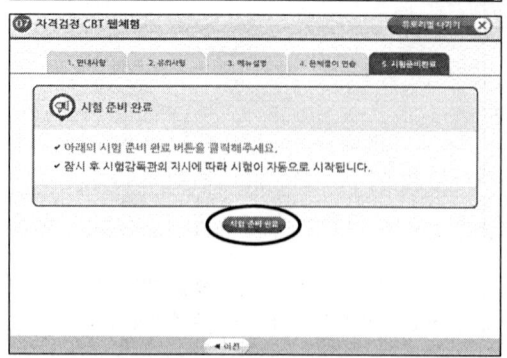

◎ 시험 안내·유의사항, 메뉴 설명 및 문제풀이 연습까지 모두 마친 수험자는 '시험준비완료'를 클릭합니다. 클릭 후 '자격검정 CBT 웹체험 문제풀이' 단계로 넘어갑니다.

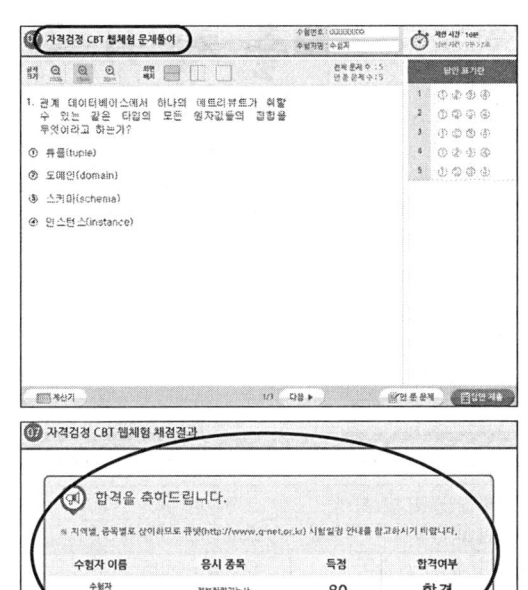

◐ 자격검정 CBT 웹체험 문제풀이를 시작합니다.
　 총 5문제로 구성되어 있습니다.

◐ 답안을 제출하면 점수와 합격여부를 바로 알 수 있습니다.

자격검정 CBT 메뉴 미리 알아두기

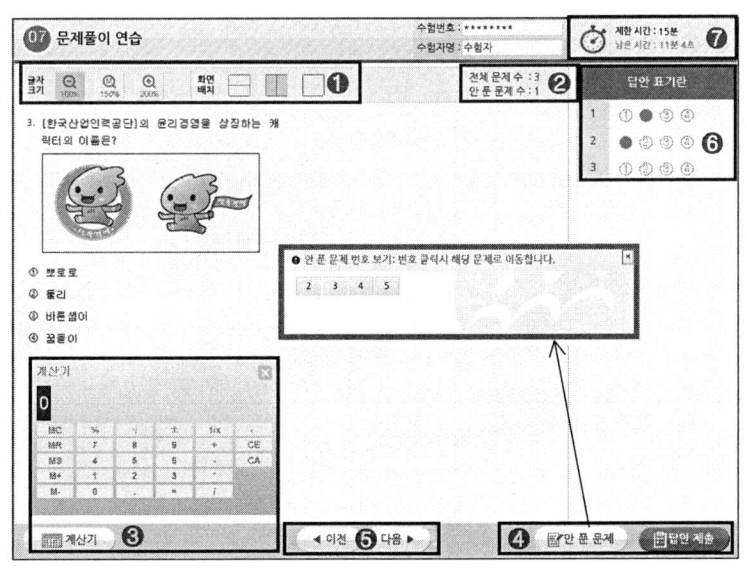

❶ 글자크기 & 화면배치 : 글자 크기(100%, 150%, 200%)와 화면 배치(1단, 2단, 한 문제씩 보기)가 선택 가능함.

❷ 전체 안 푼 문제 수 조회 : 전체 문제 수와 안 푼 문제 수 확인 가능함.

❸ 계산기도구 : 응시 종목에 계산 문제가 있을 경우 좌측 하단의 계산기 기능을 이용함.

❹ 안 푼 문제 번호 보기 & 답안 제출 : '안 푼 문항'을 클릭하면 현재까지 안 푼 문제 목록을 확인할 수 있으며, '답안 제출'을 클릭하면 답안 제출 승인 알림창이 나옴.

❺ 페이지 이동 : 화면 아래 버튼을 이용해서 페이지를 이동하고 중앙에 현재 페이지를 표시함.

❻ 답안 표기 영역 : 문제 번호를 클릭하면 해당 문제로 이동하고 선택지 번호를 클릭하면 답안이 표시됨.

❼ 남은 시간 표시 : 남은 시간 표시 및 제한 시간이 없을 경우 시계 아이콘과 시간이 붉은색으로 표시됨.

위험물기능사 과년도

출제기준

1. 검정방법 : 필기

(적용기간 : 2020. 1. 1 ~ 2024. 12. 31)

필기 과목명	출제 문제수	주요항목	세부항목	세세항목
화재 예방과 소화방법, 위험물의 화학적 성질 및 취급	60	1. 화재 예방 및 소화 방법	1. 일반화학	1. 일반화학의 기초
			2. 화재 및 소화	1. 연소이론 2. 소화이론 3. 폭발의 종류 및 특성 4. 화재의 분류 및 특성
			3. 화재 예방 및 소화 방법	1. 위험물의 화재 예방 2. 위험물의 화재 발생 시 조치 방법
		2. 소화약제 및 소화기	1. 소화약제	1. 소화약제의 종류 2. 소화약제별 소화원리 및 효과
			2. 소화기	1. 소화기의 종류 및 특성 2. 소화기별 원리 및 사용법
		3. 소방시설의 설치 및 운영	1. 소화설비의 설치 및 운영	1. 소화설비의 종류 및 특성 2. 소화설비 설치 기준 3. 위험물별 소화설비의 적응성 4. 소화설비 사용법
			2. 경보 및 피난설비의 설치기준	1. 경보설비 종류 및 특징 2. 경보설비 설치 기준 3. 피난설비의 설치기준
		4. 위험물의 종류 및 성질	1. 제1류 위험물	1. 제1류 위험물의 종류 2. 제1류 위험물의 성질 3. 제1류 위험물의 위험성 4. 제1류 위험물의 화재 예방 및 진압 대책
			2. 제2류 위험물	1. 제2류 위험물의 종류 2. 제2류 위험물의 성질 3. 제2류 위험물의 위험성 4. 제2류 위험물의 화재 예방 및 진압 대책
			3. 제3류 위험물	1. 제3류 위험물의 종류 2. 제3류 위험물의 성질 3. 제3류 위험물의 위험성 4. 제3류 위험물의 화재 예방 및 진압 대책
			4. 제4류 위험물	1. 제4류 위험물의 종류 2. 제4류 위험물의 성질 3. 제4류 위험물의 위험성 4. 제4류 위험물의 화재 예방 및 진압 대책
			5. 제5류 위험물	1. 제5류 위험물의 종류 2. 제5류 위험물의 성질 3. 제5류 위험물의 위험성 4. 제5류 위험물의 화재 예방 및 진압 대책
			6. 제6류 위험물	1. 제6류 위험물의 종류 2. 제6류 위험물의 성질 3. 제6류 위험물의 위험성 4. 제6류 위험물의 화재예방 및 진압 대책
		5. 위험물 안전관리 기준	1. 위험물 저장·취급·운반·운송기준	1. 위험물의 저장기준 2. 위험물의 취급기준 3. 위험물의 운반기준 4. 위험물의 운송기준

필기 과목명	출제 문제수	주요항목	세부항목	세세항목
화재 예방과 소화방법, 위험물의 화학적 성질 및 취급	60	6. 기술기준	1. 제조소 등의 위치구조 설비기준	1. 제조소의 위치구조설비 기준 2. 옥내저장소의 위치구조설비 기준 3. 옥외탱크저장소의 위치구조설비 기준 4. 옥내탱크저장소의 위치구조설비 기준 5. 지하탱크저장소의 위치구조설비 기준 6. 간이탱크저장소의 위치구조설비 기준 7. 이동탱크저장소의 위치구조설비 기준 8. 옥외저장소의 위치구조설비 기준 9. 암반탱크저장소의 위치구조설비 기준 10. 주유취급소의 위치구조설비 기준 11. 판매취급소의 위치구조설비 기준 12. 이송취급소의 위치구조설비 기준 13. 일반취급소의 위치구조설비 기준
			2. 제조소 등의 소화설비, 경보설비 및 피난설비기준	1. 제조소 등의 소화난이도등급 및 그에 따른 소화설비 2. 위험물의 성질에 따른 소화설비의 적용성 3. 소요단위 및 능력단위 산정법 4. 옥내소화전의 설치기준 5. 옥외소화전의 설치기준 6. 스프링클러의 설치기준 7. 물분무소화설비의 설치기준 8. 포소화설비의 설치기준 9. 이산화탄소소화설비의 설치기준 10. 할로겐화합물소화설비의 설치기준 11. 분말소화설비의 설치기준 12. 수동식소화기의 설치기준 13. 경보설비의 설치기준 14. 피난설비의 설치기준
		7. 위험물안전 관리법상 행정사항	1. 제조소 등 설치 및 후속 절차	1. 제조소 등 허가 2. 제조소 등 완공검사 3. 탱크안전성능검사 4. 제조소 등 지위승계 5. 제조소 등 용도폐지
			2. 행정처분	1. 제조소 등 사용정지, 허가취소 2. 과징금처분
			3. 안전관리 사항	1. 유지·관리 2. 예방규정 3. 정기점검 4. 정기검사 5. 자체소방대
			4. 행정감독	1. 출입 검사 2. 각종 행정명령 3. 벌칙 및 과태료

2. 검정방법 : **실기**

실기에 대한 검정방법은 산업인력관리공단에서 참조하세요.

위험물기능사 과년도

차 례

핵심 요약

Chapter 01 화재예방 및 소화방법 • 15

　01 연소 및 소화이론 　　　　　　　　　　　　15
　02 소화이론 　　　　　　　　　　　　　　　　21
　03 소방시설의 종류 및 운영 　　　　　　　　27

Chapter 02 위험물의 성질 및 취급방법 • 35

　01 제1류 위험물 　　　　　　　　　　　　　　35
　02 제2류 위험물 　　　　　　　　　　　　　　45
　03 제3류 위험물 　　　　　　　　　　　　　　53
　04 제4류 위험물 및 특수가연물 　　　　　　60
　05 석유류 　　　　　　　　　　　　　　　　　65
　06 제5류 위험물 　　　　　　　　　　　　　　83
　07 제6류 위험물 　　　　　　　　　　　　　　89

Chapter 03 위험물의 저장 및 취급기준 • 93

　01 위험물의 저장 및 취급의 기준 　　　　　　93
　02 위험물의 운반 기준 　　　　　　　　　　117

과년도 문제

2008년 기출문제

2008년 2월 3일 시행	3
2008년 3월 30일 시행	15
2008년 7월 13일 시행	27
2008년 10월 5일 시행	39

2009년 기출문제

2009년 1월 18일 시행	3
2009년 3월 29일 시행	15
2009년 7월 12일 시행	28
2009년 9월 27일 시행	41

2010년 기출문제

2010년 1월 31일 시행	3
2010년 3월 28일 시행	16
2010년 7월 11일 시행	29
2010년 10월 3일 시행	42

2011년 기출문제

2011년 2월 13일 시행	3
2011년 4월 17일 시행	17
2011년 7월 31일 시행	30
2011년 10월 9일 시행	43

2012년 기출문제

2012년 2월 12일 시행	3
2012년 4월 8일 시행	15
2012년 7월 22일 시행	28
2012년 10월 20일 시행	41

2013년 기출문제

2013년 1월 27일 시행	3
2013년 4월 14일 시행	16
2013년 7월 21일 시행	30
2013년 10월 12일 시행	43

2014년 기출문제

2014년 1월 26일 시행	3
2014년 4월 6일 시행	17
2014년 7월 20일 시행	30
2014년 10월 11일 시행	43

2015년 기출문제

2015년 1월 25일 시행	3
2015년 4월 4일 시행	16
2015년 7월 19일 시행	29
2015년 10월 10일 시행	42

2016년 기출문제

2016년 1월 24일 시행	3
2016년 4월 2일 시행	16
2016년 7월 10일 시행	29
2016년 5회 CBT시험 예상문제	42

CBT 모의고사

제1회 CBT 모의고사	3
제2회 CBT 모의고사	15
제3회 CBT 모의고사	27

위·험·물·기·능·사·과·년·도
핵심 요약

위험물기능사

핵심 요약

CHAPTER 01 화재예방 및 소화방법
CHAPTER 02 위험물의 성질 및 취급방법
CHAPTER 03 위험물의 저장 및 취급기준

CHAPTER 01 화재예방 및 소화방법

01 연소 및 소화이론

1. 연소이론

- 연소의 정의 : 가연물이 공기 중의 산소와 반응하여 열과 빛을 동시에 수반하는 심한 발열반응만을 말한다.

> **Check Point**
> - 연소의 3요소 : 가연물, 점화원, 산소공급원
> - 연소할 때 고온체가 발하는 색깔과 온도
>   522℃(담암적색) < 700℃(암적색) < 850℃(적색) < 950℃(휘적색) < 1100℃(황적색) < 1300℃(백적색) < 1500℃(휘백색)

(1) 가연물의 구비조건

① 산소와 친화력이 클 것.
② 반응열이 클 것.
③ 산소와 접촉할 수 있는 표면적이 클 것.
④ 열전도도가 적을 것.
⑤ 활성화 에너지가 적을 것.(점화에너지가 적을 것.)

> **Check Point**
> 가연물이 될 수 없는 조건
> ① 이미 산소와 결합해 완전 산화된 물질로서 더 이상 화학반응을 할 수 없는 경우 → CO_2, Al_2O_3, SiO_2 등
> ② 주기율표상 0족의 불활성 기체 → 헬륨(He), 네온(Ne), 아르곤(Ar), 크립톤(Kr), 크세논(Xe) 등의 불활성물질
> ③ 흡열반응 물질 : 질소산화물 → N_2는 산화반응을 하되 발열반응이 아닌 흡열반응을 하므로 가연물이 될 수 없다. $N_2+O_2 \rightarrow 2NO-21.6kcal$

(2) 산소공급원

1) 공기(O_2) : 가장 대표적 산화제

2) 산화제
① 1류 위험물(산화성 고체)
② 6류 위험물(산화성 액체)

3) 자기연소성 물질 : 제5류 위험물
가연성 물질과 산소를 동시에 포함하며, 연소속도가 매우 빨라 폭발을 일으킴.

(3) 점화원(점화에너지, 활성화에너지)

1) 종류
① 마찰, 충격, 단열압축
② 산화열, 나화
③ 전기불꽃, 과전류, 정전기
④ 핵반응 열
⑤ 천재(天災) 등

> **Check Point**
> - 정전기 방지 대책
>   ① 공기를 이온화
>   ② 공기 중 상대습도를 70% 이상 유지
>   ③ 접지를 한다.
>   ④ 대전체를 사용.
>   ⑤ 인화성 액체류 이송배관에서는 유속을 낮출 것 또는 대전방지제를 첨가할 것.

2. 연소와 관련 용어

(1) 연소한계(연소범위 = 폭발범위 = 가연범위 = 가연한계)

공기 중에서 가연성 가스가 연소를 일으킬 수 있는 농도범위

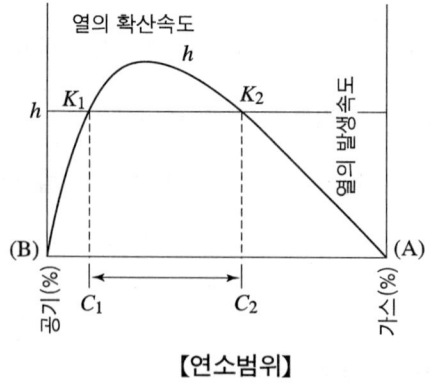

【연소범위】

(2) 연소한계에 영향을 미치는 요소
 ① 산소 ② 온도 ③ 압력

(3) **인화점** : 외부의 착화원의 접촉하에 화염이 발생하는 최저온도

(4) **연소점** : 일반적으로 인화점보다 약 10℃ 정도 높은 온도

(5) **위험도** : 위험도 값이 클수록 위험성이 크다.

$$위험도 = \frac{U - L}{L}$$

U = 연소(폭발)상한치(%), L = 연소(폭발)하한치 (%)

특수인화물인 CS_2 위험도(폭발범위 1~44%)

$$H = \frac{44 - 1}{1} = 43$$

(6) **발화온도(착화점, 발화점)**

외부의 점화원 없이 스스로 연소를 하기 시작하는 최저온도로 인화점보다 수십에서 수백 도씩 높은 온도가 된다.

1) 착화점(발화점, 착화온도)이 낮아질 수 있는 조건
   ① 화학적으로 발열량이 높을수록
   ② 압력이 높을수록
   ③ 분자구조가 복잡할수록
   ④ 산소 농도가 클수록
   ⑤ 습도 및 증기압이 낮을수록
   ⑥ 접촉하는 금속의 열전도도가 클수록
   ⑦ 반응활성도가 클수록

3. 연소형태

- 물질의 상태에 따른 연소형태
   ① 고체의 연소형태 : 표면연소, 분해연소, 증발연소, 자기연소
   ② 액체의 연소형태 : 증발연소, 분해연소(제3석유류 이상)
   ③ 기체의 연소형태 : 확산연소(발염연소)

(1) 분해연소

석탄, 목재 등의 고체 연료, 종이류, 플라스틱 등

(2) 증발연소(증발연소, 분해연소)

알코올류나 기타 제4류 위험물 인화성 액체류 등

> **Check Point**
> • 고체 가연물 중 증발연소 : 황, 나프탈렌, 장뇌, 파라핀 등

(3) 자기연소(제5류 위험물)

> **Check Point**
> • 제5류 위험물 : 니트로 글리세린, 질산에틸, 유기과산화물 등

(4) 표면연소

숯, 코크스, 금속분 등

(5) 확산연소(발염연소)

기체연료가 공기 중에 산소와 혼합되면서 연소하는 현상

4. 발화(자연발화, 준자연발화, 혼합발화)

(1) 자연발화

1) 자연발화의 종류

① 산화열에 의한 발화 : 건성유, 석탄, 고무 분말 등
② 분해열에 의한 발화 : 셀룰로이드, 니트로 화합물
③ 흡착열에 의한 발화 : 활성탄, 목탄분 등
④ 미생물에 의한 발화 : 퇴비, 먼지 등
⑤ 중합열에 의한 발화 : 시안화수소, 산화에틸렌 등

2) 자연발화 조건

① 발열량이 클 것.
② 열전도율이 적을 것.
③ 표면적이 넓을 것.
④ 고온 다습할 것.

3) 자연발화에 영향을 주는 인자

① 열의 축적   ② 열전도율   ③ 퇴적방법
④ 발열량   ⑤ 공기의 유동상태   ⑥ 수분

4) 자연발화 방지 대책

① 습도가 높은 곳은 피할 것.
② 저장실의 온도를 낮추고 통풍이 잘되게 할 것.
③ 퇴적시 열의 축적이 되지 않도록 할 것.

(2) 준자연발화

① 알킬알루미늄 : 제3류 금수성 물질로서 공기 중 습도 또는 물과 반응하여 발열 발화한다.
  희석제 : 벤젠 또는 헥산
② 금속(k, Na) : 물 또는 습기와 접촉 발화 및 발열
  보호액 : 석유, 경유, 파라핀

(3) 혼합발화

① 폭발성 혼합물을 생성하는 경우 : 산화제와 가연물의 혼합
② 폭발성 화합물을 생성하는 경우 : 아세트알데히드, 산화프로필렌, 아세틸렌 등은 Cu, Mg, Hg, Ag 또는 이들 합금과 접촉시 폭발성의 아세틸라이트 생성하여 치환(화합) 폭발

(4) 유별을 달리하는 위험물의 혼재 기준

위험물 구분	제 1 류	제 2 류	제 3 류	제 4 류	제 5 류	제 6 류
제 1 류		×	×	×	×	○
제 2 류	×		×	○	○	×
제 3 류	×	×		○	×	×
제 4 류	×	○	○		○	×
제 5 류	×	○	×	○		×
제 6 류	○	×	×	×	×	

[비고]
1. "x" 표시는 혼재할 수 없음.
2. "0" 표시는 혼재할 수 있음.
3. 지정수량의 1/10 이하 위험물인 경우에는 적용 안됨.

5. 폭발

(1) 폭발의 종류

1) 화학적 폭발 : 화학적 변화에 의해 폭발되는 형태를 말한다.

① 산화폭발 : 가연성 가스와 공기 혼합
② 중합폭발 : 시안화수소, 산화에틸렌, 과산화물

③ 화합폭발 : 아세트알데히드, 산화프로필렌
[Cu, Mg, Hg, Ag 또는 이들 합금과 접촉시 폭발성의 아세틸라이트 생성하여 치환(화합)폭발]
④ 분해폭발 : C_2H_2 (흡열화합물로 1.5atm 이상 가압시 폭발)

2) 기계적 폭발

고압가스 용기 폭발, 보일러 폭발

> 폭발의 영향인자
> ① 온도　② 조성　③ 압력　④ 용기의 크기 및 형태 등

(2) 폭연(Deflagration)과 폭굉(Detonation)

1) 폭연(Deflagration)

폭속(폭발하는 속도)이 음속 이하인 폭발현상임.

2) 폭굉(Detonation)

화염의 전파속도가 음속보다 큰 경우로서 충격파(압력파)가 생겨서 격렬한 파괴작용이 일어나는 것

> **Check Point**
> - 충격파(압력파)
>   파장이 아주 짧은 단일 압축파로 직진하는 성질이 있어 파면 선단에 물체가 있을 경우 심한 파괴작용을 일으킨다.
> - 폭굉연소속도 : 1000m/s~3500m/s, **정상연소속도** : 0.1m/s~10m/s

(3) 폭굉유도거리(DID)

1) 폭굉유도거리(DID)가 짧아지는 요인

① 정상연소속도보다 큰 혼합가스일수록
② 관속에 장애물이 있거나 관경이 작을수록
③ 압력이 높을수록
④ 점화원의 에너지가 클수록

(4) 분진폭발(Dust Explosion)

1) 분진폭발을 일으키는 물질

① 곡물 : 사료, 쌀겨, 분유, 설탕, 소맥분, 코코아
② 광물질 : 석탄분, Al분말, Mg분말, 철분, 티탄 등의 금속분
③ 기타 : 천연 및 합성수지 분말, 무수 프탈산, 황분말, 폴리스틸렌 등

> **Check Point**
> - 분진폭발 범위 : 25~45mg/l, 상한 80mg/l
> - 분진입자의 크기 : 100μm(미크론 이하)
> - 착화에너지 : 일반가연물 : $10^{-3} \sim 10^{-2}$J, 가스·화약 : $10^{-6} \sim 10^{-4}$J

02 소화이론

(1) 화재

구분 분류	소화기 표시	주된 소화방법	적응소화기	적응화재
일반화재(A급)	백색	냉각소화	주수(물), 산·알칼리, 강화액, 포	목재, 섬유, 종이 등
유류화재 및 가스화재(B급)	황색	질식소화	분말, CO_2, 할로겐, 포	제4류 인화성 액체류 등
전기화재(C급)	청색	질식소화	CO_2, 할로겐, 분말	전기누전화재
금속화재(D급)	무색	피복에 의한 질식소화	마른모래, 금속화재용 분말	Mg, Na, Ti, K, 금속분 등

(2) 소화방법

1) 제거소화

① 촛불 : 입김으로 소화한다.
② 유전 화재 : 질소폭탄을 투하하여 유전을 파괴한다.
③ 가스화재 : 용기 밸브를 잠궈서 가스 공급을 차단
④ 산불화재 : 화재 진행방향의 나무를 제거

2) 질식소화

공기 중의 산소농도(21%)를 15% 이하로 떨어뜨려 연소를 중단시키는 방법
제4류 위험물 인화성 액체류에 가장 적합한 소화방법이다.

> **Check Point**
> **질식소화기 종류**
> ① 포말소화기(화학포, 공기포) : 거품(포)으로 연소물을 덮는 방법
> ② 분말소화기 : 제1종 소화분말, 제2종 분말, 제3종 분말, 제4종 분말
> ③ 할로겐 소화기 : 할론1301, 할론1211, 할론2402, 할론 104
> ④ CO_2소화기
> ⑤ 간이소화기 : 마른모래

3) 냉각소화

연소물을 냉각시켜 인화점 및 발화점 이하로 떨어뜨려 소화시키는 방법이다.

① 물(H_2O)   ② 강화액   ③ 포말   ④ CO_2

4) 억제소화(부촉매효과)

연소의 4요소 중 연쇄반응을 차단시켜 화재를 소화하는 것

할론 1211, 할론 2402, 할론 1301, 사염화탄소 등

1. 소화기

- 소화약제에 따른 종류

분말소화기, 이산화탄소소화기, 할론소화기, 기계포소화기, 강화액소화기, 산알칼리소화기, 물소화기 등

2. CO_2 소화기

적응화재 : 유류화재, 전기화재(전기에 대한 절연성이 우수)

(1) 특징

① 무색, 무취, 무독이며 전기적으로 비전도성이다.
② 폰의 재질 : 베크라이트제(열경화성)
③ 충전비 1.5 이상
④ CO_2는 냉각과 질식소화를 동시에 한다.

- 냉각소화 : 단열팽창(줄-톰슨효과)에 의한 드라이아이스가 되며, 승화성 물질인 드라이아이스의 기화시 기화열을 이용하여 냉각소화 효과
- 드라이아이스 온도 : $-78 \sim -80\,°C$
- 질식소화 : 기화된 CO_2 가스는 연소물과 공기층을 차단

(2) CO_2 소화기의 장점 및 단점

1) 장점

전기절연성이 우수하며 전기화재에 용이하다.

2) 단점

① 방사거리가 짧다.
② 고압가스이므로 취급에 주의해야 된다.
③ 니트로셀룰로오스와 같은 자기연소성 물질을 저장 취급하는 곳에는 사용하지 말 것.

④ 금속분 및 금속수소화물 화재에 사용시 연소확대 우려

3. 할론 소화기(증발성 소화기)

(1) 할로겐화합물 소화약제 종류

종류	분자식	적응화재	명 칭	비 고
할론1301	CF_3Br	A·B·C급	BTM (Bromo Trifluoro Methane) 일취화삼불화메탄	독성이 가장 약함. 소화력은 가장 우수
할론1211	CF_2ClBr	B·C급	BCF(Bromo Chloro difluoro Methane) 일취화일염이불화메탄	독성 大 ↕ 소화력 大
할론2402	$C_2F_4Br_2$	B·C급	FB(Tetra Fluoro dibromo Ethane) 이취화사불화에탄	
할론1011	CH_2ClBr	B·C급	CB(Chloro Bromo Methane) 일염화일취화메탄	
할론104	CCl_4	B·C급	CTC(Carbon Tetra Chloride), 사염화탄소	독성이 가장 큼. 소화효과 적다.

> **Check Point**
>
> - **할론의 3대 소화효과** : ① 질식 효과   ② 부촉매 효과   ③ 냉각 효과
> - **할로겐 소화약제 명명법** : 할론 : Ⓐ Ⓑ Ⓒ Ⓓ
>   - Ⓐ C(탄소) 수
>   - Ⓑ F(불소) 수
>   - Ⓒ Cl(염소) 수
>   - Ⓓ Br(브롬, 취소) 수

> **사염화탄소의 반응**
> ① 건조공기 중 산소와 반응: $2CCl_4+O_2 \rightarrow 2COCl_2+2Cl_2$
> ② 습한 상태에서 수분과 반응: $CCl_4+H_2O \rightarrow COCl_2+2HCl$
> ③ 탄산가스와 반응: $CCl_4+CO_2 \rightarrow 2COCl_2$
> ④ 산화철과의 반응 : $3CCl_4+Fe_2O_3 \rightarrow 3COCl_2+2FeCl_3$

> **Check Point**
>
> - **할로겐 소화기 및 CO_2 설치 금지 장소**
>   지하층 · 무창층 · 거실 또는 사무실로서 바닥면적이 20m² 미만
> - **할론 소화약제의 구비 조건**
>   ① 비점이 낮을 것.(기화하기 쉬울 것.)
>   ② 기화가 쉬우면서 증발잠열이 클 것.
>   ③ 증기는 불연성일 것.
>   ④ 공기보다 무거울 것.(증기 비중이 클 것.)
>   ⑤ 기화 후 잔유물을 남기지 아니할 것.

4. 포소화기(포말소화기)

(1) 종류 : 화학포소화기, 기계포소화기, 알코올포소화기

1) 화학포소화약제
   ① A제(외약제) : 중탄산나트륨($NaHCO_3$)
   ② B제(내약제) : 황산알루미늄($Al_2(SO_4)_3$)
   ③ 외약제 기포안정제 : 가수분해단백질, 계면활성제, 카세인, 젤라틴, 사포닝
   ④ 약제반응식

   $$6NaHCO_3 + Al_2(SO_4)_3 \cdot 18H_2O \rightarrow 3Na_2SO_4 + 2Al(OH)_3 + 6CO_2 + 18H_2O$$

   ⑤ 포핵(거품 속의 가스) : CO_2

2) 기계포소화약제(공기포소화약제)
   • 종류 : 단백포, 합성계면활성제포, 수성막포, 불화단백포, 알코올포
   ① 포핵(거품 속의 가스) : 공기

(2) 포말의 조건

① 비중이 작고 화재면에 부착성이 좋을 것.
② 바람에 견디는 응집성과 안정성이 있을 것.
③ 열에 대한 센막을 가지며 유동성이 좋을 것.

(3) 알코올용 포소화기(특수포)

적응화재 : B급 수용성 액체 가연물에 유효
① 해당 물질 : 제4류 위험물 중 수용성 인화물질, 알코올류, 아세톤, MEK, 피리딘, 의산, 초산, 글리세린, 에틸렌글리콜 등

[참고]

기계포 종류	약제 특성
수성막포	불소계 계면활성제가 주성분이며 특히 기름 화재용 포액으로서 가장 좋은 소화력을 가진 포(Foam)

5. 분말소화기

(1) 종류

분 류	약제 주성분	약제색	화학식	적용화재
제1종 분말	탄산수소나트륨(중조)	백색	$NaHCO_3$	B.C
제2종 분말	탄산수소칼륨	보라색	$KHCO_3$	B.C
제3종 분말	인산암모늄	담홍색	$NH_4H_2PO_4$	A.B.C.
제4종 분말	탄산수소칼륨+요소	회색	$KHCO_3+(NH_2)_2CO$	B.C

(2) 방출방식

1) 축압식
   - 소화기 내부 압력 : $7 \sim 9.8 kg/cm^2$
   - 소화기 내부 주입가스 : N_2, 공기 또는 CO_2

2) 가압식
   용기 내부나 외부에 압력용기를 설치하여 분말약제를 분사시키는 소화기

3) 열분해 반응식
   ① 1종 분말
   - 온도 270℃에서
     $2NaHCO_3 \rightarrow Na_2CO_3 + \underline{CO_2} + H_2O - \underline{Q\ Kcal}$
     　　　　　　　　　　　　　질식　　　　　흡열반응
   - 온도 850℃에서
     $2NaHCO_3 \rightarrow Na_2O + 2CO_2 + H_2O - \underline{Q\ Kcal}$
     　　　　　　　　　　　　　　　　　　　　흡열반응

   ② 2종 분말
   - 온도 190℃에서
     $2KHCO_3 \rightarrow K_2CO_3 + CO_2 + H_2O - \underline{Q\ Kcal}$
     　　　　　　　　　　　　　　　　　흡열반응
   - 온도 590℃에서
     $2KHCO_3 \rightarrow K_2O + 2CO_2 + H_2O - \underline{Q\ Kcal}$
     　　　　　　　　　　　　　　　　　흡열반응

   ③ 3종 분말 : $NH_4H_2PO_4 \rightarrow \underline{HPO_3} + NH_3 + H_2O$
   　　　　　　　　　　　　　　　　방진작용

   ④ 4종 분말 : $2KHCO_3 + (NH_2)_2CO \rightarrow K_2CO_3 + 2NH_3 + 2CO_2$

4) 분말 소화약제의 특성
   금속수지, 실리콘수지 첨가 : 약제의 유동화와 발부성을 부여하기 위해 첨가한다.

6. 물소화기

(1) 적응화재

일반화재(A급) 소화효과 : 냉각소화, 질식소화, 유화작용

(2) 주수방법

봉상 주수(A급), 무상주수(A · B · C급)
- 물의 기화잠열 : 539cal/g

7. 강화액 소화기

(1) 방출형식

① 가스가압식 : 가압용 가스 N_2 사용
② 반응식(파병식) : 가압원 CO_2

$$K_2CO_3 + H_2SO_4 \rightarrow K_2SO_4 + H_2O + CO_2$$

③ 축압식

축압용 가스 : 압축공기, 압력계의 눈금은 $8.1 \sim 9.8 kg/cm^2$

> **Check Point**
>
> **강화액 소화기 특성**
> ① 약제 : 물에 탄산칼륨 용해하여 빙점을 $-25 \sim -30℃$로 조절하였다.
> ② 액성은 강알칼리다.(PH12)
>   ㉠ 액비중 : 1.3~1.4
>   ㉡ 응고점 : $-25 \sim -30℃$
>   ㉢ 독성 및 부식성이 없다.

8. 산 · 알칼리 소화기

(1) 적응화재

일반화재 (A급) : 냉각소화

수용액은 pH5.5 이하의 산성이며 소화작용은 냉각작용이다.

$$2NaHCO_3 + H_2SO_4 \rightarrow Na_2SO_4 + 2CO_2 + 2H_2O$$

9. 간이소화제

(1) 마른모래(만능소화약제로 A · B · C · D급 화재 유효)

① 반드시 건조되어 있을 것.
② 가연물이 함유되어 있지 않을 것.
③ 반절 드럼 또는 포대 안에 저장하며, 양동이, 삽 등의 부속기구를 상비할 것.

(2) 팽창질석, 팽창 진주암

알킬알루미늄과 알킬리튬에 사용되는 소화약제

(3) 소화탄

(4) 중조톱밥

(5) 수증기

10. 소화기의 유지관리

(1) 소화기 사용방법

① 적응 화재에만 사용.
② 성능에 따라서 불에 가까이 접근 사용.
③ 바람을 등지고 바람이 부는 위쪽에서 바람이 불어가는 아래쪽으로 향해 방사.
④ 양 옆으로 쓸 듯이 골고루 방사할 것.

(2) 소화기 점검

① 작동기능검사 : 연 1회 상반기 실시
② 종합정밀검사 : 연 1회 하반기 실시
• 작동기능검사 : 소화제의 용량, 중량 및 작동장치 등을 검사한다.

03 소방시설의 종류 및 운영

• 종류 : 소화설비, 경보설비, 피난설비, 소화용수설비, 소화활동설비
• 점검 : ① 작동기능점검 : 상반기 1회 이상
　　　　② 종합정밀점검 : 연 1회 이상 실시

(1) 소화설비

  1) 물 분무 등 소화설비

    ① 물분무 소화설비
    ② 포소화설비
    ③ 할로겐 소화설비
    ④ CO_2소화설비
    ⑤ 분말소화설비 및 청정소화약제설비
    • 물분무등 제외 : 스프링클러소화설비

1. 소화설비

(1) 소화기구

> **Check Point**
> 소방대상물 각 부분으로부터의 보행거리
> ① 수동식 소화기 : 보행거리 20m 이내　② 수동식 대형 소화기 : 보행거리 30m 이내
> • 보행거리 : 최단거리로 걸었을 때의 거리

  1) 소요단위 계산방법

    ① 외벽이 내화구조인 제조소 및 취급소 : $100m^2$를 1소요단위
    ② 외벽이 내화구조 이외의 제조소 및 취급소 : $50m^2$를 1소요단위
    ③ 외벽이 내화구조인 저장소 : $150m^2$를 1소요단위
    ④ 외벽이 내화구조 이외의 저장소 : $75m^2$를 1소요단위
    ⑤ 위험물 지정수량의 10배 : 1소요단위

> **Check Point**
> 대형소화기를 소화약제 기준으로 정할 때 소화기 양
> ① 물 소화기 : 80 l 이상　　　　　　② 강화액 소화기 : 60 l 이상
> ③ 할로겐 화합물 소화기 : 30kg 이상　④ 이산화탄소 소화기 : 50kg 이상
> ⑤ 분말소화기 : 20kg 이상　　　　　　⑥ 포소화기 : 20 l 이상

  2) 기타 소화설비의 능력단위

소화설비 (간이소화용구)	용량	능력단위
소화전용물통	8 l	0.3단위
수조(소화전용물통 3개 포함)	80 l	1.5단위
수조(소화전용물통 6개 포함)	190 l	2.5단위
마른포래(삽 1개 포함)	50 l	0.5단위
팽창질석 · 팽창진주암(삽 1개 포함)	160 l	1.0단위

(2) 옥내소화전

  1) 설치기준(위험물 제조소 등 기준)

    ① 수원의 수량 : 설치개수(5개 이상인 경우는 5개로 계산)×7.8m^3 이상

      Q = n(설치개수)×q(분당토출량 260 l/min)×t(30mim)

    ② 노즐선단의 방수압력 : 350kPa 이상

    ③ 분당토출량(방수량) : 260 l/min 이상

    ④ 비상전원의 용량 : 45분 이상

    ⑤ 하나의 호스접속구까지의 수평거리 : 25m 이하

  2) 옥내소화전 방수구 및 옥내소화전함

    ① 옥내소화전 방수구

      ㉠ 방수구경 : 40mm 이상

      ㉡ 바닥으로부터의 높이 : 1.5m 이하

    ② 옥내소화전

      ㉠ 함의 두께 : 강판의 1.5mm 이상, 합성수지 4mm 이상

        문짝의 크기 : 0.5m^2 이상

      ㉡ 적색의 표시등을 설치, 부착면으로부터 15° 이상의 범위에서 10m 이내의 어느 위치에서 확인할 수 있도록 한다.

    ③ 개폐밸브 및 호스접속구 1.5m 이하 높이

(3) 옥외소화전

  1) 설치기준(위험물제조소 등 기준)

    ① 수원의 수량 : 설치개수(4개 이상인 경우는 4개로 계산)×13.5m^3 이상

    ② 노즐선단의 방수압력 : 350kPa 이상, 방수량 : 450 l/min 이상

    ③ 비상전원의 용량 : 45분 이상

    ④ 방수구 구경 : 65mm 이상

    ⑤ 하나의 호스접결구까지의 수평거리 : 40m 이하

      (설치개수가 1개일 때는 2개로 할 것.)

  2) 옥외소화전 방수구 및 옥외소화전함

    ① 소화전과 소화전함과의 거리 : 5m 이내

    ② 소화전 10개 이하 : 소화전마다 5m 이내의 장소에 소화전함 1개 이상 설치

    ③ 소화전 11개 이상 30개 이하 : 소화전함 11개를 분산 설치

    ④ 소화전 31개 이상 : 소화전 3개마다 소화전함 1개 이상 설치

(4) 스프링클러

1) 기준(위험물 제조소 등 기준)
   ① 수원의 수량
      ㉠ 폐쇄형 스프링클러헤드 : 30(30 미만일 때에는 설치개수)×2.4m³ 이상
      ㉡ 개방형 스프링클러헤드 : 가장 많이 설치된 방사구역의 헤드 설치개수× 2.4m³ 이상
   ② 방사압력 : 100kPa 이상
   ③ 방수량 : 80 l/min 이상
   ③ 비상전원의 용량 : 45분 이상
   ④ 유수검지장치 : 바닥으로부터 0.8m 이상 1.5m 이하

(5) 물분무 소화설비

1) 물분무 소화설비 수원
   ① 수원의 수량 : 방사구역표면적 1m² 당 20 l/min×30분 이상
      • 방사구역이 150m² 이상(표면적이 150m² 미만일 때에는 당해 표면적)으로 할 것.
   ② 방사압력 : 350kPa 이상
   ③ 비상전원의 용량 : 45분 이상(옥내소화전설비에 준함)

2) 물분무 소화설비 설치제외
   ① 물에 심하게 반응하는 물질 또는 물과 반응하여 위험한 물질을 생성하는 물질을 저장 취급하는 장소
   ② 고온의 물질 및 증류범위가 넓어 끓어 넘칠 위험이 있는 물질을 저장 또는 취급하는 장소

(6) 포소화설비

【고정포 방출 방식】

탱크 종류	고정포 방출구 종류
콘루프 탱크	① Ⅰ형 방출구 ② Ⅱ형 방출구 ③ Ⅲ형 방출구 ④ Ⅳ형 방출구 ⑤ 표면하 주입식
플루팅 루프 탱크	특형 방출구

[참고] Ⅰ형, Ⅱ형 방출구
• Ⅰ형포 방출구 : 방출된 포가 위험물과 섞이지 아니하고 탱크 속에 흘러 들어가 소화작용을 하도록 통계단 등의 설비가 된 방출구
• Ⅱ형포 방출구 : 방출된 포가 반사판에 의하여 탱크의 벽면을 따라 흘러 들어가 소화작용을 하도록 된 포 방출구

1) 포소화약제 혼합방지

   ① 라인 프로포셔너 방식(line proportioner)
   ② 프레셔 프로포셔너 방식(pressure proportioner)
   ③ 펌프 프로포셔너 방식(pump proportioner)
   ④ 프레셔 사이드 프로포셔너 방식(pressure side proportioner)

(7) 분말 소화설비

   1) 저장용기

   ① 방호구역 외부에 설치한다.
   ② 온도변화가 적고 40℃ 이하의 장소
   ③ 직사광선 및 빗물이 침투할 우려가 없는 장소
   ④ 방화문으로 구획된 실에 설치한다.

   2) 소화약제 방출방식

   ① 전역방출방식
      약제 방출시간 : 30초 이내

   3) 화재감지기

   교차회로방식

   4) 비상전원

   20분 이상

   5) 음향경보장치

   방호구역 또는 방호대상물이 있는 구획의 각 부분으로부터 하나의 확성기까지 수평거리 25m 이하

(8) 이산화탄소 소화설비

   1) 약제 저장 용기

   ① 방호구역 외부에 설치
   ② 온도 변화가 적고 온도가 40℃ 이하인 곳
   ③ 직사광선 및 빗물이 침투할 우려가 없는 곳
   ④ 방화문으로 구획한 실에 설치.
   ⑤ 용기가 설치된 곳임을 표시하여야 한다.
   ⑥ 용기간의 간격 3Cm 이상의 간격을 유지할 것.
   ⑦ 저장용기와 집합관을 연결하는 연결배관에는 체크밸브를 설치할 것.

2) 약제 저장용기 설치기준

  A) 저장용기 충전비
  ① 고압식 : 1.5 이상, 1.9 이하
  ② 저압식 : 1.1 이상, 1.4 이하

  B) 소화약제 방출방식
  ① 전역방출방식
  ② 국소방출방식
  ③ 호스릴 방출방식 : 하나의 노즐에 대하여 90kg 이상으로 할 것

  C) 호스릴 이산화탄소 설비
  ① 방호대상물로 각 부분으로부터 하나의 호스 접결구까지 수평거리 : 15m 이내
  ② 하나의 노즐당 약제 방사량 : 60kg/min

  D) 분사헤드 설치제외 장소
  ① 방제실, 제어실 등 사람이 상시 근무하는 장소
  ② 니트로셀룰로오스, 셀룰로이드 제품 등 자기 연소성물질을 취급하는 장소
  ③ 나트륨, 칼륨, 칼슘 등 활성금속 물질을 저장·취급하는 장소
  ④ 전시장 등 관람을 위해 다수인이 출입·통행하는 장소

  E) 약제방출시간
  ① 전역방출방식
    ㉠ 표면화재 : 1분 이내
    ㉡ 심부화재 : 7분 이내(설계 약제량의 30% 이상을 2분 이내 방사)
  ② 국소방출방식 : 방사시간 30초 이내

(9) 할로겐 소화설비

 1) 소화약제 저장용기

  A) 축압식 저장용기 압력 (축압가스 : 질소가스)
  ① 할론 1211 : 1.1Mpa 또는 2.5Mpa
  ② 할론 1301 : 2.5Mpa 또는 4.2Mpa

  B) 축압용기 충전비
  ① 가압식 저장용기 : 할론 2402 : 0.51 이상 0.67 미만
  ② 축압식 저장용기
    ㉠ 할론 1301 : 0.9 이상 1.6 이하
    ㉡ 할론 1211 : 0.7 이상 1.4 이하
    ㉢ 할론 2402 : 0.67 이상 2.75 이하

2) 분사헤드 방사압력

　① 할론 1301 : 0.9Mpa 이상
　② 할론 1211 : 0.2Mpa 이상
　③ 할론 2402 : 0.1Mpa 이상

3) 약제방사시간

　전역 및 국소방출설비 : 30초

2. 경보설비

※ 종류
① 자동화재탐지설비 및 시각경보장치　② 자동화재속보설비
③ 비상경보설비 및 단독경보형 감지기　④ 비상방송설비
⑤ 누전경보기　⑥ 가스누설경보기
⑦ 통합감시시설

3. 피난설비

피난기구, 인명구조기구, 유도등 및 유도표지등, 비상조명등

4. 유도표지 및 유도표시등

(1) 피난구유도등 : 녹색등화(녹색바탕의 유도등)

　① 설치위치 : 높이 1.5m 이상의 곳에 설치
　② 조명도 : 피난구로부터 30m의 거리에서 문자 및 색채를 쉽게 식별할 수 있을 것.

(2) 통로유도등 : 백색바탕에 녹색으로 피난방향을 표시

　① 설치위치 : 바닥으로부터 높이 1m 이하의 위치
　② 계단통로유도등 조도 : 통로유도등의 바로 밑의 바닥으로부터 수평으로 0.5m 떨어진 지점에서 측정하여 1lx 이상이어야 한다.

(3) 객석유도등 설치기준 설치개수

　① 조도 : 통로 바닥의 중심선에서 측정하여 0.2lx 이상
　② 설치개수 $= \dfrac{\text{객석 통로의 직선길이}(m)}{4} - 1$

(4) 유도표지등

　① 보행거리 : 보행거리가 15m 이하

② 설치높이 : 바닥으로부터 높이 1.5m 이하

5. 비상조명등 및 휴대용 비상조명등

(1) 설치기준

① 조도 : 1 lx 이상
② 비상조명등 용량 : 20분 이상

6. 소화활동설비

- 연결송수관설비, 연결살수설비, 제연설비, 비상콘센트설비, 무선통신보조설비, 연소방지설비

(1) 연결송수관 설비

1) 송수구

① 송수구 설치높이 : 지면으로부터 높이가 0.5m 이상 1m 이하
② 구경 65mm의 쌍구형으로 할 것.
③ 송수구의 부근에는 자동배수밸브 또는 체크밸브를 설치할 것.

2) 배관

주배관의 구경은 100mm 이상의 것으로 할 것.

3) 방수구

① 호스접결구 높이 : 바닥으로부터 높이 0.5m 이상 1m 이하
② 구경 : 65mm

(2) 제연설비

1) 배출기 및 배출풍도

배출기의 흡입측 풍도 안의 풍속은 15m/s 이하로 하고 배출측 풍속은 20m/s 이하로 할 것.

위험물의 성질 및 취급방법

01 제1류 위험물

(1) 제1류 위험물의 종류 및 지정수량

성질	위험등급	종 류	지정수량	종 류
산화성 고체	I	아염소산 염류	50kg	$NaClO_2$, $KClO_2$, $Mg(ClO_2)_2$
		염소산 염류	50kg	$KClO_3$, $NaClO_3$, NH_4ClO_3
		과염소산 염류	50kg	$KClO_4$, $NaClO_4$ NH_4ClO_4
		무기과산화물류	50kg	Na_2O_2, K_2O_2, MgO_2, CaO_2, BaO_2
	II	브롬산 염류	300kg	$KBrO_3$
		질산 염류	300kg	KNO_3, $NaNO_3$, NH_4NO_3
		옥소산 염류	300kg	KIO_3, $NaIO_3$, $Mg(IO_3)_2$
	III	과망간산 염류	1000kg	$KMnO_4$, $NaMnO_4 \cdot 3H_2O$, $Ca(MnO_4)_2 \cdot 2H_2O$
		중크롬산 염류	1000kg	$Na_2Cr_2O_7$, $K_2Cr_2O_7$
	I~III	그밖에 행정안전부령이 정하는 것 위의 하나에 해당하는 어느 하나 이상을 함유한 것	50kg, 300kg 또는 1,000kg	과요도산, 과요오드산염류, 크롬, 납 또는 요오드의산화물, 아질산염류, 차아염소산염류, 염소화이소시아눌산, 퍼옥소이황산염류, 퍼옥소붕산염류

(2) 제1류 위험물의 일반적인 성질

① 무색결정이나 또는 백색 분말
② 자신은 불연성이고 강산화제임.
③ 열, 충격, 마찰 및 다른 약품과의 접촉 등에 의하여 산소를 방출
④ 비중은 1보다 크고 수용성 위험물이 많다.

(3) 저장 및 취급방법

① 화기나 열원과는 멀리할 것.
② 조해성이 있는 것은 습기와 수분에 주의하여 용기는 밀폐보관
③ 환기가 잘 되는 찬 곳이나 냉암소에 보관
④ 무기과산화물류는 물과의 접촉을 피할 것.

(4) 제1류 위험물 소화방법

① 다량의 물을 써서 냉각소화
② 주수를 금하고 금속화재용 분말소화약제 또는 마른모래로 피복 소화
③ 질산 염류는 유독가스가 발생하므로 소화에 주의할 것.
④ 소화작업시 공기호흡기, 보안경, 보호의 등 보호장구를 착용한다.

1. 제1류 위험물 종류

> **Check Point**
> **아염소산 염류** : 지정수량 50kg

(1) 아염소산나트륨($NaClO_2$)

1) 일반적 성질

   ① 백색의 결정성 분말
   ② 물에 잘 녹으며 조해성 있음.
   ③ 산을 가하면 분해하여 이산화염소(ClO_2)를 발생
   ④ 수용액은 강한 산화력

2) 위험성

   ① 단독으로 폭발이 가능
   ② 유기물, 금속분 등 환원성 물질과 접촉하면 즉시 폭발
   ③ 직사광선, 자외선에 노출시 분해하여 유독성이고 폭발성인 ClO_2 발생

3) 저장 및 취급시 주의사항

   ① 건조한 냉암소에 환기가 잘 되도록 하고 직사광선을 피하고 어두운 곳에 저장
   ② 이산화염소(ClO_2)를 흡입시는 **호흡기 장애 발생**, 즉시 통풍을 시킬 것.
   ③ 강산과의 접촉을 피한다.
   ④ 티오황산나트륨($Na_2S_2O_3$)과 같은 혼촉 발화가능성 물질과는 격리시킬 것.

4) **소화방법** : 포말소화제, 강화액 분무, 다량의 주수소화

> **Check Point**
> **염소산 염류** : 지정수량 50kg

(2) 염소산칼륨(KClO₃)

1) 일반적 성질

① 정계 판상 결정 또는 백색 분말
② 온수, 글리세린에 잘 녹고 냉수 및 에테르에는 녹기 힘들다.

2) 위험성

400℃ 부근에서 분해되기 시작, 540℃~560℃에서 과염소산으로 분해하여 염화칼륨과 산소를 방출

$$2KClO_3 \rightarrow KCl + KClO_4 + O_2 \uparrow$$
$$KClO_4 \rightarrow KCl + 2O_2 \uparrow$$

3) 저장 및 취급방법

① 가열, 충격, 마찰 및 분해 촉진시키는 약품류와 접촉을 피할 것.
② 용기의 파손을 막고 용기는 밀전할 것.
③ 산화되기 쉬운 물질이나 강산, 중금속류와 접촉을 피한다.

4) 소화방법 : 주수에 의한 소화

(3) 염소산나트륨(NaClO₃)

1) 일반적 성질

① 무색, 무취의 입방 정계 주상 결정
② 알코올, 에테르 물에 쉽게 용해됨.
③ 조해성이 크다.

2) 위험성

① 철을 부식시키므로 철 용기에 보관할 수 없음.
② 산과 반응하면 폭발성, 유독한 이산화염소(ClO_2)를 발생
③ 300℃에서 열분해시 산소 발생.

$$2NaClO_3 \rightarrow 2NaCl + 3O_2 \uparrow$$

3) 저장 및 취급방법

① 조해성이 있으므로 용기는 밀전·밀봉할 것.
② 환기가 잘되는 냉암소에 저장
③ 분해를 촉진하는 가열, 충격, 약품 등과의 접촉을 피할 것.

4) 소화방법 : 물에 의한 주수소화

(4) 염소산암모늄(NH_4ClO_3)

1) 일반 성질

① 무색의 결정이며 물보다 무겁다.
② 조해성이 있다.

2) 위험성

① 산화기(ClO_3)와 폭발기(NH_4)가 결합하여 폭발성을 형성함.
② 조해성이 있고 수용액에는 산화성이 있으며 금속을 부식시킴.
③ 수용액 액성은 산성

3) 소화방법

강화액, 포말, 분말, CO_2, 다량의 물로 냉각소화

> **Check Point**
> 과염소산 염류 : 지정수량 50kg

(5) 과염소산칼륨($KClO_4$)

1) 일반적 성질

① 물에 잘 녹지 않으면서 알코올, 에테르에는 불용
② 400℃에서 분해되기 시작하여 610℃에서 완전 분해되어 산소 방출

$$\text{반응식} : KClO_4 \rightarrow KCl + 2O_2 \uparrow$$

2) 위험성

① 진한 황산과 접촉하여 폭발함.
② 탄소(C), 인(P), 황(S), 유기물이 섞여 있으면 가열, 충격, 마찰에 의해 폭발함.
③ 화재시 유독성의 염화수소(HCl)를 생성한다.

3) 저장 및 취급방법

① 화기, 직사광선, 가열, 충격, 마찰, 타격 등에 주의.
② 용기는 차고 건조하며, 환기가 잘되는 장소에 보관

4) 소화방법

주수소화(대부분 제1류 위험물은 주수소화), 포 분말소화

(6) 과염소산나트륨($NaClO_4$)

1) 일반 성질
   ① 조해성
   ② 에틸알코올, 아세톤에 잘 녹고 에테르에 불용

2) 위험성 : 130℃ 이상에서 분해 산소 방출

$$NaClO_4 \rightarrow NaCl + 2O_2 \uparrow$$

3) 저장·취급 및 소화방법 : $KClO_4$에 준한다.

(7) 과염소산암모늄(NH_4ClO_4)

1) 일반 성질
   ① 무색 또는 백색의 결정으로 물, 알코올, 아세톤에 녹지만 에테르에는 불용
   ② 130℃에서 분해시작, 300℃에서 분해 폭발한다.

2. 알칼리 금속과산화물류 : 주수소화 절대 금지

(1) 과산화칼륨(K_2O_2)

1) 일반 성질
   ① 무색 또는 오렌지색의 분말
   ② 조해성

2) 위험성
   ① 물과 반응, 발열하며 산소를 방출
   ② 가열, 충격, 마찰을 피할 것.
   ③ 강산과 작용하여 심하게 반응하고 과산화수소를 생성
   ④ CO_2를 흡수하여 탄산염을 생성하고 산소를 방출

3) 저장 및 취급방법
   ① 용기는 차고 건조하며 환기가 잘되는 장소에 보관
   ② 열, 충격, 마찰을 피하며 유기물이나 금속분과의 혼합이나 혼입을 방지

> **Check Point**
> 화학반응식
> • 물과의 반응 : $2K_2O_2 + 2H_2O \rightarrow 4KOH + O_2 \uparrow$ (산소가스 방출) $+ Q$
> • 열분해 반응 : $2K_2O_2 \rightarrow 2K_2O + O_2 \uparrow$ (가열시 산소 방출)
> • 이산화탄소와 반응 : $2K_2O_2 + 2CO_2 \rightarrow 2K_2CO_3 + O_2 \uparrow$
> • 산과 반응 : $K_2O_2 + 2CH_3COOH \rightarrow H_2O_2 + 2CH_3COOK$

4) 소화방법

　　마른모래, 건조석회, 탄산수소염류 분말소화제 등 주수 및 포말 사용 금지

(2) 과산화나트륨(Na_2O_2)

　1) 일반 성질

　　① 순수한 것은 백색이나 보통은 황색 분말
　　② 상온에서 물과 급격하게 반응하며 가열하면 분해하여 산소가 발생.
　　③ 조해성이 강함.
　　④ 물에는 잘 녹지만 알코올에는 녹지 않는다.

　2) 위험성

　　① 산과 반응하여 과산화수소를 발생
　　② 공기 중에서 CO_2를 흡수하여 탄산염을 생성, 산소를 방출

> **Check Point**
>
> 화학반응식
> - 물과의 반응 : $2Na_2O_2 + 2H_2O \rightarrow 4NaOH + O_2 \uparrow$
> - 이산화탄소와 반응 : $2Na_2O_2 + 2CO_2 \rightarrow 2Na_2CO_2 + O_2 \uparrow$
> - 산과 반응 : $Na_2O_2 + 2CH_3COOH \rightarrow 2CH_3COONa + H_2O_2$
>   　　　　　　$Na_2O_2 + H_2SO_4 \rightarrow Na_2SO_4 + H_2O_2$

　3) 저장 및 취급방법

　　① 용기는 밀봉·밀전하여 보관
　　② 가열, 충격, 마찰을 피하며 유기물이나 금속분과의 혼합이나 혼입을 방지
　　③ 피부와 접촉시 부식하므로 보호의, 보호안경 등을 착용
　　④ 용기는 차고 건조한 곳에 보관

　4) 소화방법

　　마른모래, 건조석회, 탄산수소염류 분말소화제, 주수 엄금

3. 알칼리 토금속과산화물 : 물과(온수) 접촉시 산소 방출

(1) 과산화마그네슘(MgO_2)

　1) 일반 성질

　　① 무색·무취의 분말, 물에 불용
　　② 시판품은 15~25%의 MgO_2를 함유

2) 위험성

① 가열시 산소 방출

② 습기, 물 존재시 산소 방출

③ 산에 접촉하여 과산화수소를 발생

④ 환원제, 유기물 등과 혼합시 충격, 마찰에 의해 폭발위험성이 있다.

> **Check Point**
> 화학반응식
> - 열분해 : $2MgO_2 \rightarrow 2MgO + O_2 \uparrow$
> - 산과 반응 : $MgO_2 + 2HCl \rightarrow MgCl_2 + H_2O_2$
> - 물과 반응 : $2MgO_2 + 2H_2O \rightarrow 2Mg(OH)_2 + O_2 \uparrow$

(2) 과산화칼슘(CaO_2)

1) 일반 성질

백색 또는 담황색 분말

2) 위험성

① 산과 반응하여 과산화수소(H_2O_2)를 발생

② 수화물($CaO_2 \cdot 8H_2O$)을 100℃ 이상 가열시 무수물이 되고 275℃(분해온도)로 가열하면 폭발적으로 산소를 방출

(3) 과산화바륨(BaO_2)

1) 일반 성질

① 백색 또는 회색 분말

② 알칼리 토금속 중 가장 안정하며 냉수에 약간 용해한다.(분해온도 840℃)

2) 위험성

① 물과 접촉시 산소 방출

② 산과 반응하여 과산화수소 생성

4. 취소(브롬)산 염류 : 지정수량 300kg

(1) 브롬산칼륨($KBrO_3$)

1) 일반적 성질

① 백색의 결정 또는 결정성 분말

② 물에 약간 녹고 에테르, 알코올에 녹지 않음.

③ 약 370℃ 이상 가열하면 분해하여 산소를 방출한다.

> **Check Point**
> 화학반응식
> 가열분해온도 $2KBrO_3 \rightarrow 2KBr+3O_2 \uparrow$

2) 위험성

황(S), 목탄, 마그네슘(Mg) 분말, 기타 가연물과 혼합시 가열, 충격, 마찰에 의해 폭발

3) 저장 및 취급시 주의사항

① 용기는 밀전하고 환기가 잘되는 서늘한 곳에 보관
② 직사광선을 피해 보관할 것.

4) 소화방법 : 물, CO_2, 분말, 대량 주수소화

5. 질산염류 : 300kg

(1) 질산칼륨(KNO_3) : 질산칼리, 초석

분해온도 400℃

1) 일반적 성질

① 무색결정 또는 백색분말, 물, 글리세린에 잘 용해, 에테르에는 녹지 않음.
② 강산화제
③ 자극성과 짠맛이 있다.

2) 위험성

① 숯가루, 황가루가 혼합된 것이 흑색 화약
② 가열, 충격, 마찰에 주의한다.
③ 유기물과의 접촉을 피하고 밀폐용기에 넣어 건조한 곳에 보관
④ 단독으로는 분해하지 않지만 400℃ 이상에서는 완전히 열분해 산소 방출

> **Check Point**
> 화학반응식
> 400℃ 열분해반응식 $2KNO_3 \rightarrow 2KNO_2+O_2 \uparrow$

3) 소화방법 : 주수에 의한 소화

(2) 질산나트륨($NaNO_3$) : 칠레초석, 질산소다

1) 일반적 성질

① 물, 글리세린에 잘 녹고 조해성이 있음.
② 무색·무취의 결정 또는 백색 분말
③ 유기물 또는 차아황산나트륨($Na_2S_2O_4$)과 같이 가열하면 폭발함.

④ 380℃ 이상 가열시 산소 방출

> **Check Point**
> 열분해반응식 380℃
> $2NaNO_3 \rightarrow 2NaNO_2 + O_2 \uparrow$

2) 소화방법 : 주수소화

(3) 질산암모늄(NH_4NO_3) : 초안, 질산암모늄, 질안

분해온도 220℃

1) 일반적 성질

① 무색, 백색의 결정으로 알코올, 알칼리에 잘 녹음.
② 유기물이 섞여 있거나, 가열, 충격 등에 의해서 폭발
③ AN-FO(안포폭약) (경유 6wt%+질산암모늄 94wt%)
④ 물에 잘 녹는다.(흡열반응을 하며 온도가 내려간다.)
⑤ 단독으로 가열, 충격, 마찰에 의해 폭발한다.

> **Check Point**
> 220℃ 이상에서 열분해반응식
> $2NH_4NO_3 \rightarrow 2N_2 \uparrow + 4H_2O \uparrow + O_2 \uparrow$

2) 저장방법

① 직사광선을 피할 것.
② 유기물, 금속분과의 혼합, 혼입하지 말 것.

3) 소화방법 : 주수소화

(4) 질산은($AgNO_3$)

① 물, 알코올, 글리세린에 잘 녹는다.
② 용도 : 사진감광제, 사진제판, 보온병제조 등에 사용.

6. 옥소(요오드)산 염류 : 지정수량 300kg

(1) 요오드산 칼륨(KIO_3)

1) 일반 성질

① 무색의 결정성 분말, 광택
② 물에 녹는다.

2) 위험성

① 황화합물과 저장하지 말 것.   ② 밀봉, 밀전하여 보관

3) 소화방법 : 포말, 분말, 다량의 물

7. 과망간산 염류 : 지정수량 1,000kg

(1) 과망간산 칼륨($KMnO_4$)

1) 일반적 성질

① 흑자색 결정, 적색 금속광택의 사방 정계로서 단맛이 있음.
② 물에 녹아서 진한 보라색을 나타내고 강한 산화력과 살균력이 있음.
③ 염산과 분해하여 유독성의 염소가스 발생함.
④ 240℃에서 열분해하여 산소를 발생함.
⑤ 환원성 물질과 함께 있는 것은 위험하다.(알코올, 에테르, 글리세린)
⑥ 황산과 반응할 때는 격렬하게 반응함.
⑦ 용액은 카멜레온이라 한다.

> **Check Point**
>
> - 240℃ 열분해반응식
> $2KMnO_4 \rightarrow K_2MnO_4 + MnO_2 + O_2 \uparrow$
> - 염산과의 반응식
> $2KMnO_4 + 16HCl \rightarrow 8H_2O + 2KCl + 2MnCl_2 + 5Cl_2 \uparrow$
> - 묽은황산과 반응식
> $4KMnO_4 + 6H_2SO_4 \rightarrow 2K_2SO_4 + 4MnSO_4 + 6H_2O + 5O_2 \uparrow$
> - 진한 황산
> $2KMnO_4 + H_2SO_4 \rightarrow K_2SO_4 + 2HMnO_4$
> $2HMnO_4 \rightarrow \underline{Mn_2O_7} + H_2O$
>   칠산화이망간
> $2Mn_2O_7 \rightarrow 4MnO_2 + 3O_2 \uparrow$
> - 망간산화물의 산화성의 크기
> $MnO < Mn_2O_3 < MnO_2 < Mn_2O_7$

2) 소화방법 : 다량의 물로 냉각소화

8. 중크롬산 염류 : 1,000kg

(1) 중크롬산 칼륨($K_2Cr_2O_7$)

① 흡수성이 있고 등적색 결정, 물에 녹으나 알코올에는 용해되지 않음.
② 단독으로는 안정하지만 가열하거나 유기물 기타 가연물과 접촉하여 마찰 및 열을 받으면 폭발한다.

> **Check Point**
>
> 500℃ 이상에서 열분해반응식(225℃)
> $4K_2Cr_2O_7 \rightarrow 4K_2CrO_4 + 2Cr_2O_3 + 3O_2 \uparrow$

(2) 중크롬산나트륨($Na_2Cr_2O_7$)

1) 일반 성질

① 물에 잘 녹고 알코올에는 녹지 않음.
② 조해성과 흡수성이 있음.
③ 400℃에서 분해하여 산소 방출

(3) 중크롬산 암모늄[$(NH_4)_2Cr_2O_7$]

1) 일반적 성질

① 적색 등적색 침상 결정
② 물, 알코올에는 녹지만 아세톤에는 녹지 않는다.

2) 위험성

① 융점 이상 가열시 분해
② 강산을 가하면 급격하게 반응하고 유기물이 섞이면 폭발하는 수도 있다.

3) 소화방법

건조사, 분말, CO_2 소화, 다량의 물 등

4) 용도

석유정제, 그라비아인쇄의 사진 제판, 사진 제판, 피혁가공, 염료, 염색, 향료, 도자기 유약, 유기합성 산화제 등

02 제2류 위험물

1. 제2류 위험물

(1) 제2류 위험물의 분류 및 지정수량

성 질	위험등급	종 류	지정수량
가연성 고체	II	황화린	100kg
		적린	100kg
		유황	100kg
	III	철분	500kg
		마그네슘	500kg
		금속분류	500kg
		그 밖에 행정안전부령이 정하는 것 위의 하나에 해당하는 어느 하나 이상을 함유한 것	100kg 500kg
	III	인화성 고체	1,000kg

> **Check Point**
>
> **위험물안전관리법상 정의**
> ① "철분"이라 함은 53μm 표준체를 통과하는 것이 50wt% 이상인 것을 위험물로 한다.
> ② 마그네슘 또는 마그네슘을 함유한 것 중 2mm의 체를 통과하지 아니하는 덩어리는 비위험물로 한다.
> ③ "금속분류"라 함은 알칼리금속, 알칼리토금속(이상 3류), 철 및 마그네슘 이외의 금속분을 말하며, 구리, 니켈분과 150μm의 체를 통과하는 것이 50wt% 미만인 것은 위험물에서 제외한다.
> ④ "유황"은 순도가 60wt% 미만인 것은 비위험물로 하고 이 경우 순도측정에 있어서 불순물은 활석 등 불연성 물질과 수분에 한한다.
> ⑤ "인화성 고체"라 함은 고형 알코올과 인화점이 섭씨 40도 미만인 고체인 것을 말한다.

(2) 제2류 위험물의 공통적 성질

① 가연성 고체로서 비교적 낮은 온도에서 착화하기 쉬운 이연성 물질
② 비중은 1보다 크고 물에 녹지 않음.
③ 강력한 환원성 물질이고 대부분 무기화합물임.
④ 산소와 결합이 용이하여 산화되기 쉽고 저농도의 산소에서도 결합한다.
⑤ 물에는 불용이며 산화되기 쉬운 물질
⑥ 무기과산화물류와 혼합한 것은 소량 수분에 의해 발화한다.

(3) 제2류 위험물 취급시 주의사항

① 산화제(1류, 6류)의 접촉이나 혼합, 불티, 불꽃, 고온체의 접근 또는 과열은 피할 것.
② 금속분은 산, 할로겐원소, 황화수소와 접촉하면 발열, 발화하며 습기와 접촉하면 자연발화한다.

(4) 제2류 위험물 저장방법

① 산화제(1류, 6류)와의 혼합, 혼촉을 피할 것.
② 가열하거나 화기를 피할 것.
③ 철분, 마그네슘, 금속분류는 물, 습기, 산과의 접촉을 피하여 저장할 것.
④ 저장용기는 밀봉하고 용기의 파손과 누출에 주의할 것.
⑤ 통풍이 잘 되는 냉암소에 보관, 저장한다.

(5) 소화방법

① 금속분 이외는 주수에 의한 냉각소화를 할 것.
② 금속분, 철분, 마그네슘의 연소시 주수하면 물과 반응시 발생된 수소에 의한 폭발위험과 연소중인 금속의 비산으로 화재면적을 확대시킬 수 있음.
③ 금속분은 건조사가 적합하여 물은 주위의 연소를 막는 데 양호하다.

2. 위험등급 II : 황화린 : 100kg

(1) 삼황화린(P_4S_3)

- 발화점 100℃
① 황색의 결정성 덩어리
② CS_2, 질산, 알칼리에는 녹지만, 물, 염소, 염산, 황산에는 불용
③ 100℃에서 자연발화
④ 연소생성물은 모두 유독하다.

> **Check Point**
> 연소반응식
> $P_4S_3 + 8O_2 \rightarrow 2P_2O_5 \uparrow + 3SO_2$

⑤ 자연발화성이 크므로 과산화물로부터 멀리하고 습기, 가열, 충격 및 산화제금속분 등을 피하고 통풍이 잘되는 찬 곳에 저장

(2) 오황화린(P_2S_5)

- 발화점 142℃
① 담황색의 결정성 덩어리
② 조해성과 흡습성이 있음.
③ 물 또는 알칼리에 분해하여 황화수소(H_2S)와 인산(H_3PO_4) 발생.
④ 알코올, CS_2에 잘 녹음.

> **Check Point**
> 물과 반응식
> $P_2S_5 + 8H_2O \rightarrow 5H_2S \uparrow + 2H_3PO_4$
> $2H_2S + 3O_2 \rightarrow 5H_2S + 2SO_2$

(3) 칠황화린(P_4S_7)

① 담황색 결정
② 조해성이 있다.
③ CS_2에 약간 녹는다. 온수에서 급격히 분해 H_2S, H_3PO_4 발생

(4) 공통 소화방법

CO_2, 분말, 건조사 등에 의한 질식소화
- 물에 의한 냉각소화는 부적당 → H_2S 발생

3. 적린(P) : 100kg

- 발화점 : 260℃

(1) 일반적 성질
① 조해성이 있으며 화학적으로 안정
② 암적색 무취의 분말로 PBr_3(삼 브롬화인)에 녹고, CS_2, 물, 에테르, 암모니아에 불용
③ 독성이 없으며 상온에서 안정
③ 황린의 동소체로 암적색 분말이나 자연발화성이 없어 공기 중에 안전하다.

(2) 위험성
① 연소시 유독성의 오산화인을 발생

$$4P + 5O_2 \rightarrow 2P_2O_5 \uparrow$$

② 강산화제와 혼합시 약간의 가열, 충격, 마찰에 의해 폭발

$$6P + 5KClO_3 \rightarrow 5KCl + 3P_2O_5 \uparrow$$

(3) 저장 및 취급방법
① 산화제 특히 염소산 염류와의 혼합은 절대 금할 것.
② 인화성, 발화성 물질과 멀리하고 찬 곳에 저장
③ 가열, 충격, 마찰을 피한다.

(4) 소화방법
질식소화 : 다량의 물로 냉각, 모래에 의한 질식소화

4. 황(S) : 100kg

순도 60wt% 미만인 것은 위험물에서 제외한다.

(1) 황 : 3가지 동소체

1) 종류

① 사방황
물에 대한 용해도 → 녹지 않음. CS_2에 대한 용해도 → 잘 녹음

② 단사황
물에 대한 용해도 → 녹지 않음. CS_2에 대한 용해도 → 잘 녹음

③ 고무상황
물에 대한 용해도 → 녹지 않음. CS_2에 대한 용해도 → 녹지 않음

2) 공통 성질

① 공기 중에서 연소하면 푸른 빛을 내며 SO_2(이산화황)를 발생

> 황의 연소반응식 $S + O_2 \rightarrow SO_2$

② 전기의 부도체로 마찰에 의한 정전기가 발생

3) 위험성

① 황가루가 공기 중에 떠 있을 때는 분진 폭발의 위험
② 1류 산화성 물질과 혼합시 가열, 충격 등에 의해 발화, 상온에서 $NaClO_2$와 혼합시 발화위험이 크다.

4) 저장 및 취급방법

① 강산화제, 유기과산화물, 탄화수소류, 목탄분 등과의 혼합을 피할 것.
② 화기 및 가열, 충격, 마찰 엄금
③ 분말의 비산, 부유를 막는다.(분진폭발 방지)
④ 용기는 차고 건조하며 환기가 잘 되는 곳에 저장
⑤ 정전기의 발생 및 축적을 억제한다.
⑥ 분말은 유리 또는 금속제 용기, 고체는 폴리에틸렌포대 등에 보관한다.

5) 소화방법

다량의 물로 분무 주수 소화한다.

5. 위험등급 Ⅲ

(1) 철분(Iron Powder) : 500kg

1) 일반 성질

① 회백색 분말
② 질한질산에서는 부동태를 만든다.
③ 공기 중에서 서서히 산화하여 산화철(Fe_2O_3)이 되어 황갈색으로 변한다.

2) 위험성

① 환원철은 산화되기 쉽고 공기 중 525~700℃에서 자연발화
② 더운 물 또는 묽은 산과 반응하여 수소를 발생
③ 산화성 물질과 혼합한 것은 가열, 충격, 마찰에 대해 매우 민감하다.

3) 소화방법

주수 엄금, 건조사, 소금분말, 건조분말, 소석회로 질식소화한다.

(2) 마그네슘분(Mg) : 500kg

1) 일반적 성질

① 은백색의 광택이 나는 가벼운 금속
② 공기 중 부식성은 적으나 알칼리에 안정하며, 산, 염류에 의해 침식
③ 열 및 전기의 양도체이다.

2) 위험성

① 공기 중 수분과 작용하여 발열하며 자연발화
② 산 및 더운물과 반응하여 수소를 발생
③ 연소시 소화가 어렵다.
④ CO_2와 같은 질식성 가스 중에서도 연소가 된다.

Check Point

- 공기 중 산화반응식　　　　　　　$2Mg + O_2 \rightarrow 2MgO$
- 온수와 반응식　　　　　　　　　　$Mg + 2H_2O \rightarrow Mg(OH)_2 + H_2 \uparrow$
- 산과 반응식　　　　　　　　　　　$Mg + 2HCl \rightarrow MgCl_2 + H_2 \uparrow$
- 할로겐원소와 반응식　　　　　　　$Mg + Cl_2 \rightarrow MgCl_2$
- 이산화탄소기류하에서 연소반응식　$2Mg + CO_2 \rightarrow 2MgO + C$(폭발)

---

3) 저장 및 취급방법

① 물 또는 습기 및 할로겐 원소와의 접촉을 피할 것.
② 분진 폭발이 일어나지 않게 취급에 주의한다.

4) 소화방법

마른 모래, 소석회, 금속화재용 소화분말

6. 금속 분류 : 500kg

(1) 알루미늄분(Al)

1) 일반 성질

① 은백색의 무른 금속, 전성, 연성이 풍부하여 열전도율, 전기 전도도가 크다.
③ 황산, 묽은 염산, 묽은 질산에 잘 녹으나 진한 질산에는 침식당하지 않는다.

2) 위험성

① 산화제와의 혼합물은 가열, 충격, 마찰 등에 의하여 착화

② 할로겐 원소와 접촉되면 자연 발화의 위험
③ 습기를 흡수하면 자연 발화의 위험
④ 온수와는 급격히 반응하여 수소 발생

> **Check Point**
> - 산화반응식　　　　　　$4Al + 3O_2 \rightarrow 2Al_2O_3 + 339kcal$
> - 알칼리 수용액과 반응　$2Al + 2NaOH + 2H_2O \rightarrow 2NaAlO_2 + 3H_2 \uparrow$
> - 물과의 반응식　　　　　$2Al + 6H_2O \rightarrow 2Al(OH)_3 + 3H_2 \uparrow$

3) 저장 및 취급방법

　산화제와 혼합되지 않게 하고 수분, 할로겐 원소의 접촉을 피한다.

4) 소화방법

　마른 모래, 소석회, 금속화재용 분말소화약제

(2) 아연분(Zn)

1) 일반 성질

① 은백색 분말
② 공기 중에서 연소되기 쉬우며 산, 알칼리에 녹아서 수소를 발생한다.
③ 건조한 할로겐과는 반응하지 않는다.

2) 위험성

　산·알칼리와 반응

3) 저장 및 취급방법

　저장시는 직사일광 온도가 높은 곳을 피하고 냉암소에 저장한다.

4) 소화방법

　마른 모래, 금속화재용 분말소화약제

(3) 안티몬분(Sb)

1) 일반 성질

① 은백색 무른 금속
② 산화제와 (과염소산염류, 염소산염류) 혼합시 가열, 충격, 마찰로 발화 폭발

2) 소화방법

　마른모래, 분말로 질식소화

7. 위험등급 Ⅲ

> 인화성 고체 : 1,000kg
> 고형 알코올과 인화점이 섭씨 40℃ 미만인 고체인 것을 말한다.

(1) 고형 알코올

> **Check Point**
> 합성수지에 메탄올(CH_3OH)을 혼합침투시켜 한천상(寒天狀)으로 만든 것임.
> → 등산용 휴대연료

1) 일반 성질
   ① 인화점 30℃ 미만으로서 인화되기 쉽다.
   ② 열 또는 화염에 의해 화재위험성이 매우 높다.
2) 소화방법 : 알코올형 포, 물분무, CO_2, 분말 등
3) 용도 : 등산용 휴대연료

(2) 메타알데히드 : $(CH_3CHO)_4$

1) 일반 성질

   물에 녹지 않으며 에테르, 에탄올, 벤젠에는 녹기 어렵다.

(3) 제삼부틸알코올 : $(CH_3)_3COH$

1) 일반 성질
   ① 무색의 고체로서 물보다 가볍고 물에 잘 녹음.
   ② 인화점이 낮아 쉽게 인화가 된다.

(4) 락카퍼티 : 인화점 21℃ 미만

1) 일반 성질 및 위험성
   ① 휘발성 물질을 함유 대기중에서 인화성 증기 발생
   ② 인화점이 21℃ 미만으로서 제1석유류와 같은 위험성

(5) 고무풀 : 인화점 −20℃

1) 일반 성질 및 위험성

   생고무에 가솔린이나 기타 인화성 용제를 가공하여 풀과 같은 상태로 만든 것

03 제3류 위험물

1. 제3류 위험물의 분류 및 지정수량

성질	위험등급	품명 및 품목	지정수량	대표적 물질
자연 발화성 물질 및 금수성 물질	I	칼륨	10kg	K
		나트륨	10kg	Na
		알킬알루미늄	10kg	$(C_2H_5)_3Al$, $(CH_3)_3Al$
		알킬리튬	10kg	$(C_nH_{2n+1})Li$
		황린	20kg	P_4
	II	알칼리금속(칼륨 및 나트륨제외) 및 알칼리토금속	50kg	리튬, 루비듐, 세슘, 프란슘, 베릴륨, 칼슘, 스트론튬, 바륨, 라듐
		유기금속화합물(알킬알루미늄 및 알킬리튬 제외)	50kg	부틸리튬, 디메틸카드뮴, 사에틸납, 테트라페닐주석, 트리에틸보레이트, 테트라메틸실란
	III	금속의 수소화물	300kg	NaH, LiH, $NaBH_4$ $LiAlH_4$, CaH_2
		금속의 인화물	300kg	Ca_3P_2
		칼슘 또는 알루미늄의 탄화물	300kg	CaC_2, Al_4C_3
		그밖에 행정안전부령이 정하는 것 위의 하나에 해당하는 어느 하나 이상을 함유한 것	10kg, 50kg, 300kg	염소화규소화합물

2. 제3류 위험물의 일반적 성질 및 소화방법

(1) 일반적 성질

① 금수성 물질(황린 제외)로서 물과 접촉하면 발열 또는 발화
② 자연발화성 물질로서 공기와의 접촉으로 자연발화
③ 물과 반응시 대부분이 H_2나 가연성 탄화수소류 가스를 발생
④ K, Na, 알킬알루미늄, 알킬리튬은 물보다 가볍다.

(2) 공통저장·취급하는 방법

① 습기 및 물과 접촉하지 않게 하고 화기와 멀리할 것.
② 보호액 속에 저장하는 것은 위험물이 보호액 표면에 노출되지 않게 할 것.
③ 용기의 파손과 누설을 방지할 것.
④ 소분하여 저장할 것.

(3) 소화방법
① 마른모래에 의한 질식소화
② 분말소화약제 사용.
③ 주수소화는 절대엄금
④ CO_2, CCl_4 등과는 심하게 반응하므로 절대 사용하지 말 것.
⑤ 알킬알루미늄류 및 알킬리튬은 팽창진주암 및 팽창질석에 의해 피복 질식소화한다.

3. 제3류 위험물 등급 및 종류

> 위험등급 Ⅰ등급
> 칼륨, 나트륨, 알킬알루미늄, 알킬리튬, 황린

(1) 칼륨(K, 포타시움, 카리) : 지정수량 10kg, 비중 0.86

1) 일반적인 성질
  ① 물보다 비중이 적고 물과 반응하여 수소 가스와 많은 양의 열을 발생
  ② 은백색 광택의 무른 경금속
  ③ 융점 이상으로 가열시 보라색의 불꽃을 내면서 연소
  ④ 알코올과 반응하여 알코올라이트 생성

> **Check Point**
> - 물과의 반응 $2K+2H_2O \rightarrow 2KOH+H_2\uparrow +Q$
> - 알코올과의 반응 $2K+2C_2H_5OH \rightarrow 2C_2H_5OK+H_2\uparrow$
> - 산화반응 $4K+O_2 \rightarrow 2K_2O$

2) 위험성
  ① 수분 또는 습기와의 접촉시 수소(H_2)를 발생하고 발열
  ② 피부에 닿으면 화상을 입는다.
  ③ K은 격렬히 연소하며 특별한 소화수단이 없다.
  ④ 증기는 대부분 폭발한다.

3) 저장 및 취급방법
  석유류(석유, 경유, 유동파라핀 등)에 저장 : 수분, 불순물, 산소가 함유되지 않을 것.

4) 소화방법
  마른모래에 의한 질식소화, 사용금지 소화약제 : CO_2, CCl_4, 주수 등

(2) 나트륨(Na, 금속소다) : 지정수량 10kg, 비중 0.97

1) 일반적 성질

① 물보다 비중이 적고 물과 반응하여 H_2를 발생하며 발열
② 은백색 광택의 무른 경금속
③ 융점 이상으로 가열시 노란색 화염을 내며 연소함.
④ 알코올과 반응하여 알코올라이트 생성함.
⑤ 전기에 양도체이며 전성이 풍부한 상자성체이다.

> **Check Point**
> - 물과의 반응식 $2Na+2H_2O \rightarrow 2NaOH+H_2+Q$
> - 산화반응식 $4Na+O_2 \rightarrow 2Na_2O$
> - 알코올과의 반응식 $2Na+2C_2H_5OH \rightarrow 2C_2H_5ONa+H_2\uparrow$

2) 위험성

① 수분 또는 습기와의 접촉시 수소(H_2)를 발생하고 발열
② 피부에 닿으면 화상을 입는다.

> **Check Point**
> 칼륨(K), 나트륨(Na)
> ① 보호액 속에 저장 : 석유류(석유, 경유, 벤젠, 유동파라핀 등)에 저장
> ② 소화시 마른 모래, 분말 사용(주수엄금, 할로겐소화약제, CO_2, 사용 금지)

(3) 알킬알루미늄류(R_3Al) : 지정수량 10kg

유기알킬기 [(C_nH_{2n+1})와 금속 알루미늄과의 화합물의 총칭]

종 류	화학식	인화점	비중	융점	상 태	소화제
TMA (트리메틸알루미늄)	$(CH_3)_3Al$	8℃	0.748	15℃	무색 액체	팽창질석, 팽창진주암
TEA (트리에틸알루미늄)	$(C_2H_5)_3Al$	융점 이하	0.832	-46	무색 액체	
TIBA (트리이소부틸알루미늄)	$(iso-C_4H_9)_3Al$	융점 이하	0.79	11	무색 액체	
EADC (에틸알루미늄디클로라이드)	$C_2H_5AlCl_2$	융점 이하	1.25	-85.4	무색 고체	

1) 일반적 성질

① 탄소수가 1개에서 4개까지는 자연발화한다.($C_1 \sim C_4$)
② 물과 반응하여 가연성 가스 발생
③ 할로겐과 반응하여 가연성 가스 발생
④ 알코올과 폭발적 반응을 한다.

> **Check Point**
> - 공기 중 자연발화
>   TMA : $2(CH_3)_3Al + 12O_2 \rightarrow 6CO_2 + Al_2O_3 + 9H_2O$
>   TEA : $2(C_2H_5)_3Al + 21O_2 \rightarrow 12CO_2 + Al_2O_3 + 15H_2O$
> - 물과의 반응식
>   TMA $(CH_3)_3Al + 3H_2O \rightarrow Al(OH)_3 + 3CH_4 \uparrow$
>   TEA $(C_2H_5)_3Al + 3H_2O \rightarrow Al(OH)_3 + 3C_2H_6 \uparrow$

2) 주의사항

① 용기는 완전히 밀봉하고 탱크에 보관시 질소 등 불연성 가스를 충전
② 피부에 닿으면 화상을 입을 수 있으므로 보호구 착용
③ 희석제로 벤젠, 헥산, 톨루엔을 사용한다.

3) 저장 및 취급방법

① 용기는 밀전하고 차고 어두운 장소에 건조한 상태로 저장
② 저장 취급시는 불활성 가스 중에서 취급할 것.

4) 소화방법

팽창질석, 팽창진주암, 탄산수소염류($NaHCO_3$, $KHCO_3$) 소화분말 사용

(4) 알킬리튬(RLi) : 지정수량 10kg

1) 일반 성질

① 금수성이며 자연발화성 물질
② 은백색의 연한 금속
③ 물과 만나면 심하게 발열, 가연성 가스를 발생한다.

(5) 황린(P_4) : 인, 백린, 노란인 : 지정수량 20kg

발화점 34℃

1) 일반적 성질

① 백색 또는 담황색의 가연성, 자연발화성 고체, 강한 마늘 냄새
② 물 속에 저장(CS_2, 벤젠에 용해)
③ 증기는 공기보다 무겁고, 자극적이며 맹독성인 물질
④ 어두운 곳에서 인광을 낸다.
⑤ 화학적 활성이 커 많은 원소와 직접 결합하며 특히 유황, 산소, 할로겐과 격렬하게 결합한다.
⑥ 공기를 차단 → 250℃ 가열시는 붉은인이 생성된다.

2) 위험성
   ① 발화점은 34℃로 매우 낮아 공기 중에 방치시 자연발화
   ② 강알칼리 용액과 반응하여 가연성, 유독성의 포스핀 가스를 발생
   ③ 피부에 닿으면 화상을 입지만 일부는 피부, 근육, 뼈 속으로 침투
   ④ 맹독성으로 대인치사량은 0.02~0.05g이다.

> **Check Point**
> - 공기 중 연소 반응식 $P_4 + 5O_2 \rightarrow 2P_2O_5$
> - 강알칼리 용액과 반응식 $P_4 + 3KOH + 3H_2O \rightarrow PH_3\uparrow + 3KH_2PO_2$

3) 저장·취급
   ① 저장용기는 반드시 물 속에 넣어 보관
   ② 직사광선을 피해 저장
   ③ 저장시 pH9 정도의 물 속에 저장[PH_3(인화수소) 생성 방지]

4) 소화방법
   ① 고압주수소화는 피할 것.(비산하여 연소확대 우려가 있음.)
   ② 유독성 가스(P_2O_5)에 노출되지 않게 공기호흡기 착용

4. 위험등급 II등급

(1) 금속리튬(Li) : 지정수량 50kg

1) 일반적 성질
   ① 은백색의 무른 경금속
   ② 물과 반응하여 수소 가스와 대량의 열을 발생
   ③ 연소시 탄산가스 기류 속에서도 잘 꺼지지 않음.
   ④ 상온에서는 산소와 반응하지 않음 : 100℃ 이상에서 반응함.

(2) 금속칼슘(Ca) : 지정수량 50kg, 비중 1.55, 융점 851℃

1) 일반적 성질
   ① 연한 은백색의 무른 경금속
   ② 상온에서 물과 반응하여 수소 가스를 발생.
   ③ 피부에 닿으면 화상을 입는다.
   ④ 보호액으로 석유, 톨루엔($C_6H_5CH_3$) 속에 저장한다.

(3) 유기금속화합물(알킬알루미늄 및 알킬리튬 제외)

종류 : 부틸리튬(C_4H_9Li), 디메틸카드뮴[$(CH_3)_2Cd$)] 사에틸납[$(C_2H_5)_4Pb$] 등

1) 위험성 및 기타
   ① 공기 중 자연발화성이 있음.
   ② 대부분 물과 격렬하게 반응

5. 위험등급 Ⅲ등급

금속 수소 화합물 : 지정수량 300kg

(1) 수소화리튬(LiH)
① 무색 투명한 고체로서 알코올에는 녹지 않음.
② 알칼리 금속 수소화물 중 가장 안정
③ 물과 반응하여 수소를 발생

(2) 수소화나트륨(NaH)
① 습한 공기 중에 분해하고 물과 심하게 반응하여 수소(H_2)가 발생.
② 환원성이 강함.
③ 유기용매, 액체 암모니아(NH_3)에는 용해하지 않음.

> 물과 반응식
> $$NaH + H_2O \rightarrow NaOH + H_2 \uparrow + 21kcal$$

(3) 수소화알루미늄리튬(LiAlH$_4$)
① 가열시는 리튬(Li), 알루미늄(Al)과 수소(H_2)로 분해(환원제로 이용된다.)
② 백색 또는 회백색 분말로 물에 의하여 수소를 발생하고 에테르(ether)에는 용해

6. 위험등급 Ⅲ등급

금속 인화합물 : 지정수량 300kg

(1) 인화석회(Ca_3P_2)

1) 일반 성질
   ① 적갈색 괴상 고체, 융점 1,600℃
   ② 물, 약산에 의하여 심하게 반응하고 독성의 인화수소(PH_3)를 발생함.

> $$Ca_3P_2 + 6H_2O \rightarrow 2PH_3 + 3Ca(OH)_2$$

2) 소화방법

마른 모래에 의한 피복소화(주수 및 포말 금지)

7. 위험등급 Ⅲ등급

칼슘 또는 알루미늄의 탄화물류 : 지정수량 300kg

(1) 탄화칼슘(CaC_2) : 칼슘 카바이트, 착화온도 335℃

1) 일반적 성질

① 회색 또는 회흑색의 불규칙한 괴상 고체 덩어리로 카바이트라고 함.
② 수증기 및 물과 반응해서 아세틸렌 생성

> **Check Point**
>
> • 물과의 반응식 $CaC_2 + 2H_2O \rightarrow Ca(OH)_2 + C_2H_2 + 27.8kcal$
> $C_2H_2 : 2.5 \sim 81\%$
>
>   위험도 $H = \dfrac{U-L}{L} = \dfrac{81-2.5}{2.5} = 31.4$

2) 위험성

① 물 또는 습한 공기와 만나면 아세틸렌을 발생.
② 아세틸렌 위험성
  ㉠ 폭발범위 2.5~81%로 대단히 넓으므로 주의할 것.
  ㉡ 약 1.5기압 이상 가압하면 분해 폭발하므로 단독으로 가압하지 말 것.

3) 저장 및 취급방법

① 습기와 접촉하지 말 것.
② 용기는 질소가스와 같은 **불활성 가스**를 채울 것.

4) 소화방법

마른모래, 사염화탄소, 탄산가스, 소화분말이 적합하다.

> **Check Point**
>
> 기타 카바이트류
> • $Mn_3C + 6H_2O \rightarrow 3Mn(OH)_2 + CH_4\uparrow + H_2\uparrow$ • $Be_2C + 4H_2O \rightarrow 2Be(OH)_2 + CH_4\uparrow$
> • $Al_4C_3 + 12H_2O \rightarrow 4Al(OH)_3 + 3CH_4\uparrow$ • $MgC_2 + 2H_2O \rightarrow Mg(OH)_2 + C_2H_2\uparrow$
> • $Na_2C_2 + 2H_2O \rightarrow 2NaOH + C_2H_2\uparrow$

(2) 탄화 알루미늄(Al_4C_3)

1) 일반적 성질

① 황색 결정 또는 분말로 1,400℃ 이상이 되면 분해한다.

② 물과 반응하여 메탄(CH_4)가스를 발생. 폭발 위험성이 있다.(CH_4 : 5~15%)

> 물과 반응식(CH_4 : 5~15%)
> $Al_4C_3 + 12H_2O \rightarrow 4Al(OH)_3 + 3CH_4\uparrow + 360kcal$

04 제4류 위험물 및 특수가연물

1. 제4류 위험물

(1) 제4류 위험물의 분류 및 지정수량

성질	위험등급	품명	수용성 여부	종류	지정수량	비 고
인화성 액체	I	특수 인화물		에테르($C_2H_5OC_2H_5$) 이황화탄소(CS_2) 아세트알데히드 산화프로필렌 등	50 l	인화점 : -20℃ 이하, 비점 : 40℃ 이하 착화온도 : 100℃ 이하
	II	제1석유류	수용성	아세톤(CH_3COCH_3) 피리딘	400 l	인화점이 21℃ 미만인 것
			비수용성	가솔린 벤젠(C_6H_6) 톨루엔($C_6H_5CH_3$) 콜로디온 o-크실렌[$C_6H_4(CH_3)_2$] M.E.K 의산메틸에스테르 의산에틸에스테르류 초산에스테르류	200 l	
		알코올류	수용성	메탄올(CH_3OH) 에탄올(C_2H_5OH) 프로판올(C_3H_7OH)	400 l	탄소수 1개에서 3개까지의 포화1가 알코올(변성유 포함)
	III	제2석유류	수용성	의산, 초산, 에틸셀로솔브	2000 l	인화점이 21℃ 이상 70℃ 미만
			비수용성	등유, 경유, 테레핀유, 스틸렌, 송근유	1000 l	
		제3석유류	수용성	에틸렌글리콜, 글리세린	4000 l	인화점이 70℃ 이상 200℃ 미만
			비수용성	중유, 크레오소오트유, 아닐린, 니트로벤젠	2000 l	
		제4석유류		기어유, 실린더유	6000 l	인화점이 200℃ 이상 250℃ 미만
		동식물유		건성유(130 이상) 반건성유(130~100) 불건성유(100 미만)	10000 l	동물의 지육 등 또는 식물의 종자나 과육으로부터 추출한 것으로서 1기압에서 인화점이 섭씨 250℃ 미만인 것

(2) 위험물안전관리법상에 의한 4류 위험물의 정의

① 특수인화물 : 1기압에서 발화점이 섭씨 100도 이하인 것 또는 인화점이 섭씨 영하 20도 이하이고 비점이 섭씨 40도 이하인 것

> 지정품명 : 디에틸에테르($C_2H_5OC_2H_5$), 이황화탄소(CS_2)

② 제1석유류 : 1기압에서 인화점이 섭씨 21도 미만인 것

> 지정품명 : 아세톤, 휘발유(가솔린)

③ 알코올류 : 1분자를 구성하는 탄소원자수가 1개부터 3개까지인 포화1가알코올(변성알코올을 포함)

> 메탄올(CH_3OH), 에탄올(C_2H_5OH), 프로판올(C_3H_7OH), 변성알코올

④ 제2석유류 : 1기압에서 인화점이 섭씨 21도 이상 70도 미만인 것

> 지정품명 : 등유, 경유

⑤ 제3석유류 : 1기압에서 인화점이 섭씨 70도 이상 섭씨 200도 미만인 것

> 지정품명 : 중유, 클레오소트유

⑥ 제4석유류 : 1기압에서 인화점이 섭씨 200도 이상 섭씨 250도 미만의 것

> 지정품명 : 기어유, 실린더유

⑦ 동식물유 : 동물의 지육 등 또는 식물의 종자나 과육으로부터 추출한 것으로서 1기압에서 인화점이 섭씨 250도 미만인 것

(3) 제4류 위험물의 공통 성질

① 대부분 물보다 가볍고(CS_2 제외) 물에 잘 녹지 않는다.(수용성 및 비수용성 구분)
② 증기는 공기보다 무겁다.(HCN 제외)
③ 착화온도가 낮은 것은 위험하다.
④ 연소하한이 낮다.
⑤ 증기와 공기가 약간만 혼합되어 있어도 연소한다.

(4) 저장 및 취급방법

① 화기 및 점화원으로부터 멀리 저장할 것.

② 용기는 밀전하고 통풍이 잘되는 찬 곳에 저장할 것.
③ 정전기 발생에 주의하여 저장, 취급할 것.
④ 증기는 가급적 높은 곳으로 배출할 것.

(5) 소화방법

질식소화가 가장 유효함.
① 소화분말, 탄산가스(CO_2), 증발성 액체, 화학포
② 수용성 인화물질엔 알코올포 사용
　　(아세톤, 초산, 의산, 알코올류, 피리딘, 에틸렌글리콜, 글리세린 등)

2. 특수인화물 : 지정수량 50 l

(1) 디에틸에테르 $C_2H_5OC_2H_5$, 일반식 R-O-R′

착화점 180℃, 인화점 -45℃

【구조식】

1) 일반 성질

① 휘발성이 강한 무색투명한 특유의 향이 있는 액체
② 물에 난용, 알코올에 잘 녹는다.

2) 위험성

① 전기불량 도체로서 건조된 상태에서 쉽게 정전기가 발생
② 증기는 마취성이 있음.
③ 직사광선에 노출하거나 장시간 공기와 접촉하면 과산화물이 생성되어 가열, 충격, 마찰에 의해 폭발한다.
④ 피부와 접촉시 자극작용을 함.

> **Check Point**
> 에테르속에 과산화물
> ① 과산화물 검출시약 : 요오드화칼륨10%용액(10% KI용액) : 과산화물 존재시 황색변화
> ② 과산화물 제거 시약 : 30% 황산제1철($FeSO_4$), 환원철, 0.5%의 물
> ③ 과산화물의 위험성 : 제5류 자기반응성 물질과 같은 위험성을 갖는다.

3) 저장 취급시 주의사항

　① 갈색병 용기에 보관하고 밀봉하여 냉암소에 저장
　② 체적팽창계수가 크므로 안전공간을 충분히 확보할 것.

4) 소화방법

　CO_2, 할론, 포에 의한 질식소화

(2) 이황화탄소(CS_2)

인화점 −30℃, 발화점 100℃, 비중 1.26, 연소범위 1.4~44%

1) 일반 성질

　① 순수한 것은 무색투명한 액체, 불순물에 의해 황색을 띤다.
　② 불쾌한 냄새가 난다.
　③ 물에 불용, 알코올, 에테르, 벤젠 등의 유기용매에 잘 섞인다.
　④ 수지, 황, 황린, 생고무 등을 잘 녹인다.

2) 위험성

　① 제4류 위험물 중 착화점이 가장 낮으며 증기는 유독
　② 연소시 청색 불꽃을 발생하고 이산화황의 유독가스를 발생
　　$CS_2 + 3O_2 \rightarrow CO_2 + 2SO_2$(이산화황)
　③ 고온의 물과 반응하면 **황화수소**를 발생
　　$CS_2 + 2H_2O \rightarrow CO_2 + 2H_2S$(황화수소)

3) 저장 및 취급

　가연성 가스 발생을 억제하고 물에 녹지 않고 무겁기 때문에 용기나 탱크에 저장시 물속에 보관한다.

4) 소화방법

　이산화탄소, 할론, 분말소화약제 등에 의한 질식소화

(3) 아세트 알데히드(CH_3CHO)

인화점 −38℃, 발화점 185℃, 연소범위 4~57%

$$H_3C-C\overset{H}{\underset{O}{=}}$$

【구조식】

1) 일반 성질

　① 물, 알코올, 에테르에 잘 용해
　② 환원되기 쉬워 은거울 반응을 하고 펠링 용액을 환원한다.

2) 위험성

① 마그네슘, 은, 구리, 수은 및 이들의 합금과 반응하여 중합반응을 일으키며 폭발성 물질을 생성
② 가압을 하면 폭발성의 과산화물을 생성
③ 가열하거나 햇빛에 의해 메탄가스나 유독성의 일산화탄소를 발생

3) 저장 및 취급

① 취급설비, 이동탱크, 옥외탱크에 저장시 불연성가스나 수증기로 봉입
② 취급설비는 마그네슘, 은, 구리, 수은 및 이들의 합금을 사용하지 말 것.

4) 소화방법

수용성 물질 : 알코올포 사용, 이산화탄소, 할론, 분말소화약제

Check Point

- 산화반응식
  $2CH_3CHO + 5O_2 \rightarrow 4CO_2 + 4H_2O$
- 산화・환원반응식
  ① 산화반응 : $2CH_3CHO + O_2 \rightarrow 2CH_3COOH$ (아세트산)
  ② 환원반응 : $CH_3CHO + H_2 \rightarrow C_2H_5OH$ (에탄올)
- 황산과 반응식
  $3CH_3CHO \xrightarrow{C-H_2SO_4} \underset{\text{파라알데히드}}{(C_2H_4O)_3} + Q$
  $4CH_3CHO \xrightarrow{C-H_2SO_4} \underset{\text{메타알데히드}}{(C_2H_4O)_4} + Q$

---

(4) 산화프로필렌(CH_3CHCH_2O)

인화점 $-37℃$, 연소범위 $2.5 \sim 38.5\%$

$$H-\underset{\underset{O}{|}}{\overset{\overset{H}{|}}{C}}-\underset{\overset{H}{|}}{\overset{\overset{H}{|}}{C}}-\underset{\overset{H}{|}}{\overset{\overset{H}{|}}{C}}-H$$

【구조식】

1) 일반 성질

물, 알코올, 에테르, 벤젠에 잘 용해

2) 위험성

① 은, 구리, 철, 수은, 알루미늄 및 이들의 합금, 강산류, 염기, 염화제일철 등과 중합반응을 일으키며 폭발성 물질을 생성

② 강산류, 알칼리, 염, 가연성 물질과 접촉하면 심하게 반응
③ 피부와 접촉시 화상을 입는다.

3) 저장 및 취급
① 취급설비, 이동탱크, 옥외탱크에 저장시 불연성 가스나 수증기로 봉입하고 냉각장치를 설치할 것.
② 취급설비는 마그네슘, 은, 구리, 수은 및 이들의 합금을 사용하지 말 것.

4) 소화방법
수용성 물질 : 알코올포 사용, 이산화탄소, 할론, 분말소화약제

05 석유류

1. 제1석유류 : 수용성 400 l, 비수용성 200 l

(1) 아세톤(CH_3COCH_3) DMK, 일반식 R-CO-R′, 지정수량 400 l

인화점 -18℃, 발화점 538℃, 비중 0.8

$$\begin{array}{c} H \quad\quad\quad H \\ | \quad\quad\quad | \\ H-C-C-C-H \\ | \quad | \quad | \\ H \; O \; H \end{array}$$

【구조식】

1) 일반적인 성질
① 물, 유기용제에 잘 용해됨.
② 증기는 공기보다 무겁고 액체는 물보다 가볍다.

2) 취급시 주의사항
① 밀봉하여 차가운 곳에 보관할 것.
② 햇볕에 의해 보관중 과산화물 생성하여 황색변화(갈색의 용기 보관)
③ 요오드포름(CHI_3) 반응을 한다.
④ 피부에 닿으면 탈지작용을 한다.

3) 소화제 : 알코폼, 안개모양의 물, CO_2 등

> **Check Point**
> 요오드포름 반응
> 에틸알코올, 아세톤, 아세트알데히드 등의 수용액에 수산화나트륨 용액과 요드화칼륨을 가하여 두면 노랑색 결정인 요오드포름(CHI_3)이 생기며 특수한 냄새가 난다.

(2) 가솔린(휘발유, 석유에테르, 솔벤트, 나프타)

- 주성분 : $C_5H_{12} \sim C_9H_{20}$, 지정수량 200 l
- 인화점 $-20 \sim -43℃$, 발화점 300℃, 연소범위 1.4~7.6%, 비중 0.65~0.76

1) 일반적인 성질

   ① 물에는 불용이고 물보다 가볍다.
   ② 증기는 공기보다 무겁고 정전기 발생에 유의할 것.
   ③ 체적 팽창계수 0.00135℃이므로 온도상승에 유의할 것.

2) **제조방법** : ① 직류법 ② 열분해법 ③ 접촉개질법

3) **소화방법** : 분말, CO_2, 포에 의한 질식소화

(3) 벤젠(C_6H_6) 벤졸

인화점 −11℃, 발화점 562℃, 연소범위 1.4~7.1%, 융점 5.5℃

1) 일반적인 성질

   ① 무색의 투명한 휘발성 액체로 특유의 방향성이 있음.
   ② 증기는 마취성 · 독성(유해한도 100ppm, 서한도 35ppm)
   ③ 융점 5.5℃로 고체상태에서 가연성 증기를 발생함.
   ④ 저농도 : 오랫동안 마시면 중독을 일으키고 빈혈, 식욕부진, 조혈기관의 장애 발생

2) 벤젠의 특성

   ① 연료로는 부적합 : 연소시 검은 그을음의 발생
   ② 공명구조이므로 첨가(부가)중합반응이 어렵고 치환반응이 주가 된다.
   ③ 벤젠유도체는 독성이 있다.(톨루엔, 크실렌 등)

(4) 톨루엔($C_6H_5CH_3$) 지정수량 200 l

인화점 4℃, 연소범위 1.4~6.7%

1) 일반 성질

   ① 물에는 불용성이나 에틸벤젠 등 유기용제에 잘 용해
   ② 독성이 있다.
   ③ TNT 주성분

> **Check Point**
>
> 톨루엔을 진한 질산과 진한 황산에 니트로화시키면 제5류 위험물인 TNT가 된다.
>
> $C_6H_5CH_3 + 3HNO_3 \xrightarrow{C-H_2SO_4} C_6H_2CH_3(NO_2)_3$
>
> 톨루엔에 이산화망간(MnO_2)과 황산으로 산화시켜 얻는다.
>
> 톨루엔 $\xrightarrow{MnO_2+H_2SO_4}$ 벤조산(안식향산)

2) 소화방법 : 소화분말, 탄산가스, 포에 의한 질식소화

(5) 메틸에틸케톤($CH_3COC_2H_5$) MEK, 일반식 R-CO-R′, 200 l

인화점 −1℃

【구조식】

① 일반 성질 : 탈지작용, 직사광선에서 분해, 에테르에 용해
② 기타 : 아세톤과 동일, 위험물안전관리법상 비수용성에 해당

(6) 피리딘(C_5H_5N, 아딘), 지정수량 400 l

인화점 20℃

1) 일반 성질

   ① 수용성, 독성, 악취
   ② 최대허용농도 5ppm

2) 소화방법 : 알코올포 사용

(7) 헥산(C_6H_{14})

인화점 −22℃

1) 일반 성질

   ① 휘발성이 강한 무색 투명한 액체
   ② 물에 잘 녹지 않고 알코올, 에테르 등에 잘 녹음.

(8) 시안화수소(HCN)

1) 일반 성질

① 맹독성 물질로서 휘발성이 강함.
② 증기는 공기보다 가볍다.
③ 수분 등과 중합 반응하여 폭발위험이 큼.
④ 허용농도 10ppm
⑤ 안정제로는 동망 또는 황산이 있다.

2) 소화방법 : 알코올포, 분말 사용

2. 초산에스테르류(아세트산에스테르류)

지정수량 200 l 일반식 : R-COO-R

(1) 초산메틸(CH_3COOCH_3), 아세트산 메틸, 지정수량 200 l

인화점 $-10℃$

1) 일반 성질

초산과 메틸알코올의 축합물로서 가수분해하면 초산과 메틸알코올로 된다.

2) 소화방법 : 알코올포 사용

(2) 초산에틸($CH_3COOC_2H_5$), 지정수량 200 l

인화점 $-4℃$
용도 : 과일에센스(인공향료)

3. 의산에스테르류(개미산에스테르류, 포름산에스테르류)

(1) 의산메틸(HCOOCH₃)(개미산메틸, 포름산메틸)

지정수량 200 l

1) 일반 성질

① 럼주와 같은 냄새
② 의산과 메틸알코올의 축합물로서 가수분해하여 의산과 메틸알코올로 된다.

$$HCOOH + CH_3OH \underset{\text{가수분해}}{\overset{\text{에스테르화}}{\rightleftharpoons}} HCOOCH_3 + H_2O$$

2) 위험성

① 취급설비의 전기설비는 방폭구조로 할 것.

② 완전밀봉하여 보관할 것.

(2) 의산에틸($HCOOC_2H_5$)

인화점 $-20℃$

(3) 의산프로필($HCOOC_3H_7$)

인화점 $-3℃$

> **Check Point**
> 에스테르화합물에서 분자량 증가에 따른 공통사항
> ① 수용성 감소   ② 인화점이 높아진다.   ③ 비점이 높아진다.
> ④ 연소범위 감소 ⑤ 이성질체가 많아진다. ⑥ 휘발성이 감소
> ⑦ 점도가 커진다. ⑧ 비중이 작아진다.

> **Check Point**
> 초산에스테르류 및 의산에스테르류
> 수용성 물질이지만 위험물안전관리법상 비수용성 물질로서 지정수량은 200 *l*임

4. 알코올류 : 지정수량 400 *l*, 일반식 R-OH

(1) 메틸알코올(CH_3OH), 목정

인화점 11℃, 발화점 464℃

1) 일반 성질

① 물에 가장 잘 녹음.
② 독성이 있어 30~100mL에 생명에 위험을 줄 수 있음.
③ Na, K(알칼리금속) 등과 반응하여 수소를 발생.
④ Pt, CuO 존재하에서 공기 중에서 서서히 산화하여 HCHO가 생긴다.

2) 소화방법 : 알코올포 사용

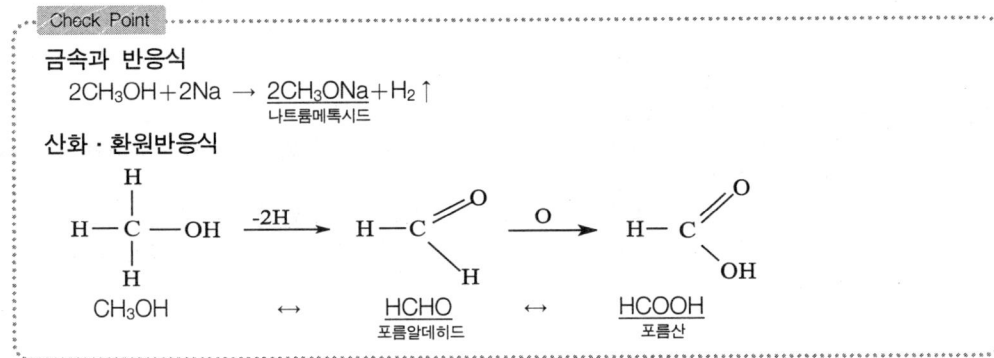

(2) 에틸알코올(에탄올) C_2H_5OH, 주정

인화점 13℃, 발화점 423℃

1) 일반적 성질

① 산화시키면 아세트 알데히드가 되며 다시 산화시키면 아세트산이 된다.
② 요오드포름 반응으로 검출한다.

2) 소화방법 : 알코올포 사용

> **Check Point**
>
> 금속과 반응식
> $$2C_2H_5OH + 2Na \longrightarrow 2C_2H_5ONa + H_2\uparrow$$
> (알콜라이트)
>
> 산화·환원반응식

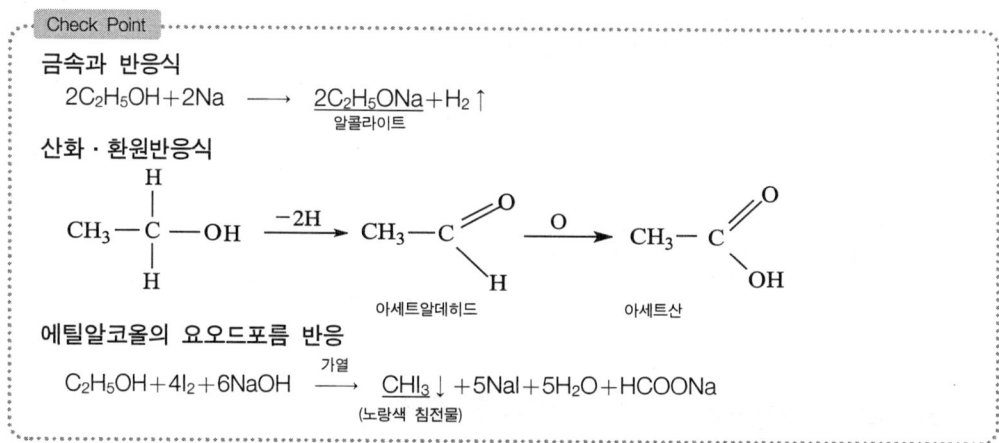

> 에틸알코올의 요오드포름 반응
> $$C_2H_5OH + 4I_2 + 6NaOH \xrightarrow{\text{가열}} CHI_3\downarrow + 5NaI + 5H_2O + HCOONa$$
> (노랑색 침전물)

(3) 프로필알코올(프로판올 C_3H_7OH), 2가지 이성질체

(4) 변성알코올

공업용으로 이용되는 알코올로 주성분은 에틸알코올이며 여기에 변성제로 석유 등을 섞은 것

> **Check Point**
>
> 알코올의 분자량 증가에 따른 성질변환
> ① 물에 녹기 어렵다. ② 이성질체가 증가한다. ③ 착화온도가 낮아진다.
> ④ 증기비중이 증가한다. ⑤ 연소범위가 좁아진다.

> **Check Point**
>
> 다음에 해당하는 것은 제외
> ① 1분자를 구성하는 탄소원자의 수가 1개 내지 3개의 포화1가 알코올의 함유량이 60중량퍼센트 미만인 수용액
> ② 가연성 액체량이 60중량퍼센트 미만이고 인화점 및 연소점(태그개방식인화점측정기에 의한 연소점을 말한다)이 에틸알코올 60중량퍼센트 수용액의 인화점 및 연소점을 초과하는 것

> **Check Point**
>
> 알코올의 분류
> ① -OH에 따른 분류
>   ㉠ 1가알코올 : CH_3OH, C_2H_5OH, C_3H_7OH
>   ㉡ 2가알코올 : $C_2H_4(OH)_2$
>   ㉢ 3가알코올 : $C_3H_5(OH)_3$
> ② -OH가 결합한 탄소수에 따른 분류
>   ㉠ 일차 알코올   ㉡ 2차 알코올   ㉢ 3차 알코올
>
>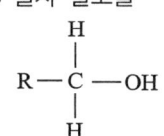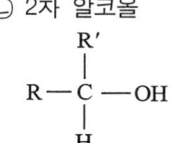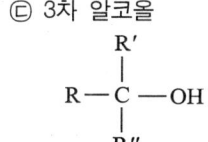

5. 제2석유류 : 수용성 2,000 *l*, 비수용성 1,000 *l*

(1) 등유(케로신) : 지정수량 1,000 *l*

인화점 약 43~72℃(40~70℃), 연소범위 1~6%, 착화점 250℃
비점 150~300℃, 증기비중 4~5, 탄소수가 C_9~C_{18}

1) 일반 성질

① 담황색의 액체이며 취기가 있는 냄새가 있음.
② 탄소수가 C_9~C_{18}개까지의 포화, 불포화 탄화수소의 혼합물이며 유출온도는 대략 150~300℃이다.
③ 비중은 물보다 가볍고 인화점은 약 43~72℃(40~70℃)이다.

2) 소화방법

분말, CO_2, 포에 의한 질식소화

(2) 경유(디젤유) : 지정수량 1,000 *l*

인화점 50~70℃, 연소범위 1~6%, 착화점 257℃, 비점 250~300℃(유출온도범위)
증기비중 4~5, 탄소수 C_{15}~C_{20}

1) 일반 성질

① 담황색 또는 담갈색 액체로 등유와 비슷한 성질을 가짐.
② 비점은 250~300℃(유출온도범위)로 탄소수는 C_{15}~C_{20}이 되는 포화, 불포화 탄화수소의 혼합물이다.

2) **소화방법** : 분말, CO_2, 포에 의한 질식소화

(3) 의산(HCOOH) : 지정수량 2,000 *l*

1) 일반 성질

① 메탄올이나 포름알데히드를 산화시켜 얻음.
② 개미나 곤충 속에 들어 있어 피부에 닿으면 상하게 함.
③ 초산보다 강한 산성을 나타냄.
④ 피부와 접촉시 화상을 입는다.
⑤ 내산성 용기에 보관할 것.

> Check Point
> 카르복시산 중 가장 강한 산으로 포르밀기와 카르복시기를 가지고 있다.
>
>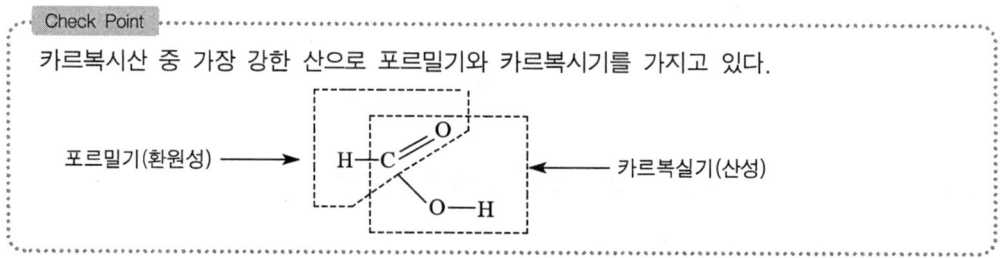

2) 소화방법 : 분말, 탄산가스, 포, 할론, 알코올포 사용

(4) 초산(CH₃COOH) : 지정수량 2,000 *l*

비중 1.05, 융점 16.7℃, 연소범위 4.0~19.9%

1) 일반 성질

① 물에 잘 용해
② 피부에 닿으면 화상을 입는다.
③ 내산성 용기에 보관할 것.
④ 3~5% 수용액을 식초라 한다.

2) 소화방법 : 분말, 탄산가스, 포, 할론, 알코올포 사용

(5) 테레핀유(C₁₀H₁₆) (타펜유, 송정유) : 지정수량 1,000 *l*

1) 일반 성질

① 송정유(소나무 및 식물포함), 타펜유라고 함.
② 무색이나 담황색의 액체로 불쾌한 냄새가 남.
③ 물에는 불용이고 알코올, 에테르, 클로로포름에 용해
④ 자연발화의 위험이 큼.
⑤ 주성분은 피넨(C₁₀H₁₆) 80~90%임.
⑥ 건성유와 유사한 산화성이기 때문에 공기 중 산화한다.

2) 소화방법 : 분말, 탄산가스, 포, 할론 등

(6) 송근유 지정수량 1,000 l

    1) 일반 성질

        ① 소나무 뿌리건류 액체로 물에 불용
        ② 용해성을 가지고 있다.

    2) 소화방법 : 분말, 탄산가스, 포, 할론 등

(7) 스틸렌($C_6H_5CHCH_2$) 지정수량 1,000 l, 중합체 : 폴리스틸렌

    1) 일반 성질

        ① 무색의 독특한 냄새를 가지는 액체
        ② 물에는 불용성이며 알코올, 에테르, 이황화탄소에 용해
        ③ 중합 반응하여 무색의 고상물이 된다.

    2) 소화방법 : 분말, 탄산가스, 포, 할론 등

(8) 크실렌($C_6H_4(CH_3)_2$) (크시롤, 디메틸벤젠) : 지정수량 1,000 l

종 류	o-크실렌	m-크실렌	p-크실렌
구조식	(구조식)	(구조식)	(구조식)
시성식	o-$(C_6H_4(CH_3)_2)$	m-$(C_6H_4(CH_3)_2)$	p-$(C_6H_4(CH_3)_2)$
인화점	17.2℃	25℃	25℃
분 류	제1석유류	제2석유류	제2석유류

    1) 일반 성질

        ① 3가지 o-크실렌, m-크실렌, p-크실렌 이성질체
        ② 무색투명한 액체로서 휘발성이고 독특한 냄새
        ③ 물에는 불용성이나 알코올 유기용매는 가용성

    2) 소화방법 : 분말, 탄산가스, 포, 할론 등

(9) 에틸렌셀로솔브(에틸렌글리콜모노에틸에테르) : $C_2H_5OCH_2CH_2OH$
    지정수량 2,000 l

    1) 일반 성질

        ① 무색의 수용성 액체

② 가수분해시는 에틸알코올 및 에틸렌글리콜을 생성

2) 소화방법 : 알코올용포 사용

(10) 장뇌유(백색유, 적색유, 감색유) 지정수량 1,000 l

1) 용도

① 백색유 : 방부제
② 적색유 : 비누향료
③ 감색유 : 선광유

2) 소화방법 : 분말, 탄산가스, 포, 할론

(11) 클로로벤젠(C_6H_5Cl) : 지정수량 1,000 l

1) 일반적인 성질

① 마취성을 있으며 무색의 액체로 증기는 독성이 있음.
② 물에는 불용이나 많은 유기용제와 혼합한다.
③ 염료, 향료, DDT의 원료, 유기합성의 원료
④ 연소시 염화수소(HCl)가스가 발생한다.

2) 소화방법 : 분말, 탄산가스, 포

6. 제3석유류 : 지정수량 수용성 4,000 l, 비수용성 2,000 l

(1) 중유 : 지정수량 2,000 l

1) 원유에서 추출 방법에 따라

① 직류중유 ② 분해중유

2) 비중(0.9~0.95)·점도 등의 차이에 따라

A중유·B중유·C중유의 3종류

3) 위험성

① 상온에서는 인화의 위험이 없고, 가열시 제1석유류와 같은 위험성을 가짐.
② 천, 포, 종이 등의 가연물에 스며들어 자연발화의 위험이 있음.
③ 탱크화재 진압시 보일오버(boil over)와 슬롭오버(slop over)현상이 일어날 수 있다.

4) 소화방법 : 포, CO_2, 할론, 분말 등

(2) 크레오소트유(타르유) : 지정수량 2,000 l

1) 일반적인 성질

① 황색~암록색의 기름 모양의 액체

② 방부제, 살충제, 카본블랙의 제조 원료
③ 10% 이상의 여유 공간을 유지한다.

2) 위험성

① 타르산이 많이 함유되어 있어 용기를 부식시키므로 내산성 용기에 보관
② 콜타르 유분으로 나프탈렌과 안트라센 등이 함유되어 있어 증기는 유독함.

(3) 에틸렌글리콜($C_2H_4(OH)_2$) 수용성, 지정수량 4,000 l

1) 일반적인 성질

① 대표적인 2가 알코올로서 무색의 끈기 있는 단맛의 액체로 일명 감유라 함.
② 독성이 있다.
③ 물, 알코올, 아세톤, 글리세린에 잘 녹는다.
④ 락카, 자동차 부동액 등의 제조원료로 사용된다.

2) 소화방법 : 알코올용포, 이산화탄소, 소화분말, 사염화탄소 등

(4) 글리세린($C_3H_5(OH)_3$) 수용성, 지정수량 4,000 l

1) 일반적인 성질

① 3가 알코올
② 무색, 무취의 점성의 액체로, 흡수성이 있고 단맛이 있음.
③ 물, 알코올에는 잘 녹음.
④ 용제, 윤활유, 화장품, 유기합성용 향미료, 유리세척제에 사용.

2) 소화방법 : 알코올용포, 소화분말, 이산화탄소(CO_2), 사염화탄소 등

(5) 니트로벤젠($C_6H_5NO_2$) : 지정수량 2,000 l

1) 일반적인 성질

① 갈색, 암황색의 점조한 액체
② 알코올, 에테르, 벤젠에 녹으며 증기는 독성이 강함.
③ 철, 아연 등의 금속과 HCl을 작용시킨 상태에서 아닐린($C_6H_5NH_2$)을 생성한다.(Cu, Ni, Ag 촉매로 가능.)

(6) 아닐린($C_6H_5NH_2$) : 지정수량 2,000 l, 인화점 75℃

1) 일반적인 성질

① 황색, 담황색의 기름 모양 액체로 물에 불용
② 알코올, 벤젠, 에테르, 아세톤에 용해
③ 알칼리 금속이나 알칼리 토금속과 반응하여 수소 및 아닐리드 발생

2) 제법

니트로 벤젠에 수소를 작용하여 환원시켜 얻는다.

(7) 담금질유 : 지정수량 2,000 l

1) 종류

담금질유 170℃ 이상, 180℃ 이상, 200℃ 이상, 230℃ 이상, 250℃ 이상
※ 200℃ 이상은 제4석유류에 포함된다.

2) 소화방법 : 중유에 준한다.

(8) 메타크레졸 : 지정수량 2,000 l, 인화점 86℃

종 류	o-크레졸	m-크레졸	p-크레졸
구조식			
시성식	o-($C_6H_4(CH_3)OH$)	m-($C_6H_4(CH_3)OH$)	p-($C_6H_4(CH_3)OH$)
인화점	81.4℃	86℃	85.9℃
상 태	고체	액체	고체
분 류	특수가연물 가연성 고체	제3석유류	특수가연물 가연성 고체

7. 제4석유류 : 지정수량 6,000 l

지정품명 : 기어유, 실린더유

(1) 윤활유

1) 분류

① 석유계 윤활유 : 원유에서 제조
② 합성 윤활유 : 각종 탄화수소로부터 합성
③ 지방성 윤활유 : 각종 유지
④ 윤활용 그리스
⑤ 혼성윤활유

(2) 가소제(Plasticizer)

인화점 200~250℃

종 류	화 학 식
DOP(프탈산디옥틸)	$C_6H_4(COOC_8H_{17})_2$
DIDP(프탈산디이소데실)	$C_6H_4(COOC_{10}H_{21})_2$
TCP(인산프리크레실)	$(CH_3C_6H_4O)_3PO$
DIDP(아디핀산디이소데실)	$C_{10}H_{21}COO(CH_2)_4COOC_{10}H_{21}$

1) 성질

① 휘발성이 적고, 열과 빛에 안정하며 비누, 물, 그리스, 용제 등에 추출되기 어렵다.
② 수지에 고루 혼합 용해하여 가소성을 주어 성형가공 및 유연성, 내한성 등을 부여한다.

8. 동·식물유 : 지정수량 10,000 l

인화점은 250~350℃

1) 일반적인 성질

① 상온에서는 인화하기 어렵지만 인화점 이상 가열되면 석유류와 비슷한 위험성이 있음.
② 화재시 액온이 상승하여 대형화재로 발전하기 때문에 소화가 곤란
③ 인화점이 220~300℃ 정도가 많아서 연소위험성 측면에서 제4석유류와 유사하다.

2) 소화방법

① 초기화재시 분말, 하론, CO_2가 유효하나 화재 규모에 따라 물분무도 가능.
② 대형화재시 포에 의한 질식소화를 한다.

(1) 요오드값에 의한 분류

> **Check Point**
> 요오드값 : 유지 100g에 부가되는 요오드의 g수
> 요오드값이 클수록 2중 결합이 많고 불포화도가 크다. 즉 자연발화가 용이하다.

1) 건성유 : 요오드값 130 이상

성 질	불포화도	자연발화 위험성	종 류	
건성유	크다	크다	동물유	㉮어리기름, ㉯구기름, ㉰어기름
			식물유	㉱바라기기름, ㉲유, ㉳마인유, ㉴기름
※ 요오드값이 130이상으로 걸레 등 섬유류에 스며들어 자연발화의 위험이 크다.				

2) **반건성유** : 요오드값 100 이상 130 미만

성 질	불포화도	자연발화 위험성	종	류
반건성유	중간	중간	동물유	청어기름
			식물유	콩기름, 옥수수기름, 참기름, 채종유, 면실유

3) **불건성유** : 요오드값 100 미만

성 질	불포화도	자연발화 위험성	종	류
불건성유	중간	작다	동물유	고래기름, 쇠기름, 돼지기름
			식물유	올리브유, 땅콩기름, 동백유, 피마자유, 팜유

9. 특수가연물

(1) 종 류

품 명		수 량
면화류		200kg 이상
나무껍질 및 대팻밥		400kg 이상
넝마 및 종이부스러기		1,000kg 이상
사류(絲類)		1,000kg 이상
볏짚류		1,000kg 이상
가연성 고체류		3,000kg 이상
석탄·목탄류		10,000kg 이상
가연성 액체류		2m^3 이상
목재가공품 및 나무부스러기		10m^3 이상
합성수지류	발포시킨 것	20m^3 이상
	그 밖의 것	3,000kg 이상

1) "가연성 고체류"라 함은 고체로서 다음 각 목의 것
   ① 인화점이 섭씨 40℃ 이상 100℃ 미만인 것
   ② 인화점이 섭씨 100℃ 이상 200℃ 미만이고, 연소열량이 1g 당 8kcal 이상인 것
   ③ 인화점이 섭씨 200℃ 이상이고, 연소열량이 1g 당 8kcal 이상인 것으로서 융점이 100℃ 미만인 것
   ④ 1기압과 섭씨 20℃ 초과 40℃ 이하에서 액상인 것으로서 인화점이 섭씨 70℃ 이상 섭씨 200℃ 미만이거나 "나목 또는 다목"에 해당하는 것

2) "가연성 액체류"

① 1기압과 섭씨 20도 이하에서 액상인 것으로서 가연성 액체량이 40중량퍼센트 이하이면서 인화점이 섭씨 40℃ 이상 섭씨 70℃ 미만이고 연소점이 섭씨 60℃ 이상인 물품

② 1기압과 섭씨 20도에서 액상인 것으로서 가연성 액체량이 40중량퍼센트 이하이고 인화점이 섭씨 70℃ 이상 섭씨 250℃ 미만인 물품

③ 동물의 기름기와 살코기 또는 식물의 씨나 과일의 살로부터 추출한 것
　㉠ 1기압과 섭씨 20도에서 액상이고 인화점이 250℃ 미만인 것으로서 위험물안전관리법 제20조 제1항의 규정에 의한 용기기준과 수납·저장기준에 적합하고 용기외부에 물품명·수량 및 "화기엄금" 등의 표시를 한 것
　㉡ 1기압과 섭씨 20도에서 액상이고 인화점이 섭씨 250℃ 이상인 것

10. 특수가연물의 가연성 고체류 : 지정수량 3,000kg

(1) 일반 성질

① 1기압 20℃에서 고체 또는 반고체 상태
② 연소시 제4류위험물과 유사한 성질
③ 화재발생시 연소속도가 빠를 뿐만 아니라 소화하기가 곤란한 가연성 물질
④ 위험물보다는 위험도가 낮으나 일단 화재가 발생하면 높은 연소열량으로 인하여 연소확대가 지속되기 때문에 소화작업이 매우 곤란한 물질

11. 가연성 고체 중 인화점 40℃ 이상 100℃ 미만

(1) 보루네올(龍腦, Borneol) : $C_{10}H_{18}O$

1) 일반 성질

① 백색 반투명한 결정으로 물에 약간 녹고, 알코올, 에테르 등에 잘 용해
② 승화성이 강하다.

(2) 파라포름알데히드(para Formaldehyde) : $(CH_2O)_n \cdot H_2O$

1) 일반 성질

① 백색분말로 120℃에서 승화하며 포르말린 냄새가 남.
② 분진은 분진폭발의 위험이 있다.

(3) 페놀(Phenol) : C_6H_5OH

  1) 일반 성질

    ① 무색의 결정 덩어리로서 특이한 냄새가 나며, 물·알코올·에테르에 용해
    ② 강산화제와 혼촉에 의해 발열·발화
    ③ 물에 녹아 약산성을 나타낸다.

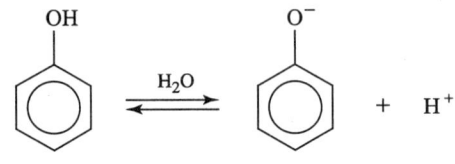

페놀레이트 이온

(4) 나프탈렌(Naphthalene) : $C_{10}H_8$

【구조식】

  1) 일반 성질

    ① 무색 또는 백색의 판상결정으로 특이한 냄새가 나며 승화성 물질임.
    ② 분말은 분진폭발의 위험이 있음.
    ③ 강산화제, 강산류와의 접촉에 의해 발화 위험성이 높다.

  2) 용도 : 염료, 의약, 방충제, 살충제, 합성섬유 등

(5) 파라톨루이딘(para Toluidine) : $C_6H_4(CH_3)NH_2$

  1) 일반 성질

    ① 백색판상 결정으로 가열에 의해 유독성, 가연성의 증기를 방출함.
    ② 물에 잘 녹지 않음.
    ③ 강산화제와 혼촉시 발열·발화한다.

(6) 오르쏘, 파라-크레졸(ortho, para-Cresol) : $C_6H_4(CH_3)OH$

  1) 일반 성질

    ① 무색결정, 물·알코올·에테르 등에 녹음.
    ② m-크레졸은 제4류위험물 제3석유류에 해당
    ③ 햇빛에 의해 갈색으로 변한다.
    ④ 연소생성가스는 매우 유독하다.

2) 용도 : 소독제, 방부제, 살균제

종 류	o-크레졸	m-크레졸	p-크레졸
구조식			
시성식	o-$(C_6H_4(CH_3)OH)$	m-$(C_6H_4(CH_3)OH)$	p-$(C_6H_4(CH_3)OH)$
인화점	81.4℃	86℃	85.9℃
상 태	고체	액체	고체
분 류	특수가연물 가연성 고체	제3석유류	특수가연물 가연성 고체

12. 가연성 고체 중 인화점이 100℃ 이상 200℃ 미만이고 연소 열량이 1g당 8kcal 이상인 것

(1) 안트라센(Anthracene) : $C_{14}H_{10}$

1) 일반 성질

① 청색 형광을 내는 무색 또는 담황색의 결정, 물에 불용
② 강산화제, 강산류 및 불소와 혼합시 발화위험이 있다.

(2) 스테아르산(Stearic Acid) : $CH_3(CH_2)_{16}COOH$

1) 일반 성질

① 광택이 있는 백색 고체
② 물에 거의 녹지 않지만 벤젠, CS_2, 알코올, 에테르에 녹음.
③ 용융상태에서 위험성이 크며 자연발화의 위험이 있다.

(3) 고급 알코올

인화점 200℃ 미만

1) 일반 성질

① 백색 고체
② 물에 녹지 않고, 에테르 · 벤젠 · 에틸알코올에 녹음.

③ 융점이 낮아서 용융상태에서는 위험성이 크며 고온 가열에 의해 인화되기 쉽다.

(4) 송지(松脂 : Rosin)

1) 일반 성질

① 황색 또는 담갈색의 덩어리 또는 분말로서 물에 녹지 않음.
② 강산화제와 혼합한 것은 연소위험성이 높아진다.

(5) 고체 파라핀

1) 성상

① 백색의 반투명한 결정성 고체
② 물에 녹지 않고, 알코올, 벤젠, CS_2, 에테르에 녹는다.

(6) 장뇌(樟腦 : Camphor) : $C_{10}H_{16}O$

1) 일반 성질

① 무색투명한 유연성 고체 또는 판상결정으로 승화성질이 있음.
② 물에 잘 녹지 않고, 알코올, 에테르, CS_2에 잘 녹는다.

13. 가연성 고체 중 인화점이 200°C 이상, 연소열량이 1g당 8kcal 이상이고 융점 100°C 미만

(1) 우지(Tallow)

1) 일반 성질

① 백색 또는 황색의 고형물질이며 물에 불용
② 제4류 위험물 동식물유류와 같은 위험성이 있다.

(2) 돈지

1) 일반 성질

① 백색 또는 연고상 고체로서 독특한 냄새가 나며 물에 불용.
② 제4류 위험물 동식물유류와 유사한 위험성이 있다.

(3) 경화유

인화점 200°C 이상, 연소열량 8,000cal/g 이상, 융점 37~67°C
용도 : 비누, 마아가린, 양초, 버터, 글리세린, 윤활유, 제약, 화장품 등

06 제5류 위험물

1. 제5류 위험물

(1) 제5류 위험물의 분류 및 지정수량

성질	위험등급	품명 및 품목	지정수량	대표적 물질
자기반응성 물질	I	유기과산화물	10kg	BPO, MEKPO
		질산에스테르	10kg	$CH_3ONO_2, C_6H_7O_2(ONO)_2)_3$
	II	니트로화합물	200kg	피크린산($C_6H_2(NO_2)_3OH$)
		니트로소화합물	200kg	파라니트로소벤젠
		아조화합물	200kg	아조벤젠($C_6H_5N=NC_6H_5$)
		디아조화합물	200kg	디아조디니트로페놀(DDNP)
		히드라진 유도체	200kg	
		히드록실아민	100kg	
		히드록실아민염류	100kg	
		그밖에 행정안전부령이 정하는 것	10kg, 100kg 또는 200kg	1. 금속의 아지화합물 2. 질산구아니딘
		위의 하나에 해당하는 어느 하나 이상을 함유한 것		

(2) 제5류 위험물 공통 성질

① 자기반응성 물질로서 물질 자체가 산소를 함유하므로 **자기연소**를 일으킴.
② 가열, 충격, 마찰 등에 의하여 폭발의 위험
③ 장기간 공기 노출시 산화반응으로 열분해하여 **자연발화**를 일으킬 수 있다.

(3) 저장 및 취급방법

① 화기와 점화원으로부터 멀리하고 가열, 충격, 마찰 등을 피할 것.
② 용기의 파손 및 균열에 주의하며 통풍이 잘되는 냉암소에 저장할 것.
③ 화재 발생시 소화가 곤란하고 폭발할 수 있으므로 **소분하여 저장**할 것.
④ 용기는 밀전, 밀봉하고 운반용기 및 포장 외부에는 **화기엄금, 충격주의** 등의 주의사항을 게시할 것.

(4) 소화방법 및 대처방법

화재 초기에 대량의 물을 주수하여 질식, 냉각·소화를 할 것.

2. 유기 과산화물 : 지정수량 10kg

(1) 과산화 벤조일(BPO, 벤조일 퍼옥사이드)

1) 일반적인 성질

① 무색, 무미, 무취의 백색 또는 결정성 고체임.
② 상온에서는 안정하지만 가열하면 100℃에서 흰 연기를 내고 심하게 분해를 일으킴.
③ 75~80℃에서 오래 있으면 분해하며, 햇빛에 의해 분해가 촉진됨.
④ 건조된 상태에서는 마찰, 충격을 주면 순식간에 연소하며 폭발함.
⑤ 희석제는 프탈산메틸, 프탈산디부틸을 사용함.

프탈산디메틸　　　　　　프탈산디부틸

⑥ 소맥분 표백제로 사용시 소맥분 1kg에 대하여 0.3g 이하로 한다.

2) 저장 및 취급방법

① 일광의 직사를 피하고 냉암소 저장
② 물에 녹지 않기 때문에 수분에 흡수시켜 저장 및 이송할 것.
③ 물이나 희석제를 혼합시 폭발성을 줄일 수 있다.
④ 소분하여 저장한다.

3) **소화방법** : 물로 냉각소화

(2) 과산화메틸에틸케톤(MEKPO)

1) 일반 성질

① 무색 독특한 냄새가 나는 기름 모양의 액체임.
② 직사광선, 수은, 철, 납 구리합금과 접촉시 분해가 촉진
③ 40℃ 이상에서 분해가 촉진되고 100℃ 이상에서는 심하게 백연을 발생
④ 희석제로는 프탈산 디메틸, 프탈산 디부틸이 있다.

2) **저장·취급방법 및 소화방법** : 과산화 벤조일에 준한다.

3. 질산에스테르류 : 지정수량 10kg

(1) 니트로셀룰로오스(($C_6H_7O_2(ONO)_2)_3)_n$: (NC, 질화면, 면화약, 질산셀룰로오스)

1) 일반 성질

① 무색, 백색의 고체이며 물에 불용
② 건조시 마찰 전기에 의해 발화 위험이 큼.
③ 질산기의 수에 따라 강면약과 약면약이 있다.

2) 저장 및 취급방법

① 질화도가 클수록 분해도, 폭발성, 위험도가 증가함.
② 산·알칼리 또는 직사광선에 의해 분해하여 자연발화함.
③ 130℃에서 서서히 분해, 180℃ 이상에서 격렬히 연소하여 다량의 유독성 가스를 발생시킨다.

> **Check Point**
> - 질화도 : 니트로셀룰로오스 중의 질소(N)의 함유농도%
> - 강면약(강질화면, 에테르와 알코올의 혼합액에 녹지 않는 것) : 질화도 12.76%
> - 약면약(약질화면, 에테르와 알코올의 혼합액에 녹는 것) : 질화도 10.18~12.76%

> **제조법**
> 천연셀룰로오스를 진한황산과 진한질산의 혼산으로 에스테르화 반응시켜 제조

3) 저장 및 취급

① 건조상태에서 자연발화의 위험이 큼.
② 건조되는 것을 방지하기 위해 운반, 저장시 물과 알코올에 습윤시킨다.
  (습성제 : 운반시 물 20%, 알코올 30%를 첨가 습윤)

4) 소화방법 : 다량의 물로 냉각소화

5) 용도 : 면화약, 콜로디온, 락카, 셀룰로이드 등

> **Check Point**
> 콜로디온 : 질화도가 낮은 니트로셀룰로오스를 에테르와 알코올(alcohol)의 혼합액에 녹인 것

(2) 니트로글리세린($C_3H_5(ONO_2)_3$) : NG

1) 일반 성질

① 순수품은 상온에서 무색·투명한 기름모양 액체임.
② 혀바닥을 찌르는 듯한 단맛이 있음.
③ 상온에서는 액체이지만 겨울에는 동결한다.

2) 위험성

① 가열, 충격, 마찰에 매우 민감함.
② 산의 존재하에서 분해가 촉진되고 폭발하는 수도 있다.

> **Check Point**
> 니트로글리세린의 분해
> $$4C_3H_5(ONO_2)_3 \rightarrow \underline{12CO_2\uparrow + 10H_2O\uparrow + 6N_2\uparrow + O_2\uparrow}$$
> 다량의 가스 발생

3) 저장 및 취급

　① 다공성 물질(톱밥, 소맥분, 전분 등)에 흡수시켜 운반
　② 구리제 용기에 저장
　③ 물에 녹지 않고 통풍과 환기가 잘되는 찬 곳에 저장한다.

4) 소화방법 : 다량의 물로 냉각소화

5) 용도 : 다이나마이트제조, 무연화약

(3) 질산메틸(CH_3ONO_2)

1) 일반 성질

　① 무색 투명한 액체로 물에 약간 녹음.
　② 마취성이 있으며 유독하다.
　③ 인화점 15℃
　④ 로켓추진제로 사용한다.

2) 소화방법 : 다량의 물로 냉각소화

(4) 질산에틸($C_2H_5ONO_2$)

1) 일반 성질

　① 무색 투명한 액체이며 단맛이 있음.
　② 알코올에 잘 녹으며 인화되기 쉽다.
　③ 인화점이 낮고(−10℃) 연소되기 쉽다.
　④ 4류 1석유류와 같은 위험성, 저장 및 취급을 제1석유류에 준한다.
　⑤ 방향성이 있다.(냄새가 있다.)

2) 소화방법 : 다량의 물로 냉각소화

4. 니트로화합물 : 지정수량 200kg

(1) 트리니트로 톨루엔(TNT) : $C_6H_2CH_3(NO_2)_3$

발화점 300℃

【구조식】

제조법

$$C_6H_5CH_3 + 3HNO_3 \xrightarrow{C-H_2SO_4} C_6H_2CH_3(NO_2)_3 + 3H_2O$$

[톨루엔 + 3HNO$_3$ $\xrightarrow{C-H_2SO_4}$ 트리니트로톨루엔 + 3H$_2$O]

Check Point

TNT 폭발 반응식 $2C_6H_2CH_3(NO_2)_3 \rightarrow 12CO + 2C + 3N_2 + 5H_2$

1) 일반 성질
   ① 담황색의 주상결정이지만 햇빛을 쪼이면 다갈색으로 변화됨.
   ② 충격강도는 피크린산보다 둔감하지만 급격한 타격을 주면 폭발함.
   ③ 강력한 폭약이며 가끔 폭발력의 기준이 된다.
   ④ 물에 녹지 않고 알코올, 벤젠, 아세톤 녹는다.
   ⑤ 중금속, 습기와 반응하지 않으며 자연발화의 위험은 없다.

2) 위험성
   ① 산화되기 쉬운 물질과 공존하면 타격 등에 의하여 폭발
   ② 폭발력이 대단하여 피해 범위도 넓어 위험하다.

3) 소화방법 : 대량의 물로 주수 소화한다.

4) 용도 : 병기 및 다이너마이트, 질산폭약제

(2) 피크린산($C_6H_2(NO_2)_3OH$) TNP : 트리니트로 페놀

발화점 300℃

Check Point

피크린산의 폭발 반응식 $2C_6H_2(OH)(NO_2)_3 \rightarrow 4CO_2 + 6CO + 3N_2 + 3H_2 + 2C$

1) 일반적인 성질
    ① 편편한 침상 결정이고 휘황색
    ② 찬물에는 극히 적게 녹고 에테르 알코올, 벤젠. 더운물에 잘 용해됨.
    ③ 단독으로는 안정
    ④ 보통의 금속과 반응하여 수소를 발생하고, Fe, Pb, Cu와 반응하여 피크린산염을 형성함.
    ⑤ 쓴 맛이 있으며 또 독성이 있다.
    ⑥ 물에 전리하여 강한 산이 된다.
    ⑦ 공기 중 자연분해하지 않는다.

2) 위험성
    ① 단독으로는 타격마찰 등에 대하여 둔감하고 탈 때 검은 연기를 내고 타지만 폭발은 하지 못한다.
    ② 금속염은 대단히 위험하며 요오드, 가솔린, 알코올, 황 등과 혼합한 것은 마찰·타격에 의하여 심하게 폭발한다.

3) 소화방법 : 대량의 주수소화

5. 니트로소 화합물 : 지정수량 200kg

(1) 파라 니트로소 벤젠

1) 일반 성질
    ① 황갈색 분말
    ② 가열 충격에 의해서 폭발하고 폭발력은 강하지 않다.
    ③ 소분저장하고 파라핀을 안정제로 사용한다.

6. 아조 화합물 : 지정수량 200kg

(1) 아조디카르본 아미드

담황색 또는 황색분말 무독성, 발포제로 이용.

7. 히드라진 유도체류 : 지정수량 200kg

인화점에 따라 제4류 위험물로 분류됨.

(1) 염산히드라진(N_2H_4HCl)

1) 일반 성질
    ① 백색 결정성 분말로 물에 녹기 쉽다.
    ② 피부와 접촉시 부식성이 강하다.

07 제6류 위험물

1. 제6류 위험물

(1) 제6류 위험물의 분류 및 지정수량

성질	위험등급	품명 및 품목	지정수량
산화성 액체	I	과염소산	300kg
		과산화수소	300kg
		질산	300kg
		그밖에 행정안전부령이 정하는 것	300kg
		위의 하나에 해당하는 어느 하나 이상을 함유한 것	300kg

가. 과산화수소는 그 농도가 36중량퍼센트 이상인 것에 한한다.
나. 질산은 그 비중이 1.49 이상인 것에 한한다.

(2) 제6류 위험물의 공통적 성질

① 불연성 물질로서 강산화제이다.
② 비중은 1보다 크고 물에는 잘 용해됨.
③ 부식성 및 유독성이 강한 액체임.
④ 물과 만나면 심한 발열함.
⑤ 증기는 유독하며 피부와 접촉시 점막을 부식시킴.
⑥ 산소를 많이 포함하여 다른 가연물의 연소를 돕는다.
⑦ 과산화수소를 제외하고는 분해시 유독성 가스를 발생한다.

(3) 제6류 위험물 취급시 주의사항

① 내산성 용기에 보관할 것.
② 2류, 3류, 4류, 5류, 강환원제, 일반 가연물과 혼합한 것은 혼촉발화하므로 혼재하지 말 것.
③ 용기의 밀전, 파손 방지, 전도 방지에 주의.
④ 가열에 의한 유독성 가스의 발생을 방지시킨다.

(4) 소화방법

① 마른모래, 건조분말로 질식소화시킨다.
② 소량 화재시는 다량의 물로 희석할 수 있지만 원칙적으로 주수하지 않음.
③ H_2O_2의 경우에는 양에 상관없이 다량의 물로 희석소화함.
④ 누출시 마른모래나 흙으로 흡수하고, 과산화수소는 물로 나머지는 약알칼리 중화제를 사용한다.(소다회, 중탄산나트륨, 소석회 등)

2. 질산(HNO_3) : 지정수량 300kg

• 위험물안전관리법상 정의 : 비중이 1.49 이상인 것에 한한다.

(1) 일반 성질
① 피부에 접촉시 단백질과 반응하여 노란색의 크산토프로테인 반응을 함.
② 물에 잘 녹고 강산성을 나타냄.
③ Fe, Ni, CO, Al 등은 진한 질산과 반응하여 부동태화된다.

(2) 위험성
① 물과 반응하여 발열함.
② 목탄분, 목재잔부스러기, 톱밥, 솜뭉치에 스며들게 되어 오래 두면 자연발화함.
③ 가연성 물질, 산화성 물질, 유기용제, 금속분, 카바이트, 시안화합물, 황, 알칼리와 심하게 반응한다.
④ 가열시 진한 적갈색 증기(NO_2)를 띤다.

$$\text{열분해 반응식} \quad 4HNO_3 \rightarrow 4NO_2 + 2H_2O + O_2$$

- **크산토프로테인 반응**
  단백질에 질산을 가하면 니트로화되어 노란색으로 변하는데 이것을 단백질 검출에 이용한다.
- **부동태**
  Fe, Ni, Co, Al 등은 묽은 질산에는 녹지만, 진한 질산과 접하면 표면에 산화물의 피막을 만들어 그 내부를 보호하여 녹지 않게 된다. 이와 같이 금속이 산화물의 피막을 만든 상태를 부동태라 함.
- **질산에 용해되지 않는 것**
  Pt, Au 등은 질산에 용해되지 않음.
- **왕수**
  HCl과 HNO_3을 3 : 1의 부피비로 혼합한 용액. Pt, Au 등을 녹일 수 있음.

(3) 저장 및 취급
소량은 갈색 병에 넣어서 차고 어두운 곳에 보관한다.

(4) 소화방법
마른모래, 소석회, 소다회 사용, 공기호흡기 등 보호장구 착용.

3. 과염소산($HClO_4$) : 지정수량 300kg

(1) 일반 성질

① 흡습성, 휘발성이 강하다.
② Fe, Cu, Zn과는 격렬히 반응하여 산화물을 만든다.

(2) 위험성

① 불안정한 강산
② 물과 반응시 심하게 발열
③ 유기물과 심하게 반응하고 디에틸에테르, 황산, 목탄분, 초산, 메탄올 등의 알코올과 심한 반응한다.
④ 시안화합물과 반응하여 HCN을 발생

| 강산의 세기 | $HClO < HClO_2 < HClO_3 < HClO_4$ |

⑤ 산화력이 강하고 종이 나무조각과 접촉하면 연소와 동시에 폭발한다.

(3) 저장 및 취급사항

유리 또는 도자기 밀폐용기에 넣어 저온에서 저장

(4) 소화방법 : 물분무, 분말 등

4. 과산화수소(H_2O_2) : 지정수량 300kg

• 위험물안전관리법상 정의 : 농도가 36wt% 이상인 것에 한한다.

(1) 일반적 성질

① 물, 알코올, 에테르에는 용해하기 쉬우나 석유 벤젠에는 불용성
② 산화제, 환원제로 사용됨.
③ 3% H_2O_2 수용액을 옥시풀(peroxide)이라 한다.(소독약)
④ 시판품은 30~40% 수용액

(2) 위험성

① 알칼리, Ag, Pb, Pt 및 금속분말 등과 반응·분해·폭발함.
② 농도가 60% 이상인 것은 충격에 의해 단독 폭발 가능성이 있음.
③ 갈색용기에 저장할 것.
④ 분해시 발생한 발생기 산소 : 과산화수소(H_2O_2)가 표백작용
$$2H_2O_2 \rightarrow 2H_2O + O_2$$

(3) 저장 및 취급방법

① 인산(H_3PO_4), 요산($C_5H_4N_4O_3$), 요소, 글리세린 등의 안정제를 첨가하여 분해를 억제시킨다.
② 햇빛 차단, 화기엄금, 충격주의 하고 환기가 잘되는 냉암소에 보관할 것.
③ 유리용기에 장기간 보존하지 말 것 : 유리용기는 알칼리성으로 H_2O_2 분해촉진시킨다.
④ 구멍 뚫린 마개를 사용하여 보관할 것.

5. 기타

(1) 발연질산($HNO_3 + NO_2$)

① 무색 또는 적갈색의 액체로 강한 부식성이 있음.
② 인체에 대한 유독성이 있고 질산보다는 산화력이 강함.
③ 발연성으로 황갈색의 가스(NO_2)를 발생함.

6. 할로겐간 화합물 : 둘 이상의 할로겐 원소간의 화합물

(1) 염화티오닐($SOCl_2$)

① 무색 또는 동황색의 투명한 액체이며, 벤젠, 클로로포름 사염화탄소에 용해
② 물과 반응하여 염산과 아황산가스가 발생한다.
   $$SOCl_2 + H_2O \rightarrow 2HCl + SO_2$$

(2) 염화슬포닐(SO_2Cl_2)

① 독성 및 부식성이 강하며 피부에 닿으면 중화상을 입는다.
② 무색 투명한 액체이면서 공기 중에서 발열
③ 물을 가하면 분해하고 황산 및 염산으로 된다.
   $$SO_2Cl_2 + 2H_2O \rightarrow H_2SO_4 + 2HCl$$

위험물기능사 핵심 요약  # 위험물의 저장 및 취급기준

01 위험물의 저장 및 취급의 기준

- 위험물의 정의 : 인화성 또는 발화성 등의 성질을 가지는 것으로서 대통령령이 정하는 물품

(1) 제조소 등

위험물제조소 등 : 제조시설, 취급시설, 저장시설을 말함.

1) **지정수량 미만** : 시·도 조례로 정함.
2) **지정수량 이상** : 제조소 등이나 저장소에서 취급
3) **적용제외** : 항공기·선박·철도 및 궤도에 의한 위험물의 저장·취급 및 운반
4) 제조소 등이 아닌 장소에서 지정수량 이상의 위험물을 취급할 수 있는 경우
   ① 시·도의 조례가 정하는 바에 따라 관할소방서장의 승인
   ② 위험물 저장 기간 : 90일 이내

(2) 제조시설

1일 지정수량 이상의 위험물을 제조하기 위한 일련의 시설(제조시설·취급시설 및 저장시설을 포함)

(3) 저장시설

① 옥내저장소 : 옥내저장시설   ② 옥외저장소 : 옥외저장시설
③ 옥내탱크저장소 : 옥내탱크저장시설   ④ 지하탱크저장소 : 지하탱크저장시설
⑤ 간이탱크저장소 : 간이탱크저장시설   ⑥ 이동탱크저장소 : 이동탱크저장시설
⑦ 옥외탱크저장소 : 옥외탱크저장시설   ⑧ 지하암반저장소 : 지하암반저장시설

(4) 취급시설

① 주유취급소   ② 판매취급소   ③ 이송취급소   ④ 일반취급소

(5) 제조소 등에서의 위험물의 취급 기준

1) 제조에 관한 기준
   ① 증류 공정   ② 추출 공정   ③ 건조 공정   ④ 분쇄 공정

2) 폐기에 관한 기준

① 소각하는 경우 : 안전한 장소에서 감시원의 배치하에 연소 또는 폭발에 의하여 타인에게 위해나 손해를 미칠 우려가 없는 방법으로 실시.
② 매몰하는 경우 : 위험물의 성질에 따라 안전한 장소에서 실시할 것.
③ 위험물을 바다, 강, 호수 등에 유출시키거나 투하하지 말 것.
다만, 다른 위해 또는 손해를 미칠 우려가 없을 때 또는 재해의 발생을 방지하기 위한 적당한 조치를 강구한 때에는 예외.

(6) 위험물안전관리자

1) 위험물 안전관리자 자격

위험물취급자격자의 구분		취급할 수 있는 위험물
1. 국가기술자격법에 의하여 위험물의 취급에 관한 자격을 취득한 자	위험물관리기능장	제1류~제6류 위험물의 모든 위험물
	위험물관리산업기사	제1류~제6류 위험물의 모든 위험물
	위험물관리기능사	제1류~제6류 위험물 중 국가기술자격증에 기재된 해당 류의 위험물
2. 안전관리자교육이수자(소방청장이 실시하는 안전관리자교육을 이수한 자)		위험물 중 제4류 위험물
3. 소방공무원경력자(소방공무원으로 근무한 경력이 3년 이상인 자)		위험물 중 제4류 위험물

1. 제조소 등의 화재예방규정

(1) 화재예방 규정

행정안전부령에 의한 화재예방규정을 정하여 시·도지사에게 제출

(2) 화재예방규정을 정하여야 하는 제조소 등

대통령령이 정하는 제조소 등에 해당하는 제조소 등
① 지정수량의 10배 이상의 위험물을 취급하는 제조소
② 지정수량의 10배 이상의 위험물을 취급하는 일반취급소
③ 지정수량의 100배 이상의 위험물을 저장하는 옥외저장소
④ 지정수량의 150배 이상의 위험물을 저장하는 옥내저장소
⑤ 지정수량의 200배 이상의 위험물을 저장하는 옥외탱크저장소
⑥ 암반탱크저장소
⑦ 이송취급소

(3) 화재예방규정 제외

지정수량의 10배 이상의 위험물을 취급하는 일반취급소로 특수인화물을 제외한 제4류

위험물만을 지정수량의 50배 이하로 취급하는 일반취급소(제1석유류·알코올류의 취급량이 지정수량의 10배 이하인 경우)로서 다음에 해당하는 것
① 보일러·버너 또는 이와 비슷한 것으로서 위험물을 소비하는 장치로 이루어진 일반취급소
② 위험물을 용기에 옮겨 담거나 차량에 고정된 탱크에 주입하는 일반취급소

> **Check Point**
> 벌칙, 500만원 이하의 벌금
> 제조소 등의 사용전 예방규정을 제출하지 않거나 예방규정 변경명령을 위반한자 또는 예방규정의 변경 명령을 위반하여 제조소 등을 설치한 자

(4) 화재예방규정 작성
① 위험물의 안전관리업무를 담당하는 자의 직무 및 조직에 관한 사항
② 자체소방대의 편성과 화학소방자동차의 배치에 관한 사항
③ 위험물의 안전에 관계된 작업에 종사하는 자에 대한 안전교육에 관한 사항
④ 위험물시설·소방시설 그 밖의 관련시설에 대한 점검 및 정비에 관한 사항 등

2. 자체 소방대
대통령령이 정하는 수량 이상의 위험물을 저장 또는 취급하는 제조소 등

(1) 자체소방대 설치대상
대통령이 정하는 제조소 등
① 제4류 위험물을 취급하는 제조소 또는 일반취급소
② 제4류 위험물로서 지정수량의 3천배 이상 저장 취급하는 제조소 등
③ 화학소방자동차 및 자체소방대원을 둘 것.

(2) 화학소방차

제조소 등 사업소	화학소방자동차	자체소방대원의 수
제4류 위험물의 최대수량 - 지정수량의 12만배 미만	1대	5인
제4류 위험물의 최대수량 - 지정수량의 12만배~24만배	2대	10인
제4류 위험물의 최대수량 - 지정수량의 24만배~48만배 미만	3대	15인
제4류 위험물의 최대수량이 지정수량 - 48만배 이상	4대	20인

3. 위험물 운송기준

(1) 운송책임자의 감독·지원을 받아 운송하는 위험물

① 알킬알루미늄
② 알킬리튬
③ 알킬알루미늄이나 알킬리튬을 함유하는 위험물

4. 정기점검대상

(1) 정기점검대상 제조소 등

① 지정수량의 10배 이상의 위험물을 취급하는 제조소
② 지정수량의 100배 이상의 위험물을 저장하는 옥외저장소
③ 지정수량의 150배 이상의 위험물을 저장하는 옥내저장소
④ 지정수량의 200배 이상의 위험물을 저장하는 옥외탱크저장소
⑤ 암반탱크저장소
⑥ 이송취급소
⑦ 지하탱크저장소
⑧ 이동탱크저장소
⑨ 위험물을 취급하는 탱크로서 지하에 매설된 탱크가 있는 제조소·주유취급소 또는 일반취급소
⑩ 액체위험물을 저장 또는 취급하는 100만 l 이상의 옥외탱크저장소를 말한다.

(2) 특정옥외탱크저장소 정기점검 및 위험물의 저장관리

특정옥외탱크저장소(액체위험물의 최대수량이 100만 l 이상)는 정기점검외에 구조안전점검을 실시한다.

① 탱크내부의 부식을 방지하기 위한 코팅[유리입자(글래스플레이크)코팅 또는 유리섬유 강화플라스틱 라이닝에 한한다]
② 탱크의 에뉼러판 및 밑판 외면의 부식을 방지하는 조치
③ 탱크의 에뉼러판 및 밑판의 두께가 적정하도록 하는 조치
④ 탱크의 구조상의 영향을 줄 우려가 있는 보수를 하지 않거나 변형이 없게 하는 조치
⑤ 현저한 부등침하가 없도록 하는 조치
⑥ 지반은 충분한 지지력과 침하에 대하여 충분한 안전성을 확보하는 조치
⑦ 부식에 영향을 주는 물이나 부식성이 있는 위험물을 저장하지 않도록 조치
⑧ 부식 발생에 영향을 미치는 저장조건의 변경을 하지 않도록 하는 조치
⑨ 탱크의 에뉼러판 및 밑판의 부식율이 연간 0.05밀리미터 이하일 것

(3) 탱크시험자 등록신고

1) 등록신고 : 시 · 도지사

2) 제출서류
   ① 법인등기부등본
   ② 기술능력자 연명부 및 기술자격증
   ③ 안전성능 시험장비의 명세서
   ④ 보유장비 및 시험방법
   ⑤ 방사성동위원소이동 사용허가증 사본

(4) 정기점검 횟수

연 1회 이상 정기점검을 실시

5. 제조소

(1) 제조소 안전거리

① 건축물 그 밖의 공작물로서 주거용으로 사용되는 것 : 10m 이상
② 학교 · 병원 · 극장 그 밖에 다수인을 수용하는 시설 : 30m 이상
③ 문화재보호법의 규정에 의한 유형문화재와 기념물 중 지정문화재 : 50m 이상
④ 고압가스, 액화석유가스 또는 도시가스를 저장 또는 취급하는 시설 : 20m 이상
⑤ 사용전압이 7,000V 초과 35,000V 이하의 특고압가공전선 : 3m 이상
⑥ 사용전압이 35,000V를 초과하는 특고압가공전선 : 5m 이상

(2) 보유공지

취급하는 위험물의 최대수량	공지의 너비
지정수량의 10배 이하	3m 이상
지정수량의 10배 초과	5m 이상

(3) 표지 및 게시판

1) 표지판
   ① 한 변의 길이가 0.3m 이상, 다른 한 변의 길이가 0.6m 이상인 직사각형으로 할 것.
   ② 바탕은 백색으로, 문자는 흑색으로 할 것.

2) 게시판
   ① 게시판 기재사항
      ㉠ 위험물의 유별 · 품명
      ㉡ 저장최대수량 또는 취급최대수량

ⓒ 지정수량의 배수 및 안전관리자의 성명 또는 직명
② 게시판 색상 : 바탕은 백색으로, 문자는 흑색
③ 위험물에 따른 주의사항을 표시한 게시판
    ㉠ 제1류 위험물 중 알칼리금속의 과산화물과 이를 함유한 것 또는 제3류 위험물 중 금수성 물품 : "물기엄금"
    ㉡ 제2류 위험물(인화성 고체를 제외한다) : "화기주의"
    ㉢ 제2류 위험물 중 인화성 고체, 제3류 위험물 중 자연발화성 물품, 제4류 위험물 또는 제5류 위험물에 "화기엄금"
④ 게시판의 색상
    ㉠ "물기엄금" : 청색바탕에 백색문자
    ㉡ "화기주의" 또는 "화기엄금" : 적색바탕에 백색문자

(4) 제조소 건축물

1) **건축물**
   ① 벽·기둥·바닥·보·서까래 및 계단 : 불연재료
   ② 연소의 우려가 있는 외벽 : 개구부가 없는 내화구조의 벽
   ③ 제6류 위험물을 취급하는 건축물 : 아스팔트 또는 부식되지 않는 재료로 피복

2) **지붕** : 가벼운 불연재료

3) **출입구와 비상구**
   ① 갑종 방화문 : 비차열시간 1시간 이상
   ② 을종 방화문 : 비차열시간 30분 이상
   ※ 비차열 : 불에 견디는 시간

4) **액체의 위험물을 취급하는 건축물의 바닥**
   ① 위험물이 스며들지 못하는 재료를 사용.
   ② 적당한 경사를 둘 것.
   ③ 그 최저부에 집유설비를 설치

(5) 채광·조명 및 환기설비

1) **채광설비** : 불연재료

2) **조명설비**
   ① 조명등 : 방폭등
   ② 전선 : 내화·내열전선
   ③ 점멸스위치 : 출입구 바깥부분에 설치

3) 환기설비
    ① 자연배기방식
    ② 급기구
        ㉠ 면적 : 당해 급기구가 설치된 실의 바닥면적 150m²마다 1개 이상
        ㉡ 급기구 크기 : 800cm² 이상으로 할 것.
    ③ 급기구 위치 : 낮은 곳에 설치, 가는 눈의 구리망 등으로 인화방지망을 설치
    ④ 환기구 : 지붕위 또는 지상 2m 이상의 높이(회전식 고정벤티레이터 또는 루푸팬 방식으로 설치)

(6) 배출설비
  1) 배출설비
    ① 국소방식 : 배출능력은 1시간당 배출장소 용적의 20배 이상
    ② 전역방식 : 바닥면적 1m²당 18m³ 이상
  2) 급기구 및 배출구 기준
    ① 배출구
        ㉠ 높이 : 지상 2m 이상, 연소의 우려가 없는 장소에 설치
        ㉡ 배출닥트가 관통하는 벽부분 : 자동으로 폐쇄되는 방화댐퍼를 설치
  3) 배풍기 : 강제배기방식

(7) 옥외설비의 바닥
  액체위험물을 취급하는 설비 기준
  ① 높이 0.15m 이상의 턱을 설치(위험물이 외부로 유출 방지)
  ② 콘크리트 등 위험물이 스며들지 아니하는 재료로 하고, 턱이 있는 쪽이 낮게 경사지게 할 것.
  ③ 최저부에 집유설비를 설치
  ④ 위험물(온도 20℃의 물 100g에 용해되는 양이 1g 미만인 것에 한한다)을 취급하는 설비 : 집유설비에 유분리장치를 설치

(8) 위험물제조소의 취급탱크 방유제
  1) 옥외에 있는 위험물취급탱크
    ① 취급탱크가 1기 : 당해 탱크용량의 50% 이상
    ② 취급탱크가 2기 이상 : 탱크 중 용량이 최대인 것의 50%+나머지 탱크용량 합계의 10%를 가산한 양 이상
  2) 옥내에 있는 위험물취급탱크
    ① 방유턱 용량 : 탱크에 수납하는 위험물의 양을 전부 수용할 수 있을 것.

② 방유턱 안에 2기 이상의 탱크가 있는 경우 : 최대인 탱크의 양 이상을 수용할 수 있을 것.

(9) 피뢰설비

지정수량의 10배 이상의 위험물을 취급하는 제조소(단, 제6류 위험물 제외)

(10) 위험물의 성질에 따른 제조소의 특례

1) 알킬알루미늄 등을 취급하는 제조소

취급설비 : 불활성 기체를 봉입하는 장치를 갖출 것.

2) 아세트알데히드 등을 취급하는 제조소

① 취급설비 : 은 · 수은 · 동 · 마그네슘 또는 이들 합금으로 만들지 아니할 것.
② 취급설비 : 불활성 기체 또는 수증기를 봉입하는 장치를 갖출 것.
③ 취급하는 탱크
　㉠ 냉각장치 또는 저온을 유지장치 설치(2 이상 설치)
　㉡ 불활성 기체를 봉입하는 장치
　㉢ 비상전원을 갖출 것.(냉각장치 또는 보냉장치 고장시 대비)

3) 히드록실아민 등을 취급하는 제조소

$$D = \frac{51.1 \cdot N}{3}$$

D : 거리(m)
N : 당해 제조소에서 취급하는 히드록실아민 등의 지정수량의 배수

6. 옥외저장소

(1) 옥외저장소 기준 및 보유공지

① 습기가 없고 배수가 잘 되는 장소
② 위험물을 저장 또는 취급하는 장소 : 경계표시를 할 것.
③ 보유공지 : 위험물의 최대수량에 의한 공지를 보유할 것.

저장 또는 취급하는 위험물의 최대수량	공지의 너비
지정수량의 10배 이하	3m 이상
지정수량의 10배 초과 20배 이하	5m 이상
지정수량의 20배 초과 50배 이하	9m 이상
지정수량의 50배 초과 200배 이하	12m 이상
지정수량의 200배 초과	15m 이상

> **Check Point**
> 제4류 위험물 중 제4석유류와 제6류 위험물 옥외저장소
> 위 표의 공지의 너비의 3분의 1 이상의 너비로 할 수 있다.

(2) 옥외저장소 선반 기준

높이 : 6m를 초과하지 말 것.

(3) 차광막 설치

1) 과산화수소 또는 과염소산

불연성 또는 난연성의 천막 등의 햇빛을 가릴 수 있는 차광막을 설치할 것.

(4) 덩어리 상태의 유황 등만 저장 또는 취급 기준

① 하나의 경계표시의 내부의 면적 : 100m² 이하
② 경계표시 내부의 면적을 합산한 면적 : 1,000m² 이하
③ 인접하는 경계표시와 경계표시와의 간격 : 공지의 너비의 2분의 1 이상
④ 경계표시의 높이 : 1.5m 이하로 할 것.
⑤ 유황 등을 저장 또는 취급하는 장소의 주위 : 배수구와 분리장치를 설치할 것.

(5) 저장 기준

1) 옥외저장소에 저장 가능한 위험물

① 제2류 위험물 중 유황 또는 인화성 고체(인화점이 섭씨 0도 이상인 것)
② 제4류 위험물 중 제1석유류(인화점이 섭씨 0도 이상인 것)
③ 알코올류
④ 제2석유류 · 제3석유류 · 제4석유류 및 동식물유류
⑤ 제6류 위험물

2) 저장 불가능한 위험물

① 저인화점 위험물
② 이연성 위험물
③ 금수성 위험물

(6) 고인화점 위험물(인화점이 100℃ 이상)만을 저장 또는 취급하는 옥외저장소의 보유공지

저장 또는 취급하는 위험물의 최대수량	공지의 너비
지정수량의 50배 이하	3m 이상
지정수량의 50배 초과 200배 이하	6m 이상
지정수량의 200배 초과	10m 이상

7. 옥내저장소

(1) 옥내저장소의 기준

1) 옥내저장소 중 안전거리를 두지 않아도 되는 경우
   ① 지정수량의 20배 미만인 제4석유류 또는 동식물유류
   ② 제6류 위험물
   ③ 지정수량의 20배(하나의 저장창고의 바닥면적이 150m² 이하인 경우에는 50배) 이하의 위험물을 저장 또는 취급하는 옥내저장소로서 다음의 기준에 적합한 것
      ㉠ 저장창고의 벽·기둥·바닥·보 및 지붕 : 내화구조일 것.
      ㉡ 저장창고의 출입구 : 자동폐쇄방식의 갑종방화문이 설치되어 있을 것.
      ㉢ 저장창고 : 무창층일 것.

(2) 보유공지

저장 또는 취급하는 위험물의 최대수량	공지의 너비	
	벽·기둥 및 바닥이 내화구조로 된 건축물	그 밖의 건축물
지정수량의 5배 이하		0.5m 이상
지정수량의 5배 초과 10배 이하	1m 이상	1.5m 이상
지정수량의 10배 초과 20배 이하	2m 이상	3m 이상
지정수량의 20배 초과 50배 이하	3m 이상	5m 이상
지정수량의 50배 초과 200배 이하	5m 이상	10m 이상
지정수량의 200배 초과	10m 이상	15m 이상

> **Check Point**
> 지정수량의 20배를 초과하는 옥내저장소와 동일한 부지 내에 있는 다른 옥내저장소와의 사이 : 공지의 너비의 3분의 1(당해 수치가 3m 미만인 경우에는 3m)의 공지를 보유할 수 있다.

(3) 저장기준

① 유별을 달리하는 위험물 : 동일한 저장소에 저장하지 말 것.
② 동일 품명의 위험물이더라도 자연발화할 우려나 또는 재해가 발생될 수 있는 위험물 : 지정수량의 10배 이하마다 상호간 0.3m 이상의 거리를 둘 것.
③ 저장시 높이를 초과하여 용기를 겹쳐 쌓지 말 것.
   ㉠ 기계에 의해 하역하는 구조로 된 용기만을 겹쳐 쌓는 경우 : 6m
   ㉡ 제4류 위험물 중 제3, 제4석유류 및 동식물유류 : 4m
   ㉢ 기타 3m
④ 위험물과 비 위험물품간 거리 : 1m 이상

⑤ 동일 저장소에 저장 금지 : 제3류 위험물 중 황린 그 밖에 물속에 저장하는 물품과 금수성 물품
⑥ 위험물과 건축물의 내벽사이의 거리 : 0.5m

> **Check Point**
>
> **유별을 달리하지만 혼재가 가능한 위험물**
> ① 서로 1m 이상의 간격을 두는 경우
> ② 제1류 위험물(알칼리금속의 과산화물 또는 이를 함유한 것을 제외)과 제5류 위험물
> ③ 제1류 위험물과 제6류 위험물
> ④ 제1류 위험물과 제3류 위험물 중 자연발화성물질(황린 또는 이를 함유한 것)
> ⑤ 제2류 위험물 중 인화성고체와 제4류 위험물
> ⑥ 제3류 위험물 중 알킬알루미늄등과 제4류 위험물(알킬알루미늄 또는 알킬리튬을 함유한 것)
> ⑦ 제4류 위험물 중 유기과산화물(또는 이를 함유하는 것)과 제5류 위험물 중 유기과산화물 또는 이를 함유한 것

(4) 저장창고

1) 기준

① 지면에서 처마까지의 높이가 6m 미만인 단층건물일 것.
② 바닥을 지반면보다 높게 한다.
③ 벽·기둥 및 바닥 : 내화구조, 보와 서까래 - 불연재료
④ 지붕 : 가벼운 불연재료, 반자를 만들지 말 것.
⑤ 출입구 : 갑종방화문 또는 을종방화문

> **Check Point**
>
> **위험물에 따른 옥내저장소 바닥 기준**
> ① 물이 스며 나오거나 스며들지 아니하는 구조로 해야 되는 위험물
>   제1류 위험물 중 알칼리금속의 과산화물, 제2류 위험물 중 철분·금속분·마그네슘, 제3류 위험물 중 금수성 물품, 제4류 위험물
> ② 액상의 위험물
>   위험물이 스며들지 아니하는 구조로 하고, 적당하게 경사지게 하여 그 최저부에 집유설비를 하여야 한다.

2) 저장창고의 바닥면적

　A) 다음의 위험물을 저장하는 창고 : 1,000m²

> **Check Point**
> ① 제1류 위험물 중 Ⅰ등급
> 　(아염소산염류, 염소산염류, 과염소산염류, 무기과산화물 그 밖에 지정수량이 50kg인 위험물)
> ② 제3류 위험물 Ⅰ등급
> 　(칼륨, 나트륨, 알킬알루미늄, 알킬리튬 그 밖에 지정수량이 10kg인 위험물 및 황린)
> ③ 제4류 위험물 Ⅰ, Ⅱ등급
> 　(특수인화물, 제1석유류 및 알코올류)
> ④ 제5류 위험물 Ⅰ등급
> 　(유기과산화물, 질산에스테르류 그 밖에 지정수량이 10kg인 위험물
> ⑤ 제6류 위험물

　B) Ⅰ등급 위험물 외의(제4석유류 제1석유류 및 알코올류 제외) 위험물을 저장하는 창고 : 2,000m²

　C) Ⅰ, Ⅱ등급 이외의 위험물을 내화구조의 격벽으로 완전히 구획된 실에 각각 저장하는 창고 : 1,500m²
　　[Ⅰ등급 위험물을 저장하는 실의 면적 : 500m²를 초과할 수 없다.]

8. 지정과산화물 옥내저장소 기준

(1) **격벽** : 바닥면적 150m² 이내마다 격벽으로 완전하게 구획할 것.

　① 외벽으로부터 1m 이상, 상부의 지붕으로부터 50cm 이상 돌출
　② 철근콘크리트조 또는 철골철근콘크리트조 : 두께 30cm 이상
　③ 두께 40cm 이상 : 보강콘크리트블록조

(2) **저장창고의 출입구**

　갑종방화문을 설치

(3) **저장창고의 창**

　① 바닥면으로부터 2m 이상의 높이
　② 하나의 벽면에 두는 창의 면적의 합계 : 당해 벽면의 면적의 80분의 1 이내
　③ 하나의 창의 면적 : 0.4m² 이내

9. 옥외탱크저장소

(1) 보유공지

저장 또는 취급하는 위험물의 최대수량	공지의 너비
지정수량의 500배 이하	3m 이상
지정수량의 500배 초과 1,000배 이하	5m 이상
지정수량의 1,000배 초과 2,000배 이하	9m 이상
지정수량의 2,000배 초과 3,000배 이하	12m 이상
지정수량의 3,000배 초과 4,000배 이하	15m 이상
지정수량의 4,000배 초과	당해 탱크의 수평단면의 최대지름(횡형인 경우에는 긴 변)과 높이 중 큰 것과 같은 거리 이상. 다만, 30m 초과의 경우에는 30m 이상으로 할 수 있고, 15m 미만의 경우에는 15m 이상으로 하여야 한다.

1) 제6류 위험물 외의 위험물을 저장 또는 취급하는 옥외저장탱크를 동일한 방유제 안에 2개 이상 인접하여 설치하는 경우(지정수량의 4,000배 초과시 제외)

　① 보유공지의 3분의 1 이상의 너비
　② 최소보유공지의 너비는 3m 이상

2) 제6류 위험물을 저장 또는 취급하는 옥외저장탱크

　① 보유공지의 3분의 1 이상의 너비
　② 최소보유공지 너비 : 1.5m 이상

3) 제6류 위험물을 저장 또는 취급하는 옥외저장탱크를 동일구내에 2개 이상 인접하여 설치하는 경우

　① 보유공지 3분의 1 이상의 너비
　② 보유공지의 너비 : 1.5m 이상

> **Check Point**
> 지정수량의 4,000배를 초과하여 위험물을 저장 또는 취급하는 옥외저장탱크
> • 다음 기준에 적합한 물분무설비로 방호조치를 하는 경우에 보유공지의 2분의 1 이상의 너비로 할 수 있다.(탱크 1m²당 20kw 이상의 복사열에 표출되는 표면을 갖는 인접한 옥외저장탱크)
> ① 탱크의 표면에 방사하는 물의 양 : 탱크의 높이 15m 이하마다 원주길이 1m에 대하여 분당 37ℓ 이상으로 할 것.
> ② 수원의 양 : 20분 이상 방사할 수 있는 수량으로 할 것.
> ③ 탱크의 높이가 15m를 초과하는 경우 : 15m 이하마다 분무헤드를 설치
> ④ 물분무소화설비의 설치기준에 준할 것.

(2) 옥외저장탱크의 외부구조 및 설비

> **Check Point**
> - **특정옥외저장탱크** : 액체 위험물의 최대수량이 100만 l 이상의 것
> - **준특정옥외저장탱크** : 액체 위험물의 최대수량이 50만 l 이상 100만 l 미만의 것

1) **압력탱크 및 압력외 탱크의 설비**

   A) 압력탱크(최대상용압력이 부압 또는 정압 5kPa을 초과하는 탱크)
   ① 압력계 및 안전장치
   ② 감압측에 안전밸브를 부착한 감압밸브
   ③ 안전밸브를 병용하는 경보장치
   ④ 파괴판

   B) 압력탱크 외의 탱크(제4류 위험물의 옥외저장탱크에 한함)
   ① 밸브 없는 통기관
   ㉠ 직경은 30mm 이상일 것.
   ㉡ 선단은 수평면보다 45도 이상 구부려 빗물등의 침투를 막는 구조로 할 것.
   ㉢ 가는 눈의 구리망 등으로 인화방지장치를 할 것.
   ② 가연성의 증기를 회수하기 위한 밸브를 통기관에 설치하는 경우
   ㉠ 10kPa 이하의 압력에서 개방되는 구조로 할 것.
   ㉡ 당해 통기관의 밸브는 저장탱크에 위험물을 주입하는 경우를 제외하고는 항상 개방되어 있는 구조일 것.
   ㉢ 개방된 부분의 유효단면적은 777.15mm^2 이상
   ③ 대기밸브부착 통기관
   ㉠ 5kPa 이하의 압력차이로 작동할 수 있을 것.
   ㉡ 가는 눈의 구리망 등으로 인화방지장치를 할 것.

2) **지정수량의 10배 이상인 옥외탱크저장소** : 피뢰침을 설치(제6류 위험물 제외)

3) **이황화탄소의 옥외저장탱크**

   ① 벽 및 바닥의 두께 : 0.2m 이상
   ② 철근콘크리트의 수조에 넣어 보관(보유공지·통기관 및 자동계량장치는 생략)

> **Check Point**
> **피뢰침 설치 생략**
> ① 옥외탱크저장소의 지붕과 벽이 모두 3.2mm 이상의 금속재일 때
> ② 접지시설을 설치한 경우

(3) 방유제

1) 인화성 액체위험물(이황화탄소 제외)의 옥외탱크저장소의 탱크 방유제 기준
   ① 방유제의 용량
      ㉠ 탱크 1기 : 탱크 용량의 110% 이상
      ㉡ 탱크 2기 이상 : 탱크 중 용량이 최대인 것의 용량의 110% 이상
   ② 방유제 높이 : 0.5m 이상 3m 이하
   ③ 방유제 면적 : 8만m^2 이하
   ④ 방유제 내에 설치하는 옥외저장탱크의 수 : 10기 이하
   ⑤ 방유제 외면에 자동차 등이 통행할 수 있는 노면폭 : 3m 이상
   ⑥ 옥외저장탱크의 지름에 따른 탱크와 방유제간거리
      ㉠ 지름이 15m 미만인 경우 : 탱크 높이의 3분의 1 이상
      ㉡ 지름이 15m 이상인 경우 : 탱크 높이의 2분의 1 이상

2) 용량이 1,000만 l 이상인 옥외저장탱크의 간막이둑
   ① 높이 : 0.3m(탱크 용량의 합이 2억 l 를 초과시는 1m) 이상
      방유제의 높이보다 0.2m 이상 낮게 할 것.
   ② 간막이 둑 용량 : 간막이 둑안에 설치된 탱크의 용량의 10% 이상

3) 계단 : 50m마다 설치

4) 인화성이 없는 액체위험물의 옥외저장탱크
   ① 탱크가 하나 : 탱크 용량의 100% 이상
   ② 탱크가 2기 이상 : 최대인 탱크 용량의 100% 이상

(4) 알킬알루미늄, 아세트알데히드, 히드록실아민 등의 옥외탱크저장소

1) 아세트알데히드 등의 옥외탱크저장소
   ① 탱크 설비 : 동·마그네슘·은·수은 또는 이들 합금을 사용하지 말 것.
   ② 냉각장치 또는 보냉장치, 불활성의 기체를 봉입하는 장치를 설치할 것.

2) 히드록실아민 등의 옥외탱크저장소
   ① 온도 상승 방지조치할 것.
   ② 옥외탱크저장소 : 철 이온 등의 혼입을 방지조치 할 것.

3) 압력탱크 외의 탱크에 저장하는 디에틸에테르 등 또는 아세트알데히드 등
   ① 산화프로필렌과 이를 함유한 것 또는 디에틸에테르 등 : 30℃ 이하
   ② 아세트알데히드 또는 이를 함유한 것 : 15℃ 이하

4) 압력탱크에 저장하는 아세트알데히드 등 또는 디에틸에테르 등 : 40℃ 이하

10. 위험물 탱크 용량 및 내용적 계산

(1) 탱크의 용량

위험물을 저장 취급하는 탱크의 용량 = 당해 탱크의 내용적 - 공간용적을 뺀 용적

(2) 탱크 내용적 계산

1) 타원형 탱크의 내용적

① 양쪽이 볼록한 것

$$탱크 \ 용량 = \frac{\pi ab}{4}\left(l + \frac{l_1 + l_2}{3}\right)$$

② 한쪽은 볼록하고 다른 한쪽은 오목한 것

$$탱크 \ 용량 = \frac{\pi ab}{4}\left(l + \frac{l_1 - l_2}{3}\right)$$

2) 원형탱크의 내용적

① 횡으로 설치된 것

$$탱크 \ 용량 = \pi r^2\left(l + \frac{l_1 + l_2}{3}\right)$$

② 종으로 설치된 것

$$탱크 \ 용량 = \pi r^2 l$$

(3) 탱크의 안전공간 용적

① 안전공간용적 = 탱크의 내용적의 $\frac{5}{100}$ (5% 이상) ~ $\frac{10}{100}$ (10% 이하)

② 소화설비 소화약제 방출구로부터 0.3m 이상 1m 미만 사이의 용적

11. 옥내탱크저장소

(1) 옥내탱크 저장소 단층건축물 기준

1) 탱크전용실의 벽과의 사이 및 옥내저장탱크의 상호간 거리 : 0.5m 이상
2) 옥내저장탱크의 용량 : 지정수량의 40배 이하
3) 밸브 없는 통기관

① 창·출입구 등의 개구부로부터 1m 이상 떨어진 옥외의 장소에 설치
② 지면으로부터 4m 이상의 높이로 설치
③ 인화점이 40℃ 미만인 위험물인 경우 : 부지경계선으로부터 1.5m 이상 이격할 것.
④ 굴곡이 없도록 할 것.

4) 탱크전용실

① 벽 · 기둥 및 바닥 : 내화구조, 보 : 불연재료
② 연소의 우려가 있는 외벽 : 출입구 외에는 개구부가 없도록 할 것.
③ 지붕 : 불연재료, 천장을 설치하지 아니할 것.
④ 창 및 출입구 : 갑종방화문 또는 을종방화문을 설치, 출입구는 자동폐쇄식의 갑종방화문을 설치
⑤ 탱크전용실의 창 또는 출입구에 유리 : 망입유리

5) 바닥구조

① 액상위험물 : 위험물이 침투하지 아니하는 구조일 것.
② 적당한 경사
③ 집유설비를 설치

6) 탱크전용실 용량

옥내저장탱크(옥내저장탱크가 2 이상인 경우에는 최대용량의 탱크)의 용량을 수용할 수 있는 높이 이상일 것.

12. 지하탱크저장소

(1) 탱크전용실 구조

① 벽 · 피트 · 가스관 등의 시설물 및 대지경계선 : 0.1m 이상 떨어진 곳에 설치
② 지하저장탱크와 탱크전용실의 안쪽과의 사이 : 0.1m 이상의 간격을 유지
③ 탱크의 주위 : 마른 모래 입자지름 5mm 이하의 마른 자갈분을 채울 것.
④ 벽 및 바닥두께 : 0.3m 이상의 콘크리트조
⑤ 철근콘크리트조 뚜껑 : 0.3m 이상
⑥ 액체 위험물을 저장하는 지하탱크에는 계량구 설치

(2) 지하저장탱크의 수압 및 기밀시험

① 압력탱크 외 탱크 : 70kPa의 압력으로 10분간 수압시험(새거나 변형이 없을 것.)
③ 압력탱크(최대상용압력이 46.7kPa 이상인 탱크)
   최대상용압력의 1.5배의 압력으로 각각 10분간 수압시험(새거나 변형되지 않을 것.)
③ 수압시험 : 기밀시험과 비파괴시험을 동시에 실시하는 방법으로 대신할 수 있음.

(3) 지하저장탱크 액체위험물의 누설을 검사하기 위한 관의 기준

① 누유검사관(이중관) 설치 : 4개소 이상
② 재료는 금속관 또는 경질합성수지관으로 할 것.

(4) 지하저장탱크에는 과 충전을 방지장치 설치

    탱크용량의 90%가 찰 때 경보음을 울리는 방법

13. 간이탱크저장소

(1) 설치기준

간이저장탱크 : 3개 이하, 동일 위험물의 간이저장탱크를 2이상 설치할 수 없다.

(2) 간이저장탱크

① 움직이거나 넘어지지 아니하도록 지면 또는 가설대에 고정시킬 것.
② 옥외에 설치하는 경우에는 그 탱크의 주위에 공지너비 : 1m 이상
③ 탱크와 전용실의 벽과의 사이 간격 : 0.5m 이상

(3) 간이저장탱크 용량

600 l 이하

(4) 간이저장탱크 두께

3.2mm 이상의 강판

(5) 간이탱크수압시험

70kPa의 압력으로 10분간의 수압시험을 실시(새거나 변형되지 않을 것.)

(6) 밸브 없는 통기관

① 지름 : 25mm 이상
② 통기관 : 옥외에 설치, 선단의 높이는 지상 1.5m 이상
③ 통기관의 선단 : 수평면에 대하여 아래로 45° 이상 구부려 빗물 등이 침투하지 아니하도록 할 것.
④ 가는 눈의 구리망 등으로 인화방지장치를 할 것.

14. 이동탱크저장소

(1) 이동저장탱크의 구조

1) 이동저장탱크의 구조

    ① 탱크, 맨홀 및 주입관의 뚜껑 : 두께 3.2mm 이상의 강철판
    ② 이동저장탱크 칸막이
        ㉠ 용량 4,000 l 이하마다 설치

     ⓒ 두께는 3.2mm 이상의 강철판 또는 이와 동등 이상의 강도·내열성 및 내식성이 있는 금속성의 것
    ③ 칸막이로 구획된 각 부분 : ㉠ 맨홀 ㉡ 안전장치 ㉢ 방파판을 설치
  2) 안전장치
    ① 상용압력이 20kPa 이하인 탱크 : 20kPa 이상 24kPa 이하의 압력에서 작동
    ② 상용압력이 20kPa을 초과하는 탱크 : 상용압력의 1.1배 이하의 압력에서 작동
  3) 방파판
    ① 두께 1.6mm 이상의 강철판 또는 이와 동등 이상의 강도·내열성 및 내식성이 있는 금속성 재질
    ② 하나의 구획부분에 2개 이상의 방파판을 이동탱크저장소의 진행방향과 평행으로 설치하되, 각 방파판은 그 높이 및 칸막이로부터의 거리를 다르게 할 것.
    ③ 각 방파판의 면적의 합계
      ㉠ 당해 구획부분의 최대 수직단면적의 50% 이상
      ㉡ 수직단면이 원형이거나 짧은 지름이 1m 이하의 타원형 : 40% 이상
  4) 측면틀 및 방호틀
    ① 측면틀
      탱크 상부의 네 모퉁이에 당해 탱크의 전단 또는 후단으로부터 각각 1m 이내의 위치에 설치할 것.
    ② 방호틀
      ㉠ 두께 2.3mm 이상의 강철판 또는 이와 동등 이상의 기계적 성질이 있는 재료
      ㉡ 산 모양의 형상
      ㉢ 정상부분은 부속장치보다 50mm 이상 높게 할 것.
      ㉣ 방호틀 내 보호장치 : 맨홀, 주입구
  5) 저장기준
    ① 보냉장치가 있는 이동저장탱크에 저장하는 아세트알데히드등 또는 디에틸에테르등 : 비점 이하로 유지
    ② 보냉장치가 없는 이동저장탱크에 저장하는 아세트알데히드등 또는 디에틸에테르등 : 40℃ 이하

(2) 폐쇄장치

  1) 수동식 폐쇄장치
    ① 손으로 잡아당겨 작동
    ② 길이 : 15cm 이상

(3) 결합금속구 등

1) 놋쇠 그 밖에 마찰 등에 의하여 불꽃이 생기지 아니하는 재료일 것.(제6류 위험물 탱크 제외)

2) 이동탱크저장소에 주유설비를 설치하는 경우 기준
   ① 주유관 길이 : 50m 이내(정전기를 제거하는 장치를 할 것.)
   ② 분당 토출량 : 200 l 이하

(4) 표지·그림문자 및 UN번호

1) 표지

   소방청장이 고시하며 저장하는 위험물의 위험성을 알리는 표지를 설치함.
   ① 위험물 수송차량(이동탱크저장소 또는 위험물 운반차량)
      ㉠ 이동탱크저장소 : 전면 상단 및 후면 상단
      ㉡ 위험물 운반차량 : 전면 및 후면
   ② 규격 및 색상
      ㉠ 한 변의 길이가 60cm 이상, 다른 한 변의 길이는 30cm 이상일 것
      ㉡ 색상 및 문자 : 흑색 바탕에 황색의 반사 도료로 "위험물"이라 표기할 것

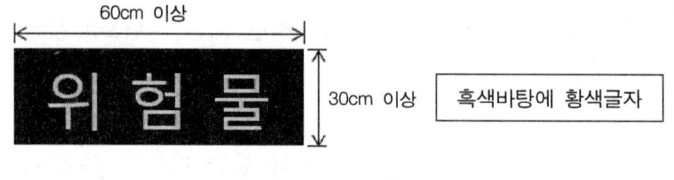

【표지】

   ③ 위험물이면서 유해화학물질에 해당하는 품목의 경우
      화학물질관리법에 따른 유해화학물질 표지를 위험물 표지와 상하 또는 좌우로 인접하여 부착할 것

2) UN번호

   위험물 수송차량의 후면 및 양쪽 측면에 그림문자와 UN번호 표기
   ① 그림문자를 외부에 표기하는 경우
      ㉠ 한 변의 길이가 30cm 이상, 다른 한 변의 길이는 12cm 이상의 횡형 사각형
      ㉡ 흑색 테두리 선(굵기 1cm)과 오렌지색 바탕에 흑색 UN번호(글자 높이 6.5cm 이상)
   ② 그림문자를 내부에 표기하는 경우
      ㉠ 심벌 및 분류·구분의 번호를 가리지 않는 크기의 횡형 사각형
      ㉡ 흰색 바탕에 흑색으로 UN번호(글자의 높이 6.5cm 이상)를 표기할 것

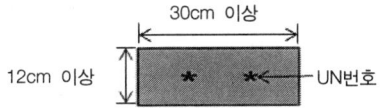

1. 그림문자 외부에 표시하는 경우

2. 그림문자 내부에 표시하는 경우

【그림문자 및 UN번호】

3) 제4류 위험물 UN 번호 및 GHS 정보

구분	휘발유	등유	경유
UN번호	1203	1223	1202
분류번호	3(인화성 액체)	3(인화성 액체)	3(인화성 액체)
위험성 표지			

(5) 알킬알루미늄 이동탱크저장소

① 두께 : 10mm 이상의 강판 또는 이와 동등 이상의 기계적 성질이 있는 재료
② 수압시험 : 1MPa 이상의 압력으로 10분간 실시
③ 용량 : 1,900 l 미만일 것.
④ 불활성의 기체를 봉입할 수 있는 구조로 할 것.
⑤ 이동저장탱크 및 그 설비 : 은·수은·동·마그네슘 또는 이들을 성분으로 하는 합금으로 만들지 아니할 것.

15. 컨테이너식 이동탱크저장소

(1) 컨테이너식 이동탱크저장소

① 걸고리체결금속구 및 모서리체결금속구
   이동저장탱크하중의 4배의 전단하중에 견딜 수 있을 것.
② 유(U)자 볼트를 설치
   용량 6,000 l 이하인 이동저장탱크를 싣는 이동탱크저장소의 경우

(2) 이동저장탱크·맨홀 및 주입구의 뚜껑

두께 6mm(탱크의 직경 또는 장경이 1.8m 이하인 것은 5mm) 이상

(3) 이동저장탱크에 칸막이

두께 3.2mm 이상의 강판
① 맨홀 및 안전장치를 설치할 것.
② 부속장치는 상자틀의 최외측과 50mm 이상의 간격을 유지할 것.

16. 주유탱크차

(1) 공항 안에서 시속 40km 이하로 운행하는 주유탱크

칸막이에 직경 40cm 이내의 구멍을 낼 수 있다.

17. 암반탱크저장소

(1) 암반탱크 설치기준

암반투수계수 : 1초당 10만분의 $1m(10^{-5}m/sec)$ 이하인 천연암반 내에 설치할 것.

18. 주유취급소

(1) 주유공지 및 급유공지

너비 15m 이상, 길이 6m 이상(콘크리트 등으로 포장)

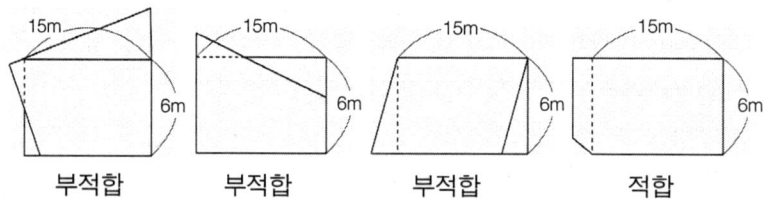

(2) 표지 및 게시판

1) 표지판

① "위험물 주유취급소"라는 표시를 한 표지판 설치
② 한 변의 길이가 0.6m 이상, 다른 한 변의 길이가 0.3m 이상의 사각형 모형
③ 백색 바탕에 흑색문자

2) 게시판

① 위험물의 유별 및 품명

② 저장최대수량 또는 취급최대수량

③ 안전관리자의 성명 또는 직명

3) "주유중엔진정지"라는 표시를 한 게시판

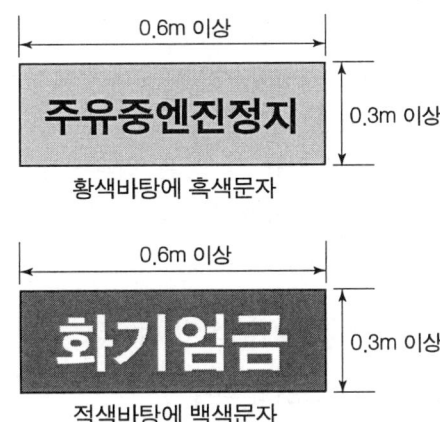

(3) 주유취급소 탱크

① 자동차 등에 주유하기 위한 고정주유설비에 직접 접속하는 전용탱크 : 50,000 *l* 이하

② 고정급유설비에 직접 접속하는 전용탱크 : 50,000 *l* 이하

③ 보일러 등에 직접 접속하는 전용탱크 : 10,000 *l* 이하

④ 자동차 등을 점검·정비하는 작업장 등의 폐유탱크용량 : 2,000 *l* 이하

⑤ 고속도로 주유취급소 탱크의 용량 : 60,000 *l* 이하

(4) 고정주유설비

1) 펌프기기 주유관 선단에서의 최대 토출량

① 제1석유류 : 분당 50 *l* 이하

② 경유 : 분당 180 *l* 이하

③ 등유 : 분당 80 *l* 이하

④ 이동저장탱크에 주입하기 위한 고정급유설비 : 분당 300 *l* 이하

(분당 토출량이 200 *l* 이상인 것 : 배관의 안지름을 40mm 이상)

2) 주유관의 길이

① 고정주유설비 또는 고정급유설비의 주유관의 길이 : 5m

② 현수식 : 지면위 0.5m의 수평면에 수직으로 내려 만나는 점을 중심으로 반경 3m 이내

(5) 고정주유설비 또는 고정급유설비 위치

① 도로경계선 : 4m 이상

② 대지경계선·담 및 건축물의 벽 : 2m(개구부가 없는 벽으로부터는 1m) 이상

③ 고정주유설비와 고정급유설비의 사이 : 4m 이상

(6) 건축물 구조

1) 건축물 중 사무실 그 밖의 화기를 사용하는 곳
　① 출입구 : 안에서 밖으로 개방할 수 있는 자동폐쇄식으로 할 것.
　② 문턱의 높이 : 15cm 이상
　③ 높이 1m 이하의 부분에 있는 창 등은 밀폐시킬 것.
2) 건축물 : 내화구조로 된 캔틸레버를 설치할 것.(돌출길이는 1.5m 이상)

(7) 담 또는 벽

높이 2m 이상의 내화구조 또는 불연재료의 담 또는 벽을 설치

(8) 고객이 직접 주유하는 주유취급소의 특례

1) 셀프용 고정주유설비의 기준
　① 주유량의 상한
　　㉠ 휘발유는 100l 이하
　　㉡ 경유는 200l 이하
　　㉢ 주유시간 상한 4분 이하
2) 셀프용 고정급유설비의 기준
　① 1회의 연속 급유량 및 급유시간의 상한
　　㉠ 급유량의 상한 : 100l 이하
　　㉡ 급유시간의 상한 : 6분 이하

19. 판매취급소

(1) 제1종 판매취급소

지정수량의 20배 이하

(2) 위험물 배합실

1) 바닥면적 : 6m^2 이상 15m^2 이하
2) 벽 : 내화구조
3) 바닥
　① 위험물이 침투하지 아니하는 구조

② 적당한 경사
　　③ 집유설비를 할 것.
　4) 출입구 : 자동폐쇄식의 갑종방화문을 설치
　5) 문턱의 높이 : 바닥면으로부터 0.1m 이상

(3) 제2종 판매취급소
지정수량의 40배 이하

20. 이송취급소

(1) 설치금지장소
① 철도 및 도로의 터널 안
② 고속국도 및 자동차전용도로의 차도·길어깨 및 중앙분리대
③ 호수·저수지 등으로서 수리의 수원이 되는 곳
④ 급경사지역으로서 붕괴의 위험이 있는 지역

02 위험물의 운반 기준

> 위험물의 운반
> 용기·적재방법 및 운반방법에 따른 세부기준은 행정안전부령이 정하는 기준을 따른다.

(1) 운반용기

1) 운반용기의 재질
강판·알루미늄판·양철판·유리·금속판·종이·플라스틱·섬유판·고무류·합성섬유·삼·짚 또는 나무 등

> **Check Point**
> • **고체 위험물** : 유리용기 또는 플라스틱용기 : 10 l, 금속제 용기 : 30 l
> • **액체 위험물** : 금속제 용기 : 30 l

(2) 수납
1) 위험물은 용기에 수납하여 적재할 것.
2) **운반용기** : 밀봉하여 수납할 것.
3) **운반용기** : 수납구를 위로 향하게 하여 적재하여야 한다.

4) 위험물을 수납한 운반용기 높이 : 겹쳐 쌓는 경우 그 높이를 3m 이하

5) 수납률
   ① 고체위험물 수납률 : 운반용기 내용적의 95% 이하
   ② 액체위험물 수납률 : 운반용기 내용적의 98% 이하(55℃의 온도에서 누설되지 않도록 충분한 공간용적 유지할 것.)

6) 제3류 위험물
   ① 자연발화성 물품
       불활성 기체를 봉입하여 밀봉할 것 : 공기와 접촉 방지
   ② 자연발화성 물품 외의 물품
       ㉠ 파라핀·경유·등유 등의 보호액으로 채워 밀봉
       ㉡ 불활성 기체를 봉입하여 밀봉하는 등 수분과 접하지 아니하도록 할 것.
   ③ 자연발화성 물품 중 알킬알루미늄 등 운반용기 수납률
       ㉠ 내용적의 90% 이하의 수납률로 수납
       ㉡ 50℃에서 5% 이상의 공간용적을 유지할 것.

(3) 운반방법

1) 표지판 설치
   ① 한 변의 길이가 0.3m 이상, 다른 한 변의 길이가 0.6m 이상인 직사각형
   ② 바탕은 흑색, 황색의 반사도료 그 밖의 반사성이 있는 재료로 "위험물"이라고 표시할 것.
   ③ 표지는 차량의 전면 및 후면의 보기 쉬운 곳에 내걸 것.

2) 위험물의 성질에 따른 운반
   ① 차광덮개
       ㉠ 제1류 위험물
       ㉡ 자연발화성 물품
       ㉢ 제4류 위험물 중 특수인화물
       ㉣ 제5류 위험물
       ㉤ 제6류 위험물
   ② 방수성 덮개
       ㉠ 제1류 위험물 중 알칼리금속의 과산화물 또는 이를 함유한 것
       ㉡ 제2류 위험물 중 철분·금속분·마그네슘 또는 이들 중 어느 하나 이상을 함유한 것
       ㉢ 금수성 물품

③ 제5류 위험물 중 55℃ 이하의 온도에서 분해될 우려가 있는 위험물 : 보냉 컨테이너에 수납

(4) 위험물 운반용기의 외부 표시사항

1) 위험물의 품명·위험등급·화학명 및 수용성("수용성" 표시는 제4류 위험물로서 수용성인 것)
2) 위험물의 수량
3) 수납하는 위험물에 따른 주의사항
   ① 제1류 위험물 중 알칼리금속의 과산화물 또는 이를 함유한 것
      ㉠ "화기·충격주의", "물기엄금" 및 "가연물접촉주의"
      ㉡ 그 외 "화기·충격주의" 및 "가연물접촉주의"
   ② 제2류 위험물 중
      ㉠ 철분·금속분·마그네슘 또는 이들 중 어느 하나 이상을 함유한 것 : "화기주의" 및 "물기엄금"
      ㉡ 인화성 고체 : "화기엄금", 그 밖의 것에 있어서는 "화기주의"
   ③ 제3류 위험물
      ㉠ 자연발화성 물품 : "화기엄금" 및 "공기접촉엄금"
      ㉡ 금수성 물품 : "물기엄금"
   ④ 제4류 위험물 : "화기엄금"
   ⑤ 제5류 위험물 : "화기엄금" 및 "충격주의"
   ⑥ 제6류 위험물 : "가연물접촉주의"
4) 금속제의 운반용기, 경질플라스틱제의 운반용기 또는 플라스틱내용기 부착의 운반용기
   ① 2년 6개월 이내에 실시한 기밀시험(액체의 위험물 또는 10kPa 이상의 압력을 가하여 수납 또는 배출하는 고체의 위험물을 수납하는 운반용기에 한한다)
   ② 2년 6개월 이내에 실시한 운반용기의 외부의 점검·부속설비의 기능점검 및 5년 이내의 사이에 실시한 운반용기의 내부의 점검

위·험·물·기·능·사·과·년·도
기출문제

위험물기능사

2008년 기출문제

2008년 2월 3일 시행

01 착화온도가 낮아지는 경우가 아닌 것은?
㉮ 압력이 높을 때
㉯ 습도가 높을 때
㉰ 발열량이 클 때
㉱ 산소와 친화력이 좋을 때

풀이 습도 및 증기압 : 낮을수록 착화온도가 낮아짐.

02 위험물의 운반용기 및 적재방법에 대한 기준으로 틀린 것은?
㉮ 운반용기의 재질은 나무도 가능하다.
㉯ 고체위험물은 운반용기 내용적의 90% 이하의 수납률로 수납한다.
㉰ 액체위험물은 운반용기 내용적의 98% 이하의 수납률로 수납하되 55℃의 온도에서 누설되지 아니하도록 충분한 공간용적을 유지한다.
㉱ 알킬알루미늄은 운반용기 내용적의 90% 이하의 수납률로 수납하되 50℃의 온도에서 5% 이상의 공간용적을 유지하도록 한다.

풀이 고체위험물 수납률 : 운반용기의 95% 이하

03 다음 물질 중 화재 발생 시 주수소화를 하면 오히려 위험성이 증가하는 것은?
㉮ 염소산칼륨　　　　㉯ 과산화나트륨
㉰ 과산화수소　　　　㉱ 질산나트륨

풀이 과산화나트륨(Na_2O_2) : 제1류 위험물 알칼리금속과산화물로 물과 접촉하여 산소를 발생함.

04 다음 중 위험물안전관리법에 따른 소화설비의 구분에서 "물분무 등 소화설비"에 속하지 않는 것은?
㉮ 이산화탄소소화설비　　㉯ 포소화설비
㉰ 스프링클러설비　　　　㉱ 분말소화설비

풀이 스프링클러설비 : 물분무 등 소화설비에서 제외됨.

정답 01. ㉯　02. ㉯　03. ㉯　04. ㉰

05 인화점이 21℃ 미만인 액체위험물의 옥외저장탱크 주입구에 설치하는 "옥외저장탱크 주입구"라고 표시한 게시판의 바탕 및 문자색을 옳게 나타낸 것은?

㉮ 백색 바탕 - 적색 문자   ㉯ 적색 바탕 - 백색 문자
㉰ 백색 바탕 - 흑색 문자   ㉱ 흑색 바탕 - 백색 문자

풀이 문자 - 흑색, 바탕색 - 백색

06 Halon 1301 소화약제에 대한 설명으로 틀린 것은?

㉮ 저장 용기에 액체상으로 충전한다.
㉯ 화학식은 CF_3Br이다.
㉰ 비점이 낮아서 기화가 용이하다.
㉱ 공기보다 가볍다.

풀이 Halon 1301 : 공기보다 무겁다.

07 탄화칼슘은 물과 반응 시 위험성이 증가하는 물질이다. 주수소화 시 물과 반응하면 어떤 가스가 발생하는가?

㉮ 수소   ㉯ 메탄
㉰ 에탄   ㉱ 아세틸렌

풀이 탄화칼슘(CaC_2) : 물과 반응하여 C_2H_2 가스 발생
$CaC_2 + 2H_2O \rightarrow Ca(OH)_2 + C_2H_2$

08 다음 위험물 중 물에 의한 냉각소화가 가능한 것은?

㉮ 유황   ㉯ 인화칼슘
㉰ 황화린   ㉱ 칼슘

풀이 황(S) : 다량의 물로 냉각소화

09 다음 소화약제의 반응을 완결시키려 할 때 ( ) 안에 옳은 것은?

$6NaHCO_3 + Al_2(SO_4)_3 + 18H_2O \rightarrow 2Al(OH)_3 + 3Na_2SO_4 + ( ) + 8H_2O$

㉮ 6CO   ㉯ 6NaOH
㉰ $2CO_2$ ㉱ $6CO_2$

풀이 $6NaHCO_3 + Al_2(SO_4)_3 + 18H_2O \rightarrow 2Al(OH)_3 + 3Na_2SO_4 + 6CO_2 + 8H_2O$

정답 05. ㉰ 06. ㉱ 07. ㉱ 08. ㉮ 09. ㉱

10. 화학포 소화기에서 화학포를 만들 때 안정제로 사용되는 물질은?
㉮ 인산염류   ㉯ 중탄산나트륨
㉰ 수용성 단백질   ㉱ 황산알루미늄

풀이 기포안정제 : 가수분해단백질(수용성 단백질), 계면활성제, 카세인, 젤라틴, 사포닝

11. 다음 중 화재 종류의 분류를 옳게 나타낸 것은?
㉮ A급 화재 - 유류화재   ㉯ B급 화재 - 전기화재
㉰ C급 화재 - 목재화재   ㉱ D급 화재 - 금속화재

풀이 ㉮ A급 화재 - 일반화재 ㉯ B급 화재 - 유류화재 ㉰ C급 화재 - 전기화재

12. 제3류 위험물에서 금수성 물질의 화재 시 적응성 있는 소화설비를 옳게 나타내는 것은?
㉮ 탄산수소염류 등 분말소화설비   ㉯ 이산화탄소 소화설비
㉰ 인산염류 등 분말소화설비   ㉱ 할로겐화합물 소화설비

풀이 금수성 물질 화재 : 탄산수소염류 분말소화설비

13. 이산화탄소 소화설비의 저장용기 설치에 대한 설명 중 틀린 것은?
㉮ 방호구역 내의 장소에 설치할 것.
㉯ 온도가 40℃ 이하이고 온도 변화가 적은 곳에 설치할 것.
㉰ 직사일광 및 빗물이 침투할 우려가 적은 곳에 설치할 것.
㉱ 저장용기에는 안전장치를 설치할 것.

풀이 저장용기 : 방호구역 외에 설치할 것.

14. 분말소화설비의 기준에서 가압용 가스용기에 사용되는 가스로 옳은 것은?
㉮ N_2, O_2 ㉯ CO_2, O_2
㉰ N_2, CO_2 ㉱ He, O_2

풀이 가압용 가스 : N_2, CO_2

15. 다음 중 일반적으로 표면연소를 하는 것은?
㉮ 양초   ㉯ 코크스
㉰ 목재   ㉱ 유황

풀이 표면연소 : 코크스, 숯, 알루미늄박 등

정답 10.㉰ 11.㉱ 12.㉮ 13.㉮ 14.㉰ 15.㉯

16 NaHCO₃와 Al₂(SO₄)₃로 되어 있는 소화기는?
- ㉮ 산·알칼리소화기
- ㉯ 드라이케미칼소화기
- ㉰ 이산화탄소소화기
- ㉱ 포말소화기

풀이 포말소화기 : 외약제(NaHCO₃), 내약제(Al₂(SO₄)₃)로 구성됨.

17 자동화재탐지설비의 설치기준에서 하나의 경계구역의 면적은 얼마 이하로 하여야 하는가? (단, 당해 건축물 그 밖의 공작물의 주요한 출입구에서 그 내부의 전체를 볼 수 없는 경우이다.)
- ㉮ 500m²
- ㉯ 600m²
- ㉰ 800m²
- ㉱ 1,000m²

풀이 당해 건축물 그 밖의 공작물의 주요한 출입구에서 그 내부의 전체를 볼 수 있는 경우 : 1,000m² 이하

18 옥내탱크저장소의 기준에서 옥내저장탱크 상호간에는 몇 m 이상의 간격을 유지하여야 하는가?
- ㉮ 0.3
- ㉯ 0.5
- ㉰ 0.7
- ㉱ 1.0

풀이 옥내저장탱크 상호간 거리 : 0.5m 이상

19 위험물의 자연발화를 방지하는 방법으로 적당하지 않는 것은?
- ㉮ 통풍을 잘 시킬 것.
- ㉯ 저장실의 온도를 낮출 것.
- ㉰ 습도가 높은 곳에 저장할 것.
- ㉱ 정촉매 작용을 하는 물질과의 접촉을 피할 것.

풀이 습도는 높은 곳은 피할 것.

20 소화설비의 설치기준에서 유기과산화물 2,000kg은 몇 소요단위에 해당하는가?
- ㉮ 10
- ㉯ 20
- ㉰ 30
- ㉱ 40

풀이 소요단위 = $\dfrac{\text{지정수량}}{\text{지정수량} \times 10} = \dfrac{2,000}{10 \times 10} = 20$

정답 16. ㉱ 17. ㉯ 18. ㉯ 19. ㉰ 20. ㉯

21. 다음 품명 중 제5류 위험물과 관계가 없는 것은?
㉮ 질산염류 ㉯ 질산에스테르류
㉰ 유기과산화물 ㉱ 히드라진 유도체

풀이 질산염류 : 제1류 위험물

22. 초산에틸의 성질에 대한 설명 중 틀린 것은?
㉮ 적갈색의 휘발성 물질이다.
㉯ 비중이 약 0.9 정도로 물보다 가볍다.
㉰ 증기비중은 약 3 정도로 공기보다 무겁다.
㉱ 인화점은 0℃보다 낮다.

풀이 초산에틸($CH_3COOC_2H_5$) : 제4류 1석유류. 무색 액체임.

23. 다음 중 가연성 증기의 증발을 방지하기 위하여 물 속에 저장하는 것은?
㉮ K_2O_2 ㉯ CS_2
㉰ C_2H_5OH ㉱ CH_3COCH_3

풀이 이황화탄소(CS_2) : 가연성 증기 발생을 억제하기 위해 물 속에 저장함.

24. 위험물안전관리법에서 규정하는 질산은 그 비중이 최소 얼마 이상인 것을 말하는가?
㉮ 1.29 ㉯ 1.39
㉰ 1.49 ㉱ 1.59

풀이 위험물안전관리법상 질산(HNO_3) 비중 : 1.49 이상

25. 제2류 위험물의 일반적 성질에 대한 설명 중 틀린 것은?
㉮ 대표적인 성질은 가연성 고체이다.
㉯ 대부분이 무기화합물이다.
㉰ 대부분이 강력한 환원제이다.
㉱ 모두 물에 의해 냉각소화가 가능하다.

풀이 제2류 위험물 중 철분, 마그네슘, 금속분류는 물과의 접촉을 피할 것.

정답 21. ㉮ 22. ㉮ 23. ㉯ 24. ㉰ 25. ㉱

26 에틸렌글리콜의 성질로 옳지 않은 것은?
㉮ 갈색의 액체로 방향성이 있고 쓴맛이 난다.
㉯ 물, 알코올 등에 잘 녹는다.
㉰ 분자량은 약 62이고 비중은 약 1.1이다.
㉱ 부동액의 원료로 사용된다.

풀이 에틸렌글리콜 : 무색의 끈기 있는 단맛의 액체임.

27 다음 중 각 석유류의 분류가 잘못된 것은?
㉮ 제1석유류 : 초산에틸, 휘발유   ㉯ 제2석유류 : 등유, 경유
㉰ 제3석유류 : 포름산, 테레핀유   ㉱ 제4석유류 : 기어유, DOA(가소제)

풀이 테레핀유, 포름산 : 제4류 위험물 2석유류

28 다음 중 제3류 위험물이 아닌 것은?
㉮ 적린   ㉯ 칼슘
㉰ 탄화알루미늄   ㉱ 알킬리튬

풀이 적린(P) : 제2류 위험물

29 다음 중 가연성 고체 위험물인 제2류 위험물은 어느 것인가?
㉮ 질산염류   ㉯ 마그네슘
㉰ 나트륨   ㉱ 칼륨

풀이 ㉮ : 제1류 위험물, ㉰, ㉱ : 제3류 위험물

30 다음 중 황산과 반응하여 이산화염소를 발생시키는 물질은?
㉮ 아염소산나트륨   ㉯ 브롬산나트륨
㉰ 옥소산칼륨   ㉱ 중크롬산나트륨

풀이 아염소산나트륨($NaClO_2$) : 산을 가하면 분해하여 이산화염소(ClO_2)를 발생.

31 상온에서 CaC_2를 장기간 보관할 때 사용하는 물질로 다음 중 가장 적당한 것은?
㉮ 물   ㉯ 알코올
㉰ 질소가스   ㉱ 아세틸렌가스

풀이 탄화칼슘(CaC_2) : 금수성 물질로 밀폐용기를 사용하여 질소가스로 충전함.

정답 26. ㉮ 27. ㉰ 28. ㉮ 29. ㉯ 30. ㉮ 31. ㉰

32 다음 물질 중 물보다 비중이 작은 것으로만 이루어진 것은?

㉮ 에테르, 이황화탄소 ㉯ 벤젠, 글리세린
㉰ 가솔린, 메탄올 ㉱ 글리세린, 아닐린

....
풀이 가솔린 : 0.65 ~ 0.76,   메탄올 : 0.8

33 옥내저장소 저장창고의 바닥은 물이 스며 나오거나 스며들지 아니하는 구조로 하여야 한다. 다음 중 반드시 이구조로 하지 않아도 되는 위험물은?

㉮ 제1류 위험물 중 알칼리금속의 과산화물
㉯ 제4류 위험물
㉰ 제5류 위험물
㉱ 제2류 위험물 중 철분

....
풀이 제5류 위험물 : 해당사항 없음.

34 무수크롬산에 관한 설명으로 틀린 것은?

㉮ 물에 잘 녹는다.
㉯ 강력한 산화작용을 나타낸다.
㉰ 알코올, 벤젠 등과 접촉하면 혼촉발화의 위험이 있다.
㉱ 상온에서 분해하여 산소를 방출하므로 냉동 보관한다.

....
풀이 무수크롬산(CrO_3) : 제1류 위험물에 해당되며 분해온도 250℃로서 상온에서 분해하지 않음.

35 벤조일퍼옥사이드의 일반적인 성질에 대한 설명 중 틀린 것은?

㉮ 상온에서 안정한다.
㉯ 물에 잘 녹는다.
㉰ 강한 산화성 물질이다.
㉱ 가열, 충격, 마찰에 의해 폭발의 위험이 있다.

....
풀이 벤조일퍼옥사이드(BPO) : 제5류 위험물. 물에 녹지 않음.

36 제6류 위험물의 일반적인 성질에 대한 설명 중 틀린 것은?

㉮ 연소가 되기 쉬운 가연성 물질이다.
㉯ 산화성 액체이다.
㉰ 일반적으로 물과 접촉하면 발열한다.
㉱ 산소를 함유하고 있다.

....
풀이 제6류 위험물 : 불연성 물질

정답 32. ㉰ 33. ㉰ 34. ㉱ 35. ㉯ 36. ㉮

37 제2류 위험물인 황화린에 대한 다음 설명 중 틀린 것은?
㉮ 지정수량이 100kg이다.
㉯ 삼황화린은 CS_2에 용해된다.
㉰ 오황화린은 공기중의 습기를 흡수하여 황화수소를 발생한다.
㉱ 칠황화린은 습기를 흡수하여 인화수소 가스를 주로 발생한다.

[풀이] 칠황화린(P_4S_7) : 물과 반응 황화수소(H_2S), 인산(H_3PO_4) 발생.

38 다음 물질 중 인화점이 가장 낮은 것은?
㉮ 경유   ㉯ 아세톤
㉰ 톨루엔   ㉱ 메틸알코올

[풀이] ㉮ 40~70℃ ㉯ -18℃ ㉰ 4℃ ㉱ 11℃

39 다음 물질 중 제4류 위험물에 속하지 않는 것은?
㉮ 아세톤   ㉯ 실린더유
㉰ 과산화벤조일   ㉱ 클레오소트유

[풀이] 과산화벤조일 : 제5류 위험물

40 아염소산염류의 운반용기 중 적응성 있는 내장용기의 종류와 최대 용적이나 중량을 옳게 나타낸 것은? (단, 외장용기의 종류는 나무상자 또는 플라스틱상자이고, 외장용기의 최대 중량은 125kg으로 한다.)
㉮ 금속제 용기 : 20L   ㉯ 종이 포대 : 55kg
㉰ 플라스틱 필름 포대 : 60kg   ㉱ 유리 용기 : 10L

[풀이] ㉮ 30ℓ ㉯ 50kg ㉰ 50kg

41 과망간산칼륨의 취급 시 주의사항에 대한 설명 중 틀린 것은?
㉮ 알코올, 에테르 등과의 접촉을 피한다.
㉯ 일광을 차단하고 냉암소에 보관한다.
㉰ 목탄, 황 등과는 격리하여 저장한다.
㉱ 유리와의 반응성 때문에 유리 용기의 사용을 피한다.

[풀이] 과망간산칼륨($KMnO_4$) : 유리와의 반응성은 없음.

정답 37. ㉱ 38. ㉯ 39. ㉰ 40. ㉱ 41. ㉱

42 메틸에틸케톤퍼옥사이드의 위험성에 대한 설명으로 옳은 것은?

㉮ 상온 이하의 온도에서도 매우 불안정하다.
㉯ 20℃에서 분해하여 50℃에서 가스를 심하게 발생한다.
㉰ 30℃ 이상에서 무명, 탈지면 등과 접촉하면 발화의 위험이 있다.
㉱ 대량 연소 시에 폭발할 위험은 없다.

풀이 ㉮ 상온 이하에서는 안정됨.
㉯ 40℃ 이상에서 분해촉진 100℃에서 가스를 발생함.
㉱ 대량 연소 시 폭발함.

43 다음 중 질산의 위험성에 관한 설명으로 옳은 것은?

㉮ 피부에 닿아도 위험하지 않다.
㉯ 공기중에서 단독으로 자연발화한다.
㉰ 인화점이 낮고 발화하기 쉽다.
㉱ 환원성 물질과 혼합 시 위험하다.

풀이 질산(HNO_3) : 산화성 액체로 환원성 물질과 혼합 시 발화함.

44 다음 중 마그네슘분과 혼합했을 때 발화의 위험이 있기 때문에 접촉을 피해야 하는 것은?

㉮ 건조사   ㉯ 헬륨 가스
㉰ 아르곤 가스   ㉱ 염소 가스

풀이 마그네슘분(Mg) : 수분이나 할로겐 원소(염소 가스 등)와 접촉하지 말 것.

45 다음 물질 중 분진폭발의 위험성이 없는 것은?

㉮ 밀가루   ㉯ 아연분
㉰ 설탕   ㉱ 염화아세틸

풀이 염화아세틸(CH_3COCl) : 제4류 위험물 1석유류에 해당하므로 분진폭발 위험은 없음.

46 적린의 성질에 대한 설명 중 틀린 것은?

㉮ 황린과 성분원소가 같다.   ㉯ 발화온도는 황린보다 낮다.
㉰ 물, 이황화탄소에 녹지 않는다.   ㉱ 브롬화인에 녹는다.

풀이 발화온도 : 적린(260℃) > 황린(34℃)

정답 42.㉰ 43.㉱ 44.㉱ 45.㉱ 46.㉯

47 과염소산의 성질에 대한 설명 중 옳은 것은?
㉮ 흡습성이 강한 고체이다.   ㉯ 순수한 것은 분해의 위험이 있다.
㉰ 물보다 가볍다.   ㉱ 환원력이 매우 강하다.

> 풀이 ㉮ 흡습성이 강한 액체이다.
> ㉰ 물보다 무겁다.(1.76)
> ㉱ 산화력이 매우 강하다.

48 니트로셀룰로오스의 위험성에 대하여 옳게 설명한 것은?
㉮ 물과 혼합하면 위험성이 감소된다.
㉯ 공기중에서 산화되지만 자연발화의 위험은 없다.
㉰ 건조할수록 발화의 위험성이 낮다.
㉱ 알코올과 반응하여 발화한다.

> 풀이 ㉯ 건조 시 마찰 전기에 의해 발화 위험이 있다.
> ㉰ 건조할수록 발화의 위험성이 커진다.
> ㉱ 물, 알코올과 반응성이 없음.

49 염소산나트륨의 저장 및 취급 시 주의할 사항으로 틀린 것은?
㉮ 철제용기에 저장할 수 없다.
㉯ 분해 방지를 위해 암모니아를 넣어 저장한다.
㉰ 조해성이 있으므로 방습에 유의한다.
㉱ 용기에 밀전(密栓)하여 보관한다.

> 풀이 염소산나트륨($NaClO_3$) : 암모니아, 아민류와 접촉 시 폭발성 화합물을 형성하여 충격, 마찰에 의해 폭발함.

50 인화칼슘을 저장한 비가 스며든 상태에서 근로자가 작업을 하다가 독성의 가스가 발생하여 질식하였다면 발생한 독성 가스는 다음 중 어느 것으로 예상되는가?
㉮ 질소   ㉯ 메탄
㉰ 포스핀   ㉱ 아세틸렌

> 풀이 물과 접촉시 독성의 인화수소(PH_3)를 발생.
> $Ca_3P_2 + 6H_2O \rightarrow 2PH_3 + 3Ca(OH)_2$

51 에테르가 공기와 장시간 접촉 시 생성되는 것으로 불안정한 폭발성 물질에 해당하는 것은?
㉮ 수산화물   ㉯ 과산화물
㉰ 질소화합물   ㉱ 황화합물

정답 47. ㉯ 48. ㉮ 49. ㉯ 50. ㉰ 51. ㉯

풀이 에테르 : 직사광선에 노출하거나 장시간 공기와 접촉하면 과산화물이 생성되어 가열, 충격, 마찰에 의해 폭발한다.

52. 등유의 성질에 대한 설명 중 틀린 것은?
㉮ 증기는 공기보다 가볍다.
㉯ 인화점이 상온보다 높다.
㉰ 전기에 대해 불량도체이다.
㉱ 물보다 가볍다.

풀이 등유 : 증기는 공기보다 무겁다.

53. 제3류 위험물인 칼륨의 지정수량은?
㉮ 10kg   ㉯ 20kg
㉰ 50kg   ㉱ 100kg

풀이 칼륨(K) : 10kg

54. 다음 위험물 중 발화점이 가장 낮은 것은?
㉮ 황   ㉯ 삼황화린
㉰ 황린   ㉱ 아세톤

풀이 황린(P_4) : 34℃

55. 다음 중 제1류 위험물이 아닌 것은?
㉮ 요오드산염류   ㉯ 무기과산화물
㉰ 히드록실아민염류 ㉱ 과망간산염류

풀이 히드록실아민염류 : 제5류 자기반응성 물질(100Kg)

56. 질산에틸에 대한 설명 중 틀린 것은?
㉮ 물에 녹지 않는다.
㉯ 냄새가 나는 무색의 액체이다.
㉰ 비중은 약 1.1, 끓는점은 약 88℃이다.
㉱ 인화점이 상온 이상이므로 인화의 위험이 적다.

풀이 질산에틸($C_2H_5ONO_2$) : 제5류 위험물 질산에스테르류
인화점 −10℃로 인화의 위험이 크다.

정답 52.㉮ 53.㉮ 54.㉰ 55.㉰ 56.㉱

57 다음에서 설명하는 제5류 위험물에 해당하는 것은?

- 담황색의 고체이다.
- 강한 폭발력을 가지고 있고, 에테르에 잘 녹는다.
- 융점은 약 81℃이다.

㉮ 질산메틸 ㉯ 트리니트로톨루엔
㉰ 니트로글리세린 ㉱ 질산에틸

풀이 트리니트로톨루엔(TNT)에 관한 설명임.

58 제5류 위험물 중 니트로화합물의 지정수량을 옳게 나타낸 것은?

㉮ 10kg ㉯ 100kg
㉰ 150kg ㉱ 200kg

풀이 니트로화합물 : 제5류 자기반응성 물질. 200kg

59 다음 중 제4류 위험물의 알코올류에 해당되지 않는 것은?

㉮ 고형알코올 ㉯ 메틸알코올
㉰ 이소프로필알코올 ㉱ 에틸알코올

풀이 고형알코올 : 제2류 위험물 인화성 고체

60 다음 중 중크롬산암모늄의 색상에 가장 가까운 것은?

㉮ 청색 ㉯ 담황색
㉰ 등적색 ㉱ 백색

풀이 중크롬산암모늄($(NH_4)_2Cr_2O_7$) : 적색, 등적색 침상결정

정답 57. ㉯ 58. ㉱ 59. ㉮ 60. ㉰

2008년 3월 30일 시행

01 다음 중 제3종 분말소화약제를 사용할 수 있는 모든 화재의 급수를 옳게 나타낸 것은?

㉮ A급, B급
㉯ B급, C급
㉰ A급, C급
㉱ A급, B급, C급

풀이 제3종 분말($NH_4H_2PO_4$) : A급, B급, C급

02 제5류 위험물의 화재 시 소화방법에 대한 설명으로 옳은 것은?

㉮ 가연성 물질로서 연소속도가 빠르므로 질식소화가 효과적이다.
㉯ 할로겐화합물 소화기가 적응성이 있다.
㉰ CO_2 및 분말소화기가 적응성이 있다.
㉱ 다량의 주수에 의한 냉각소화가 효과적이다.

풀이 제5류 위험물 : 다량의 주수에 의한 냉각소화

03 인화성 액체의 증기가 공기보다 무거운 것은 다음 중 어떤 위험성과 가장 관계가 있는가?

㉮ 인화점이 낮다.
㉯ 발화점이 낮다.
㉰ 물에 의한 소화가 어렵다.
㉱ 예측하지 못한 장소에서 화재가 발생할 수 있다.

풀이 공기보다 무거운 인화성 액체의 증기는 예측치 못한 장소에서 화재가 발생한다.

04 다음 중 화재의 급수에 따른 화재 종류와 표시 색상이 옳게 연결된 것은?

㉮ A급 - 일반화재, 황색
㉯ B급 - 일반화재, 황색
㉰ C급 - 전기화재, 청색
㉱ D급 - 금속화재, 청색

풀이
• A급 - 일반화재, 백색
• B급 - 유류화재, 황색
• D급 - 금속화재, 무색

정답 01. ㉱ 02. ㉱ 03. ㉱ 04. ㉰

05 소화기에 표시한 "A-2", "B-3"에서 숫자가 의미하는 것은?
㉮ 소화기의 소요 단위
㉯ 소화기의 사용 순위
㉰ 소화기의 제조 번호
㉱ 소화기의 능력 단위

풀이 "A-2", "B-3" : A급 화재 2단위, B급 화재 3단위 능력단위

06 불에 대한 제거 소화 방법의 적용이 잘못된 것은?
㉮ 유전의 화재시 다량의 물을 이용하였다.
㉯ 가스 화재시 밸브 및 콕을 잠궜다.
㉰ 산불 화재시 벌목을 하였다.
㉱ 촛불을 바람으로 불어 가연성 증기를 날려 보냈다.

풀이 ㉮ 냉각소화

07 다음 위험물의 화재시 주수소화가 가능한 것은?
㉮ 철분
㉯ 마그네슘
㉰ 나트륨
㉱ 황

풀이 ㉮, ㉯ 금속분류, ㉰ 금수성

08 이산화탄소소화기에서 수분의 중량은 일정량 이하이어야 하는데 그 이유를 가장 옳게 설명한 것은?
㉮ 줄·톰슨효과 때문에 수분이 동결되어 관이 막히므로
㉯ 수분이 이산화탄소와 반응하여 폭발하기 때문에
㉰ 에너지보존법칙 때문에 압력 상승으로 관이 파손되므로
㉱ 액화탄산가스는 승화성이 있어서 관이 팽창하여 방사압력이 급격히 떨어지므로

풀이 수분(H_2O) : 약제 방출시 동결되어 관을 막을 수 있다.

09 화학포소화약제의 반응에서 황산알루미늄과 중탄산나트륨의 반응 몰비는? (단, 황산알루미늄 : 중탄산나트륨의 비이다.)
㉮ 1 : 4
㉯ 1 : 6
㉰ 4 : 1
㉱ 6 : 1

풀이 $6NaHCO_3 + Al_2(SO_4)_3 + 18H_2O \rightarrow 6CO_2 + 2Al(OH)_3 + 3Na_2SO_4 + 18H_2O$

정답   05.㉱ 06.㉮ 07.㉱ 08.㉮ 09.㉯

10 질소가 가연물이 될 수 없는 이유를 가장 옳게 설명한 것은?
㉮ 산소와 반응하지만 반응시 열을 방출하기 때문에
㉯ 산소와 반응하지만 반응시 열을 흡수하기 때문에
㉰ 산소와 반응하지 않고 열의 변화가 없기 때문에
㉱ 산소와 반응하지 않고 열을 방출하기 때문에

풀이 질소(N_2) : 산소와 반응하지만 흡열반응한다.

11 위험물의 착화점이 낮아지는 경우가 아닌 것은?
㉮ 압력이 클 때
㉯ 발열량이 클 때
㉰ 산소농도가 작을 때
㉱ 산소와 친화력이 좋을 때

풀이 산소농도가 클 때 착화점이 낮아진다.

12 탄산칼륨을 물에 용해시킨 강화액 소화약제의 pH에 가장 가까운 것은?
㉮ 1　　　　　　　　　㉯ 4
㉰ 7　　　　　　　　　㉱ 12

풀이 강화액 소화기 액성 : 강알칼리(PH12)

13 자연발화에 대한 다음 설명 중 틀린 것은?
㉮ 열전도가 낮을 때 잘 일어난다.
㉯ 공기와의 접촉면적이 큰 경우에 잘 일어난다.
㉰ 수분이 높을수록 발생을 방지할 수 있다.
㉱ 열의 축적을 막을수록 발생을 방지할 수 있다.

풀이 고온다습할수록 자연발화의 발생이 크다.

14 화학포소화기에서 기포 안정제로 사용되는 것은?
㉮ 샤포닝　　　　　　　㉯ 질산
㉰ 황산알루미늄　　　　㉱ 질산칼륨

풀이 기포안정제 : 샤포닝, 가수분해단백질, 계면활성제, 카세인, 젤라틴

정답　10. ㉯　11. ㉰　12. ㉱　13. ㉰　14. ㉮

15 이송취급소의 소화난이도 등급에 관한 설명 중 옳은 것은?
㉮ 모든 이송취급소는 소화난이도는 등급 Ⅰ에 해당한다.
㉯ 지정수량 100배 이상을 취급하는 이송취급소만 소화난이도 등급 Ⅰ에 해당한다.
㉰ 지정수량 200배 이상을 취급하는 이송취급소만 소화난이도 등급 Ⅰ에 해당한다.
㉱ 지정수량 10배 이상의 제4류 위험물을 취급하는 이송취급소만 소화난이도 등급 Ⅰ에 해당한다.

풀이 이송취급소 : 모든 대상이 소화난이도 Ⅰ등급에 해당됨.

16 다음 중 제1종, 제2종, 제3종 분말소화약제의 주성분에 해당하지 않는 것은?
㉮ 탄산수소나트륨　　㉯ 황산마그네슘
㉰ 탄산수소칼륨　　　㉱ 인산암모늄

풀이 ㉮ 제1종 ㉰ 제2종 ㉱ 제3종 분말소화약제

17 다음 중 화재가 발생하였을 때 물로 소화하면 위험한 것은?
㉮ KNO_3　　　　　㉯ $NaClO_3$
㉰ $KClO_3$　　　　　㉱ K

풀이 칼륨(K)은 물과 반응 발열하며 수소를 발생시킴.

18 팽창진주암(삽 1개 포함)의 능력단위 1은 용량이 몇 L인가?
㉮ 70　　　　　　　㉯ 100
㉰ 130　　　　　　　㉱ 160

풀이 팽창질석·팽창진주암(삽 1개 포함) : 160 l 가 1단위

19 소화약제의 분해반응식에서 다음 ( ) 안에 알맞은 것은?

$$2NaHCO_3 \rightarrow Na_2CO_3 + H_2O + (\quad)$$

㉮ CO　　　　　　　㉯ NH_3
㉰ CO_2　　　　　　㉱ H_2

풀이 제1종 분말 : $2NaHCO_3 \rightarrow Na_2CO_3 + CO_2 + H_2O$

정답　15.㉮　16.㉯　17.㉱　18.㉱　19.㉰

20 다음 중 증발연소를 하는 물질이 아닌 것은?
㉮ 황   ㉯ 석탄
㉰ 파라핀   ㉱ 나프탈렌

풀이 석탄 : 분해연소

21 과산화칼륨에 관한 설명으로 틀린 것은?
㉮ 융점은 약 490℃이다.
㉯ 가연성 물질이며 가열하면 격렬히 연소한다.
㉰ 비중은 약 2.9로 물보다 무겁다.
㉱ 물과 접촉하면 수산화칼륨과 산소가 발생한다.

풀이 과산화칼륨(K_2O_2) : 강산화성 고체로서 가연성 물질이 아님.

22 가연성 고체 위험물의 저장 및 취급법으로 옳지 않은 것은?
㉮ 환원성 물질이므로 산화제와 혼합하여 저장할 것.
㉯ 점화원으로부터 멀리하고 가열을 피할 것.
㉰ 금속분은 물과의 접촉을 피할 것.
㉱ 용기 파손으로 인한 위험물의 누설에 주의할 것.

풀이 가연성 고체는 산화제와의 혼합 및 저장을 피할 것.

23 위험물에 물이 접촉하여 주로 발생되는 가스의 연결이 틀린 것은?
㉮ 나트륨 - 수소
㉯ 탄화칼슘 - 포스핀
㉰ 칼륨 - 수소
㉱ 인화석회 - 인화수소

풀이 탄화칼슘(CaC_2) : 물과 접촉시 아세틸렌(C_2H_2)이 발생함.

24 다음 위험물 중 발화점이 가장 낮은 것은?
㉮ 가솔린   ㉯ 이황화탄소
㉰ 에테르   ㉱ 황린

풀이 ㉮ 300℃ ㉯ 100℃ ㉰ 180℃ ㉱ 34℃

정답 20. ㉯ 21. ㉯ 22. ㉮ 23. ㉯ 24. ㉱

25 과망간산칼륨의 위험성에 대한 설명 중 틀린 것은?
㉮ 진한 황산과 접촉하면 폭발적으로 반응한다.
㉯ 알코올, 에테르, 글리세린 등 유기물과 접촉을 금한다.
㉰ 가열하면 약 60℃에서 분해하여 수소를 방출한다.
㉱ 목탄, 황과 접촉시 충격에 의해 폭발할 위험성이 있다.

[풀이] 과망간산칼륨($KMnO_4$) : 240℃에 분해하여 산소를 발생

26 위험물의 취급 중 폐기에 관한 기준으로 옳은 것은?
㉮ 위험물의 성질에 따라 안전한 장소에서 실시하면 매몰할 수 있다.
㉯ 재해의 발생을 방지하기 위한 적당한 조치를 강구한 때라도 절대로 바다에 유출시키거나 투하할 수 없다.
㉰ 안전한 장소에서 타인에게 위해를 마칠 우려가 없는 방법으로 소각할 경우는 감시원을 배치할 필요가 없다.
㉱ 위험물제조소에서 지정수량 미만을 폐기하는 경우에는 장소에 상관없이 임의로 폐기할 수 있다.

[풀이] 매몰 : 위험물의 성질에 따라 안전한 장소에서 할 것.

27 과염소산의 성질에 대한 설명으로 옳은 것은?
㉮ 무색의 산화성 물질이다.
㉯ 점화원에 의해 쉽게 단독으로 연소한다.
㉰ 흡습성이 강한 고체이다.
㉱ 증기는 공기보다 가볍다.

[풀이] 과염소산($HClO_4$) : 산화성 물질로서 무색, 무취의 유동성 있는 액체

28 알루미늄 분말의 저장 방법 중 옳은 것은?
㉮ 에틸알코올 수용액에 넣어 보관한다.
㉯ 밀폐용기에 넣어 건조한 곳에 저장한다.
㉰ 폴리에틸렌병에 넣어 수분이 많은 곳에 보관한다.
㉱ 염산 수용액에 넣어 보관한다.

[풀이] 알루미늄 분말 : 밀폐용기에 넣어 건조한 곳에 보관함.

정답 25. ㉰ 26. ㉮ 27. ㉮ 28. ㉯

29 다음 중 황린이 완전연소할 때 발생하는 가스는?

㉮ PH_3 ㉯ SO_2
㉰ CO_2 ㉱ P_2O_5

[풀이] $P_4 + 5O_2 \rightarrow 2P_2O_5$ (오산화인)

30 다음 제4류 위험물 중 특수인화물에 해당하고 물에 잘 녹지 않으며 비중이 0.71, 비점이 약 34℃인 위험물은?

㉮ 아세트알데히드 ㉯ 산화프로필렌
㉰ 디에틸에테르 ㉱ 니트로벤젠

[풀이] 디에틸에테르($C_2H_5OC_2H_5$)에 대한 설명임.

31 제1석유류의 일반적인 성질로 틀린 것은?

㉮ 물보다 가볍다. ㉯ 가연성이다.
㉰ 증기는 공기보다 가볍다. ㉱ 인화점이 21℃ 미만이다.

[풀이] 증기는 공기보다 무겁다.

32 황린을 취급할 때의 주의사항으로 틀린 것은?

㉮ 피부에 닿지 않도록 주의할 것. ㉯ 산화제와의 접촉을 피할 것.
㉰ 물의 접촉을 피할 것. ㉱ 화기의 접근을 피할 것.

[풀이] 황린(P_4) : 물 속에 보관함.

33 고속도로 주유취급소의 특례기준에 따르면 고속국도 도로변에 설치된 주유취급소에 있어서 고정주유설비에 직접 접속하는 탱크의 용량은 몇 리터까지 할 수 있는가?

㉮ 1만 ㉯ 5만
㉰ 6만 ㉱ 8만

[풀이] 고속도로 주유취급소 탱크 용량 : 6만 l 이하

34 다음 물질 중 분진폭발의 위험이 없는 것은?

㉮ 황 ㉯ 알루미늄분
㉰ 과산화수소 ㉱ 마그네슘분

[풀이] 과산화수소(H_2O_2) : 산화성 액체로 분진폭발하지 않음.

정답 29.㉱ 30.㉰ 31.㉰ 32.㉰ 33.㉰ 34.㉰

35 알킬리튬 10kg, 황린 100kg 및 탄화칼슘 300kg을 저장할 때 각 위험물의 지정수량 배수의 총합은 얼마인가?

㉮ 5
㉯ 7
㉰ 8
㉱ 10

풀이 지정수량배수 = $\dfrac{10}{10} + \dfrac{100}{20} + \dfrac{300}{300} = 7$

36 탄화칼슘의 안전한 저장 및 취급 방법으로 가장 거리가 먼 것은?

㉮ 습기와의 접촉을 피한다.
㉯ 석유 속에 저장해 둔다.
㉰ 장기 저장할 때는 질소가스를 충전한다.
㉱ 화기로부터 격리하여 저장한다.

풀이 탄화칼슘(CaC_2) : 용기에 보관 시 질소가스로 충전 보관함.

37 황화린에 대한 설명 중 옳지 않은 것은?

㉮ 삼황화린은 황색 결정으로 공기 중 약 100℃에서 발화할 수 있다.
㉯ 오황화린은 담황색 결정으로 조해성이 있다.
㉰ 오황화린의 화재시에는 물에 의한 냉각소화가 가장 좋다.
㉱ 삼황화린은 통풍이 잘 되는 냉암소에 저장한다.

풀이 냉각소화는 부적당함 : 가연성, 독성의 H_2S 발생.

38 질산칼륨의 성질에 대한 설명 중 틀린 것은?

㉮ 물에 잘 녹는다.
㉯ 화약에서 산소공급제로 사용된다.
㉰ 열분해하면 산소를 방출한다.
㉱ 강력한 환원제이다.

풀이 질산칼륨 : 강력한 산화제이다.

39 다음 위험물 품명 중 지정수량이 나머지 셋과 다른 것은?

㉮ 염소산염류
㉯ 질산염류
㉰ 무기과산화물
㉱ 과염소산염류

풀이 ㉮, ㉰, ㉱ : 50kg
• 질산염류 : 300kg

정답 35.㉯ 36.㉯ 37.㉰ 38.㉱ 39.㉯

40 법령에 정의하는 제2석유류의 1기압에서의 인화점 범위를 옳게 나타낸 것은?
㉠ 21℃ 이상 70℃ 미만
㉡ 70℃ 이상 200℃ 미만
㉢ 200℃ 이상 300℃ 미만
㉣ 300℃ 이상 400℃ 미만

풀이 제2석유류 : 인화점 21℃ 이상 70℃ 미만

41 다음 물질 중 제1류 위험물이 아닌 것은?
㉠ Na_2O_2
㉡ $NaClO_3$
㉢ NH_4ClO_4
㉣ $HClO_4$

풀이 과염소산($HClO_4$) : 제6류 위험물

42 다음 물질 중 상온에서 고체인 것은?
㉠ 질산메틸
㉡ 질산에틸
㉢ 니트로글리세린
㉣ 디니트로톨루엔

풀이 ㉠, ㉡, ㉢ : 액체

43 위험물의 성질에 관한 다음 설명 중 틀린 것은?
㉠ 초산메틸은 유기화합물이다.
㉡ 피리딘은 물에 녹지 않는다.
㉢ 초산에틸은 무색 투명한 액체이다.
㉣ 이소프로필알코올은 물에 녹는다.

풀이 피리딘(C_5H_5N) : 제4류 위험물 제1석유류 수용성 물질

44 위험물안전관리법상 제3석유류의 액체상태의 판단 기준은?
㉠ 1기압과 섭씨 20도에서 액상인 것
㉡ 1기압과 섭씨 25도에서 액상인 것
㉢ 기압에 무관하게 섭씨 20도에서 액상인 것
㉣ 기압에 무관하게 섭씨 25도에서 액상인 것

풀이 제3석유류 : 1기압과 섭씨 20도에서 액상인 것

45 다음 위험물 중 분자식을 C_3H_6O로 나타내는 것은?
㉠ 에틸알코올
㉡ 에틸에테르
㉢ 아세톤
㉣ 아세트산

정답 40.㉠ 41.㉣ 42.㉣ 43.㉡ 44.㉠ 45.㉢

풀이 아세톤(CH_3COCH_3)의 분자식 : C_3H_6O

46 다음 위험물 중 질산에스테르류에 속하지 않는 것은?
㉮ 니트로셀룰로오스 ㉯ 질산메틸
㉰ 트리니트로페놀 ㉱ 펜트리트

풀이 ㉰ 니트로화합물
• 펜트리트(PETN) : $C(CH_2NO_3)_3$

47 다음 물질 중 물과 반응 시 독성이 강한 가연성 가스가 생성되는 적갈색 고체 위험물은?
㉮ 탄산나트륨 ㉯ 탄산칼슘
㉰ 인화칼슘 ㉱ 수산화칼륨

풀이 인화칼슘(Ca_3P_2) : 제3류 금수성 물질
$Ca_3P_2 + 6H_2O \rightarrow 3Ca(OH)_2 + 2PH_3$(포스핀)

48 다음 중 제2석유류만으로 짝지어진 것은?
㉮ 시클로헥산 - 피리딘 ㉯ 염화아세틸 - 휘발유
㉰ 시클로헥산 - 중유 ㉱ 아크릴산 - 포름산

풀이 • 아크릴산($CH_2=CHCOOH$) : 제2석유류
• 염화아세틸(CH_3COCl) : 제1석유류

49 위험물 옥내저장소에서 지정수량의 몇 배 이상의 저장창고에는 피뢰침을 설치해야 하는가? (단, 제6류 위험물의 저장창고는 제외한다.)
㉮ 10 ㉯ 20
㉰ 50 ㉱ 100

풀이 피뢰설비 : 지정수량 10배 이상 저장(단, 제6류 위험물은 제외)

50 제6류 위험물의 일반적인 성질에 대한 설명으로 옳은 것은?
㉮ 강한 환원성 액체이다.
㉯ 물과 접촉하면 흡열반응을 한다.
㉰ 가연성 액체이다.
㉱ 과산화수소를 제외하고 강산이다.

정답 46. ㉰ 47. ㉰ 48. ㉱ 49. ㉮ 50. ㉱

풀이 제6류 위험물 : 과산화수소를 제외하고는 모두 강산이다.

51. 다음 위험물에 대한 설명 중 틀린 것은?
㉮ $NaClO_3$은 조해성, 흡수성이 있다.
㉯ H_2O_2는 알칼리 용액에서 안정화되어 분해가 어렵다.
㉰ $NaNO_3$의 열분해온도는 약 380℃이다.
㉱ $KClO_3$은 화약류 제조에 쓰인다.

풀이 과산화수소(H_2O_2)는 알칼리, Ag, Pb, Pt 및 금속분말 등과 반응 분해 폭발한다.

52. $C_6H_2CH_3(NO_2)_3$을 녹이는 용제가 아닌 것은?
㉮ 물   ㉯ 벤젠
㉰ 에테르   ㉱ 아세톤

풀이 $C_6H_2CH_3(NO_2)_3$ (TNT) : 물에 녹지 않음.

53. 다음 위험물 중 인화점이 가장 낮은 것은?
㉮ 메틸에틸케톤   ㉯ 에탄올
㉰ 초산   ㉱ 클로로벤젠

풀이 ㉮ −1℃ ㉯ 13℃ ㉰ 40℃ ㉱ 32℃

54. 위험물의 취급소를 구분할 때 제조 이외의 목적에 따른 구분으로 볼 수 없는 것은?
㉮ 판매취급소   ㉯ 이송취급소
㉰ 옥외취급소   ㉱ 일반취급소

풀이 옥외취급소 : 해당 없음.

55. 트리니트로톨루엔에 대한 설명 중 틀린 것은?
㉮ 피크르산에 비하여 충격·마찰에 둔감하다.
㉯ 발화점은 약 300℃이다.
㉰ 자연분해의 위험성이 매우 높아 장기간 저장이 불가능하다.
㉱ 운반시 10%의 물을 넣어 운반하면 안전하다.

풀이 $C_6H_2CH_3(NO_2)_3$ (TNT) : 장기간 저장해도 자연분해성이 없음.

정답 51. ㉯ 52. ㉮ 53. ㉮ 54. ㉰ 55. ㉰

56 제5류 위험물의 일반적인 성질에 대한 설명으로 가장 거리가 먼 것은?
㉮ 가연성 물질이다.
㉯ 대부분 유기 화합물이다.
㉰ 점화원의 접극은 위험하다.
㉱ 대부분 오래 저장할수록 안정하게 된다.

풀이 제5류 위험물 : 시간이 경과함에 따라 자연발화의 위험성을 갖는다.

57 이황화탄소의 성질에 대한 설명 중 틀린 것은?
㉮ 이황화탄소의 증기는 공기보다 무겁다.
㉯ 순수한 것은 강한 자극성 냄새가 나고 적색 액체이다.
㉰ 벤젠, 에테르에 녹는다.
㉱ 생고무를 용해시킨다.

풀이 순수한 것은 무색 투명한 액체이다.

58 비스코스레이온 원료로서, 비중이 약 1.3, 인화점이 약 $-30\,°C$ 이고, 연소시 유독한 아황산가스를 발생시키는 위험물은?
㉮ 황린   ㉯ 이황화탄소
㉰ 테레핀유   ㉱ 장뇌유

풀이 이황화탄소(CS_2)에 대한 설명임.

59 클레오소트유에 대한 설명으로 틀린 것은?
㉮ 제3석유류에 속한다.   ㉯ 무취이고 증기는 독성이 없다.
㉰ 상온에서 액체이다.   ㉱ 물보다 무겁고 물에 녹지 않는다.

풀이 클레오소트유 : 타르유로서 증기는 독성이 있다.

60 위험물의 저장방법에 대한 다음 설명 중 잘못된 것은?
㉮ 황은 정전기 축적이 없도록 저장한다.
㉯ 니트로셀룰로오스는 건조하면 발화 위험이 있으므로 물 또는 알코올로 습면시켜 저장한다.
㉰ 칼륨은 유동파라핀 속에 저장한다.
㉱ 마그네슘은 차고 건조하면 분진 폭발하므로 온수 속에 저장한다.

풀이 마그네슘(Mg) : 물과 반응하여 수소를 발생하며 폭발함.

정답   56. ㉱   57. ㉯   58. ㉯   59. ㉯   60. ㉱

위험물기능사 기출문제 03 — 2008년 7월 13일 시행

01 산·알칼리 소화기는 탄산수소나트륨과 황산의 화학반응을 이용한 소화기이다. 이 때 탄산수소나트륨과 황산이 반응하여 나오는 물질이 아닌 것은?

㉮ Na_2SO_4
㉯ Na_2O_2
㉰ CO_2
㉱ H_2

풀이 산·알칼리 소화기 약제 반응식
$2NaHCO_3 + H_2SO_4 \rightarrow Na_2SO_4 + 2CO_2 + 2H_2O$

02 피크르산의 위험성과 소화방법에 대한 설명으로 틀린 것은?

㉮ 피크르산의 금속염은 위험하다.
㉯ 운반시 건조한 것보다는 물에 젖게 하는 것이 안전하다.
㉰ 알코올과 혼합된 것은 충격에 의한 폭발 위험이 있다.
㉱ 화재시에는 질식소화가 효과적이다.

풀이 피크린산(TNP) : 대량의 물에 의해 냉각소화한다.

03 우리나라에서 C급 화재에 부여된 표시 색상은?

㉮ 황색
㉯ 백색
㉰ 청색
㉱ 무색

풀이 C급은 전기 화재 : 청색

04 유류화재 시 물을 사용한 소화가 오히려 위험할 수 있는 이유를 가장 옳게 설명한 것은?

㉮ 화재면이 확대되기 때문이다.
㉯ 유독가스가 발생하기 때문이다.
㉰ 착화온도가 낮아지기 때문이다.
㉱ 폭발하기 때문이다.

풀이 물주수시 물과 기름의 비중 차이로 인해 화재면을 확대시킨다.

정답 01.㉯ 02.㉱ 03.㉰ 04.㉮

05 위험물안전관리법에서 정한 정전기를 유효하게 제거할 수 있는 방법에 해당하지 않는 것은?

㉮ 위험물 이송 시 배관 내 유속을 빠르게 하는 방법
㉯ 공기를 이온화하는 방법
㉰ 접지에 의한 방법
㉱ 공기중의 상대습도를 70% 이상으로 하는 방법

[풀이] 위험물 이송 시 유속이 빠르면 정전기가 발생됨.

06 다음 중 화학포 소화약제의 구성 성분이 아닌 것은?

㉮ 탄산수소나트륨
㉯ 황산알루미늄
㉰ 수용성 단백질
㉱ 제1인산암모늄

[풀이] 화학포 소화약제 : 탄산수소나트륨, 황산알루미늄, 기포안정제(수용성 단백질) 등으로 구성됨.
• 약제 반응식
$6NaHCO_3 + Al_2(SO_4)_3 + 18H_2O \rightarrow 3Na_2SO_4 + 2Al(OH)_3 + 6CO_2 + 18H_2O$

07 물의 소화능력을 강화시키기 위해 개발된 것으로 한냉지 또는 겨울철에 사용하는 소화기에 해당하는 것은?

㉮ 산·알칼리 소화기
㉯ 강화액 소화기
㉰ 포 소화기
㉱ 할로겐화물 소화기

[풀이] 강화액 소화기 : 한랭지역 및 겨울철에 사용 가능한 소화기

08 다음 중 소화기의 사용방법으로 잘못된 것은?

㉮ 적응화재에 따라 사용할 것.
㉯ 성능에 따라 방출거리 내에서 사용할 것.
㉰ 바람을 마주보며 소화할 것.
㉱ 양옆으로 비로 쓸 듯이 방사할 것.

[풀이] 바람을 등지고 소화할 것.

09 화학포 소화약제의 주된 소화효과에 해당하는 것은?

㉮ 희석소화
㉯ 질식소화
㉰ 억제소화
㉱ 제거소화

[풀이] 화학포의 주 소화효과 : 산소 차단에 의한 질식소화임.

정답 05.㉮ 06.㉱ 07.㉯ 08.㉰ 09.㉯

10 다음 중 분진 폭발의 위험이 가장 낮은 것은?
- ㉮ 아연분
- ㉯ 석회분
- ㉰ 알루미늄분
- ㉱ 밀가루

풀이 석회분 : 분진 폭발하지 않음.

11 다음 중 "물분무등소화설비"의 종류에 속하지 않는 것은?
- ㉮ 스프링클러설비
- ㉯ 포소화설비
- ㉰ 분말소화설비
- ㉱ 이산화탄소소화설비

풀이 스프링클러설비는 물분무등소화설비에서 제외됨.

12 분말 소화약제에 관한 일반적인 특성에 대한 설명으로 틀린 것은?
- ㉮ 분말 소화약제 자체는 독성이 없다.
- ㉯ 질식효과에 의한 소화효과가 있다.
- ㉰ 이산화탄소와는 달리 별도의 추진가스가 필요하다.
- ㉱ 칼륨, 나트륨 등에 대해서는 인산염류 소화기의 효과가 우수하다.

풀이 칼륨, 나트륨 등의 금속화재에는 탄산수소염류 분말소화기가 효과적임.

13 대형 수동식 소화기의 설치기준은 방호 대상물의 각 부분으로부터 하나의 대형 수동식 소화기까지의 보행거리가 몇 m 이하가 되도록 설치하여야 하는가?
- ㉮ 10
- ㉯ 20
- ㉰ 30
- ㉱ 40

풀이 대형 수동식 소화기 : 보행거리 30m

14 착화온도가 낮아지는 원인과 가장 관계가 있는 것은?
- ㉮ 발열량이 적을 때
- ㉯ 압력이 높을 때
- ㉰ 습도가 높을 때
- ㉱ 산소와의 결합력이 나쁠 때

풀이 ㉮ 발열량이 클 때 ㉰ 습도가 낮을 때 ㉱ 산소와 결합력이 클 때

15 제1종 분말소화약제의 주성분으로 사용되는 것은?
- ㉮ $NaHCO_3$
- ㉯ $KHCO_3$
- ㉰ CCl_4
- ㉱ $NH_4H_2PO_4$

풀이 제1종 분말 주성분 : 중탄산나트륨($NaHCO_3$)

정답 10.㉯ 11.㉮ 12.㉱ 13.㉰ 14.㉯ 15.㉮

16. 니트로셀룰로오스의 저장 · 취급방법으로 틀린 것은?
㉮ 직사광선을 피해 저장한다.
㉯ 되도록 장기간 보관하여 안정화된 후에 사용한다.
㉰ 유기과산화물류, 강산화제와의 접촉을 피한다.
㉱ 건조상태에 이르면 위험하므로 습한 상태를 유지한다.

[풀이] 장기간 보관 시 자연발화의 위험이 크다.

17. 어떤 물질을 비커에 넣고 알코올 램프로 가열하였더니 어느 순간 비커 안에 있는 물질에 불이 붙었다. 이때의 온도를 무엇이라고 하는가?
㉮ 인화점   ㉯ 발화점
㉰ 연소점   ㉱ 확산점

[풀이] 발화점 : 가연물이 점화원에 의해 타는 가장 낮은 온도

18. 이산화탄소 소화약제에 관한 설명 중 틀린 것은?
㉮ 소화약제에 의한 오손이 없다.
㉯ 소화약제 중 증발잠열이 가장 크다.
㉰ 전기 절연성이 있다.
㉱ 장기간 저장이 가능하다.

[풀이] 소화약제 중 증발잠열이 가장 큰 것은 물이다.

19. 탄화알루미늄이 물과 반응하면 폭발의 위험이 있다. 어떤 가스 때문인가?
㉮ 수소   ㉯ 메탄
㉰ 아세틸렌   ㉱ 암모니아

[풀이] 물과 반응하여 메탄가스 발생
$Al_4C + 12H_2O \rightarrow 4Al(OH)_3 + 3CH_4 \uparrow$

20. 위험물 안전관리법상 전기설비에 적응성이 없는 소화설비는?
㉮ 포소화설비   ㉯ 이산화탄소 소화설비
㉰ 할로겐화합물 소화설비 ㉱ 물분무 소화설비

[풀이] 전기설비 : 물을 함유한 포소화설비는 부적합함.
단, 물분무소화설비는 가능함.

정답 16. ㉯ 17. ㉯ 18. ㉯ 19. ㉯ 20. ㉮

21 제4류 위험물의 일반적 성질에 대한 설명 중 틀린 것은?
㉮ 물보다 무거운 것이 많으며 대부분 물에 용해된다.
㉯ 상온에서 액체로 존재한다.
㉰ 가연성 물질이다.
㉱ 증기는 대부분 공기보다 무겁다.

풀이 제4류 위험물 : 물보다 가볍고 물에 녹지 않는 것이 대부분이다.

22 위험물 제조소에서 게시판에 기재할 사항이 아닌 것은?
㉮ 저장 최대수량 또는 취급 최대수량
㉯ 위험물의 성분·함량
㉰ 위험물의 유별·품명
㉱ 안전관리자의 성명 또는 직명

풀이 위험물 성분·함량은 기재하지 않음.

23 다음 위험물 중 산·알칼리 수용액에 모두 반응해 수소를 발생하는 양쪽성 원소는?
㉮ Pt   ㉯ Au
㉰ Al   ㉱ Na

풀이 Al : 양쪽성 원소로 산·알칼리 모두에 반응함.

24 칼륨에 물을 가했을 때 일어나는 반응은?
㉮ 발열반응   ㉯ 에스테르화반응
㉰ 흡열반응   ㉱ 부가반응

풀이 물과의 반응
$2K + 2H_2O \rightarrow 2KOH + H_2\uparrow + Q$

25 철과 아연분이 염산과 반응하여 공통적으로 발생하는 기체는?
㉮ 산소   ㉯ 질소
㉰ 수소   ㉱ 메탄

풀이 산과의 반응식
$Fe + 2HCl \rightarrow FeCl_2 + H_2\uparrow$

정답 21.㉮ 22.㉯ 23.㉰ 24.㉮ 25.㉰

26 질화면을 강질화면과 약질화면으로 구분할 때 어떤 차이를 기준으로 하는가?
㉮ 분자의 크기에 의한 차이   ㉯ 질소함유량에 의한 차이
㉰ 질화할 때의 온도에 의한 차이   ㉱ 입자의 모양에 의한 차이

풀이 질소함유량에 따라 강질화면과 약질화면으로 구분됨.
• 강질화면 : 질화도 12.76%
• 약질화면 : 질화도 10.18 ~ 12.76%

27 다음 중 제2류 위험물의 공통적인 성질은?
㉮ 가연성 고체이다.
㉯ 물에 용해된다.
㉰ 융점이 상온 이하로 낮다.
㉱ 유기화합물이다.

풀이 제2류 위험물 : 가연성 고체로 환원성 물질임.

28 염소산칼륨의 물리·화학적 위험성에 관한 설명으로 옳은 것은?
㉮ 가연성 물질로 상온에서도 단독으로 연소한다.
㉯ 강력한 환원제로 다른 물질을 환원시킨다.
㉰ 열에 의해 분해되어 수소를 발생한다.
㉱ 유기물과 접촉시 충격이나 열을 가하면 연소 또는 폭발의 위험이 있다.

풀이 염소산칼륨($KClO_3$) : 조연성 물질, 강력한 산화제, 열분해 시 산소를 발생함.

29 다음 중 물과 반응하여 발열하고 산소를 방출하는 위험물은?
㉮ 과산화칼륨   ㉯ 과망간산칼륨
㉰ 과산화수소   ㉱ 염소산칼륨

풀이 물과 반응하여 발열하고 산소를 방출함.
$2K_2O_2 + 2H_2O \rightarrow 4KOH + O_2 \uparrow + Q$

30 질산에틸의 성질 및 취급방법에 대한 설명으로 틀린 것은?
㉮ 통풍이 잘 되는 찬 곳에 저장한다.
㉯ 물에 녹지 않으나 알코올에 녹는 무색 액체이다.
㉰ 인화점이 30℃이므로 여름에 특히 조심해야 한다.
㉱ 액체는 물보다 무겁고 증기도 공기보다 무겁다.

풀이 질산에틸 : 인화점 −10℃

정답 26. ㉯ 27. ㉮ 28. ㉱ 29. ㉮ 30. ㉰

31 TNT의 성질에 대한 설명 중 틀린 것은?

㉮ 담황색의 결정이다.
㉯ 폭약으로 사용된다.
㉰ 자연분해의 위험성이 적어 장기간 저장이 가능하다.
㉱ 조해성과 흡습성이 매우 크다.

풀이 TNT : 조해성과 흡습성이 없음.

32 다음 중 요오드값이 가장 낮은 것은?

㉮ 해바라기유 ㉯ 오동유
㉰ 아마인유 ㉱ 낙화생유

풀이 낙화생유 : 불건성유로 요오드값이 100 미만임.

33 제1류 위험물 제조소의 게시판에 "물기엄금"이라고 쓰여 있다. 다음 중 어떤 위험물의 제조소인가?

㉮ 염소산나트륨 ㉯ 요오드산나트륨
㉰ 중크롬산나트륨 ㉱ 과산화나트륨

풀이 과산화나트륨 : 물과 반응하여 산소를 방출함.
$2Na_2O_2 + 2H_2O \rightarrow 4NaOH + O_2\uparrow$

34 마그네슘분의 성질에 대한 설명 중 틀린 것은?

㉮ 산이나 염류에 침식당한다.
㉯ 염산과 작용하여 산소를 발생한다.
㉰ 연소할 때 열이 발생한다.
㉱ 미분상태의 경우 공기중 습기와 반응하여 자연발화할 수 있다.

풀이 마그네슘(Mg) : 염산과 작용하여 수소를 발생함.
$Mg + 2HCl \rightarrow MgCl_2 + \underline{H_2\uparrow}$

35 제2류 위험물 중 철분 운반용기 외부에 표시하여야 하는 주의사항을 옳게 나타낸 것은?

㉮ 화기주의 및 물기엄금 ㉯ 화기엄금 및 물기엄금
㉰ 화기주의 및 물기주의 ㉱ 화기엄금 및 물기주의

풀이 철분·마그네슘·금속분 : 화기주의 및 물기엄금

정답 31.㉱ 32.㉱ 33.㉱ 34.㉯ 35.㉮

36. 다음 위험물 중 품명이 나머지 셋과 다른 하나는?
㉮ 스티렌 ㉯ 산화프로필렌
㉰ 황화디메틸 ㉱ 이소프로필아민

풀이 ㉮ 제2석유류
㉯, ㉰, ㉱ : 특수인화물
• 황화디메틸 : $(CH_3)_2S$, 이소프로필아민 : $(CH_3)_2CHNH_2$

37. 다음 중 자기반응성 물질로만 나열된 것이 아닌 것은?
㉮ 과산화벤조일, 질산메틸
㉯ 숙신산퍼옥사이드, 디니트로벤젠
㉰ 아조디카본아미드, 니트로글리콜
㉱ 아세토니트릴, 트리니트로톨루엔

풀이 • 아세토니트릴(CH_3CN) : 제4류 1석유류에 해당.

38. 다음 위험물 중에서 물에 가장 잘 녹는 것은?
㉮ 디에틸에테르 ㉯ 가솔린
㉰ 톨루엔 ㉱ 아세트알데히드

풀이 아세트알데히드(CH_3CHO) : 물에 잘 녹는다.

39. 수소화리튬이 물과 반응할 때 생성되는 것은?
㉮ LiOH과 H_2 ㉯ LiOH과 O_2
㉰ Li과 H_2 ㉱ Li과 O_2

풀이 물과 반응식
$LiH + H_2O \rightarrow LiOH + H_2 \uparrow + Q$

40. 다음 위험물 중 끓는점이 가장 높은 것은?
㉮ 벤젠 ㉯ 에테르
㉰ 메탄올 ㉱ 아세트알데히드

풀이 ㉮ 80℃ ㉯ 35℃ ㉰ 64℃ ㉱ 21℃

정답 36. ㉮ 37. ㉱ 38. ㉱ 39. ㉮ 40. ㉮

41 이황화탄소에 대한 설명 중 틀린 것은?
㉮ 이황화탄소의 증기는 공기보다 무겁다.
㉯ 액체상태이고 물보다 무겁다.
㉰ 증기는 유독하여 신경에 장애를 줄 수 있다.
㉱ 비점이 물의 비점과 같다.

풀이 이황화탄소(CS_2) : 비점 46℃, 물 : 100℃

42 질산의 성상에 대한 설명 중 틀린 것은?
㉮ 톱밥, 솜뭉치 등과 혼합하면 발화의 위험이 있다.
㉯ 부식성이 강한 산성이다.
㉰ 백금, 금을 부식시키지 못한다.
㉱ 햇빛에 의해 분해하여 유독한 일산화탄소를 만든다.

풀이 질산 : 열분해하여 진한 적갈색의 NO_2 가스를 발생함.
$4HNO_3 \rightarrow 4NO_2 + H_2O + O_2 \uparrow$

43 다음의 제1류 위험물 중 과염소산염류에 속하는 것은?
㉮ K_2O_2　　　　　　　㉯ $NaClO_3$
㉰ $NaClO_2$　　　　　　㉱ NH_4ClO_4

풀이 ㉮ 과산화칼륨
　　　㉯ 염소산나트륨
　　　㉰ 아염소산나트륨

44 다음은 각 위험물의 인화점을 나타낸 것이다. 인화점을 틀리게 나타낸 것은?
㉮ CH_3COCH_3 : -18℃　　㉯ C_6H_6 : -11℃
㉰ CS_2 : -30℃　　　　　　㉱ C_5H_5N : -20℃

풀이 ㉱ 피리딘 : 20℃

45 황의 특성 및 위험성에 대한 설명 중 틀린 것은?
㉮ 산화력이 강하므로 되도록 산화성 물질과 혼합하여 저장한다.
㉯ 전기의 부도체이므로 전기절연체로 쓰인다.
㉰ 공기 중 연소시 유해가스를 발생한다.
㉱ 분말상태인 경우 분진폭발의 위험성이 있다.

풀이 황 : 환원력이 강하므로 산화성 물질과 혼합하지 말 것.

정답   41. ㉱   42. ㉱   43. ㉱   44. ㉱   45. ㉮

46. 다음 중 제3석유류에 속하는 것은?
- ㉮ 벤즈알데히드
- ㉯ 등유
- ㉰ 글리세린
- ㉱ 염화아세틸

풀이 ㉮ 2석유류 ㉯ 2석유류 ㉱ 1석유류

47. 과염소산에 대한 설명 중 틀린 것은?
- ㉮ 비중은 물보다 크다.
- ㉯ 부식성이 있어서 피부에 닿으면 위험하다.
- ㉰ 가열하면 분해될 위험이 있다.
- ㉱ 비휘발성 액체이고 에탄올에 저장하면 안전하다.

풀이 과염소산 : 휘발성이 강하며 알코올과 심하게 반응함.

48. 메틸알코올은 몇가 알코올인가?
- ㉮ 1가
- ㉯ 2가
- ㉰ 3가
- ㉱ 4가

풀이 메탄올(CH_3OH) : OH가 1개인 1가 알코올임.

49. 과염소산칼륨의 성질에 관한 설명 중 틀린 것은?
- ㉮ 무색, 무취의 결정이다.
- ㉯ 알코올, 에테르에 잘 녹는다.
- ㉰ 진한 황산과 접촉하면 폭발할 위험이 있다.
- ㉱ 400℃ 이상으로 가열하면 분해하여 산소가 발생한다.

풀이 과염소산칼륨 : 알코올, 에테르에 녹지 않음.

50. 제5류 위험물의 연소에 관한 설명 중 틀린 것은?
- ㉮ 연소속도가 빠르다.
- ㉯ CO_2 소화기에 의한 소화가 적응성이 있다.
- ㉰ 가열, 충격, 마찰 등에 의해 발화할 위험이 있는 물질이 있다.
- ㉱ 연소시 유독성 가스가 발생할 수 있다.

풀이 제5류 위험물 : 대량의 물에 의한 냉각소화를 하며, CO_2나 할론소화기 사용 금지

정답 46.㉰ 47.㉱ 48.㉮ 49.㉯ 50.㉯

51 다음과 같은 성상을 갖는 물질은?

> • 은백색 광택의 무른 경금속으로 포타슘이라고 부른다.
> • 공기중에서 수분과 반응하여 수소가 발생한다.
> • 융점이 약 63.5℃이고, 비중은 약 0.86이다.

㉮ 칼륨 ㉯ 나트륨
㉰ 부틸리튬 ㉱ 트리메틸알루미늄

풀이 칼륨(K)에 대한 설명임.

52 피크린산((picric acid)의 성질에 대한 설명 중 틀린 것은?

㉮ 착화온도는 약 300℃이고 비중은 약 1.8이다.
㉯ 페놀을 원료로 제조할 수 있다.
㉰ 찬물에는 잘 녹지 않으나 온수, 에테르에는 잘 녹는다.
㉱ 단독으로도 충격·마찰에 매우 민감하여 폭발한다.

풀이 피크린산(TNP) : 단독으로는 충격·마찰에 둔감함. 단, Cu, Pb, Fe 등의 금속과 피그린산 염을 형성시 폭발한다.

53 금속나트륨, 금속칼륨 등을 보호액 속에 저장하는 이유를 가장 옳게 설명한 것은?

㉮ 온도를 낮추기 위하여 ㉯ 승화하는 것을 막기 위하여
㉰ 공기와의 접촉을 막기 위하여 ㉱ 운반시 충격을 적게 하기 위하여

풀이 금속나트륨, 금속칼륨 : 공기중에 함유된 수분으로부터 보호하기 위해 보호액 속에 보관함.

54 다음 중 위험물과 그 저장액(또는 보호액)의 연결이 틀린 것은?

㉮ 황린 - 물 ㉯ 인화석회 - 물
㉰ 금속나트륨 - 경유 ㉱ 니트로셀룰로오스 - 함수알코올

풀이 인화석회 : 물과 반응하여 유독한 가스인 포스핀가스를 발생함.
$Ca_3P_2 + 6H_2O \rightarrow 2PH_3 + 3Ca(OH)_2$

55 제6류 위험물의 공통된 특성으로 옳지 않은 것은?

㉮ 산화성 액체이다. ㉯ 무기화합물이며 물보다 무겁다.
㉰ 불연성 물질이다. ㉱ 물에 녹지 않는다.

풀이 제6류 위험물 : 물에 잘 녹는다.

정답 51.㉮ 52.㉱ 53.㉰ 54.㉯ 55.㉱

56 과산화수소가 이산화망간 촉매하에서 분해가 촉진될 때 발생하는 가스는?
㉮ 수소
㉯ 산소
㉰ 아세틸렌
㉱ 질소

풀이 이산화망간(MnO_2)과 급격하게 반응하여 산소를 발생함.

57 위험물 안전관리법에서 정의하는 제2석유류의 인화점범위에 해당하는 것은? (단, 1기압이다.)
㉮ −20℃ 이하
㉯ 20℃ 미만
㉰ 21℃ 이상 70℃ 미만
㉱ 70℃ 이상 200℃ 미만

풀이 제2석유류 : 1기압에서 액상으로 인화점 21℃ 이상 70℃ 미만인 것

58 메틸에틸케톤에 대한 설명 중 틀린 것은?
㉮ 냄새가 있는 휘발성 무색 액체이다.
㉯ 연소범위는 약 12~46%이다.
㉰ 탈지작용이 있으므로 피부 접촉을 금해야 한다.
㉱ 인화점은 0℃보다 낮으므로 주의하여야 한다.

풀이 메틸에틸케톤 연소 범위 : 1.8~10%

59 다음 위험물 중 혼재 가능한 것끼리 연결된 것은? (단, 지정수량의 10배이다.)
㉮ 제1류 - 제6류
㉯ 제2류 - 제3류
㉰ 제3류 - 제5류
㉱ 제5류 - 제1류

풀이 제1류와 6류는 혼재 가능함.

60 다음 중 니트로화합물은 어느 것인가?
㉮ 트리니트로톨루엔
㉯ 니트로글리세린
㉰ 니트로글리콜
㉱ 니트로셀룰로오스

풀이 ㉯, ㉰, ㉱ : 질산에스테르류
• 니트로글리콜[$(CH_2ONO_2)_2$]

정답 56.㉯ 57.㉰ 58.㉯ 59.㉮ 60.㉮

위험물기능사 기출문제 04

2008년 10월 5일 시행

01. 저장소의 건축물 중 외벽이 내화구조인 것은 연면적 몇 m²를 1소요단위로 하는가?

㉮ 50
㉯ 75
㉰ 100
㉱ 150

풀이 ① 제조소 및 취급소
- 외벽이 내화구조 : $100m^2$를 1소요단위
- 외벽이 내화구조 이외 : $50m^2$를 1소요단위

② 저장소
- 외벽이 내화구조 : $150m^2$를 1소요단위
- 외벽이 내화구조 이외 : $75m^2$를 1소요단위

02. 이산화탄소 소화약제의 주된 소화 원리는?

㉮ 가연물 제거
㉯ 부촉매 작용
㉰ 산소 공급 차단
㉱ 점화원 파괴

풀이 이산화탄소(CO_2) : 산소 차단에 의한 질식소화

03. 제1종 분말소화약제의 적응화재 급수는?

㉮ A급
㉯ BC급
㉰ AB급
㉱ ABC급

풀이 제1종 분말소화약제($NaHCO_3$) : BC급

04. 소화에 대한 설명 중 틀린 것은?

㉮ 소화작용을 기준으로 크게 물리적 소화와 화학적 소화로 나눌 수 있다.
㉯ 주수소화는 주된 소화효과는 냉각효과이다.
㉰ 공기 차단에 의한 소화는 제거소화이다.
㉱ 불연성 가스에 의한 소화는 질식소화이다.

풀이 공기 차단 : 질식소화

정답 01. ㉱ 02. ㉰ 03. ㉯ 04. ㉰

05 물질의 일반적인 연소형태에 대한 설명으로 틀린 것은?
㉮ 파라핀의 연소는 표면연소이다.
㉯ 산소공급원을 가진 물질이 연소하는 것을 자기연소라고 한다.
㉰ 목재의 연소는 분해연소이다.
㉱ 공기와 접촉하는 표면에서 연소가 일어나는 것을 표면연소라고 한다.

풀이 파라핀 연소 : 증발연소

06 소화약제의 종별 구분 중 인산염류를 주성분으로 한 분말소화약제는 제 몇 종 분말이라 하는가?
㉮ 제1종 분말 ㉯ 제2종 분말
㉰ 제3종 분말 ㉱ 제4종 분말

풀이 제3종 분말($NH_4H_2PO_4$) : 인산염류가 주성분

07 인화성 액체 위험물 옥외탱크저장소의 탱크 주위에 방유제를 설치할 때 방유제 내의 면적은 몇 m^2 이하로 하여야 하는가?
㉮ 20,000 ㉯ 40,000
㉰ 60,000 ㉱ 80,000

풀이 옥외탱크 저장소 방유제 면적 : 80,000m^2

08 포소화약제의 혼합장치에서 펌프의 토출관에 압입기를 설치하여 포소화약제 압입용 펌프로 포소화약제를 압입시켜 혼합하는 방식은?
㉮ 라인 프로포셔너 방식 ㉯ 프레셔 프로포셔너 방식
㉰ 프레셔사이드 프로포셔너 방식 ㉱ 펌프 프로포셔너 방식

풀이 프레셔사이드 프로포셔너 : 압입용 펌프로 포소화약제를 혼합함.

09 가연물이 되기 쉬운 조건이 아닌 것은?
㉮ 산소와의 친화력이 클 것.
㉯ 열전도율이 클 것.
㉰ 발열량이 클 것.
㉱ 활성화 에너지가 작을 것.

풀이 열전도율은 적을 것.

정답 05.㉮ 06.㉰ 07.㉱ 08.㉰ 09.㉯

10 소화전용 물통 8리터의 능력단위는 얼마인가?
- ㉮ 0.1
- ㉯ 0.3
- ㉰ 0.5
- ㉱ 1.0

> [풀이] 소화전용 물통 8ℓ : 0.3단위
>
> | 소화설비 (간이소화용구) | 용량 | 능력단위 |
> |---|---|---|
> | 소화전용 물통 | 8ℓ | 0.3단위 |
> | 수조(소화전용 물통 3개 포함) | 80ℓ | 1.5단위 |
> | 수조(소화전용 물통 6개 포함) | 190ℓ | 2.5단위 |
> | 마른모래(삽 1개 포함) | 50ℓ | 0.5단위 |
> | 팽창질석·팽창진주암(삽 1개 포함) | 160ℓ | 1.0단위 |

11 소화난이도 Ⅰ의 옥내탱크저장소에 유황만을 저장할 경우 설치하여야 하는 소화설비는?
- ㉮ 물분무소화설비
- ㉯ 스프링클러설비
- ㉰ 포소화설비
- ㉱ 이산화탄소소화설비

> [풀이] 소화난이도 Ⅰ 등급 옥내탱크저장소 유황만을 저장할 경우 : 물분무소화설비

12 제5류 위험물에 적응성 소화설비는?
- ㉮ 분말소화설비
- ㉯ 이산화탄소소화설비
- ㉰ 할로겐화합물소화설비
- ㉱ 스프링클러설비

> [풀이] 제5류 위험물 : 자기반응성 물질
> 화재 초기에 대량의 물에 의한 냉각소화를 하며 여기서는 스프링클러 설비가 해당됨.

13 소화기에 "A-2"라고 표시되어 있다면 숫자 "2"가 의미하는 것은?
- ㉮ 사용순위
- ㉯ 능력단위
- ㉰ 소요단위
- ㉱ 화재등급

> [풀이] "A-2" : 일반화재 능력단위 2단위

14 유류나 전기설비 화재에 적합하지 않는 소화기는?
- ㉮ 이산화탄소소화기
- ㉯ 분말소화기
- ㉰ 봉상수소화기
- ㉱ 할로겐화합물소화기

> [풀이] 유류·전기설비 화재에 부적합한 소화기 : 물을 함유한 봉상수소화기

정답 10. ㉯ 11. ㉮ 12. ㉱ 13. ㉯ 14. ㉰

15 위험물제조소에 설치하는 표지 및 게시판에 관한 설명으로 옳은 것은?
㉮ 표지나 게시판은 잘 보이게만 설치한다면 그 크기는 제한이 없다.
㉯ 표지에는 위험물의 유별·품명의 내용 외의 다른 기재사항은 제한하지 않는다.
㉰ 게시판의 바탕과 문자의 명도대비가 클 경우에는 색상을 제한하지 않는다.
㉱ 표지나 게시판을 보기 쉬운 곳에 설치하여야 하는 것 외에는 위치에 대해 다른 규정은 두고 있지 않다.

풀이 표지판 및 게시판 : 보기 쉬운 장소에 설치함.
• 기재사항 : 유별, 품명, 수량, 안전관리자명
• 크기 : 한 변이 $60cm^2$, 다른 한 변은 $30cm^2$
• 색상 : 바탕색은 백색, 글자는 흑색

16 자연발화의 방지 대책으로 틀린 것은?
㉮ 통풍을 잘 되게 한다.   ㉯ 저장실의 온도를 낮게 한다.
㉰ 습도를 낮게 유지한다.   ㉱ 열을 축적시킨다.

풀이 열이 축적되게 되면 자연발화가 발생한다.

17 화재의 종류와 급수의 분류가 잘못 연결된 것은?
㉮ 일반화재 - A급   ㉯ 유류화재 - B급 화재
㉰ 전기화재 - C급   ㉱ 가스화재 - D급 화재

풀이 D급 화재 : 금속화재

18 지정수량 10배의 위험물을 저장 또는 취급하는 제조소에 있어서 연면적이 최소 몇 m^2이면 자동화재 탐지설비를 설치해야 하는가?
㉮ 100   ㉯ 300
㉰ 500   ㉱ 1,000

풀이 지정수량 10배 미만의 제조소 : 연면적 $500m^2$마다 자동화재탐지설비 설치

19 다음 중 자연발화의 형태가 아닌 것은?
㉮ 산화열에 의한 발화   ㉯ 분해열에 의한 발화
㉰ 흡착열에 의한 발화   ㉱ 잠열에 의한 발화

풀이 자연발화
① 산화열 ② 분해열 ③ 흡착열 ④ 미생물에 의한 발화 ⑤ 중합열 등

정답 15.㉱ 16.㉱ 17.㉱ 18.㉰ 19.㉱

20 인화점에 대한 설명으로 가장 옳은 것은?
- ㉮ 가연성 물질을 산소 중에서 가열할 때 점화원 없이 연소하기 위한 최저온도
- ㉯ 가연성 물질이 산소 없이 연소하기 위한 최저온도
- ㉰ 가연성 물질을 공기 중에서 가열할 때 가연성 증기가 연소범위 하한에 도달하는 최저온도
- ㉱ 가연성 물질이 공기 중 가압하에서 연소하기 위한 최저온도

풀이 인화점 : 가연물을 가열시 가스 또는 증기가 공기와 혼합되어 연소범위 하한에 도달하는 최저온도

21 가솔린의 연소범위는 약 몇 %인가?
- ㉮ 1.4~7.6
- ㉯ 8.3~11.4
- ㉰ 12.5~19.7
- ㉱ 22.3~32.8

풀이 가솔린(제4류 위험물 1석유류) : 1.4~7.6%

22 브롬산칼륨과 요오드산아연의 공통적인 성질에 해당하는 것은?
- ㉮ 갈색의 결정이고 물에 잘 녹는다.
- ㉯ 융점이 600℃ 이상이다.
- ㉰ 열분해하면 산소를 방출한다.
- ㉱ 비중이 5보다 크고 알코올에 잘 녹는다.

풀이 브롬산칼륨($KBrO_3$)과 요오드산아연[$Zn(IO_3)_2$] : 제1류 산화성 고체로서 가열시 산소를 방출한다.

23 분자량이 약 106.5이며 조해성과 흡습성이 크고 산과 반응하여 유독한 ClO_2를 발생시키는 것은?
- ㉮ $KClO_4$
- ㉯ $NaClO_3$
- ㉰ NH_4ClO_4
- ㉱ $AgClO_3$

풀이 염소산나트륨($NaClO_3$) : 제1류 위험물
산과 반응시 유독한 이산화염소(ClO_2)를 발생
※ 철 용기에 보관할 수 없음.

24 니트로셀룰로오스의 안전한 저장을 위해 사용되는 물질은?
- ㉮ 페놀
- ㉯ 황산
- ㉰ 에탄올
- ㉱ 아닐린

정답 20.㉰ 21.㉮ 22.㉰ 23.㉯ 24.㉰

풀이 니트로셀룰로오스(NC) : 제5류 위험물 자기반응성 물질. 물과 알코올에 습윤시켜 운반 및 저장함.

25 다음 물질 중 품명이 니트로화합물로 분류되는 것은?
㉮ 니트로셀룰로오스　　㉯ 니트로벤젠
㉰ 니트로글리세린　　㉱ 트리니트로톨루엔

풀이 니트로화합물 : 니트로기(NO_2)가 2개 이상인 화합물 [ex] TNT, TNP 등
㉮ 질산에스테르류(제5류 위험물)
㉯ 제3석유류(제4류 위험물)
㉰ 질산에스테르류(제5류 위험물)

26 다음 중 인화점이 가장 낮은 것은?
㉮ 톨루엔　　㉯ 테레핀유
㉰ 에틸렌글리콜　　㉱ 아닐린

풀이 ㉮ 4℃　㉯ 33.9℃　㉰ 111℃　㉱ 75℃

27 벤조일퍼옥사이드의 성질에 대한 설명으로 옳은 것은?
㉮ 건조상태의 것은 마찰, 충격에 의한 폭발의 위험이 있다.
㉯ 유기물과 접촉하면 화재 및 폭발의 위험성이 감소한다.
㉰ 수분을 함유하면 폭발이 더욱 용이하다.
㉱ 강력한 환원제이다.

풀이 과산화벤조일(BPO, 벤조일퍼옥사이드) : 제5류 위험물
건조상태에서는 마찰·충격 시 연소·폭발함.

28 다음 위험물 중 제3석유류에 속하고 지정수량이 2,000L인 것은?
㉮ 아세트산　　㉯ 글리세린
㉰ 에틸렌글리콜　　㉱ 니트로벤젠

풀이 ㉮ 2석유류(2,000 l - 수용성)　㉯ 3석유류(4,000 l - 수용성)
㉰ 3석유류(4,000 l - 수용성)　㉱ 3석유류(2,000 l - 비수용성)

29 다음 중 자기반응성 물질인 제5류 위험물에 해당되는 것은?
㉮ $CH_3(C_6H_4)NO_2$　　㉯ CH_3COCH_3
㉰ $C_6H_2(NO_2)_3OH$　　㉱ $C_6H_5NO_2$

정답　25. ㉱　26. ㉮　27. ㉮　28. ㉱　29. ㉰

풀이 ㉮ 니트로톨루엔(제4류 위험물)
㉯ 아세톤(제4류 위험물)
㉰ 트리니트로페놀(TNP)
㉱ 니트로벤젠(제4류 위험물)

30 특수인화물의 일반적인 성질에 대한 설명으로 가장 거리가 먼 것은?
㉮ 비점이 높다.
㉯ 인화점이 낮다.
㉰ 연소하한값이 낮다.
㉱ 증기압이 높다.

풀이 특수인화물 : 비점이 낮다.

31 질산칼륨의 저장 및 취급 시 주의사항에 대한 설명 중 틀린 것은?
㉮ 공기와의 접촉을 피하기 위하여 석유 속에 보관한다.
㉯ 직사광선을 차단하고 가열, 충격, 마찰을 피한다.
㉰ 목탄분, 유황 등과 격리하여 보관한다.
㉱ 강산류와의 접촉을 피한다.

풀이 질산칼륨(KNO_3) : 제1류 위험물
밀폐용기에 넣어 건조한 상태로 보관함.

32 질산에 대한 설명 중 틀린 것은?
㉮ 불연성이지만 산화력을 가지고 있다.
㉯ 순수한 것은 갈색의 액체이나 보관 중 청색으로 변한다.
㉰ 부식성이 강하다.
㉱ 물과 접촉하면 발열한다.

풀이 질산(HNO_3) : 제6류 위험물
순수한 것은 무색 투명한 액체지만 장시간 보관 시 담황색으로 변한다.

33 다음 중 증기의 밀도가 가장 큰 것은?
㉮ 디에틸에테르   ㉯ 벤젠
㉰ 가솔린(옥탄가 100%)   ㉱ 에틸알코올

풀이 증기밀도 : $\dfrac{\text{분자량}}{22.4\,l}$
분자량이 클수록 증기밀도가 크다.

정답 30. ㉮ 31. ㉮ 32. ㉯ 33. ㉰

34 다음 위험물 중 저장할 때 보호액으로 물을 사용하는 것은?
㉮ 삼산화크롬 ㉯ 아연
㉰ 나트륨 ㉱ 황린

> 풀이 황린(P_4) : 제3류 자연발화성 물질. 보호액이 물임.

35 과염소산암모늄에 대한 설명으로 옳은 것은?
㉮ 물에 용해되지 않는다.
㉯ 청녹색의 침상결정이다.
㉰ 130℃에서 분해하기 시작하여 CO_2 가스를 방출한다.
㉱ 아세톤, 알코올에 용해된다.

> 풀이 과염소산암모늄(NH_4ClO_4) : 제1류 위험물
> 무색 또는 백색의 결정. 물, 아세톤, 알코올에 녹지만 에테르에는 녹지 않음.

36 과산화수소의 성질에 대한 설명 중 틀린 것은?
㉮ 열, 햇빛에 의해서 분해가 촉진된다.
㉯ 불연성 물질이다.
㉰ 물, 석유, 벤젠에 잘 녹는다.
㉱ 농도가 진한 것은 피부에 닿으면 수종을 일으킨다.

> 풀이 과산화수소(H_2O_2) : 제6류 위험물
> 물, 알코올, 에테르에는 용해. 석유, 벤젠에는 녹지 않음.

37 이황화탄소가 완전연소하였을 때 발생하는 물질은?
㉮ CO_2, O_2 ㉯ CO_2, SO_2
㉰ CO, S ㉱ CO_2, H_2O

> 풀이 완전연소 시 이산화탄소와 이산화황이 발생함.
> $CS_2 + 3O_2 \rightarrow CO_2 + 2SO_2$

38 다음 중 제2류 위험물이 아닌 것은?
㉮ 적린 ㉯ 황린
㉰ 유황 ㉱ 황화린

> 풀이 황린(P_4) : 제3류 위험물. 자연발화성 물질

정답 34.㉱ 35.㉱ 36.㉰ 37.㉯ 38.㉯

39 과산화나트륨에 대한 설명으로 틀린 것은?

㉮ 수증기와 반응하여 금속나트륨과 수소, 산소를 발생한다.
㉯ 순수한 것은 백색이다.
㉰ 융점은 약 460℃이다.
㉱ 아세트산과 반응하여 과산화수소를 발생한다.

[풀이] 과산화나트륨(Na_2O_2) : 제1류 위험물
물과 접촉 시 산소를 발생함.
$Na_2O_2 + H_2O \rightarrow 2NaOH + \frac{1}{2}O_2$

40 제1류 위험물의 일반적인 성질이 아닌 것은?

㉮ 강산화제이다.   ㉯ 불연성이다.
㉰ 유기화합물에 속한다. ㉱ 비중이 1보다 크다.

[풀이] 제1류 위험물 : 무기화합물

41 적린의 일반적인 성질에 대한 설명으로 틀린 것은?

㉮ 비금속 원소이다.
㉯ 암적색의 분말이다.
㉰ 승화온도가 약 260℃이다.
㉱ 이황화탄소에 녹지 않는다.

[풀이] 적린 : 승화온도 400℃, 착화온도 260℃

42 위험등급 Ⅰ의 위험물에 해당하지 않는 것은?

㉮ 아염소산칼륨   ㉯ 황화린
㉰ 황린   ㉱ 과염소산

[풀이] 황화린 : 위험등급 Ⅱ등급

43 금속칼륨의 저장 및 취급상 주의사항에 대한 설명으로 틀린 것은?

㉮ 물과의 접촉을 피한다.
㉯ 피부에 닿지 않도록 한다.
㉰ 알코올 속에 저장한다.
㉱ 가급적 소량으로 나누어 저장한다.

[풀이] 금속칼륨(K) : 석유 속에 보관함.

정답 39. ㉮ 40. ㉰ 41. ㉰ 42. ㉯ 43. ㉰

44 분자량이 227, 발화점이 약 300℃, 비점이 약 240℃이며 햇빛에 의해 다갈색으로 변하고 물에 녹지 않으나 벤젠에는 녹는 물질은?

㉮ 니트로글리세린 ㉯ 니트로셀룰로오스
㉰ 트리니트로톨루엔 ㉱ 트리니트로페놀

> **풀이** 트리니트로톨루엔(TNT) : 제5류 위험물

45 위험물안전관리법에서 정한 제6류 위험물의 성질은?

㉮ 자기반응성 물질 ㉯ 금수성 물질
㉰ 산화성 액체 ㉱ 인화성 액체

> **풀이** 제6류 위험물 : 산화성 액체

46 질산에틸의 성질에 대한 설명 중 틀린 것은?

㉮ 물에 녹지 않는다. ㉯ 상온에서 인화하기 어렵다.
㉰ 증기는 공기보다 무겁다. ㉱ 무색 투명한 액체이다.

> **풀이** 질산에틸($C_2H_5ONO_2$) : 제5류 위험물
> 인화점(−10℃)이 낮아 연소하기 쉽다.

47 알루미늄 분말이 NaOH 수용액과 반응하였을 때 발생하는 것은?

㉮ CO_2 ㉯ Na_2O
㉰ H_2 ㉱ Al_2O_3

> **풀이** 알칼리 수용액과 반응 시 수소가스 발생
> $2Al + 2NaOH + 2H_2O \rightarrow 2NaAlO_2 + 3H_2 \uparrow$

48 다음 중 제3류 위험물의 품명이 아닌 것은?

㉮ 금속의 수소화물 ㉯ 유기금속화합물
㉰ 황린 ㉱ 금속분

> **풀이** 금속분 : 제2류 위험물(500kg)

정답 44.㉰ 45.㉰ 46.㉯ 47.㉰ 48.㉱

49
다음 물질 중 위험물 유별에 따른 구분이 나머지 셋과 다른 하나는?
㉮ 질산은 ㉯ 질산메틸
㉰ 무수크롬산 ㉱ 질산암모늄

풀이 질산메틸(CH_3ONO_2) : 제5류 위험물
㉮, ㉰, ㉱ : 제1류 위험물

50
유별을 달리하는 위험물에서 다음 중 혼재할 수 없는 것은? (단, 지정수량의 $\frac{1}{5}$ 이상이다.)
㉮ 제2류와 제4류 ㉯ 제1류와 제6류
㉰ 제3류와 제4류 ㉱ 제1류와 제5류

풀이 제1류 위험물은 제6류 위험물을 제외한 다른 위험물과 혼재 금지

51
다음 중 특수인화물에 해당하는 위험물은?
㉮ 벤젠 ㉯ 염화아세틸
㉰ 이소프로필아민 ㉱ 아세토니트릴

풀이 이소프로필아민[$(CH_3)_2CHNH_2$] : 특수인화물
㉮ C_6H_6 : 1석유류
㉯ CH_3COCl : 1석유류
㉱ CH_3CN : 1석유류

52
인화칼슘이 물과 반응하였을 때 발생하는 가스에 대한 설명으로 옳은 것은?
㉮ 폭발성인 수소를 발생한다. ㉯ 유독한 인화수소를 발생한다.
㉰ 조연성인 산소를 발생한다. ㉱ 가연성인 아세틸렌을 발생한다.

풀이 인화칼슘(Ca_3P_2)은 제3류 위험물로서 물과 반응하여 유독한 인화수소(PH_3) 가스를 발생함.
$Ca_3P_2 + 6H_2O \rightarrow 2PH_3 + 3Ca(OH)_2$

53
$KClO_3$ 일반적인 성질에 관한 설명으로 옳은 것은?
㉮ 폭발성인 수소를 발생한다. ㉯ 유독한 인화수소를 발생한다.
㉰ 조연성인 산소를 발생한다. ㉱ 가연성인 아세틸렌을 발생한다.

풀이 염소산칼륨($KClO_3$) : 제1류 위험물
열분해하여 조연성의 산소(O_2)를 발생함.

정답 49.㉯ 50.㉱ 51.㉰ 52.㉯ 53.㉰

54 옥내저장탱크의 상호간에는 특별한 경우를 제외하고 최소 몇 m 이상의 간격을 유지하여야 하는가?
㉮ 0.1 ㉯ 0.2
㉰ 0.3 ㉱ 0.5

....
풀이 옥내저장탱크 상호간 및 벽과의 거리 : 0.5m 이상

55 다음 중 방수성이 있는 피복으로 덮어야 하는 위험물로만 구성된 것은?
㉮ 과염소산염류, 삼산화크롬, 황린
㉯ 무기과산화물, 과산화수소, 마그네슘
㉰ 철분, 금속분, 마그네슘
㉱ 염소산염류, 과산화수소, 금속분

....
풀이 방수성 덮개
① 제1류 위험물 중 알칼리금속 과산화물 또는 이를 함유한 것
② 제2류 위험물 중 철분·금속분·마그네슘 또는 이를 함유한 것
③ 금수성 물품

56 알칼리금속의 성질에 대한 설명 중 틀린 것은?
㉮ 칼륨은 물보다 가볍고 공기중에서 산화되어 금속광택을 잃는다.
㉯ 나트륨은 매우 단단한 금속이므로 다른 금속에 비해 몰 용해열이 큰 편이다.
㉰ 리튬은 고온으로 가열하면 적색 불꽃을 내며 연소한다.
㉱ 루비듐은 물과 반응하여 수소를 발생한다.

....
풀이 나트륨(Na) : 제3류 위험물 금수성 물질
무른 경금속으로 몰 용해열이 크다.

57 지정과산화물 옥내저장소의 저장창고 출입구 및 창의 설치기준으로 틀린 것은?
㉮ 창은 바닥면으로부터 2m 이상의 높이에 설치한다.
㉯ 하나의 창의 면적을 $0.4m^2$ 이내로 한다.
㉰ 하나의 벽면에 두는 창의 면적의 합계를 당해 벽면의 면적의 80분의 1이 초과되도록 한다.
㉱ 출입구에는 갑종방화문을 설치한다.

....
풀이 창의 면적의 합계 : 벽면적의 80분의 1 이내가 될 것.

정답 54.㉱ 55.㉯ 56.㉯ 57.㉰

58 과염소산칼륨의 성질에 관한 설명 중 틀린 것은?

㉮ 무색, 무취의 결정이다.
㉯ 비중은 1보다 크다.
㉰ 400℃ 이상으로 가열하면 분해하여 산소를 발생한다.
㉱ 알코올 및 에테르에 잘 녹는다.

풀이 과염소산칼륨($KClO_4$) : 제1류 위험물
물에 잘 녹지 않으며 알코올, 에테르에 불용.

59 산화프로필렌을 용기에 저장할 때 인화폭발의 위험을 막기 위하여 충전시키는 가스로 다음 중 가장 적합한 것은?

㉮ N_2 ㉯ H_2
㉰ O_2 ㉱ CO

풀이 산화프로필렌(CH_3CHCH_2O) : 특수인화물
저장 시 불연성 가스(N_2)나 수증기로 봉입하고 냉각장치를 설치한다.

60 순수한 것은 무색이지만 공업용은 휘황색의 침상 결정으로 마찰, 충격에 비교적 둔감하며 공기중에서 자연분해하지 않기 때문에 장기간 저장할 수 있고 쓴 맛과 독성이 있는 것은?

㉮ 피크린산 ㉯ 니트로글리콜
㉰ 니트로셀룰로오스 ㉱ 니트로글리세린

풀이 피크린산[$C_6H_2(NO_2)_3OH$] : 제5류 위험물. 자기반응성 물질

정답 58.㉱ 59.㉮ 60.㉮

위·험·물·기·능·사·과·년·도
기출문제

위험물기능사

2009년 기출문제

위험물기능사 기출문제 01 — 2009년 1월 18일 시행

01 화학포를 만들 때 사용되는 기포안정제가 아닌 것은?
- ㉮ 사포닝
- ㉯ 암분
- ㉰ 가수분해 단백질
- ㉱ 계면활성제

풀이 기포안정제 : 사포닝, 가수분해 단백질, 계면활성제 등

02 건조사와 같은 고체로 가연물을 덮는 것은 어떤 소화에 해당하는가?
- ㉮ 제거소화
- ㉯ 질식소화
- ㉰ 냉각소화
- ㉱ 억제소화

풀이 건조사 : 질식소화

03 소화기에 대한 설명 중 틀린 것은?
- ㉮ 화학포, 기계포 소화기는 포소화기에 속한다.
- ㉯ 탄산가스 소화기는 질식 및 냉각소화 작용이 있다.
- ㉰ 분말소화기는 가압가스가 필요 없다.
- ㉱ 화학포 소화기에는 탄산수소나트륨과 황산알루미늄이 사용된다.

풀이 분말소화기 : 가압식 및 축압식에 질소(N_2)를 사용함.

04 제5류 위험물의 일반적인 화재예방 및 소화방법에 대한 설명으로 옳지 않은 것은?
- ㉮ 불꽃, 고온체의 접근을 피한다.
- ㉯ 할로겐화합물 소화기는 소화에 적응성이 없으므로 사용해서는 안 된다.
- ㉰ 위험물 제조소에는 "화기엄금" 주의사항 게시판을 설치한다.
- ㉱ 화재 발생시 탄산가스에 의한 질식소화를 한다.

풀이 제5류 위험물 : 다량의 물에 의한 냉각소화를 주로 함.

05 탄산수소칼륨과 요소의 반응생성물로 된 것은 제 몇 종 분말소화약제인가?
- ㉮ 제1종
- ㉯ 제2종
- ㉰ 제3종
- ㉱ 제4종

정답 01.㉯ 02.㉯ 03.㉰ 04.㉱ 05.㉱

풀이 제4종 분말소화약제 : $KHCO_3 + (NH_2)_2CO$

06 소화약제에 대한 설명으로 틀린 것은?
㉮ 물은 기화잠열이 크고 구하기 쉽다.
㉯ 화학포 소화약제는 물에 탄산칼슘을 보강시킨 소화약제를 말한다.
㉰ 산·알칼리 소화약제에는 황산이 사용된다.
㉱ 탄산가스는 전기화재에 효과적이다.

풀이 ㉯는 강화액 소화기에 대한 설명임.
• 화학포 : 중탄산나트륨 + 황산알루미늄

07 고체의 연소 형태에 해당하지 않는 것은?
㉮ 증발연소　　　　　㉯ 확산연소
㉰ 분해연소　　　　　㉱ 표면연소

풀이 확산연소 : 기체연소

08 탄화알루미늄이 물과 반응하면 폭발의 위험이 있는 것은 어떤 가스가 발생하기 때문인가?
㉮ 수소　　　　　　　㉯ 메탄
㉰ 아세틸렌　　　　　㉱ 암모니아

풀이 물과 반응하여 메탄(CH_4)을 발생함.
$Al_4C_3 + 12H_2O \rightarrow 4Al(OH)_3 + 3CH_4 \uparrow$

09 다음 중 B급 화재에 속하는 것은?
㉮ 일반화재　　　　　㉯ 유류화재
㉰ 전기화재　　　　　㉱ 금속화재

풀이 ㉮ A급　㉰ C급　㉱ D급

10 과염소산에 화재가 발생했을 때 조치방법으로 적합하지 않은 것은?
㉮ 환원성 물질로 중화한다.　　㉯ 물과 반응하여 발열하므로 주의한다.
㉰ 마른모래로 소화한다.　　　　㉱ 인산염류 분말로 소화한다.

풀이 과염소산($HClO_4$) : 제6류 위험물로 산화성 액체로 환원성 물질과 접촉시 화재 발생.

정답　06. ㉯　07. ㉯　08. ㉯　09. ㉯　10. ㉮

11. 다음 중 주수소화를 하면 위험성이 증가하는 것은?
㉮ 과산화칼륨 ㉯ 과망간산칼륨
㉰ 과염소산칼륨 ㉱ 브롬산칼륨

풀이 제1류 위험물 무기과산화물류 : 물과 접촉 시 산소를 발생함.

12. 자기반응성 물질의 화재예방에 대한 설명으로 옳지 않은 것은?
㉮ 가열 및 충격을 피한다.
㉯ 할로겐화합물 소화기를 구비한다.
㉰ 가급적 소분하여 저장한다.
㉱ 차고 어두운 곳에 저장하여야 한다.

풀이 자기반응성 물질 : 제5류 위험물로서 다량의 물에 의한 냉각소화를 주로 함.

13. 물의 증발잠열은 약 몇 cal/g인가?
㉮ 329 ㉯ 439
㉰ 539 ㉱ 639

풀이 물의 증발잠열 : 539cal/g

14. 메틸알코올 8,000리터에 대한 소화능력으로 삽을 포함한 마른모래를 몇 리터 설치하여야 하는가?
㉮ 100 ㉯ 200
㉰ 300 ㉱ 400

풀이 위험물 1소요단위 : 지정수량 10배, 알코올 지정수량 : 400 l
소요단위 $= \dfrac{8,000}{400 \times 10} = 2$이므로
50 l : 0.5단위 $= x$: 2단위
x = 200리터
• 마른모래(삽을 포함) : 용량 50리터가 0.5단위임.

15. 위험물 중 위험등급 I 에 속하지 않는 것은?
㉮ 제6류 위험물 ㉯ 제5류 위험물 중 니트로화합물
㉰ 제4류 위험물 중 특수인화물 ㉱ 제3류 위험물 중 나트륨

풀이 니트로화합물 : 위험등급 II

정답 11.㉮ 12.㉯ 13.㉰ 14.㉯ 15.㉯

16 화재시 이산화탄소를 방출하여 산소의 농도를 12.5%로 낮추어 소화하려면 공기 중의 이산화탄소의 농도는 약 몇 vol%로 해야 하는가?

㉮ 30.7   ㉯ 32.8
㉰ 40.5   ㉱ 68.0

풀이 CO_2 농도 $= \dfrac{21-O_2}{21} \times 100$ 이므로

$\dfrac{21-12.5}{21} \times 100 = 40.47$

∴ 40.5%

17 할론1301의 증기 비중은? (단, 불소의 원자량은 19, 브롬의 원자량은 80, 염소의 원자량은 35.5이고, 공기의 분자량은 29이다.)

㉮ 2.14   ㉯ 4.15
㉰ 5.14   ㉱ 6.15

풀이 증기 비중 $= \dfrac{M_w}{\text{공기분자량 } 29} = \dfrac{149}{29} = 5.14$

• 할론 1301(CF_3Br) 분자량 $= 12+(19\times3)+80 = 149$

18 일반적 성질이 산소공급원이 되는 위험물로 내부연소를 하는 것은?

㉮ 제1류 위험물   ㉯ 제2류 위험물
㉰ 제5류 위험물   ㉱ 제6류 위험물

풀이 제5류 위험물 : 자기연소성 물질(산소를 포함하고 있음)

19 화염의 전파속도가 음속보다 빠르며, 연소시 충격파가 발생하여 파괴효과가 증대되는 현상을 무엇이라 하는가?

㉮ 폭연   ㉯ 폭압
㉰ 폭굉   ㉱ 폭명

풀이 폭굉(detonation) : 화염의 전파속도가 음속보다 큰 경우로서 충격파(압력파)가 생겨서 격렬한 파괴작용이 일어나는 것.

20 피난설비를 설치하여야 하는 위험물제조소 등에 해당하는 것은?

㉮ 건축물의 2층 부분을 자동차 정비소로 사용하는 주유취급소
㉯ 건축물의 2층 부분을 전시장으로 사용하는 주유취급소
㉰ 건축물의 2층 부분을 주유사무소로 사용하는 주유취급소
㉱ 건축물의 2층 부분을 관계자의 주거시설로 사용하는 주유취급소

정답   16. ㉰   17. ㉰   18. ㉰   19. ㉰   20. ㉯

풀이 위험물안전관리법 시행규칙 - 피난설비
① 주유취급소 : 건축물의 2층의 부분을 점포·휴게음식점 또는 전시장의 용도로 사용하는 곳
② 옥내 주유취급소 : 당해 사무소 등의 출입구 및 피난구와 당해 피난구로 통하는 통로·계단 및 출입구에 유도등을 설치
③ 유도등에는 비상전원을 설치함.

21
다음 중 제1류 위험물로서 물과 반응하여 발열하면서 산소를 발생하는 것은?
㉮ 염소산칼륨　　　　　　㉯ 탄화칼슘
㉰ 질산암모늄　　　　　　㉱ 과산화나트륨

풀이 물과 반응하여 산소를 발생함.
$2Na_2O_2 + 2H_2O \rightarrow 4NaOH + O_2 \uparrow$

22
마그네슘분에 대한 설명으로 옳은 것은?
㉮ 물보다 가벼운 금속이다.
㉯ 분진폭발이 없는 물질이다.
㉰ 황산과 반응하면 수소가스를 발생한다.
㉱ 소화방법으로 직접적인 주수소화가 가장 좋다.

풀이 마그네슘분 : 제2류 위험물로서 산 및 더운물과 반응하여 수소를 발생함.

23
제3류 위험물에 대한 설명으로 옳은 것은?
㉮ 대부분 물과 접촉하면 안정하게 된다.
㉯ 일반적으로 불연성 물질이고 강산화제이다.
㉰ 대부분 산과 접촉하면 흡열반응을 한다.
㉱ 물에 저장하는 위험물도 있다.

풀이 황린(P_4) : 물 속에 저장함.

24
탄화칼슘의 성질에 대한 설명 중 틀린 것은?
㉮ 질소 중에서 고온으로 가열하면 석회질소가 된다.
㉯ 융점은 약 300℃이다.
㉰ 비중은 약 2.2이다.
㉱ 물질의 상태는 고체이다.

풀이 탄화칼슘(CaC_2) : 융점 2,300℃

정답　21. ㉱　22. ㉰　23. ㉱　24. ㉯

25 제4류 위험물에 대한 설명 중 틀린 것은?
㉮ 이황화탄소는 물보다 무겁다.
㉯ 아세톤은 물에 녹지 않는다.
㉰ 톨루엔 증기는 공기보다 무겁다.
㉱ 디에틸에테르의 연소범위 하한은 약 1.9%이다.

풀이 아세톤(CH_3COCH_3) : 수용성 물질

26 벤조일퍼옥사이드의 성질 및 저장에 관한 설명으로 틀린 것은?
㉮ 직사일광을 피하고 찬 곳에 저장한다.
㉯ 산화제이므로 유기물, 환원성 물질과 접촉을 피해야 한다.
㉰ 발화점이 상온 이하이므로 냉장 보관해야 한다.
㉱ 건조방지를 위해 물 등의 희석제를 사용한다.

풀이 벤조일퍼옥사이드(BPO) 발화점 : 125℃로 상온 이상임.

27 디에틸에테르와 벤젠의 공통성질에 대한 설명으로 옳은 것은?
㉮ 증기 비중은 1보다 크다.
㉯ 인화점은 −10℃보다 높다.
㉰ 착화온도는 200℃보다 낮다.
㉱ 연소범위의 상한이 60%보다 크다.

풀이 디에틸에테르($C_2H_5OC_2H_5$) 벤젠(C_6H_6) : 비중 1보다 크다.

28 아세트산의 일반적 성질에 대한 설명 중 틀린 것은?
㉮ 무색 투명한 액체이다.   ㉯ 수용성이다.
㉰ 증기 비중은 등유보다 크다.   ㉱ 겨울철에 고화될 수 있다.

풀이 증기 비중 : 등유(4~5) > 아세트산(2.1)

29 TNT가 폭발했을 때 발생하는 유독기체는?
㉮ N_2 ㉯ CO_2
㉰ H_2 ㉱ CO

풀이 TNT가 폭발시 유독성 및 가연성의 일산화탄소(CO) 발생함.
$2C_6H_2CH_3(NO_2)_3 \rightarrow 12CO\uparrow + 2C + 3N_2 + 5H_2\uparrow$

정답   25. ㉯   26. ㉰   27. ㉮   28. ㉰   29. ㉱

30 가솔린의 위험성에 대한 설명 중 틀린 것은?
㉮ 인화점이 낮아 인화되기 쉽다.
㉯ 증기는 공기보다 가벼우며 쉽게 착화한다.
㉰ 사에틸납이 혼합된 가솔린은 유독하다.
㉱ 정전기 발생에 주의하여야 한다.

풀이 가솔린 증기는 공기보다 무겁다.

31 디에틸에테르의 성질이 아닌 것은?
㉮ 유동성   ㉯ 마취성
㉰ 인화성   ㉱ 비휘발성

풀이 디에틸에테르($C_2H_5OC_2H_5$) : 특수인화물로 휘발성이 강함.

32 다음 중 착화온도가 가장 낮은 것은?
㉮ 피크르산   ㉯ 적린
㉰ 에틸알코올   ㉱ 트리니트로톨루엔

풀이
- 적린(P) : 260℃
- 피크르산[$C_6H_2(NO_2)_3OH$] : 300℃
- 에틸알코올 : 423℃
- 트리니트로톨루엔(TNT) : 300℃

33 트리니트로톨루엔의 성상으로 틀린 것은?
㉮ 물에 잘 녹는다.   ㉯ 담황색의 결정이다.
㉰ 폭약으로 사용된다.   ㉱ 착화점은 약 300℃이다.

풀이 트리니트로톨루엔(TNT) : 물에 녹지 않음.

34 피크르산의 성질에 대한 설명 중 틀린 것은?
㉮ 황색의 액체이다.
㉯ 쓴맛이 있으며 독성이 있다.
㉰ 납과 반응하여 예민하고 폭발위험이 있는 물질을 형성한다.
㉱ 에테르, 알코올에 녹는다.

풀이 피크르산[$C_6H_2(NO_2)_3OH$] : 편편한 침상 결정, 휘황색

| 정답 | 30.㉯ | 31.㉱ | 32.㉯ | 33.㉮ | 34.㉮ |

35 질산에스테르류에 속하지 않는 것은?
㉮ 트리니트로톨루엔 ㉯ 질산에틸
㉰ 니트로글리세린 ㉱ 니트로셀룰로오스

풀이 트리니트로톨루엔 : 니트로 화합물

36 니트로셀룰로오스에 대한 설명 중 틀린 것은?
㉮ 약 130℃에서 서서히 분해된다.
㉯ 셀룰로오스를 진한 질산과 진한 황산의 혼산으로 반응시켜 제조한다.
㉰ 수분과 접촉을 피하기 위해 석유 속에 저장한다.
㉱ 발화점은 약 160~170℃이다.

풀이 니트로셀룰로오스 : 물이나 알코올을 습면시켜 저장함.

37 질산의 성질에 대한 설명으로 틀린 것은?
㉮ 연소성이 있다. ㉯ 물과 혼합하면 발열한다.
㉰ 부식성이 있다. ㉱ 강한 산화제이다.

풀이 제6류 위험물은 산화성 액체로 연소성이 없음.

38 질산칼륨을 약 400℃에서 가열하여 열분해시킬 때 주로 생성되는 물질은?
㉮ 질산과 산소 ㉯ 질산과 칼륨
㉰ 아질산칼륨과 산소 ㉱ 아질산칼륨과 질소

풀이 $2KNO_3 \rightarrow KNO_2 + O_2 \uparrow$

39 제6류 위험물에 해당하지 않는 것은?
㉮ 염산 ㉯ 질산
㉰ 과염소산 ㉱ 과산화수소

풀이 염산(HCl) : 제6류 위험물에서 제외됨.

40 질산이 직사일광에 노출될 때 어떻게 되는가?
㉮ 분해되지는 않으나 붉은색으로 변한다.
㉯ 분해되지는 않으나 녹색으로 변한다.
㉰ 분해되어 질소를 발생한다.
㉱ 분해되어 이산화질소를 발생한다.

정답 35. ㉮ 36. ㉰ 37. ㉮ 38. ㉰ 39. ㉮ 40. ㉱

풀이 열분해 반응식
4HNO$_3$ → 4NO$_2$+2H$_2$O+O$_2$↑

41. 과염소산이 물과 접촉한 경우 일어나는 반응은?
㉮ 중합반응 ㉯ 연소반응
㉰ 흡열반응 ㉱ 발열반응

풀이 과염소산(HClO$_4$) : 제6류 위험물, 물과 접촉시 발열반응함.

42. 위험물의 이동탱크저장소 차량에 "위험물"이라고 표시한 표지를 설치할 때 표지의 바탕색은?
㉮ 흰색 ㉯ 적색
㉰ 흑색 ㉱ 황색

풀이 "위험물" 표지판 : 흑색 바탕에 노랑색 글자

43. 유기과산화물에 대한 설명으로 옳은 것은?
㉮ 제1류 위험물이다.
㉯ 화재발생시 질식소화가 가장 효과적이다.
㉰ 산화제 또는 환원제와 같이 보관하여 화재에 대비한다.
㉱ 지정수량은 10kg이다.

풀이 유기과산화물 : 제5류 위험물, 지정수량 10kg

44. 적린의 성질 및 취급방법에 대한 설명으로 틀린 것은?
㉮ 화재발생시 냉각소화가 가능하다. ㉯ 공기 중에 방치하면 자연발화한다.
㉰ 산화제와 격리하여 저장한다. ㉱ 비금속 원소이다.

풀이 적린(P) : 제2류 위험물, 착화점이 260℃로서 자연발화성은 없음.

45. 증기압이 높고 액체가 피부에 닿으면 동상과 같은 증상을 나타내며 Cu, Ag, Hg 등과 반응하여 폭발성 화합물을 만드는 것은?
㉮ 메탄올 ㉯ 가솔린
㉰ 톨루엔 ㉱ 산화프로필렌

풀이 산화프로필렌(CH$_3$CHCH$_2$O) : 은, 구리, 철 수은 등과 중합반응을 일으키며 폭발성 물질을 생성함.

정답 41. ㉱ 42. ㉰ 43. ㉱ 44. ㉯ 45. ㉱

46 일반적인 제5류 위험물 취급시 주의사항으로 가장 거리가 먼 것은?
㉮ 화기의 접근을 피한다. ㉯ 물과 격리하여 저장한다.
㉰ 마찰과 충격을 피한다. ㉱ 통풍이 잘되는 냉암소에 저장한다.

풀이 제5류 위험물 : 물에 습면시켜 저장함.(건조 방지)

47 다음 중 탄화칼슘을 대량으로 저장하는 용기에 봉입하는 가스로 가장 적합한 것은?
㉮ 포스겐 ㉯ 인화수소
㉰ 질소가스 ㉱ 아황산가스

풀이 탄화칼슘(CaC_2) : 제3류 위험물, 질소가스로 용기를 봉입함.

48 마그네슘은 제 몇 류 위험물인가?
㉮ 제1류 위험물 ㉯ 제2류 위험물
㉰ 제3류 위험물 ㉱ 제5류 위험물

풀이 마그네슘(Mg) : 제2류 위험물, 지정수량 500kg

49 다음 중 물에 녹지 않는 인화성 액체는?
㉮ 벤젠 ㉯ 아세톤
㉰ 메틸알코올 ㉱ 아세트알데히드

풀이 벤젠(C_6H_6) : 제4류 위험물 1석유류, 비수용성

50 휘발유의 일반적인 성상에 대한 설명으로 틀린 것은?
㉮ 물에 녹지 않는다.
㉯ 전기전도성이 뛰어나다.
㉰ 물보다 가볍다.
㉱ 주성분은 알칸 또는 알켄계 탄화수소이다.

풀이 비전도성으로 정전기 발생에 유의할 것.

51 이소프로필알코올에 대한 설명으로 옳지 않은 것은?
㉮ 탈수하면 프로필렌이 된다. ㉯ 탈수소하면 아세톤이 된다.
㉰ 물에 녹지 않는다. ㉱ 무색투명한 액체이다.

풀이 이소프로필알코올 : 수용성

정답 46.㉯ 47.㉰ 48.㉯ 49.㉮ 50.㉯ 51.㉰

52 황(사방황)의 성질을 옳게 설명한 것은?

㉮ 황색 고체로서 물에 녹는다.
㉯ 이황화탄소에 녹는다.
㉰ 전기 양도체이다.
㉱ 연소시 붉은색 불꽃을 내며 탄다.

....
풀이 황(S) : 제2류 위험물 이황화탄소(CS_2)에 녹음. 비수용성. 전기부도체. 연소시 푸른 불꽃을 냄.

53 지정수량 이상의 위험물을 소방서장의 승인을 받아 제조소 등이 아닌 장소에서 임시로 저장 또는 취급할 수 있는 기간은 얼마 이내인가? (단, 군부대가 군사목적으로 임시로 저장 또는 취급하는 경우는 제외한다.)

㉮ 30일 ㉯ 60일
㉰ 90일 ㉱ 180일

....
풀이 위험물 임시저장기간 : 90일

54 $(C_2H_5)_3Al$이 공기 중에 노출되어 연소할 때 발생하는 물질은?

㉮ Al_2O_3 ㉯ CH_4
㉰ $Al(OH)_3$ ㉱ C_2H_6

....
풀이 TEA 연소시 산화알루미늄[$(C_2H_5)_3Al$] 발생함.
$2(C_2H_5)_3Al + 21O_2 \rightarrow 12CO_2 + Al_2O_3 + 15H_2O$

55 과산화수소의 위험성에 대한 설명 중 틀린 것은?

㉮ 오래 저장하면 자연발화의 위험이 있다.
㉯ 햇빛에 의해 분해되므로 햇빛을 차단하여 보관한다.
㉰ 고농도의 것은 분해 위험이 있으므로 인산 등을 넣어 분해를 억제시킨다.
㉱ 농도가 진한 것은 피부와 접촉하면 수종을 일으킨다.

....
풀이 과산화수소(H_2O_2) : 제6류 위험물, 자연발화성은 없음.

56 다음 중 증기 비중이 가장 큰 것은?

㉮ 벤젠 ㉯ 등유
㉰ 메틸알코올 ㉱ 에테르

....
풀이 분자량이 클수록 증기 비중이 크다. 등유 비중 : 4~5

정답 52.㉯ 53.㉰ 54.㉮ 55.㉮ 56.㉯

57 제6류 위험물의 공통적 성질이 아닌 것은?
㉮ 산화성 액체이다.   ㉯ 지정수량이 300kg이다.
㉰ 무기화합물이다.   ㉱ 물보다 가볍다.

풀이 제6류 위험물 : 물보다 무겁다.

58 제2류 위험물의 화재예방 및 진압대책이 틀린 것은?
㉮ 산화제와의 접촉을 금지한다.
㉯ 화기 및 고온체와의 접촉을 피한다.
㉰ 저장용기의 파손과 누출에 주의한다.
㉱ 금속분은 냉각소화하고 그 외는 마른모래를 이용하여 소화한다.

풀이 금속분 : 주수소화 금지함.

59 그림과 같은 타원형 위험물 탱크의 내용적을 구하는 식을 옳게 나타낸 것은?

㉮ $\dfrac{\pi ab}{4}\left(l+\dfrac{l_1+l_2}{3}\right)$

㉯ $\dfrac{\pi ab}{4}\left(l+\dfrac{l_1-l_2}{3}\right)$

㉰ $\pi ab\left(l+\dfrac{l_1+l_2}{3}\right)$

㉱ πabl_2

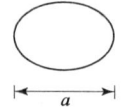 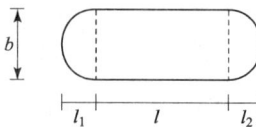

풀이 타원형 탱크 용량 = $\dfrac{\pi ab}{4}\left(l+\dfrac{l_1+l_2}{3}\right)$

60 지정수량의 $\dfrac{1}{10}$을 초과하는 위험물을 혼재할 수 없는 경우는?
㉮ 제1류 위험물과 제6류 위험물   ㉯ 제2류 위험물과 제4류 위험물
㉰ 제4류 위험물과 제5류 위험물   ㉱ 제5류 위험물과 제3류 위험물

풀이 제5류 위험물과 제3류 위험물은 혼재 금지.

정답 57. ㉱ 58. ㉱ 59. ㉮ 60. ㉱

위험물기능사 기출문제 02 — 2009년 3월 29일 시행

01 다량의 주수에 의한 냉각소화가 효과적인 위험물은?
㉮ CH_3ONO_2 ㉯ Al_4C_3
㉰ Na_2O_2 ㉱ Mg

풀이 질산메틸(CH_3ONO_2) : 제5류 위험물, 주수에 의한 냉각소화를 주로 함.

02 알코올류 20,000L에 대한 소화설비 설치시 소요단위는?
㉮ 5 ㉯ 10
㉰ 15 ㉱ 20

풀이 위험물 1소요단위 : 지정수량 10배, 알코올 지정수량 : 400 l
소요단위 = $\dfrac{20,000}{400 \times 10}$ = 5

03 정전기 발생의 예방방법이 아닌 것은?
㉮ 접지에 의한 방법 ㉯ 공기를 이온화시키는 방법
㉰ 전기의 도체를 사용하는 방법 ㉱ 공기 중의 상대습도를 낮추는 방법

풀이 공기 중 상대습도를 70% 이상 높인다.

04 탄산수소나트륨 분말소화약제에서 분말에 습기가 침투하는 것을 방지하기 위해서 사용하는 물질은?
㉮ 스테아린산아연 ㉯ 수산화나트륨
㉰ 황산마그네슘 ㉱ 인산

풀이 스테아린산아연 : 방습제

05 옥내주유취급소에 있어서는 당해 사무소 등의 출입구 및 피난구와 당해 피난구로 통하는 통로·계단 및 출입구에 무엇을 설치해야 하는가?
㉮ 화재감지기 ㉯ 스프링클러
㉰ 자동화재탐지설비 ㉱ 유도등

정답 01.㉮ 02.㉮ 03.㉱ 04.㉮ 05.㉱

> **풀이** 위험물안전관리법 시행규칙 - 피난설비
> ① 주유취급소 : 건축물의 2층의 부분을 점포·휴게음식점 또는 전시장의 용도로 사용하는 곳
> ② 옥내 주유취급소 : 당해 사무소 등의 출입구 및 피난구와 당해 피난구로 통하는 통로·계단 및 출입구에 유도등을 설치
> ③ 유도등에는 비상전원을 설치함.

06. 화재가 발생한 후 실내온도는 급격히 상승하고 축적된 가연성 가스가 착화하면 실내 전체가 화염에 휩싸이는 화재현상은?

㉮ 보일오버 ㉯ 슬롭오버
㉰ 플래시 오버 ㉱ 파이어볼

> **풀이** 플래시 오버(flash over)에 대한 설명임.

07. 스프링클러 설비의 장점이 아닌 것은?

㉮ 화재의 초기 진압에 효율적이다.
㉯ 사용 약제를 쉽게 구할 수 있다.
㉰ 자동으로 화재를 감지하고 소화할 수 있다.
㉱ 다른 소화설비보다 구조가 간단하고 시설비가 적다.

> **풀이** 스프링클러 설비 : 기계적 시스템으로 작동하는 소화설비로서 구조가 복잡하고 시설비가 많이 든다.

08. 인화점이 낮은 것부터 높은 순서로 나열된 것은?

㉮ 톨루엔-아세톤-벤젠 ㉯ 아세톤-톨루엔-벤젠
㉰ 톨루엔-벤젠-아세톤 ㉱ 아세톤-벤젠-톨루엔

> **풀이** 아세톤(-18℃), 벤젠(-11℃), 톨루엔(4℃)

09. 다음 중 발화점이 가장 낮은 물질은?

㉮ 메틸알코올 ㉯ 등유
㉰ 아세트산 ㉱ 아세톤

> **풀이** 등유(250℃), 아세트산(463℃), 메탄올(464℃), 아세톤(538℃)

정답 06.㉰ 07.㉱ 08.㉱ 09.㉯

10 옥외소화전설비의 기준에서 옥외소화전함은 옥외소화전으로부터 보행거리 몇 m 이하의 장소에 설치하여야 하는가?

㉮ 1.5
㉯ 5
㉰ 7.5
㉱ 10

풀이 옥외소화전함 : 보행거리 5m마다 설치

11 다음 중 연소의 3요소를 모두 갖춘 것은?

㉮ 휘발유+공기+수소
㉯ 적린+수소+성냥불
㉰ 성냥불+황+산소
㉱ 알코올+수소+산소

풀이 연소의 3요소 : 가연물+점화원+산소공급원

12 다음 중 화재시 사용하면 독성의 $COCl_2$ 가스를 발생시킬 위험이 가장 높은 소화약제는?

㉮ 액화이산화탄소
㉯ 제1종 분말
㉰ 사염화탄소
㉱ 공기포

풀이 사염화탄소(CCl_4)는 반응시 포스겐가스($COCl_2$)를 발생함.
① 건조공기 중 산소와 반응 : $2CCl_4+O_2 \rightarrow 2COCl_2+2Cl_2$
② 습한 상태에서 수분과 반응 : $CCl_4+H_2O \rightarrow COCl_2+2HCl$
③ 탄산가스와 반응 : $CCl_4+CO_2 \rightarrow 2COCl_2$
④ 산화철과의 반응 : $3CCl_4+FeO_3 \rightarrow 3COCl_2+2FeCl_3$

13 포소화약제의 주된 소화효과에 해당하는 것은?

㉮ 부촉매효과
㉯ 질식효과
㉰ 억제효과
㉱ 제거효과

풀이 포소화약제 : 질식과 냉각의 소화효과를 가짐.

14 산·알칼리 소화기에서 소화약을 방출하는데 방사 압력원으로 이용되는 것은?

㉮ 공기
㉯ 질소
㉰ 아르곤
㉱ 탄산가스

풀이 산·알칼리 소화기 반응식
$2NaHCO_3+H_2SO_4 \rightarrow Na_2SO_4+2CO_2+2H_2O$
방사 압력원 : CO_2

정답 10. ㉯ 11. ㉰ 12. ㉰ 13. ㉯ 14. ㉱

15 BCF 소화기의 약제를 화학식으로 옳게 나타낸 것은?

㉮ CCl_4 ㉯ CH_2ClBr
㉰ CF_3Br ㉱ CF_2ClBr

> **풀이** 할론1211(CF_2ClBr)
> BCF(Bromo Chloro difluoro Methane) : 일취화일염화이불화메탄

16 위험물 제조소 등별로 설치하여야 하는 경보설비의 종류에 해당하지 않는 것은?

㉮ 비상방송설비   ㉯ 비상조명등설비
㉰ 자동화재탐지설비   ㉱ 비상경보설비

> **풀이** 위험물 제조소 등 경보설비
> 자동화재탐지설비, 비상경보설비, 확성장치, 비상방송설비 등

17 다음 소화설비의 설치기준으로 틀린 것은?

㉮ 능력단위는 소요단위에 대응하는 소화설비의 소화능력의 기준단위이다.
㉯ 소요단위는 소화설비의 설치대상이 되는 건축물 그 밖의 공작물의 규모 또는 위험물의 양의 기준단위이다.
㉰ 취급소의 외벽이 내화구조인 건축물의 연면적 $50m^2$를 1소요단위로 한다.
㉱ 저장소의 외벽이 내화구조인 건축물의 연면적 $150m^2$를 1소요단위로 한다.

> **풀이** 소요단위
> 외벽이 내화구조인 제조소 및 취급소 : $100m^2$를 1소요단위

18 제1류 위험물에 충분한 에너지를 가하면 공통적으로 발생하는 가스는?

㉮ 염소   ㉯ 질소
㉰ 수소   ㉱ 산소

> **풀이** 제1류 위험물 : 열을 받거나 외부 충격 마찰에 의해 산소를 발생함.

19 8L 용량의 소화전용 물통의 능력단위는?

㉮ 0.3   ㉯ 0.5
㉰ 1.0   ㉱ 1.5

> **풀이**
>
> | 소화설비 (간이소화용구) | 용량 | 능력단위 |
> |---|---|---|
> | 소화전용 물통 | 8 l | 0.3단위 |

정답 15.㉱ 16.㉯ 17.㉰ 18.㉱ 19.㉮

20 다음 ( ) 안에 알맞은 용어는?

> ( )이란 불을 끌어당기는 온도라는 뜻으로 액체 표면의 근처에서 불이 붙는 데 충분한 농도의 증기를 발생하는 최저 온도를 말한다.

㉠ 연소점 ㉡ 발화점
㉢ 인화점 ㉣ 착화점

풀이 인화점 : 외부 점화원에 의해 연소가 시작되는 최저온도

21 물에 녹지 않고 알코올에 녹으며 비점이 약 87℃, 분자량 약 91인 무색투명한 액체로서 제5류 위험물에 해당하는 물질의 지정수량은?

㉠ 10kg ㉡ 20kg
㉢ 100kg ㉣ 200kg

풀이 질산에틸($C_2H_5NO_3$) : 분자량 91, 비점 87℃

22 위험물안전관리법상 제6류 위험물에 해당하지 않는 것은?

㉠ HNO_3 ㉡ H_2SO_4
㉢ H_2O_2 ㉣ $HClO_4$

풀이 황산(H_2SO_4)은 삭제됨.

23 자연발화성 물질 및 금수성 물질에 해당되지 않는 것은?

㉠ 칼륨 ㉡ 황화린
㉢ 탄화칼슘 ㉣ 수소화나트륨

풀이 황화린 : 제2류 위험물 가연성 물질

24 제6류 위험물과 혼재가 가능한 위험물은? (단, 지정수량의 10배를 초과하는 경우이다.)

㉠ 제1류 위험물 ㉡ 제2류 위험물
㉢ 제3류 위험물 ㉣ 제5류 위험물

풀이 제1류 위험물과 제6류 위험물은 혼재가 가능함.

정답 20.㉢ 21.㉠ 22.㉡ 23.㉡ 24.㉠

25 제3류 위험물 중 금수성 물질을 제외한 위험물에 적응성이 있는 소화설비가 아닌 것은?

㉮ 분말소화설비 ㉯ 스프링클러설비
㉰ 팽창질석 ㉱ 포소화설비

26 다음 중 방향족 탄화수소에 해당하는 것은?

㉮ 톨루엔 ㉯ 아세트알데히드
㉰ 아세톤 ㉱ 디에틸에테르

> 풀이 방향족 탄화수소 : 벤젠(C_6H_6)을 함유한 탄화수소

27 위험물의 운반에 관한 기준에 따라 다음의 (①)과 (②)에 적합한 것은?

> 액체위험물은 운반용기의 내용적의 (①) 이하의 수납률로 수납하되 (②)의 온도에서 누설되지 않도록 충분한 공간용적을 두어야 한다.

㉮ ① 98℃ ② 40℃ ㉯ ① 98℃ ② 55℃
㉰ ① 95℃ ② 40℃ ㉱ ① 95℃ ② 55℃

> 풀이 운반수납률
> 액체위험물 : 98%, 고체위험물 : 95%

28 다음 중 제3석유류로만 나열된 것은?

㉮ 아세트산, 테레빈유 ㉯ 글리세린, 아세트산
㉰ 글리세린, 에틸렌글리콜 ㉱ 아크릴산, 에틸렌글리콜

> 풀이 테레핀유, 아세트산, 아크릴산 : 제2석유류
> • 아크릴산 : $CH_2 = CHCOOH$

29 다음 품명 중 위험물의 유별 구분이 나머지 셋과 다른 것은?

㉮ 질산에스테르류 ㉯ 아염소산염류
㉰ 질산염류 ㉱ 무기과산화물

> 풀이 질산에스테르류 : 제5류 위험물
> 나머지는 제1류 위험물

정답 25. ㉮ 26. ㉮ 27. ㉯ 28. ㉰ 29. ㉮

30 물에 의한 냉각소화가 가능한 것은?
  ㉮ 유황   ㉯ 철분
  ㉰ 부틸리튬   ㉱ 마그네슘

> 풀이 유황은 물에 의한 주수소화함.

31 위험물의 성질에 대한 설명으로 틀린 것은?
  ㉮ 인화칼슘은 물과 반응하여 유독한 가스를 발생한다.
  ㉯ 금속나트륨은 물과 반응하여 산소를 발생시키고 발열한다.
  ㉰ 칼륨은 물과 반응하여 수소 가스를 발생한다.
  ㉱ 탄화칼슘은 물과 작용하여 발열하고 아세틸렌 가스를 발생한다.

> 풀이 금속나트륨(Na)의 물과의 반응식 - 수소 가스를 발생함.
> $2Na + 2H_2O \rightarrow 2NaOH + H_2 \uparrow$

32 질산의 위험성에 대한 설명으로 틀린 것은?
  ㉮ 햇빛에 의해 분해된다.   ㉯ 금속을 부식시킨다.
  ㉰ 물을 가하면 발열한다.   ㉱ 충격에 의해 쉽게 연소와 폭발을 한다.

> 풀이 질산(HNO_3) : 제6류 위험물 산화성 액체임. 연소나 폭발을 하지 않음.

33 트리니트로페놀의 성상 및 위험성에 관한 설명 중 옳은 것은?
  ㉮ 운반시 에탄올을 첨가하면 안전하다.
  ㉯ 강한 쓴맛이 있고 공업용은 휘황색의 침상결정이다.
  ㉰ 폭발성 물질이므로 철로 만든 용기에 저장한다.
  ㉱ 물, 아세톤, 벤젠 등에는 녹지 않는다.

> 풀이 트리니트로페놀(TNP) : 제5류 위험물
> ① 찬물에는 녹지 않고 에테르, 알코올, 벤젠, 더운물에 잘 녹는다.
> ② Fe, Pb, Cu와 반응하여 피크린산 염을 형성한다.
> ③ 쓴맛이 있으며, 또한 독성이 있다.

34 과산화수소의 저장 및 취급 방법으로 옳지 않은 것은?
  ㉮ 갈색 용기를 사용한다.
  ㉯ 직사광선을 피하고 냉암소에 보관한다.
  ㉰ 농도가 클수록 위험성이 높아지므로 분해방지 안정제를 넣어 분해를 억제시킨다.
  ㉱ 장기간 보관시 철분을 넣어 유리용기에 보관한다.

정답 30. ㉮ 31. ㉯ 32. ㉱ 33. ㉯ 34. ㉱

> **풀이** 과산화수소(H_2O_2) : 제6류 위험물
> 유리용기에 장기간 보관 시 H_2O_2의 분해를 촉진시킴.
> 분해억제제 첨가하여 보관 : 인산(H_3PO_4), 요산($C_5H_4H_4O_3$), 요소, 글리세린 등

35 위험물의 위험등급을 구분할 때 위험등급 II에 해당하는 것은?
㉮ 적린 ㉯ 철분
㉰ 마그네슘 ㉱ 인화성 고체

> **풀이** 적린 : II등급, 기타 : III등급

36 니트로셀룰로오스에 대한 설명 중 틀린 것은?
㉮ 천연 셀룰로오스를 염기와 반응시켜 만든다.
㉯ 질화도가 클수록 위험성이 크다.
㉰ 질화도에 따라 크게 강면약과 약면약으로 구분할 수 있다.
㉱ 약 130℃에서 분해한다.

> **풀이** 니트로셀룰로오스 제조
> 천연셀룰로오스를 진한 황산과 진한 질산의 혼산으로 에스테르화 반응시켜 제조.

37 알루미늄분의 성질에 대한 설명으로 옳은 것은?
㉮ 금속 중에서 연소열량이 가장 작다.
㉯ 끓는물과 반응해서 수소를 발생한다.
㉰ 수산화나트륨 수용액과 반응해서 산소를 발생한다.
㉱ 안전한 저장을 위해 할로겐 원소와 혼합한다.

> **풀이** 물과의 반응식 - 수소를 발생함.
> $2Al + 6H_2O \rightarrow 2Al(OH)_3 + 3H_2 \uparrow$

38 아세트알데히드의 저장·취급시 주의사항으로 틀린 것은?
㉮ 강산화제와의 접촉을 피한다.
㉯ 취급설비에는 구리합금의 사용을 피한다.
㉰ 수용성이기 때문에 화재시 물로 희석 소화가 가능하다.
㉱ 옥외저장 탱크에 저장시 조연성 가스를 주입한다.

> **풀이** 옥외저장 탱크에 저장 시 불연성 가스나 수증기로 봉입가스를 주입한다.

정답 35. ㉮ 36. ㉮ 37. ㉯ 38. ㉱

39 위험물안전관리법상 위험물을 분류할 때 니트로화합물에 해당하는 것은?
㉮ 니트로셀룰로오스 ㉯ 히드라진
㉰ 질산메틸 ㉱ 피크린산

풀이 니트로화합물 : 위험물안전관리법상 니트로기(NO_2)가 2개 이상인 화합물을 말한다.

40 위험물제조소 등에 전기배선, 조명기구 등은 제외한 전기설비가 설치되어 있는 경우에는 당해 장소의 면적 몇 m^2마다 소형 수동식 소화기를 1개 이상 설치하여야 하는가?
㉮ 100 ㉯ 150
㉰ 200 ㉱ 300

풀이 소형 수동식 소화기 : $100m^2$마다 1개 이상 설치.

41 위험물의 운반에 관한 기준에서 규정한 운반용기의 재질에 해당하지 않는 것은?
㉮ 금속판 ㉯ 양철판
㉰ 짚 ㉱ 도자기

풀이 도자기 : 해당 없음.

42 벤젠의 위험성에 대한 설명으로 틀린 것은?
㉮ 휘발성이 있다.
㉯ 인화점이 0℃보다 낮다.
㉰ 증기는 유독하여 흡입하면 위험하다.
㉱ 이황화탄소보다 착화온도가 낮다.

풀이 착화온도
벤젠(562℃), 이황화탄소(100℃)

43 금속칼륨과 금속나트륨의 공통성질이 아닌 것은?
㉮ 비중이 1보다 작다.
㉯ 용융점이 100℃보다 낮다.
㉰ 열전도도가 크다.
㉱ 강하고 단단한 금속이다.

풀이 금속칼륨과 금속나트륨 : 무른 경금속임.

정답 39.㉱ 40.㉮ 41.㉱ 42.㉱ 43.㉱

44 분자량이 약 110인 무기과산화물로 물과 접촉하여 발열하는 것은?
㉮ 과산화마그네슘   ㉯ 과산화벤젠
㉰ 과산화칼슘   ㉱ 과산화칼륨

> [풀이] 과산화칼륨(K_2O_2) : 분자량(Mw) 110g
> 물과의 반응식
> $2K_2O_2 + 2H_2O \rightarrow 4KOH + O_2\uparrow + Q$

45 제6류 위험물의 일반적 성질에 대한 설명 중 틀린 것은?
㉮ 물에 잘 녹는다.   ㉯ 산화제이다.
㉰ 물보다 무겁다.   ㉱ 쉽게 연소한다.

> [풀이] 제6류 위험물 : 산화성 액체로 연소성이 없음.

46 제4류 위험물의 일반적인 화재예방방법이나 진압대책과 관련한 설명 중 틀린 것은?
㉮ 인화점이 높은 석유류일수록 불연성 가스를 봉입하여 혼합기체의 형성을 억제하여야 한다.
㉯ 메탈알코올의 화재에는 내알코올 포를 사용하여 소화하는 것이 효과적이다.
㉰ 물에 의한 냉각소화보다는 이산화탄소, 분말, 포에 의한 질식소화를 시도하는 것이 좋다.
㉱ 중유탱크 화재의 경우 boil over 현상이 일어나 위험한 상황이 발생할 수 있다.

> [풀이] 인화점이 낮은 석유류일수록 불연성 가스를 봉입하여 저장한다.

47 벤조일퍼옥사이드 10kg, 니트로글리세린 50kg, TNT 400kg을 저장하려 할 때 각 위험물의 지정수량 배수의 총 합은?
㉮ 5   ㉯ 7
㉰ 8   ㉱ 10

> [풀이] 저장배수 = $\dfrac{저장수량}{지정수량}$
> $\dfrac{10}{10} + \dfrac{50}{10} + \dfrac{400}{200} = 1 + 5 + 2 = 8$

48 칼륨의 저장시 사용하는 보호물질로 가장 적당한 것은?
㉮ 에탄올   ㉯ 이황화탄소
㉰ 석유   ㉱ 이산화탄소

정답 44. ㉱ 45. ㉱ 46. ㉮ 47. ㉰ 48. ㉰

> **풀이** 칼륨(K) : 석유 속에 넣어 보관함.

49 지하저장탱크에 경보음을 울리는 방법으로 과충전 방지장치를 설치하고자 한다. 탱크 용량의 최소 몇 %가 찰 때 경보음이 울리도록 하여야 하는가?
㉮ 80
㉯ 85
㉰ 90
㉱ 95

> **풀이** 과충전 방지장치 : 90%

50 다음 중 모두 고체로만 이루어진 위험물은?
㉮ 제1류 위험물, 제2류 위험물
㉯ 제2류 위험물, 제3류 위험물
㉰ 제3류 위험물, 제5류 위험물
㉱ 제1류 위험물, 제5류 위험물

> **풀이** 제1류, 제2류 위험물 : 고체로 구성됨.

51 탄소 80%, 수소 14%, 황 6%인 물질 1kg이 완전연소하기 위해 필요한 이론 공기량은 약 몇 kg인가? (단, 공기 중 산소는 중량 23%이다.)
㉮ 3.31
㉯ 7.05
㉰ 11.62
㉱ 14.41

> **풀이** 중량으로 이론공기량 구하는 법
> $$\frac{1}{0.23} \times 2.67C + 8\left(H - \frac{O}{8}\right) + S \text{ (kg/kg)}$$
> $$\frac{1}{0.23} \times (2.67 \times 0.8) + (8 \times 0.14) + (1 \times 0.06) = 14.41 \text{ kg}$$
> ∴ 14.41 kg

52 과산화벤조일 취급시 주의사항에 대한 설명 중 틀린 것은?
㉮ 수분을 포함하고 있으면 폭발하기 쉽다.
㉯ 가열, 충격, 마찰을 피해야 한다.
㉰ 저장용기는 차고 어두운 곳에 보관한다.
㉱ 희석제를 첨가하여 폭발성을 낮출 수 있다.

> **풀이** 과산화벤조일(BPO) : 물에 녹지 않기 때문에 수분에 흡수시켜 저장 및 이송한다.

정답 49. ㉰ 50. ㉮ 51. ㉱ 52. ㉮

53 과염소산칼륨에 황린이나 마그네슘분을 혼합하면 위험한 이유를 가장 옳게 설명한 것은?

㉮ 외부의 충격에 의해 폭발할 수 있으므로
㉯ 전지가 형성되어 열이 발생하므로
㉰ 발화점이 높아지므로
㉱ 용융하므로

풀이 과염소산칼륨($KClO_4$) : 제1류 위험물로서 황린(P_4)이나 마그네슘분 등과 혼합 시 착화에 의해 연소 폭발함.

54 다음 반응식과 같이 벤젠 1kg이 연소할 때 발생되는 CO_2의 양은 약 몇 m^3인가? (단, 27℃, 750mmHg 기준이다.)

$$C_6H_6 + 7.5O_2 \rightarrow 6CO_2 + 3H_2O$$

㉮ 0.72 ㉯ 1.22
㉰ 1.92 ㉱ 2.42

풀이 $V = \dfrac{GRT}{P}$ ($R = \dfrac{848}{M_w}$, G=가스질량 kg)

$$\dfrac{1kg \times \dfrac{848}{78} kg \cdot m/kg \cdot K \times 300K}{\left(\dfrac{750}{760}\right) \times 10332 kg/m^2} \times 6 = 1.92 m^3$$

55 다음 중 황 분말과 혼합했을 때 가열 또는 충격에 의해서 폭발할 위험이 가장 높은 것은?

㉮ 질산암모늄 ㉯ 물
㉰ 이산화탄소 ㉱ 마른 모래

풀이 질산암모늄 : 제1류 위험물 강산화성 고체로서 가연물인 황과 혼합 시 폭발위험이 크다.

56 제4류 위험물 중 특수인화물에 해당하지 않는 것은?

㉮ 이소프로필아민 ㉯ 황화디메틸
㉰ 메틸에틸케톤 ㉱ 아세트알데히드

풀이 메틸에틸케톤(MEKPO) : 제5류 위험물 자기반응성 물질

정답 53.㉮ 54.㉰ 55.㉮ 56.㉰

57 위험물의 지하저장탱크 중 압력탱크 외의 탱크에 대해 수압시험을 실시할 때 몇 kPa의 압력으로 하여야 하는가? (단, 소방방재청장이 정하여 고시하는 기밀시험과 비파괴시험을 동시에 실시하는 방법으로 대신하는 경우는 제외한다.)
㉮ 40 ㉯ 50
㉰ 60 ㉱ 70

풀이
- 압력외 탱크 : 70kPa 이하의 압력으로 10분간 실시
- 압력탱크 : 최대상용압력의 1.5배 압력으로 10분간 실시

58 다음 중 지정수량이 나머지 셋과 다른 것은?
㉮ 염소산나트륨 ㉯ 과산화칼슘
㉰ 질산칼륨   ㉱ 아염소산나트륨

풀이
- 질산칼륨 : 300kg
- 기타 : 50kg

59 운송책임자의 감독·지원을 받아 운송하여야 하는 것으로 대통령령이 정하는 위험물에 해당하는 것은?
㉮ 알칼리튬   ㉯ 디에틸에테르
㉰ 과산화나트륨 ㉱ 과염소산

풀이 알킬리튬 : 운송책임자의 감독·지원을 받아 운송함.

60 위험물안전관리법에서 정의하는 "제조소 등"에 해당되지 않는 것은?
㉮ 제조소 ㉯ 저장소
㉰ 판매소 ㉱ 취급소

풀이 제조소 등 : 제조소, 저장소, 취급소

정답 57. ㉱ 58. ㉰ 59. ㉮ 60. ㉰

위험물기능사 기출문제 03 — 2009년 7월 12일 시행

01 위험물의 저장·취급에 관한 법적 규제를 설명하는 것으로 옳은 것은?
㉮ 지정수량 이상 위험물의 저장은 제조소, 저장소 또는 취급소에서 하여야 한다.
㉯ 지정수량 이상 위험물의 취급은 제조소, 저장소 또는 취급소에서 하여야 한다.
㉰ 제조소 또는 취급소에는 지정수량 미만의 위험물은 저장할 수 없다.
㉱ 지정수량 이상 위험물의 저장·취급기준은 모두 중요 기준이므로 위반시에는 벌칙이 따른다.

풀이 지정수량 이상 위험물 : 반드시 제조소, 저장소 또는 취급소에서 하여야 한다.

02 화재시 이산화탄소를 사용하여 공기 중 산소의 농도를 21vol%에서 13vol%로 낮추려면 공기 중 이산화탄소의 농도는 약 몇 vol%가 되어야 하는가?
㉮ 34.3   ㉯ 38.1
㉰ 42.5   ㉱ 45.8

풀이 CO_2 농도 = $\frac{21 - O_2}{21} \times 100$ 이므로

$\frac{21-13}{21} = 38.09$

∴ 38.1%

03 요오드값에 관한 설명 중 틀린 것은?
㉮ 기름 100g에 흡수되는 요오드의 g수를 말한다.
㉯ 요오드값은 유지에 함유된 지방산의 불포화 정도를 나타낸다.
㉰ 불포화결합이 많이 포함되어 있는 것이 건성유이다.
㉱ 불포화 정도가 클수록 반응성이 작다.

풀이 불포화 정도가 클수록 반응성이 커진다.

04 위험물안전관리법령상 제3류 위험물 중 금수성 물질에 적응성이 있는 것은?
㉮ 스프링클러 설비   ㉯ 포소화설비
㉰ 탄산수소염류 분말소화설비   ㉱ 할로겐화합물소화기

정답 01.㉯ 02.㉯ 03.㉱ 04.㉰

풀이 금수성 물질 : 금속화재용 분말소화약제(탄산수소염류 분말소화설비)

05 제5류 위험물의 위험성에 대한 설명으로 옳은 것은?
㉮ 유기질소화합물에는 자연발화의 위험성을 갖는 것도 있다.
㉯ 연소시 주로 열을 흡수하는 성질이 있다.
㉰ 니트로화합물은 니트로기가 적을수록 분해가 용이하고, 분해발열량도 크다.
㉱ 연소시 발생하는 연소가스가 없으나 폭발력이 매우 강하다.

풀이 유기질소 화합물 : 공기중 장시간 동안 방치시 분해열이 축적되면 자연발화한다.

06 제3종 분말소화약제의 소화효과로 가장 거리가 먼 것은?
㉮ 질식효과   ㉯ 냉각효과
㉰ 제거효과   ㉱ 부촉매효과

풀이 제1인산암모늄($NH_4H_2PO_4$) : 질식, 냉각, 부촉매 효과

07 다음 중 전기화재의 표시색상은?
㉮ 백색   ㉯ 황색
㉰ 무색   ㉱ 청색

풀이 전기화재 : 청색

08 소화설비의 소요단위 산정방법에 대한 설명 중 옳은 것은?
㉮ 위험물은 지정수량의 100배를 1소요단위로 함.
㉯ 저장소용 건축물로 외벽이 내화구조인 것은 연면적 $100m^2$를 1소요단위로 함.
㉰ 제조소용 건축물로 외벽이 내화구조가 아닌 것은 연면적 $50m^2$를 1소요단위로 함.
㉱ 저장소용 건축물로 외벽이 내화구조가 아닌 것은 연면적 $25m^2$를 1소요단위로 함.

풀이 소요단위 계산방법
① 외벽이 내화구조인 제조소 및 취급소 : $100m^2$를 1소요단위
② 외벽이 내화구조 이외의 제조소 및 취급소 : $50m^2$를 1소요단위
③ 외벽이 내화구조인 저장소 : $150m^2$를 1소요단위
④ 외벽이 내화구조 이외의 저장소 : $75m^2$를 1소요단위
⑤ 위험물 지정수량의 10배 : 1소요단위

정답 05.㉮ 06.㉰ 07.㉱ 08.㉰

09 폭발시 연소파의 전파속도 범위에 가장 가까운 것은?
- ㉮ 0.1~10m/s
- ㉯ 100~1,000m/s
- ㉰ 2,000~3,500m/s
- ㉱ 5,000~10,000m/s

> **풀이**
> • 폭연 : 폭발속도가 음속 이하인 폭발현상
>   0.1~10m/s
> • 폭굉 : 화염의 전파속도가 음속보다 큰 경우
>   1,000~3,500m/s

10 화학포소화약제에 사용되는 약제가 아닌 것은?
- ㉮ 황산알루미늄
- ㉯ 과산화수소수
- ㉰ 탄산수소나트륨
- ㉱ 사포닝

> **풀이** 과산화수소(H_2O_2) : 제6류 산화성 액체 위험물

11 연소 중인 가연물의 온도를 떨어뜨려 연소반응을 정지시키는 소화의 방법은?
- ㉮ 냉각소화
- ㉯ 질식소화
- ㉰ 제거소화
- ㉱ 억제소화

> **풀이** 냉각소화에 대한 설명임.

12 정전기의 제거 방법으로 가장 거리가 먼 것은?
- ㉮ 제전기를 설치한다.
- ㉯ 공기를 이온화한다.
- ㉰ 습도를 낮춘다.
- ㉱ 접지를 한다.

> **풀이** 상대습도를 70% 이상 높일 것.

13 가연물이 될 수 있는 조건이 아닌 것은?
- ㉮ 열전달이 잘되는 물질이어야 한다.
- ㉯ 반응에 필요한 에너지가 작아야 한다.
- ㉰ 산화반응시 발열량이 커야 한다.
- ㉱ 산소와 친화력이 좋아야 한다.

> **풀이** 열전도율은 적어야 한다.

정답 09. ㉮ 10. ㉯ 11. ㉮ 12. ㉰ 13. ㉮

14 위험물안전관리법령상 제5류 자기반응성 물질로 분류함에 있어 폭발성에 의한 위험도를 판단하기 위한 시험방법은?

㉮ 열분석시험
㉯ 철관파열시험
㉰ 낙구시험
㉱ 연소속도측정시험

풀이 열분석시험 : 열에 의한 물질의 변화를 보는 시험으로 융융점, 분해점 등을 알 수 있는 시험이다.

15 화학포 소화약제로 사용하여 만들어진 소화기를 사용할 때 다음 중 가장 주된 소화효과에 해당하는 것은?

㉮ 제거소화와 질식소화
㉯ 냉각소화와 제거소화
㉰ 제거소화와 억제소화
㉱ 냉각소화와 질식소화

풀이 화학포 : 냉각소화와 질식소화

16 이동탱크저장소에 의한 위험물의 운송에 있어서 운송책임자의 감독 또는 지원을 받아야 하는 위험물은?

㉮ 금수성 물질
㉯ 알킬알루미늄등
㉰ 아세트알데히드등
㉱ 히드록실아민등

풀이 운송책임자의 감독 또는 지원 : 알킬알루미늄 등

17 이산화탄소소화설비의 기준에서 전역방출방식의 분사헤드의 방사압력은 저압식의 것에 있어서는 1.05MPa 이상이어야 한다고 규정하고 있다. 이 때 저압식의 것은 소화약제가 몇 ℃ 이하의 온도로 용기에 저장되어 있은 것을 말하는가?

㉮ -18℃
㉯ 0℃
㉰ 10℃
㉱ 25℃

풀이 저압식 용기 : -18℃ 이하로 유지

18 분말약제의 식별 색을 옳게 나타낸 것은?

㉮ $KHCO_3$: 백색
㉯ $NH_4H_2PO_4$: 담홍색
㉰ $NaHCO_3$: 보라색
㉱ $KHCO_3 + (NH_2)_2CO$: 초록색

풀이 ㉮ 보라색 ㉰ 백색 ㉱ 회색

정답 14. ㉮ 15. ㉱ 16. ㉯ 17. ㉮ 18. ㉯

19 할로겐화물 소화설비가 적응성이 있는 대상물은?

㉮ 제1류 위험물
㉯ 제3류 위험물
㉰ 제4류 위험물
㉱ 제5류 위험물

풀이 제4류 위험물 : 물 주수를 제외한 기타 소화설비는 모두 적응성이 있음.

20 소화전용 물통 3개를 포함한 수조 80L의 능력단위는?

㉮ 0.3
㉯ 0.5
㉰ 1.0
㉱ 1.5

풀이

소화설비 (간이소화용구)	용량	능력단위
소화전용 물통	8 l	0.3단위
수조(소화전용 물통 3개 포함)	80 l	1.5단위
수조(소화전용 물통 6개 포함)	190 l	2.5단위
마른모래(삽 1개 포함)	50 l	0.5단위
팽창질석·팽창진주암(삽 1개 포함)	160 l	1.0단위

21 질산에 대한 설명으로 옳은 것은?

㉮ 산화력은 없고 강한 환원력이 있다.
㉯ 자체 연소성이 있다.
㉰ 구리와 반응을 한다.
㉱ 조연성과 부식성이 없다.

풀이 질산(HNO_3) : 제6류 위험물. 구리와 반응하여 질산염과 산화질소를 생성함.
$3Cu + 8HNO_3 \rightarrow 3Cu(NO_3)_2 + 2NO + 4H_2O$

22 제6류 위험물인 질산은 비중이 최소 얼마 이상 되어야 위험물로 볼 수 있는가?

㉮ 1.29
㉯ 1.39
㉰ 1.49
㉱ 1.59

풀이 위험물안전관리법상 비중 : 1.49 이상

23 제조소 등의 용도를 폐지한 경우 제조소 등의 관계인은 용도를 폐지한 날로부터 며칠 이내에 용도폐지 신고를 하여야 하는가?

㉮ 3일
㉯ 7일
㉰ 14일
㉱ 30일

풀이 용도폐지 : 제조소 등의 용도를 폐지한 날로부터 14일 이내에 시·도지사에게 신고함.

정답 19. ㉰ 20. ㉱ 21. ㉰ 22. ㉰ 23. ㉰

24 니트로글리세린에 대한 설명으로 옳은 것은?
- ㉮ 물에 매우 잘 녹는다.
- ㉯ 공기 중에서 점화하면 연소나 폭발의 위험은 없다.
- ㉰ 충격에 대하여 민감하여 폭발을 일으키기 쉽다.
- ㉱ 제5류 위험물의 니트로화합물에 속한다.

풀이   ㉮ 물에 녹지 않는다.
       ㉯ 점화 시 폭발함.
       ㉱ 질산에스테르류에 속함.

25 제4류 위험물 운반용기 외부에 표시하여야 하는 주의사항은?
- ㉮ 화기・충격주의
- ㉯ 화기엄금
- ㉰ 물기엄금
- ㉱ 화기주의

풀이   제4류 위험물 : 화기엄금

26 제2류 위험물에 대한 설명 중 틀린 것은?
- ㉮ 아연분은 염산과 반응하여 수소를 발생한다.
- ㉯ 적린은 연소하여 P_2O_5를 생성한다.
- ㉰ P_2S_5은 물에 녹아 주로 이산화황을 발생한다.
- ㉱ 제2류 위험물은 가연성 고체이다.

풀이 P_2S_5은 물에 녹아 H_2S를 발생한다.

27 다음 중 제4류 위험물과 혼재할 수 없는 위험물은? (단, 지정수량의 10배 위험물인 경우이다.)
- ㉮ 제1류 위험물
- ㉯ 제2류 위험물
- ㉰ 제3류 위험물
- ㉱ 제5류 위험물

풀이   제4류 위험물은 제1류 위험물과 제6류 위험물을 제외하고는 혼재가 가능함.

28 다음 물질을 과산화수소에 혼합했을 때 위험성이 가장 낮은 것은?
- ㉮ 산화제이수은
- ㉯ 물
- ㉰ 이산화망간
- ㉱ 탄소분말

풀이   과산화수소(H_2O_2) : 제6류 위험물. 수용성으로 물과의 반응성은 없음.

정답   24. ㉰   25. ㉯   26. ㉰   27. ㉮   28. ㉯

29 위험물에 관한 설명 중 틀린 것은?
㉮ 할로겐간 화합물은 제6류 위험물이다.
㉯ 할로겐간 화합물의 지정수량은 200kg이다.
㉰ 과염소산은 불연성이나 산화성이 강하다.
㉱ 과염소산은 산소를 함유하고 있으며 물보다 무겁다.

풀이 할로겐간 화합물 : 제6류 위험물. 지정수량 300kg

30 염소산나트륨의 저장 및 취급에 관한 설명으로 틀린 것은?
㉮ 건조하고 환기가 잘 되는 곳에 저장한다.
㉯ 방습에 유의하여 용기를 밀전시킨다.
㉰ 유리용기는 부식되므로 철제용기를 사용한다.
㉱ 금속분류의 혼입을 방지한다.

풀이 염소산나트륨($NaClO_3$) : 제1류 위험물. 철제용기에 보관하지 말 것.

31 다음 중 위험등급 I 의 위험물이 아닌 것은?
㉮ 무기과산화물   ㉯ 적린
㉰ 나트륨   ㉱ 과산화수소

풀이 적린(P) : 제2류 위험물. 위험등급 II등급

32 포름산에 대한 설명으로 옳은 것은?
㉮ 환원성이 있다.
㉯ 초산 또는 빙초산이라고도 한다.
㉰ 독성은 거의 없고 물에 녹지 않는다.
㉱ 비중은 약 0.6이다.

풀이 포름산(HCOOH) : 제4류 위험물 제2석유류
　㉯ 개미산, 의산이라고 한다.
　㉰ 맹독성 물질로 분류됨.
　㉱ 비중은 1.22

33 다음 중 피크린산과 반응하여 피크린산염을 형성하는 것은?
㉮ 물   ㉯ 수소
㉰ 구리   ㉱ 산소

정답 29. ㉯ 30. ㉰ 31. ㉯ 32. ㉮ 33. ㉰

풀이 피크린산[$C_6H_2(NO_2)_3OH$] : 제5류 위험물
　　　Fe, Pb, Cu와 반응하여 피크린산 염을 형성.

34 제4류 위험물을 취급하는 제조소가 있는 사업소에서 지정수량 몇 배 이상의 위험물을 취급하는 경우 자체소방대를 설치해야 하는가?
㉮ 2,000　　　　　　　　㉯ 2,500
㉰ 3,000　　　　　　　　㉱ 3,500

풀이 자체소방대 : 지정수량 3,000배 이상(제4류 위험물)

35 제조소의 건축물 구조기준 중 연소의 우려가 있는 외벽은 개구부가 없는 내화구조의 벽으로 하여야 한다. 이 때 연소의 우려가 있는 외벽은 제조소가 설치된 부지의 경계선에서 몇 m 이내에 있는 외벽을 말하는가? (단, 단층 건물일 경우이다.)
㉮ 3　　　　　　　　㉯ 4
㉰ 5　　　　　　　　㉱ 6

풀이 제조소 부지경계선으로부터 3m 이내의 외벽

36 다음 위험물 중 지정수량이 나머지 셋과 다른 것은?
㉮ 적린　　　　　　　　㉯ 유황
㉰ 황화린　　　　　　　㉱ 철분

풀이 철분 : 500kg, 나머지는 100kg

37 다음 중 금속칼륨의 보호액으로 가장 적당한 것은?
㉮ 물　　　　　　　　㉯ 아세트산
㉰ 등유　　　　　　　㉱ 에틸알코올

풀이 금속칼륨(K) : 제3류 위험물. 보호액은 등유, 경유 등

38 다음 위험물 중 인화점이 가장 낮은 것은?
㉮ 산화프로필렌　　　　㉯ 벤젠
㉰ 디에틸에테르　　　　㉱ 이황화탄소

풀이 ㉮ −37℃ ㉯ −11℃ ㉰ −45℃ ㉱ −30℃

정답　34. ㉰　35. ㉮　36. ㉱　37. ㉰　38. ㉰

39 물과 반응하여 포스핀 가스를 발생하는 것은?
㉮ Ca_3P_2 ㉯ CaC_2
㉰ LiH ㉱ P_4

풀이 $Ca_3P_2 + 6H_2O \rightarrow 2PH_3 + 3Ca(OH)_2$

40 지정수량 20배 이상의 제1류 위험물을 저장하는 옥내저장소에서 내화구조로 하지 않아도 되는 것은? (단, 원칙적인 경우에 한한다.)
㉮ 바닥   ㉯ 보
㉰ 기둥   ㉱ 벽

풀이 보는 내화구조에서 제외됨.

41 위험물안전관리법령상 자연발화성 물질 및 금수성 물질은 제 몇 류 위험물로 지정되어 있는가?
㉮ 제1류   ㉯ 제2류
㉰ 제3류   ㉱ 제4류

풀이 제3류 위험물 : 자연발화성 물질 및 금수성 물질

42 황가루가 공기 중에 떠 있을 때의 주된 위험성에 해당하는 것은?
㉮ 수증기 발생   ㉯ 감전
㉰ 분진폭발   ㉱ 흡열반응

풀이 황(S) : 가루상태로 공기중에 부유시 분진폭발 위험이 크다.

43 위험물이 2가지 이상의 성상을 나타내는 복수성상 물품일 경우 유별(類別) 분류기준으로 틀린 것은?
㉮ 산화성 고체의 성상 및 가연성 고체의 성상을 가지는 경우 : 제1류 위험물
㉯ 산화성 고체의 성상 및 자기반응성 물질의 성상을 가지는 경우 : 제5류 위험물
㉰ 자연발화성 물질의 성상, 금수성 물질의 성상 및 인화성 액체의 성상을 가지는 경우 : 제3류 위험물
㉱ 가연성 고체의 성상과 자연발화성 물질의 성상 및 금수성 물질의 성상을 가지는 경우 : 제3류 위험물

풀이 제1류 위험물 : 산화성 고체 성상만 해당됨.

정답 39. ㉮ 40. ㉯ 41. ㉰ 42. ㉰ 43. ㉮

44 위험물안전관리법령상 제조소 등에 대한 긴급 사용정지명령 등을 할 수 있는 권한이 없는 자는?

㉮ 시·도지사   ㉯ 소방본부장
㉰ 소방서장   ㉱ 소방방재청장

풀이 소방방재청장 : 해당 없음.

45 다음 중 물과 작용하여 분자량이 26인 가연성 가스를 발생시키고 발생한 가스가 구리와 작용하면 폭발성 물질을 생성하는 것은?

㉮ 칼슘   ㉯ 인화석회
㉰ 탄화칼슘   ㉱ 금속나트륨

풀이 $CaC_2 + 2H_2O \rightarrow Ca(OH)_2 + C_2H_2 + Q\ kcal$
• C_2H_2(2.5~81%) : 구리 등과 작용하여 폭발성의 아세틸라이트를 생성함.

46 나트륨 20kg과 칼슘 100kg을 저장하고자 할 때 각 위험물의 지정수량 배수의 합은 얼마인가?

㉮ 2   ㉯ 4
㉰ 5   ㉱ 12

풀이 지정수량 배수 = $\dfrac{저장수량}{지정수량}$ = $\dfrac{20}{10} + \dfrac{100}{50} = 4$

47 질산기의 수에 따라서 강면약과 약면약으로 나눌 수 있는 위험물로서 함수 알코올로 습면하여 저장 및 취급하는 것은?

㉮ 니트로글리세린   ㉯ 니트로셀룰로오스
㉰ 트리니트로톨루엔   ㉱ 질산에틸

풀이 니트로셀룰로오스(NC) : 제5류 위험물
• 질화도 : 니트로셀룰로오스 중의 질소(N)의 함유농도%
• 강면약 : 질화도 12.76%
• 약면약 : 질화도 10.18~12.76%

48 제1류 위험물이 위험을 내포하고 있는 이유를 옳게 설명한 것은?

㉮ 산소를 함유하고 있는 강산화제이기 때문에
㉯ 수소를 함유하고 있는 강환원제이기 때문에
㉰ 염소를 함유하고 있는 독성물질이기 때문에
㉱ 이산화탄소를 함유하고 있는 질식제이기 때문에

정답 44.㉱ 45.㉰ 46.㉯ 47.㉯ 48.㉮

풀이 제1류 위험물 : 강산화성 고체로 산소를 함유함.

49 다음 중 벤젠 증기의 비중에 가장 가까운 값은?
㉮ 0.7 ㉯ 0.9
㉰ 2.7 ㉱ 3.9

풀이 벤젠(C_6H_6) : 제4류 위험물 1석유류. 분자량 78g
증기비중 = $\dfrac{78}{29}$ = 2.7

50 염소산칼륨의 위험성에 관한 설명 중 옳은 것은?
㉮ 요오드, 알코올류와 접촉하면 심하게 반응한다.
㉯ 인화점이 낮은 가연성 물질이다.
㉰ 물에 접촉하면 가연성 가스를 발생한다.
㉱ 물을 가하면 발열하고 폭발한다.

풀이 염소산칼륨($KClO_3$) : 제1류 위험물
요오드화합물, 요오드, 알코올과 심하게 반응함.

51 지하탱크저장소 탱크전용실의 안쪽과 지하저장탱크와의 사이는 몇 m 이상의 간격을 유지하여야 하는가?
㉮ 0.1 ㉯ 0.2
㉰ 0.3 ㉱ 0.5

풀이 탱크 전용실과 탱크간 거리 : 0.1m 이상

52 황린에 대한 설명 중 옳은 것은?
㉮ 공기 중에서 안정한 물질이다.
㉯ 물, 이황화탄소, 벤젠에 잘 녹는다.
㉰ KOH 수용액과 반응하여 유독한 포스핀 가스가 발생한다.
㉱ 담황색 또는 백색의 액체로 일광에 노출하면 색이 짙어지면서 적린으로 변한다.

풀이 강알칼리 용액과 반응하여 가연성, 유독성의 포스핀 가스를 발생한다.
$P_4 + 3KOH + 3H_2O \rightarrow PH_3\uparrow + 3KH_2PO_2$

정답 49. ㉰ 50. ㉮ 51. ㉮ 52. ㉰

53 다음 중 물과 접촉하면 발열하면서 산소를 방출하는 것은?
㉮ 과산화칼륨　　　　　㉯ 염소산암모늄
㉰ 염소산칼륨　　　　　㉱ 과망간산칼륨

풀이 $2K_2O_2 + 2H_2O \rightarrow 4KOH + 2O_2\uparrow$

54 자동화재탐지설비의 설치기준으로 옳지 않은 것은?
㉮ 경계구역은 건축물의 최소 2개 이상의 층에 걸치도록 할 것.
㉯ 하나의 경계구역의 면적은 $600m^2$ 이하로 할 것.
㉰ 감지기는 지붕 또는 벽의 옥내에 면한 부분에 유효하게 화재의 발생을 감지할 수 있도록 설치할 것.
㉱ 비상전원을 설치할 것.

풀이 자동화재탐지설비 : 하나의 경계구역이 2개 이상의 건축물에 미치지 아니하도록 할 것.

55 다음 중 특수인화물에 해당하는 것은?
㉮ 헥산　　　　　　　　㉯ 아세톤
㉰ 가솔린　　　　　　　㉱ 이황화탄소

풀이 특수인화물 : 이황화탄소(CS_2)
　　　기타 제1석유류에 해당

56 비중이 0.8인 메틸알코올의 지정수량을 kg으로 환산하면 얼마인가?
㉮ 200　　　　　　　　㉯ 320
㉰ 460　　　　　　　　㉱ 500

풀이 $0.8kg/l \times 400\,l = 320kg$

57 위험물안전관리법령에서 농도를 기준으로 위험물을 정의하고 있는 것은?
㉮ 아세톤　　　　　　　㉯ 마그네슘
㉰ 질산　　　　　　　　㉱ 과산화수소

풀이 과산화수소(H_2O_2) : 제6류 위험물. 36wt% 이상이 위험물로서 정의됨.

정답　　53. ㉮　54. ㉮　55. ㉱　56. ㉯　57. ㉱

58 염소산칼륨의 지정수량을 옳게 나타낸 것은?

㉮ 10kg ㉯ 50kg
㉰ 500kg ㉱ 1,000kg

풀이 염소산칼륨($KClO_3$) : 제1류 위험물. 50kg

59 산화성 고체 위험물에 속하지 않는 것은?

㉮ $KClO_3$ ㉯ $NaClO_4$
㉰ KNO_3 ㉱ $HClO_4$

풀이 과염소산($HClO_4$) : 제6류 위험물. 산화성 액체

60 그림과 같은 위험물 저장탱크의 내용적은 약 몇 m^3인가?

㉮ 4,681
㉯ 5,482
㉰ 6,283
㉱ 7,080

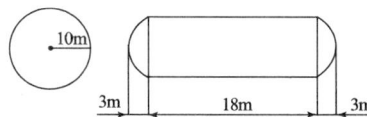

풀이 탱크 용량 = $\pi r^2 \left(l + \dfrac{l_1 + l_2}{3} \right)$

$\pi \times 10^2 \times \left(18 + \dfrac{3+3}{3} \right) = 6{,}283 m^3$

정답 58. ㉯ 59. ㉱ 60. ㉰

2009년 9월 27일 시행

01 분말소화설비의 약제방출 후 클리닝 장치로 배관 내를 청소하지 않을 때 발생하는 주된 문제점은?

㉮ 배관 내에서 약제가 굳어져 차후에 사용시 약제방출에 장애를 초래한다.
㉯ 배관 내 남아 있는 약제를 재사용할 수 없다.
㉰ 가압용 가스가 외부로 누출된다.
㉱ 선택밸브의 작동이 불능이 된다.

풀이 분말소화설비 : 소화약제가 분말의 미세입자이기 때문에 사용 후 반드시 클리닝해야 한다.

02 자동화재탐지설비 설치기준에 따르면 하나의 경계구역의 면적은 몇 m^2 이하로 하여야 하는가? (단, 원칙적인 경우에 한한다.)

㉮ 150   ㉯ 450
㉰ 600   ㉱ 1,000

풀이 자동화재탐지설비 : 경계구역의 면적 $600m^2$ 이하

03 화재예방시 자연발화를 방지하기 위한 일반적인 방법으로 옳지 않은 것은?

㉮ 통풍을 막는다.
㉯ 저장실의 온도를 낮춘다.
㉰ 습도가 높은 장소를 피한다.
㉱ 열의 축적을 막는다.

풀이 자연발화 방지 : 통풍이 잘 되는 구조일 것.

04 이산화탄소 소화기가 제6류 위험물의 화재에 대하여 적응성이 인정되는 장소의 기준은?

㉮ 습도의 정도   ㉯ 밀폐성 유무
㉰ 폭발위험성의 유무   ㉱ 건축물의 층수

풀이 CO_2 소화기 : 폭발위험성의 유무에 따라 인정됨.

정답 01. ㉮ 02. ㉰ 03. ㉮ 04. ㉰

05. 다음 중 물이 소화약제로 이용되는 주된 이유로 가장 적합한 것은?

㉮ 물의 기화열로 가연물을 냉각하기 때문이다.
㉯ 물이 산소를 공급하기 때문이다.
㉰ 물은 환원성이 있기 때문이다.
㉱ 물이 가연물을 제거하기 때문이다.

풀이 물의 기화잠열이 539cal/g(냉각소화)로 액체인 물이 가연물과 흡열반응하여 기화하기 때문이다.

06. 제3종 분말소화약제의 주성분에 해당하는 것은?

㉮ 탄산수소칼륨 ㉯ 인산암모늄
㉰ 탄산수소나트륨 ㉱ 탄산수소칼륨과 요소의 반응생성물

풀이 인산암모늄($NH_4H_2PO_4$)
㉮ 2종 분말
㉰ 1종 분말
㉱ 4종 분말

07. 다음 [보기]에서 올바른 정전기 방지방법을 모두 나열한 것은?

[보기] ㉠ 접지할 것.
       ㉡ 공기를 이온화할 것.
       ㉢ 공기 중의 상대습도를 70% 미만으로 할 것.

㉮ ㉠, ㉡   ㉯ ㉠, ㉢
㉰ ㉡, ㉢   ㉱ ㉠, ㉡, ㉢

풀이 정전기 방지 대책
① 공기를 이온화
② 공기 중 상대습도를 70% 이상 유지
③ 접지

08. 질소가 가연물이 될 수 없는 이유를 가장 옳게 설명한 것은?

㉮ 산소와 산화반응을 하지 않기 때문이다.
㉯ 산소와 산화반응을 하지만 흡열반응을 하기 때문이다.
㉰ 산소와 환원반응을 하지 않기 때문이다.
㉱ 산소와 환원반응을 하지만 발열반응을 하기 때문이다.

풀이 질소 : 산소와 산화반응하지만 흡열반응하므로 가연물이 될 수 없음.

정답 05. ㉮ 06. ㉯ 07. ㉮ 08. ㉯

09 줄-톰슨효과에 의하여 드라이아이스를 방출하는 소화기로 질식 및 냉각효과가 있는 것은?
㉮ 산·알칼리소화기　　　　㉯ 강화액소화기
㉰ 이산화탄소소화기　　　　㉱ 할로겐화합물소화기

풀이　CO_2 소화기 : 줄-톰슨효과에 의하여 드라이아이스를 방출함. 질식 및 냉각소화 유류화재 및 전기화재에도 적응성이 큼.

10 다음 중 자기반응성 물질이면서 산소공급원의 역할을 하는 것은?
㉮ 황화린　　　　　　　　　㉯ 탄화칼슘
㉰ 이황화탄소　　　　　　　㉱ 트리니트로톨루엔

풀이　T.N.T : 제5류 위험물, 자기반응성 물질로서 물질 자체에 산소를 포함하고 있음.

11 Halon 1211에 해당하는 물질의 분자식은?
㉮ CBr_2FCl　　　　　　　㉯ CF_2ClBr
㉰ CCl_2FBr　　　　　　　㉱ FC_2BrCl

풀이　할론1211(일취화일염화이불화메탄) : CF_2ClBr

12 다음 중 주된 연소형태가 분해연소인 것은?
㉮ 목탄　　　　　　　　　　㉯ 나트륨
㉰ 석탄　　　　　　　　　　㉱ 에테르

풀이　분해연소 : 가연성 고체에 열을 가하여 분해에 위한 연소 형태.
　　　[ex] 목재, 석탄, 종이, 플라스틱 등

13 위험물안전관리법령에서 다음의 위험물시설 중 안전거리에 관한 기준이 없는 것은?
㉮ 옥내저장소　　　　　　　㉯ 옥내탱크저장소
㉰ 충전하는 일반취급소　　　㉱ 지하에 매설된 이송취급소 배관

풀이　옥내탱크저장소 : 안전거리, 보유공지는 해당 없음.

정답　09. ㉰　10. ㉱　11. ㉯　12. ㉰　13. ㉯

14 고정식의 포소화설비의 기준에서 포헤드방식의 포헤드는 방호대상물의 표면적 몇 m²당 1개 이상의 헤드를 설치하여야 하는가?

㉮ 3 ㉯ 9
㉰ 15 ㉱ 30

풀이 포헤드 : 바닥면적 9m²마다 1개 이상 설치

15 옥내주유취급소는 소화난이도 등급 얼마에 해당하는가?

㉮ 소화난이도 등급 I   ㉯ 소화난이도 등급 II
㉰ 소화난이도 등급 III ㉱ 소화난이도 등급 IV

풀이
• 옥내주유취급소 : 소화난이도 등급 II등급
• 옥외주유취급소 : 소화난이도 등급 III등급

16 소화기에 "A-2"로 표시되어 있었다면 숫자 "2"가 의미하는 것은 무엇인가?

㉮ 소화기의 제조번호   ㉯ 소화기의 소요단위
㉰ 소화기의 능력단위   ㉱ 소화기의 사용순위

풀이 "A-2" : A 화재 종류, 2 능력단위

17 제3류 위험물 중 금수성 물질에 적응성이 있는 소화설비는?

㉮ 할로겐화합물소화설비   ㉯ 포소화설비
㉰ 이산화탄소소화설비   ㉱ 탄산수소염류 등 분말소화설비

풀이 제3류 위험물 금수성 물질 : 물과 접촉 시에 가연성 가스를 발생하여 발화하므로 탄산수소염류 분말소화설비를 사용.

18 높이 15m, 지름 20m인 옥외저장탱크에 보유공지의 단축을 위해서 물분무설비로 방호조치를 하는 경우 수원의 양은 약 몇 L 이상으로 하여야 하는가?

㉮ 46,496   ㉯ 58,090
㉰ 70,259   ㉱ 95,880

풀이 물분무 소화설비 방호조치 기준
원주 1m당 37L 이상으로 20분 이상 방사할 것.
원주(m)×37L/분·m×20분
(π×20m)×37L/분·m×20분 = 46,496

정답 14.㉯ 15.㉯ 16.㉰ 17.㉱ 18.㉮

19 보일 오버(boil over) 현상과 가장 거리가 먼 것은?
㉮ 기름이 열의 공급을 받지 아니하고 온도가 상승하는 현상
㉯ 기름의 표면부에서 조용히 연소하다 탱크 내의 기름이 갑자기 분출하는 현상
㉰ 탱크 바닥에 물 또는 물과 기름의 에멀전 층이 있는 경우 발생하는 현상
㉱ 열유층이 탱크 아래로 이동하여 발생하는 현상

풀이 보일 오버(boil over) : 탱크 화재 시 탱크저면부에 고여 있던 수분이 기화되면서 다량의 기름을 탱크 밖으로 밀어내는 현상으로 제4류 위험물 중유류 화재 시 발생함.

20 다음 중 B급 화재로 볼 수 있는 것은?
㉮ 목재, 종이 등의 화재
㉯ 휘발유, 알코올 등의 화재
㉰ 누전, 과부하 등의 화재
㉱ 마그네슘, 알루미늄 등의 화재

풀이 • A급 - 일반화재 • B급 - 유류화재
• C급 - 전기화재 • D급 - 금속화재

21 옥내소화전설비의 설치기준에서 옥내소화전은 제조소 등의 건축물의 층마다 당해 층의 각 부분에서 하나의 호스접속구까지의 수평거리가 몇 m 이하가 되도록 설치하여야 하는가?
㉮ 5   ㉯ 10
㉰ 15   ㉱ 25

풀이 옥내소화전 호스접속구까지의 수평거리 : 25m 이하

22 다음 중 물과 접촉할 때 열과 산소를 발생하는 것은?
㉮ 과산화칼륨   ㉯ 과망간산칼륨
㉰ 과산화수소   ㉱ 과염소산칼륨

풀이 알칼리금속과산화물 : 주수 금지
과산화칼륨(K_2O_2) 물과의 반응 : 발열하여 O_2 방출
$2K_2O_2 + 2H_2O \rightarrow 4KOH + O_2 \uparrow$

23. 적린의 성상 및 취급에 대한 설명 중 틀린 것은?

㉮ 황린에 비하여 화학적으로 안정하다.
㉯ 연소시 오산화인이 발생한다.
㉰ 화재시 냉각소화가 가능하다.
㉱ 안전을 위해 산화제와 혼합하여 저장한다.

풀이 적린(P) : 제2류 위험물 가연성 고체로 산화제와 혼합하는 것은 위험하다.

24. 마그네슘에 대한 설명으로 옳은 것은?

㉮ 수소와 반응성이 매우 높아 접촉하면 폭발한다.
㉯ 브롬과 혼합하여 보관하면 안전하다.
㉰ 화재시 CO_2 소화약제의 사용이 가장 효과적이다.
㉱ 무기과산화물과 혼합한 것은 마찰에 의해 발화할 수 있다.

풀이 마그네슘(Mg) : 제2류 위험물
① 산화제와 혼합하지 말 것.(무기과산화물 포함)
② 물 또는 습기 및 할로겐 원소와의 접촉을 피할 것.
③ 분진 폭발에 주의할 것.
④ CO_2와 같은 질식성 가스 중에서도 연소가 된다.

25. 위험물의 성질에 대한 설명 중 틀린 것은?

㉮ 황린은 공기 중에서 산화할 수 있다.
㉯ 적린은 $KClO_3$와 혼합하면 위험하다.
㉰ 황은 물에 매우 잘 녹는다.
㉱ 황은 가연성 고체이다.

풀이 황(S) : 물에 잘 녹지 않는다.

26. 알루미늄의 성질에 대한 설명 중 틀린 것은?

㉮ 묽은 질산보다는 진한 질산에 훨씬 잘 녹는다.
㉯ 열전도율, 전기전도도가 크다.
㉰ 할로겐 원소와의 접촉은 위험하다.
㉱ 실온의 공기 중에서 표면에 치밀한 산화피막이 형성되어 내부를 보호하므로 부식성이 적다.

풀이 Al : 진한 질산과는 표면에 산화막을 만들어 내부를 보호한다.
• 진한 HNO_3 : Fe, Co, Ni , Al 등의 내식성이 큰 금속에는 부동태화됨으로써 침식을 하지 못함.

정답 23. ㉱ 24. ㉱ 25. ㉰ 26. ㉮

27
A~D에 분류된 위험물의 지정수량을 각각 합하였을 때 다음 중 그 값이 가장 큰 것은?

> A. 이황화탄소+아닐린   B. 아세톤+피리딘+경유
> C. 벤젠+클로로벤젠   D. 중유

㉮ A 위험물의 지정수량 합   ㉯ B 위험물의 지정수량 합
㉰ C 위험물의 지정수량 합   ㉱ D 위험물의 지정수량

풀이 A. 50L+2,000L = 2,050L
B. 400L+400L+1,000L = 1,800L
C. 200L+1,000L = 1,200L
D. 2,000L

28
아세톤의 성질에 대한 설명 중 틀린 것은?
㉮ 무색의 액체로서 인화성이 있다.   ㉯ 증기는 공기보다 무겁다.
㉰ 물에 잘 녹는다.   ㉱ 무취이며 휘발성이 없다.

풀이 아세톤(CH_3COCH_3) : 제1석유류
① 물, 유제용제에 잘 용해됨.
② 증기는 공기보다 무겁고 액체는 물보다 가볍다.
③ 휘발성이 있음.

29
과염소산의 성질에 대한 설명이 아닌 것은?
㉮ 가연성 물질이다.   ㉯ 산화성이 있다.
㉰ 물과 반응하여 발열한다.   ㉱ Fe와 반응하여 산화물을 만든다.

풀이 과염소산($HClO_4$) : 제6류 위험물
불안정한 강산으로 물과 심하게 반응하며, 종이, 나무조각과 접촉하면 연소와 동시에 폭발한다.

30
이송취급소의 교체밸브, 제어밸브 등의 설치기준으로 틀린 것은?
㉮ 밸브는 원칙적으로 이송기지 또는 전용부지 내에 설치할 것.
㉯ 밸브는 그 개폐상태가 당해 밸브의 설치장소에서 쉽게 확인할 수 있도록 할 것.
㉰ 밸브를 지하에 설치하는 경우에는 점검상자 안에 설치할 것.
㉱ 밸브는 당해 밸브의 관리에 관계하는 자가 아니면 수동으로만 개폐할 수 있도록 할 것.

풀이 밸브는 당해 밸브의 관리에 관계하는 자가 아니면 수동으로만 개폐할 수 없도록 할 것.

정답 27. ㉮ 28. ㉱ 29. ㉱ 30. ㉱

31 다음 중 위험물의 유별 구분이 나머지 셋과 다른 하나는?
㉮ 황린 ㉯ 부틸리튬
㉰ 칼슘 ㉱ 유황

풀이 유황(S) : 제2류 위험물, 기타는 제3류 위험물

32 지정수량의 얼마 이하의 위험물에 대하여는 위험물안전관리법령에서 정한 유별을 달리하는 위험물의 혼재기준을 적용하지 아니하여도 되는가?
㉮ 1/2 ㉯ 1/3
㉰ 1/5 ㉱ 1/10

풀이 위험물의 혼재기준
지정수량의 $\frac{1}{10}$ 이하 위험물인 경우에는 적용 안 됨.

33 질산칼륨에 대한 설명 중 틀린 것은?
㉮ 물에 녹는다.
㉯ 흑색화약의 원료로 사용된다.
㉰ 가열하면 분해하여 산소를 방출한다.
㉱ 단독 폭발 방지를 위해 유기물 중에 보관한다.

풀이 질산칼륨(KNO_3) : 제1류 위험물 강산화성 고체로 유기물과 접촉 시 폭발함.

34 다음 중 제5류 위험물로서 화약류 제조에 사용되는 것은?
㉮ 중크롬산나트륨 ㉯ 클로로벤젠
㉰ 과산화수소 ㉱ 니트로셀룰로오스

풀이 니트로셀룰로오스 $[C_6H_7O_2(ONO_2)_3]_n$
용도 : 면화약, 질화면, 폭약제조 등에 사용.

35 과염소산 300kg, 과산화수소 450kg, 질산 900kg을 보관하는 경우 각각의 지정수량 배수의 합은 얼마인가?
㉮ 1.5 ㉯ 3
㉰ 5.5 ㉱ 7

풀이 $\frac{300}{300} + \frac{450}{300} + \frac{900}{300} = 5.5$

정답 31.㉱ 32.㉱ 33.㉱ 34.㉱ 35.㉰

36
탄화칼슘의 성질에 대한 설명으로 틀린 것은?
- ㉮ 물보다 무겁다.
- ㉯ 시판품은 회색 또는 회흑색의 고체이다.
- ㉰ 물과 반응해서 수산화칼슘과 아세틸렌이 생성된다.
- ㉱ 질소와 저온에서 작용하며 흡열반응을 한다.

풀이 탄화칼슘(CaC_2) : 제3류 위험물, 금수성 물질로 질소와 반응 시 발열반응함.
$CaC_2 + N_2 \rightarrow CaCN_2 + C + 74.6 kcal$

37
2몰의 브롬산칼륨이 모두 열분해되어 생긴 산소의 양은 2기압 27℃에서 약 몇 L인가?
- ㉮ 32.42
- ㉯ 36.92
- ㉰ 41.34
- ㉱ 45.64

풀이 $2KBrO_3 \rightarrow 2KBr + 3O_2 \uparrow$
$PV = nRT$
$V = \dfrac{3 \times 0.082 \times (273+27)}{2} = 36.9\ l$

38
적갈색 고체로 융점이 1,600℃이며, 물 또는 산과 반응하여 유독한 포스핀가스를 발생하는 제3류 위험물의 지정수량은 몇 kg인가?
- ㉮ 10
- ㉯ 20
- ㉰ 50
- ㉱ 300

풀이 인화석회(Ca_3P_2) : 제3류 위험물 금수성 물질, 300kg
• $Ca_3P_2 + 6H_2O \rightarrow 2PH_3 + 3Ca(OH)_2$

39
과염소산의 저장 및 취급방법이 잘못된 것은?
- ㉮ 가열, 충격을 피한다.
- ㉯ 화기를 멀리한다.
- ㉰ 저온의 통풍이 잘되는 곳에 저장한다.
- ㉱ 누설하면 종이, 톱밥으로 제거한다.

풀이 과염소산($HClO_4$) : 가연성이 아닌 산화성 액체

정답 36.㉱ 37.㉯ 38.㉱ 39.㉮

40 다음 중 나트륨 또는 칼륨을 석유 속에 보관하는 이유로 가장 적합한 것은?
㉮ 석유에서 질소를 발생하므로
㉯ 기화를 방지하기 위하여
㉰ 공기 중 질소와 반응하여 폭발하므로
㉱ 공기 중 수분 또는 산소와의 접촉을 막기 위하여

풀이 나트륨(Na) 또는 칼륨(K) : 제3류 금수성 물질
공기 중 수분 또는 산소와의 접촉을 막기 위하여 석유 속에 보관.

41 과망간산칼륨에 대한 설명으로 틀린 것은?
㉮ 분자식은 $KMnO_4$이며 분자량은 약 158이다.
㉯ 수용액은 보라색이며 산화력이 강하다.
㉰ 가열하면 분해하여 산소를 방출한다.
㉱ 에탄올과 아세톤에는 불용이므로 보호액으로 사용한다.

풀이 과망간산칼륨($KMnO_4$) : 제1류 위험물
에탄올과 아세톤과 같은 유기물질과 접촉 시 폭발함.

42 가연성 고체에 대한 착화의 위험성 시험방법에 관한 설명으로 옳은 것은?
㉮ 시험장소는 온도 20℃, 습도 5%, 1기압, 무풍장소로 한다.
㉯ 두께 5mm 이상의 무기질 단열판 위에 시험물품 $30cm^3$를 둔다.
㉰ 시험물품에 30초간 액화석유가스의 불꽃을 접촉시킨다.
㉱ 시험을 2번 반복하여 착화할 때까지의 평균시간을 측정한다.

풀이 가연성 고체 착화 위험성 시험방법
① 시험장소는 온도 20℃, 습도 50%, 1기압, 무풍장소
② 두께 10mm 이상의 무기질 단열판 위에 시험물품 $3cm^3$를 둔다.
③ 시험물품에 10초간 액화석유가스의 불꽃을 접촉시킨다.
④ 시험을 10번 반복하여 착화할 때까지의 평균시간을 측정한다.

43 과산화수소의 성질에 대한 설명 중 틀린 것은?
㉮ 알칼리성 용액에 의해 분해될 수 있다.
㉯ 산화제이다.
㉰ 농도가 높을수록 안정하다.
㉱ 열, 햇빛에 의해 분해될 수 있다.

풀이 과산화수소(H_2O_2) : 농도가 60%인 것은 단독으로 폭발함.

정답 40. ㉱ 41. ㉱ 42. ㉮ 43. ㉰

44 다음 중 제5류 위험물이 아닌 것은?
㉮ 질산에틸
㉯ 니트로글리세린
㉰ 니트로벤젠
㉱ 니트로글리콜

풀이 니트로벤젠($C_6H_5NO_2$) : 제4류 위험물 3석유류

45 다음 위험물에 대한 설명 중 틀린 것은?
㉮ 아세트산은 약 16℃ 정도에서 응고한다.
㉯ 아세트산의 분자량은 약 60이다.
㉰ 피리딘은 물에 용해되지 않는다.
㉱ 크실렌은 3가지의 이성질체를 가진다.

풀이 피리딘(C_5H_5N) : 1석유류, 수용성임.

46 이산화탄소소화설비의 기준에서 저장용기 설치 기준에 관한 내용으로 틀린 것은?
㉮ 방호구역 외의 장소에 설치할 것.
㉯ 온도가 50℃ 이하이고 온도 변화가 적은 장소에 설치할 것.
㉰ 직사일광 및 빗물이 침투할 우려가 적은 장소에 설치할 것.
㉱ 저장용기에는 안전장치를 설치할 것.

풀이 저장소 온도 : 40℃ 이하

47 시약(고체)의 명칭이 불분명한 시약병의 내용물을 확인하려고 뚜껑을 열어 시계접시에 소량을 담아놓고 공기 중에서 햇빛을 받는 곳에 방치하던 중 시계접시에서 갑자기 연소현상이 일어났다. 다음 물질 중 이 시약의 명칭으로 예상할 수 있는 것은?
㉮ 황
㉯ 황린
㉰ 적린
㉱ 질산암모늄

풀이 황린(P_4) : 제3류 위험물 자연발화성 물질, 착화점 34℃

48 다음 ( ) 안에 알맞은 수치를 차례대로 옳게 나열한 것은?

"위험물 암반탱크의 공간용적은 당해 탱크 내에 용출하는 (　)일간의 지하수 양에 상당하는 용적과 당해 탱크 내용적의 100분의 (　)의 용적 중에서 보다 큰 용적을 공간용적으로 한다."

㉮ 1, 7
㉯ 3, 5
㉰ 5, 3
㉱ 7, 1

정답 44.㉰ 45.㉰ 46.㉯ 47.㉯ 48.㉱

풀이 암반탱크의 공간용적
당해 탱크 내에 용출하는 7일간의 지하수의 양에 상당하는 용적과 당해 탱크의 내용적의 100분의 1의 용적 중에서 보다 큰 용적을 공간용적으로 한다.

49 위험물 운송책임자의 감독 또는 지원의 방법으로 운송의 감독 또는 지원을 위하여 마련한 별도의 사무실에 운송책임자가 대기하면서 이행하는 사항에 해당하지 않는 것은?

㉮ 운송 후에 운송경로를 파악하여 관할 경찰관서에 신고하는 것
㉯ 이동탱크저장소의 운전자에 대하여 수시로 안전확보 상황을 확인하는 것
㉰ 비상시의 응급처치에 관하여 조언을 하는 것
㉱ 위험물의 운송 중 안전확보에 관하여 필요한 정보를 제공하고 감독 또는 지원하는 것

풀이 위험물 운송책임자의 감독 또는 지원의 방법
운송 후에 운송경로를 파악하여 관할 소방관서 또는 관련업체에 대해 연락체계를 갖출 것.

50 벤조일퍼옥사이드에 대한 설명 중 틀린 것은?

㉮ 물과 반응하여 가연성 가스가 발생하므로 주수소화는 위험하다.
㉯ 상온에서 고체이다.
㉰ 진한 황산과 접촉하면 분해폭발의 위험이 있다.
㉱ 발화점은 약 125℃이고 비중은 약 1.33이다.

풀이 벤조일퍼옥사이드 : 제5류 위험물 유기과산화물로서 물에 잘 녹지 않고 주수소화가 효과적임.

51 다음 중 제1석유류에 속하지 않는 위험물은?

㉮ 아세톤   ㉯ 시안화수소
㉰ 클로로벤젠   ㉱ 벤젠

풀이 클로로벤젠(C_6H_5Cl) : 제2석유류

52 다음 위험물 중 착화온도가 가장 낮은 것은?

㉮ 이황화탄소   ㉯ 디에틸에테르
㉰ 아세톤   ㉱ 아세트알데히드

풀이 ㉮ 100℃ ㉯ 180℃ ㉰ 185℃ ㉱ 538℃

정답 49. ㉮ 50. ㉮ 51. ㉰ 52. ㉮

53 다음 중 위험물안전관리법령에서 정한 지정수량이 50킬로그램이 아닌 위험물은?
㉮ 염소산나트륨 ㉯ 금속리튬
㉰ 과산화나트륨 ㉱ 디에틸에테르

풀이 디에틸에테르($C_2H_5OC_2H_5$) : 특수인화물, 50L

54 다음 위험물 중 지정수량이 나머지 셋과 다른 것은?
㉮ C_4H_9Li ㉯ K
㉰ Na ㉱ LiH

풀이 LiH : 300kg, 기타는 10kg

55 질산나트륨의 성상에 대한 설명 중 틀린 것은?
㉮ 조해성이 있다.
㉯ 강력한 환원제이며 물보다 가볍다.
㉰ 열분해하여 산소를 방출한다.
㉱ 가연물과 혼합하면 충격에 의해 발화할 수 있다.

풀이 질산나트륨($NaNO_3$) : 제1류 위험물 강산화성 고체

56 다음 중 물과 반응하여 메탄을 발생시키는 것은?
㉮ 탄화알루미늄 ㉯ 금속칼슘
㉰ 금속리튬 ㉱ 수소화나트륨

풀이 탄화알루미늄(Al_4C_3) : 제3류 위험물 금수성 물질
$Al_4C_3 + 12H_2O \rightarrow 4Al(OH)_3 + 3CH_4$

57 제1류 위험물의 일반적인 공통성질에 대한 설명 중 틀린 것은?
㉮ 대부분 유기물이며 무기물도 포함되어 있다.
㉯ 산화성 고체이다.
㉰ 가연물과 혼합하면 연소 또는 폭발의 위험이 크다.
㉱ 가열, 충격, 마찰 등에 의해 분해될 수 있다.

풀이 제1류 위험물 : 대부분 무기물이다.

정답 53. ㉱ 54. ㉱ 55. ㉯ 56. ㉮ 57. ㉮

58 오황화린이 물과 반응하여 발생하는 유독한 가스는?
㉮ 황화수소　　　　　　㉯ 이산화황
㉰ 이산화탄소　　　　　㉱ 이산화질소

풀이 오황화린(P_2S_5) : 제2류 위험물
$P_2S_5 + 8H_2O \rightarrow 5H_2S + 2H_3PO_4$

59 제3류 위험물의 위험성에 대한 설명으로 틀린 것은?
㉮ 칼륨은 피부에 접촉하면 화상을 입을 위험이 있다.
㉯ 수소화나트륨은 물과 반응하여 수소를 발생한다.
㉰ 트리에틸알루미늄은 자연발화하므로 물 속에 넣어 밀봉 저장한다.
㉱ 황린은 독성 물질이고 증기는 공기보다 무겁다.

풀이 트리에틸알루미늄[$(C_2H_5)_3Al$] : 물과 반응하여 가연성 가스 발생.
TEA $(C_2H_5)_3Al + 3H_2O \rightarrow Al(OH)_3 + 3C_2H_6 \uparrow$

60 제5류 위험물에 대한 설명으로 옳지 않은 것은?
㉮ 대표적인 성질은 자기반응성 물질이다.
㉯ 피크린산은 니트로화합물이다.
㉰ 모두 산소를 포함하고 있다.
㉱ 니트로화합물은 니트로기가 많을수록 폭발력이 커진다.

풀이 제5류 위험물 모두가 산소를 포함하지는 않음.
[예] 아조화합물이나, 히드라진유도체류

정답　58. ㉮　59. ㉰　60. ㉰

위·험·물·기·능·사·과·년·도
기출문제

위험물기능사

2010년 기출문제

05 이산화탄소소화약제의 주된 소화효과 2가지에 가장 가까운 것은?
㉮ 부촉매효과, 제거효과 ㉯ 질식효과, 냉각효과
㉰ 억제효과, 부촉매효과 ㉱ 제거효과, 억제효과

풀이 이산화탄소 소화약제 : 질식효과, 냉각효과

06 마그네슘을 저장 및 취급하는 장소에 설치해야 할 소화기는?
㉮ 포소화기 ㉯ 이산화탄소소화기
㉰ 할로겐 화합물소화기 ㉱ 탄산수소염류 분말소화기

풀이 Mg(마그네슘)은 제2류 금속분말에 속하며 가장 적당한 소화기는 분말인 탄산수소염류소화기이다.

07 산·알칼리 소화기에 있어서 탄산수소나트륨과 황산의 반응 시 생성되는 물질을 모두 옳게 나타낸 것은?
㉮ 황산나트륨, 탄산가스, 질소 ㉯ 염화나트륨, 탄산가스, 질소
㉰ 황산나트륨, 탄산가스, 물 ㉱ 염화나트륨, 탄산가스, 물

풀이 약제반응식
$2NaHCO_3 + H_2SO_4 \rightarrow Na_2SO_4 + 2CO_2 + 2H_2O$

08 공기포 소화약제의 혼합방식 중 펌프의 토출관과 흡입관 사이의 배관 도중에 설치된 흡입기에 펌프에서 토출된 물의 일부를 보내고 농도조절 밸브에서 조정된 포소화약제의 필요량을 포소화약제 탱크에서 펌프 흡입측으로 보내어 이를 혼합하는 방식은?
㉮ 프레져 프로포셔너 방식 ㉯ 펌프 프로포셔너 방식
㉰ 프레져 사이드 프로포셔너 방식 ㉱ 라인 프로포셔너 방식

풀이 펌프 프로포셔너 방식에 대한 설명임
※ 펌프 프로포셔너-농도조절밸브

09 착화온도가 낮아지는 경우가 아닌 것은?
㉮ 압력이 높을 때 ㉯ 습도가 높을 때
㉰ 발열량이 클 때 ㉱ 산소와 친화력이 좋을 때

풀이 착화온도는 습도와 증기압이 낮을수록 낮아진다.

정답 05.㉯ 06.㉱ 07.㉰ 08.㉯ 09.㉯

10 이송취급소에 설치하는 경보설비의 기준에 따라 이송기지에 설치하여야 하는 경보설비로만 이루어진 것은?

㉮ 확성장치, 비상벨장치
㉯ 비상방송설비, 비상경보설비
㉰ 확성장치, 비상방송설비
㉱ 비상방송설비, 자동화재탐지설비

풀이 이송기지에는 비상벨장치와 확성장치를 설치한다.

11 위험물제조소를 설치하고자 하는 경우, 제조소와 초등학교 사이에는 몇 미터 이상의 안전거리를 두어야 하는가?

㉮ 50
㉯ 40
㉰ 30
㉱ 20

풀이 학교·병원·극장 등 : 30m 이상

12 소화작용에 대한 설명으로 옳지 않은 것은?

㉮ 냉각소화 : 물을 뿌려서 온도를 저하시키는 방법
㉯ 질식소화 : 불연성 포말로 연소물을 덮어 씌우는 방법
㉰ 제거소화 : 가연물을 제거하여 소화시키는 방법
㉱ 희석소화 : 산·알칼리를 중화시켜 연쇄반응을 억제시키는 방법

풀이 산·알칼리 소화는 냉각소화가 주소화이다.
※ 희석소화 : 가연성 가스의 산소 함유량이나 알코올 등 수용성액체 화재 시 조성을 변화시켜 소화하는 방법

13 옥내소화전설비의 기준에서 "시동표시등"을 옥내소화전함의 내부에 설치할 경우 그 색상으로 옳은 것은?

㉮ 적색
㉯ 황색
㉰ 백색
㉱ 녹색

풀이 옥내소화전 시동표시등은 적색이다.

14 위험물을 취급함에 있어서 정전기를 유효하게 제거하기 위한 설비를 설치하고자 한다. 공기 중의 상대습도를 몇 % 이상 되게 하여야 하는가?

㉮ 50
㉯ 60
㉰ 70
㉱ 80

풀이 공기 중의 상대습도를 70% 이상 유지하면 정전기를 예방할 수 있다.

정답 10.㉮ 11.㉰ 12.㉱ 13.㉮ 14.㉰

15 다음 중 주된 연소형태가 표면연소인 것은?
㉮ 숯 ㉯ 목재
㉰ 플라스틱 ㉱ 나프탈렌

풀이 표면연소 : 숯, 코크스, 금속박 등

16 위험물안전관리법령상 피난설비에 해당하는 것은?
㉮ 자동화재탐지설비 ㉯ 비상방송설비
㉰ 자동식사이렌설비 ㉱ 유도등

풀이 피난설비 : 피난기구, 인명구조기구, 유도등 및 유도표지등, 비상조명등

17 전기불꽃에 의한 에너지식을 옳게 나타낸 것은? (단, E는 전기불꽃에너지, C는 전기용량, Q는 전기량, V는 방전전압이다.)

㉮ $E = \frac{1}{2}QV$ ㉯ $E = \frac{1}{2}QV^2$

㉰ $E = \frac{1}{2}CV$ ㉱ $E = \frac{1}{2}VQ^2$

풀이 전기불꽃 에너지 방정식
$E = \frac{1}{2}CV^2 = \frac{1}{2}QV$
E=전기불꽃에너지, C=전기용량
V=방전전압, Q=전기량

18 제조소의 옥외에 모두 3기의 휘발유 취급탱크를 설치하고 그 주위에 방유제를 설치하고자 한다. 방유제 안에 설치하는 각 취급탱크의 용량이 6만L, 2만L, 1만L일 때 필요한 방유제의 용량은 L이상인가?

㉮ 66000 ㉯ 60000
㉰ 33000 ㉱ 30000

풀이 방유제의 용량
① 취급탱크가 1기인 경우 - 당해 탱크용량의 50% 이상
② 취급탱크가 2기 이상의 경우
  - 탱크 중 용량이 최대인 것의 50% + 나머지 탱크용량 합계의 10%를 가산한 양 이상
③ 사항에 해당되므로
  (60000L × 0.5) + (20000+10000) × 0.1 = 33000L

정답 15. ㉮ 16. ㉱ 17. ㉮ 18. ㉰

19 다음 중 소화약제가 아닌 것은?
㉮ CF_3Br　　　　㉯ $NaHCO_3$
㉰ $Al_2(SO_4)_3$　　㉱ $KClO_4$

[풀이] ㉱는 제1류 위험물에 해당됨

20 다음 위험물 화재시 주수소화가 오히려 위험한 것은?
㉮ 과염소산칼륨　　㉯ 적린
㉰ 황　　　　　　　㉱ 마그네슘분

[풀이] 마그네슘분은 제2류 금속분말로서 물과 반응시 발생된 수소에 의한 폭발위험과 연소중인 금속의 비산으로 화재면적을 확대시킬 수 있다.

21 염소산칼륨의 성질에 대한 설명으로 옳은 것은?
㉮ 가연성 액체이다.　　㉯ 강력한 산화제이다.
㉰ 물보다 가볍다.　　　㉱ 열분해하면 수소를 발생한다.

[풀이] 염소산칼륨($KClO_3$) : 제1류 강산화성고체이다.

22 다음 위험물 중 물에 대한 용해도가 가장 낮은 것은?
㉮ 아크릴산　　㉯ 아세트알데히드
㉰ 벤젠　　　　㉱ 글리세린

[풀이] 벤젠은 비극성으로 극성인 물과는 전혀 섞이지 않는다.

23 과산화수소의 운반용기 외부에 표시하여야 하는 주의 사항은?
㉮ 화기주의　　㉯ 충격주의
㉰ 물기엄금　　㉱ 가연물접촉주의

[풀이] 제6류 위험물 운반용기 : 가연물접촉주의

24 탄화칼슘 취급 시 주의해야 할 사항으로 옳은 것은?
㉮ 산화성 물질과 혼합하여 저장할 것
㉯ 물의 접촉을 피할 것
㉰ 은, 구리 등의 금속용기에 저장할 것
㉱ 화재발생시 이산화탄소소화약제를 사용할 것

정답 19. ㉱ 20. ㉱ 21. ㉯ 22. ㉰ 23. ㉱ 24. ㉯

풀이 　탄화칼슘은 제3류 위험물 금수성 물질로 물과의 접촉을 금한다.
　　　※ 물과의 반응식 : $CaC_2 + 2H_2O \rightarrow Ca(OH)_2 + C_2H_2 \uparrow$

25　다음 중 위험물의 분류가 옳은 것은?
　㉮ 유기과산화물 – 제1류 위험물
　㉯ 황화린 – 제2류 위험물
　㉰ 금속분 – 제3류 위험물
　㉱ 무기과산화물 – 제5류 위험물

풀이 　㉮ 제5류 위험물
　　　㉰ 제2류 위험물
　　　㉱ 제1류 위험물

26　과산화바륨에 대한 설명 중 틀린 것은?
　㉮ 약 840°C의 고온에서 분해하여 산소를 발생한다.
　㉯ 알칼리금속의 과산화물에 해당된다.
　㉰ 비중은 1보다 크다.
　㉱ 유기물과의 접촉을 피한다.

풀이 　과산화바륨(BaO_2)은 알칼리 토금속 과산화물이다.

27　다음 중 일반적으로 알려진 황화린의 3종류에 속하지 않는 것은?
　㉮ P_4S_3　　　㉯ P_2S_5
　㉰ P_4S_7　　　㉱ P_2S_9

풀이 　황화린(제2류위험물)의 종류

삼황화린	오황화린	칠황화린
P_4S_3	P_2S_5	P_4S_7

28　알칼리금속 과산화물에 관한 일반적인 설명으로 옳은 것은?
　㉮ 안정한 물질이다.
　㉯ 물을 가하면 발열한다.
　㉰ 주로 환원제로 사용된다.
　㉱ 더 이상 분해되지 않는다.

풀이 　알칼리금속 과산화물은 물과 반응하여 산소를 발생하며 발열한다.

29　다음 위험물 중 발화점이 가장 낮은 것은?
　㉮ 황　　　　㉯ 삼황화린
　㉰ 황린　　　㉱ 아세톤

풀이 　㉮ 232°C　㉯ 100°C　㉰ 34°C　㉱ 538°C

정답　25.㉯　26.㉯　27.㉱　28.㉯　29.㉰

30 니트로셀룰로오스에 관한 설명으로 옳은 것은?
㉮ 용제에는 전혀 녹지 않는다. ㉯ 질화도가 클수록 위험성이 증가한다.
㉰ 물과 작용하여 수소를 발생한다. ㉱ 화재발생시 질식소화가 가장 적합하다.

풀이 니트로셀룰로오스 : 제5류 위험물
     질화도가 클수록 폭발성과 위험성이 커진다.

31 다음 중 제6류 위험물에 해당하는 것은?
㉮ 과산화수소 ㉯ 과산화나트륨
㉰ 과산화칼륨 ㉱ 과산화벤조일

풀이 ㉯, ㉰ 제1류 위험물
     ㉱ 제5류 위험물

32 과산화수소에 대한 설명으로 옳은 것은?
㉮ 강산화제이지만 환원제로도 사용한다.
㉯ 알코올, 에테르에는 용해되지 않는다.
㉰ 20~30% 용액을 옥시돌(oxydol)이라고도 한다.
㉱ 분해하면 인체에 해로운 가스가 발생한다.

풀이 과산화수소는 산화제이면서 환원제이다.
   ※ 산화제 : $2KI + H_2O_2 \rightarrow 2KOH + I_2$
   ※ 환원제 : $2KMnO_4 + 3H_2SO_4 + 5H_2O_2 \rightarrow K_2SO_4 + 2MnSO_4 + 8H_2O + 5O_2$

33 질산에 대한 설명 중 틀린 것은?
㉮ 환원성 물질과 혼합하면 발화할 수 있다.
㉯ 분자량은 약 63이다.
㉰ 위험물안전관리법령상 비중이 1.82 이상이 되어야 위험물로 취급된다.
㉱ 분해하면 인체에 해로운 가스가 발생한다.

풀이 비중은 1.49 이상이 위험물로 분류된다.

34 트리에틸알루미늄의 안전관리에 관한 설명 중 틀린 것은?
㉮ 물과의 접촉을 피한다.
㉯ 냉암소에 저장한다.
㉰ 화재발생시 팽창질석을 사용한다.
㉱ I_2 또는 Cl_2가스의 분위기에서 저장한다.

정답 30. ㉯ 31. ㉮ 32. ㉮ 33. ㉰ 34. ㉱

> **풀이** 트리에틸알루미늄(TEA) : 할로겐과 반응하여 가연성가스 발생한다. 저장 시 질소가스를 사용한다.

35. 금속나트륨의 저장방법으로 옳은 것은?
㉮ 에탄올 속에 넣어 저장한다.   ㉯ 물 속에 넣어 저장한다.
㉰ 젖은 모래 속에 넣어 저장한다.   ㉱ 경유 속에 넣어 저장한다.

> **풀이** 금속나트륨, 금속칼륨 등은 저장 시 석유류(등유, 경유) 속에 보관한다.

36. 다음 물질 중 과염소산칼륨과 혼합했을 때 발화폭발의 위험이 가장 높은 것은?
㉮ 석면   ㉯ 금
㉰ 유리   ㉱ 목탄

> **풀이** 과염소산 칼륨($KClO_4$)은 제1류 강산화성고체로서 탄소(C), 인(P), 황(S), 유기물이 섞여 있으며 가열, 충격, 마찰에 의해 폭발한다.

37. 벤젠의 성질에 대한 설명 중 틀린 것은?
㉮ 무색의 액체로서 휘발성이 있다.   ㉯ 불을 붙이면 그을음이 내며 탄다.
㉰ 증기는 공기보다 무겁다.   ㉱ 물에 잘 녹는다.

> **풀이** 벤젠은 비극성으로 극성인 물과는 섞이지 않는다.

38. 위험물시설에 설치하는 소화설비와 관련한 소요단위의 산출방법에 관한 설명 중 옳은 것은?
㉮ 제조소등의 옥외에 설치된 공작물은 외벽이 내화구조인 것으로 간주한다.
㉯ 위험물은 지정수량의 20배를 1소요단위로 한다.
㉰ 취급소의 건축물은 외벽이 내화구조인 것은 연면적 $75m^2$를 1소요단위로 한다.
㉱ 제조소의 건축물은 외벽이 내화구조인 것은 연면적 $150m^2$를 1소요단위로 한다.

> **풀이** 소요 단위의 산출방법
> ① 외벽이 내화구조인 제조소 및 취급소 : $100m^2$를 1소요단위
> ② 외벽이 내화구조 이외의 제조소 및 취급소 : $50m^2$를 1소요단위
> ③ 외벽이 내화구조인 저장소 : $150m^2$를 1소요단위
> ④ 외벽이 내화구조 이외의 저장소 : $75m^2$를 1소요단위
> ⑤ 위험물 지정수량의 10배 : 1소요단위

39. 트리에틸알루미늄이 물과 반응하였을 때 발생하는 가스는?
㉮ 메탄   ㉯ 에탄
㉰ 프로판   ㉱ 부탄

정답 35.㉱ 36.㉱ 37.㉱ 38.㉮ 39.㉯

풀이 물과 반응시 에탄가스가 발생한다.
※ 물과의 반응식
TEA(C_2H_5)$_3$Al + 3H_2O → Al(OH)$_3$ + 3C_2H_6↑

40 염소산칼륨과 염소산나트륨의 공통성질에 대한 설명으로 적합한 것은?
㉮ 물과 작용하여 발열 또는 발화한다.
㉯ 가연물과 혼합시 가열, 충격에 의해 연소위험이 있다.
㉰ 독성이 없으나 연소생성물은 유독하다.
㉱ 상온에서 발화하기 쉽다.

풀이 염소산칼륨과 염소산나트륨은 강산화성고체로서 가연물 혼합시 연소위험이 크다.

41 아세톤에 관한 설명 중 틀린 것은?
㉮ 무색 휘발성이 강한 액체이다.
㉯ 조해성이 있으며, 물과 반응 시 발열한다.
㉰ 겨울철에도 인화의 위험성이 있다.
㉱ 증기는 공기보다 무거우며 액체는 물보다 가볍다.

풀이 아세톤(CH_3COCH_3) : 제1석유류

42 탄화알루미늄이 물과 반응하여 생기는 현상이 아닌 것은?
㉮ 산소가 발생한다.   ㉯ 수산화알루미늄이 생성된다.
㉰ 열이 발생한다.   ㉱ 메탄가스가 발생한다.

풀이 산소는 발생하지 않는다.
※ 탄화알루미늄과 물과의 반응식
Al_4C_3 + 12H_2O → 4Al(OH)$_3$ + 3CH_4↑ + Q

43 무색의 액체로 융점이 −112°C이고 물과 접촉하면 심하게 발열하는 제6류 위험물은?
㉮ 과산화수소   ㉯ 과염소산
㉰ 질산   ㉱ 오불화요오드

풀이 과염소산($HClO_4$) : 융점 −112°C
물과 반응 시 심하게 발열한다.

44 염소산나트륨을 가열하여 분해시킬 때 발생하는 기체는?
㉮ 산소   ㉯ 질소
㉰ 나트륨   ㉱ 수소

정답 40.㉯ 41.㉯ 42.㉮ 43.㉯ 44.㉮

풀이 염소산 나트륨(NaClO₃) : 제1류 위험물
※ 열분해시 산소발생
2NaClO₃ → 2NaCl+3O₂↑

45 과산화칼륨에 대한 설명 중 틀린 것은?
㉮ 융점은 약 490℃이다.
㉯ 무색 또는 오렌지색의 분말이다.
㉰ 물과 반응하여 주로 수소를 발생한다.
㉱ 물보다 무겁다.

풀이 과산화칼륨(K_2O_2) : 제1류 위험물
※ 물과의 반응
$2K_2O_2 + 2H_2O → 4KOH + 2O_2↑$

46 등유에 대한 설명으로 틀린 것은?
㉮ 휘발유보다 착화온도가 높다.
㉯ 증기는 공기보다 무겁다.
㉰ 인화점은 상온(25℃)보다 높다.
㉱ 물보다 가볍고 비수용성이다.

풀이 착화점은 가솔린보다 낮다.
등유(257℃) < 가솔린(300℃)

47 다이너마이트의 원료로 사용되며 건조한 상태에서는 타격, 마찰에 의하여 폭발의 위험이 있으므로 운반 시 물 또는 알코올을 첨가하여 습윤시키는 위험물은?
㉮ 벤조일퍼옥사이드
㉯ 트리니트로톨루엔
㉰ 니트로셀룰로오스
㉱ 디니트로나프탈렌

풀이 니트로셀룰로오스 : 제5류 위험물
건조되면 폭발할 수 있으므로 이를 방지하기 위해 운반, 저장 시 물과 알코올에 습윤시킨다.

48 황의 성상에 관한 설명으로 틀린 것은?
㉮ 연소할 때 발생하는 가스는 냄새를 갖고 있으나 인체에 무해하다.
㉯ 미분이 공기 중에 떠 있을 때 분진폭발의 우려가 있다.
㉰ 용융된 황을 물에서 급냉하면 고무상황을 얻을 수 있다.
㉱ 연소할 때 아황산가스를 발생한다.

풀이 황은 연소 시 독성인 이산화황(SO_2)을 가스를 발생시킨다.

정답 45. ㉰ 46. ㉮ 47. ㉰ 48. ㉮

49 황린의 취급에 관한 설명으로 옳은 것은?
㉮ 보호액의 pH를 측정한다.　　㉯ 1기압, 25℃의 공기 중에 보관한다.
㉰ 주수에 의한 소화는 절대 금한다.　　㉱ 취급 시 보호구는 착용하지 않는다.

풀이　황린(P_4) : 제3류 위험물
　　　저장 시는 pH9 정도의 물속에 저장한다.

50 다음 물질 중 인화점이 가장 낮은 것은?
㉮ CH_3COCH_3　　㉯ $C_2H_5OC_2H_5$
㉰ $CH_3(CH_2)_3OH$　　㉱ CH_3OH

풀이　㉮ $-18℃$　㉯ $-45℃$　㉰ $35℃$　㉱ $11℃$

51 다음 위험물에 대한 설명 중 옳은 것은?
㉮ 벤조일퍼옥사이드는 건조할수록 안전도가 높다.
㉯ 테트릴은 충격과 마찰에 민감하다.
㉰ 트리니트로페놀은 공기 중 분해하므로 장기간 저장이 불가능하다.
㉱ 디니트로톨루엔은 액체상의 물질이다.

풀이　테트릴($C_7H_5N_5O_8$) : 제5류 위험물로서 충격과 마찰에 민감하다.

52 질산암모늄에 대한 설명으로 틀린 것은?
㉮ 열분해하여 산화이질소가 발생한다.
㉯ 폭약 제조시 산소공급제로 사용된다.
㉰ 물에 녹을 때 많은 열을 발생한다.
㉱ 무취의 결정이다.

풀이　질산 암모늄(NH_4NO_3) : 제1류 위험물. 물에 녹을 때 흡열반응한다.

53 촉매 존재하에서 일산화탄소와 수소를 고온, 고압에서 합성시켜 제조하는 물질로 산화하면 포름알데히드가 되는 것은?
㉮ 메탄올　　㉯ 벤젠
㉰ 휘발유　　㉱ 등유

풀이　메탄올은 산화 시 포름알데히드가 된다.
　　　$CH_3OH \leftrightarrow HCHO$
　　　메탄올　　포름알데히드

정답　49.㉮　50.㉯　51.㉯　52.㉰　53.㉮

54 질산칼륨에 대한 설명으로 옳은 것은?
⑦ 조해성과 흡습성이 강하다.   ④ 칠레초석이라고도 한다.
⑤ 물에 녹지 않는다.   ⑥ 흑색 화약의 원료이다.

풀이 질산칼륨(KNO_3) : 제1류 위험물 - 질산칼리, 초석, 흑색화약원료

55 과산화나트륨에 의해 화재가 발생하였다. 진화작업 과정이 잘못된 것은?
⑦ 공기호흡기를 착용한다.
④ 가능한 한 주수소화를 한다.
⑤ 건조사나 암분으로 피복소화한다.
⑥ 가능한 한 과산화나트륨과의 접촉을 피한다.

풀이 과산화나트륨(Na_2O_2) : 제1류 위험물로서 물로 주수 시 산소가 발생함으로 금함.

56 다음 중 물과 반응하여 산소를 발생하는 것은?
⑦ $KClO_3$ ④ $NaNO_3$
⑤ Na_2O_2 ⑥ $KMnO_4$

풀이 물과의 반응
$2Na_2O_2 + 2H_2O \rightarrow 4NaOH + O_2 \uparrow$

57 아세트알데히드의 일반적 성질에 대한 설명 중 틀린 것은?
⑦ 은거울 반응을 한다.
④ 물에 잘 녹는다.
⑤ 구리, 마그네슘의 합금과 반응한다.
⑥ 무색, 무취의 액체이다.

풀이 아세트 알데히드(CH_3CHO) : 특수인화물
무색이며 과일향이 나는 휘발성이 강한 액체이다.

58 인화칼슘이 물과 반응하였을 때 발생하는 가스는?
⑦ PH_3 ④ H_2
⑤ CO_2 ⑥ N_2

풀이 인화칼슘은 물과 반응하여 포스핀(PH_3)가스를 발생한다.
$Ca_3P_2 + 6H_2O \rightarrow 2PH_3 \uparrow + 3Ca(OH)_2$

59 다음 중 분자량이 약 74, 비중이 약 0.71인 물질로서 에탄올 두 분자에서 물 빠지면서 축합반응이 일어나 생성되는 물질은?

㉮ $C_2H_5OC_2H_5$ ㉯ C_2H_5OH
㉰ C_6H_5Cl ㉱ CS_2

풀이 축합반응 : H_2O가 탈수되어 나오는 반응
$$2C_2H_5OH \xrightarrow{-H_2O} C_2H_5OC_2H_5 + H_2O$$

60 다음 중 제5류 위험물이 아닌 것은?

㉮ 니트로글리세린   ㉯ 니트로톨루엔
㉰ 니트로글리콜   ㉱ 트리니트로톨루엔

풀이 ㉯ 제3석유류

정답 59. ㉮ 60. ㉯

위험물기능사 기출문제 02 — 2010년 3월 28일 시행

01 다음 위험물의 화재 시 소화방법으로 물을 사용하는 것이 적합하지 않은 것은?
㉮ $NaClO_3$
㉯ P_4
㉰ Ca_3P_2
㉱ S

풀이 인화칼슘은 물과 반응하여 포스핀(PH_3)가스를 발생한다.
$Ca_3P_2 + 6H_2O \rightarrow 2PH_3\uparrow + 3Ca(OH)_2$

02 금속분, 나트륨, 코크스 같은 물질이 공기 중에서 점화원을 제공 받아 연소할 때의 주된 연소형태는?
㉮ 표면연소
㉯ 확산연소
㉰ 분해연소
㉱ 증발연소

풀이 금속분, 나트륨, 코크스, 숯 등은 표면연소를 한다.

03 인화성액체 위험물에 대한 소화방법에 대한 설명으로 틀린 것은?
㉮ 탄산수소염류 소화기는 적응성이 있다.
㉯ 포소화기는 적응성이 있다.
㉰ 이산화탄소소화기에 의한 질식소화가 효과적이다.
㉱ 물통 또는 수조를 이용한 냉각소화가 효과적이다.

풀이 물을 이용한 소화는 화재를 확대할 수 있다.

04 그림과 같이 횡으로 설치한 원통형 위험물탱크에 대하여 탱크 용적을 구하면 약 몇 m^3인가? (단, 공간용적은 탱크 내용적의 100분의 5로 한다.)
㉮ 196.25
㉯ 261.60
㉰ 785.00
㉱ 994.84

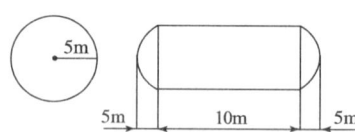

풀이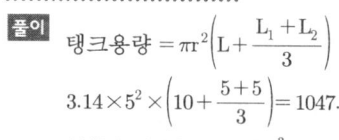
탱크용량 $= \pi r^2 \left(L + \dfrac{L_1 + L_2}{3}\right)$
$3.14 \times 5^2 \times \left(10 + \dfrac{5+5}{3}\right) = 1047.2$
$1047.2 \times 0.95 = 994.84 m^3$

정답 01.㉰ 02.㉮ 03.㉱ 04.㉱

05 이동저장탱크에 알킬알루미늄을 저장하는 경우에 불활성 기체를 봉입하는데 이때의 압력은 몇 kPa 이하이어야 하는가?

㉮ 10   ㉯ 20
㉰ 30   ㉱ 40

풀이 불활성가스 봉입압력 : 20kPa 이하

06 주유취급소 중 건축물의 2층에 휴게음식점의 용도로 사용하는 것에 있어 당해 건축물의 2층으로부터 직접 주유취급소의 부지 밖으로 통하는 출입구와 당해 출입구로 통하는 통로계단에 설치하여야 하는 것은?

㉮ 비상경보설비   ㉯ 유도등
㉰ 비상조명등   ㉱ 확성장치

풀이 피난설비 중 유도등에 대한 설명임.

07 다음 중 위험물안전관리법에 따른 소화설비의 구분에서 "물분무 등 소화설비"에 속하지 않는 것은?

㉮ 이산화탄소소화설비   ㉯ 포소화설비
㉰ 스프링클러설비   ㉱ 분말소화설비

풀이 물분무 등 소화설비
① 물분무소화설비   ② 포소화설비
③ 할로겐소화설비   ④ CO_2소화설비
⑤ 분말소화설비 및 청정소화약제설비

08 아세톤의 물리·화학적 특성과 화재 예방 방법에 대한 설명으로 틀린 것은?

㉮ 물에 잘 녹는다.
㉯ 증기가 공기보다 가벼우므로 확산에 주의한다.
㉰ 화재 발생 시 물 분무에 의한 소화가 가능하다.
㉱ 휘발성이 있는 가연성 액체이다.

풀이 아세톤 : 1석유류에 해당되며 증기가 공기보다 무겁다.

09 화학포의 소화약제인 탄산수소나트륨 6몰이 반응하여 생성되는 이산화탄소는 표준상태에서 최대 몇 L인가?

㉮ 22.4   ㉯ 44.8
㉰ 89.6   ㉱ 134.4

정답 05.㉯ 06.㉯ 07.㉰ 08.㉯ 09.㉱

풀이 탄산수소나트륨 6몰이 반응하여 이산화탄소 6몰이 발생하므로 6 × 22.4 = 134.4L
※ 화학포약제반응식
$6NaHCO_3 + Al_2(SO_4)_3 \cdot 18H_2O \rightarrow 3Na_2SO_4 + 2Al(OH)_3 + 6CO_2 + 18H_2O$

10 다음 중 연소에 필요한 산소의 공급원을 단절하는 것은?
㉮ 제거작용 ㉯ 질식작용
㉰ 희석작용 ㉱ 억제작용

풀이 질식소화 : 공기 중 산소농도를 15% 이하로 하여 소화하는 것

11 포소화제의 조건에 해당되지 않는 것은?
㉮ 부착성이 있을 것 ㉯ 쉽게 분해하여 증발될 것
㉰ 바람에 견디는 응집성을 가질 것 ㉱ 유동성이 있을 것

풀이 포소화약제는 점착성과 부착성이 있으며 쉽게 분해 증발되면 안 된다.

12 다음 물질 중 분진폭발의 위험성이 가장 낮은 것은?
㉮ 밀가루 ㉯ 알루미늄분말
㉰ 모래 ㉱ 석탄

풀이 모래는 분진 폭발성이 없음

13 옥외저장소에 덩어리 상태의 유황만을 지반면에 설치한 경계표시의 안쪽에서 저장할 경우 하나의 경계표시의 내부면적은 몇 m^2 이하이어야 하는가?
㉮ 75 ㉯ 100
㉰ 300 ㉱ 500

풀이 하나의 경계표시의 내부의 면적 : $100m^2$ 이하

14 위험물제조소 등에 설치하여야 하는 자동화재탐지설비의 설치기준에 대한 설명 중 틀린 것은?
㉮ 자동화재탐지설비의 경계구역은 건축물, 그 밖의 공작물의 2 이상의 층에 걸치도록 할 것
㉯ 하나의 경계구역에서 그 한 변의 길이는 50m(광전식분리형 감지기를 설치할 경우에는 100m) 이하로 할 것
㉰ 자동화재탐지설비의 감지기는 지붕 또는 벽의 옥내에 면한 부분에 유효하게 화재의 발생을 감지할 수 있도록 설치할 것
㉱ 자동화재탐지설비에는 비상전원을 설치할 것

정답 10. ㉯ 11. ㉯ 12. ㉰ 13. ㉯ 14. ㉮

풀이 자동화재탐지설비의 경계구역은 건축물, 그 밖의 공작물의 2 이상의 층에 걸치지 않도록 할 것

15. 위험물안전관리자의 선임 등에 대한 설명으로 옳은 것은?

㉮ 안전관리자는 국가기술자격 취득자 중에서만 선임하여야 한다.
㉯ 안전관리자를 해임한 때에는 14일 이내에 다시 선임하여야 한다.
㉰ 제조소등의 관계인은 안전관리자가 일시적으로 직무를 수행할 수 없는 경우에는 14일 이내의 범위에서 안전관리자의 대리자를 지정하여 직무를 대행하게 하여야 한다.
㉱ 안전관리자를 선임 또는 해임한 때는 14일 이내에 신고하여야 한다.

풀이 안전관리자 선임 또는 해임 및 퇴직 신고 : 14일 이내에 신고한다.
※ 안전관리자 선임 : 퇴직 날로부터 30일 이내 선임할 것

16. 다음 중 물과 반응하여 조연성 가스를 발생하는 것은?

㉮ 과염소산나트륨   ㉯ 질산나트륨
㉰ 중크롬산나트륨   ㉱ 과산화나트륨

풀이 제1류 위험물 중 알칼리 금속 과산화물은 물과 반응하여 산소를 발생한다.
※ 물과의 반응
$2Na_2O_2 + 2H_2O \rightarrow 4NaOH + O_2 \uparrow$

17. 위험물안전관리법령상 제4류 위험물과 제6류 위험물에 모두 적응성이 있는 소화설비는?

㉮ 이산화탄소소화설비   ㉯ 할로겐화합물 소화설비
㉰ 탄산수소염류 분말소화설비   ㉱ 인산염류 분말소화설비

풀이 제3종 분말소화약제 - 인산암모늄($NH_4H_2PO_4$)

18. 옥내소화전설비를 설치하였을 때 그 대상으로 옳지 않은 것은?

㉮ 제2류 위험물 중 인화성 고체   ㉯ 제3류 위험물 중 금수성 물품
㉰ 제5류 위험물   ㉱ 제6류 위험물

풀이 제3류 위험물 중 금수성 물품은 물 소화기를 사용할 수 없음.

19. 다음 중 B급 화재에 해당하는 것은?

㉮ 유류화재   ㉯ 목재화재
㉰ 금속분화재   ㉱ 전기화재

정답 15. ㉱ 16. ㉱ 17. ㉱ 18. ㉯ 19. ㉮

풀이 B급 : 유류화재
    ㉮ A급 ㉰ D급 ㉱ C급

20 옥외탱크저장소의 제4류 위험물의 저장탱크에 설치하는 통기관에 관한 설명으로 틀린 것은?
㉮ 제4류 위험물을 저장하는 압력탱크 외의 탱크에는 밸브 없는 통기관 또는 대기 밸브부착 통기관을 설치하여야 한다.
㉯ 밸브 없는 통기관을 직경을 30mm 미만으로 하고, 선단은 수평면보다 45도 이상 구부려 빗물 등의 침투를 막는 구조로 한다.
㉰ 인화점 70℃ 이상의 위험물만을 해당 위험물의 인화점 미만의 온도로 저장 또는 취급하는 탱크에 설치하는 통기관에는 인화방지장치를 설치하지 않아도 된다.
㉱ 옥외저장탱크 중 압력탱크란 탱크의 최대상용압력이 부압 또는 정압 5kPa을 초과하는 탱크를 말한다.

풀이 통기관을 직경을 30mm 이상으로 할 것

21 다음 중 위험등급이 나머지 셋과 다른 하나는?
㉮ 니트로소화합물   ㉯ 유기과산화물
㉰ 아조화합물   ㉱ 히드록실아민

풀이 유기과산화물 : Ⅰ등급
    나머지는 Ⅱ등급

22 다음 중 에틸렌글리콜과 혼재할 수 없는 위험물은? (단, 지정수량의 10배일 경우이다.)
㉮ 유황   ㉯ 과망간산나트륨
㉰ 알루미늄분   ㉱ 트리니트로톨루엔

풀이 에틸렌글리콜은 제4류 3석유류에 해당하며 제1류 위험물인 과망간산나트륨과는 혼재가 불가능함

23 과산화수소가 이산화망간 촉매하에서 분해가 촉진될 때 발생하는 가스는?
㉮ 수소   ㉯ 산소
㉰ 아세틸렌   ㉱ 질소

풀이 $2H_2O_2 \xrightarrow{MnO_2} 2H_2O + O_2 + Q$

정답 20.㉯ 21.㉯ 22.㉯ 23.㉯

24 다음 중 위험물의 지정수량을 틀리게 나타낸 것은?
㉮ S : 100kg ㉯ Mg : 100kg
㉰ K : 100kg ㉱ Al : 500kg

풀이 Mg : 500kg

25 산화성고체 위험물의 화재예방과 소화방법에 대한 설명 중 틀린 것은?
㉮ 무기과산화물의 화재 시 물에 의한 냉각소화 원리를 이용하여 소화한다.
㉯ 통풍이 잘되는 차가운 곳에 저장한다.
㉰ 분해촉매, 이물질과의 접촉을 피한다.
㉱ 조해성 물질은 방습하고 용기는 밀전한다.

풀이 무기과산화물의 화재 시 물에 의한 냉각소화는 화재를 확대시킨다.(산소발생)

26 다음 중 수소화나트륨의 소화약제로 적당하지 않은 것은?
㉮ 물 ㉯ 건조사
㉰ 팽창질석 ㉱ 탄산수소염류

풀이 물과 반응하여 수소를 발생시키므로 물은 소화제로서 부적당하다.
※ 물과 반응식 : $NaH + H_2O \rightarrow NaOH + H_2 \uparrow$

27 알루미늄분의 위험성에 대한 설명 중 틀린 것은?
㉮ 산화제와 혼합시 가열, 충격, 마찰에 의하여 발화할 수 있다.
㉯ 할로겐 원소와 접촉하면 발화하는 경우도 있다.
㉰ 분진 폭발의 위험성이 있으므로 분진에 기름을 묻혀 보관한다.
㉱ 습기를 흡수하여 자연발화의 위험이 있다.

풀이 알루미늄분은 제2류 위험물에 해당되며 분진폭발을 방지하기 위해 유지류와 접촉을 차단해야 한다.

28 위험물안전관리법상 설치허가 및 완공검사절차에 관한 설명으로 틀린 것은?
㉮ 지정수량의 3천배 이상의 위험물을 취급하는 제조소는 한국소방산업기술원으로부터 당해 제조소의 구조·설비에 관한 기술검토를 받아야 한다.
㉯ 50만 리터 이상인 옥외탱크저장소는 한국소방산업기술원 으로부터 당해 탱크의 기초·지반 및 탱크본체에 관한 기술검토를 받아야 한다.
㉰ 지정수량의 1천배 이상의 제4류 위험물을 취급하는 일반취급소의 완공검사는 한국소방산업기술원이 실시한다.
㉱ 50만 리터 이상인 옥외탱크저장소의 완공검사는 한국소방산업기술원이 실시한다.

정답 24. ㉯ 25. ㉮ 26. ㉮ 27. ㉰ 28. ㉰

풀이 한국소방산업기술원의 업무위탁
지정수량의 3천배 이상의 위험물을 취급하는 제조소 또는 일반취급소의 설치 또는 변경에 따른 완공검사는 한국소방산업기술원이 시행한다.

29. 다음 중 지정수량이 가장 작은 것은?
㉮ 아세톤   ㉯ 디에틸에테르
㉰ 크레오소트유   ㉱ 클로로벤젠

풀이 디에틸에테르 : 50리터
㉮ 400리터 ㉰ 2000리터 ㉱ 1000리터

30. 제조소의 게시판 사항 중 위험물의 종류에 따른 주의 사항이 옳게 연결된 것은?
㉮ 제2류 위험물(인화성 고체 제외) – 화기엄금
㉯ 제3류 위험물 중 금수성 물질 – 물기엄금
㉰ 제4류 위험물 – 화기주의
㉱ 제5류 위험물 – 물기엄금

풀이 ㉮ 화기주의 ㉰ 화기엄금 ㉱ 화기엄금

31. 과산화나트륨의 저장 및 취급시의 주의사항에 관한 설명 중 틀린 것은?
㉮ 가열 · 충격을 피한다.
㉯ 유기물질의 혼입을 막는다.
㉰ 가연물과의 접촉을 피한다.
㉱ 화재 예방을 위해 물분무소화설비 또는 스프링클러 설비가 설치된 곳에 보관한다.

풀이 과산화나트륨(Na_2O_2) : 제1류 위험물은 물소화약제를 사용할 수 없다.

32. 다음 물질이 혼합되어 있을 때 위험성이 가장 낮은 것은?
㉮ 삼산화크롬 – 아닐린   ㉯ 염소산칼륨 – 목탄분
㉰ 니트로셀룰로오스 – 물   ㉱ 과망간산칼륨 – 글리세린

풀이 니트로셀룰로오스 : 제5류 위험물로서 화재시 다량의 물로 냉각소화한다.

33. 질산이 분해하여 발생하는 갈색의 유독한 기체는?
㉮ N_2O ㉯ NO
㉰ NO_2 ㉱ N_2O_3

정답 29. ㉯ 30. ㉯ 31. ㉱ 32. ㉰ 33. ㉰

풀이 유독한 NO_2가스를 발생한다.
$2HNO_3 \rightarrow 2NO_2 + H_2O + O_2$

34 제5류 위험물의 운반용기에 외부에 표시하여야 하는 주의사항은?
㉮ 물기주의 및 화기주의
㉯ 물기엄금 및 화기엄금
㉰ 화기주의 및 충격엄금
㉱ 화기엄금 및 충격주의

풀이 제5류 위험물 : 화기엄금 및 충격주의

35 과산화칼륨의 위험성에 대한 설명 중 틀린 것은?
㉮ 가연물과 혼합시 충격이 가해지면 발화할 위험이 있다.
㉯ 접촉시 피부를 부식시킬 위험이 있다.
㉰ 물과 반응하여 산소를 방출한다.
㉱ 가연성 물질이므로 화기 접촉에 주의하여야 한다.

풀이 과산화칼륨은 제1류 강산화성고체로 불연성이다.

36 위험물제조소의 연면적이 몇 m^2 이상이 되면 경보설비 중 자동화재탐지설비를 설치하여야 하는가?
㉮ 400
㉯ 500
㉰ 600
㉱ 800

풀이 자동화재탐지설비 : 연면적이 500 m^2 이상

37 다음 중 6류 위험물인 과염소산의 분자식은?
㉮ $HClO_4$
㉯ $KClO_4$
㉰ $KClO_2$
㉱ $HClO_2$

풀이 ㉯ 과염소산칼륨 ㉰ 아염소산칼륨 ㉱ 아염소산

38 트리니트로페놀에 대한 설명으로 옳은 것은?
㉮ 폭발속도가 100m/s 미만이다.
㉯ 분해하여 다량의 가스를 발생한다.
㉰ 표면연소를 한다.
㉱ 상온에서 자연발화 한다.

풀이 트리니트로페놀(TNT) : 자기연소성 물질. 폭발속도 최대 8000m/s. 발화온도는 300°C이며 다량의 가스를 발생한다.

정답　34. ㉱　35. ㉱　36. ㉯　37. ㉮　38. ㉯

39 트리에틸 알루미늄이 물과 접촉하면 폭발적으로 반응한다. 이때 발생되는 기체는?
㉮ 메탄 ㉯ 에탄
㉰ 아세틸렌 ㉱ 수소

풀이 에탄가스가 발생한다.
TEA(C_2H_5)$_3$Al + 3H_2O → Al(OH)$_3$ + 3C_2H_6↑

40 다음 중 증기비중이 가장 큰 것은?
㉮ 벤젠 ㉯ 등유
㉰ 메틸알코올 ㉱ 에테르

풀이 증기비중 = $\frac{분자량}{29}$
분자량이 가장 큰 등유가 비중이 크다.

41 다음 중 제2류 위험물이 아닌 것은?
㉮ 황화린 ㉯ 유황
㉰ 마그네슘 ㉱ 칼륨

풀이 칼륨(K) : 제3류 위험물

42 제6류 위험물의 화재예방 및 진압대책으로 적합하지 않은 것은?
㉮ 가연물과의 접촉을 피한다.
㉯ 과산화수소를 장기보존 할 때는 유리용기를 사용하여 밀전한다.
㉰ 옥내소화전설비를 사용하여 소화할 수 있다.
㉱ 물분무소화설비를 사용하여 소화할 수 있다.

풀이 과산화수소 : 구멍 뚫린 마개를 사용하여 보관한다. 또한 유리용기에 장기간 보관 시 알칼리성으로 H_2O_2 분해촉진 시킨다.

43 다음의 위험물 중에서 화재가 발생하였을 때, 내알코올 포소화약제를 사용하는 것이 효과가 가장 높은 것은?
㉮ C_6H_6 ㉯ $C_6H_5CH_3$
㉰ $C_6H_4(CH_3)_2$ ㉱ CH_3COOH

풀이 수용성 인화물 화재시 알코올포를 사용한다.
CH_3COOH은 수용성이다.

정답 39. ㉯ 40. ㉯ 41. ㉱ 42. ㉯ 43. ㉱

44 니트로글리세린에 대한 설명으로 옳은 것은?
- ㉮ 품명은 니트로화합물이다.
- ㉯ 물, 알코올, 벤젠에 잘 녹는다.
- ㉰ 가열, 마찰, 충격에 민감하다.
- ㉱ 상온에서 청색이 결정성 고체이다.

풀이 니트로글리세린 : 제5류 위험물로서 가열, 충격, 마찰에 민감하다.

45 아염소산염류 500kg과 질산염류 3000kg을 저장하는 경우 위험물의 소요단위는 얼마인가?
- ㉮ 2
- ㉯ 4
- ㉰ 6
- ㉱ 8

풀이 소요단위 $= \dfrac{500}{50 \times 10} + \dfrac{3000}{300 \times 10} = 2$

46 질산에틸의 분자량은 약 얼마인가?
- ㉮ 76
- ㉯ 82
- ㉰ 91
- ㉱ 105

풀이 질산에틸($C_2H_5ONO_2$) : $(12 \times 2) + (1 \times 5) + 14 + (16 \times 3) = 91$

47 다음 중 인화점이 가장 높은 것은?
- ㉮ 등유
- ㉯ 벤젠
- ㉰ 아세톤
- ㉱ 아세트알데히드

풀이 ㉮ 113°C ㉯ −11°C ㉰ −18°C ㉱ −38°C

48 다음 물질 중 과산화나트륨과 혼합되었을 때 수산화나트륨과 산소를 발생하는 것은?
- ㉮ 온수
- ㉯ 일산화탄소
- ㉰ 이산화탄소
- ㉱ 초산

풀이 과산화나트륨(Na_2O_2)
물과의 반응 : $2Na_2O_2 + 2H_2O \rightarrow 4NaOH + O_2 \uparrow$

49 벤젠의 저장 및 취급시 주의사항에 대한 설명으로 틀린 것은?
- ㉮ 정전기에 주의한다.
- ㉯ 피부에 닿지 않도록 주의한다.
- ㉰ 증기는 공기보다 가벼워 높은 곳에 체류하므로 환기에 주의한다.
- ㉱ 통풍이 잘되는 차고 어두운 곳에 저장한다.

정답 44. ㉰ 45. ㉮ 46. ㉰ 47. ㉮ 48. ㉮ 49. ㉰

풀이 증기는 공기보다 무거워 낮은 곳에 체류하여 위험하다.

50 위험물 저장탱크의 내용적이 300L일 때 탱크에 저장하는 위험물의 용량의 범위로 적합한 것은?
㉮ 240 ~ 270L ㉯ 270 ~ 285L
㉰ 290 ~ 295L ㉱ 295 ~ 298L

풀이 안전공간 용적 = 탱크 내용적의 5~10% 이하이므로
300L × 0.9 = 270L
300L × 0.95 = 285L
∴ 270L ~ 285L

51 이동탱크저장소에 의한 위험물의 운송시 준수하여야 하는 기준에서 다음 중 어떤 위험물을 운송할 때 위험물 운송자는 위험물안전카드를 휴대하여야 하는가?
㉮ 특수인화물 및 제1석유류 ㉯ 알코올류 및 제2석유류
㉰ 제3석유류 및 동식물류 ㉱ 제4석유류

풀이 위험물 안전카드 휴대 기준 : 특수인화물 및 제1석유류

52 제조소등에서 위험물을 유출·방출 또는 확산시켜 사람을 상해에 이르게 한 경우의 벌칙에 관한 기준에 해당하는 것은?
㉮ 3년 이상 10년 이하의 징역 ㉯ 무기 또는 10년 이하의 징역
㉰ 무기 또는 3년 이상의 징역 ㉱ 무기 또는 5년 이상의 징역

풀이 무기 또는 3년 이상의 징역에 해당함

53 다음 위험물 중 지정수량이 나머지 셋과 다른 하나는?
㉮ 마그네슘 ㉯ 금속분
㉰ 철분 ㉱ 유황

풀이 ㉮, ㉯, ㉰ 500kg 유황 : 100kg

54 위험물저장소에 다음과 같이 2가지 위험물을 저장하고 있다. 지정수량 이상에 해당하는 것은?
㉮ 브롬산칼륨 80kg, 염소산칼륨 40kg
㉯ 질산 100kg, 과산화수소 150kg
㉰ 질산칼륨 120kg, 중크롬산나트륨 500kg
㉱ 휘발유 20L, 윤활유 2000L

정답 50.㉯ 51.㉮ 52.㉰ 53.㉱ 54.㉮

풀이 저장배수의 합이 1이상이 되는 것
㉮ $\frac{100}{300}+\frac{40}{50}=1.13$ ㉯ $\frac{100}{300}+\frac{150}{300}=0.83$
㉰ $\frac{120}{300}+\frac{150}{300}=0.9$ ㉱ $\frac{20}{50}+\frac{2000}{6000}=0.733$

55. 다음 중 알루미늄을 침식시키지 못하고 부동태화 하는 것은?
㉮ 묽은 염산   ㉯ 진한 질산
㉰ 황산   ㉱ 묽은 질산

풀이 진한 질산은 알루미늄을 침식시키지 못하고 부동태화 한다.
※ 부동태화 : Fe, Ni, Co, Al 등은 묽은 질산에는 녹지만, 진한 질산과 접하면 표면에 산화물의 피막을 만들어 그 내부를 보호하여 녹지 않게 된다. 이와 같이 금속이 산화물의 피막을 만든 상태를 부동태라 함.

56. 아염소산염류의 운반용기 중 적응성 있는 내장용기의 종류와 최대 용적이나 중량을 옳게 나타낸 것은? (단, 외장용기의 종류는 나무상자 또는 플라스틱상자이고, 외장용기의 최대중량은 125kg으로 한다.)
㉮ 금속제 용기 : 20L   ㉯ 종이 포대 : 55kg
㉰ 플라스틱 필름 포대 : 60kg   ㉱ 유리 용기 : 10L

풀이 아염소산염류 : 제1류위험물 강산화성 고체
금속제 용기는 30L, 종이포대 40kg, 플라스틱필림포대 50kg, 유리용기 10L

57. 인화칼슘이 물과 반응할 경우에 대한 설명 중 틀린 것은?
㉮ PH_3가 발생한다.   ㉯ 발생 가스는 불연성이다.
㉰ $Ca(OH)_2$가 생성된다.   ㉱ 발생 가스는 독성이 강하다.

풀이 인화칼슘은 물과 반응하여 가연성과 독성의 포스핀(PH_3)가스를 발생한다.
$Ca_3P_2 + 6H_2O \rightarrow 2PH_3\uparrow + 3Ca(OH)_2$

58. 옥내소화전의 개폐밸브 및 호스 접속구는 바닥면으로부터 몇 미터 이하의 높이에 설치하여야 하는가?
㉮ 0.5   ㉯ 1
㉰ 1.5   ㉱ 1.8

풀이 개폐밸브 및 호스 접속구 : 1.5m 이하

정답 55.㉯ 56.㉱ 57.㉯ 58.㉰

59 다음 수용액 중 알코올의 함유량이 60중량퍼센트 이상일 때 위험물안전관리법상 제4류 알코올류에 해당하는 물질은?

㉮ 에틸렌글리콜[$C_2H_4(OH)_2$]
㉯ 알릴알코올($CH_2=CHCH_2OH$)
㉰ 부틸알코올(C_4H_9OH)
㉱ 에틸알코올(CH_3CH_2OH)

풀이 알코올류 : 탄소수가 1개부터 3개까지인 포화1가의 알코올을 말한다.

60 위험물안전관리법상 제4류 인화성 액체의 판정을 위한 인화점 시험방법에 관한 설명으로 틀린 것은?

㉮ 택밀폐식 인화점측정기에 의한 시험을 실시하여 측정 결과가 0°C 미만인 경우에는 당해 측정결과를 인화점으로 한다.
㉯ 택밀폐식 인화점측정기에 의한 시험을 실시하여 측정결과가 0°C 이상 80°C 이하인 경우에는 동점도를 측정하여 동점도가 10mm^2/s 미만인 경우에는 당해 측정결과를 인화점으로 한다.
㉰ 택밀폐식 인화점측정기에 의한 시험을 실시하여 측정결과가 0°C 이상 80°C 이하인 경우에는 동점도를 측정하여 동점도가 10mm^2/s 이상인 경우에는 세타밀폐식인 화점 측정기에 의한 시험을 한다.
㉱ 택밀폐식 인화점측정기에 의한 시험을 실시하여 측정결과 80°C를 초과하는 경우에는 클리브랜드밀폐식 인화점측정기에 의한 시험을 한다.

풀이 택밀폐식 인화점측정기에 의한 시험을 실시하여 측정결과 80°C를 초과하는 경우에는 클리브랜드 개방형 인화점측정기에 의한 시험을 한다.

정답 59. ㉱ 60. ㉱

2010년 7월 11일 시행

01 다음 중 휘발유에 화재가 발생하였을 경우 소화방법으로 가장 적합한 것은?
㉮ 물을 이용하여 제거소화 한다.　　㉯ 이산화탄소를 이용하여 질식소화 한다.
㉰ 강산화제를 이용하여 촉매소화 한다.　㉱ 산소를 이용하여 희석소화 한다.

풀이 휘발유는 제4류 위험물로서 질식소화가 가장 적합하다.

02 물은 냉각소화가 주된 대표적인 소화약제이다. 물의 소화효과를 높이기 위하여 무상주수를 함으로서 부가적으로 작용하는 소화효과로 이루어진 것은?
㉮ 질식소화 작용, 제거소화 작용　　㉯ 질식소화 작용, 유화소화 작용
㉰ 타격소화 작용, 유화소화 작용　　㉱ 타격소화 작용, 피복소화 작용

풀이 무상주수 : 질식 및 유화소화

03 화학포소화약제의 반응에서 황산알루미늄과 탄산수소나트륨의 반응 몰비는? (단, 황산알루미늄 : 탄산수소나트륨의 비이다.)
㉮ 1 : 4　　㉯ 1 : 6
㉰ 4 : 1　　㉱ 6 : 1

풀이 화학포약제 반응식
$6NaHCO_3 + Al_2(SO_4)_3 + 18H_2O \rightarrow 3Na_2SO_4 + 2Al(OH)_3 + 6CO_2 + 18H_2O$
1 : 6의 반응 몰비를 갖는다.

04 폭굉유도거리(DID)가 짧아지는 경우는?
㉮ 정상 연소속도가 작은 혼합가스일수록 짧아진다.
㉯ 압력이 높을수록 짧아진다.
㉰ 관속에 방해물이 있거나 관지름이 넓을수록 짧아진다.
㉱ 점화원 에너지가 약할수록 짧아진다.

풀이 폭굉유도거리(DID)가 짧아지는 경우
① 정상연소속도가 큰 혼합가스일수록
② 압력이 높을수록
③ 관속에 장애물이 있거나 관경이 작을수록
④ 점화원 에너지가 클수록

정답　01. ㉯　02. ㉯　03. ㉯　04. ㉯

05 수소화나트륨 240g과 충분한 물이 완전반응 하였을 때 발생하는 수소의 부피는?
(단, 표준상태를 가정하며 나트륨의 원자량은 23이다.)

㉮ 22.4L
㉯ 224L
㉰ 22.4m³
㉱ 224m³

풀이 물과 반응식
NaH + H₂O → NaOH + H₂↑
24g : 22.4L = 240g : x
x = 224L

06 화재별 급수에 따른 화재의 종류 및 표 시색상을 모두 옳게 나타낸 것은?

㉮ A급 : 유류화재 – 황색
㉯ B급 : 유류화재 – 황색
㉰ A급 : 유류화재 – 백색
㉱ B급 : 유류화재 – 백색

풀이 A급 : 일반화재 – 백색
B급 : 유류화재 – 황색

07 이산화탄소소화설비의 소화약제 저장용기설치 장소로 적합하지 않은 곳은?

㉮ 방호구역 외의 장소
㉯ 온도가 40℃ 이하이고 온도변화가 적은 장소
㉰ 빗물이 침투할 우려가 적은 장소
㉱ 직사일광이 잘 들어오는 장소

풀이 직사광선의 영향이 없는 장소에 설치한다.

08 인화성 액체 위험물의 저장 및 취급시 화재 예방상 주의사항에 대한 설명 중 틀린 것은?

㉮ 증기가 대기 중에 누출된 경우 인화의 위험성이 크므로 증기의 누출을 예방할 것
㉯ 액체가 누출된 경우 확대되지 않도록 주의 할 것
㉰ 전기 전도성이 좋을수록 정전기발생에 유의할 것
㉱ 다량을 저장·취급 시에는 배관을 통해 입·출고할 것

풀이 정전기 : 전기부도체에서 발생한다.

정답 05.㉯ 06.㉯ 07.㉱ 08.㉰

09 위험물안전관리법령상 특수 인화물의 정의에 대해 다음 ( ) 안에 알맞은 차례대로 옳게 나열한 것은?

> "특수 인화물" 이라 함은 이황화탄소, 디에틸에테르 그 밖에 1기압에서 발화점이 섭씨 ( )도 이하인 것 또는 인화점이 섭씨 영하 ( )도 이하이고 비점이 섭씨 40도 이하인 것을 말한다.

㉮ 100, 20 ㉯ 25, 0
㉰ 100, 0 ㉱ 25, 20

풀이 특수 인화물 : 발화점 100도 이하, 인화점 −20도 이하, 비점은 40도 이하인 것을 말한다.

10 위험물제조소 등의 지위승계에 관한 설명으로 옳은 것은?
㉮ 양도는 승계사유이지만 상속이나 법인의 합병은 승계사유에 해당 하지 않는다.
㉯ 지위승계의 사유가 있는 날로부터 14일 이내에 승계신고를 하여야 한다.
㉰ 시·도지사에 신고하여야 하는 경우와 소방서장에게 신고하여야 하는 경우가 있다.
㉱ 민사집행법에 의한 경매절차에 따라 제조소 등을 인수한 경우에는 지위승계 신고를 한 것으로 간주한다.

풀이 지위승계의 신고 : 시·도지사 또는 소방서장에게 신고한다.

11 과산화벤조일(Benzoyl Peroxide)에 대한 설명 중 옳지 않은 것은?
㉮ 지정수량은 10kg이다.
㉯ 저장시 희석제로 폭발의 위험성을 낮출 수 있다.
㉰ 알코올에는 녹지 않으나 물에 잘 녹는다.
㉱ 건조 상태에서는 마찰·충격으로 폭발의 위험이 있다.

풀이 과산화벤조일(BPO) : 제5류 위험물로서 물에 녹지 않는다.

12 다음 소화약제 중 수용성 액체의 화재 시 가장 적합한 것은?
㉮ 단백포소화약제 ㉯ 내알코올포소화약제
㉰ 합성계면활성제 포소화약제 ㉱ 수성막포소화약제

풀이 내알코올포소화약제 : 제4류 위험물 수용성 액체위험물에 적합한 소화약제이다.

13 다음 중 소화기의 사용방법으로 잘못된 것은?
㉮ 적응화재에 따라 사용할 것 ㉯ 성능에 따라 방출거리 내에서 사용할 것
㉰ 바람을 마주보며 소화할 것 ㉱ 양옆으로 비로 쓸 듯이 방사할 것

정답 09.㉮ 10.㉰ 11.㉰ 12.㉯ 13.㉰

풀이 소화기 : 바람을 등지고 소화한다.

14 촛불의 화염을 입김으로 불어 끄는 소화방법은?
㉮ 냉각소화 ㉯ 촉매소화
㉰ 제거소화 ㉱ 억제소화

풀이 화염을 제거하는 소화는 제거소화다.

15 다음 중 화재 시 발생하는 열, 연기, 불꽃 또는 연소생성 물을 자동적으로 감지하여 수신기에 발신하는 장치는?
㉮ 중계기 ㉯ 감지기
㉰ 송신기 ㉱ 발신기

풀이 감지기 : 화재 시 발생하는 열, 연기, 불꽃 등을 감시하여 수신기에 전달한다.

16 방호대상물의 바닥 면적이 150m² 이상인 경우에 개방형 스프링클러헤드를 이용한 스프링클러 설비의 방사구역은 얼마 이상으로 하여야 하는가?
㉮ 100m² ㉯ 150m²
㉰ 200m² ㉱ 400m²

풀이 개방형헤드를 사용하는 스프링클러헤드의 방사구역은 150m² 이상 경우에 150m² 이상으로 할 것.(단 150m² 미만인 경우는 당해 바닥면적으로 할 것)

17 분말소화약제 중 인산염류를 주성분으로 하는 것은 제 몇 종 분말인가?
㉮ 제1종 분말 ㉯ 제2종 분말
㉰ 제3종 분말 ㉱ 제4종 분말

풀이 제3종 분말 : 인산암모늄($NH_4H_2PO_4$)

18 탄화칼슘 저장소에 수분이 침투하여 반응하였을 때 발생하는 가연성 가스는?
㉮ 메탄 ㉯ 아세틸렌
㉰ 에탄 ㉱ 프로판

풀이 물과 반응하여 아세틸렌가스를 발생한다.
$CaC_2 + 2H_2O \rightarrow Ca(OH)_2 + C_2H_2$

정답 14. ㉰ 15. ㉯ 16. ㉯ 17. ㉰ 18. ㉯

19 다음 중 위험물제조소 등에 설치하는 경보설비에 해당하는 것은?

㉮ 피난사다리 ㉯ 확성자티
㉰ 완강기 ㉱ 구조대

> 풀이 경보설비
> ① 자동화재탐지설비 ② 자동화재속보설비
> ③ 비상경보설비 ④ 비상방송설비
> ⑤ 누전경보기 ⑥ 가스누설경보기
> ⑦ 확성자티(위험물 제조소 등에 한함)

20 다음 중 가연물이 연소할 때 공기 중의 산소 농도를 떨어뜨려 연소를 중단시키는 소화 방법은?

㉮ 제거소화 ㉯ 질식소화
㉰ 냉각소화 ㉱ 억제소화

> 풀이 질식소화 : 산소농도를 15% 이하로 해서 소화하는 소화방법

21 다음 위험물 중 끓는점이 가장 높은 것은?

㉮ 벤젠 ㉯ 디에틸에테르
㉰ 메탄올 ㉱ 아세트알데히드

> 풀이 ㉮ 79°C ㉯ 34°C ㉰ 65°C ㉱ 21도°C

22 트리니트로톨루엔에 대한 설명으로 옳지 않는 것은?

㉮ 제5류 위험물 중 니트로화합물에 속한다.
㉯ 피크린산에 비해 충격, 마찰에 둔감하다.
㉰ 금속과의 반응성이 매우 커서 폴리에틸렌 수지에 저장한다.
㉱ 일광을 쪼이면 갈색으로 변한다.

> 풀이 트리니트로톨루엔(TNT) : 제5류 위험물
> 중금속, 습기와 반응하지 않으며 자연발화의 위험은 없다.

23 제2류 위험물의 화재 발생 시 소화방법 또는 주의할 점으로 적합하지 않은 것은?

㉮ 마그네슘의 경우 이산화탄소를 이용한 질식소화는 위험하다.
㉯ 황은 비산에 주의하여 분무주수로 냉각소화 한다.
㉰ 적린의 경우 물을 이용한 냉각소화는 위험하다.
㉱ 인화성고체는 이산화탄소로 질식소화 할 수 있다.

정답 19.㉯ 20.㉯ 21.㉮ 22.㉰ 23.㉰

풀이 적린 : 다량의 물로 냉각소화 한다.

24 다음 제4류 위험물 중 품명이 나머지 셋과 다른 하나는?
㉮ 아세트알데히드 ㉯ 디메틸에테르
㉰ 니트로벤젠   ㉱ 이황화탄소

풀이 ㉮, ㉯, ㉱ 지정수량 50L,   ㉰ 2000L

25 다음 중 함께 운반차량에 적재할 수 있는 유별을 옳게 연결한 것은? (단, 지정수량 이상을 적재한 경우이다.)
㉮ 제1류 – 제2류   ㉯ 제1류 – 제3류
㉰ 제1류 – 제4류   ㉱ 제1류 – 제6류

풀이 제1류 위험물과 제6류 위험물은 동일 차량에 적재가 가능하다.

26 과염소산에 대한 설명으로 틀린 것은?
㉮ 가열하면 쉽게 발화한다.   ㉯ 강한 산화력을 갖고 있다.
㉰ 무색의 액체이다.   ㉱ 물과 접촉하면 발열한다.

풀이 과염소산은 제6류 산화성액체로 발화하지 않는다.

27 과산화바륨의 성질을 설명한 내용 중 틀린 것은?
㉮ 고온에서 열분해하여 산소를 발생한다.
㉯ 황산과 반응하여 과산화수소를 만든다.
㉰ 비중은 약 4.96이다.
㉱ 온수와 접촉하면 수소가스를 발생한다.

풀이 과산화바륨은 제1류 위험물 무기과산화물로 온수와 접촉 시 산소를 발생한다.
※ 물과 반응식
$2BaO_2 + 2H_2O \rightarrow 2Ba(OH)_2 + O_2 \uparrow$

28 아연분이 염산과 반응할 때 발생하는 가연성 기체는?
㉮ 아황산가스   ㉯ 산소
㉰ 수소   ㉱ 일산화탄소

풀이 아연은 산과 반응하여 수소가스를 발생한다.
※ $Zn + 2HCl \rightarrow ZnCl_2 + H_2 \uparrow$

정답 24. ㉰ 25. ㉱ 26. ㉮ 27. ㉱ 28. ㉰

29 횡으로 설치한 원통형 위험물 저장탱크의 내용적이 500L일 때 공간용적은 최소 몇 L이어야 하는가? (단, 원칙적인 경우에 한한다.)

㉮ 15 ㉯ 25
㉰ 35 ㉱ 50

풀이 내용적의 5~10%가 안전공간이므로 500×0.05 = 25L

30 질산의 성상에 대한 설명으로 옳은 것은?

㉮ 흡습성이 강하고 부식성이 있는 무색의 액체이다.
㉯ 햇빛에 의해 분해하여 암모니아가 생성되는 흰색을 띤다.
㉰ Au, Pt와 잘 반응하여 질산염과 질소가 생성된다.
㉱ 비휘발성이고 정전기에 의한 발화에 주의해야 한다.

풀이 질산(HNO_3) : 제6류 위험물 산화성고체로 발화의 위험이 없고, 흡습성과 부식성이 강하다. Au, Pt 등과는 반응성하지 않으며 열분해 시 이산화질소(NO_3)가 발생된다.

31 위험물제조소의 환기설비의 기준에서 급기구에 설치된 실의 바닥면적 $150m^2$ 마다 1개 이상 설치하는 급기구의 크기는 몇 cm^2 이상이어야 하는가?

㉮ 200 ㉯ 400
㉰ 600 ㉱ 800

풀이 급기구 : 급기구가 설치된 실의 바닥면적 $150m^2$ 마다 1개 이상 설치하되 급기구 크기는 $800cm^2$ 이상으로 할 것

32 칼륨의 취급상 주의해야 할 내용을 옳게 설명한 것은?

㉮ 석유와 접촉을 피해야 한다.
㉯ 수분과 접촉을 피해야 한다.
㉰ 화재발생시 마른모래와 접촉을 피해야 한다.
㉱ 이산화탄소 분위기에서 보관하여야 한다.

풀이 K : 제3류 위험물 금수성 물질로서 물과 반응하여 수소가스를 발생한다.

33 위험물제조소에서 다음과 같이 위험물을 취급하고 있는 경우 각각의 지정수량 배수의 총합은 얼마인가?

| • 브롬산나트륨 300kg • 과산화나트륨 150kg • 중크롬산나트륨 500kg |

㉮ 3.5 ㉯ 4.0
㉰ 4.5 ㉱ 5.0

정답 29. ㉯ 30. ㉮ 31. ㉱ 32. ㉯ 33. ㉰

풀이 저장배수 = $\frac{300}{300} + \frac{150}{50} + \frac{500}{1000} = 4.5$

34 위험물의 지정수량이 나머지 셋과 다른 하나는?
㉮ 질산에스테르류   ㉯ 니트로화합물
㉰ 아조화합물   ㉱ 히드라진유도체

풀이 ㉮ 10kg   ㉯ 200kg   ㉰ 200kg   ㉱ 20kg

35 다음 중 제5류 위험물에 해당하지 않는 것은?
㉮ 히드라진   ㉯ 히드록실아민
㉰ 히드라진 유도체   ㉱ 히드록실아민 염류

풀이 히드라진은 제5류 위험물이 아님.

36 제4류 위험물 운반용기의 외부에 표시해야 하는 사항이 아닌 것은?
㉮ 규정에 의한 주의사항   ㉯ 위험물의 품명 및 위험등급
㉰ 위험물의 관리자 및 지정수량   ㉱ 위험물의 화학명

풀이 운반용기 외부 표시사항
① 위험물의 품명・위험등급・화학명 및 수용성("수용성" 표시는 제4류 위험물로서 수용성인 것)
② 위험물의 수량
③ 수납하는 위험물에 따른 주의사항

37 고정식 포소화설비에 관한 기준에서 방유제 외측에 설치하는 보조포소화전의 상호간의 거리는?
㉮ 보행거리 40m 이하   ㉯ 수평거리 40m 이하
㉰ 보행거리 75m 이하   ㉱ 수평거리 75m 이하

풀이 보조 포소화전 상호거리 : 방유제 외측의 소화활동상 유효한 위치에 설치하되 각각의 보조 포소화전 상호간의 보행거리가 75m 이하가 되도록 설치할 것

38 과염소산암모늄이 300°C에서 분해되었을 때 주요 생성물이 아닌 것은?
㉮ NO_3 ㉯ Cl_3
㉰ O_2 ㉱ N_2

풀이 열분해반응식 : $2NH_4ClO_4 \rightarrow N_2\uparrow + Cl_2\uparrow + 2O_2\uparrow + 4H_2O\uparrow$

정답 34. ㉮   35. ㉮   36. ㉰   37. ㉰   38. ㉮

39. 위험물 운반에 관한 기준 중 위험등급 I에 해당하는 위험물은?
㉮ 황화린 ㉯ 피크린산
㉰ 벤조일퍼옥사이드 ㉱ 질산나트륨

> **풀이** 벤조일퍼옥사이드 : 제5류 위험물 위험등급 I
> 나머지는 II등급

40. 금속리튬이 물과 반응하였을 때 생성되는 물질은?
㉮ 수산화리튬과 수소 ㉯ 수산화리튬과 산소
㉰ 수소화리튬과 물 ㉱ 산화리튬과 물

> **풀이** 수산화리튬(LiOH)과 수소(H_2)발생.
> 물과의 반응식 : $2Li + 2H_2O \rightarrow 2LiOH + H_2\uparrow$

41. 다음 중 과산화수소에 대한 설명이 틀린 것은?
㉮ 열에 의해 분해한다.
㉯ 농도가 높을수록 안정하다.
㉰ 인산, 요산과 같은 분해방지 안정제를 사용한다.
㉱ 강력한 산화제이다.

> **풀이** 과산화수소는 농도가 높을수록 위험하다.
> 농도가 60% 이상인 것은 충격에 의해 단독 폭발 가능성이 있다.

42. 제4류 위험물의 품명 중 지정수량이 6000L인 것은?
㉮ 제3석유류 비수용성 액체 ㉯ 제3석유류 수용성 액체
㉰ 제4석유류 ㉱ 동식물유류

> **풀이** ㉮ 2000L ㉰ 4000L ㉱ 10000L

43. 위험물의 운반에 관한 기준에서 다음 ( )에 알맞은 온도는 몇 °C인가?

> 적재하는 제5류 위험물 중 ( )°C 이하의 온도에서 분해될 우려가 있는 것은 보냉 컨테이너에 수납하는 등 적정한 온도관리를 유지하여야 한다.

㉮ 40 ㉯ 50
㉰ 55 ㉱ 60

> **풀이** 제5류 위험물 중 55°C 이하의 온도에서 분해될 우려가 있는 위험물은 보냉 컨테이너에 수납하여 적정온도를 유지해야 한다.

정답 39.㉰ 40.㉮ 41.㉯ 42.㉰ 43.㉰

44 위험물 적재 방법 중 위험물을 수납한 운반용기를 겹쳐쌓는 경우 높이는 몇 m 이하로 하여야 하는가?

㉮ 2　　　　　　　　　　　㉯ 3
㉰ 4　　　　　　　　　　　㉱ 6

풀이 운반용기를 겹쳐쌓는 경우 : 3m 이하일 것

45 다음 (　)에 알맞은 용어를 모두 옳게 나타낸 것은?

> (　) 또는 (　)은(는) 위험물의 운송에 따른 화재의 예방을 위하여 필요하다고 인정하는 경우에는 주행 중의 이동탱크저장소를 정지시켜 당해 이동탱크저장소에 승차하고 있는 자에 대하여 위험물의 취급에 관한 국가기술 자격증 또는 교육수료증의 제시를 요구할 수 있다.

㉮ 지방소방공무원, 지방행정공무원　　㉯ 국가소방공무원, 국가행정공무원
㉰ 소방공무원, 경찰공무원　　　　　　㉱ 국가행정공무원, 경찰공무원

46 위험물안전관리법령에서 규정하고 있는 사항으로 틀린 것은?

㉮ 법정의 안전교육을 받아야 하는 사람은 안전 관리자로 선임된 자, 탱크시험자의 기술인력으로 종사하는 자, 위험물운송자로 종사하는 자이다.
㉯ 지정수량의 150배 이상의 위험물을 저장하는 옥내저장소는 관계인이 예방규정을 정하여야 하는 제조소 등에 해당한다.
㉰ 정기검사의 대상이 되는 것은 액체위험물을 저장 또는 취급하는 10만 리터 이상의 옥외탱크 저장소, 암반탱크 저장소, 이송취급소이다.
㉱ 법정의 안전관리자교육 이수자와 소방공무원으로 근무한 경력이 3년 이상인 자는 제4류 위험물에 대한 위험물취급 자격자가 될 수 있다.

풀이 액체위험물을 저장 또는 취급하는 100만 리터 이상의 옥외탱크저장소를 말한다.

47 위험물의 화재 시 소화방법에 대한 다음 설명 중 옳은 것은?

㉮ 아연분은 주수소화가 적당하다.
㉯ 마그네슘은 봉상주수소화가 적당하다.
㉰ 알루미늄은 건조사로 피복하여 소화하는 것이 좋다.
㉱ 황화린은 산화제로 피복하여 소화하는 것이 좋다.

풀이 ㉮ 아연분은 주수소화 금지
　　　㉯ 마그네슘 봉상주수소화 금지
　　　㉱ 황화린은 마른모래, 분말소화제로 피복하여 소화한다.

정답　44. ㉯　45. ㉰　46. ㉰　47. ㉰

48 그림과 같이 횡으로 설치한 원형탱크의 용량은 양 몇 m³인가? (단, 공간용적은 내용적의 10/100이다.)

㉮ 1690.9
㉯ 1335.1
㉰ 1268.4
㉱ 1201.7

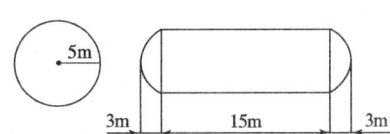

풀이 탱크용량 = $\pi r^2 \left(L + \dfrac{L_1 + L_2}{3} \right)$

$3.14 \times 5^2 \times \left(15 + \dfrac{3+3}{3} \right) = 1334.5$

$1334.5 \times 0.9 = 1201.5 m^3$

49 가솔린에 대한 설명으로 옳은 것은?

㉮ 연소범위는 15~75vol%이다.
㉯ 용기는 따뜻한 곳에 환기가 잘 되게 보관한다.
㉰ 전도성이므로 감전에 주의한다.
㉱ 화재 소화 시 포소화약제에 의한 소화를 한다.

풀이 ㉮ 연소범위 1.4~7.6이다.
㉯ 차고 서늘하고 환기가 잘되는 곳에 보관한다.
㉰ 비전도성이므로 정전기에 주의할 것

50 다음 2가지 물질이 반응하였을 때 포스핀을 발생시키는 것은?

㉮ 사염화탄소 + 물
㉯ 황산 + 물
㉰ 오황화린 + 물
㉱ 인화칼슘 + 물

풀이 인화칼슘(Ca_3P_2)과 물과의 반응으로 포스핀(PH_3)발생
$Ca_3P_2 + 6H_2O \rightarrow 2PH_3 + 3Ca(OH)_2$

51 질산에틸의 성질에 대한 설명 중 틀린 것은?

㉮ 비점은 약 88°C이다.
㉯ 무색의 액체이다.
㉰ 증기는 공기보다 무겁다.
㉱ 물에 잘 녹는다.

풀이 질산에틸($C_2H_5ONO_2$) : 제5류 질산에스테르류 물에는 녹지 않고 알코올에는 잘 녹는다.

52 제6류 위험물 운반용기의 외부에 표시하여야 하는 주의사항은?

㉮ 충격주의
㉯ 가연물 접촉주의
㉰ 화기엄금
㉱ 화기주의

정답 48.㉱ 49.㉱ 50.㉱ 51.㉱ 52.㉯

풀이 제6류 위험물 : 가연물 접촉주의 기타
① 제4류 위험물 : "화기엄금"
② 제5류 위험물 : "화기엄금" 및 "충격주의"
③ 제6류 위험물 : "가연물 접촉주의"

53. 알코올류의 일반 성질이 아닌 것은?
㉮ 분자량이 증가하면 증기비중이 커진다.
㉯ 알코올은 탄화수소의 수소원자를 −OH기로 치환한 구조를 가진다.
㉰ 탄소수가 적은 알코올을 저급 알코올이라고 한다.
㉱ 3차 알코올에는 −OH기가 3개 있다.

풀이 3차 알코올 : 중심탄소에 알킬기(R)가 3개 결합해 있다.

$$R-\underset{\underset{R'}{|}}{\overset{\overset{R''}{|}}{C}}-OH$$

54. 위험물안전관리법령에 따른 위험물의 운송에 관한 설명 중 틀린 것은?
㉮ 알킬리튬과 알킬알루미늄 또는 이 중 어느 하나 이상을 함유한 것은 운송책임자의 감독·지원을 받아야 한다.
㉯ 이동탱크저장소에 의하여 위험물을 운송할 때의 운송책임자에는 법정의 교육이수자도 포함된다.
㉰ 서울에서 부산까지 금속의 인화물 300kg을 1명의 운전자가 휴식 없이 운송해도 규정위반이 아니다.
㉱ 운송책임자의 감독 또는 지원의 방법에는 동승하는 방법과 별도의 사무실에서 대기하면서 규정된 사항을 이행하는 방법이 있다.

55. 유황은 순도가 몇 중량퍼센트 이상이어야 위험물에 해당하는가?
㉮ 40 ㉯ 50
㉰ 60 ㉱ 70

풀이 유황 : 순도 60중량퍼센트 이상이 위험물에 해당된다.

56. 다음 황린의 성질에 대한 설명으로 옳은 것은?
㉮ 분자량은 약 108이다. ㉯ 융점은 약 120°C이다.
㉰ 비점은 약 120°C이다. ㉱ 비중은 약 1.8이다.

정답 53.㉱ 54.㉰ 55.㉰ 56.㉱

풀이 ㉮ 분자량 123.9
　　　㉯ 융점 44.1°C
　　　㉰ 비점 280°C

57. 다음 중 산을 가하면 이산화염소를 발생시키는 물질은?
　㉮ 아염소산나트륨　　　㉯ 브롬산나트륨
　㉰ 옥소산칼륨　　　　　㉱ 중크롬산나트륨

풀이 아염소산나트륨(NaClO$_2$)에 산을 가하면 이산화염소(ClO$_2$)가 발생한다.

58. 옥외저장탱크 중 압력탱크 외의 탱크에 통기관을 설치하여야 할 때 밸브 없는 통기관인 경우 통기관의 직경은 몇 mm 이상으로 하여야 하는가?
　㉮ 10　　　　　　　　　㉯ 15
　㉰ 20　　　　　　　　　㉱ 30

풀이 밸브 없는 통기관 직경 : 30mm 이상

59. 적린은 다음 중 어떤 물질과 혼합 시 마찰, 충격, 가열에 의해 폭발할 위험이 가장 높은가?
　㉮ 염소산칼륨　　　　　㉯ 이산화탄소
　㉰ 공기　　　　　　　　㉱ 물

풀이 적린은 제2류 환원성고체로서 강산화제인 염소산칼륨과 혼합시 충격에 의해 폭발한다.

60. 다음 품명에 따른 지정수량이 틀린 것은?
　㉮ 유기과산화물 : 10kg　　㉯ 황린 : 50kg
　㉰ 알칼리금속 : 50kg　　　㉱ 알킬리튬 : 10kg

풀이 황린 : 20kg

정답　57. ㉮　58. ㉱　59. ㉮　60. ㉯

2010년 10월 3일 시행

01 다음 ( ) 안에 들어갈 수치를 순서대로 올바르게 나열한 것은? (단, 제4류 위험물에 적응성을 갖기 위한 살수밀도기준을 적용하는 경우를 제외한다.)

> 위험물 제조소들에 설치하는 폐쇄형 헤드의 스프링클러 설비는 30개의 헤드(헤드 설치수가 30 미만의 경우는 당해 설치 개수)를 동시에 사용할 경우 각 선단의 방사압력이 (　　)kPa 이상이고 방수량이 1분당 (　　)L 이상이어야 한다.

㉮ 100, 80　　　　　　　　㉯ 120, 80
㉰ 100, 10　　　　　　　　㉱ 120, 100

풀이 방사압력이 100kPa 이상, 방수량이 1분당 80L 이상

02 일반적으로 폭굉파의 전파속도에 어느 정도인가?

㉮ 0.1~10m/s　　　　　　㉯ 100~350m/s
㉰ 1000~3500m/s　　　　 ㉱ 10000~35000m/s

풀이 폭굉파 전파속도 : 1000~3500m/s

03 다음 소화약제 중 오존파괴지수(ODP)가 가장 큰 것은?

㉮ IG-541　　　　　　　　㉯ Halon 2402
㉰ Halon 1211　　　　　　㉱ Halon 1301

풀이 오존파괴지수(ODP) = $\dfrac{\text{물질 1kg이 파괴하는 오존량}}{\text{CFC 1kg이 파괴하는 오존량}}$

㉮ 0　㉯ 6.0　㉰ 3.0　㉱ 10.1

04 화학포소화기에서 탄산수소나트륨과 황산알루미늄이 반응하여 생성되는 기체의 주성분은?

㉮ CO　　　　　　　　　㉯ CO_2
㉰ N_2　　　　　　　　　㉱ Ar

풀이 생성가스의 주성분은 이산화탄소다.
화학포약제 반응식
$6NaHCO_3 + Al_2(SO_4)_3 \cdot 18H_2O \rightarrow 3Na_2SO_4 + 2Al(OH)_3 + 6CO_2 + 18H_2O$

정답　01. ㉮　02. ㉰　03. ㉱　04. ㉯

05 철분, 금속분, 마그네슘에 적응성이 있는 소화설비는?
㉮ 이산화탄소소화설비   ㉯ 할로겐화합물소화설비
㉰ 포소화설비   ㉱ 탄산수소염류 소화설비

풀이 탄산수소염류 소화설비가 가장 적합하다.

06 물에 탄산칼륨을 보강시킨 강화액 소화약제에 대한 설명으로 틀린 것은?
㉮ 물보다 점성이 있는 수용액이다.   ㉯ 일반적으로 약산성을 나타낸다.
㉰ 응고점은 약 −30 ~ −26℃이다.   ㉱ 비중은 약 1.3~1.4 정도이다.

풀이 액성은 강알카리다(pH12)

07 옥외저장소에서 지정수량 200배 초과의 위험물을 저장할 경우 보유 공지의 너비는 몇 m 이상으로 하여야 하는가? (단, 제4류 위험물과 제6류 위험물은 제외한다.)
㉮ 0.5   ㉯ 2.5
㉰ 10   ㉱ 15

풀이 지정수량의 200배 초과 : 15m 이상

08 위험물안전관리법령상 소화설비의 구분에서 "물분무등 소화설비"의 종류가 아닌 것은?
㉮ 스프링클러 설비   ㉯ 할로겐화합물소화설비
㉰ 이산화탄소소화설비   ㉱ 분말소화설비

풀이 물분무등 소화설비 : ① 물분무소화설비, ② 포소화설비, ③ 할로겐소화설비
④ CO_2소화설비, ⑤ 분말소화설비 및 청정소화약제설비

09 공기 중의 산소농도를 한계산소량 이하로 낮추어 연소를 중지시키는 소화방법은?
㉮ 냉각소화   ㉯ 제거소화
㉰ 억제소화   ㉱ 질식소화

풀이 질식소화 : 산소농도를 15% 이하로 낮추어 소화하는 방법

10 이동탱크저장소에 있어서 구조물 등의 시설을 변경하는 경우 변경허가를 득하여야 하는 경우는?
㉮ 펌프설비를 보수하는 경우
㉯ 동일 사업장내에서 상치장소의 위치를 이전하는 경우
㉰ 직경이 200mm인 이동저장탱크의 맨홀을 신설하는 경우
㉱ 탱크본체를 절개하여 탱크를 보수하는 경우

정답 05.㉱ 06.㉯ 07.㉱ 08.㉮ 09.㉱ 10.㉱

풀이 변경허가를 득하여야 하는 경우
① 상치장소의 위치를 이전하는 경우(같은 사업장 또는 같은 울안에서 이전하는 경우는 제외한다)
② 이동저장탱크를 보수(탱크본체를 절개하는 경우에 한한다)하는 경우
③ 이동저장탱크의 노즐 또는 맨홀을 신설하는 경우(노즐 또는 맨홀의 직경이 250mm를 초과하는 경우에 한한다)
④ 이동저장탱크의 내용적을 변경하기 위하여 구조를 변경하는 경우
⑤ 별표 10 IV제3호에 따른 주입설비를 설치 또는 철거하는 경우
⑥ 펌프설비를 신설하는 경우

11 유류화재의 급수 표시와 표시 색상으로 옳은 것은?
㉮ A급, 백색
㉯ B급, 황색
㉰ A급, 황색
㉱ B급, 백색

풀이 유류화재 : B급, 황색

12 과산화리튬의 화재현장에서 주수소화가 불가능한 이유는?
㉮ 수소가 발생하기 때문에
㉯ 산소가 발생하기 때문에
㉰ 이산화탄소가 발생하기 때문에
㉱ 일산화탄소가 발생하기 때문에

풀이 과산화리튬 : 주수시 산소가 발생한다.

13 위험물안전관리법령에 의하면 옥외소화전이 6개 있을 경우 수원의 수량은 몇 m^3 이상이어야 하는가?
㉮ $48m^3$ 이상
㉯ $54m^3$ 이상
㉰ $60m^3$ 이상
㉱ $81m^3$ 이상

풀이 Q = n(4개 이상은 4개로 계산) × $13.5m^3$ 이상
$Q = 4 × 13.5m^3 = 54m^3$

14 분말 소화약제의 분류가 옳게 연결된 것은?
㉮ 제1종 분말약제 : $KHCO_3$
㉯ 제2종 분말약제 : $KHCO_3 + (NH_2)_2CO$
㉰ 제3종 분말약제 : $NH_4H_2PO_4$
㉱ 제4종 분말약제 : $NaHCO_3$

풀이 ㉮ $NaHCO_3$
㉯ $KHCO_3$
㉱ $KHCO_3 + (NH_2)_2CO$

정답 11. ㉯ 12. ㉯ 13. ㉯ 14. ㉰

15 마른모래(삽 1개 포함) 50리터의 소화 능력단위는?

㉮ 0.1 ㉯ 0.5
㉰ 1   ㉱ 1.5

소화설비 (간이소화용구)	용량	능력단위
소화전용 물통	8 l	0.3단위
수조(소화전용 물통 3개 포함)	80 l	1.5단위
수조(소화전용 물통 6개 포함)	190 l	2.5단위
마른모래(삽 1개 포함)	**50 l**	**0.5단위**
팽창질석·팽창진주암(삽 1개 포함)	160 l	1.0단위

16 그림은 포소화설비의 소화약제 혼합장치이다. 이 혼합 방식은 명칭은?

㉮ 라인 프로포셔너
㉯ 펌프 프로포셔너
㉰ 프레셔 프로포셔너
㉱ 프레셔 사이드 프로포셔너

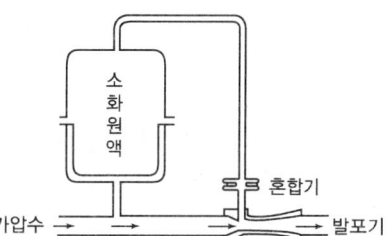

풀이 프레셔 프로포셔너 방식(pressure proportioner)
펌프와 발포기의 중간에 설치된 벤츄리 관의 벤츄리 작용과 펌프 가압수의 포소화약제 저장탱크에 대한 압력에 의하여 포소화약제를 흡입·혼합하는 방식

17 황의 화재예방 및 소화방법에 대한 설명 중 틀린 것은?

㉮ 산화제와 혼합하여 저장한다.
㉯ 정전기가 축적되는 것을 방지한다.
㉰ 화재시 분무 주수하여 소화할 수 있다.
㉱ 화재시 유독가스가 발생하므로 보호장구를 착용하고 소화한다.

풀이 황은 제2류 환원성 물질로 산화제와 혼합시 화재발생위험이 크다.

18 건축물의 1층 및 2층 부분만을 방사능력범위로 하고 지하층 및 3층 이상의 층에 대하여 다른 소화설비를 설치해야 하는 소화설비는?

㉮ 스프링클러 설비   ㉯ 포소화설비
㉰ 옥외소화전설비   ㉱ 문분무소화설비

풀이 옥외소화전설비에 대한 설명임

정답 15.㉯ 16.㉰ 17.㉮ 18.㉰

19 산화열에 의해 자연발화가 발생할 위험이 높은 것은?

㉮ 건성유 ㉯ 니트로셀룰로오스
㉰ 퇴비 ㉱ 목탄

> **풀이** 건성유는 동식물유류에 해당되며 요오드가 130 이상으로 산화열에 의한 자연발화 위험이 크다.

20 옥내에서 지정수량 100배 이상을 취급하는 일반취급소에 설치하여야 하는 경보설비는? (단, 고인화점 위험물만을 취급하는 경우는 제외한다.)

㉮ 비상경보설비 ㉯ 자동화재탐지설비
㉰ 비상방송설비 ㉱ 비상벨설비 및 확성장치

> **풀이** 지정수량 100배 이상을 일반취급소 : 자동화재탐지설비

21 트리니트로톨루엔에 관한 설명으로 옳은 것은?

㉮ 불연성이지만 조연성 물질이다.
㉯ 폭약류의 폭력을 비교할 때 기준 폭약으로 활용된다.
㉰ 인화점이 30°C보다 높으므로 여름철에 주의해야 한다.
㉱ 분해연소하면서 다량의 고체를 발생한다.

> **풀이** 트리니트로톨루엔(TNT) 발화점이 300°C이다.

22 니트로셀룰로오스에 관한 설명으로 옳은 것은?

㉮ 섬유소를 진한 염산과 석유의 혼합액으로 처리하여 제조한다.
㉯ 직사광선 및 산의 존재하에 자연발화의 위험이 있다.
㉰ 습윤상태로 보관하면 매우 위험하다.
㉱ 황갈색의 액체상태이다.

> **풀이** 일광에 의해 건조되면 자연발화가 발생하기 때문에 물(20%), 알코올(30%)에 습윤시켜 저장한다.

23 다음 아세톤의 완전 반응식에서 ( )에 알맞은 계수를 차례대로 옳게 나타낸 것은?

$$CH_3COCH_3 + (\ )O_2 \rightarrow (\ )CO_2 + 3H_2O$$

㉮ 3, 4 ㉯ 4, 3
㉰ 6, 3 ㉱ 3, 6

> **풀이** 아세톤 완전연소 반응식
> $CH_3COCH_3 + 4O_2 \rightarrow 3CO_2 + 3H_2O$

정답 19.㉮ 20.㉯ 21.㉯ 22.㉯ 23.㉯

24 제1류 위험물을 취급할 때 주의사항으로서 틀린 것은?
㉮ 환기가 잘되는 서늘한 곳에 저장한다.
㉯ 가열, 충격, 마찰을 피한다.
㉰ 가연물과의 접촉을 피한다.
㉱ 밀폐용기는 위험하므로 개방용기를 사용해야 한다.

풀이 밀전시켜서 차고 서늘한 냉암소에 보관한다.

25 유황 500kg, 인화성 고체 1000kg을 저장하려 한다. 각각의 지정수량 배수의 합은 얼마인가?
㉮ 3배 ㉯ 4배
㉰ 5배 ㉱ 6배

풀이 저장배수 = $\dfrac{500}{100} + \dfrac{1000}{1000} = 6$

26 위험물의 유별(類別) 구분이 나머지 셋과 다른 하나는?
㉮ 황린 ㉯ 금속분
㉰ 황화인 ㉱ 마그네슘

풀이 ㉮ 제3류 위험물 기타 제2류 위험물

27 인화성 액체위험물을 저장 또는 취급하는 옥외탱크저장소의 방유제 내에 용량 10만L와 5만L인 옥외저장탱크 2기를 설치하는 경우에 확보하여야 하는 방유제의 용량은?
㉮ 50000L 이상 ㉯ 80000L 이상
㉰ 100000L 이상 ㉱ 1100000L 이상

풀이 ① 탱크가 1기인 : 그 탱크 용량의 110% 이상
② 탱크가 2기 이상 : 그 탱크 중 용량이 최대인 것의 용량의 110% 이상으로 할 것
②에 해당되므로 100000 × 1.1 = 1100000L 이상

28 내용적이 20000L인 옥내저장탱크에 대하여 저장 또는 취급의 허가를 받을 수 있는 최대 용량은? (단, 원칙적인 경우에 한한다.)
㉮ 18000L ㉯ 19000L
㉰ 19400L ㉱ 20000L

풀이 안전공간용적이 5~10%이므로 20000L × 0.95 = 19000L

정답 24.㉱ 25.㉱ 26.㉮ 27.㉱ 28.㉯

29 다음 중 공기에서 산화되어 액 표면에 피막을 만드는 양이 가장 큰 것은?

㉮ 올리브유 ㉯ 낙화생유
㉰ 야자유 ㉱ 동유

풀이 동유 : 인화점 289도, 요오드값이 145~176의 건성유이다. 건성유인 동유가 가장 많은 산화피막을 만든다.

30 제2류 위험물의 화재예방 및 진압대책으로 적합하지 않은 것은?

㉮ 강산화제와의 혼합을 피한다.
㉯ 적린과 유황은 물에 의한 냉각소화가 가능하다.
㉰ 금속분은 산과의 접촉을 피한다.
㉱ 인화성 고체를 제외한 위험물제조소에는 "화기엄금" 주의사항 게시판을 설치한다.

풀이 인화성 고체를 제외한 위험물제조소에는 "화기주의" 게시판을 설치한다.

31 제5류 위험물에 관한 내용으로 틀린 것은?

㉮ $C_2H_5ONO_2$: 상온에서 액체이다.
㉯ $C_6H_2OH(NO_2)_3$: 공기 중 자연분해가 매우 잘 된다.
㉰ $C_6H_3(NO_2)_2CH_3$: 담황색의 결정이다.
㉱ $C_3H_5(ONO_2)_3$: 혼산 중에 글리세린을 반응시켜 제조한다.

풀이 TNP [$C_6H_2OH(NO_2)_3$] : 발화점 300℃로 공기 중 자연분해가 어렵다.

32 알루미늄분의 성질에 대한 설명 중 틀린 것은?

㉮ 염산과 반응하여 수소를 발생한다.
㉯ 끓는 물과 반응하면 수소화알루미늄이 생성된다.
㉰ 산화제와 혼합시키면 착화의 위험이 있다.
㉱ 은백색의 광택이 있고 물보다 무거운 금속이다.

풀이 물과 반응시 수산화알루미늄과 수소가스가 발생한다.
$2Al + 6H_2O \rightarrow 2Al(OH)_3 + 3H_2 \uparrow$

33 위험물을 저장할 때 필요한 보호물질을 옳게 연결한 것은?

㉮ 황린 - 석유 ㉯ 금속칼륨 - 에탄올
㉰ 이황화탄소 - 물 ㉱ 금속나트륨 - 산소

풀이 ㉮ 물 ㉯ 석유류(경유) ㉱ 석유류(경유)

정답 29. ㉱ 30. ㉱ 31. ㉯ 32. ㉯ 33. ㉰

34 지정수량의 10배의 위험물을 운반할 경우 제5류 위험물과 혼재 가능한 위험물에 해당하는 것은?

㉮ 제1류 위험물 ㉯ 제2류 위험물
㉰ 제3류 위험물 ㉱ 제6류 위험물

> 풀이 제5류 위험물은 2류와 4류 위험물과 혼재가능하다.

35 제5류 위험물 중 지정수량이 잘못된 것은?

㉮ 유기과산화물 : 10kg ㉯ 히드록실아민 : 100kg
㉰ 질산에스테르류 : 100kg ㉱ 니트로화합물 : 200kg

> 풀이 질산에스테르류 : 10kg

36 소화설비의 설치기준으로 옳은 것은?

㉮ 제4류 위험물을 저장 또는 취급하는 소화난이도등급 I인 옥외탱크저장소에는 대형 수동식 소화기 및 소형 수동식 소화기 등을 각각 1개 이상 설치할 것.
㉯ 소화난이도등급II인 옥내탱크저장소는 소형 수동식 소화기 등을 2개 이상 설치할 것
㉰ 소화난이도등급III인 지하탱크저장소는 능력단위의 수치가 2이상인 소형 수동식 소화기 등을 2개 이상 설치할 것
㉱ 제조소 등에 전기설비(전기배선, 조명기구 등은 제외한다)가 설치된 경우에는 당해 장소의 면적 100m^{2}마다 소형 수동식 소화기를 1개 이상 설치할 것

> 풀이 ㉮ 소화난이도등급 I : 물분무소화설비, 고정식 포소화설비
> ㉯ 소화난이도등급 II : 대형 및 소형 수동식 소화기 등을 각 1개 이상 설치할 것
> ㉰ 소화난이도등급 III : 소형 수동식 소화기 능력단위 3이상의 것 2개 이상 설치할 것

37 종류(유별)가 다른 위험물을 동일한 옥내저장소의 동일한 실에 같이 저장하는 경우에 대한 설명으로 틀린 것은?

㉮ 제1류 위험물과 황린은 동일한 옥내저장소에 저장할 수 있다.
㉯ 제1류 위험물과 제6류 위험물은 동일한 옥내저장소에 저장할 수 있다.
㉰ 제1류 위험물 중 알칼리금속의 과산화물과 제5류 위험물은 동일한 옥내저장소에 저장할 수 있다.
㉱ 유별을 달리하는 위험물을 유별로 모아서 저장하는 한편 상호간에 1미터 이상의 간격을 두어야 한다.

> 풀이 제1류 위험물과 제5류 위험물은 동일 옥내 저장소에 저장할 수 없다.

정답 34. ㉯ 35. ㉰ 36. ㉱ 37. ㉰

38 가연성 고체에 해당하는 물품으로서 위험등급 II에 해당하는 것은?

㉮ P_4S_3, P
㉯ Mg, $(CH_3CHO)_4$
㉰ P_4, AlP
㉱ NaH, Zr

풀이 위험등급 II등급 : P_4S_3, P(제2류 위험물)

39 다음 중 인화점이 가장 높은 물질은?

㉮ 이황화탄소
㉯ 디에틸에테르
㉰ 아세트알데히드
㉱ 산화프로필렌

풀이 ㉮ $-30°C$ ㉯ $-45°C$
㉰ $-38°C$ ㉱ $-37°C$

40 마그네슘분과 혼합했을 때 발화의 위험이 있기 때문에 접촉을 피해야 하는 것은?

㉮ 건조사
㉯ 팽창질석
㉰ 팽창진주암
㉱ 염소가스

풀이 마그네슘분은 할로겐 원소의 접촉을 금한다.

41 금속나트륨을 페놀프탈레인 용액이 몇 방울 섞인 물속에 넣었다. 이때 일어나는 현상을 잘못 설명한 것은?

㉮ 물이 붉은 색으로 변한다.
㉯ 물이 산성으로 변하게 된다.
㉰ 물과 반응하여 수소를 발생한다.
㉱ 물과 격렬하게 반응하면서 발열한다.

풀이 금속나트륨과 물이 격렬하게 발열 반응하며 물은 염기성으로 변하면서 수소가스를 발생한다.
페놀프탈레인 용액은 pH 8~10 염기성 용액에서는 붉은색을 띈다.

42 제3류 위험물에 해당하는 것은?

㉮ 염소화규소화합물
㉯ 금속의 아지화합물
㉰ 질산구아니딘
㉱ 할로겐화합물

풀이 ㉯ 제5류 위험물
㉰ 제5류 위험물
㉱ 제6류 위험물

정답 38. ㉮ 39. ㉮ 40. ㉱ 41. ㉯ 42. ㉮

43 위험물을 운반용기에 수납하여 적재할 때 차광성이 있는 피복으로 가려야 하는 위험물이 아닌 것은?

㉮ 제1류 위험물 ㉯ 제2류 위험물
㉰ 제5류 위험물 ㉱ 제6류 위험물

풀이 차광 덮개를 사용하는 위험물
① 제1류 위험물 ② 자연발화성 물품
③ 제4류 위험물 중 특수인화물 ④ 제5류 위험물
⑤ 제6류 위험물

44 위험물안전관리법에서 정하는 위험물이 아닌 것은? (단, 지정수량은 고려하지 않는다.)

㉮ CCl_4 ㉯ BrF_3
㉰ BrF_5 ㉱ IF_5

풀이 제6류 산화성액체 중 할로겐간 화합물
BrF_3, BrF_5, IF_5, ICl 등

45 탄화칼슘의 성질에 대하여 옳게 설명한 것은?

㉮ 공기 중에서 아르곤과 반응하여 불연성 기체를 발생한다.
㉯ 공기 중에서 질소와 반응하여 유독한 기체를 낸다.
㉰ 물과 반응하여 탄소가 생성된다.
㉱ 물과 반응하여 아세틸렌가스가 생성된다.

풀이 물과 반응하여 아세틸렌가스를 발생한다.
$CaC_2 + 2H_2O \rightarrow Ca(OH)_2 + C_2H_2$

46 품명과 위험물의 연결이 틀린 것은?

㉮ 제1석유류 — 아세톤 ㉯ 제2석유류 — 등유
㉰ 제3석유류 — 경유 ㉱ 제4석유류 — 기어유

풀이 경유 : 제2석유류

47 제5류 위험물에 해당하지 않는 것은?

㉮ 염산히드라진 ㉯ 니트로글리세린
㉰ 니트로벤젠 ㉱ 니트로셀룰로오스

풀이 니트로벤젠 : 제3석유류

정답 43.㉯ 44.㉮ 45.㉱ 46.㉰ 47.㉰

48. NH_4ClO_4에 대한 설명 중 틀린 것은?

㉮ 가연성물질과 혼합하면 위험하다.
㉯ 폭약이나 성냥 원료로 쓰인다.
㉰ 에테르에 잘 녹으나 아세톤, 알코올에는 녹지 않는다.
㉱ 비중이 약 1.87이고 분해온도가 130℃ 정도이다.

풀이 NH_4ClO_4 : 제1류 위험물. 무색 또는 백색 결정으로 물, 알코올, 아세톤에 녹지만 에테르에는 불용

49. 질산에스테르류에 속하지 않는 것은?

㉮ 니트로셀룰로오스　　㉯ 질산에틸
㉰ 니트로글리세린　　　㉱ 디니트로페놀

풀이 디니트로페놀[$(O_2N)_2C_6H_3OH$] : 제5류 위험물 니트로화합물류

50. 위험물 운송에 관한 규정으로 틀린 것은?

㉮ 이동탱크저장소에 의하여 위험물을 운송하는 자는 당해 위험물을 취급할 수 있는 국가기술자격자 또는 안전교육을 받은 자이어야 한다.
㉯ 안전관리자, 탱크시험자, 위험물운송자 등 위험물의 안전 관리와 관련된 업무를 수행하는 자는 시·도지사가 실시하는 안전교육을 받아야 한다.
㉰ 운송책임자의 범위, 감독 또는 지원의 방법 등에 관한 구체적인 기준은 행정안전부령으로 정한다.
㉱ 위험물운송자는 안전행정부령이 정하는 기준을 준수하는 등 당해 위험물의 안전 확보를 위해 세심한 주위를 기울여야 한다.

풀이 • 안전관리자, 위험물운송자 교육 : 한국소방안전협회
　　 • 탱크시험자 기술인력 : 소방검정공사

51. 질산암모늄의 위험성에 대한 설명에 해당하는 것은?

㉮ 폭발기와 산화기가 결합되어 있어 100℃에서 분해 폭발한다.
㉯ 인화성액체로 정전기에 주의하여야 한다.
㉰ 400℃에서 분해되기 시작하여 540℃에서 급격히 분해 폭발할 위험성이 있다.
㉱ 단독으로 급격한 가열, 충격으로 분해하여 폭발의 위험이 있다.

풀이 질산암모늄은 제1류 위험물로서 산화기와 폭발기를 가지고 있는 강산화성 고체이다. 220도에서 분해되며 단독으로 가열, 충격에 의해 폭발한다.

정답　48. ㉰　49. ㉱　50. ㉯　51. ㉱

52. 휘발유에 대한 설명으로 틀린 것은?

㉮ 위험등급은 Ⅰ등급이다.
㉯ 증기는 공기보다 무거워 낮은 곳에 체류하기 쉽다.
㉰ 내장용기가 없는 외장 플라스틱용기에 적재할 수 있는 최대 용적은 20리터이다.
㉱ 이동탱크저장소로 운송하는 경우 위험물운송자는 위험물 안전카드를 휴대하여야 한다.

풀이 휘발유(가솔린) : 위험등급 Ⅱ등급에 해당된다.

53. 이황화탄소 기체는 수소기체보다 20°C 1기압에서 몇 배 더 무거운가?

㉮ 11
㉯ 22
㉰ 32
㉱ 38

풀이 CS_2 분자량 76, H_2 분자량 2
$\frac{76}{2} = 38$ ∴ 38

54. 탱크안전성능검사 내용의 구분에 해당하지 않는 것은?

㉮ 기초・지반검사
㉯ 충수・수압검사
㉰ 용접부검사
㉱ 배관검사

풀이 배관검사는 해당 없음
※ 탱크안전성능검사 : 기초・지반검사, 충수・수압검사, 용접부 검사 및 암반탱크검사 등

55. 금속나트륨의 일반적인 성질에 대한 설명 중 틀린 것은?

㉮ 비중은 약 0.97이다.
㉯ 화학적으로 활성이 크다.
㉰ 은백색의 가벼운 금속이다.
㉱ 알코올과 반응하여 질소를 발생한다.

풀이 알코올과의 반응식 : 수소가스 발생
$2Na + 2C_2H_5OH \rightarrow 2C_2H_5ONa + H_2 \uparrow$

56. 제4류 위험물의 옥외저장탱크에 설치하는 밸브 없는 통기관 직경이 얼마 이상인 것으로 설치해야 되는가? (단, 압력탱크는 제외한다.)

㉮ 10mm
㉯ 20mm
㉰ 30mm
㉱ 40mm

풀이 통기관 직경 30mm 이상

정답 52.㉮ 53.㉱ 54.㉱ 55.㉱ 56.㉰

57 제6류 위험물의 위험성에 대한 설명으로 적합하지 않은 것은?
㉮ 질산은 햇빛에 분해되어 NO를 발생한다.
㉯ 과염소산은 산화력이 강하여 유기물과 접촉시 연소 또는 폭발한다.
㉰ 질산은 물과 접촉하면 발열한다.
㉱ 과염소산은 물과 접촉하면 흡열한다.

풀이 과염소산($HClO_4$)은 물과 접촉 시 발열한다.

58 제조소등의 관계인은 위험물제조소등에 대하여 기술기준에 적합한자의 여부를 정기적으로 점검을 하여야 하는바, 법적 최소 점검주기에 해당하는 것은?
㉮ 주 1회 이상 ㉯ 월 1회 이상
㉰ 6개월 1회 이상 ㉱ 연 1회 이상

풀이 정기점검 : 연 1회 이상

59 시클로헥산에 관한 설명으로 가장 거리가 먼 것은?
㉮ 고리형 분자구조를 가진 방향족 탄화수소화합물이다.
㉯ 화학식은 CH_2이다.
㉰ 비수용성 위험물이다.
㉱ 제4류 제1석유류에 속한다.

풀이 시클로헥산은 방향족이 아니다.

60 제5 위험물의 화재예방 및 진압대책에 대한 설명 중 틀린 것은?
㉮ 벤조일퍼옥사이드의 저장 시 저장용기에 희석제를 넣은면 폭발위험성을 낮출 수 있다.
㉯ 건조상태의 나트로셀룰로오스는 위험하므로 운반 시에는 물, 알코올 등으로 습윤시킨다.
㉰ 디니트로톨루엔은 폭발감도가 매우 민감하고 폭발력이 크므로 가열, 충격 등에 주의하여 조심스럽게 취급해야 한다.
㉱ 트리니트로톨루엔은 폭발시 다량의 가스가 발생하므로 공기호흡기 등의 보호장구를 착용하고 소화한다.

풀이 디니트로톨루엔[$C_6H_3(NO_2)_2CH_3$] : 폭약으로서 폭발감도가 매우 둔하고 폭발력이 적다. 또한 단독으로 폭발하기 어렵다.

정답 57.㉱ 58.㉱ 59.㉮ 60.㉰

위험물기능사

위·험·물·기·능·사·과·년·도
기출문제

2011년 기출문제

2011년 2월 13일 시행

01 위험물제조소등에 자동화재탐지설비를 설치하는 경우, 당해 건축물 그 밖의 공작물의 주요한 출입구에서 그 내부의 전체를 볼 수 있는 경우에 하나의 경계구역의 면적은 최대 몇 m^3까지 할 수 있는가?

㉮ 300
㉯ 600
㉰ 1000
㉱ 1200

풀이 자동화재탐지설비 : 경계구역은 $1000m^3$으로 한다.

02 [보기]에서 소화기의 사용방법을 옳게 설명한 것을 모두 나열한 것은?

[보기]
㉠ 적응화재에만 사용할 것
㉡ 불과 최대한 멀리 떨어져서 사용할 것
㉢ 바람을 마주보고 풍하에서 풍상 방향으로 사용할 것
㉣ 양옆으로 비로 쓸 듯이 골고루 사용할 것

㉮ ㉠, ㉡
㉯ ㉠, ㉢
㉰ ㉠, ㉣
㉱ ㉠, ㉢, ㉣

풀이 ㉡ 불과 가까이 사용할 것
㉢ 바람을 등지고 풍상에서 풍하로 사용할 것

03 압력수조를 이용한 옥내소화전설비의 가압송수장치에서 압력수조의 최소압력(MPa)은? (단, 소화용 호스의 마찰손실 수두압은 3MPa, 배관의 마찰손실 수두압은 1MPa, 낙차의 환산수두압은 1.35MPa이다.)

㉮ 5.35
㉯ 5.70
㉰ 6.00
㉱ 6.35

풀이 압력수조를 이용한 가압송수 장치
$P = P_1 + P_2 + P_3 + 0.35$
P : 필요한 압력(MPa)
P1 : 소방용 호스 마찰손실압력(MPa)
P2 : 배간의 마찰손실압
P3 : 낙차의 환산수두압(MPa)
P=3+1+1.35+0.35=5.7MPa

정답 01. ㉰ 02. ㉰ 03. ㉯

04 자연발화가 잘 일어나는 경우와 가장 거리가 먼 것은?
㉮ 주변의 온도가 높을 것
㉯ 습도가 높을 것
㉰ 표면적이 넓을 것
㉱ 전도율이 클 것

풀이 자연발화의 조건 : 발열량이 클 것, 열전도율이 적을 것, 표면적이 넓을 것, 고온다습할 것

05 위험물안전관리에 관한 세부기준에 따르면 이산화탄소소화설비 저장용기는 온도가 몇 ℃ 이하의 장소에 설치하여야 하는가?
㉮ 35
㉯ 40
㉰ 45
㉱ 50

풀이 이산화탄소소화설비 저장용기는 40℃로 한다.

06 할로겐화합물 소화설비가 적응성이 있는 대상물은?
㉮ 제1류 위험물
㉯ 제3류 위험물
㉰ 제4류 위험물
㉱ 제5류 위험물

풀이 제4류 위험물 : 질식소화가 가장 유효함

07 위험물안전관리법령에 따라 제조소등의 관계인이 화재예방과 재해발생시 비상조치를 위하여 작성하는 예방규정에 관한 설명으로 틀린 것은?
㉮ 제조소의 관계인은 해당 제조소에서 지정수량 5배의 위험물을 취급하는 경우 예방규정을 작성하여 제출하여야 한다.
㉯ 지정수량의 200배의 위험물을 저장하는 옥외저장소의 관계인은 예방규정을 작성하여 제출하여야 한다.
㉰ 위험물 시설의 운전 또는 조작에 관한 사항, 위험물 취급작업의 기준에 관한 사항은 예방규정에 포함되어야 한다.
㉱ 제조소 등의 예방규정은 산업안전보건법의 규정에 의한 안전보건관리규정과 통합하여 작성할 수 있다.

풀이 제조소의 관계인 : 해당 제조소에서 지정수량 10배의 위험물을 취급하는 경우 예방규정을 작성하여 제출하여야 한다.

08 고온층(hot zone)이 형성된 유류화재의 탱크 밑면에 물이 고여 있는 경우, 화재의 진행에 따라 바닥의 물이 급격히 증발하여 불붙은 기름을 분출시키는 위험현상을 무엇이라 하는가?

정답 04. ㉱ 05. ㉯ 06. ㉰ 07. ㉮ 08. ㉱

㉮ 화이어볼(fire ball) ㉯ 플래시오버(flash over)
㉰ 슬롭오버(slop over) ㉱ 보일오버(boil over)

> **풀이**
> • 보일오버(Boiling Over) : 탱크 화재시 탱크저면부에 고여 있던 수분이 기화되면서 다량의 기름을 탱크 밖으로 밀어내는 현상
> • 슬롭오버(Slop Over) : 화재 진압시 사용된 수분이 함유된 소화약제가 100℃이상 가열된 기름유와 섞이게 되면서 물이 비등하여 기름을 탱크 밖으로 밀어내는 현상

09 위험장소 중 0종 장소에 대한 설명으로 올바른 것은?
㉮ 정상상태에서 위험 분위기가 장시간 지속적으로 존재하는 장소
㉯ 이상상태 하에서 위험 분위기가 주기적 또는 간헐적으로 생성될 우려가 있는 장소
㉰ 이상상태 하에서 위험 분위기가 단시간 동안 생성될 우려가 있는 장소
㉱ 이상상태 하에서 위험 분위기가 장시간 동안 생성될 우려가 있는 장소

> **풀이** 0종 장소 : 정상상태에서 위험 분위기가 장시간 지속적으로 존재하는 장소

10 제5류 위험물에 대한 설명으로 틀린 것은?
㉮ 대부분 물질 자체에 산소를 함유하고 있다.
㉯ 대표적 성질이 자기반응성 물질이다.
㉰ 가열, 충격, 마찰로 위험성이 증가하므로 주의한다.
㉱ 불연성이지만 가연물과 혼합은 위험하므로 주의한다.

> **풀이** 제5류 위험물 : 자기반응성 물질로서 산소를 함유하고 자연발화를 일으킬 수 있다

11 분말소화약제 중 제1종과 제2종 분말이 각각 열분해 될 때 공통적으로 생성되는 물질은?
㉮ N_2, CO_2 ㉯ N_2, O_2
㉰ H_2O, CO_2 ㉱ H_2O, N_2

> **풀이**
> • $2NaHCO_3 \rightarrow Na_2CO_3 + CO_2 + H_2O$
> • $2KHCO_3 \rightarrow K_2CO_3 + CO_2 + H_2O$

12 요리용 기름의 화재 시 비누화 반응을 일으켜 질식효과와 재발화 방지 효과를 나타내는 소화약재는?
㉮ $NaHCO_3$ ㉯ $KHCO_3$
㉰ $BaCl_2$ ㉱ $NH_4H_2PO_4$

정답 09. ㉮ 10. ㉱ 11. ㉰ 12. ㉮

풀이 제1종 분말소화약제는 비누화 반응을 일으킨다.

13 제1종 분말소화약제의 화학식과 색상이 옳게 연결된 것은?
㉮ $NaHCO_3$ - 백색   ㉯ $KHCO_3$ - 백색
㉰ $NaHCO_3$ - 담홍색   ㉱ $KHCO_3$ - 담홍색

풀이

분류	약제색	화학식
제1종 분말약제	백색	$NaHCO_3$
제2종 분말약제	보라색	$KHCO_3$
제3종 분말약제	담홍색	$NH_4H_2PO_4$
제4종 분말약제	회색	$KHCO_3 + (NH_2)_2CO$

14 제6류 위험물을 저장 또는 취급하는 장소로서 폭발의 위험이 없는 장소에 한하여 적응성이 있는 소화설비는?
㉮ 건조사   ㉯ 포소화기
㉰ 이산화탄소소화기   ㉱ 할로겐화합물소화기

풀이 이산화탄소소화기가 적응성이 있음

15 알칼리금속의 화재시 소화약제로 가장 적합한 것은?
㉮ 물   ㉯ 마른모래
㉰ 이산화탄소   ㉱ 할로게화합물

풀이 알칼리금속 : 제3류 위험물, 금수성 물질에 속하며 마른 모래, 금속화재용 분말소화약제로 질식 소화한다.

16 주유취급소에 설치할 수 있는 위험물 탱크는?
㉮ 고정주유설비에 직접 접속하는 5기 이하의 간이탱크
㉯ 보일러 등에 직접 접속하는 전용탱크로서 10000리터 이하의 것
㉰ 고정급유설비에 직접 접속하는 전용탱크로서 70000리터 이하의 것
㉱ 폐유, 윤활유 등의 위험물을 저장하는 탱크로서 4000리터 이하의 것

풀이 고정급유설비 50000L, 폐유 2000L, 보일러 10000L, 고속도로변 주유취급소 60000L

17 인화점이 21℃ 미만인 액체위험물의 옥외저장탱크 주입구에 설치하는 "옥외저장탱크 주입구"라고 표시한 게시판의 바탕 및 문자색을 옳게 나타낸 것은?

정답   13. ㉮ 14. ㉰ 15. ㉯ 16. ㉯ 17. ㉰

㉮ 백색바탕 - 적색문자   ㉯ 적색바탕 - 백색문자
㉰ 백색바탕 - 흑색문자   ㉱ 흑색바탕 - 백색문자

풀이 규격 : 한변이 0.3m 이면 다른 한변은 0.6m 이상일 것

18. 주택, 학교등의 보호대상물과의 사이에 안전거리를 두지 않아도 되는 위험물시설은?

㉮ 옥내저장소   ㉯ 옥내탱크저장소
㉰ 옥외저장소   ㉱ 일반취급소

풀이 옥내탱크저장소는 안전거리, 보유공지에 해당없음

19. B급 화재의 표시 색상은?

㉮ 백색   ㉯ 황색
㉰ 청색   ㉱ 초록

풀이
• A급(일반화재) : 백색   • B급(유류화재) : 황색
• C급(전기화재) : 청색   • D급(금속화재) : 무색

20. 폭발의 종류에 따른 물질이 잘못 짝지어진 것은?

㉮ 분해폭발 - 아세틸렌, 산화에틸렌
㉯ 분진폭발 - 금속분, 밀가루
㉰ 중합폭발 - 시안화수소, 염화비닐
㉱ 산화폭발 - 히드라진, 과산화수소

풀이 ㉱ 중합폭발, 분해폭발

21. 질산암모늄의 일반적 성질에 대한 설명 중 옳은 것은?

㉮ 조해성을 가진 물질이다.
㉯ 물에 대한 용해도 값이 매우 작다.
㉰ 가열시 분해하여 수소를 발생한다.
㉱ 과일향의 냄새가 나는 백색 결정체이다.

풀이 질산암모늄(NH_4NO_3) : 제1류 위험물 질산염류에 속하며 무색, 무취의 결정으로 조해성이 크다.

22. 적갈색의 고체 위험물은?

㉮ 칼슘   ㉯ 탄화칼슘
㉰ 금속나트륨   ㉱ 인화칼슘

정답 18.㉯ 19.㉯ 20.㉱ 21.㉮ 22.㉱

풀이 인화칼슘(Ca_3P_2) : 제3류 위험물, 금속인화물에 속하며 적갈색고체이며 인화석회라고도 한다.

23. $C_6H_5CH_3$의 일반적 성질이 아닌 것은?
㉮ 벤젠보다 독성이 매우 강하다.
㉯ 진한 질산과 진한 황산으로 니트로화하면 TNT가 된다.
㉰ 비중은 약 0.86이다.
㉱ 물에 녹지 않는다.

풀이 톨루엔 : 제1석유류이며 비수용성이고 독성은 있으나 벤젠보다 약하다.

24. 황화린에 대한 설명 중 옳지 않은 것은?
㉮ 삼황화린은 황색결정으로 공기 중 약 100℃에서 발화할 수 있다.
㉯ 오황화린은 담황색 결정으로 조해성이 있다.
㉰ 오황화린은 물과 접촉하여 황화수소를 발생할 위험이 있다.
㉱ 삼황화린은 차가운 물에도 잘 녹으므로 주의해야 한다.

풀이 삼황화린 : 물, 황산, 염산에 녹지 않고 끓는 물에 분해된다.

25. 위험물 안전관리법령상 인화성 액체의 인화점 시험방법이 아닌 것은?
㉮ 태크(Tag)밀폐식 인화점 측정기에 의한 인화점 측정
㉯ 세타밀폐식 인화점 측정기에 의한 인화점 측정
㉰ 클리브랜드개방식 인화점 측정기에 의한 인화점 측정
㉱ 펜스키-마르텐식 인화점 측정기에 의한 인화점 측정

풀이 ㉱ 해당사항 없음

26. 정기점검 대상에 해당하지 않는 것은?
㉮ 지정수량 15배의 제조소
㉯ 지정수량 40배의 옥내탱크저장소
㉰ 지정수량 50배의 이동탱크저장소
㉱ 지정수량 20배의 지하탱크저장소

풀이 옥내탱크저장소 : 정기점검 대상에서 제외된다.

27. 다음은 P_2S_5와 물의 화학반응이다. ( )에 알맞은 숫자를 차례대로 나열한 것은?

정답 23.㉮ 24.㉱ 25.㉱ 26.㉯ 27.㉰

$$P_2S_5 + (\ )H_2O \rightarrow (\ )H_2S + (\ )H_3PO_4$$

㉮ 2, 8, 5
㉯ 2, 5, 8
㉰ 8, 5, 2
㉱ 8, 2, 5

풀이 $P_2S_5 + (\ 8\ )H_2O \rightarrow (\ 5\ )H_2S + (\ 2\ )H_3PO_4$

28 염소산칼륨에 대한 설명으로 옳은 것은?
㉮ 흑색 분말이다.
㉯ 비중은 4.32이다.
㉰ 글리세린과 에테르에 잘 녹는다.
㉱ 가열에 의해 분해하여 산소를 방출한다.

풀이 백색 분말로서 비중은 2.34이며 가열에 의해 산소를 방출한다.

29 염소산나트륨의 저장 및 취급시 주의할 사항으로 틀린 것은?
㉮ 철제용기에 저장할 수 없다.
㉯ 분해방지를 위해 암모니아를 넣어 저장한다.
㉰ 조해성이 있으므로 방습에 유의한다.
㉱ 용기에 밀전하여 보관한다.

풀이 염소산나트륨($NaClO_3$) : 제1류 위험물로서 암모니아와 같이 저장 시 폭발한다.

30 금속염을 불꽃반응 실험을 한 결과 보라색의 불꽃이 나타났다. 이 금속염에 포함된 금속은 무엇인가?
㉮ Cu
㉯ K
㉰ Na
㉱ Li

풀이

물질	불꽃반응색상
Li	붉은색
Na	노란색
K	보라색

31 과산화수소의 저장 및 취급 방법으로 옳지 않은 것은?
㉮ 갈색 용기를 사용한다.
㉯ 직사광선을 피하고 냉암소에 보관한다.
㉰ 농도가 클수록 위험성이 높아지므로 분해방지 안정제를 넣어 분해를 억제시킨다.
㉱ 장기간 보관시 철분을 넣어 유리용기에 보관한다.

정답 28. ㉱ 29. ㉯ 30. ㉯ 31. ㉱

풀이 과산화수소는 구멍 뚫린 마개를 이용해 보관한다.

32. 다음 ( )안에 적합한 숫자를 차례대로 나열한 것은?

> 자연발화성물질 중 알킬알루미늄 등은 운반용기내의 내용적 ( )% 이하의 수납율로 수납하되, 50℃의 온도에서 ( )% 이상의 공간용적을 유지하도록 할 것

㉮ 90, 5 ㉯ 90, 10
㉰ 95, 5 ㉱ 95, 10

풀이 자연발화성물품 중 알킬알루미늄 등은 내용적의 90% 이하의 수납율로 수납한다. 단, 50℃에서 5% 이상의 공간용적을 유지한다.

33. 위험물탱크의 용량은 탱크의 내용적에서 공간용적을 뺀 용적으로 한다. 이 경우 소화약제 방출구를 탱크안의 윗 분에 설치하는 탱크의 공간용적은 당해 소화설비의 소화약제방출구 아래의 어느 범위의 면으로부터 윗부분의 용적으로 하는가?

㉮ 0.1미터 이상 0.5미터 미만 사이의 면
㉯ 0.3미터 이상 1미터 미만 사이의 면
㉰ 0.5미터 이상 1미터 미만 사이의 면
㉱ 0.5미터 이상 1.5미터 미만 사이의 면

풀이 소화약제 방출구 : 0.3미터 이상 1미터 미만 사이의 면에 설치한다

34. 자기반응성 물질에 해당하는 물질은?

㉮ 과산화칼륨 ㉯ 벤조일퍼옥사이드
㉰ 트리에틸알루미늄 ㉱ 메틸에틸케톤

풀이 자기반응성 물질은 제5류 위험물이다.

35. $KMnO_4$와 반응하여 위험성을 가지는 물질이 아닌 것은?

㉮ H_2SO_4 ㉯ H_2O
㉰ CH_3OH ㉱ $C_2H_5OC_2H_5$

풀이 $KMnO_4$: 제1류 위험물로서 가연물이나 분해를 촉진하는 물질들과 반응하여 위험해진다

36. 과산화수소가 녹지 않는 것은?

㉮ 물 ㉯ 벤젠
㉰ 에테르 ㉱ 알코올

정답 32. ㉮ 33. ㉯ 34. ㉯ 35. ㉯ 36. ㉯

풀이 과산화수소 : 석유 벤젠에는 불용성이다.

37 품명이 제4석유류인 위험물은?
㉮ 중유　　　　　　　　㉯ 기어유
㉰ 등유　　　　　　　　㉱ 클레오소트유

풀이 중유(3석유류), 기어유(4석유류), 등유(2석유류), 클레오소트유(3석유류)

38 지정수량이 50Kg인 것은?
㉮ 칼륨　　　　　　　　㉯ 리튬
㉰ 나트륨　　　　　　　㉱ 알킬알루미늄

풀이 위험등급 Ⅱ에 해당되는 알칼리금속(나트륨, 칼륨제외) 및 알칼리토금속, 유기금속화합물(알킬알루미늄, 알킬리튬제외)이 있다.

39 순수한 금속 나트륨을 고온으로 건조한 공기 중에서 연소시켜 얻는 위험물질은 무엇인가?
㉮ 아염소산나트륨　　　㉯ 염소산나트륨
㉰ 과산화나트륨　　　　㉱ 과염소산나트륨

풀이 $2Na + O_2 \rightarrow Na_2O_2$

40 지중탱크 누액방지판의 구조에 관한 기준으로 틀린 것은?
㉮ 두께는 4.5mm 이상의 강판으로 할 것
㉯ 용접은 맞대기 용접으로 할 것
㉰ 침하 등에 의한 지중탱크 본체의 변위영향을 흡수하지 아니할 것
㉱ 일사 등에 의한 열의 영향 등에 대하여 안전할 것

풀이 누액방지판 : 침하 등에 의한 지중탱크 본체의 변위영향을 흡수할 수 있는 것으로 할 것

41 이황화탄소를 화재 예방 상 물속에 저장하는 이유는?
㉮ 불순물을 물에 용해시키기 위해
㉯ 가연성 증기의 발생을 억제하기 위해
㉰ 상온에서 수소가스를 발생시키기 때문에
㉱ 공기와 접촉하면 즉시 폭발하기 때문에

정답　37. ㉯　38. ㉯　39. ㉰　40. ㉰　41. ㉯

풀이 이황화탄소는 가연성가스발생을 억제하고 물에 녹지 않고 무겁기 때문에 용기나 탱크에 저장 시 물속에 보관한다.

42 물과의 반응으로 산소와 열이 발생하는 위험물은?
㉮ 과염소산칼륨   ㉯ 과산화나트륨
㉰ 질산칼륨   ㉱ 과망간산칼륨

풀이 제1류 위험물 중 무기과산화물은 주수소화금지이다.

43 과산화수소, 질산, 과염소산의 공통적인 특징이 아닌 것은?
㉮ 산화성 액체이다.
㉯ pH 1 미만의 강한 산성 물질이다.
㉰ 불연성 물질이다.
㉱ 물보다 무겁다.

풀이 제6류 위험물 중 과산화수소는 강산화제가 아니다.

44 벤조일퍼옥사이드, 피크린산, 히드록실아민이 각각 200Kg 있을 경우 지정수량의 배수의 합은 얼마인가?
㉮ 22   ㉯ 23
㉰ 24   ㉱ 25

풀이
• 벤조일퍼옥사이드 : 지정수량 10Kg
• 피크린산 : 200Kg
• 히드록실아민 : 100Kg

$$\frac{200}{10} + \frac{200}{200} + \frac{200}{100} = 23$$

45 트리니트로페놀에 대한 설명으로 옳은 것은?
㉮ 발화 방지를 위해 휘발유를 저장한다.
㉯ 구리용기에 넣어 보관한다.
㉰ 무색 투명한 액체이다.
㉱ 알코올, 벤젠 등에 녹는다.

풀이 TNP는 벤젠, 알코올에 용해된다.

정답 42. ㉯ 43. ㉯ 44. ㉯ 45. ㉱

46 물분무소화설비의 방사구역은 몇 m² 이상이어야 하는가? (단, 방호대상물의 표면적이 300m² 이다.)

㉮ 100
㉯ 150
㉰ 300
㉱ 450

> 풀이 물분무소화설비의 방사구역 : 150m² 이상으로 할 것

47 일반적으로 [보기]에서 설명하는 성질을 가지고 있는 위험물은?

> [보기]
> • 불안정한 고체화합물로서 분해가 용이하여 산소를 방출한다.
> • 물과 격렬하게 반응하여 발열한다.

㉮ 무기과산화물
㉯ 과망간산염류
㉰ 과염소산염류
㉱ 중크롬산염류

> 풀이 제1류 위험물 중 무기과산화물은 분해되면 산소를 방출하고 물과 반응해서 격렬한 반응을 하기 때문에 주수소화금지이다.

48 허가량이 1000만 리터인 위험물옥외저장탱크의 바닥판 전면 교체시 법적절차 순서로 옳은 것은?

㉮ 변경허가 - 기술검토 - 안전성능검사 - 완공검사
㉯ 기술검토 - 변경허가 - 안전성능검사 - 완공검사
㉰ 변경허가 - 안전성능검사 - 기술검토 - 완공검사
㉱ 안전성능검사 - 변경허가 - 기술검토 - 완공검사

> 풀이 기술검토 - 변경허가 - 안전성능검사 - 완공검사

49 위험물안전관리자를 선임한 제조소등의 관계인은 그 안전관리자를 해임하거나 안전관리자가 퇴직한 때에는 해임하거나 퇴직한 날부터 며칠 이내에 다시 안전관리자를 선임해야 하는가?

㉮ 10일
㉯ 20일
㉰ 30일
㉱ 40일

> 풀이 안전관리자 해임이나 퇴직한 경우 신고 : 14일 이내에 하고 선임은 30일 이내로 한다.

50 소화난이도등급 I에 해당하는 위험물제조소는 연면적이 몇 m² 이상인 것인가? (단, 면적 외의 조건은 무시한다.)

㉮ 400
㉯ 600
㉰ 800
㉱ 1000

정답 46.㉯ 47.㉮ 48.㉯ 49.㉰ 50.㉱

풀이 옥내저장소 건축물에서 위험등급 I등급(제4류 II등급포함)위험물은 1000m² 이하이다.

51. 위험물제조소등에서 위험물안전관리법상 안전거리 규제 대상이 아닌 것은?
㉮ 제6류 위험물을 취급하는 제조소를 제외한 모든 제조소
㉯ 주유취급소
㉰ 옥외저장소
㉱ 옥외탱크저장소

풀이 주유취급소 : 안전거리 규제 대상이 아니다.

52. 위험물의 화재예방 및 진압대책에 대한 설명 중 틀린 것은?
㉮ 트리에틸알루미늄은 사염화탄소, 이산화탄소와 반응하여 발열하므로 화재시 이들 소화약제는 사용할 수 없다.
㉯ K, Na은 등유, 경유등의 산소가 함유되지 않은 석유류에 저장하여 물과의 접촉을 막는다.
㉰ 수소화리튬의 화재에는 소화약제로 Halon 1211, Halon 1301이 사용되며 특수방호복 및 공기호흡기를 착용하고 소화한다.
㉱ 탄화알루미늄은 물과 반응하여 가연성의 메탄가스를 발생하고 발열하므로 물과의 접촉을 금한다.

풀이 금속과 할로겐이 만나면 독성물질과 가연성 증기를 발생시킨다.

53. 소화설비의 기준에서 용량 160L 팽창질석의 능력 단위는?
㉮ 0.5 ㉯ 1.0
㉰ 1.5 ㉱ 2.5

풀이 팽창질석 또는 팽창진주암(삽1개포함) 160L가 1단위이다.

54. 과산화나트륨 78g과 충분한 양의 물이 반응하여 생성되는 기체의 종류와 생성량을 옳게 나타낸 것은?
㉮ 수소, 1g ㉯ 산소, 16g
㉰ 수소, 2g ㉱ 산소, 32g

풀이 $2Na_2O_2 + 2H_2O \rightarrow 4NaOH + O_2 \uparrow$
$Na_2O_2 = 78g$ 이므로
$2 \times 78 : 32 = 1 \times 78 : x$
$x = 16g$

51. ㉯ 52. ㉰ 53. ㉯ 54. ㉯

55 순수한 것은 무색, 투명한 기름상의 액체이고 공업용은 담황색인 위험물로 충격, 마찰에는 매우 예민하고 겨울철에는 동결할 우려가 있는 것은?
㉮ 펜트리트 ㉯ 트리니트로벤젠
㉰ 니트로글리세린 ㉱ 질산메틸

풀이 제5류 위험물인 니트로글리세린은 무색투명한 기름형태의 액체이며 공업용은 담황색이다.

56 황린의 저장 및 취급에 관한 주의사항으로 틀린 것은?
㉮ 발화점이 낮으므로 화기에 주의한다.
㉯ 백색 또는 담황색의 고체이며 물에 녹지 않는다.
㉰ 물과의 접촉을 피한다.
㉱ 자연발화성이므로 주의한다.

풀이 황린(P_4) : 물속에 넣어서 저장한다.

57 다음 중 물에 가장 잘 용해되는 위험물은?
㉮ 벤조알데히드 ㉯ 이소프로필알코올
㉰ 휘발유 ㉱ 에테르

풀이 알코올류 : 물에 잘 용해된다.

58 특수인화물의 일반적인 성질에 대한 설명으로 가장 거리가 먼 것은?
㉮ 비점이 높다. ㉯ 인화점이 낮다.
㉰ 연소 하한값이 낮다. ㉱ 증기값이 높다.

풀이 특수인화물 : 인화점이 $-20℃$ 이하이고 비점이 $40℃$ 이고 발화점이 $100℃$ 이하이다.

59 제2류 위험물에 해당하는 것은?
㉮ 철분 ㉯ 나트륨
㉰ 과산화칼륨 ㉱ 질산메틸

풀이 ㉮ 제2류 위험물
㉯ 제3류 위험물
㉰ 제1류 위험물
㉱ 제4류 위험물

정답 55. ㉰ 56. ㉰ 57. ㉯ 58. ㉮ 59. ㉮

60 위험물안전관리법령상 위험물의 품명별 지정수량의 단위에 관한 설명 중 옳은 것은?

㉮ 액체인 위험물은 지정수량의 단위를 "리터"로 하고, 고체인 위험물은 지정수량의 단위를 "킬로그램"으로 한다.
㉯ 액체만 포함된 유별은 "리터"로 하고, 고체만 포함된 유별은 "킬로그램"으로 하고, 액체와 고체가 포함된 유별은 "리터"로 한다.
㉰ 산화성인 위험물은 "킬로그램"으로 하고, 가연성인 위험물은 "리터"로 한다.
㉱ 자기반응성물질과 산화성물질은 액체와 고체의 구분에 관계없이 "킬로그램"으로 한다.

풀이 제4류 위험물 인화성액체(l)를 제외하고는 모든 단위가 Kg이다.

60. ㉱

위험물기능사 기출문제 02 — 2011년 4월 17일 시행

01 다음 중 산화반응이 일어날 가능성이 가장 큰 화합물은?
㉮ 아르곤
㉯ 질소
㉰ 일산화탄소
㉱ 이산화탄소

풀이 ㉮ 주기율표 0족 원소
㉯ 질소 : 산화반응은 하지만 흡열반응물
㉱ 이산화탄소 : 산화반응이 완결된 안정된 산화물

02 가연성 액체의 연소형태를 옳게 설명한 것은?
㉮ 연소범위의 하한보다 낮은 범위에서라도 점화원이 있으면 연소한다.
㉯ 가연성 증기의 농도가 높으면 높을수록 연소가 쉽다.
㉰ 가연성 액체의 증발연소는 액면에서 발생하는 증기가 공기와 혼합하여 타기 시작한다.
㉱ 증발성이 낮은 액체일수록 연소가 쉽고, 연소속도는 빠르다.

풀이 가연성 액체 : 액체 표면에서 증발하는 가연성 증기가 공기와 혼합해서 연소한다.

03 화재 발생시 물을 이용한 소화를 하면 오히려 위험성이 증대되는 것은?
㉮ 황린
㉯ 적린
㉰ 탄화알루미늄
㉱ 니트로셀룰로오스

풀이 탄화알루미늄 - 메탄가스발생
$Al_4C_3 + 12H_2O \rightarrow 4Al(OH)_3 + 3CH_4 \uparrow$

04 제5류 위험물의 화재에 적응성이 없는 소화설비는?
㉮ 옥외소화전설비
㉯ 스프링클러설비
㉰ 물분무소화설비
㉱ 할로겐화합물소화설비

풀이 5류 위험물 : 일반적으로 냉각소화

정답 01. ㉰ 02. ㉰ 03. ㉰ 04. ㉱

05 금속칼륨에 화재가 발생했을 때 사용할 수 없는 소화약제는?
㉮ 이산화탄소　　　　　　㉯ 건조사
㉰ 팽창질석　　　　　　　㉱ 팽창진주암

풀이 금속칼륨 : 이산화탄소 소화약제와 반응시 폭발한다.

06 제5류 위험물의 화재의 예방과 진압 대책으로 옳지 않은 것은?
㉮ 서로 1m 이상의 간격을 두고 유별로 정리한 경우라도 제3류 위험물과는 동일한 옥내저장소에 저장할 수 없다.
㉯ 위험물제조소의 주의사항 게시판에는 주의사항으로 "화기엄금"만 표기하면 된다.
㉰ 이산화탄소소화기와 할로겐화합물소화기는 모두 적응성이 없다.
㉱ 운반용기의 외부에는 주의사항으로 "화기엄금"만 표시하면 된다.

풀이 5류 위험물의 주의사항 : "화기엄금 및 충격주의"

07 다음 중 가연물이 될 수 없는 것은?
㉮ 질소　　　　　　　　　㉯ 나트륨
㉰ 니트로셀롤로오스　　　㉱ 나프탈렌

풀이 질소 : 흡열반응을 하므로 가연물이 될 수 없다.

08 일반 건축물화재에서 내장재로 사용한 폴리스티렌 폼(polystyrene foam)이 화재 중 연소를 했다면 이 플라스틱의 연소형태는?
㉮ 증발연소　　　　　　　㉯ 자기연소
㉰ 분해연소　　　　　　　㉱ 표면연소

풀이 플라스틱 : 분해연소

09 분진폭발시 소화방법에 대한 설명으로 틀린 것은?
㉮ 금속분에 대하여는 물을 사용하지 않아야 한다.
㉯ 분진폭발시 직사주수에 의하여 순간적으로 소화하여야 한다.
㉰ 분진폭발은 보통 단 한번으로 끝나지 않을 수 있으므로 제2차, 3차의 폭발에 대비하여야 한다.
㉱ 이산화탄소와 할로겐화합물의 소화약제는 금속분에 대하여 적절하지 않다.

풀이 분진폭발시 직사주수는 화재를 확대시킴

정답 05. ㉮　06. ㉱　07. ㉮　08. ㉰　09. ㉯

10 20℃의 물 100kg이 100℃ 수증기로 증발하면 최대 몇 kcal의 열량을 흡수할 수 있는가?
㉮ 540　　　　　　　　　　㉯ 7800
㉰ 62000　　　　　　　　　㉱ 108000

풀이 ① 20℃ 물 100kg이 100℃ 물로 변하는 열량 1×100×80=8000kcal
② 100℃ 물 100kg이 수증기로 변하는 열량 100×539=53900kcal
전체열량 = ① + ② = 61900 ≒ 62000kcal

11 식용유 화재시 제1종 분말소화약제를 이용하여 화재의 제어가 가능하다. 이때의 소화원리에 가장 가까운 것은?
㉮ 촉매효과에 의한 질식소화　　㉯ 비누화 반응에 의한 질식소화
㉰ 요오드화에 의한 냉각소화　　㉱ 가수분해 반응에 의한 냉각소화

풀이 1종분말(중탄산나트륨) : 식용유 화재시 비누화 현상은 질식소화 효과가 있다.

12 위험물제조소 등의 전기설비에 적응성이 있는 소화설비는?
㉮ 봉상수소화기　　　　　㉯ 포소화설비
㉰ 옥외소화전설비　　　　㉱ 물분무소화설비

풀이 물분무소화설비 : 전기설비에 적응성이 있다.

13 소화기 속에 압축되어 있는 이산화탄소 1.1kg을 표준상태에서 분사하였다. 이산화탄소의 부피는 몇 m³이 되는가?
㉮ 0.56　　　　　　　　　㉯ 5.6
㉰ 11.2　　　　　　　　　㉱ 24.6

풀이 $V = \dfrac{nRT}{P} = \dfrac{1.1/44 \times 0.082 \times 273}{1} = 0.559$
≒ 0.56

14 유류화재에 해당하는 표시 색상은?
㉮ 백색　　　　　　　　　㉯ 황색
㉰ 청색　　　　　　　　　㉱ 흑색

풀이 일반화재 : 백색

정답　10.㉰　11.㉯　12.㉱　13.㉮　14.㉯

15. 위험물관리법령의 소화설비의 적응성에서 소화설비의 종류가 아닌 것은?
- ㉮ 물분무소화설비
- ㉯ 방화설비
- ㉰ 옥내소화전설비
- ㉱ 물통

풀이 방화설비 : 소화용수설비

16. NH₄H₂PO₄이 열분해하여 생성되는 물질 중 암모니아와 수증기의 부피 비율은?
- ㉮ 1 : 1
- ㉯ 1 : 2
- ㉰ 2 : 1
- ㉱ 3 : 2

풀이 $NH_4H_2PO_4 \rightarrow HPO_3 + NH_3 + H_2O$

17. 폭굉 유도거리(DID)가 짧아지는 조건이 아닌 것은?
- ㉮ 관경이 클수록 짧아진다.
- ㉯ 압력이 높을수록 짧아진다.
- ㉰ 점화원의 에너지가 클수록 짧아진다.
- ㉱ 관속에 이물질이 있을 경우 짧아진다.

풀이 관경이 작을수록 폭굉 유도거리가 짧아진다.

18. 과산화나트륨의 화재 시 물을 사용한 소화가 위험한 이유는?
- ㉮ 수소와 열을 발생하므로
- ㉯ 산소와 열을 발생하므로
- ㉰ 수소를 발생하고 열을 흡수하므로
- ㉱ 산소를 발생하고 열을 흡수하므로

풀이 무기과산화물 : 제1류 위험물로서 물과 접촉시 산소와 열을 발생한다.

19. 탄산수소나트륨과 황산알루미늄의 소화약제가 반응을 하여 생성되는 이산화탄소를 이용하여 화재를 진압하는 소화약제는?
- ㉮ 단백포
- ㉯ 수성막포
- ㉰ 화학포
- ㉱ 내알코올포

풀이
- 외약제 : 중탄산나트륨, 기포안정제
- 내약제 : 황산알루미늄

20. 옥외탱크저장소의 방유제 내에 화재가 발생한 경우의 소화활동으로 적당하지 않은 것은?

정답 15.㉯ 16.㉮ 17.㉮ 18.㉯ 19.㉰ 20.㉱

㉮ 탱크화재로 번지는 것을 방지하는데 중점을 둔다.
㉯ 포에 의하여 덮어진 부분은 포의 막이 파괴되지 않도록 한다.
㉰ 방유제가 큰 경우에는 방유제 내의 화재를 제압한 후 탱크화재의 방어에 임한다.
㉱ 포를 방사할 때는 방유제에서부터 가운데 쪽으로 포를 흘러 보내듯이 방사하는 것이 원칙이다.

풀이 ㉱는 해당사항 없음

21. 연소시 아황산가스를 발생하는 것은?

㉮ 황 ㉯ 적린
㉰ 황린 ㉱ 인화칼슘

풀이 황의 연소반응식
연소시 아황산가스 발생(SO_2)
$S + O_2 \rightarrow SO_2$

22. 제2류 위험물의 취급상 주의사항에 대한 설명으로 옳지 않은 것은?

㉮ 적린은 공기 중에 방치하면 자연발화 한다.
㉯ 유황은 정전기가 발생하지 않도록 주의해야 한다.
㉰ 마그네슘의 화재시 물, 이산화탄소소화약제 등은 사용할 수 없다.
㉱ 삼황화린은 100℃ 이상 가열하면 발화할 위험이 있다.

풀이 적린(P) : 발화온도 260℃로 자연발화 하지 않음

23. 가솔린의 연소범위에 가장 가까운 것은?

㉮ 1.4 ~ 7.6% ㉯ 2.0 ~ 23.0%
㉰ 1.8 ~ 36.5% ㉱ 1.0 ~ 50.0%

풀이 가솔린의 연소범위 : 1.4 ~ 7.6%

24. 과망간산칼륨에 대한 설명으로 옳은 것은?

㉮ 물에 잘 녹는 흑자색의 결정이다.
㉯ 에탄올, 아세톤에 녹지 않는다.
㉰ 물에 녹았을 때는 노란색을 띤다.
㉱ 강 알칼리와 반응하여 수소를 발출하며, 폭발한다.

풀이 과망간산칼륨($KMnO_4$) : 흑자색의 결정, 물에 녹아서 진한 보라색을 나타내고 강한 산화력이 있다.

정답 21. ㉮ 22. ㉮ 23. ㉮ 24. ㉮

25. 위험물안전관리법의 규정상 운반차량에 혼재해서 적재할 수 없는 것은? (단, 지정수량의 10배인 경우이다.)

㉮ 염소화규소화합물 - 특수인화물 ㉯ 고형알코올 - 니트로화합물
㉰ 염소산염류 - 질산 ㉱ 질산구아니딘 - 황린

풀이
- 질산구아니딘 : 제5류 위험물
- 황린 : 제3류 위험물로서 혼재가 불가능함

26. 위험물안전관리법에서 정한 위험물의 운반에 관한 다음 내용 중 ( ) 안에 들어갈 용어가 아닌 것은?

> 위험물의 운반은 ( ), ( ) 및 ( )에 관해 법에서 정한 중요기준과 세부기준을 따라 행하여야 한다.

㉮ 용기 ㉯ 적재방법
㉰ 운반방법 ㉱ 검사방법

풀이 위험물 운반 : 용기, 적재방법, 운반방법에 관해 법에서 정한 중요기준과 세부기준을 따라 행하여야 한다.

27. 경유에 관한 설명으로 옳은 것은?

㉮ 증기비중은 1 이하이다.
㉯ 제3석유류에 속한다.
㉰ 착화온도는 가솔린보다 낮다.
㉱ 무색의 액체로서 원유 증류시 가장 먼저 유출되는 유분이다.

풀이 경유 착화온도 : 257℃로 가솔린의 착화온도 300℃보다 낮다.

28. 위험물안전관리법에서 정의하는 다음 용어는 무엇인가?

> "인화성 또는 발화성 등의 성질을 가지는 것으로서 대통령령이 정하는 물품을 말한다."

㉮ 위험물 ㉯ 인화성물질
㉰ 자연발화성물질 ㉱ 200만

풀이 위험물의 정의에 관한 문제이다.

29. 물분무소화설비의 설치기준으로 적합하지 않은 것은?

㉮ 고압의 저기설비가 있는 장소에는 당해 전기설비와 분무헤드 및 배관과 사이에 전기절연을 위하여 필요한 공간을 보유한다.

정답 25.㉱ 26.㉱ 27.㉰ 28.㉮ 29.㉱

㉓ 스트레이너 및 일제개방밸브는 제어밸브의 하류 측 부근에 스트레이너, 일제개방밸브의 순으로 설치한다.
㉣ 물분무소화설비에 2 이상의 방사구역을 두는 경우에는 화재를 유효하게 소화할 수 있도록 인접하는 방사구역이 상호 중복되도록 한다.
㉤ 수원의 수위가 수평회전식펌프보다 낮은 위치에 있는 가압송수장치의 물올림장치는 타설비와 겸용하여 설치한다.

풀이 물올림 장치 : 타설비와 겸용하지 않는다.

30
고정 지붕 구조를 가진 높이 15m의 원통종형 옥외저장탱크안의 탱크 상부로부터 아래로 1m 지점에 포방출구가 설치되어 있다. 이 조건의 탱크를 신설하는 경우 최대 허가량은 얼마인가? (단, 탱크의 단면적은 100m²이고, 탱크 내부에는 별다른 구조물이 없으며, 공간용적 기준을 만족하는 것으로 가정한다.)

㉮ 1400m³ ㉯ 1370m³
㉰ 1350m³ ㉱ 1300m³

풀이 허가량 : $14 \times 100 \times 0.98 = 1372m^3$

31
지정수량 10배의 벤조일퍼옥사이드 운송 시 혼재할 수 있는 위험물류로 옳은 것은?

㉮ 제1류 ㉯ 제2류
㉰ 제3류 ㉱ 제6류

풀이 벤조일퍼옥사이드(BPO) : 제5류 위험물로서 2류 위험물과 혼재 가능하다.

32
종별 분말소화약제의 주성분이 잘못 연결된 것은?

㉮ 제1종 분말 - 탄산수소나트륨
㉯ 제2종 분말 - 탄산수소칼륨
㉰ 제3종 분말 - 제1인산암모늄
㉱ 제4종 분말 - 탄산수소나트륨과 요소의 반응생성물

풀이 제4종 분말 : 탄산수소칼륨과 요소의 반응생성물이다.

33
이동탱크저장소의 위험물 운송에 있어서 운송책임자의 감독, 지원을 받아 운송하여야 하는 위험물의 종류에 해당하는 것은?

㉮ 칼륨 ㉯ 알킬알루미늄
㉰ 질산에스테르류 ㉱ 아염소산염류

정답 30. ㉯ 31. ㉯ 32. ㉱ 33. ㉯

풀이 알킬알루미늄 및 알킬리튬 : 제3류 위험물로서 운송책임자의 감독, 지원을 받아 운송하여야 한다.

34 오황화린이 물과 반응하였을 때 생성된 가스를 연소 시키면 발생하는 독성이 있는 가스는?
㉮ 이산화질소 ㉯ 포스겐
㉰ 염화수소 ㉱ 이산화황

풀이 물과 반응식
$P_2S_5 + 8H_2O \rightarrow 5H_2S\uparrow + 2H_3PO_4$
$2H_2S + 3O_2 \rightarrow 5H_2S + 2SO_2$
오황화린이 물과 반응을 하면 황화수소가 생성. 황화수소가 연소하면 독성의 이산화황이 생성된다.

35 제2류 위험물에 속하지 않는 것은?
㉮ 구리분 ㉯ 알루미늄분
㉰ 크롬분 ㉱ 몰리브덴분

풀이 구리분·니켈분 및 150마이크로미터의 체를 통과하는 것이 50중량퍼센트 미만인 것은 제외

36 소화난이도등급 Ⅰ의 옥내탱크저장소(인화점 70℃ 이상의 제4류 위험물만을 저장, 취급하는 것)에 설치하여야 하는 소화설비가 아닌 것은?
㉮ 고정식 포소화설비
㉯ 이동식 외의 할로겐화합물소화설비
㉰ 스프링클러설비
㉱ 물분무소화설비

풀이 스프링클러설비 : 주수에 의한 냉각소화로 4류 위험물의 소화에 적합하지 않다.

37 [보기]의 위험물 중 비중이 물보다 큰 것은 모두 몇 개인가?

[보기] 과염소산, 과산화수소, 질산

㉮ 0 ㉯ 1
㉰ 2 ㉱ 3

풀이 모두 제6류 위험물로서 비중이 1보다 크다.

정답 34. ㉱ 35. ㉮ 36. ㉰ 37. ㉱

38 알루미늄분의 위험성에 대한 설명 중 틀린 것은?
㉮ 뜨거운 물과 접촉시 격렬하게 반응한다.
㉯ 산화제와 혼합하면 가열, 충격 등으로 발화할 수 있다.
㉰ 연소시 수산화알루미늄과 수소를 발생한다.
㉱ 염산과 반응하여 수소를 발생한다.

> 풀이 물과 접촉시 수산화알루미늄과 수소를 발생한다.
> $2Al + 6H_2O \rightarrow 2Al(OH)_3 + 3H_2 \uparrow$

39 적린과 혼합하여 반응하였을 때 오산화인을 발생하는 것은?
㉮ 물   ㉯ 황린
㉰ 에틸알코올   ㉱ 염소산칼륨

> 풀이 염소산칼륨($KClO_3$) : 산화제로서 적린과 반응하여 오산화인을 발생한다.

40 지정수량이 나머지 셋과 다른 것은?
㉮ 과염소산칼륨   ㉯ 과산화나트륨
㉰ 유황   ㉱ 금속칼슘

> 풀이 ㉮ 50kg ㉯ 50kg
>   ㉰ 100kg ㉱ 50kg

41 위험물안전관리법령에서 규정하고 있는 옥내소화전설비의 설치기준에 관한 내용 중 옳은 것은?
㉮ 제조소등 건축물의 층마다 당해 층의 각 부분에서 하나의 호스접속구까지의 수평거리는 25m 이하가 되도록 설치한다.
㉯ 수원의 수량은 옥내소화전이 가장 많이 설치된 층의 옥내소화전 설치개수(설치개수가 5개 이상인 경우는 5개)에 $18.6m^3$를 곱한 양 이상이 되도록 설치한다.
㉰ 옥내소화전설비는 각 층을 기준으로 하여 당해 층의 모든 옥내소화전(설치개수가 5개 이상인 경우 는 5개의 옥내소화전)을 동시에 사용할 경우에 각 노즐선단의 방수압력이 170kpa 이상의 성능이 되도록 한다.
㉱ 옥내소화전설비는 각 층을 기준으로 하여 당해 층의 모든 옥내소화전(설치개수가 5개 이상 인 경우는 5개의 옥내소화전)을 동시에 사용할 경우에 각 노즐선단의 방수량이 1분당 130 l 이상의 성능이 되도록 한다.

> 풀이 옥내소화전 : 소방대상물과 옥내소화전 방수구와의 거리는 수평거리 25m 이하

정답 38. ㉰ 39. ㉱ 40. ㉰ 41. ㉮

42 위험물안전관리법령의 위험물 운반에 관한 기준에서 고체위험물은 운반용기 내용적의 몇 % 이하의 수납율로 수납하여야 하는가?

㉮ 80 ㉯ 85
㉰ 90 ㉱ 95

┈┈┈┈┈┈┈┈┈┈
풀이 고체위험물 : 운반용기 내용적의 95% 이하로 수납 할 것

43 제5류 위험물인 트리니트로톨루엔 분해시 주 생성물에 해당하지 않는 것은?

㉮ CO ㉯ N_2
㉰ NH_3 ㉱ H_2

┈┈┈┈┈┈┈┈┈┈
풀이 트리니트로톨루엔(TNT) : 분해시 일산화탄소, 질소, 수소, 탄소가 생성된다.

44 히드라진의 지정수량은 얼마 인가?

㉮ 200kg ㉯ 200 l
㉰ 2000kg ㉱ 2000 l

┈┈┈┈┈┈┈┈┈┈
풀이 히드라진(N_2H_4) : 인화점 38℃, 제4류 위험물 제2석유류(수용성)으로 지정수량은 2000 l 이다.

45 탄화칼슘을 물과 반응시키면 무슨 가스가 발생하는가?

㉮ 에탄 ㉯ 에틸렌
㉰ 메탄 ㉱ 아세틸렌

┈┈┈┈┈┈┈┈┈┈
풀이 탄화칼슘을 물과 반응시키면 수산화칼슘과 아세틸렌(C_2H_2)이 생성된다.
$CaC_2 + 2H_2O \rightarrow Ca(OH)_2 + C_2H_2$

46 위험물안전관리법령에서 정의하는 "특수인화물"에 대한 설명으로 옳은 것은?

㉮ 1기압에서 발화점이 150℃ 이상인 것
㉯ 1기압에서 인화점이 40℃ 미만인 고체물질 인 것
㉰ 1기압에서 인화점이 −20℃ 이하이고, 비점이 40℃ 이하 인 것
㉱ 1기압에서 인화점이 21℃ 이상 70℃ 미만인 가연성물질 인 것

┈┈┈┈┈┈┈┈┈┈
풀이 특수인화물 : 1기압에서 인화점이 −20℃ 이하, 비점이 40℃ 이하 인 것

정답 42.㉱ 43.㉰ 44.㉱ 45.㉱ 46.㉰

47 물과 반응하여 발열하면서 위험성이 증가하는 것은?
㉮ 과산화칼륨 ㉯ 과망간산나트륨
㉰ 요오드산칼륨 ㉱ 과염소산칼륨

풀이 과산화칼륨(K_2O_2) : 제1류 위험물 무기과산화물로 물과 접촉시 발열한다.

48 제6류 위험물 성질 중 알맞은 것은?
㉮ 금수성물질 ㉯ 산화성액체
㉰ 산화성고체 ㉱ 자연발화성물질

풀이 6류 위험물 : 산화성액체

49 물과 친화력이 있는 수용성 용매의 화재에 보통의 포소화약제를 사용하지만 포가 파괴되기 때문에 소화 효과를 잃게 된다. 이와 같은 성질을 보완한 소화약제로 가연성인 수용성 용매의 화재에 유효한 효과를 가지고 있는 것은?
㉮ 알코올형포소화약제
㉯ 단백포소화약제
㉰ 합성계면활성제포소화약제
㉱ 수성막포소화약제

풀이 알코올 포소화약제 : 수용성인 가연물의 화재에 사용할 수 있게 개발된 소화약제

50 위험물 제조소에서 연소 우려가 있는 외벽을 기산점이 되는 선으로부터 3m(2층 이상의 층에 대해서는 5m) 이내에 있는 외벽을 말하는데 이 기산점이 되는 선에 해당하지 않는 것은?
㉮ 동일 부지내의 다른 건축물과 제조소 부지 간의 중심선
㉯ 제조소등에 인접한 도로의 중심선
㉰ 제조소등이 설치된 부지의 경계선
㉱ 제조소등의 외벽과 동일 부지내의 다른 건축물의 외벽간의 중심선

풀이 동일 부지내의 다른 건축물과 제조소 부지 간의 중심선은 제외됨

51 제1류 위험물이 아닌 것은?
㉮ 과요오드산염 ㉯ 퍼옥소붕산염류
㉰ 요오드의 산화 ㉱ 금속의 아지화합물

풀이 금속의 아지화합물 : 제5류 위험물

정답 47.㉮ 48.㉯ 49.㉮ 50.㉮ 51.㉱

52 제조소등에 있어서 위험물의 저장하는 기준으로 잘못된 것은?

㉮ 황린은 제3류 위험물이므로 물기가 없는 건조한 장소에 저장하여야 한다.
㉯ 덩어리상태의 유황과 화약류에 해당하는 위험물은 위험물용기에 수납하지 않고 저장할 수 있다.
㉰ 옥내저장소에서는 용기에 수납하여 저장하는 위험물의 온도가 55℃를 넘지 아니하도록 필요한 조치를 강구하여야 한다.
㉱ 이동저장탱크에는 저장 또는 취급하는 위험물의 유별, 품명, 최대수량 및 적재중량을 표시하고 잘 보일 수 있도록 관리하여야 한다.

풀이 황린(P_4) : 제3류 위험물로서 물속에 저장한다.

53 마그네슘분의 일반적인 성질에 대한 설명 중 틀린 것은?

㉮ 은백색의 광택이 있는 금속분말이다.
㉯ 더운물과 반응하여 산소를 발생한다.
㉰ 열전도율 및 전기전도도가 큰 금속이다.
㉱ 황산과 반응하여 수소가스를 발생한다.

풀이 마그네슘분 : 물과 반응하여 수소를 발생함
$$Mg + 2H_2O \rightarrow Mg(OH)_2 + H_2\uparrow$$

54 톨루엔의 위험성에 대한 설명으로 틀린 것은?

㉮ 증기비중은 약 0.87이므로 높은 곳에 체류하기 쉽다.
㉯ 독성이 있으나 벤젠보다는 약하다.
㉰ 약 4℃의 인화점을 갖는다.
㉱ 유체 마찰 등으로 정전기가 생겨 인화하기도 한다.

풀이 톨루엔 : 제4류 위험물 1석유류, 증기비중이 1보다 커서 낮은 곳에 체류하기 쉽다.

55 경유 2000 l, 글리세린 2000 l를 같은 장소에 저장하려 한다. 지정수량의 배수의 합은 얼마인가?

㉮ 2.5 ㉯ 3.0
㉰ 3.5 ㉱ 4.0

풀이 지정수량은 경유 1000 l, 글리세린 4000 l 이므로 저장배수는
$$\frac{2000}{1000} + \frac{2000}{4000} = 2.5$$

정답 52.㉮ 53.㉯ 54.㉮ 55.㉮

56 제3류 위험물이 아닌 것은?
㉮ 마그네슘 ㉯ 나트륨
㉰ 칼륨 ㉱ 칼슘

풀이 마그네슘 : 제2류 위험물

57 적재 시 일광의 직사를 피하기 위하여 차광성 있는 피복으로 가려야 하는 위험물은?
㉮ 아세트알데히드 ㉯ 아세톤
㉰ 에틸알코올 ㉱ 아세트산

풀이 제4류 위험물 중 특수인화물은 차광성이 있는 피복으로 가릴 것 - 아세트알데히드

58 분진 폭발이 위험이 가장 낮은 것은?
㉮ 아연분 ㉯ 시멘트
㉰ 밀가루 ㉱ 커피

풀이 시멘트 : 불연성이므로 분진 폭발의 위험이 낮다

59 물과 반응하여 수소를 발생하는 물질로 불꽃 반응 시 노란색을 나타내는 것은?
㉮ 칼륨 ㉯ 과산화칼륨
㉰ 과산화나트륨 ㉱ 나트륨

풀이 나트륨(Na) : 불꽃 반응시 노란색을 띤다.

60 다음 중 삼황화인이 가장 잘 녹는 물질은?
㉮ 차가운 물 ㉯ 이황화탄소
㉰ 염산 ㉱ 황산

풀이 삼황화인(P_4S_3) : 제2류 위험물로서 이황화탄소(CS_2)에 잘 녹는다.

정답 56. ㉮ 57. ㉮ 58. ㉯ 59. ㉱ 60. ㉯

위험물기능사 기출문제 03 — 2011년 7월 31일 시행

01 고정식의 포소화설비의 기준에서 포헤드방식의 포헤드는 방호대상물의 표면적 몇 m^2 당 1개 이상의 헤드를 설치하여야 하는가?
- ㉮ 3
- ㉯ 9
- ㉰ 15
- ㉱ 30

풀이 포헤드 헤드 : 표면적 $9m^2$ 마다 1개 이상

02 지정수량의 100배 이상을 저장 또는 취급하는 옥내저장소에 설치하여야 하는 경보설비는? (단, 고인화점 위험물만 저장 또는 취급하는 것은 제외한다.)
- ㉮ 비상경보설비
- ㉯ 자동화재탐지설비
- ㉰ 비상방송설비
- ㉱ 확성장치

풀이 자동화재탐지설비 : 지정수량 100배 이상의 위험물을 저장, 취급하는 곳에 설치

03 위험물안전관리법령상 스프링클러헤드는 부착장소의 평상시 최고주위온도가 28℃ 미만인 경우 몇 ℃의 표시온도를 갖는 것을 설치해야 하는가?
- ㉮ 58미만
- ㉯ 58이상 79미만
- ㉰ 79이상 121미만
- ㉱ 121이상 162미만

풀이 최고주위온도가 28℃ 미만은 표시온도 58 미만임

04 가연물이 되기 쉬운 조건이 아닌 것은?
- ㉮ 산화반응의 활성이 크다.
- ㉯ 표면적이 넓다
- ㉰ 활성화에너지가 크다.
- ㉱ 열전도율이 낮다.

풀이 가연물의 조건
① 발열량이 클 것
② 열전도율이 작을 것
③ 활성화에너지가 작을 것
④ 표면적이 넓을 것

05 A, B, C급 화재에 모두 적응성이 있는 소화약제는?

정답 01.㉯ 02.㉯ 03.㉮ 04.㉰ 05.㉰

㉮ 제1종 분말소화약제 ㉯ 제2종 분말소화약제
㉰ 제3종 분말소화약제 ㉱ 제4종 분말소화약제

풀이 제3종 분말소화약제($NH_4H_2PO_4$) : A, B, C급 화재에 모두 적응성이 있다

06. 유기과산화물의 화재 시 적응성이 있는 소화설비는?

㉮ 물분무소화설비 ㉯ 이산화탄소소화설비
㉰ 할로겐화합물소화설비 ㉱ 분말소화설비

풀이 유기과산화물 : 제5류 위험물, 주수소화를 원칙으로 한다.

07. 주수소화가 적합하지 않은 물질은?

㉮ 과산화벤조일 ㉯ 과산화나트륨
㉰ 피크린산 ㉱ 염소산나트륨

풀이 과산화나트륨(Na_2O_2) : 제1류 위험물의 무기과산화물로 주수소화시 산소를 발생한다.
$2Na_2O_2 + 2H_2O \rightarrow 4NaOH + O_2 \uparrow$

08. 디에틸에테르의 저장 시 소량의 염화칼슘을 넣어주는 목적은?

㉮ 정전기 발생 방지 ㉯ 과산화물 생성방지
㉰ 저장용기의 부식방지 ㉱ 동결방지

풀이 디에틸에테르 : 정전기를 발생을 방지하기 위해 $CaCl_2$를 넣어줌

09. 소화난이등급 II의 옥내탱크저장소에는 대형수동식 소화기 및 소형수동식 소화기를 각각 몇 개 이상 설치하여야 하는가?

㉮ 4 ㉯ 3
㉰ 2 ㉱ 1

풀이 옥내탱크저장소 : 대형수동식 및 소형수동식 소화기 각 1개 이상 설치한다

10. 제3류 위험물 중 금수성물질을 취급하는 제조소에 설치하는 주의사항 게시판의 내용과 색상으로 옳은 것은?

㉮ 물기엄금 : 백색바탕에 청색문자 ㉯ 물기엄금 : 청색바탕에 백색문자
㉰ 물기주의 : 백색바탕에 청색문자 ㉱ 물기주의 : 청색바탕에 백색문자

풀이 금수성물질 : 물기엄금(청색바탕, 백색문자)

정답 06.㉮ 07.㉯ 08.㉮ 09.㉱ 10.㉯

11 폭발시 연소파의 전파속도 범위에 가장 가까운 것은?
㉮ 0.1 ~ 10m/s
㉯ 100 ~ 1000m/s
㉰ 2000 ~ 3500m/s
㉱ 5000 ~ 10000m/s

풀이 폭발 연소속도 : 0.1m/sec ~ 10m/sec

12 제조소 등의 완공검사신청서는 어디에 제출해야 하는가?
㉮ 소방방재청장
㉯ 소방방재청장 또는 시, 도지사
㉰ 소방방재청장, 소방서장 또는 한국소방산업기술원
㉱ 시, 도지사, 소방서장 또는 한국소방산업기술원

풀이 완공검사신청서 : 시, 도지사, 소방서장 또는 한국소방산업기술원에 제출

13 대형수동식소화기의 설치기준은 방호대상물의 각 부분으로부터 하나의 대형수동식소화기까지의 보행거리가 몇 m 이하가 되도록 설치하여야 하는가?
㉮ 10
㉯ 20
㉰ 30
㉱ 40

풀이 대형수동식소화기 : 보행거리 30m 이하

14 산화열에 의한 발열이 자연발화의 주된 요인으로 작용하는 것은?
㉮ 건성유
㉯ 퇴비
㉰ 목탄
㉱ 셀룰로이드

풀이 건성유, 석탄 등은 산화열에 의해 자열발화됨

15 알코올류 2000L에 대한 소화설비 설치 시 소요단위는?
㉮ 5
㉯ 10
㉰ 15
㉱ 20

풀이 알코올지정수량 : 400L
$$\frac{2000}{400} = 5$$

16 연소범위에 대한 설명으로 옳지 않은 것은?
㉮ 연소범위는 연소하한값으로부터 연소상한값까지이다.

정답 11. ㉮ 12. ㉱ 13. ㉰ 14. ㉮ 15. ㉮ 16. ㉱

㉯ 연소범위의 단위는 공기 또는 산소에 대한 가스의 %농도이다.
㉰ 연소하한이 낮을수록 위험이 크다.
㉱ 온도가 높아지면 연소범위가 좁아진다.

풀이 온도가 높아지면 연소범위는 늘어난다.

17. 이산화탄소 소화기 사용시 줄톰슨 효과에 의해서 생성되는 물질은?
㉮ 포스겐　　　　　　　　㉯ 일산화탄소
㉰ 드라이아이스　　　　　㉱ 수성가스

풀이 단열팽창에 의한 줄톰슨 효과에 의해 드라이아이스가 생성된다.

18. 건축물 화재 시 성장기에서 최성기로 진행될 때 실내온도가 급격히 상승하기 시작하면서 화염이 실내 전체로 급격히 확대되는 연소현상은?
㉮ 슬롭 오버(Slop over)　　㉯ 플래시 오버(Flash over)
㉰ 보일 오버(Boil over)　　㉱ 프로스 오버(Forth over)

풀이 플래시 오버(Flash over)에 대한 설명임

19. B급 화재의 표시색상은?
㉮ 청색　　　　　　　　㉯ 무색
㉰ 황색　　　　　　　　㉱ 백색

풀이 B급 화재 : 유류화재로 황색 색상

20. 품명이 나머지 셋과 다른 것은?
㉮ 산화프로필렌　　　　　㉯ 아세톤
㉰ 이황화탄소　　　　　　㉱ 디에틸에테르

풀이 ・아세톤 : 제4류 위험물의 1석유류이다.
・기타 : 제4류 위험물 특수인화물

21. 질산에 대한 설명으로 옳은 것은?
㉮ 산화력은 없고 강한 환원력이 있다.
㉯ 자체 연소성이 있다.
㉰ 크산토프로테인 반응을 한다.
㉱ 조연성과 부식성이 없다.

정답　17. ㉰　18. ㉯　19. ㉰　20. ㉯　21. ㉰

> **풀이** 크산토프로테인 반응 : 단백질에 질산을 가하면 니트로화되어 노란색으로 변하고 단백질 검출에 이용한다.

22. 제5류 위험물의 공통된 취급 방법이 아닌 것은?
   ㉮ 용기의 파손 및 균열에 주의한다.
   ㉯ 저장시 가열, 충격, 마찰을 피한다.
   ㉰ 운반용기 외부에 주의사항으로 "자연발화주의"를 표기한다.
   ㉱ 묽은 황산과는 반응하지 않지만 진한 황산과 접촉하면 서서히 반응한다.

> **풀이** 제5류 위험물 : "화기엄금 및 충격주의"

23. 과망간산칼륨의 성질에 대한 설명 중 옳은 것은?
   ㉮ 강력한 산화제이다.
   ㉯ 물에 녹아서 연한 분홍색을 나타낸다.
   ㉰ 물에 용해하나 에탄올에 불용이다.
   ㉱ 묽은 황산과는 반응하지 않지만 진한 황산과 접촉하면 서서히 반응한다.

> **풀이** 과망간산칼륨($KMnO_4$) : 제1류 위험물로서 강력한 산화제이며 물에 녹아서 진한 보라색을 나타낸다.

24. 제조소등의 관계인이 예방규정을 정하여야 하는 제조소등이 아닌 것은?
   ㉮ 지정수량 100배의 위험물을 저장하는 옥외탱크저장소
   ㉯ 지정수량 150배의 위험물을 저장하는 옥내저장소
   ㉰ 지정수량 10배의 위험물을 저장하는 제조소
   ㉱ 지정수량 5배의 위험물을 저장하는 이송취급소

> **풀이** 옥외탱크저장시설 : 지정수량 200배 이상일 때 화재예방 규정을 정한다.

25. 지정수량이 50킬로그램이 아닌 것은?
   ㉮ 염소산나트륨   ㉯ 리튬
   ㉰ 과산화나트륨   ㉱ 디에틸에테르

> **풀이** 디에틸에테르 : 제4류 위험물, 특수인화물, 지정수량 50L

26. 수납하는 위험물에 따라 위험물의 운반용기 외부에 표시하는 주의사항이 잘못된 것은?

정답 22. ㉰ 23. ㉮ 24. ㉮ 25. ㉱ 26. ㉱

㉮ 제1류 위험물 중 알칼리금속의 과산화물 : 화기·충격주의, 물기엄금, 가연물접촉주의
㉯ 제4류 위험물 : 화기엄금
㉰ 제3류 위험물 중 자연발화성물질 : 화기엄금, 공기접촉엄금
㉱ 제2류 위험물 중 철분 : 화기엄금

풀이 제2류 위험물 : 인화성 고체를 제외하고 화기주의이다.

27 알루미늄분에 대한 설명으로 옳지 않은 것은?
㉮ 알칼리 수용액에서 수소를 발생한다.
㉯ 산과 반응하여 수소를 발생한다.
㉰ 물보다 무겁다
㉱ 할로겐 원소와는 반응하지 않는다.

풀이 제2류 위험물 금속분 : 할로겐 원소와 접촉시 자연발화의 위험이 있다.

28 액체 위험물의 운반용기 중 금속제 내장용기의 최대 용적은 몇 L 인가?
㉮ 5   ㉯ 10
㉰ 20   ㉱ 30

풀이 금속제 내장용기 : 최대 용적은 30L

29 제4류 위험물의 일반적 성질이 아닌 것은?
㉮ 대부분 유기화합물이다.
㉯ 전기의 양도체로서 정전기 축척이 용이하다.
㉰ 발생증기는 가연성이며 증기비중은 공기보다 무거운 것이 대부분이다.
㉱ 모두 인화성 액체이다.

풀이 제4류 위험물 : 전기의 부도체이다.

30 적린의 위험성에 대한 설명으로 옳은 것은?
㉮ 물과 반응하여 발화 및 폭발한다.
㉯ 공기 중에 방치하면 자연발화한다.
㉰ 염소산칼륨과 혼합하면 마찰에 의한 발화의 위험이 있다.
㉱ 황린보다 불안정하다.

풀이 제1류 위험물 : 제2류 위험물과 혼합하면 발화의 위험이 있다.

정답 27. ㉱ 28. ㉱ 29. ㉯ 30. ㉰

31 지정수량 20배의 알코올류 옥외탱크저장소에 펌프실외의 장소에 설치하는 펌프설비의기준으로 틀린 것은?

㉮ 펌프설비 주위에는 3m 이상의 공지를 보유한다.
㉯ 펌프설비 그 직하의 지반면 주위에 높이 0.15m 이상의 턱을 만든다.
㉰ 펌프설비 그 직하의 지반면의 최저부에는 집유설비를 만든다.
㉱ 집유설비에는 위험물이 배수구에 유입되지 않도록 유분리장치를 만든다.

풀이 알코올류 : 수용성으로 집유설비 및 유분리 장치가 필요하지 않는다.

32 알킬알루미늄의 저장 및 취급방법으로 옳은 것은?

㉮ 용기는 완전히 밀봉하고 CH_4, C_3H_8 등을 봉입한다.
㉯ C_6H_6 등의 희석제를 넣어준다.
㉰ 용기의 마개에 다수의 미세한 구멍을 뚫는다.
㉱ 통기구가 달린 용기를 사용하여 압력상승을 방지한다.

풀이 알킬알루미늄류(R_3Al) : 용기는 완전 밀봉하고 공기 및 물과의 접촉을 피할 것, 용기상부는 불연성 가스로 봉입, 희석제로 벤젠, 헥산, 톨루엔을 사용한다

33 위험물제조소등에 설치하는 옥내소화전설비의 설치기준으로 옳은 것은?

㉮ 옥내소화전은 건축물의 층마다 당해 층의 각 부분에서 하나의 호스접속구까지의 수평거리가 25미터 이하가 되도록 설치하여야 한다.
㉯ 당해 층의 모든 옥내소화전(5개이상인 경우는 5개)을 동시에 사용할 경우 각 노즐선단에서의 방수량은 130L/min 이상이어야 한다.
㉰ 당해 층의 모든 옥내소화전(5개이상인 경우는 5개)을 동시에 사용할 경우 각 노즐선단에서의 방수압력은 250kPa 이상이어야 한다.
㉱ 수원의 수량은 옥내소화전의 가장 많이 설치된 층의 옥내소화전 설치개수(5개이상인 경우는 5개)에 $2.6m^3$를 곱한 양 이상이 되도록 설치하여야 한다.

풀이 옥내소화전 : 소방대상물과 옥내소화전 방수구와의 거리는 수평거리 25m 이하이다.

34 질산에틸에 관한 설명으로 옳은 것은?

㉮ 인화점이 낮아 인화되기 쉽다.
㉯ 증기는 공기보다 가볍다
㉰ 물에 잘 녹는다
㉱ 비점은 약 28℃ 정도이다

풀이 질산에틸 : 제5류 위험물 질산에스테르류, 인화점은 10℃이다.

정답 31. ㉱ 32. ㉯ 33. ㉮ 34. ㉮

35

위험물의 유별 구분이 나머지 셋과 다른 하나는?

㉮ 니트로글리콜 ㉯ 스티렌
㉰ 아조벤젠 ㉱ 디니트로벤젠

> **풀이**
> • 스티렌($C_6H_5CH=CH_2$) : 제4류 위험물 2석유류
> • 기타 : 제5류 위험물

36

탄화칼슘이 물과 반응했을 때 생성되는 것은?

㉮ 산화칼슘 + 아세틸렌 ㉯ 수산화칼슘 + 아세틸렌
㉰ 산화칼슘 + 메탄 ㉱ 산화칼슘 + 메탄

> **풀이** 물과 반응시 수산화칼슘과 아세틸렌이 생성된다.
> $CaC_2 + 2H_2O \rightarrow Ca(OH)_2 + C_2H_2$

37

연소범위가 약 1.4 ~ 7.6인 제4류 위험물은?

㉮ 가솔린 ㉯ 에테르
㉰ 이황화탄소 ㉱ 아세톤

> **풀이** 가솔린 : 제4류 위험물, 1석유류

38

니트로글리세린에 대한 설명으로 가장 거리가 먼 것은?

㉮ 규조토에 흡수시킨 것을 다이너마이트라고 한다.
㉯ 충격, 마찰에 매우 둔감하나 동결품은 민감해진다.
㉰ 비중은 약 1.6이다.
㉱ 알코올, 벤젠 등에 녹는다.

> **풀이** 니트로글리세린 : 충격, 마찰에 민감하다.

39

물과 접촉하면 발열하면서 산소를 방출하는 것은?

㉮ 과산화칼륨 ㉯ 염소산암모늄
㉰ 염소산칼륨 ㉱ 과망간산칼륨

> **풀이** 과산화칼륨(K_2O_2) : 제1류 위험물의 무기과산화물로 물과 접촉 시 발열, 산소를 방출한다.

40

비중은 약 2.5, 무취이며 알코올, 물에 잘 녹고 조해성이 있으며 산과 반응하여 유독한 ClO_2를 발생하는 위험물은?

정답 35. ㉯ 36. ㉯ 37. ㉮ 38. ㉯ 39. ㉮ 40. ㉰

㉮ 염소산칼륨 ㉯ 과염소산암모늄
㉰ 염소산나트륨 ㉱ 과염소산칼륨

풀이 염소산나트륨(NaClO₃) : 산과 반응하여 유독한 이산화염소(ClO₂)를 발생함

41 보일러 등으로 위험물을 소비하는 일반취급소의 특례의 적용에 관한 설명으로 틀린 것은?

㉮ 일반취급소에서 보일러, 버너 등으로 소비하는 위험물은 인화점이 섭씨 38도 이상인 제4류 위험물이어야 한다.
㉯ 일반취급소에서 취급하는 위험물의 양은 지정수량의 30배 미만이고 위험물을 취급하는 설비는 건축물에 있어야 한다.
㉰ 제조소의 기준을 준용하는 다른 일반취급소와 달리 일정한 요건을 갖추면 제조소의 안전거리, 보유공지 등에 관한 기준을 적용하지 않을 수 있다.
㉱ 건축물 중 일반취급소로 사용되는 부분은 취급하는 위험물의 양에 관계없이 철근 콘크리트조 등의 바닥 또는 벽으로 당해 건축물의 다른 부분과 구획되어야 한다.

풀이 ㉱ 규정없음

42 제조소등의 위치·구조 또는 설비의 변경없이 당해 제조소등에서 취급하는 위험물의 품명을 변경하고자 하는 자는 변경하고자 하는 날의 몇일(개월)전까지 신고하여야 하는가?

㉮ 7일 ㉯ 14일
㉰ 1개월 ㉱ 6개월

풀이 변경신고 : 7일 이내일 것

43 무취의 결정이며 분자량이 약 122, 녹는점이 약 482℃이고 산화제, 폭약 등에 사용되는 위험물은?

㉮ 염소산바륨 ㉯ 과염소산나트륨
㉰ 아염소산나트륨 ㉱ 과산화바륨

풀이 제1류 위험물 과염소산나트륨(NaClO₄)에 대한 설명임

44 [보기]에서 설명하는 물질은 무엇인가?

[보기]
• 살균제 및 소독제로 사용된다.
• 분해할 때 발생하는 발생기 산소 [O]는 난분해성 유기물질을 산화시킬 수 있다.

정답 41.㉱ 42.㉮ 43.㉯ 44.㉰

㉮ HClO₄ ㉯ CH₃OH
㉰ H₂O₂ ㉱ H₂SO₄

풀이 과산화수소에 대한 설명이다.

45 적린과 황린의 공통적인 사항으로 옳은 것은?
㉮ 연소할 때는 오산화인의 흰연기를 낸다.
㉯ 냄새가 없는 적색가루이다.
㉰ 물, 이황화탄소에 녹는다.
㉱ 맹독성이다.

풀이 적린과 황린의 연소생성물은 오산화린(P_2O_5)이다.

46 니트로화합물, 니트로소화합물, 질산에스테르류, 히드록실아민을 각각 50킬로그램씩 저장하고 있을 때 지정수량의 배수가 가장 큰 것은?
㉮ 니트로화합물   ㉯ 니트로소화합물
㉰ 질산에스테르류   ㉱ 히드록실아민

풀이 지정수량
- 니트로 및 니트로소 화합물 : 200kg
- 질산에스테르류 : 10kg
- 히드록실아민 : 100kg

47 다음 중 지정수량이 다른 물질은?
㉮ 황화린   ㉯ 적린
㉰ 철분   ㉱ 유황

풀이 ㉮ 100kg ㉯ 100kg
㉰ 500kg ㉱ 100kg

48 산화프로필렌에 대한 설명 중 틀린 것은?
㉮ 연소범위는 가솔린보다 넓다.
㉯ 물에는 잘 녹지만 알코올, 벤젠에는 녹지 않는다.
㉰ 비중은 1보다 작고, 증기비중은 1보다 크다
㉱ 증기압이 높으므로 상온에서 위험한 농도까지 도달할 수 있다.

풀이 산화프로필렌(CH_3CHCH_2O)
제4류 위험물 특수인화물로서 물, 알콜, 에테르, 벤젠 등에 잘녹는 무색투명한 액체이다.

정답 45. ㉮ 46. ㉰ 47. ㉰ 48. ㉯

49 다음 그림은 옥외저장탱크와 흙방유제를 나타낸 것이다. 탱크의 지름이 10m 이고 높이가 15m 라고 할 때 방유제는 탱크의 옆판으로부터 몇 m 이상의 거리를 유지하여야 하는가? (단, 인화점 200℃ 미만의 위험물을 저장한다.)

㉮ 2
㉯ 3
㉰ 4
㉱ 5

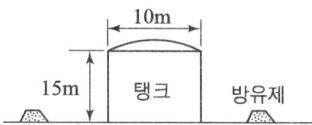

풀이 옥외탱크저장소와 방유제사이의 거리
탱크의 지름 15m 미만일 경우 탱크높이의 $\frac{1}{3}$, 15m 이상일 경우 탱크 높이의 $\frac{1}{2}$로 한다.
$15 \times \frac{1}{3} = 5$

50 그림과 같은 타원형 위험물 탱크의 내용적을 구하는 식으로 옳게 나타낸 것은?

㉮ $\frac{\pi ab}{4}\left(L + \frac{L_1 + L_2}{3}\right)$

㉯ $\frac{\pi ab}{4}\left(L + \frac{L_1 - L_2}{3}\right)$

㉰ $\pi ab\left(L + \frac{L_1 + L_2}{3}\right)$

㉱ $\pi ab L^2$

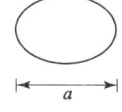 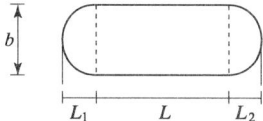

풀이 타원형 탱크 내용적 구하는 공식
$\frac{\pi ab}{4}\left(L + \frac{L_1 + L_2}{3}\right)$

51 탄소 80%, 수소 14%, 황 6% 인 물질 1kg이 완전연소하기 위해 필요한 이론 공기량은 약 몇 kg인가? (단, 공기 중 산소는 23wt%이다.)

㉮ 3.31
㉯ 7.05
㉰ 11.62
㉱ 14.41

풀이
• $C = \frac{1kg \times 0.8}{12kg/kmol} = 0.067 \, kmol$
• $H_2 = \frac{1kg \times 0.14}{2kg/kmol} = 0.07 \, kmol$
• $S = \frac{1kg \times 0.06}{32kg/kmol} = 1.9 \times 10^{-3} \, kmol$

연소반응에서
C와 O_2는 1 : 1, H_2와 O_2는 2 : 1
S와 O_2는 1 : 1로 반응하므로 전체 필요한 산소의 양은

정답 49. ㉱ 50. ㉮ 51. ㉱

$0.067 + 0.035 + 0.0019 = 0.1039\text{kmol}$ 이다.
$0.1039\text{kmol} \times 32\text{kg/kmol} = 3.32\text{kg}$
$\dfrac{3.32}{0.23} = 14.44\text{kg}$

52. 금속칼륨의 보호액으로 가장 적합한 것은?

㉮ 물
㉯ 아세트산
㉰ 등유
㉱ 에틸알코올

풀이 금속칼륨(K) : 석유 속에 저장한다.

53. 아염소산염류 100Kg, 질산염류 3000Kg 및 과망간산염류 1000Kg을 같은 장소에 저장하려 한다. 각각의 지정수량 배수의 합은 얼마인가?

㉮ 5배
㉯ 10배
㉰ 13배
㉱ 15배

풀이
• 아염소산염류 : 50kg
• 질산염류 : 300kg
• 과망간산염류 : 1000kg
$\dfrac{100}{50} + \dfrac{3000}{300} + \dfrac{1000}{1000} = 13$

54. 제6류 위험물에 속하는 것은?

㉮ 염소화이소시아눌산
㉯ 페옥소이황산염류
㉰ 질산구아니딘
㉱ 할로겐간화합물

풀이 할로겐간화합물 : 안전행정부령이 정하는 것으로 제6류 위험물에 해당됨

55. 제5류 위험물이 아닌 것은?

㉮ $Pb(N_3)_2$
㉯ CH_3ONO_2
㉰ N_2H_4
㉱ NH_2OH

풀이 N_2H_4(히드라진) : 제4류 위험물의 2석유류이다.

56. [보기]의 위험물을 위험등급 Ⅰ, 위험등급 Ⅱ, 위험등급 Ⅲ의 순서로 옳게 나열한 것은?

[보기] 황린, 수소화나트륨, 리튬

㉮ 황린, 수소화나트륨, 리튬

정답 52.㉰ 53.㉰ 54.㉱ 55.㉰ 56.㉯

㉯ 황린, 리튬, 수소화나트륨
㉰ 수소화나트륨, 황린, 리튬
㉱ 수소화나트륨, 리튬, 황린

풀이 제3류 위험물로서 황린(Ⅰ), 리튬(Ⅱ), 수소화나트륨(Ⅲ)이다.

57 글리세린은 제 몇 석유류에 해당하는가?
㉮ 제1석유류 ㉯ 제2류석유류
㉰ 제3석유류 ㉱ 제4석유류

풀이 글리세린 : 제4류 위험물의 3석유류이다.

58 벤젠의 위험성에 대한 설명으로 틀린 것은?
㉮ 휘발성이 있다.
㉯ 인화점이 0℃ 보다 낮다.
㉰ 증기는 유독하여 흡입하면 위험하다.
㉱ 이황화탄소보다 착화온도가 낮다.

풀이 벤젠 : 착화온도 562℃, CS_2의 착화온도 100℃ 보다 높다.

59 위험물안정관리법상 제6류 위험물에 해당하는 것은?
㉮ H_3PO_4 ㉯ IF_5
㉰ H_2SO_4 ㉱ HCl

풀이 할로겐간화합물 : 그 밖에 안전행정부령이 정하는 것

60 에테르(Ether)의 일반식으로 옳은 것은?
㉮ ROR ㉯ RCHO
㉰ RCOR ㉱ RCOOH

풀이 에테르(Ether) 일반식 : R - O - R′
R - CHO : 알데히드
R - CO - R′ : 케톤
R - COOH : 카르복시산

정답 57. ㉰ 58. ㉱ 59. ㉯ 60. ㉮

위험물기능사 기출문제 04 — 2011년 10월 9일 시행

01 위험물안전관리법령에서 정한 이산화탄소 소화약제의 저장용기 설치기준으로 옳은 것은?

㉮ 저압식 저장용기의 충전비 : 1.0 이상 1.3 이하
㉯ 고압식 저장용기의 충전비 : 1.3 이상 1.7 이하
㉰ 저압식 저장용기의 충전비 : 1.1 이상 1.4 이하
㉱ 고압식 저장용기의 충전비 : 1.7 이상 2.1 이하

풀이 이산화탄소 소화약제 저장용기의 충전비
 • 고압식 : 1.5 이상 1.9 이하
 • 저압식 : 1.1 이상 1.4 이하

02 옥내저장소에서 지정수량의 몇 배 이상을 저장 또는 취급할 때 자동화재탐지설비를 설치하여야 하는가? (단, 원칙적인 경우에 한한다.)

㉮ 지정수량의 10배 이상을 저장 또는 취급할 때
㉯ 지정수량의 50배 이상을 저장 또는 취급할 때
㉰ 지정수량의 100배 이상을 저장 또는 취급할 때
㉱ 지정수량의 150배 이상을 저장 또는 취급할 때

풀이 자동화재탐지설비 설치기준
 지정수량의 100배 이상의 위험물을 저장 또는 취급시

03 위험물 안전관리법에서 정하는 용어의 정의로 옳지 않은 것은?

㉮ "위험물"이라 함은 인화성 또는 발화성 등의 성질을 가지는 것으로서 대통령령이 정하는 물품을 말한다.
㉯ "제조소"라 함은 위험물을 제조할 목적으로 지정수량 이상의 위험물을 취급하기 위하여 규정에 따른 허가를 받은 장소를 말한다.
㉰ "저장소"라 함은 지정수량 이상의 위험물을 저장하기 위한 대통령령이 정하는 장소로서 규정에 따른 허가를 받은 장소를 말한다.
㉱ "취급소"라 함은 지정수량 이상의 위험물을 제조외의 목적으로 취급하기 위한 관할 지자체장이 정하는 장소로서 허가를 받은 장소를 말한다.

풀이 "취급소" : 대통령령이 정하는 장소로서 허가를 받은 장소이다.

정답 01. ㉰ 02. ㉰ 03. ㉱

04 정전기의 발생요인에 대한 설명으로 틀린 것은?

㉮ 접촉면적이 클수록 정전기의 발생량은 많아진다.
㉯ 분리속도가 빠를수록 정전기의 발생량은 많아진다.
㉰ 대전서열에서 먼 위치에 있을수록 정전기의 발생량은 많아진다.
㉱ 접촉과 분리가 반복됨에 따라 정전기의 발생량은 증가한다.

풀이 접촉과 분리가 반복되면 정전기 발생량은 감소한다.

05 제3종 분말 소화약제의 열분해 반응식을 옳게 나타낸 것은?

㉮ $NH_4H_2PO_4 \rightarrow HPO_3 + NH_3 + H_2O$
㉯ $2KNO_3 \rightarrow 2KNO_2 + O_2$
㉰ $KClO_4 \rightarrow KCl + 2O_2$
㉱ $2CaHCO_3 \rightarrow 2CaO + H_2CO_3$

풀이 제3종 분말 소화약제
$NH_4H_2PO_4$(인산암모늄) $\rightarrow HPO_3 + NH_3 + H_2O$

06 제거소화의 예가 아닌 것은?

㉮ 가스 화재시 가스 공급을 차단하기 위해 밸브를 닫아 소화시킨다.
㉯ 유전 화재시 폭약을 사용하여 폭풍에 의하여 가연성 증기를 날려 보내 소화시킨다.
㉰ 연소하는 가연물을 밀폐시켜 공기 공급을 차단하여 소화한다.
㉱ 촛불 소화시 입으로 바람을 불어서 소화시킨다.

풀이 ㉰ 질식소화에 해당한다.

07 톨루엔의 화재 시 가장 적합한 소화방법은?

㉮ 산·알칼리 소화기에 의한 소화
㉯ 포에 의한 소화
㉰ 다량의 강화액에 의한 소화
㉱ 다량의 주수에 의한 냉각소화

풀이 톨루엔은 제4류 위험물 제1석유류로써, 비수용성액체이므로 포에 의한 질식소화 한다.

08 위험물은 지정수량의 몇 배를 1소요 단위로 하는가?

㉮ 1   ㉯ 10
㉰ 50   ㉱ 100

풀이 위험물의 1소요 단위 : 지정수량의 10배이다.

정답 04.㉱ 05.㉮ 06.㉰ 07.㉯ 08.㉯

09
지정과산화물을 저장하는 옥내저장소의 저장창고를 일정 면적마다 구획하는 격벽의 설치기준에 해당하지 않는 것은?

㉮ 저장창고 상부의 지붕으로부터 50cm 이상 돌출하게 하여야 한다.
㉯ 저장창고 양측의 외벽으로부터 1m 이상 돌출하게 하여야 한다.
㉰ 철근콘크리트조의 경우 두께가 30cm 이상이어야 한다.
㉱ 바닥면적 250m² 이내마다 완전하게 구획하여야 한다.

풀이 옥내저장소의 바닥면적은 150m² 이내마다 설치한다.

10
탄화알루미늄을 저장하는 저장고에 스프링클러소화설비를 하면 되지 않는 이유는?

㉮ 물과 반응시 메탄가스를 발생하기 때문에
㉯ 물과 반응시 수소가스를 발생하기 때문에
㉰ 물과 반응시 에탄가스를 발생하기 때문에
㉱ 물과 반응시 프로판가스를 발생하기 때문에

풀이 탄화알루미늄 : 제3류 위험물(자연발화성 및 금수성 물질), 물과 반응시 메탄가스를 발생한다. $Al_4C_3 + 12H_2O \rightarrow 4Al(OH)_3 + 3CH_4$

11
소화효과를 증대시키기 위하여 분말소화약제와 병용하여 사용할 수 있는 것은?

㉮ 단백포 ㉯ 알코올형포
㉰ 합성계면활성제포 ㉱ 수성막포

풀이 트윈에이전트 시스템 : 분말소화약제와 수성막포소화약제를 혼합사용하여 유류화재의 소화효과를 증대시킬 수 있다.

12
목조건축물의 일반적인 화재현상에 가까운 것은?

㉮ 저온단시간형 ㉯ 저온장시간형
㉰ 고온단시간형 ㉱ 고온장시간형

풀이 목조건축물화재 : 고온단시간형

13
할로겐 화합물의 소화약제 중 할론 2402의 화학식은?

㉮ $C_2Br_4F_2$ ㉯ $C_2Cl_4F_2$
㉰ $C_2Cl_4Br_2$ ㉱ $C_2F_4Br_2$

풀이 할론 2402 화학식
할론 2402 : C, F, Cl, Br을 문자와 개수로 표시한 것 $C_2F_4Br_2$

정답 09.㉱ 10.㉮ 11.㉱ 12.㉰ 13.㉱

14 위험물제조소등에 설치하여야 하는 자동화재탐지설비의 설치기준에 대한 설명 중 틀린 것은?

㉮ 자동화재탐지설비의 경계구역은 건축물 그 밖의 공작물의 2 이상의 층에 걸치도록 할 것
㉯ 하나의 경계구역에서 그 한변의 길이는 50m(광전식분리형 감지기를 설치할 경우에는 100m) 이하로 할 것
㉰ 자동화재탐지설비의 감지기는 지붕 또는 벽의 옥내에 면한 부분에 유효하게 화재의 발생을 감지할 수 있도록 설치할 것
㉱ 자동화재탐지설비는 비상전원을 설치할 것

풀이 자동화재탐지설비의 설치기준
하나의 경계구역이 2개 이상의 건축물에 미치지 말 것

15 할론 1301의 증기비중은? (단 불소의 원자량은 19, 브롬의 원자량은 80, 염소의 원자량은 35.5이고 공기의 분자량은 29이다.)

㉮ 2.14 ㉯ 4.15
㉰ 5.14 ㉱ 6.15

풀이 할론 1301 = CF_3Br
C : 12, Br : 80, F : 19
분자량 : 12 + 57 + 80 = 149
비중 = 149/29 = 약 5.14

16 A, B, C 급에 모두 적응할 수 있는 분말 소화약제는?

㉮ 제1종 분말 ㉯ 제2종 분말
㉰ 제3종 분말 ㉱ 제4종 분말

풀이 제3종 분말 소화약제
• 인산암모늄, $NH_4H_2PO_4$
A, B, C 소화제라고 하며 부착성이 좋은 메타인산(HPO_3)을 만들어 다른 소화 분말보다 효과가 우수하다.

17 폭굉유도거리(DID)가 짧아지는 경우는?

㉮ 정상 연소속도가 작은 혼합가스일수록 짧아진다.
㉯ 압력이 높을수록 짧아진다.
㉰ 관지름이 넓을수록 짧아진다.
㉱ 점화원 에너지가 약할수록 짧아진다.

정답 14. ㉮ 15. ㉰ 16. ㉰ 17. ㉯

풀이 폭굉유도거리(DID)가 짧아지는 경우
① 압력이 높을수록
② 관지름이 짧을수록
③ 점화원의 에너지가 클수록
④ 정상 연소속도가 큰 혼합물일수록

18 옥외 탱크저장소에 보유공지를 두는 목적과 가장 거리가 먼 것은?
㉮ 위험물 시설의 화염이 인근의 시설이나 건축물 등으로의 연소확대방지를 위한 완충 공간 기능을 하기 위함
㉯ 위험물시설의 주변에 장애물이 없도록 공간을 확보함으로 소화활동이 쉽도록 하기 위함
㉰ 위험물시설의 주변에 있는 시설과 50m 이상을 이격하여 폭발 발생시 피해를 방지하기 위함
㉱ 위험물시설의 주변에 장애물이 없도록 공간을 확보함으로 피난자가 피난이 쉽도록 하기 위함

풀이 옥외 탱크저장소 보유공지 : 저장 또는 취급하는 위험물의 양에 따라 너비 공지를 보유한다.

19 피난동선의 특징이 아닌 것은?
㉮ 가급적 지그재그의 복잡한 형태가 좋다.
㉯ 수평동선과 수직동선으로 구분한다.
㉰ 2개 이상의 방향으로 피난할 수 있어야 한다.
㉱ 가급적 상호 반대방향으로 다수의 출구와 연결되는 것이 좋다.

풀이 가급적 단조로운 형태가 좋다.

20 제2류 위험물 중 지정수량이 500kg 인 물질에 의한 화재는?
㉮ A급 화재
㉯ B급 화재
㉰ C급 화재
㉱ D급 화재

풀이 철분류 마그네슘분류 금속분류가 이에 속하며 금속화재(D급 화재)가 적응성이 있다.

21 그림의 원통형 종으로 설치된 탱크에서 공간용적을 내용적의 10% 라고 하면 탱크 용량(허가용량)은 약 얼마인가?

정답 18. ㉰ 19. ㉮ 20. ㉱ 21. ㉮

㉮ 113.04
㉯ 124.34
㉰ 129.06
㉱ 138.16

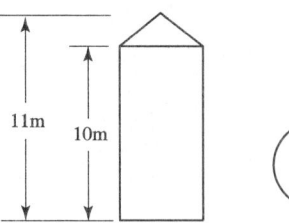

풀이 종으로 설치된 탱크 공간용적
탱크의 내용적 $\pi r^2 L$ - 탱크의 공간용적 10%
$3.14 \times 4 \times 10m - 12.56 = 113.04m^2$

22. 제6류 위험물을 수납한 용기에 표시하여야 하는 주의사항은?

㉮ 가연물 접촉주의 ㉯ 화기엄금
㉰ 화기, 충격주의   ㉱ 물기엄금

풀이 제6류 위험물의 수납용기 : 가연물 접촉주의

23. 제조소등의 허가청이 제조소등의 관계인에게 제조소등의 사용정지처분 또는 허가취소처분을 할 수 있는 사유가 아닌 것은?

㉮ 소방서장으로부터 변경허가를 받지 아니하고 제조소등의 위치, 구조 또는 설비를 변경한 때
㉯ 소방서장의 수리, 개조 또는 이전의 명령을 위반한 때
㉰ 정기점검을 하지 아니한 때
㉱ 소방서장의 출입검사를 정당한 사유없이 거부한 때

풀이 허가취소사항
① 변경허가를 받지 않고 제조소등의 위치, 구조, 설비 변경 시
② 완공검사를 받지 않고 제조조등을 사용시
③ 수리·개조 또는 이전의 명령 위반시
④ 정기검사 및 정기점검을 받지 않았을 때
⑤ 위험물 안전관리자 선임하지 않았을 때
⑥ 대리자를 지정하지 않았을 때
⑦ 저장·취급기준 준수 명령을 위반시

24. 제조소등의 소화설비 설치시 소요단위 산정에 관한 내용으로 다음 ( ) 안에 알맞은 수치를 차례대로 나열한 것은?

> 제조소 또는 취급소의 건축물은 외벽이 내화구조인 것은 연면적 ( )m²를 1소요단위로 하며, 외벽이 내화구조가 아닌 것은 연멱적 ( )m²를 1소요단위로 한다.

정답 22. ㉮ 23. ㉱ 24. ㉱

㉠ 200, 100   ㉡ 150, 100
㉢ 150, 50   ㉣ 100, 50

> 풀이
> • 제조소 또는 취급소의 건축물의 외벽이 내화구조인 것 : 100m²
> • 제조소 또는 취급소의 건축물의 외벽이 내화구조 이외의 것 : 50m²

25. 제5류 위험물에 대한 설명으로 옳지 않은 것은?

㉠ 대표적인 성질은 자기반응성 물질이다.
㉡ 피크린산은 니트로화합물이다.
㉢ 모두 산소를 포함하고 있다.
㉣ 니트로화합물은 니트로기가 많을수록 폭발력이 커진다.

> 풀이 제5류 위험물 : 자기반응성물질로 대부분의 물질이 산소를 포함하고 있으나 모든 제5류 위험물은 산소를 포함하고 있지는 않는다.(아조화합물, 디아조화합물)

26. 위험물안전관리법령상 셀룰로이드의 품명과 지정수량을 옳게 연결한 것은?

㉠ 니트로화합물 - 200Kg   ㉡ 니트로화합물 - 10Kg
㉢ 질산에스테르류 - 200Kg   ㉣ 질산에스테르류 - 10Kg

> 풀이 셀룰로이드 : 제5류 위험물 자기반응성 물질로 질산에스테르류에 속하는 물질이므로 지정수량은 10Kg이다.

27. 다음 위험물 중 저장할 때 보호액으로 물을 사용하는 것은?

㉠ 삼산화크롬   ㉡ 아연
㉢ 나트륨   ㉣ 황린

> 풀이 제3류 위험물 중 황린은 물속에 저장하고, 포스핀(PH_3)의 생성방지를 위해 보호액은 pH9로 유지한다.

28. 위험물의 운반에 관한 기준에서 다음 위험물 중 혼재 가능한 것끼리 연결된 것은? (단, 지정수량의 10배이다.)

㉠ 제1류 - 제6류   ㉡ 제2류 - 제3류
㉢ 제3류 - 제5류   ㉣ 제5류 - 제1류

> 풀이 위험물 혼재가능여부
> (제1류 - 제6류), (제2류 - 4, 5류),
> (제3류 - 4류), (제4류 - 2, 4, 5류),
> (제5류 - 2, 4류), (제6류 - 제1류)

정답 25.㉢ 26.㉣ 27.㉣ 28.㉠

29 옥내저장소에서 위험물을 유별로 정리하고 서로 1m 이상의 간격을 두는 경우 유별을 달리하는 위험물을 동일한 저장소에 저장할 수 있는 것은?
㉮ 과산화나트륨과 벤조일퍼옥사이드
㉯ 과염소산나트륨과 질산
㉰ 황린과 트리에틸알루미늄
㉱ 유황과 아세톤

풀이 과염소산나트륨(제1류 위험물), 질산(제6류 위험물)은 산화성고체, 산화성액체이며 혼재 가능하다.

30 위험물에 대한 설명으로 옳은 것은?
㉮ 칼륨은 수은과 격렬하게 반응하며 가열하면 청색의 불꽃을 내며 연소하고 열과 전기의 부도체이다.
㉯ 나트륨은 액체암모니아와 반응하여 수소를 발생하고 공기 중 연소 시 황색불꽃을 발생한다.
㉰ 칼슘은 보호액인 물속에 저장하고 알코올과 반응하여 수소를 발생한다.
㉱ 리튬은 고온의 물과 격렬하게 반응해서 산소를 발생한다.

풀이 나트륨(Na) : 금수성물질, 액체암모니아, 물과 격렬하게 반응하여 수소가스를 발생하며 가열시 불꽃색상은 "황색"이다.

31 중크롬산 칼륨의 화재예방 및 진압대책에 관한 설명 중 틀린 것은?
㉮ 가열, 충격, 마찰을 피한다.
㉯ 유기물, 가연물과 격리하여 저장한다.
㉰ 화재시 물과 반응하여 폭발하므로 주수소화를 금한다.
㉱ 소화작업시 폭발 우려가 있으므로 충분한 안전거리를 확보한다.

풀이 $K_2Cr_2O_7$: 제1류 위험물 중 중크롬산 염류에 속하며 주수소화가 가능하다.

32 0.99atm, 55℃에서 이산화탄소의 밀도는 약 몇 g/L 인가?
㉮ 0.62   ㉯ 1.62
㉰ 9.65   ㉱ 12.65

풀이 $PV = \rho RT$
$\rho = \dfrac{PM}{RT} = \dfrac{0.99 \times 44}{0.082 \times 328} = 1.62 g/L$

33 다음 중 물에 가장 잘 녹는 물질은?

정답 29.㉯ 30.㉯ 31.㉰ 32.㉯ 33.㉰

㉮ 아닐린 ㉯ 벤젠
㉰ 아세트 알데히드 ㉱ 이황화탄소

풀이 아세트 알데히드 : 제4류 위험물 중 특수인화물에 속하며 물에 잘 녹고 자극성의 과일향을 갖는 무색투명의 액체이다.

34 위험물 제1종 판매취급소의 위치, 구조 및 설비의 기준으로 틀린 것은?
㉮ 천장을 설치하는 경우에는 천장을 불연재료로 할 것
㉯ 창 및 출입구에는 갑종방화문 또는 을종방화문을 설치할 것
㉰ 건축물의 지하 또는 1층에 설치할 것
㉱ 위험물을 배합하는 실의 바닥면적은 $6m^2$ 이상 $15m^2$ 이하로 할 것

풀이 판매취급소는 건축물의 1층에 설치할 것

35 과산화나트륨에 대한 설명으로 틀린 것은?
㉮ 알코올에 잘 녹아서 산소와 수소를 발생시킨다.
㉯ 상온에서 물과 격렬하게 반응한다.
㉰ 비중이 약 2.8이다.
㉱ 조해성 물질이다.

풀이 과산화나트륨 : 제1류 위험물 중 무기과산화물(알칼리토금속)에 속하며 알콜에 녹지 않고 물과 반응시 산소를 발생한다.

36 제2류 위험물의 위험성에 대한 설명 중 틀린 것은?
㉮ 삼황화린은 약 100℃에서 발화한다.
㉯ 적린은 공기 중에 방치하면 상온에서 자연발화한다.
㉰ 마그네슘은 과열수증기와 접촉하면 격렬하게 반응하여 수소를 발생한다.
㉱ 은(Ag)분은 고농도의 과산화수소와 접촉하면 폭발 위험이 있다.

풀이 적린은 2류 위험물에 속하며 발화점이 260℃로 자연발화하지 않는다.

37 질산과 과염소산의 공통 성질에 대한 설명 중 틀린 것은?
㉮ 산소를 포함한다. ㉯ 산화제이다.
㉰ 물보다 무겁다. ㉱ 쉽게 연소한다.

풀이 질산과 과염소산 : 제6류 위험물로써 비중이 1보다 크고 쉽게 연소하지 않는다.

정답 34. ㉰ 35. ㉮ 36. ㉯ 37. ㉱

38 HO-CH$_2$CH$_2$-OH 의 지정수량은 몇 L인가?

㉮ 1000   ㉯ 2000
㉰ 4000   ㉱ 6000

풀이 에틸렌글리콜 : 제3석유류(수용성)에 속하며 수용성이므로 4000L이다.

39 다음 중 인화점이 가장 낮은 것은?

㉮ 산화프로필렌   ㉯ 벤젠
㉰ 디에틸에테르   ㉱ 이황화탄소

풀이 ㉮ −37℃ ㉯ −11℃
㉰ −45℃ ㉱ −30℃

40 벤젠, 톨루엔의 공통된 성상이 아닌 것은?

㉮ 비수용성의 무색 액체이다.   ㉯ 인화점은 0℃ 이하이다.
㉰ 액체의 비중은 1보다 작다.   ㉱ 증기의 비중은 1보다 크다.

풀이
• 벤젠과 톨루엔 : 제1석유류에 속함
• 벤젠 인화점 : −11℃
• 톨루엔 인화점 : 4℃

41 다음 ( )안에 알맞은 수치를 차례대로 옳게 나열한 것은?

> "위험물 암반 탱크의 공간 용적은 당해 탱크내에 용출하는 ( )일간의 지하수 양에 상당하는 용적과 당해 탱크 내용적의 100분의 ( )의 용적 중에서 보다 큰 용적을 공간 용적으로 한다."

㉮ 1, 7   ㉯ 3, 5
㉰ 5, 3   ㉱ 7, 1

풀이 7일 간의 지하수 양에 상당하는 용적과 탱크내용적의 1/100의 용적 중에서 보다 큰 용적을 공간용적으로 한다.

42 서로 접촉하였을 때 발화하기 쉬운 물질을 연결한 것은?

㉮ 무수크롬산과 아세트산   ㉯ 금속나트륨과 석유
㉰ 니트로셀룰로오스와 알코올   ㉱ 과산화수소와 물

풀이 무수크롬산은 제1류 위험물에 속하여, 특히 산과 접촉시 발화한다.

정답 38.㉰ 39.㉰ 40.㉯ 41.㉱ 42.㉮

43 경유 옥외탱크저장소에서 10000리터 탱크 1기가 설치된 곳의 방유제 용량은 얼마 이상이 되어야 하는가?

㉮ 5000리터 ㉯ 10000리터
㉰ 11000리터 ㉱ 20000리터

풀이 방유제의 용량
① 탱크가 1기가 있을 경우 : 당해탱크용량의 11% 이상
② 탱크가 2기 이상 있을 경우 : 110% 이상이 될 것 10000L × 110% = 11,000 L

44 위험물안전관리법상 품명이 유기금속화합물에 속하지 않는 것은?

㉮ 트리에틸갈륨 ㉯ 트리에틸알루미늄
㉰ 트리에틸인듐 ㉱ 디에틸아연

풀이 유기금속화합물 : 제3류 위험물, 트리에틸알루미늄은 알킬알루미늄에 준한다.

45 다음 중 위험등급이 다른 하나는?

㉮ 아염소산염류 ㉯ 알킬리튬
㉰ 질산에스테르류 ㉱ 질산염류

풀이 아염소산염류 I등급, 알킬리튬 I등급, 질산에스테르류 I등급, 질산염류 II등급

46 제5류 위험물이 아닌 것은?

㉮ 염화벤조일 ㉯ 아지화나트륨
㉰ 질산구아니딘 ㉱ 아세틸퍼옥사이드

풀이 제5류 위험물은 대표지정품명외에 질산구리아니딘, 아세틸퍼옥사이드, 금속의 아지화합물이 있으며 염화벤조일은 제4류 위험물이다.

47 HNO_3에 대한 설명으로 틀린 것은?

㉮ Al, Fe은 진한 질산에서 부동태를 생성해 녹지 않는다.
㉯ 질산과 염산을 3 : 1 비율로 제조한 것을 왕수라고 한다.
㉰ 부식성이 강하고 흡습성이 있다.
㉱ 직사광선에서 분해하여 NO_2를 발생한다.

풀이 질산 : 제6류 위험물 산화성액체이고 왕수는 질산 1에 염산 3부피로 제조하는 것을 말한다.

| 정답 | 43. ㉰ | 44. ㉯ | 45. ㉱ | 46. ㉮ | 47. ㉯ |

48 위험물 저장소에서 다음과 같이 제4류 위험물을 저장하고 있는 경우 지정수량의 몇 배가 보관되어 있는가?

> • 디에틸에테르 : 50L
> • 이황화탄소 : 150L
> • 아세톤 : 800L

㉮ 4배 ㉯ 5배
㉰ 6배 ㉱ 8배

풀이 환산지정수량

$$= \frac{A품명의\ 저장수량}{A품명의\ 지정수량} + \frac{B품명의\ 저장수량}{B품명의\ 지정수량}$$

$$\frac{50}{50} + \frac{150}{50} + \frac{800}{400} = 6$$

49 1기압 20℃에서 액체인 미상의 위험물에 대하여 인화점과 발화점을 측정한 결과 인화점이 32.2℃, 발화점이 257℃로 측정되었다. 위험물안전관리법상 이 위험물의 유별과 품명의 지정으로 옳은 것은?

㉮ 제4류 특수인화물 ㉯ 제4류 제1석유류
㉰ 제4류 제2석유류 ㉱ 제4류 제3석유류

풀이 제4류 위험물 중 제2석유류 정의에 해당됨(1기압 인화점이 21℃ 이상 70℃ 미만인 액체)

50 운송책임자의 감독, 지원을 받아 운송하여야 하는 위험물에 해당하는 것은?

㉮ 칼륨, 나트륨 ㉯ 알킬알루미늄, 알킬리튬
㉰ 제1석유류, 제2석유류 ㉱ 니트로글리세린, 트리니트로톨루엔

풀이 운송책임자의 감독, 지원을 받는 위험물 : 알킬알루미늄, 알킬리튬

51 이산화탄소소화설비의 기준에서 저장용기 설치 기준에 관한 내용으로 틀린 것은?

㉮ 방호구역 외의 장소에 설치할 것
㉯ 온도가 50℃ 이하이고 온도 변화가 적은 장소에 설치할 것
㉰ 직사일광 및 빗물이 침투할 우려가 적은 장소에 설치할 것
㉱ 저장용기에는 안전장치를 설치할 것

풀이 이산화탄소소화설비 : 온도가 40 이하인 곳에 설치할 것

52 제6류 위험물의 화재예방 및 진압 대책으로 옳은 것은?

㉮ 과산화수소는 화재시 주수소화를 절대 금한다.

정답 48. ㉰ 49. ㉰ 50. ㉯ 51. ㉯ 52. ㉯

㉯ 질산은 소량의 화재시 다량의 물로 희석한다.
㉰ 과염소산은 폭발방지를 위해 철제 용기에 저장한다.
㉱ 제6류 위험물의 화재에는 건조사만 사용하여 진압할 수 있다.

풀이 제6류 위험물 : 산화성액체에 속하며 다량의 주수소화에 의해 소화한다.

53. 황린에 대한 설명으로 틀린 것은?

㉮ 환원력이 강하다.
㉯ 담황색 또는 백색의 고체이다.
㉰ 벤젠에는 불용이나 물에 잘 녹는다.
㉱ 마늘 냄새와 같은 자극적인 냄새가 난다.

풀이 황린 : 제3류 위험물이며 물에 녹지 않고 가연성가스인 (PH_3)의 억제를 위해 물속에 저장한다.

54. 디에틸에테르의 안전관리에 관한 설명 중 틀린 것은?

㉮ 증기는 마취성이 있으므로 증기 흡입에 주의하여야 한다.
㉯ 폭발성의 과산화물 생성을 요오드화칼륨 수용액으로 확인한다.
㉰ 물에 잘 녹으므로 대규모 화재시 집중 주수하여 소화한다.
㉱ 정전기 불꽃에 의한 발화에 주의하여야 한다.

풀이 디에틸에테르 : 제4류 위험물 중 특수인화물에 속하며 물에 녹기 어렵고 주수소화시 화재면의 확대로 인해 질식소화한다.

55. 니트로셀룰로오스에 대한 설명으로 옳은 것은?

㉮ 물에 녹지 않으며 물보다 무겁다.
㉯ 수분과 접촉하는 것은 위험하다.
㉰ 질화도와 폭발 위험성은 무관하다.
㉱ 질화도가 높을수록 폭발 위험성이 낮다.

풀이 니트로셀룰로오스 : 제5류 위험물중 질산에스테르류에 속하며 수분 또는 IPA(Iso Propyl Alchol)에 30% 습면 저장시킨다.

56. 마그네슘이 염산과 반응할 때 발생하는 기체는?

㉮ 수소   ㉯ 산소
㉰ 이산화탄소 ㉱ 염소

풀이 마그네슘 : 제2류 위험물에 속하며 염산과의 반응시 수소가스를 발생한다.

정답 53.㉰ 54.㉰ 55.㉮ 56.㉮

57 위험물의 운반기준에 있어서 차량 등에 적재하는 위험물의 성질에 따라 강구하여야 하는 조치로 적합하지 않은 것은?

㉮ 제5류 위험물 또는 제6류 위험물은 방수성이 있는 피복으로 덮는다.
㉯ 제2류 위험물 중 철분, 금속분, 마그네슘은 방수성이 있는 피복으로 덮는다.
㉰ 제1류 위험물 중 알칼리 금속의 과산화물 또는 이를 함유한 것은 차광성과 방수성이 모두 있는 피복으로 덮는다.
㉱ 제5류 위험물 중 55℃ 이하의 온도에서 분해될 우려가 있는 것은 보냉 컨테이너에 수납하는 등의 방법으로 적정한 온도관리를 한다.

풀이 제5류 위험물 또는 제6류 위험물 : 차광성 피복으로 덮는다

58 다음 중 과산화수소의 저장용기로 가장 적합한 것은?

㉮ 뚜껑에 작은 구멍을 뚫은 갈색 용기
㉯ 뚜껑을 밀전한 투명 용기
㉰ 구리로 만든 용기
㉱ 요오드화칼륨을 첨가한 종이 용기

풀이 과산화수소 : 제6류 위험물에 속하며 구멍 뚫린마개를 이용하여 저장시킨다.

59 제2류 위험물의 화재 발생시 소화방법 또는 주의할 점으로 적합하지 않은 것은?

㉮ 마그네슘의 경우 이산화탄소를 이용한 질식소화는 위험하다.
㉯ 황은 비산에 주의하여 분무주수로 냉각소화한다.
㉰ 적린의 경우 물을 이용한 냉각소화는 위험하다.
㉱ 인화성고체는 이산화탄소로 질식소화 할 수 있다.

풀이 적린 : 주수소화가 가능하다.

60 낮은 온도에서도 잘 얼지 않는 다이너마이트를 제조하기 위해 니트로글리세린의 일부를 대체하여 첨가하는 물질은?

㉮ 니트로셀룰로오스   ㉯ 니트로글리콜
㉰ 트리니트로톨루엔   ㉱ 디니트로벤젠

풀이 니트로글리콜 : 제5류 위험물 중 질산에스테르류에 속하며 니트로 글리세린과 혼합하여 다이나마이트의 원료로 사용한다.

정답 57. ㉮ 58. ㉮ 59. ㉰ 60. ㉯

위·험·물·기·능·사·과·년·도
기출문제

위험물기능사

2012년 기출문제

위험물기능사 기출문제 01 — 2012년 2월 12일 시행

01 소화설비의 설치기준에서 유기과산화물 1000kg은 몇 소요단위에 해당하는가?
- ㉮ 10
- ㉯ 20
- ㉰ 30
- ㉱ 40

풀이 유기과산화물 지정수량 10kg
지정수량 10배마다 1소요단위이므로
소요단위 $= \dfrac{1000}{10 \times 10} = 10$

02 어떤 소화기에 "ABC"라고 표시되어 있다. 다음 중 사용할 수 없는 화재는?
- ㉮ 금속화재
- ㉯ 유류화재
- ㉰ 전기화재
- ㉱ 일반화재

풀이 A : 일반화재, B : 유류화재, C : 전기화재

03 화재 시 이산화탄소를 방출하여 산소의 농도를 13vol%로 낮추어 소화를 하려면 공기 중의 이산화탄소는 몇 vol%가 되어야 하는가?
- ㉮ 28.1
- ㉯ 38.1
- ㉰ 42.86
- ㉱ 48.36

풀이 CO_2 농도 $= \dfrac{21 - O_2}{21} \times 100$

$\dfrac{21 - 13}{21} \times 100 = 38.1\%$

04 액체연료의 연소형태가 아닌 것은?
- ㉮ 확산연소
- ㉯ 증발연소
- ㉰ 액면연소
- ㉱ 분무연소

풀이 확산연소 : 기체연소에 해당된다.

05 휘발유의 소화방법으로 옳지 않은 것은?
- ㉮ 분말소화약제를 사용한다.

정답 01. ㉮ 02. ㉮ 03. ㉯ 04. ㉮ 05. ㉯

㉯ 포소화약제를 사용한다.
㉰ 물통 또는 수조로 주수소화한다.
㉱ 이산화탄소에 의한 질식소화를 한다.

풀이 휘발유 : 제1석유류로서 물에 녹지 않고 주수소화시 화재를 확대하므로 금지함

06 다음 중 분진폭발의 원인물질로 작용할 위험성이 가장 낮은 것은?
㉮ 마그네슘 분말   ㉯ 밀가루
㉰ 담배 분말   ㉱ 시멘트 분말

풀이 시멘트 분말 : 주성분이 생석회(CaO)등으로 이루어져 있고 폭발가능성이 가장 낮다.

07 연소 위험성이 큰 휘발유 등은 배관을 통하여 이송할 경우 안전을 위하여 유속을 느리게 해주는 것이 바람직하다. 이는 배관 내에서 발생할 수 있는 어떤 에너지를 억제하기 위함인가?
㉮ 유도에너지   ㉯ 분해에너지
㉰ 정전기에너지   ㉱ 아크에너지

풀이 점화원의 일종인 정전기를 방지하기 위해 유속을 제어한다.

08 위험물안전관리법상 소화설비에 해당하지 않는 것은?
㉮ 옥외소화전설비   ㉯ 스프링클러설비
㉰ 할로겐화합물 소화설비   ㉱ 연결살수설비

풀이 연결살수설비 : 소화활동설비에 해당됨

09 제3종 분말소화약제의 주요 성분에 해당하는 것은?
㉮ 인산암모늄   ㉯ 탄산수소나트륨
㉰ 탄산수소칼륨   ㉱ 요소

풀이 제3종 분말소화약제 주성분
제1인산암모늄($NH_4H_2PO_4$)

10 플래시오버(flash over)에 관한 설명이 아닌 것은?
㉮ 실내화재에서 발생하는 현상
㉯ 순발적인 연소확대 현상
㉰ 발생시점은 초기에서 성장기로 넘어가는 분기점

정답   06.㉱ 07.㉰ 08.㉱ 09.㉮ 10.㉰

㉣ 화재로 인하여 온도가 급격히 상승하여 화재가 순간적으로 실내 전체에 확산되어 연소되는 현상

> **풀이** 플래시오버 : 화재 성장기에 발생된다.

11 유기과산화물의 화재예방상 주의사항으로 틀린 것은?
㉮ 열원으로부터 멀리한다.
㉯ 직사광선을 피해야 한다.
㉰ 용기의 파손에 의해서 누출되면 위험하므로 정기적으로 점검하여야 한다.
㉱ 산화제와 격리하고 환원제와 접촉시켜야 한다.

> **풀이** 유기과산화물 : 산화제, 환원제, 유기물 기타 가연성물질과 접촉금지 할 것

12 소화설비의 기준에서 이산화탄소 소화설비가 적응성이 있는 대상물은?
㉮ 알칼리금속 과산화물　　　　㉯ 철분
㉰ 인화성고체　　　　　　　　㉱ 제3류 위험물의 금수성물질

> **풀이** 이산화탄소 소화설비 금지 위험물 : 알칼리금속 과산화물, 철분, 제3류 금수성물질

13 전기설비에 적응성이 없는 소화설비는?
㉮ 이산화탄소소화설비　　　　㉯ 물분무소화설비
㉰ 포소화설비　　　　　　　　㉱ 할로겐화합물소화설비

> **풀이** 전기설비 : 수분을 함유하고 있는 포소화설비는 금지한다.(단, 물분무소화설비는 가능함)

14 소화작용에 대한 설명 중 옳지 않는 것은?
㉮ 가연물의 온도를 낮추는 소화는 냉각작용이다.
㉯ 물의 주된 소화작용 중 하나는 냉각작용이다.
㉰ 연소에 필요한 산소의 공급원을 차단하는 소화는 제거작용이다.
㉱ 가스화재시 밸브를 차단하는 것은 제거작용이다.

> **풀이** 질식소화 : 산소공급원을 차단하는 소화

15 분자내의 니트로기와 같이 쉽게 산소를 유리할 수 있는 기를 가지고 있는 화합물의 연소형태는?
㉮ 표면연소　　　　　　　　　㉯ 분해연소
㉰ 증발연소　　　　　　　　　㉱ 자기연소

정답　11. ㉱　12. ㉰　13. ㉰　14. ㉰　15. ㉱

> **풀이** 니트로기(−NO₂)를 함유하는 제5류 위험물은 자기연소한다.

16. 1몰의 이황화탄소와 고온의 물이 반응하여 생성되는 유독한 기체물질의 부피는 표준상태에서 얼마인가?
㉮ 22.4L ㉯ 44.8L
㉰ 67.2L ㉱ 134.4L

> **풀이** $CS_2 + 2H_2O \rightarrow CO_2 + 2H_2S$
> $2H_2S$가 발생하므로 2×22.4=44.8L

17. 물질의 발화온도가 낮아지는 경우는?
㉮ 발열량이 작을 때 ㉯ 산소의 농도가 작을 때
㉰ 화학적 활성도가 클 때 ㉱ 산소와 친화력이 작을 때

> **풀이** 화학적 활성도가 커질 때 발화온도가 낮아진다.

18. 자연발화의 방지법이 아닌 것은?
㉮ 습도를 높게 유지할 것 ㉯ 저장실의 온도를 낮출 것
㉰ 퇴적 및 수납 시 열축적이 없을 것 ㉱ 통풍을 잘 시킬 것

> **풀이** 자연발화를 방지하기 위해서는 습도가 높은 곳은 피해야 한다.

19. 화학식과 Halon 번호 옳게 연결한 것은?
㉮ CBr_2F_2 - 1202 ㉯ $C_2Br_2F_2$ - 2422
㉰ $CBrClF_2$ - 1102 ㉱ $C_2Br_2F_4$ - 1242

> **풀이** ㉮ 2202, ㉰ 1211, ㉱ 2402

20. 팽창질석(삽 1개 포함) 160리터의 소화 능력 단위는?
㉮ 0.5 ㉯ 1.0
㉰ 1.5 ㉱ 2.0

> **풀이** 팽창질석 · 팽창진주암(삽 1개 포함) 160리터 : 1단위

21. 건축물 외벽이 내화구조이며 연면적 300m² 인 위험물 옥내저장소의 건축물에 대하여 소화설비의 소화능력 단위는 최소한 몇 단위 이상이 되어야 하는가?

정답 16.㉯ 17.㉰ 18.㉮ 19.㉮ 20.㉯ 21.㉯

㉮ 1단위 ㉯ 2단위
㉰ 3단위 ㉱ 4단위

풀이 내화구조의 옥내저장소 : 150m²가 1소요단위이므로 300m²는 2단위

22 금속나트륨에 관한 설명으로 옳은 것은?
㉮ 물보다 무겁다.
㉯ 융점이 100℃ 보다 높다.
㉰ 물과 격렬히 반응하여 산소를 발생하고 발열한다.
㉱ 등유는 반응이 일어나지 않아 저장액으로 이용된다.

풀이 금속나트륨 : 석유류속에 보관한다.(등유, 경유)

23 위험물에 대한 유별 구분이 잘못된 것은?
㉮ 브롬산염류 - 제1류 위험물 ㉯ 유황 - 제2류 위험물
㉰ 금속의 인화물 - 제3류 위험물 ㉱ 무기과산화물 - 제5류 위험물

풀이 무기과산화물 : 제1류 위험물

24 지정수량 10배의 위험물 운반할 때 혼재가 가능한 것은?
㉮ 제1류 위험물과 제2류 위험물 ㉯ 제1류 위험물과 제4류 위험물
㉰ 제4류 위험물과 제5류 위험물 ㉱ 제5류 위험물과 제3류 위험물

풀이 제4류 위험물과 제5류 위험물은 혼재가 가능함

25 위험물안전관리에 관한 세부기준에서 정한 위험물의 유별에 따른 위험성 시험방법을 옳게 연결한 것은?
㉮ 제1류 - 가열분해성 시험 ㉯ 제2류 - 작은 불꽃 착화 시험
㉰ 제5류 - 충격민감성 시험 ㉱ 제6류 - 낙구타격감도 시험

풀이 • 제1류 위험물 - 산화성 시험
• 제5류 위험물 - 폭발성 시험, 가열분해성 시험
• 제6류 위험물 - 연소시간 측정 시험

26 제4류 위험물 중 특수인화물로만 나열된 것은?
㉮ 아세트알데히드, 산화프로필렌, 염화아세틸
㉯ 산화프로필렌, 염화아세틸, 부틸알데히드

정답 22. ㉱ 23. ㉱ 24. ㉰ 25. ㉯ 26. ㉱

㉰ 부틸알데히드, 이소프로필아민, 디에틸에테르
㉱ 이황화탄소, 황화디메틸, 이소프로필아민

풀이 제1석유류 : 염화아세틸, 부틸알데히드

27 동식물유류에 대한 설명으로 틀린 것은?
㉮ 아마인유는 건성유이다.
㉯ 불포화결합이 적을수록 자연발화의 위험이 커진다.
㉰ 요오드값이 100 이하인 것을 불건성유라 한다.
㉱ 건성유는 공기 중 산화중합으로 생긴 고체가 도막을 형성할 수 있다.

풀이 불포화결합이 클수록 자연발화의 위험이 커진다.

28 경유에 대한 설명으로 틀린 것은?
㉮ 품명은 제3석유류이다.
㉯ 디젤기관의 연료로 사용할 수 있다.
㉰ 원유의 증류 시 등유와 중유사이에서 유출된다.
㉱ K, Na의 보호액으로 사용할 수 있다.

풀이 경유는 제2석유류이다.

29 분말의 형태로서 150마이크로미터의 체를 통과하는 것이 50중량퍼센트 이상인 것만 위험물로 취급되는 것은?
㉮ Fe   ㉯ Sn
㉰ Ni   ㉱ Cu

풀이 금속분류 : 알칼리금속, 알칼리토금속(이상 3류), 철 및 마그네슘 이외의 금속분을 말하며, 구리, 니켈분과 150μm의 체를 통과하는 것이 50wt% 미만인 것은 위험물에서 제외된다.

30 과산화벤조일과 과염소산의 지정수량의 합은 몇 kg 인가?
㉮ 310   ㉯ 350
㉰ 400   ㉱ 500

풀이 과산화벤조일 10kg+과염소산 300kg=310kg

31 니트로셀룰로오스에 대한 설명으로 틀린 것은?
㉮ 다이너마이트의 원료로 사용된다.

정답 27. ㉯ 28. ㉮ 29. ㉯ 30. ㉮ 31. ㉱

㉯ 물과 혼합하면 위험성이 감소된다.
㉰ 셀룰로오스에 진한 질산과 진한 황산을 작용시켜 만든다.
㉱ 품명이 니트로화합물이다.

풀이 니트로셀룰로오스 : 질산에스테르화합물

32 질산의 비중이 1.5일 때, 1소요단위는 몇 L 인가?
㉮ 150   ㉯ 200
㉰ 1500   ㉱ 2000

풀이 위험물 1소요단위 : 지정수량의 10배
질산 300kg×1.5=20L 이므로
20L×10=2000L

33 상온에서 액체인 물질로만 조합된 것은?
㉮ 질산에틸, 니트로글리세린   ㉯ 피크린산, 질산메틸
㉰ 트리니트로톨루엔, 디니트로벤젠   ㉱ 니트로글리콜, 테트릴

풀이
• 상온 액체 : 질산에틸, 니트로글리세린, 질산메틸, 니트로글리콜
• 상온 고체 : 피크린산, 디니트로벤젠, 테트릴-니트로화합물

34 무색 또는 옅은 청색의 액체로 농도가 36wt% 이상인 것을 위험물로 간주하는 것은?
㉮ 과산화수소   ㉯ 과염소산
㉰ 질산   ㉱ 초산

풀이 과산화수소 : 중량 36wt% 이상인 것이 위험물이다.

35 제4류 위험물에 속하지 않는 것은?
㉮ 아세톤   ㉯ 실린더유
㉰ 과산화벤조일   ㉱ 니트로벤젠

풀이 과산화벤조일 : 제5류 위험물

36 $NaClO_3$에 대한 설명으로 옳은 것은?
㉮ 물, 알코올에 녹지 않는다.
㉯ 가연성 물질로 무색, 무취의 결정이다.
㉰ 유리를 부식시키므로 철제용기에 저장한다.
㉱ 산과 반응하여 유독성의 ClO_2를 발생한다.

정답 32.㉱ 33.㉮ 34.㉮ 35.㉰ 36.㉱

풀이 NaClO₃ : 산화성이 강하며 무색, 무취이며 알콜, 에테르, 물에 잘 녹고 조해성이 있으며 산과 반응하여 유독한 이산화염소(ClO_2)를 발생한다.

37 위험성 예방을 위해 물 속에 저장하는 것은?
㉮ 칠황화린 ㉯ 이황화탄소
㉰ 오황화린 ㉱ 톨루엔

풀이 이황화탄소(CS_2) : 물 속에 보관한다.

38 다음 중 화재 시 내알코올 포소화약제를 사용하는 것이 가장 적합한 위험물은?
㉮ 아세톤 ㉯ 휘발유
㉰ 경유   ㉱ 등유

풀이 내알코올포(특수포) : 아세톤과 같은 수용성 인화물 화재에 적합하다.

39 과염소산의 저장 및 취급방법으로 틀린 것은?
㉮ 종이, 나무부스러기 등과의 접촉을 피한다.
㉯ 직사광선을 피하고, 통풍이 잘 되는 장소에 보관한다.
㉰ 금속분과의 접촉을 피한다.
㉱ 분해방지제로 NH_3 또는 $BaCl_2$를 사용한다.

풀이 과염소산
NH_3 접촉 시 비산 폭발하며 $BaCl_2$는 혼촉에 의한 발화위험이 매우 크다.

40 다음에서 설명하고 있는 위험물은?

- 지정수량은 20kg 이고, 백색 또는 담황색 고체이다.
- 비중은 약 1.82 이고, 융점은 약 44℃ 이다.
- 비점은 약 280℃ 이고, 증기비중은 약 4.3 이다.

㉮ 적린   ㉯ 황린
㉰ 유황   ㉱ 마그네슘

풀이 황린(P_4)에 대한 설명임

41 과산화마그네슘에 대한 설명으로 옳은 것은?
㉮ 산화제, 표백제, 살균제 등으로 사용된다.
㉯ 물에 녹지 않기 때문에 습기와 접촉해도 무방하다.

정답 37.㉯ 38.㉮ 39.㉱ 40.㉯ 41.㉮

㉰ 물과 반응하여 금속 마그네슘을 생성한다.
㉱ 염산과 반응하면 산소와 수소를 발생한다.

풀이 과산화마그네슘(MgO₂) : 물과 접촉시 산소를 발생하고 강산과 반응하여 과산화수소를 발생한다.

42

다음 중 인화점이 가장 낮은 것은?
㉮ 이소펜탄   ㉯ 아세톤
㉰ 디에틸에테르   ㉱ 이황화탄소

풀이 인화점
이소펜탄(−51℃), 아세톤(−18℃), 디에틸에테르(−45℃), 이황화탄소(−30℃)

43

위험물제조소에 설치하는 안전장치 중 위험물의 성질에 따라 안전밸브의 작동이 곤란한 가압설비에 한하여 설치하는 것은?
㉮ 파괴판
㉯ 안전밸브를 병용하는 경보장치
㉰ 감압측에 안전밸브를 부착하는 감압밸브
㉱ 연성계

풀이 파괴판 : 안전밸브 작동이 곤란한 가압설비에 설치한다.

44

위험물탱크성능시험자가 갖추어야 할 등록기준에 해당되지 않은 것은?
㉮ 기술능력   ㉯ 시설
㉰ 장비   ㉱ 경력

풀이 경력 : 등록기준이 아니다.

45

물과 접촉하면 위험성이 증가하므로 주수소화를 할 수 없는 물질은?
㉮ KClO₃   ㉯ NaNO₃
㉰ Na₂O₂   ㉱ (C₆H₅CO)₂O₂

풀이 과산화나트륨은 물과 접촉시 산소를 발생하므로 주수소화를 금지한다.

46

메탄올과 에탄올의 공통점에 대한 설명으로 틀린 것은?
㉮ 증기 비중이 같다.   ㉯ 무색 투명한 액체이다.
㉰ 비중이 1보다 작다.   ㉱ 물에 잘 녹는다.

정답 42. ㉮ 43. ㉮ 44. ㉱ 45. ㉰ 46. ㉮

풀이 증기 비중은 에탄올이 더 크다.

47 물과 반응하여 아세틸렌을 발생하는 것은?
㉮ NaH ㉯ Al$_4$C$_3$
㉰ CaC$_2$ ㉱ (C$_2$H$_5$)$_3$Al

풀이 CaC$_2$ + 2H$_2$O → Ca(OH)$_2$ + C$_2$H$_2$↑

48 제6류 위험물에 대한 설명으로 틀린 것은?
㉮ 위험등급 I에 속한다. ㉯ 자신이 산화되는 산화성 물질이다.
㉰ 지정수량이 300kg이다. ㉱ 오불화브롬은 제6류 위험물이다.

풀이 제6류 위험물 : 자신은 환원되는 산화제이다.

49 다음은 위험물탱크의 공간용적에 관한 내용이다. ( ) 안에 숫자를 차례대로 올바르게 나열한 것은? (단, 소화설비를 설치하는 경우와 암반탱크는 제외한다.)

> 탱크의 공간용적은 탱크 내용적의 100분의 ( ) 이상 100분의 ( ) 이하의 용적으로 한다.

㉮ 5, 10 ㉯ 5, 15
㉰ 10, 15 ㉱ 10, 20

풀이 탱크의 공간용적
탱크 내용적의 $\frac{5}{100}$ 이상 $\frac{10}{100}$ 이하의 용적으로 한다.

50 위험물을 유별로 정리하여 상호 1m 이상의 간격을 유지하는 경우에도 동일한 옥내저장소에 저장할 수 없는 것은?
㉮ 제1류 위험물(알칼리금속의 과산화물 또는 이를 함유한 것을 제외한다)과 제5류 위험물
㉯ 제1류 위험물과 제6류 위험물
㉰ 제1류 위험물과 제3류 위험물 중 황린
㉱ 인화성 고체를 제외한 제2류 위험물과 제4류 위험물

풀이 옥내저장소 혼재가 가능한 위험물
제2류 위험물 중 인화성 고체와 제4류 위험물을 저장하는 경우

정답 47.㉰ 48.㉯ 49.㉮ 50.㉱

51 위험물안전관리법령에 따라 제조소등의 관계인이 예방규정을 정하여야 하는 제조소등에 해당하지 않는 것은?
㉠ 지정수량의 200배 이상의 위험물을 저장하는 옥외탱크저장소
㉡ 지정수량의 10배 이상의 위험물을 취급하는 제조소
㉢ 암반탱크저장소
㉣ 지하탱크저장소

풀이 지하탱크저장소는 화재예방규정에서 제외된다.

52 수소화칼슘이 물과 반응하였을 때의 생성물은?
㉠ 칼슘과 수소   ㉡ 수산화칼슘과 수소
㉢ 칼슘과 산소   ㉣ 수산화칼슘과 산소

풀이 $CaH_2 + 2H_2O \rightarrow Ca(OH)_2 + 2H_2 \uparrow$

53 지정수량이 나머지 셋과 다른 하나는?
㉠ 칼슘   ㉡ 나트륨아미드
㉢ 인화아연   ㉣ 바륨

풀이 인화아연 : 300kg, 기타 : 50kg

54 위험물제조소등에 경보설비를 설치해야 하는 경우가 아닌 것은? (단, 지정수량의 10배 이상을 저장 또는 취급하는 경우이다.)
㉠ 이동탱크저장소
㉡ 단층건물로 처마 높이가 6m인 옥내 저장소
㉢ 단층 건물 외의 건축물에 설치된 옥내탱크저장소로서 소화난이도등급 I 에 해당하는 것
㉣ 옥내주유취급소

풀이 이동탱크저장소는 경보설비에서 제외된다.

55 다음 위험물 중 지정수량이 가장 큰 것은?
㉠ 질산에틸   ㉡ 과산화수소
㉢ 트리니트로톨루엔 ㉣ 피크르산

풀이 과산화나트륨 : 300kg
㉠ 10kg, ㉢ 200kg, ㉣ 200kg

정답 51.㉣ 52.㉡ 53.㉢ 54.㉠ 55.㉡

56. 과염소산칼륨과 아염소산나트륨의 공통 성질이 아닌 것은?
  ㉮ 지정수량이 50kg이다.
  ㉯ 열분해 시 산소를 방출한다.
  ㉰ 강산화성 물질이며 가연성이다.
  ㉱ 상온에서 고체의 형태이다.

  풀이 모두 강산화성 고체로서 열분해에 의해 산소를 공급하는 조연성이다.

57. 착화점이 232℃에 가장 가까운 위험물은?
  ㉮ 삼황화린
  ㉯ 오황화린
  ㉰ 적린
  ㉱ 유황

  풀이 유황(S)의 착화점은 232℃이다.

58. CaC_2의 저장 장소로서 적합한 곳은?
  ㉮ 가스가 발생하므로 밀전을 하지 않고 공기 중에 보관한다.
  ㉯ HCl 수용액 속에 저장한다.
  ㉰ CCl_4 분위기의 수분이 많은 장소에 보관한다.
  ㉱ 건조하고 환기가 잘 되는 장소에 보관한다.

  풀이 탄화칼슘(CaC_2)은 수분과 반응하여 아세틸렌가스를 발생시키므로 건조하고 환기가 잘되는 장소에 보관한다.

59. 위험물안전관리법령의 규정에 따라 다음과 같이 예방조치를 하여야 하는 위험물은?

  • 운반용기의 외부에 "화기엄금" 및 "충격주의"를 표시한다.
  • 적재하는 경우 차광성 있는 피복으로 가린다.
  • 55℃ 이하에서 분해될 우려가 있는 경우 보냉 컨테이너에 수납하여 적정한 온도관리를 한다.

  ㉮ 제1류
  ㉯ 제2류
  ㉰ 제3류
  ㉱ 제5류

  풀이 제5류 위험물에 대한 설명이다.

60. 같은 위험등급의 위험물로만 이루어지지지 않은 것은?
  ㉮ Fe, Sb, Mg
  ㉯ Zn, Al, S
  ㉰ 황화린, 적린, 황
  ㉱ 메탄올, 에탄올, 벤젠

  풀이
  • Zn, Al : Ⅲ등급
  • S : Ⅱ등급

정답 56.㉰ 57.㉱ 58.㉱ 59.㉱ 60.㉯

2012년 4월 8일 시행

01 연료의 일반적인 연소형태에 관한 설명 중 틀린 것은?
㉮ 목재와 같은 고체연료는 연소 초기에는 불꽃을 내면서 연소하나 후기에는 점점 불꽃이 없어져 무염(無炎)연소 형태로 연소한다.
㉯ 알코올과 같은 액체연료는 증발에 의해 생긴 증기가 공기 중에서 연소하는 증발연소의 형태로 연소한다.
㉰ 기체연료는 액체연료, 고체연료와 다르게 비정상적 연소인 폭발현상이 나타나지 않는다.
㉱ 석탄과 같은 고체연료는 열분해하여 발생한 가연성 기체가 공기 중에서 연소하는 분해연소 형태로 연소한다.

풀이 기체연료는 확산연소를 하며 폭발현상을 갖는다.

02 위험물안전관리자의 책무에 해당되지 않는 것은?
㉮ 화재 등의 재난이 발생한 경우 소방관서 등에 대한 연락업무
㉯ 화재 등의 재난이 발생한 경우 응급조치
㉰ 위험물 취급에 관한 일지의 작성·기록
㉱ 위험물안전관리자의 선임·신고

풀이 위험물안전관리자의 선임·해임은 사업주가 한다.

03 옥내저장소에 관한 위험물안전관리법령의 내용으로 옳지 않은 것은?
㉮ 지정과산화물을 저장하는 옥내저장소의 경우 바닥면적 150m² 이내마다 격벽으로 구획을 하여야 한다.
㉯ 옥내저장소에는 원칙상 안전거리를 두어야 하나, 제6류 위험물을 저장하는 경우에는 안전거리를 두지 않을 수 있다.
㉰ 아세톤을 처마높이 6m 미만인 단층건물에 저장하는 경우 저장창고의 바닥면적은 1000m² 이하로 하여야 한다.
㉱ 복합용도의 건축물에 설치하는 옥내저장소는 해당 용도로 사용하는 부분의 바닥면적을 100m² 이하로 하여야 한다.

풀이 옥내저장소 복합용도 저장소 바닥면적은 75m² 이하여야 한다.

정답 01.㉰ 02.㉱ 03.㉱

04 위험등급이 나머지 셋과 다른 것은?
㉮ 알칼리토금속　　　　　㉯ 아염소산염류
㉰ 질산에스테르류　　　　㉱ 제6류 위험물

풀이　㉮ Ⅱ등급　㉯ Ⅰ등급　㉰ Ⅰ등급　㉱ Ⅰ등급

05 메틸알코올 8000리터에 대한 소화능력으로 삽을 포함한 마른모래를 몇 리터 설치하여야 하는가?
㉮ 100　　　　　　　　　㉯ 200
㉰ 300　　　　　　　　　㉱ 400

풀이　메틸알코올 8000 l
$$\frac{8000}{400 \times 10} = 2단위$$
마른모래(삽 1개 포함) 용량 50 l 가 0.5단위이므로 2단위에 대해서 200 l 필요하다.

06 위험물안전관리법령에서 정한 경보설비가 아닌 것은?
㉮ 자동화재탐지설비　　　㉯ 비상조명설비
㉰ 비상경보설비　　　　　㉱ 비상방송설비

풀이　비상조명설비는 해당없음

07 위험물안전관리법령상 전기설비에 대하여 적응성이 없는 소화설비는?
㉮ 물분무소화설비　　　　㉯ 이산화탄소소화설비
㉰ 포소화설비　　　　　　㉱ 할로겐화합물소화설비

풀이　포소화설비는 수분을 함유하고 있어 전기설비에는 적합하지 않다.

08 철분·마그네슘·금속분에 적응성이 있는 소화설비는?
㉮ 스프링클러 설비　　　　㉯ 할로겐화합물소화설비
㉰ 대형수동식포소화기　　㉱ 건조사

풀이　건조사 : 만능소화약제

09 제3류 위험물을 취급하는 제조소는 300명 이상을 수용할 수 있는 극장으로부터 몇 m 이상의 안전거리를 유지하여야 하는가?
㉮ 5　　　　　　　　　　㉯ 10
㉰ 30　　　　　　　　　 ㉱ 70

정답　04. ㉮　05. ㉯　06. ㉯　07. ㉰　08. ㉱　09. ㉰

풀이 수용인원 300명 이상인 건축물과는 30m 이상 안전거리를 확보한다.

10. 다음 중 할로겐화합물 소화약제의 가장 주된 소화효과에 해당하는 것은?
㉮ 제거효과 ㉯ 억제효과
㉰ 냉각효과 ㉱ 질식효과

풀이 할로겐소화약제 주소화효과는 억제효과(부촉매작용)이다.

11. 위험물안전관리법령에 의한 안전교육에 대한 설명으로 옳은 것은?
㉮ 제조소등의 관계인은 교육대상자에 대하여 안전교육을 받게 할 의무가 있다.
㉯ 안전관리자, 탱크시험자의 기술인력 및 위험물운송자는 안전교육을 받을 의무가 없다.
㉰ 탱크시험자의 업무에 대한 강습교육을 받으면 탱크시험자의 기술인력이 될 수 있다.
㉱ 소방서장은 교육대상자가 교육을 받지 아니한 때에는 그 자격을 정지하거나 취소할 수 있다.

풀이 안전관리자, 탱크시험자, 위험물운송자는 안전교육 대상자이며 소방서장은 교육을 이수할 때까지 그 자격을 제한할 수 있다.

12. 위험물안전관리법령상 제조소의 위치·구조 및 설비의 기준에 따르면 가연성 증기가 체류할 우려가 있는 건축물은 배출장소의 용적이 500m^3일 때 시간당 배출능력(국소방식)을 얼마 이상인 것으로 하여야 하는가?
㉮ 5000m^3 ㉯ 10000m^3
㉰ 20000m^3 ㉱ 40000m^3

풀이 시간당 배출용적의 20배 이상이어야 한다.
500×20=10,000m^3 이상

13. 물의 소화능력을 향상시키고 동절기 또는 한랭지에서도 사용할 수 있도록 탄산칼륨 등의 알칼리 금속염을 첨가한 소화약제는?
㉮ 강화액 ㉯ 할로겐화합물
㉰ 이산화탄소 ㉱ 포(Foam)

풀이 강화액 소화기 특성
물에 탄산칼륨(K_2CO_3)을 용해하여 빙점을 −25~−30℃로 조절하였다.

정답 10.㉯ 11.㉮ 12.㉯ 13.㉮

14. 금수성 물질 저장시설에 설치하는 주의사항 게시판의 바탕색과 문자색을 옳게 나타낸 것은?

㉮ 적색바탕에 백색문자   ㉯ 백색바탕에 적색문자
㉰ 청색바탕에 백색문자   ㉱ 백색바탕에 청색문자

> **풀이** 금수성 물질 게시판
> 청색바탕에 백색문자

15. 과산화수소에 대한 설명으로 틀린 것은?

㉮ 불연성이다.   ㉯ 물보다 무겁다.
㉰ 산화성 액체이다.   ㉱ 지정수량은 300L이다.

> **풀이** 과산화수소 지정수량은 300kg이다.

16. 다음 중 연소반응이 일어날 수 있는 가능성이 가장 큰 물질은?

㉮ 산소와 친화력이 작고, 활성화 에너지가 작은 물질
㉯ 산소와 친화력이 크고, 활성화 에너지가 큰 물질
㉰ 산소와 친화력이 작고, 활성화 에너지가 큰 물질
㉱ 산소와 친화력이 크고, 활성화 에너지가 작은 물질

> **풀이** 연소조건
> 산소와의 친화력이 크고, 활성화 에너지가 작을수록 연소가 쉽게 일어난다.

17. 비전도성 인화성액체가 관이나 탱크 내에서 움직일 때 정전기가 발생하기 쉬운 조건으로 가장 거리가 먼 것은?

㉮ 흐름의 낙차가 클 때   ㉯ 느린 유속으로 흐를 때
㉰ 심한 와류가 생성될 때   ㉱ 필터를 통과할 때

> **풀이** 정전기는 유속이 빠를 때 발생한다.

18. 위험물안전관리법령에 따라 다음 ( ) 안에 알맞은 용어는?

> 주유취급소 중 건축물의 2층 이상의 부분을 점포·휴게음식점 또는 전시장의 용도로 사용하는 것에 있어서는 당해 건축물의 2층 이상으로부터 직접 주유취급소의 부지 밖으로 통하는 출입구와 당해 출입구로 통하는 통로·계단 및 출입구에 ( )을(를) 설치하여야 한다.

㉮ 피난사다리   ㉯ 경보기
㉰ 유도등   ㉱ CCTV

정답 14. ㉰ 15. ㉱ 16. ㉱ 17. ㉯ 18. ㉰

풀이 유도등 설치에 관한 사항이다.

19 금속화재에 대한 설명으로 틀린 것은?
㉮ 마그네슘과 같은 가연성 금속의 화재를 말한다.
㉯ 주수소화시 물과 반응하여 가연성 가스를 발생하는 경우가 있다.
㉰ 화재시 금속화재용 분말소화약제를 사용할 수 있다.
㉱ D급 화재라고 하며 표시하는 색상은 청색이다.

풀이 D급(금속화재)의 표시색은 무색이다.

20 다음 중 산화성액체 위험물의 화재예방상 가장 주의해야 할 점은?
㉮ 0℃ 이하로 냉각시킨다.   ㉯ 공기와의 접촉을 피한다.
㉰ 가연물과의 접촉을 피한다.   ㉱ 금속용기에 저장한다.

풀이 산화성액체는 제6류 위험물로서 가연물과 접촉에 주의해야 한다.

21 알칼리금속 과산화물에 적응성이 있는 소화설비는?
㉮ 할로겐화합물 소화설비   ㉯ 탄산수소염류분말소화설비
㉰ 물분무소화설비   ㉱ 스프링클러설비

풀이 알칼리금속 과산화물 적응소화설비
    탄산수소염류분말소화설비

22 위험물의 저장 및 취급방법에 대한 설명으로 틀린 것은?
㉮ 적린은 화기와 멀리하고 가열, 충격이 가해지지 않도록 한다.
㉯ 황린은 자연발화성이 있으므로 물속에 저장한다.
㉰ 마그네슘은 산화제와 혼합되지 않도록 취급한다.
㉱ 알루미늄분은 분진폭발의 위험이 있으므로 분무 주수하여 저장한다.

풀이 알루미늄분은 물과 반응하여 수소가스를 발생하며 폭발한다.

23 위험물의 운반에 관한 기준에서 적재방법 기준으로 틀린 것은?
㉮ 고체 위험물은 운반용기의 내용적 95% 이하의 수납율로 수납할 것
㉯ 액체 위험물은 운반용기의 내용적 98% 이하의 수납율로 수납할 것
㉰ 알킬알루미늄은 운반용기 내용적의 95% 이하의 수납율로 수납하되, 50℃의 온도에서 5% 이상의 공간용적을 유지할 것

정답 19.㉱ 20.㉰ 21.㉯ 22.㉱ 23.㉰

㉣ 제3류 위험물 중 자연발화성물질에 있어서는 불활성 기체를 봉입하여 밀봉하는 등 공기와 접하지 아니하도록 할 것

풀이 알킬알루미늄
운반용기 내용적의 90% 이하로 수납한다.

24 서로 반응할 때 수소가 발생하지 않는 것은?
㉮ 리튬+염산 ㉯ 탄화칼슘+물
㉰ 수소화칼슘+물 ㉱ 루비듐+물

풀이 물과 반응하여 아세틸렌가스를 발생한다.
$CaC_2 + 2H_2O \rightarrow Ca(OH)_2 + C_2H_2 \uparrow$

25 지정수량이 300kg 인 위험물에 해당하는 것은?
㉮ $NaBrO_3$ ㉯ CaO_2
㉰ $KClO_4$ ㉱ $NaClO_2$

풀이 브롬산염류 : 제1류 위험물 지정수량 300kg

26 제2류 위험물이 아닌 것은?
㉮ 황화린 ㉯ 적린
㉰ 황린 ㉱ 철분

풀이 황린(P_4) : 제3류 위험물

27 특수인화물 200L 와 제4석유류 12000L를 저장할 때 각각의 지정수량 배수의 합은 얼마인가?
㉮ 3 ㉯ 4
㉰ 5 ㉱ 6

풀이 저장배수 = $\frac{200}{50} + \frac{12000}{6000} = 6$

28 위험물안전관리법령에 따른 위험물의 운송에 관한 설명 중 틀린 것은?
㉮ 알킬리튬과 알킬알루미늄 또는 이 중 어느 하나 이상을 함유한 것은 운송책임자의 감독·지원을 받아야 한다.
㉯ 이동탱크저장소에 의하여 위험물을 운송할 때의 운송책임자에는 법정의 교육을 이수하고 관련 업무에 2년 이상 경력이 있는 자도 포함된다.

정답 24. ㉯ 25. ㉮ 26. ㉰ 27. ㉱ 28. ㉰

㉢ 서울에서 부산까지 금속의 인화물 300kg을 1명의 운전자가 휴식 없이 운송해도 규정위반이 아니다.
㉣ 운송책임자의 감독 또는 지원의 방법에는 동승하는 방법과 별도의 사무실에서 대기하면서 규정된 사항을 이행하는 방법이 있다.

> **풀이** 고속도로 340km 이상, 기타 도로는 200km 이상을 운송시 2명 이상의 운전자로 해야 한다.

29 공기 중에서 갈색 연기를 내는 물질은?
㉮ 중크롬산암모늄
㉯ 톨루엔
㉰ 벤젠
㉱ 발연질산

> **풀이** 발연질산은 공기 중 갈색 연기(NO_2)는 발생한다.

30 지정과산화물 옥내저장소의 저장창고 출입구 및 창의 설치기준으로 틀린 것은?
㉮ 창은 바닥면적으로부터 2m 이상의 높이에 설치한다.
㉯ 하나의 창의 면적을 $0.4m^2$ 이내로 한다.
㉰ 하나의 벽면에 두는 창의 면적의 합계를 해당 벽면의 면적의 80분의 1이 초과되도록 한다.
㉱ 출입구에는 갑종방화문을 설치한다.

> **풀이** 해당 벽면적의 $\frac{1}{80}$ 이내로 할 것

31 제5류 위험물 중 유기과산화물을 함유한 것으로서 위험물에서 제외되는 것의 기준이 아닌 것은?
㉮ 과산화벤조일의 함유량이 35.5 중량퍼센트 미만인 것으로서 전분가루, 황산칼슘2수화물 또는 인산 1수소칼슘2수화물과의 혼합물
㉯ 비스(4클로로벤조일)퍼옥사이드의 함유량이 30중량퍼센트 미만인 것으로서 불활성고체와의 혼합물
㉰ 1・4비스(2-터셔리부틸퍼옥시이소프로필)벤젠의 함유량이 40중량퍼센트 미만인 것으로서 불활성고체와의 혼합물
㉱ 시크로헥사놀퍼옥사이드의 함유량이 40중량퍼센트 미만인 것으로서 불활성고체와의 혼합물

> **풀이** 시크로헥사놀퍼옥사이드의 함유량이 30중량퍼센트 미만일 것

정답 29.㉱ 30.㉰ 31.㉱

32 저장 또는 취급하는 위험물의 최대수량이 지정수량의 500배 이하일 때 옥외저장탱크의 측면으로부터 몇 m 이상의 보유공지를 유지하여야 하는가? (단, 제6류 위험물은 제외한다.)

㉮ 1 ㉯ 2
㉰ 3 ㉱ 4

풀이 옥외저장탱크 보유공지
지정수량 500배 이하는 3m 이상일 것

33 아염소산나트륨의 저장 및 취급 시 주의사항으로 가장 거리가 먼 것은?

㉮ 물 속에 넣어 냉암소에 저장한다. ㉯ 강산류와의 접촉을 피한다.
㉰ 취급시 충격, 마찰을 피한다. ㉱ 가연성 물질과 접촉을 피한다.

풀이 아염소산은 조해성이 있으므로 밀전·밀봉하여 냉암소에 저장한다.

34 다음 중 발화점이 가장 낮은 것은?

㉮ 이황화탄소 ㉯ 산화프로필렌
㉰ 휘발유 ㉱ 메탄올

풀이 이황화탄소 : 특수인화물, 발화점 100℃

35 메탄올과 비교한 에탄올의 성질에 대한 설명 중 틀린 것은?

㉮ 인화점이 낮다. ㉯ 발화점이 낮다.
㉰ 증기비중이 크다. ㉱ 비점이 높다.

풀이 인화점은 에탄올이 높다.
메탄올 11℃, 에탄올 13℃

36 아염소산염류 500kg과 질산염류 3000kg을 함께 저장하는 경우 위험물의 소요단위는 얼마인가?

㉮ 2 ㉯ 4
㉰ 6 ㉱ 8

풀이 소요단위 $= \dfrac{500}{50 \times 10} + \dfrac{3000}{300 \times 10} = 2$

37 과염소산에 대한 설명 중 틀린 것은?

정답   32. ㉰   33. ㉮   34. ㉮   35. ㉮   36. ㉮   37. ㉯

㉮ 산화제로 이용된다.
㉯ 휘발성이 강한 가연성 물질이다.
㉰ 철, 아연, 구리와 격렬하게 반응한다.
㉱ 증기 비중이 약 3.5이다.

풀이 과염소산은 제6류 위험물로서 조연성 물질이다.

38

상온에서 CaC_2를 장기간 보관할 때 사용하는 물질로 다음 중 가장 적합한 것은?
㉮ 물 ㉯ 알코올수용액
㉰ 질소가스 ㉱ 아세틸렌가스

풀이 탄화칼슘은 수분과 반응하여 아세틸렌가스를 발생하므로 저장시 질소가스로 충전하여 보관한다.

39

위험물안전관리법상 위험물에 해당하는 것은?
㉮ 아황산
㉯ 비중이 1.41인 질산
㉰ 53마이크로미터의 표준체를 통과하는 것이 50중량% 이상인 철의 분말
㉱ 농도가 15중량% 인 과산화수소

풀이 철분 : 53마이크로미터의 표준체를 통과하는 것이 50중량% 이상

40

정기점검 대상 제조소등에 해당하지 않는 것은?
㉮ 이동탱크저장소
㉯ 지정수량 100배 이상의 위험물 옥외저장소
㉰ 지정수량 100배 이상의 위험물 옥내저장소
㉱ 이송취급소

풀이 정기점검 대상 옥내저장소
    지정수량 150배 이상

41

위험물의 성질에 대한 설명으로 틀린 것은?
㉮ 인화칼슘은 물과 반응하여 유독한 가스를 발생한다.
㉯ 금속나트륨은 물과 반응하여 산소를 발생시키고 발열한다.
㉰ 아세트알데히드는 연소하여 이산화탄소와 물을 발생한다.
㉱ 질산에틸은 물에 녹지 않고 인화되기 쉽다.

풀이 금속나트륨은 물과 반응하여 수소가스를 발생한다.
$2Na + 2H_2O \rightarrow 2NaOH + H_2 \uparrow$

정답   38. ㉰   39. ㉰   40. ㉰   41. ㉯

42 물과 반응하여 가연성 가스를 발생하지 않는 것은?
㉮ 나트륨 ㉯ 과산화나트륨
㉰ 탄화알루미늄 ㉱ 트리에틸알루미늄

풀이 과산화나트륨은 물과 반응하여 조연성 가스인 산소를 발생한다.

43 알킬알루미늄을 저장하는 용기에 봉입하는 가스로 다음 중 가장 적합한 것은?
㉮ 포스겐 ㉯ 인화수소
㉰ 질소가스 ㉱ 아황산가스

풀이 저장 취급 시는 불활성 가스(N_2) 중에서 취급한다.

44 분자량이 약 169인 백색의 정방정계 분말로서 알칼리토금속의 과산화물 중 매우 안정한 물질이며 테르밋의 점화제 용도로 사용되는 제1류 위험물은?
㉮ 과산화칼슘 ㉯ 과산화바륨
㉰ 과산화마그네슘 ㉱ 과산화칼륨

풀이 과산화바륨(BaO_2)에 대한 설명임

45 지하저장탱크에 경보음을 울리는 방법으로 과충전방지장치를 설치하고자 한다. 탱크 용량의 최소 몇 %가 찰 때 경보음이 울리도록 하여야 하는가?
㉮ 80 ㉯ 85
㉰ 90 ㉱ 95

풀이 과충전방지장치는 탱크용량의 90%가 찰 때 경보음을 울린다.

46 휘발유에 대한 설명으로 옳지 않은 것은?
㉮ 전기양도체이므로 정전기 발생에 주의해야 한다.
㉯ 빈 드럼통이라도 가연성 가스가 남아 있을 수 있으므로 취급에 주의해야 한다.
㉰ 취급·저장시 환기를 잘 시켜야 한다.
㉱ 직사광선을 피해 통풍이 잘 되는 곳에 저장한다.

풀이 휘발유
전기부도체로 정전기에 주의해야 한다.

47 벤조일퍼옥사이드의 위험성에 대한 설명으로 틀린 것은?
㉮ 상온에서 분해되며 수분이 흡수되면 폭발성을 가지므로 건조된 상태로 보관·운반한다.

정답 42.㉯ 43.㉰ 44.㉯ 45.㉰ 46.㉮ 47.㉮

㉯ 강산에 의해 분해 폭발의 위험이 있다.
㉰ 충격, 마찰 등에 의해 분해되어 폭발할 위험이 있다.
㉱ 가연성 물질과 접촉하면 발화의 위험이 높다.

풀이 상온에서 안정하고 저장 시는 분해를 막기 위해 수분에 흡수시켜 저장한다.

48 제2류 위험물에 대한 설명 중 틀린 것은?
㉮ 유황은 물에 녹지 않는다.
㉯ 오황화린은 CS_2에 녹는다.
㉰ 삼황화린은 가연성 물질이다.
㉱ 칠황화린은 더운물에 분해되어 이산화황을 발생한다.

풀이 칠황화린(P_2S_7)
　　　온수에서 급격히 분해 H_2S, H_3PO_4 발생

49 위험물제조소등에 자체소방대를 두어야할 대상으로 옳은 것은?
㉮ 지정수량 300배 이상의 제4류 위험물을 취급하는 저장소
㉯ 지정수량 300배 이상의 제4류 위험물을 취급하는 제조소
㉰ 지정수량 3000배 이상의 제4류 위험물을 취급하는 저장소
㉱ 지정수량 3000배 이상의 제4류 위험물을 취급하는 제조소

풀이 자체소방대
　　　지정수량 3000배 이상의 제4류 위험물 취급하는 제조소

50 위험물의 운반에 관한 기준에 따르면 아세톤의 위험등급을 얼마인가?
㉮ 위험등급 I　　　　　　　㉯ 위험등급 II
㉰ 위험등급 III　　　　　　㉱ 위험등급 IV

풀이 아세톤 : 제1석유류에 해당되며 위험등급 II등급에 해당된다.

51 위험물제조소의 기준에 있어서 위험물을 취급하는 건축물의 구조로 적당하지 않은 것은?
㉮ 지하층이 없도록 하여야 한다.
㉯ 연소의 우려가 있는 외벽은 내화구조의 벽으로 하여야 한다.
㉰ 출입구는 연소의 우려가 있는 외벽에 설치하는 경우 을종방화문을 설치하여야 한다.
㉱ 지붕은 폭발력이 위로 방출될 정도의 가벼운 불연재료로 덮는다.

정답　48. ㉱　49. ㉱　50. ㉯　51. ㉰

풀이 연소우려가 있는 외벽은 갑종방화문을 설치한다.

52 위험물 관련 신고 및 선임에 관한 사항으로 옳지 않은 것은?
㉮ 제조소의 위치·구조 변경 없이 위험물의 품명 변경 시는 변경하고자 하는 날의 14일 이전까지 신고하여야 한다.
㉯ 제조소 설치자의 지위를 승계한자는 승계한 날로부터 30일 이내에 신고하여야 한다.
㉰ 위험물안전관리자가 퇴직한 경우는 퇴직일로부터 14일 이내에 신고하여야 한다.
㉱ 위험물안전관리자가 퇴직한 경우는 퇴직일로부터 30일 이내에 선임하여야 한다.

풀이 제조소의 위치·구조 변경 없이 당해 제조소등에서 저장하거나 취급하는 위험물의 품명·수량 변경신고 : 변경하고자 하는 날의 7일 전에 보고

53 염소산염류에 대한 설명으로 옳은 것은?
㉮ 염소산칼륨은 환원제이다.
㉯ 염소산나트륨은 조해성이 있다.
㉰ 염소산암모늄은 위험물이 아니다.
㉱ 염소산칼륨은 냉수와 알코올에 잘 녹는다.

풀이 염소산나트륨($NaClO_3$) : 제1류 위험물로서 강산화제이며 조해성이 있다.

54 다음 중 지정수량이 가장 큰 것은?
㉮ 과염소산칼륨   ㉯ 트리니트로톨루엔
㉰ 황린   ㉱ 유황

풀이 트리니트로톨루엔(TNT)
지정수량 200kg이다.

55 위험물안전관리법에서 규정하고 있는 내용으로 틀린 것은?
㉮ 민사집행법에 의한 경매, 국세징수법 또는 지방세법에 의한 압류재산의 매각절차에 따라 제조소등의 시설의 전부를 인수한 자는 그 설치자의 지위를 승계한다.
㉯ 금치산자 또는 한정치산자, 탱크시험자의 등록이 취소된 날로부터 2년이 지나지 아니한 자는 탱크시험자로 등록하거나 탱크시험자의 업무에 종사할 수 없다.
㉰ 농예용·축산용으로 필요한 난방시설 또는 건조시설을 위한 지정수량 20배 이하의 취급소는 신고를 하지 아니하고 위험물의 품명·수량을 변경할 수 있다.
㉱ 법정의 완공검사를 받지 아니하고 제조소등을 사용한 때 시·도지사는 허가를 취소하거나 6월 이내의 기간을 정하여 사용정지를 명할 수 있다.

정답 52.㉮ 53.㉯ 54.㉯ 55.㉰

> **풀이** 농예용·축산용의 난방시설등은 지정수량 10배이하의 취급소는 신고 하지 않고 위험물의 품명 및 수량을 변경할 수 있다.

56 위험물안전관리법령상 품명이 나머지 셋과 다른 하나는?
㉮ 트리니트로톨루엔   ㉯ 니트로글리세린
㉰ 니트로글리콜   ㉱ 셀룰로이드

> **풀이**
> • 트리니트로톨루엔(TNT) : 니트로화합물
> • 기타 : 질산에스테르류

57 황린과 적린의 공통성질이 아닌 것은?
㉮ 물에 녹지 않는다.
㉯ 이황화탄소에 잘 녹는다.
㉰ 연소시 오산화인을 생성한다.
㉱ 화재시 물을 사용하여 소화를 할 수 있다.

> **풀이** 적린은 이황화탄소에 녹지 않는다.

58 칼륨의 저장시 사용하는 보호물질로 다음 중 가장 적합한 것은?
㉮ 에탄올   ㉯ 사염화탄소
㉰ 등유   ㉱ 이산화탄소

> **풀이** 칼륨은 금수성물질로 석유류속에 넣어 보관한다.

59 메틸알코올의 연소범위를 더 좁게 하기 위하여 첨가하는 물질이 아닌 것은?
㉮ 질소   ㉯ 산소
㉰ 이산화탄소   ㉱ 아르곤

> **풀이** 산소첨가는 연소범위를 확대한다.

60 산화프로필렌의 성상에 대한 설명 중 틀린 것은?
㉮ 청색의 휘발성이 강한 액체이다.   ㉯ 인화점이 낮은 인화성 액체이다.
㉰ 물에 잘 녹는다.   ㉱ 에테르향의 냄새를 가진다.

> **풀이** 산화프로필렌 : 특수인화물
> 무색이며 휘발성이 강하다.

정답 56.㉮ 57.㉯ 58.㉰ 59.㉯ 60.㉮

2012년 7월 22일 시행

01 금속분의 화재시 주수해서는 안되는 이유로 가장 옳은 것은?
㉮ 산소가 발생하기 때문에
㉯ 수소가 발생하기 때문에
㉰ 질소가 발생하기 때문에
㉱ 유독가스가 발생하기 때문에

풀이 금속분은 물과 반응하여 폭발성의 수소가스를 발생한다.

02 옥외탱크저장에 연소성 혼합기체의 생성에 의한 폭발을 방지하기 위하여 불활성의 기체를 봉입하는 장치를 설치하여야 하는 위험물질은?
㉮ $CH_3COC_2H_5$
㉯ C_5H_5N
㉰ CH_3CHO
㉱ C_6H_5Cl

풀이 아세트알데히드(CH_3CHO), 산화프로필렌(CH_3CHCH_2O), 디에틸에테르($C_2H_5OC_2H_5$)등은 불활성가스로 봉입하여 저장한다.

03 이산화탄소소화기의 특징에 대한 설명으로 틀린 것은?
㉮ 소화약제에 의한 오손이 거의 없다.
㉯ 약제 방출시 소음이 없다.
㉰ 전기화재에 유효하다.
㉱ 장시간 저장해도 물성의 변화가 거의 없다.

풀이 이산화탄소 소화약제는 방출시 고압으로 소음이 크다.

04 액화 이산화탄소 1kg이 25℃, 2atm에서 방출되어 모두 기체가 되었다. 방출된 기체상의 이산화탄소 부피는 약 몇 L 인가?
㉮ 278
㉯ 556
㉰ 1111
㉱ 1985

풀이 $PV = \dfrac{WRT}{M}$, $V = \dfrac{WRT}{PM}$

$V = \dfrac{1000g \times 0.082 l \cdot atm/mol \cdot K \times (273+25)K}{2atm \times 44g/mol}$

$\fallingdotseq 278 l$

정답 01.㉯ 02.㉰ 03.㉯ 04.㉮

05
자기반응성 물질의 화재 예방법으로 가장 거리가 먼 것은?
㉮ 마찰을 피한다.
㉯ 불꽃의 접근을 피한다.
㉰ 고온체로 건조시켜 보관한다.
㉱ 운반용기 외부에 "화기엄금" 및 "충격주의"를 표시한다.

풀이 자기반응성 물질은 제5류 위험물로서 고온체에 분해되어 폭발할 수 있다.

06
위험물안전관리법령상 자동화재탐지설비를 설치하지 않고 비상경보설비로 대신할 수 있는 것은?
㉮ 일반취급소로서 연면적 600m²인 것
㉯ 지정수량 20배를 저장하는 옥내저장소로서 처마높이가 8m인 단층건물
㉰ 단층건물 외에 건축물에 설치된 지정수량 15배의 옥내탱크저장소로서 소화난이도등급 II에 속하는 것
㉱ 지정수량 20배를 저장 취급하는 옥내주유취급소

풀이 비상경보설비 : 지정수량 10배 이상을 저장 취급하는 제조소 등은 비상경보설비 설치가 가능하다.

07
BCF 소화기의 약제를 화학식으로 옳게 나타낸 것은?
㉮ CCl_4
㉯ CH_2ClBr
㉰ CF_3Br
㉱ CF_2ClBr

풀이 할론1211(CF_2ClBr) : BCF

08
위험물안전관리자를 해임한 후 며칠 이내에 후임자를 선임하여야 하는가?
㉮ 14일
㉯ 15일
㉰ 20일
㉱ 30일

풀이 안전관리자 해임 및 선임 : 30일 이내일 것

09
위험물안전관리법령에서 정한 자동화재탐지설비에 대한 기준으로 틀린 것은? (단, 원칙적인 경우에 한한다.)
㉮ 경계구역은 건축물 그 밖의 공작물의 2 이상의 층에 걸치지 아니하도록 할 것
㉯ 하나의 경계구역의 면적은 600m² 이하로 할 것
㉰ 하나의 경계구역의 한 변 길이는 30m 이하로 할 것
㉱ 자동화재탐지설비에는 비상전원을 설치할 것

정답   05.㉰ 06.㉰ 07.㉱ 08.㉱ 09.㉰

풀이 한 변 길이는 50m 이하로 할 것

10

소화약제에 따른 주된 소화효과로 틀린 것은?
㉮ 수성막포소화약제 : 질식효과
㉯ 제2종 분말소화약제 : 탈수탄화효과
㉰ 이산화탄소소화약제 : 질식효과
㉱ 할로겐화합물소화약제 : 화학억제효과

풀이 제2종 분말소화약제 : 질식효과

11

A급, B급, C급 화재에 모두 적용이 가능한 소화약제는?
㉮ 제1종 분말소화약제　　㉯ 제2종 분말소화약제
㉰ 제3종 분말소화약제　　㉱ 제4종 분말소화약제

풀이 제3종 분말소화약제 : A, B, C급에 모두 유효함

12

제조소의 옥외에 모두 3기의 휘발유 취급탱크를 설치하고 그 주위에 방유제를 설치하고자 한다. 방유제 안에 설치하는 각 취급탱크의 용량이 5만L, 3만L, 2만L일 때 필요한 방유제의 용량은 몇 L 이상인가?
㉮ 66000　　㉯ 60000
㉰ 33000　　㉱ 30000

풀이 25000＋3000＋2000＝30000 l
옥외탱크저장소 방유제용량
① 탱크가 1기
　- 당해 탱크용량의 50% 이상
② 탱크가 2기 이상
　- 최대탱크의 50%＋나머지 탱크 용량 합계의 10%를 가산

13

휘발유, 등유, 경유 등의 제4류 위험물에 화재가 발생하였을 때 소화방법으로 가장 옳은 것은?
㉮ 포소화설비로 질식소화 시킨다.
㉯ 다량의 물을 위험물에 직접 주수하여 소화한다.
㉰ 강산화성 소화제를 사용하여 중화시켜 소화한다.
㉱ 염소산칼륨 또는 염화나트륨이 주성분인 소화약제로 표면을 덮어 소화한다.

풀이 제4류 위험물 : 포소화설비에 의한 질식소화가 적당하다.

정답　10. ㉯　11. ㉰　12. ㉱　13. ㉮

14 CH_3ONO_2의 소화방법에 대한 설명으로 옳은 것은?
㉮ 물을 주수하여 냉각소화한다.
㉯ 이산화탄소소화기로 질식소화를 한다.
㉰ 할로겐화합물소화기로 질식소화를 한다.
㉱ 건조사로 냉각소화한다.

풀이 질산메틸 : 다량의 물로 냉각소화한다.

15 위험물의 화재위험에 관한 제반조건을 설명한 것으로 옳은 것은?
㉮ 인화점이 높을수록, 연소범위가 넓을수록 위험하다.
㉯ 인화점이 낮을수록, 연소범위가 좁을수록 위험하다.
㉰ 인화점이 높을수록, 연소범위가 좁을수록 위험하다.
㉱ 인화점이 낮을수록, 연소범위가 넓을수록 위험하다.

풀이 화재위험성
　인화점, 발화점이 낮을수록, 연소범위가 넓을수록 위험하다.

16 소화전용물통 8리터의 능력단위는 얼마인가?
㉮ 0.1　　㉯ 0.3
㉰ 0.5　　㉱ 1.0

풀이 소화전용물통 : 8 l 가 0.3단위이다.

17 가연성 고체의 미세한 분물이 일정 농도 이상 공기 중에 분산되어 있을 때 점화원에 의하여 연소 폭발되는 현상은?
㉮ 분진 폭발　　㉯ 산화 폭발
㉰ 분해 폭발　　㉱ 중합 폭발

풀이 미세분말에 의한 폭발 : 분진 폭발

18 위험물을 취급함에 있어서 정전기가 발생할 우려가 있는 설비에 정전기를 유효하게 제거할 수 있는 방법에 해당하지 않는 것은?
㉮ 위험물에 유속을 높이는 방법
㉯ 공기를 이온화하는 방법
㉰ 공기중의 상대습도를 70% 이상으로 하는 방법
㉱ 접지에 의한 방법

정답　14. ㉮　15. ㉱　16. ㉯　17. ㉮　18. ㉮

풀이 위험물의 유속을 높이면 정전기발생 위험성이 커진다.

19 물의 소화능력을 강화시키기 위해 개발된 것으로 한냉지 또는 겨울철에도 사용할 수 있는 소화기에 해당하는 것은?
㉮ 산알칼리 소화기 ㉯ 강화액 소화기
㉰ 포 소화기 ㉱ 할로겐화물 소화기

풀이 강화액 소화기
추운지방에서 사용하기 위해 탄산칼륨 용해하여 빙점을 $-25 \sim -30\,°\!C$로 조절하였다.

20 공장 창고에 보관되었던 톨루엔이 유출되어 미상의 점화원에 의해 착화되어 화재가 발생하였다면 이 화재의 분류로 옳은 것은?
㉮ A급화재 ㉯ B급화재
㉰ C급화재 ㉱ D급화재

풀이 톨루엔 : 제1석유류에 해당되며 유류화재(B)이다.

21 트리니트로톨루엔에 대한 설명으로 가장 거리가 먼 것은?
㉮ 물에 녹지 않으나 알코올에는 녹는다.
㉯ 직사광선에 노출되면 다갈색으로 변한다.
㉰ 공기 중에 노출되면 쉽게 가수분해한다.
㉱ 이성질체가 존재한다.

풀이 트리니트로톨루엔(TNT) : 물에 녹지 않아서 장시간 저장하여도 수분에 의해 가수분해를 하지 않으며 자연분해를 일으키지 않음

22 지하탱크저장소 탱크전용실의 안쪽과 지하저장탱크와의 사이는 몇 m 이상의 간격을 유지하여야 하는가?
㉮ 0.1 ㉯ 0.2
㉰ 0.3 ㉱ 0.5

풀이 0.1m 이상의 간격을 유지

23 그림과 같은 위험물 저장탱크의 내용적은 약 몇 m^3 인가?

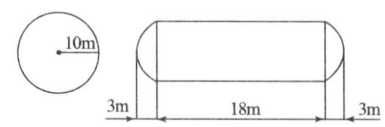

정답 19.㉯ 20.㉯ 21.㉰ 22.㉮ 23.㉰

㉮ 4681 ㉯ 5482
㉰ 6283 ㉱ 7080

풀이 내용적 $= \pi r^2 \left(l + \dfrac{l_1 + l_2}{3} \right)$

$3.14 \times 10^2 \times \left(18 + \dfrac{6}{3} \right) = 6283 \text{m}^3$

24 상온에서 액상인 것으로만 나열된 것은?
㉮ 니트로셀룰로오스, 니트로글리세린   ㉯ 질산에틸, 니트로글리세린
㉰ 질산에틸, 피크린산   ㉱ 니트로셀룰로오스, 셀룰로이드

풀이
- 상온 액상상태 : 질산에틸, 니트로글리세린
- 기타 : 고체

25 이동탱크저장소에 의한 위험물의 운송시 준수하여야 하는 기준에서 다음 중 어떤 위험물을 운송할 때 위험물운송자는 위험물안전카드를 휴대하여야 하는가?
㉮ 특수인화물 및 제1석유류   ㉯ 알코올류 및 제2석유류
㉰ 제3석유류 및 동식물류   ㉱ 제4석유류

풀이 안전카드를 휴대대상 위험물
특수인화물 및 제1석유류

26 이황화탄소에 대한 설명으로 틀린 것은?
㉮ 순수한 것은 황색을 띠고 냄새가 없다.
㉯ 증기는 유독하여 신경계통에 장애를 준다.
㉰ 물에 녹지 않는다.
㉱ 연소 시 유독성의 가스를 발생한다.

풀이 이황화탄소(CS_2) : 순수한 것은 무색으로 불쾌한 냄새가 난다.

27 제3류 위험물인 칼륨의 성질이 아닌 것은?
㉮ 물과 반응하여 수산화물과 수소를 만든다.
㉯ 원자가전자가 2개로 쉽게 2가의 양이온이 되어 반응한다.
㉰ 원자량은 약 39이다.
㉱ 은백색 광택을 가지는 연하고 가벼운 고체로 칼로 쉽게 갈라진다.

풀이 칼륨(K) : 원자가 전자가 1개임

| 정답 | 24. ㉯ 25. ㉮ 26. ㉮ 27. ㉯ |

28 제2류 위험물과 산화제를 혼합하면 위험한 이유로 가장 적합한 것은?

㉮ 제2류 위험물이 가연성액체이기 때문에
㉯ 제2류 위험물이 환원제로 작용하기 때문에
㉰ 제2류 위험물은 자연발화의 위험이 있기 때문에
㉱ 제2류 위험물은 물 또는 습기를 잘 머금고 있기 때문에

풀이 제2류 위험물은 환원제로서 산화제와 혼합시 위험하다.

29 위험물안전관리법상 제3석유류의 액체상태의 판단 기준은?

㉮ 1기압과 섭씨 20도에서 액상인 것
㉯ 1기압과 섭씨 25도에서 액상인 것
㉰ 기압에 무관하게 섭씨 20도에서 액상인 것
㉱ 기압에 무관하게 섭씨 25도에서 액상인 것

풀이 제3석유류, 제4석유류, 동식물유류는 1기압과 섭씨 20도에서 액상인 것

30 니트로셀룰로오스에 관한 설명으로 옳은 것은?

㉮ 용제에는 전혀 녹지 않는다.
㉯ 질화도가 클수록 위험성이 증가한다.
㉰ 물과 작용하여 수소를 발생한다.
㉱ 화재발생시 질식소화가 가장 적합하다.

풀이 질화도 : 니트로셀룰로오스 중의 질소 함유량 %로서 질화도가 클수록 위험하다.

31 위험물의 품명과 지정수량이 잘못 짝지어진 것은?

㉮ 황화린 - 100kg   ㉯ 마그네슘 - 500kg
㉰ 알킬알루미늄 - 10kg   ㉱ 황린 - 10kg

풀이 황린 : 제3류 위험물 100kg

32 제5류 위험물이 아닌 것은?

㉮ 클로로벤젠   ㉯ 과산화벤조일
㉰ 염산히드라진   ㉱ 아조벤젠

풀이 클로로벤젠 : 제2석유류

정답 28. ㉯ 29. ㉮ 30. ㉯ 31. ㉱ 32. ㉮

33 다음은 위험물안전관리법령에서 정의한 동식물유류에 관한 내용이다. ( )에 알맞은 수치는?

> 동물의 지육 등 또는 식물의 종자나 과육으로부터 추출한 것으로서 1기압에서 인화점이 섭씨 ( )도 미만인 것을 말한다.

㉮ 21 ㉯ 200
㉰ 250 ㉱ 300

풀이 위험물안전관리법상에 의한 정의
       인화점이 250℃ 미만인 것

34 다음 위험물 중 착화온도가 가장 낮은 것은?

㉮ 이황화탄소 ㉯ 디에틸에테르
㉰ 아세톤 ㉱ 아세트알데히드

풀이 ㉮ 100℃ ㉯ 180℃ ㉰ 516℃ ㉱ 185℃

35 금속나트륨의 올바른 취급으로 가장 거리가 먼 것은?

㉮ 보호액 속에서 노출되지 않도록 주의한다.
㉯ 수분 또는 습기와 접촉되지 않도록 주의한다.
㉰ 용기에서 꺼낼 때는 손을 깨끗이 닦고 만져야 한다.
㉱ 다량 연소하면 소화가 어려우므로 가급적 소량으로 나누어 저장한다.

풀이 금속나트륨(Na) : 제3류 금수성물질로 반드시 보호장갑을 착용 후 취급한다.

36 지정수량의 10배 이상의 위험물을 취급하는 제조소에는 피뢰침을 설치하여야 하지만 제 몇 류 위험물을 취급하는 경우는 이를 제외할 수 있는가?

㉮ 제2류 위험물 ㉯ 제4류 위험물
㉰ 제5류 위험물 ㉱ 제6류 위험물

풀이 피뢰설비제외대상 : 제6류 위험물

37 위험물을 보관하는 방법에 대한 설명 중 틀린 것은?

㉮ 염소산나트륨 : 철제 용기의 사용을 피한다.
㉯ 산화프로필렌 : 저장 시 구리용기에 질소 등 불활성기체를 충전한다.
㉰ 트리에틸알루미늄 : 용기는 밀봉하고 질소 등 불활성기체를 충전한다.
㉱ 황화린 : 냉암소에 저장한다.

정답 33. ㉰ 34. ㉮ 35. ㉰ 36. ㉱ 37. ㉯

풀이 구리, 은, 철, 수은, 알루미늄 합금 등과 중합폭발하므로 사용 금지한다.

38. 위험물안전관리법령상 위험물의 운반에 관한 기준에 따르면 지정수량 얼마 이하의 위험물에 대하여는 "유별을 달리하는 위험물의 혼재기준" 을 적용하지 아니하여도 되는가?
㉮ 1/2
㉯ 1/3
㉰ 1/5
㉱ 1/10

풀이 혼재적용 제외 : $\frac{1}{10}$ 이하

39. 제6류 위험물의 위험성에 대한 설명으로 틀린 것은?
㉮ 질산을 가열할 때 발생하는 적갈색증기는 무해하지만 가연성이며 폭발성이 강하다.
㉯ 고농도의 과산화수소는 충격, 마찰에 의해서 단독으로도 분해 폭발할 수 있다.
㉰ 과염소산은 유기물과 접촉 시 발화 또는 폭발할 위험이 있다.
㉱ 과산화수소는 햇빛에 의해서 분해되며, 촉매(MnO_2) 하에서 분해가 촉진된다.

풀이 질산에서 발생되는 적갈색증기(NO_2)는 매우 유독하다.

40. 과망간산칼륨의 일반적인 성질에 관한 설명 중 틀린 것은?
㉮ 강한 살균력과 산화력이 있다.
㉯ 금속성 광택이 있는 무색의 결정이다.
㉰ 가열분해시키면 산소를 방출한다.
㉱ 비중은 약 2.7이다.

풀이 과망간산칼륨($KMnO_4$) : 적색 금속광택의 흑자색 결정이다.

41. 위험물의 성질에 관한 설명 중 옳은 것은?
㉮ 벤젠과 톨루엔 중 인화온도가 낮은 것은 톨루엔이다.
㉯ 디에틸에테르는 휘발성이 높으며 마취성이 있다.
㉰ 에틸알코올은 물이 조금이라도 섞이면 불연성 액체가 된다.
㉱ 휘발유는 전기 양도체이므로 정전기 발생이 위험하다.

풀이 •인화점 : 벤젠(-11℃), 톨루엔(4℃)
•휘발유 : 전기 부도체
•알코올 : 희석되는 양에 따라 다르다.

정답 38. ㉱ 39. ㉮ 40. ㉯ 41. ㉯

42 위험물안전관리법령상 품명이 질산에스테르류에 속하지 않는 것은?
㉮ 질산에틸 ㉯ 니트로글리세린
㉰ 니트로톨루엔 ㉱ 니트로셀룰로오스

[풀이] 니트로톨루엔 : 제3석유류

43 휘발유를 저장하던 이동저장탱크에 등유나 경유를 탱크 상부로부터 주입할 때 액 표면이 일정 높이가 될 때까지 위험물의 주입관내 유속을 몇 m/s 이하로 하여야 하는가?
㉮ 1 ㉯ 2
㉰ 3 ㉱ 5

[풀이] 이동저장탱크 주입속도 : 1m/s 이하일 것

44 제조소의 게시판 사항 중 위험물의 종류에 따른 주의사항이 옳게 연결된 것은?
㉮ 제2류 위험물(인화성고체 제외) - 화기엄금
㉯ 제3류 위험물 중 금수성물질 - 물질엄금
㉰ 제4류 위험물 - 화기주의
㉱ 제5류 위험물 - 물기엄금

[풀이] ㉮ 화기주의
㉰ 화기엄금
㉱ 화기엄금

45 위험물안전관리법령상 할로겐화합물소화기가 적응성이 있는 위험물은?
㉮ 나트륨 ㉯ 질산메틸
㉰ 이황화탄소 ㉱ 과산화나트륨

[풀이] 할로겐소화기 금지 : 금속과 금속과산화물 및 제5류 위험물 화재

46 히드록실아민을 취급하는 제조소에 두어야하는 최소한의 안전거리(D)를 구하는 산식으로 옳은 것은? (단, N은 당해 제조소에서 취급하는 히드록실아민의 지정수량 배수를 나타낸다.)
㉮ $D = \dfrac{40 \times N}{3}$ ㉯ $D = \dfrac{51.1 \times N}{3}$
㉰ $D = \dfrac{55 \times N}{3}$ ㉱ $D = \dfrac{62.1 \times N}{3}$

정답 42.㉰ 43.㉮ 44.㉯ 45.㉯ 46.㉯

풀이 제조소 외벽으로부터 안전거리
$$D = \frac{51.1 \times N}{3}$$

47 위험물의 유별과 성질을 잘못 연결한 것은?
㉮ 제2류 - 가연성고체　　㉯ 제3류 - 자연발화성 및 금수성물질
㉰ 제5류 - 자기반응성물질　　㉱ 제6류 - 산화성고체

풀이 제6류 위험물 : 산화성액체

48 위험물의 운반 시 혼재가 가능한 것은? (단, 지정수량 10배의 위험물인 경우이다.)
㉮ 제1류 위험물과 제2류 위험물　　㉯ 제2류 위험물과 제3류 위험물
㉰ 제4류 위험물과 제5류 위험물　　㉱ 제5류 위험물과 제6류 위험물

풀이 제4류 위험물과 5류 위험물은 혼재가능하다.

49 아세톤의 성질에 관한 설명으로 옳은 것은?
㉮ 비중은 1.02이다.
㉯ 물에 불용이고, 에테르 잘 녹는다.
㉰ 증기 자체는 무해하나, 피부에 닿으면 탈지작용이 있다.
㉱ 인화점이 0℃ 보다 낮다.

풀이 아세톤의 인화점은 -18℃이다.

50 위험물 저장탱크의 공간용적은 탱크 내용적의 얼마 이상, 얼마 이하로 하는가?
㉮ $\frac{2}{100}$ 이상, $\frac{3}{100}$ 이하　　㉯ $\frac{2}{100}$ 이상, $\frac{5}{100}$ 이하
㉰ $\frac{5}{100}$ 이상, $\frac{10}{100}$ 이하　　㉱ $\frac{10}{100}$ 이상, $\frac{20}{100}$ 이하

풀이 탱크의 공간용적은 탱크 내용적의 $\frac{5}{100} \sim \frac{10}{100}$ 이하

51 「제조소 일반점검표」에 기재되어 있는 위험물취급설비 중 안전장치의 점검내용이 아닌 것은?
㉮ 회전부 등의 급유상태의 적부　　㉯ 부식·손상의 유무
㉰ 고정상황의 적부　　㉱ 기능의 적부

풀이 ㉮ 해당 없음

정답　47. ㉱　48. ㉰　49. ㉱　50. ㉰　51. ㉮

52 제3류 위험물 중 금수성 물질을 제외한 위험물에 적응성이 있는 소화설비가 아닌 것은?
㉮ 분말소화설비 ㉯ 스프링클러설비
㉰ 팽창질석 ㉱ 포소화설비

풀이 금수성 물질을 제외하고 가장 적응성이 없는 소화설비는 분말소화설비가 해당됨

53 제2류 위험물 중 지정수량이 잘못 연결된 것은?
㉮ 유황 - 100kg ㉯ 철분 - 500kg
㉰ 금속분 - 500kg ㉱ 인화성고체 - 500kg

풀이 인화성고체 : 1000kg

54 위험물안전관리법상 설치허가 및 완공검사절차에 관한 설명으로 틀린 것은?
㉮ 지정수량의 3천배 이상의 위험물을 취급하는 제조소는 한국소방산업기술원으로부터 당해 제조소의 구조 설비에 관한 기술검토를 받아야 한다.
㉯ 50만 리터 이상인 옥외탱크저장소는 한국소방산업기술원으로부터 당해 탱크의 기초 지반 및 탱크본체에 관한 기술검토를 받아야 한다.
㉰ 지정수량의 1천배 이상의 제4류 위험물을 취급하는 일반취급소의 완공검사는 한국소방산업기술원이 실시한다.
㉱ 50만 리터 이상인 옥외탱크저장소의 완공검사는 한국소방산업기술원이 실시한다.

풀이 한국소방산업기술원의 업무위탁
지정수량 3천배 이상이 위험물을 취급하는 제조소 또는 일반취급소의 설치 및 변경에 따른 완공검사는 한국소방산업기술원에서 시행한다.

55 인화점이 100℃ 보다 낮은 물질은?
㉮ 아닐린 ㉯ 에틸렌글리콜
㉰ 글리세린 ㉱ 실린더유

풀이 아닐린 : 제3석유류 인화점 70℃

56 제조소의 건축물 구조기준 중 연소의 우려가 있는 외벽은 출입구외의 개구부가 없는 내화구조의 벽으로 하여야 한다. 이 때 연소의 우려가 있는 외벽은 제조소가 설치된 부지의 경계선에서 몇 m 이내에 있는 외벽을 말하는가? (단, 단층 건물일 경우이다.)
㉮ 3 ㉯ 4
㉰ 5 ㉱ 6

정답 52.㉮ 53.㉱ 54.㉰ 55.㉮ 56.㉮

> **풀이** 부지의 경계선으로 부터 3m 이내의 외벽(단, 2층 이상은 5m 이내)

57 위험물의 지정수량이 나머지 셋과 다른 하나는?
㉮ NaClO₄   ㉯ MgO₂
㉰ KNO₃   ㉱ NH₄ClO₃

> **풀이** ㉰ 300kg, 기타 50kg

58 적린과 동소체 관계에 있는 위험물은?
㉮ 오황화린   ㉯ 인화알루미늄
㉰ 인화칼슘   ㉱ 황린

> **풀이** 적린(P)과 황린(P₄)는 동소체이다.

59 과산화바륨의 취급에 대한 설명 중 틀린 것은?
㉮ 직사광선을 피하고, 냉암소에 둔다.
㉯ 유기물, 산 등의 접촉을 피한다.
㉰ 피부와 직접적인 접촉을 피한다.
㉱ 화재 시 주수소화가 가장 효과적이다.

> **풀이** 과산화바륨(BaO₂)는 주수소화시 산소를 발생하므로 금지한다.

60 위험물안전관리법에서 사용하는 용어의 정의 중 틀린 것은?
㉮ "지정수량" 은 위험물의 종류별로 위험성을 고려하여 대통령령이 정하는 수량이다.
㉯ "제조소" 라 함은 위험물을 제조할 목적으로 지정수량 이상의 위험물을 취급하기 위하여 규정에 따라 허가를 받은 장소이다.
㉰ "저장소" 라 함은 지정수량 이상의 위험물을 저장하기 위한 대통령령이 정하는 장소로서 규정에 따라 허가를 받은 장소를 말한다.
㉱ "제조소 등" 이라 함은 제조소, 저장소 및 이동탱크를 말한다.

> **풀이** 제조소 등 : 제조소, 저장소, 취급소

정답   57. ㉰   58. ㉱   59. ㉱   60. ㉱

위험물기능사 기출문제 04 — 2012년 10월 20일 시행

01 소화기에 "A-2"로 표시되어 있었다면 숫자 "2"가 의미하는 것은 무엇인가?
- ㉮ 소화기의 제조번호
- ㉯ 소화기의 소요단위
- ㉰ 소화기의 능력단위
- ㉱ 소화기의 사용순위

풀이 A-2 : A화재 능력단위 2단위

02 화재 시 물을 이용한 냉각소화를 할 경우 오히려 위험성이 증가하는 물질은?
- ㉮ 질산에틸
- ㉯ 마그네슘
- ㉰ 적린
- ㉱ 황

풀이 마그네슘(Mg) : 물과 반응하여 수소가스를 발생한다.

03 석유류가 연소할 때 발생하는 가스로 강한 자극적인 냄새가 나며 취급하는 장치를 부식시키는 것은?
- ㉮ H_2
- ㉯ CH_4
- ㉰ NH_3
- ㉱ SO_2

풀이 석유류에 포함되어 있는 유황(s)은 연소 시 아황산가스(SO_2)를 발생시켜 기계장치를 부식시킨다.

04 위험물안전관리법령에 따른 건축물 그 밖의 공작물 또는 위험물의 소요단위의 계산방법의 기준으로 옳은 것은?
- ㉮ 위험물은 지정수량의 100배를 1소요단위로 할 것
- ㉯ 저장소의 건축물은 외벽이 내화구조인 것은 연면적 100m^2를 1소요단위로 할 것
- ㉰ 저장소의 건축물은 외벽이 내화구조가 아닌 것은 연면적 50m^2를 1소요단위로 할 것
- ㉱ 제조소 또는 취급소용으로서 옥외에 있는 공작물인 경우 최대수평투영면적 100m^2를 1소요단위로 할 것

풀이 소요단위
① 외벽이 내화구조인 제조소 및 취급소 : 100m^2를 1소요단위
② 외벽이 내화구조 이외의 제조소 및 취급소 : 50m^2를 1소요단위
③ 외벽이 내화구조인 저장소 : 150m^2를 1소요단위

정답 01.㉰ 02.㉯ 03.㉱ 04.㉱

④ 외벽이 내화구조 이외의 저장소 : 75m² 를 1소요단위
⑤ 위험물 지정수량의 10배 : 1소요단위

05 위험물안전관리법령상 특수인화물의 정의에 대해 다음 (   ) 안에 알맞은 수치를 차례대로 옳게 나열한 것은?

> "특수인화물"이라 함은 이황화탄소, 디에틸에테르 그 밖에 1기압에서 발화점이 섭씨 (   )도 이하인 것 또는 인화점이 섭씨 영하 (   )도 이하이고 비점이 섭씨 40도 이하인 것을 말한다.

㉮ 100, 20 ㉯ 25, 0
㉰ 100, 0 ㉱ 25, 20

풀이 특수인화물 : 발화점 100℃ 이하, 인화점 -20℃ 이하, 비점 40℃ 이하

06 지정수량 10배의 위험물을 저장 또는 취급하는 제조소에 있어서 연면적이 최소 몇 m²이면 자동화재탐지설비를 설치해야 하는가?

㉮ 100 ㉯ 300
㉰ 500 ㉱ 1000

풀이 자동화재탐지설비 설치 연면적 : 500m²

07 황린에 대한 설명으로 옳지 않은 것은?

㉮ 연소하면 악취가 있는 검은색 연기를 낸다.
㉯ 공기 중에서 자연발화 할 수 있다.
㉰ 수중에 저장하여야 한다.
㉱ 자체증기도 유독하다.

풀이 황린(P_4) : 연소 시 푸른색의 불꽃을 낸다.

08 다음 중 화재 시 사용하면 독성의 $COCl_2$ 가스를 발생시킬 위험이 가장 높은 소화약제는?

㉮ 액화이산화탄소 ㉯ 제1종 분말
㉰ 사염화탄소 ㉱ 공기포

풀이 사염화탄소(CCl_4)
① 산소와 반응 : $2CCl_4 + O_2 \rightarrow 2COCl_2 + 2Cl_2$
② 수분과 반응 : $CCl_4 + H_2O \rightarrow COCl_2 + 2HCl$
③ CO_2 반응 : $CCl_4 + CO_2 \rightarrow 2COCl_2$
④ 산화철과의 반응 : $3CCl_4 + 2Fe_2O_3 \rightarrow 3COCl_2 + 2FeCl_3$

정답 05. ㉮ 06. ㉰ 07. ㉮ 08. ㉰

09 위험물안전관리법령상 탄산수소염류의 분말소화기가 적응성을 갖는 위험물이 아닌 것은?
㉮ 과염소산
㉯ 철분
㉰ 톨루엔
㉱ 아세톤

풀이 과염소산 : 제6류 위험물로서 다량의 물, 마른모래 및 중화제를 사용한다.

10 위험물의 유별에 따른 성질과 해당 품명의 예가 잘못 연결된 것은?
㉮ 제1류 : 산화성 고체 − 무기과산화물
㉯ 제2류 : 가연성 고체 − 금속분
㉰ 제3류 : 자연발화성 물질 및 금수성 물질 − 황화린
㉱ 제5류 : 자기반응성 물질 − 히드록실아민염류

풀이 황화린은 제2류 위험물이다.

11 금속분의 연소 시 주수소화 하면 위험한 원인으로 옳은 것은?
㉮ 물에 녹아 산이 된다.
㉯ 물과 작용하여 유독가스를 발생한다.
㉰ 물과 작용하여 수소가스를 발생한다.
㉱ 물과 작용하여 산소가스를 발생한다.

풀이 금속분 : 물과 반응하여 수소가스를 발생한다.

12 트리에틸알루미늄의 화재 시 사용할 수 있는 소화약제(설비)가 아닌 것은?
㉮ 마른모래
㉯ 팽창질석
㉰ 팽창진주암
㉱ 이산화탄소

풀이 트리에틸알루미늄(R_3Al) : 이산화탄소 소화약제 금지

13 공정 및 장치에서 분진폭발을 예방하기 위한 조치로서 가장 거리가 먼 것은?
㉮ 플랜트는 공정별로 구분하고 폭발의 파급을 피할 수 있도록 분진취급 공정을 습식으로 한다.
㉯ 분진이 물과 반응하는 경우는 물 대신 휘발성이 적은 유류를 사용하는 것이 좋다.
㉰ 배관의 연결부위나 기계가동에 의해 분진이 누출될 염려가 있는 곳은 흡인이나 밀폐를 철저히 한다.
㉱ 가연성분진을 취급하는 장치류는 밀폐하지 말고 분진이 외부로 누출되도록 한다.

정답 09. ㉮ 10. ㉰ 11. ㉰ 12. ㉱ 13. ㉱

풀이 가연성분진을 취급 시 장치는 완전 밀폐하여야 하고 분진이 외부로 누출되지 않도록 한다.

14. 위험물안전관리법상 제조소등에 대한 긴급 사용정지 명령에 관한 설명으로 옳은 것은?

㉮ 시·도지사는 명령을 할 수 없다.
㉯ 제조소등의 관계인 뿐 아니라 해당시설을 사용하는 자에게도 명령할 수 있다.
㉰ 제조소등의 관계자에게 위법사유가 없는 경우에도 명령할 수 있다.
㉱ 제조소등의 위험물취급설비의 중대한 결함이 발견되거나 사고우려가 인정되는 경우에만 명령할 수 있다.

풀이 제조소등에 대한 긴급 사용정지 명령자
시·도지사, 소방본부장, 소방서장이며 관계인에 대하여 명령할 수 있다. 또한 위법한 사실이 없다하더라도 화재의 예방이나 진압대책을 위해 필요한 때에는 관계인에게 명령할 수 있다.

15. 주유취급소에 다음과 같이 전용탱크를 설치하였다. 최대로 저장·취급할 수 있는 용량은 얼마인가? (단, 고속도로 외의 도로변에 설치하는 자동차용 주유취급소인 경우이다.)

- 간이탱크 : 2기
- 폐유탱크등 : 1기
- 고정주유설비 및 급유설비 접속하는 전용탱크 : 2기

㉮ 103,200리터　　　㉯ 104,600리터
㉰ 123,200리터　　　㉱ 124,200리터

풀이 (600×2)+2000+(50000×2)=103,200리터
① 자동차 등에 주유하기 위한 고정주유설비에 직접 접속하는 전용탱크 - 50,000 l 이하
② 자동차 등을 점검·정비하는 작업장 등의 폐유탱크용량 - 2,000 l 이하인 탱크
③ 간이탱크 1기 용량 - 600 l 이하

16. 다음 중 발화점이 낮아지는 경우는?

㉮ 화학적 활성도가 낮을 때　　㉯ 발열량이 클 때
㉰ 산소와 친화력이 나쁠 때　　㉱ CO_2와 친화력이 높을 때

풀이 발화점 : 발열량이 클 때 발화점이 낮아진다.

17. 옥외저장소에 덩어리 상태의 유황만을 지반면에 설치한 경계표시의 안쪽에서 저장할 경우 하나의 경계표시의 내부면적은 몇 m^2 이하이어야 하는가?

정답　14. ㉯　15. ㉮　16. ㉯　17. ㉯

㉮ 75 ㉯ 100
㉰ 300 ㉱ 500

풀이 하나의 경계표시의 내부의 면적 : 100m² 이하

18 연소의 종류와 가연물을 틀리게 연결한 것은?
㉮ 증발연소 - 가솔린, 알코올   ㉯ 표면연소 - 코크스, 목탄
㉰ 분해연소 - 목재, 종이   ㉱ 자기연소 - 에테르, 나프탈렌

풀이
• 자기연소 : 제5류 위험물 연소
• 에테르 : 제4류 위험물
• 나프탈렌 : 특수가연물

19 화재종류 중 금속화재에 해당하는 것은?
㉮ A급   ㉯ B급
㉰ C급   ㉱ D급

풀이 금속화재 : D급

20 다음 중 물과 접촉하면 열과 산소가 발생하는 것은?
㉮ $NaClO_2$ ㉯ $NaClO_3$
㉰ $KMnO_4$ ㉱ Na_2O_2

풀이 과산화나트륨은 물과 반응하여 산소와 열을 발생한다.
$2Na_2O_2 + 2H_2O \rightarrow 4NaOH + O_2 \uparrow + Q$

21 다음 위험물 중 물에 대한 용해도가 가장 낮은 것은?
㉮ 아크릴산   ㉯ 아세트알데히드
㉰ 벤젠   ㉱ 글리세린

풀이 벤젠 : 비수용성 물질

22 위험물의 저장방법에 대한 설명으로 옳은 것은?
㉮ 황화린은 알코올 또는 과산화물 속에 저장하여 보관한다.
㉯ 마그네슘은 건조하면 분진폭발의 위험성이 있으므로 물에 습윤하여 저장한다.
㉰ 적린은 화재예방을 위해 할로겐 원소와 혼합하여 저장한다.
㉱ 수소화리튬은 저장용기에 아르곤과 같은 불활성 기체를 봉입한다.

정답 18. ㉱ 19. ㉱ 20. ㉱ 21. ㉰ 22. ㉱

풀이 수소화리튬(HLi) : 용기에 저장시 아르곤가스나 질소가스로 봉입하여 저장한다.

23 질산에틸과 아세톤의 공통적인 성질 및 취급 방법으로 옳은 것은?
㉮ 휘발성이 낮기 때문에 마개 없는 병에 보관하여도 무방하다.
㉯ 점성이 커서 다른 용기에 옮길 때 가열하여 더운 상태에서 옮긴다.
㉰ 통풍이 잘되는 곳에 보관하고 불꽃 등의 화기를 피하여야 한다.
㉱ 인화점이 높으나 증기압이 낮으므로 햇빛에 노출된 곳에 저장이 가능하다.

풀이 저장 시 반드시 밀폐보관하고 가열이나 햇빛에 노출시키지 않고 화기를 피해 저장한다.

24 위험물안전관리법령에 의해 위험물을 취급함에 있어서 발생하는 정전기를 유효하게 제거하는 방법으로 옳지 않는 것은?
㉮ 인화방지망 설치   ㉯ 접지 실시
㉰ 공기 이온화   ㉱ 상대습도를 70% 이상 유지

풀이 인화방지망 : 해당없음

25 제2류 위험물을 수납하는 운반용기의 외부에 표시하여야 하는 주의사항으로 옳은 것은?
㉮ 제2류 위험물 중 철분·금속분·마그네슘 또는 이들 중 어느 하나 이상을 함유한 것에 있어서는 "화기주의" 및 "물기주의", 인화성 고체에 있어서는 "화기엄금", 그 밖의 것에 있어서는 "화기주의"
㉯ 제2류 위험물 중 철분·금속분·마그네슘 또는 이들 중 어느 하나 이상을 함유한 것에 있어서는 "화기주의" 및 "물기엄금", 인화성고체에 있어서는 "화기주의", 그 밖의 것에 있어서는 "화기엄금"
㉰ 제2류 위험물 중 철분·금속분·마그네슘 또는 이들 중 어느 하나 이상을 함유한 것에 있어서는 "화기주의" 및 "물기엄금", 인화성고체에 있어서는 "화기엄금", 그 밖의 것에 있어서는 "화기주의"
㉱ 제2류 위험물 중 철분·금속분·마그네슘 또는 이들 중 어느 하나 이상을 함유한 것에 있어서는 "화기엄금" 및 "물기엄금", 인화성고체에 있어서는 "화기엄금", 그 밖의 것에 있어서는 "화기주의"

풀이 • 철분·금속분·마그네슘 - 화기주의, 물기엄금
• 인화성고체 - 화기엄금

26 다음 괄호 안에 들어갈 알맞은 단어는?

정답 23. ㉰ 24. ㉮ 25. ㉰ 26. ㉮

"보냉장치가 있는 이동저장탱크에 저장하는 아세트알데히드등 또는 디에틸에테르등의 온도는 당해 위험물의 ( ) 이하로 유지하여야 한다."

㉮ 비점 ㉯ 인화점
㉰ 융해점 ㉱ 발화점

[풀이] ① 보냉장치가 있는 경우
  아세트알데히드등 또는 디에틸에테르등 : 비점 이하 유지
② 보냉장치가 없는 경우
  아세트알데히드등 또는 디에틸에테르등 : 40℃ 이하로 유지할 것

27 「자동화재탐지설비의 일반점검표」의 점검내용이 "변형·손상의 유무, 표시의 적부, 경계구역일람도의 적부, 기능의 적부"인 점검항목은?

㉮ 감지기 ㉯ 중계기
㉰ 수신기 ㉱ 발신기

[풀이] 수신기 점검사항
  변형·손상의 유무, 표시의 적부, 경계구역일람도의 적부, 기능의 적부 등

28 제4류 위험물의 일반적 성질에 대한 설명으로 틀린 것은?

㉮ 발생증기가 가연성이며 공기보다 무거운 물질이 많다.
㉯ 정전기에 의하여도 인화할 수 있다.
㉰ 상온에서 액체이다.
㉱ 전기도체이다.

[풀이] 제4류 위험물은 전기부도체이다.

29 트리니트로톨루엔에 관한 설명으로 옳지 않은 것은?

㉮ 일광을 쪼이면 갈색으로 변한다.   ㉯ 녹는점은 약 81℃이다.
㉰ 아세톤에 잘 녹는다.   ㉱ 비중은 약 1.8인 액체이다.

[풀이] 트리니트로톨루엔(TNT) : 비중은 1.65인 담황색 결정체이다.

30 제5류 위험물의 일반적인 성질에 대한 설명 중 틀린 것은?

㉮ 자기연소를 일으키며 연소 속도가 빠르다.
㉯ 무기물이므로 폭발의 위험이 있다.
㉰ 운반용기 외부에 "화기엄금" 및 "충격주의" 주의사항 표시를 하여야 한다.
㉱ 강산화제 또는 강산류와 접촉 시 위험성이 증가한다.

정답 27. ㉰ 28. ㉱ 29. ㉱ 30. ㉯

풀이 제5류 위험물 : 유기물로서 폭발의 위험이 크다.

31 KMnO₄의 지정수량은 몇 kg 인가?
㉮ 50   ㉯ 100
㉰ 300   ㉱ 1000

풀이 과망간산칼륨(KMnO₄) : 1000kg

32 알코올에 관한 설명으로 옳지 않은 것은?
㉮ 1가 알코올은 OH 기의 수가 1개인 알코올을 말한다.
㉯ 2차 알코올은 1차 알코올이 산화된 것이다.
㉰ 2차 알코올이 수소를 잃으면 케톤이 된다.
㉱ 알데히드가 환원되면 1차 알코올이 된다.

풀이 2차 알코올 : —OH에 결합한 탄소수에 따라 구분한다.

$$R-\underset{\underset{H}{|}}{\overset{\overset{R'}{|}}{C}}-OH$$

[2차 알코올]

33 제조소 및 일반취급소에 설치하는 자동화재탐지설비의 설치기준으로 틀린 것은?
㉮ 하나의 경계구역은 600m² 이하로 하고, 한변의 길이는 50m 이하로 한다.
㉯ 주요한 출입구에서 내부전체를 볼 수 있는 경우 경계구역은 1000m² 이하로 할 수 있다.
㉰ 하나의 경계구역이 300m² 이하이면 2개 층을 하나의 경계구역으로 할 수 있다.
㉱ 비상전원을 설치하여야 한다.

풀이 하나의 경계구역이 500m²일 경우 2개 층을 하나의 경계구역으로 할 수 있다.

34 제6류 위험물에 해당하지 않는 것은?
㉮ 농도가 50wt% 인 과산화수소   ㉯ 비중이 1.5인 질산
㉰ 과요오드산   ㉱ 삼불화브롬

풀이 과요오드산 : 제1류 위험물

35 이황화탄소의 성질에 대한 설명 중 틀린 것은?

정답 31. ㉱ 32. ㉯ 33. ㉰ 34. ㉰ 35. ㉮

㉮ 연소할 때 주로 황화수소를 발생한다.
㉯ 증기비중은 약 2.6이다.
㉰ 보호액으로 물을 사용한다.
㉱ 인화점이 약 -30℃이다.

> **풀이** 연소 시 아황산가스와 이산화탄소를 발생한다.
> $CS_2 + 3O_2 \rightarrow CO_2 + 2SO_2$

36 그림과 같이 횡으로 설치한 원형탱크의 용량은 약 몇 m³인가? (단, 공간용적은 내용적의 10/100 이다.)

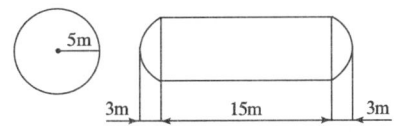

㉮ 1690.9　　　　　　　　㉯ 1335.1
㉰ 1268.4　　　　　　　　㉱ 1201.7

> **풀이** 내용적 $= \pi r^2 \left(l + \dfrac{l_1 + l_2}{3} \right)$
> $3.14 \times 5^2 \times \left(15 + \dfrac{6}{3} \right) \fallingdotseq 1335.1\,\text{m}^3$

37 하나의 위험물 저장소에 다음과 같이 2가지 위험물을 저장하고 있다. 지정수량 이상에 해당하는 것은?

㉮ 브롬산칼륨 80kg, 염소산칼륨 40kg
㉯ 질산 100kg, 과산화수소 150kg
㉰ 질산칼륨 120kg, 중크롬산나트륨 500kg
㉱ 휘발유 20L, 윤활유 2000L

> **풀이** 브롬산칼륨 300kg 염소산칼륨 50kg
> $\dfrac{80}{300} + \dfrac{40}{50} = 1.07$로 저장배수가 1이 넘으므로 지정수량 이상으로 본다.

38 알킬알루미늄등 또는 아세트알데히드등을 취급하는 제조소의 특례기준으로서 옳은 것은?

㉮ 알킬알루미늄등을 취급하는 설비에는 불활성기체 또는 수증기를 봉입하는 장치를 설치한다.
㉯ 알킬알루미늄등을 취급하는 설비는 은·수은·동·마그네슘을 성분으로 하는 것으로 만들지 않는다.

정답　36.㉯　37.㉮　38.㉯

㉰ 아세트알데히드등을 취급하는 탱크에는 냉각장치 또는 보냉장치 및 불활성기체 봉입장치를 설치한다.
㉱ 아세트알데히드등을 취급하는 설비의 주위에는 누설범위를 국한하기 위한 설비와 누설되었을 때 안전한 장소에 설치된 저장실에 유입시킬 수 있는 설비를 갖춘다.

풀이 아세트알데히드 탱크 : 냉각장치 또는 보냉장치, 불활성의 기체를 봉입하는 장치 설치할 것

39 적린에 관한 설명 중 틀린 것은?
㉮ 물에 잘 녹는다.
㉯ 화재시 물로 냉각소화 할 수 있다.
㉰ 황린에 비해 안정하다.
㉱ 황린과 동소체이다.

풀이 적린(P) : 물에 녹지 않는다.

40 탄화칼슘에 대한 설명으로 틀린 것은?
㉮ 시판품은 흑회색이며 불규칙한 형태의 고체이다.
㉯ 물과 작용하여 산화칼슘과 아세틸렌을 만든다.
㉰ 고온에서 질소와 반응하여 칼슘시안아미드(석회질소)가 생성된다.
㉱ 비중은 약 2.2이다.

풀이 탄화칼슘은 물과 작용하여 수산화칼슘과 아세틸렌가스를 발생시킨다.

41 클레오소트유에 대한 설명으로 틀린 것은?
㉮ 제3석유류에 속한다.
㉯ 무취이고 증기는 독성이 없다.
㉰ 상온에서 액체이다.
㉱ 물보다 무겁고 물에 녹지 않는다.

풀이 클레오소트유 : 제3석유류, 물보다 무겁고, 녹지 않으며 독성이 있음

42 운송책임자의 감독·지원을 받아 운송하여야 하는 위험물은?
㉮ 알킬알루미늄
㉯ 금속나트륨
㉰ 메틸에틸케톤
㉱ 트리니트로톨루엔

풀이 운송책임자의 감독·지원을 받아 운송하여야 하는 위험물
알킬알루미늄·알킬리튬 또는 이들 물질을 함유하는 위험물

43 복수의 성상을 가지는 위험물에 대한 품명지정의 기준상 유별의 연결이 틀린 것은?
㉮ 산화성고체의 성상 및 가연성고체의 성상을 가지는 경우 : 가연성고체

정답 39. ㉮ 40. ㉯ 41. ㉯ 42. ㉮ 43. ㉱

㉯ 산화성고체의 성상 및 자기반응성물질의 성상을 가지는 경우 : 자기반응성물질
㉰ 가연성고체의 성상과 자연발화성물질의 성상 및 금수성 물질의 성상을 가지는 경우 : 자연발화성물질 및 금수성 물질
㉱ 인화성액체의 성상 및 자기반응성물질의 성상을 가지는 경우 : 인화성액체

풀이 인화성액체의 성상 및 자기반응성물질의 성상을 가지는 경우 : 자기반응성물질

44 다음 중 산을 가하면 이산화염소를 발생시키는 물질은?
㉮ 아염소산나트륨
㉯ 브롬산나트륨
㉰ 옥소산칼륨(요오드산칼륨)
㉱ 중크롬산나트륨

풀이 아염소산나트륨은 산을 가하면 분해하여 이산화염소(ClO_2)를 발생한다.

45 용량 50만L 이상의 옥외탱크저장소에 대하여 변경허가를 받고자 할 때 한국소방산업기술원으로부터 탱크의 기초·지반 및 탱크본체에 대한 기술검토를 받아야 한다. 다만, 소방방재청장이 고시하는 부분적인 사항의 변경하는 경우에는 기술검토가 면제되는데 다음 중 기술검토가 면제되는 경우가 아닌 것은?
㉮ 노즐·맨홀을 포함한 동일한 형태의 지붕판의 교체
㉯ 탱크 밑판에 있어서 밑판 표면적의 50% 미만의 육성보수공사
㉰ 탱크의 옆판 중 최하단 옆판에 있어서 옆판 표면적의 30% 이내의 교체
㉱ 옆판 중심선의 600mm 이내의 밑판에 있어서 밑판의 원주길이 10% 미만에 해당하는 밑판의 교체

풀이 한국소방안전산업기술원의 기술검토 면제 제외 사항
보수 등을 위한 부분적인 변경으로 탱크의 옆판과 밑판의 교체공사는 기술검토 대상에서 제외된다.

46 제3류 위험물에 해당하는 것은?
㉮ NaH
㉯ Al
㉰ Mg
㉱ P_4S_3

풀이 NaH : 제3류 위험물, 기타 : 제2류 위험물

47 금속나트륨, 금속칼륨 등을 보호액 속에 저장하는 이유를 가장 옳게 설명한 것은?
㉮ 온도를 낮추기 위하여
㉯ 승화하는 것을 막기 위하여
㉰ 공기와의 접촉을 막기 위하여
㉱ 운반 시 충격을 적게 하기 위하여

풀이 금속나트륨, 금속칼륨 : 공기중에 있는 수분과의 반응을 막기 위해 보호액 속에 저장한다.

정답 44. ㉮ 45. ㉰ 46. ㉮ 47. ㉰

48 니트로셀룰로오스의 저장·취급방법으로 옳은 것은?
㉮ 건조한 상태로 보관하여야 한다.
㉯ 물 또는 알코올 등을 첨가하여 습윤시켜야 한다.
㉰ 물기에 접촉하면 위험하므로 제습제를 첨가하여야 한다.
㉱ 알코올에 접촉하면 자연발화의 위험이 있으므로 주의하여야 한다.

풀이 니트로셀룰로오스 : 저장 및 운송 시 물이나 알코올로 습윤한다.

49 주유취급소에 설치하는 "주유중엔진정지" 라는 표시를 한 게시판의 바탕과 문자의 색상을 차례대로 옳게 나타낸 것은?
㉮ 황색, 흑색   ㉯ 흑색, 황색
㉰ 백색, 흑색   ㉱ 흑색, 백색

풀이 주유중엔진정지 : 황색 바탕에 흑색 문자

50 고형알코올 2000kg과 철분 1000kg의 각각 지정수량 배수의 총합은 얼마인가?
㉮ 3   ㉯ 4
㉰ 5   ㉱ 6

풀이 저장배수 = $\frac{2000}{1000} + \frac{1000}{500} = 4$

51 제3류 위험물 중 은백색 광택이 있고 노란색 불꽃을 내며 연소하며 비중이 약 0.97, 융점이 약 97.7℃인 물질의 지정수량은 몇 kg 인가?
㉮ 10   ㉯ 20
㉰ 50   ㉱ 300

풀이 금속나트륨(Na)에 대한 설명임

52 위험물에 대한 설명으로 옳은 것은?
㉮ 이황화탄소는 연소 시 유독성 황화수소가스를 발생한다.
㉯ 디에틸에테르는 물에 잘 녹지 않지만 유지 등을 잘 녹이는 용제이다.
㉰ 등유는 가솔린보다 인화점이 높으나, 인화점이 0℃ 미만이므로 인화의 위험성은 매우 높다.
㉱ 경유는 등유와 비슷한 성질을 가지지만, 증기비중이 공기보다 가볍다는 차이점이 있다.

정답 48.㉯ 49.㉮ 50.㉯ 51.㉮ 52.㉯

풀이 ㉮ 유독성의 아황산가스를 발생한다.
㉰ 등유 인화점은 43~73℃ 이다.
㉱ 증기비중은 공기보다 무겁다.

53 제1류 위험물에 해당하지 않는 것은?
㉮ 납의 산화물　　　　　　㉯ 질산구아니딘
㉰ 퍼옥소이황산염류　　　　㉱ 염소화이소시아눌산

풀이 질산구아니딘 : 제5류 위험물 자기반응성 물질

54 벤젠을 저장하는 옥외탱크저장소가 액표면적이 45m² 인 경우 소화난이도등급은?
㉮ 소화난이도등급 Ⅰ　　　㉯ 소화난이도등급 Ⅱ
㉰ 소화난이도등급 Ⅲ　　　㉱ 제시된 조건으로 판단할 수 없음

풀이 소화난이도등급 Ⅰ : 옥외탱크저장소인 경우 액표면적이 40m² 이상인 것

55 위험물 옥외저장탱크의 통기관에 관한 사항으로 옳지 않은 것은?
㉮ 밸브없는 통기관의 직경은 30mm 이상으로 한다.
㉯ 대기밸브부착 통기관은 항시 열려 있어야 한다.
㉰ 밸브없는 통기관의 선단은 수평면보다 45도 이상 구부려 빗물 등의 침투를 막는 구조로 한다.
㉱ 대기밸브부착 통기관은 5kPa 이하의 압력차이로 작동할 수 있어야 한다.

풀이 대기밸브부착 통기관
위험물은 주입하는 경우를 제외하고는 항상 개방되어 있는 구조여야 한다.

56 적린과 유황의 공통되는 일반적인 성질이 아닌 것은?
㉮ 비중이 1보다 크다.　　　㉯ 연소하기 쉽다.
㉰ 산화되기 쉽다.　　　　　㉱ 물에 잘 녹는다.

풀이 적린과 유황은 물에 녹지 않는다.

57 셀룰로이드에 대한 설명으로 옳은 것은?
㉮ 질소가 함유된 유기물이다.　　㉯ 질소가 함유된 무기물이다.
㉰ 유기의 염화물이다.　　　　　　㉱ 무기의 염화물이다.

풀이 셀룰로이드 : 제5류 위험물로서 질소가 함유된 유기물이다.

정답　53. ㉯　54. ㉮　55. ㉯　56. ㉱　57. ㉮

58 다음 중 무색투명한 휘발성 액체로서 물에 녹지 않고 물보다 무거워 물 속에 보관하는 위험물은?
㉮ 경유
㉯ 황린
㉰ 유황
㉱ 이황화탄소

풀이 이황화탄소(CS_2) : 물보다 무겁고 물 속에 보관한다.

59 과산화수소에 대한 설명으로 틀린 것은?
㉮ 불연성 물질이다.
㉯ 농도가 약 3wt% 이면 단독으로 분해폭발한다.
㉰ 산화성 물질이다.
㉱ 점성이 있는 액체로 물에 용해된다.

풀이 농도가 60% 이상이면 단독 폭발한다.

60 제4류 위험물 중 제2석유류의 위험등급 기준은?
㉮ 위험등급 Ⅰ위험물
㉯ 위험등급 Ⅱ위험물
㉰ 위험등급 Ⅲ위험물
㉱ 위험등급 Ⅳ위험물

풀이 제2석유류 : Ⅲ 등급

정답   58. ㉱   59. ㉯   60. ㉰

위·험·물·기·능·사·과·년·도
기출문제

위험물기능사

2013년 기출문제

위험물기능사 기출문제 2013년 1월 27일 시행

01 제1종 분말소화약제의 적응 화재 급수는?
㉮ A급 ㉯ BC급
㉰ AB급 ㉱ ABC급

풀이 제1종 분말소화약제 : BC급

02 제1류 위험물의 저장 방법에 대한 설명으로 틀린 것은?
㉮ 조해성 물질은 방습에 주의한다.
㉯ 무기과산화물은 물속에 보관한다.
㉰ 분해를 촉진하는 물품과의 접촉을 피하여 저장한다.
㉱ 복사열이 없고 환기가 잘 되는 서늘한 곳에 저장한다.

풀이 무기과산화물 : 물기 엄금

03 유류화재의 급수와 표시색상으로 옳은 것은?
㉮ A급, 백색 ㉯ B급, 백색
㉰ A급, 황색 ㉱ B급, 황색

풀이 유류화재 : B급(황색)

04 소화기의 사용방법으로 잘못된 것은?
㉮ 적응화재에 따라 사용할 것
㉯ 성능에 따라 방출거리 내에서 사용할 것
㉰ 바람을 마주보며 소화할 것
㉱ 양옆으로 바로 쓸 듯이 방사할 것

풀이 바람을 등지고 소화할 것

05 다음 물질 중 분진폭발의 위험성이 가장 낮은 것은?
㉮ 밀가루 ㉯ 알루미늄분말
㉰ 모래 ㉱ 석탄

정답 01.㉯ 02.㉯ 03.㉱ 04.㉰ 05.㉰

풀이 모래 : 만능소화약제

06 열의 이동 원리 중 복사에 관한 예로 적당하지 않은 것은?
㉮ 그늘이 시원한 이유
㉯ 더러운 눈이 빨리 녹는 현상
㉰ 보온병 내부를 거울 벽으로 만드는 것
㉱ 해풍과 육풍이 일어나는 원리

풀이 복사(열) : 대류나 전도와 같은 현상을 거치지 않고, 열이 직접 전달되는 현상

07 그림과 같이 횡으로 설치한 원통형 위험물탱크에 대하여 탱크의 용량을 구하면 몇 m²인가? (단, 공간용적은 탱크 내용적의 100분의 5로 한다.)

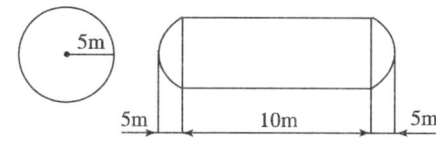

㉮ 196.3
㉯ 261.6
㉰ 785.0
㉱ 994.8

풀이 탱크 용량 $= \pi r^2 (1 + \dfrac{l_1 + l_2}{3}) \times 0.95$

$3.14 \times 25 \times (10 + \dfrac{5+5}{3}) \times 0.95 = 994.8$

08 위험물안전관리법령상의 규제에 관한 설명 중 틀린 것은?
㉮ 지정수량 미만의 위험물의 저장·취급 및 운반은 시도조례에 의하여 규제한다.
㉯ 항공기에 의한 위험물의 저장·취급 및 운반은 위험물안전관리법의 규제대상이 아니다.
㉰ 궤도에 의한 위험물의 저장·취급 및 운반은 위험물안전관리법의 규제대상이 아니다.
㉱ 선박법의 선박에 의해 위험물의 저장·취급 및 운반은 위험물안전관리법의 규제대상이 아니다.

풀이 지정수량 미만인 위험물의 저장 또는 취급에 관한 기술상의 기준시·도 조례로 정한다.

09 제4류 위험물로만 나열된 것은?

정답 06.㉱ 07.㉱ 08.㉮ 09.㉱

㉮ 특수인화물, 황산, 질산
㉯ 알코올, 황린, 니트로화합물
㉰ 동식물유류, 질산, 무기과산화물
㉱ 제1석유류, 알코올류, 특수인화물

풀이 제4류 위험물 : 특수인화물, 제1석유류, 알코올류, 제2석유류, 제3석유류, 제4석유류, 동식물류 등

10 위험물안전관리법령상 옥내소화전설비의 비상전원은 몇 분 이상 작동할 수 있어야 하는가?
㉮ 45분 ㉯ 30분
㉰ 20분 ㉱ 10분

풀이 비상전원용량 : 45분

11 니트로화합물과 같은 가연성물질이 자체 내에 산소를 함유하고 있어 공기 중의 산소를 필요로 하지 않고 자체의 산소에 의해서 연소되는 현상은?
㉮ 자기연소 ㉯ 등심연소
㉰ 훈소연소 ㉱ 분해연소

풀이 니트로화합물 : 제5류 위험물로서 자기연소한다.

12 제1류 위험물인 과산화나트륨의 보관용기에 화재가 발생하였다. 소화약제로 가장 적당한 것은?
㉮ 포 소화약제 ㉯ 물
㉰ 마른모래 ㉱ 이산화탄소

풀이 과산화나트륨 : 물 소화약제나 이산화탄소소화약제는 금지함.

13 위험물안전관리법령에 따라 옥내소화전설비를 설치할 때 배관의 설치기준에 따라 설명으로 옳지 않은 것은?
㉮ 배관용 탄소 강관(KS D 3507)을 사용할 수 있다.
㉯ 주 배관의 입상관 구경은 최소 60mm 이상으로 한다.
㉰ 펌프를 이용한 가압송수장치의 흡수관은 펌프마다 전용으로 설치한다.
㉱ 원칙적으로 급수배관은 생활용수배관과 같이 사용할 수 없으며 전용배관으로만 사용한다.

풀이 입상관 구경 : 최소 50mm 이상

정답 10. ㉮ 11. ㉮ 12. ㉰ 13. ㉯

14 위험물의 화재별 소화방법으로 옳지 않은 것은?

㉮ 황린 - 분무주수에 의한 냉각소화
㉯ 인화칼슘 - 분무주수에 의한 냉각소화
㉰ 톨루엔 - 포에 의한 질식소화
㉱ 질산메틸 - 주수에 의한 냉각소화

풀이 인화칼슘(Ca_3P_2) : 물과 반응하여 유독성의 포스핀가스(PH_3) 발생한다.
$Ca_3P_2 + 6H_2O \rightarrow 2PH_3 + 3Ca(OH)_2$

15 옥내에서 지정수량 100배 이상을 취급하는 일반취급소에 설치하여야 하는 경보설비는? (단, 고인화점 위험물만 취급하는 경우는 제외한다.)

㉮ 비상경보설비
㉯ 자동화재탐지설비
㉰ 비상방송설비
㉱ 비상벨설비 및 확성장치

풀이 옥내 저장소 지정수량 100배 이상 : 자동화재탐지설비

16 강화액소화기에 대한 설명이 아닌 것은?

㉮ 알칼리 금속염류가 포함된 고농도의 수용액이다.
㉯ A급 화재에 적응성이 있다.
㉰ 어는점이 낮아서 동절기에도 사용이 가능하다.
㉱ 물의 표면장력을 강화시킨 것으로 심부화재에 효과적이다.

풀이 물의 어는점을 낮춘 소화약제로서 표면화재에 적합하다.

17 인화점이 섭씨 200℃ 미만인 위험물을 저장하기 위하여 높이 15m이고 지름이 18m인 옥외저장탱크를 설치하는 경우 옥외저장탱크와 방유제와의 사이에 유지하여야 하는 거리는?

㉮ 5.0m 이상
㉯ 6.0m 이상
㉰ 7.5m 이상
㉱ 9.0m 이상

풀이 지름이 15m 이상인 경우: 탱크 높이의 1/2 이상의 거리일 것

18 금속칼륨에 대한 초기의 소화약제로서 적합한 것은?

㉮ 물
㉯ 마른모래
㉰ CCl_4
㉱ CO_2

정답 14. ㉯ 15. ㉯ 16. ㉱ 17. ㉱ 18. ㉯

풀이 금속화재 : 마른모래

19 위험물을 취급함에 있어서 정전기를 유효하게 제거하기 위한 설비를 설치하고자 한다. 위험물안전관리법령상 공기 중의 상대 습도를 몇 % 이상 되게 하여야 하는가?

㉮ 50
㉯ 60
㉰ 70
㉱ 80

풀이 정전기방지 : 상대습도 70% 이상 유지

20 위험물안전관리법령에 따른 자동화재탐지설비의 설치 기준에서 하나의 경계구역의 면적은 얼마 이하로 하여야 하는가? (단, 해당 건축물 그 밖의 공작물의 주요한 출입구에서 그 내부의 전체를 볼 수 없는 경우이다.)

㉮ 500m^2
㉯ 600m^2
㉰ 800m^2
㉱ 1000m^2

풀이 자동화재탐지설비 경계구역 면적: 600m^2 이하

21 위험물안전관리법령상 위험물에 해당하는 것은?

㉮ 황산
㉯ 비중이 1.41인 질산
㉰ 53마이크로미터의 표준체를 통과하는 것이 50중량% 미만인 철의 분말
㉱ 농도가 40중량%인 과산화수소

풀이 ㉮ 해당되지 않음
㉯ 비중 1.49 이상인 것
㉰ 50중량% 이상일 것

22 위험물안전관리법령에 의한 위험물 운송에 관한 규정으로 틀린 것은?

㉮ 이동탱크저장소에 의하여 위험물을 운송하는 자는 당해 위험물을 취급할 수 있는 국가기술자격자 또는 안전교육을 받은 자이어야 한다.
㉯ 안전관리자・탱크시험자・위험물운송자 등 위험물의 안전관리와 관련된 업무를 수행하는 자는 시・도지사가 실시하는 안전교육을 받아야 한다.
㉰ 운송책임자의 범위, 감독 또는 지원의 방법 등에 관한 구체적인 기준은 안전행정부령으로 정한다.
㉱ 위험물운송자는 안전행정부령으로 정하는 기준을 준수하는 등 당해 위험물의 안전 확보를 위해 세심한 주의를 기울여야 한다.

정답 19. ㉰ 20. ㉯ 21. ㉱ 22. ㉯

풀이 안전관리자 · 위험물운송자 : 소방안전협회
     탱크시험자 : 소방검정공사

23 과산화바륨의 성질에 대한 설명 중 틀린 것은?
㉮ 고온에서 열분해하여 산소를 발생한다.
㉯ 황산과 반응하여 과산화수소를 만든다.
㉰ 비중은 약 4.96이다.
㉱ 온수와 접촉하면 수소가스를 발생한다.

풀이 온수와 접촉 시 산소가 발생한다.

24 과염소산칼륨의 일반적인 성질에 대한 설명 중 틀린 것은?
㉮ 강한 산화제이다.
㉯ 불연성 물질이다.
㉰ 과일향이 나는 보라색 결정이다.
㉱ 가열하여 완전 분해시키면 산소를 발생한다.

풀이 무색의 백색분말이다.

25 물과 접촉하면 위험성이 증가하므로 주수소화를 할 수 없는 물질은?
㉮ $C_6H_2CH_3(NO_2)_3$ ㉯ $NaNO_3$
㉰ $(C_2H_5)_3Al$ ㉱ $(C_6H_5CO)_2O_2$

풀이 트리에틸알루미늄은 물과 접촉 시 에탄(C_2H_6)가스를 발생한다.

26 위험물에 대한 설명으로 옳은 것은?
㉮ 적린은 암적색의 분말로서 조해성이 있는 자연발화성 물질이다.
㉯ 황화린은 황색의 액체이며 상온에서 자연분해하여 이산화황과 오산화인을 발생한다.
㉰ 유황은 미황색의 고체 또는 분말이며 많은 이성질체를 갖고 있는 전기 도체이다.
㉱ 황린은 가연성 물질이며 마늘냄새가 나는 맹독성 물질이다.

풀이 황린(P_4) : 제3류 자연발화성물질, 마늘냄새가 나며 맹독성이다.

27 지정수량이 200kg인 물질은?
㉮ 질산   ㉯ 피크린산

정답 23. ㉱ 24. ㉰ 25. ㉰ 26. ㉱ 27. ㉯

㉰ 질산메틸　　　　　　　　㉱ 과산화벤조일

풀이 피크린산 : 제5류 니트로 화합물, 지정수량 200kg

28. 위험물안전관리법령상 제6류 위험물이 아닌 것은?

㉮ H_3PO_4　　　　　　　　㉯ IF_5
㉰ BrF_5　　　　　　　　㉱ BrF_3

풀이 인산(H_3PO_4) : 해당 없음

29. 제4류 위험물의 공통적인 성질이 아닌 것은?

㉮ 대부분 물보다 가볍고 물에 녹기 어렵다.
㉯ 공기와 혼합된 증기는 연소의 우려가 있다.
㉰ 인화되기 쉽다.
㉱ 증기는 공기보다 가볍다.

풀이 증기는 공기보다 무겁다.

30. 수소화나트륨의 소화약제로 적당하지 않은 것은?

㉮ 물　　　　　　　　㉯ 건조사
㉰ 팽창질석　　　　　㉱ 팽창진주암

풀이 수소화나트륨(NaH)은 물과 반응 시 수소가스를 발생한다.

31. 과염소산나트륨의 성질이 아닌 것은?

㉮ 수용성이다.　　　　　　㉯ 조해성이 있다.
㉰ 분해온도는 약 400℃이다.　㉱ 물보다 가볍다.

풀이 과염소산나트륨 : 비중 2.5로 물보다 무겁다.

32. 위험물제조소의 위치·구조 및 설비의 기준에 대한 설명 중 틀린 것은?

㉮ 벽·기둥·바닥·보·서까래는 내화재료로 하여야 한다.
㉯ 제조소의 표지판은 한 변이 30㎝, 다른 한 변이 60㎝ 이상의 크기로 한다.
㉰ "화기엄금"을 표시하는 게시판은 적색바탕에 백색문자로 한다.
㉱ 지정수량 10배를 초과한 위험물을 취급하는 제조소는 보유공지의 너비가 5m 이상 이어야 한다.

정답 28. ㉮　29. ㉱　30. ㉮　31. ㉱　32. ㉮

풀이 벽·기둥·바닥·보·서까래 : 불연재료

33 물과 작용하여 메탄과 수소를 발생시키는 것은?
㉮ Al_4C_3 ㉯ Mn_3C
㉰ Na_2C_2 ㉱ MgC_2

풀이 $Mn_3C + 6H_2O \rightarrow 3Mn(OH)_2 + CH_4\uparrow + H_2\uparrow$

34 연면적이 1000제곱미터이고 지정수량의 80배의 위험물을 취급하며 지반면으로부터 5미터 높이에 위험물 취급설비가 있는 제조소의 소화난이도등급은?
㉮ 소화난이도등급 I ㉯ 소화난이도등급 II
㉰ 소화난이도등급 III ㉱ 제시된 조건으로 판단할 수 없음

풀이 소화난이도 I 등급에 대한 설명임.

35 트리니트로톨루엔의 작용기에 해당하는 것은?
㉮ -NO ㉯ $-NO_2$
㉰ $-NO_3$ ㉱ $-NO_4$

풀이 트리니트로톨루엔 : 니트로기(-NO_2) 3개 이상

36 위험물안전관리법령상 운송책임자의 감독·지원을 받아 운송하여야 하는 위험물은?
㉮ 특수인화물 ㉯ 알킬리튬
㉰ 질산구아니딘 ㉱ 히드라진 유도체

풀이 운송책임자의 감독·지원 대상 : 알킬알루미늄, 알킬리튬 등

37 위험물안전관리법령상 위험등급이 나머지 셋과 다른 하나는?
㉮ 알코올류 ㉯ 제2석유류
㉰ 제3석유류 ㉱ 동식물유류

풀이 ㉮ : II등급
   기타 : III 등급

38 다음 위험물 중 상온에서 액체인 것은?
㉮ 질산에틸 ㉯ 트리니트로톨루엔

정답 33. ㉯ 34. ㉮ 35. ㉯ 36. ㉯ 37. ㉮ 38. ㉮

㉰ 셀룰로이드　　　　　　　　㉱ 피크린산

풀이 ㉯ 담황색 결정
㉰ 무색 또는 백색 결정
㉱ 침상결정

39 위험물제조소의 게시판에 "화기주의"라고 쓰여 있다. 제 몇 류 위험물 제조소인가?

㉮ 제1류　　　　　　　　㉯ 제2류
㉰ 제3류　　　　　　　　㉱ 제4류

풀이 제2류 위험물 : 화기주의. 단, 인화성고체는 화기엄금

40 제6류 위험물에 대한 설명으로 옳은 것은?

㉮ 과염소산은 독성은 없지만 폭발의 위험이 있으므로 밀폐하여 보관한다.
㉯ 과산화수소는 농도가 3% 이상일 때 단독으로 폭발하므로 취급에 주의한다.
㉰ 질산은 자연발화의 위험이 높으므로 저온 보관한다.
㉱ 할로겐화합물의 지정수량은 300kg이다.

풀이 ㉮ 폭발하지 않는다.
㉯ 60% 이상일 때 단독 폭발한다.
㉰ 폭발하지 않는다.

41 적린의 성질에 대한 설명 중 틀린 것은?

㉮ 물이나 이황화탄소에 녹지 않는다.
㉯ 발화온도는 약 260℃ 정도이다.
㉰ 연소할 때 인화수소 가스가 발생한다.
㉱ 산화제가 섞여 있으면 마찰에 의해 착화하기 쉽다.

풀이 적린 : 연소 시 오산화인(P_2O_5)이 발생한다.

42 트리니트로페놀의 성상에 대한 설명 중 틀린 것은?

㉮ 융점은 약 61℃이고 비점은 약 120℃이다.
㉯ 쓴 맛이 있으며 독성이 있다.
㉰ 단독으로는 마찰, 충격에 비교적 안정이다.
㉱ 알코올, 에테르, 벤젠에 녹는다.

풀이 TNP : 융점 122.5℃

정답　39. ㉯　40. ㉱　41. ㉰　42. ㉮

43 위험물안전관리법령에서 제3류 위험물에 해당하지 않는 것은?
㉮ 알칼리금속　　　　　　㉯ 칼륨
㉰ 황화린　　　　　　　　㉱ 황린

[풀이] 황화린 : 제2류 위험물

44 위험물안전관리법령상 정기점검 대상인 제조소 등의 조건이 아닌 것은?
㉮ 예방규정 작성대상인 제조소 등
㉯ 지하탱크저장소
㉰ 이동탱크저장소
㉱ 지정수량 5배의 위험물을 취급하는 옥외탱크를 둔 제조소

[풀이] 옥외탱크 저장소 : 지정수량 200배 이상

45 Ca_3P_2 600kg 을 저장하려고 한다. 지정수량의 배수는 얼마인가?
㉮ 2배　　　　　　　　　㉯ 3배
㉰ 4배　　　　　　　　　㉱ 5배

[풀이] $\dfrac{600}{300} = 2$

46 디에틸에테르의 보관·취급에 관한 설명으로 틀린 것은?
㉮ 용기는 밀봉하여 보관한다.
㉯ 환기가 잘되는 곳에 보관한다.
㉰ 정전기가 발생하지 않도록 취급한다.
㉱ 저장용기에 빈 공간이 없게 가득 채워 보관한다.

[풀이] 용기에 보관 시 안전공간을 확보하여 저장한다.

47 아닐린에 대한 설명으로 옳은 것은?
㉮ 특유의 냄새를 가진 기름상 액체이다.
㉯ 인화점이 0℃ 이하이어서 상온에서 인화의 위험이 높다.
㉰ 황산과 같은 강산화제와 접촉하면 중화되어 안정하게 된다.
㉱ 증기는 공기와 혼합하여 인화, 폭발의 위험은 없는 안정한 상태가 된다.

[풀이] 아닐린 : 제4류 위험물, 3석유류, 인화점 70℃, 산화제와 접촉 시 폭발가능성이 매우 크다.

정답　　43. ㉰　44. ㉱　45. ㉮　46. ㉱　47. ㉮

48 벤젠의 저장 및 취급 시 주의사항에 대한 설명으로 틀린 것은?
㉮ 정전기 발생에 주의한다.
㉯ 피부에 닿지 않도록 주의한다.
㉰ 증기는 공기보다 가벼워 높은 곳에 체류하므로 환기에 주의한다.
㉱ 통풍이 잘되는 서늘하고 어두운 곳에 저장한다.

풀이 벤젠 : 발생 증기는 공기보다 무겁다.

49 질산칼륨의 성질에 해당하는 것은?
㉮ 무색 또는 흰색 결정이다.
㉯ 물과 반응하면 폭발의 위험이 있다.
㉰ 물에 녹지 않으나 알코올에 잘 녹는다.
㉱ 황산, 옥분과 혼합하면 흑색화약이 된다.

풀이 질산칼륨 : 제1류 위험물로서 물에 잘 용해, 에테르에는 녹지 않으며 숯가루, 황가루가 혼합된 것이 흑색화약이다.

50 위험물 제조소 등에 자체소방대를 두어야 할 대상의 위험물안전관리법령상 기준으로 옳은 것은? (단, 원칙적인 경우에 한한다.)
㉮ 지정수량 3000배 이상의 위험물을 저장하는 저장소 또는 제조소
㉯ 지정수량 3000배 이상의 위험물을 취급하는 제조소 또는 일반취급소
㉰ 지정수량 3000배 이상의 제4류 위험물을 저장하는 저장소 또는 제조소
㉱ 지정수량 3000배 이상의 제4류 위험물을 취급하는 제조소 또는 일반취급소

풀이 자체 소방대 : 제4류 위험물 지정수량 3000배 이상

51 [보기]의 위험물을 위험등급Ⅰ, 위험등급Ⅱ, 위험등급Ⅲ의 순서로 옳게 나열한 것은?

[보기] 황린, 인화칼슘, 리튬

㉮ 황린, 인화칼슘, 리튬 ㉯ 황린, 리튬, 인화칼슘
㉰ 인화칼슘, 황린, 리튬 ㉱ 인화칼슘, 리튬, 황린

풀이 황린(Ⅰ등급), 리튬(Ⅱ등급), 인화칼슘(Ⅲ등급)

52 휘발유에 대한 설명으로 옳지 않은 것은?
㉮ 지정수량은 200리터이다.

정답 48.㉰ 49.㉮ 50.㉱ 51.㉯ 52.㉱

㉰ 전기의 불량도체로서 정전기 축적이 용이하다.
㉱ 원유의 성질·상태·처리방법에 따라 탄화수소의 혼합비율이 다르다.
㉲ 발화점은 -43~-20℃ 정도이다.

풀이 휘발유 인화점 : -43~-20℃

53 위험물 운반 시 동일한 트럭에 제1류 위험물과 함께 적재할 수 있는 유별은? (단, 지정수량의 5배 이상인 경우이다.)
㉮ 제3류   ㉯ 제4류
㉰ 제6류   ㉱ 없음

풀이 혼재 기준 : 제1류 위험물과 제6류 위험물은 혼재할 수 있다.

54 황린의 저장 및 취급에 있어서 주의할 사항 중 옳지 않은 것은?
㉮ 독성이 있으므로 취급에 주의할 것
㉯ 물과의 접촉을 피할 것
㉰ 산화제와의 접촉을 피할 것
㉱ 화기의 접근을 피할 것

풀이 황린 : 제3류 자연발화성 물질로서 물에 보관한다.

55 위험물안전관리법상 제조소 등의 허가 취소 또는 사용정지의 사유에 해당하지 않는 것은?
㉮ 안전교육 대상자가 교육을 받지 아니한 때
㉯ 완공검사를 받지 않고 제조소 등을 사용한 때
㉰ 위험물안전관리자를 선임하지 아니한 때
㉱ 제조소 등의 정기검사를 받지 아니한 때

풀이 ㉮ 해당 없음

56 위험물의 유별 구분이 나머지 셋과 다른 하나는?
㉮ 니트로글리콜   ㉯ 벤젠
㉰ 아조벤젠   ㉱ 디니트로벤젠

풀이 벤젠 : 제4류 위험물, 제1석유류
　　　기타 : 제5류 위험물

정답   53. ㉰ 54. ㉯ 55. ㉮ 56. ㉯

57 제4류 위험물 중 제1석유류에 속하는 것은?
㉮ 에틸렌글리콜   ㉯ 글리세린
㉰ 아세톤   ㉱ n-부탄올

풀이 아세톤 : 제4류 위험물, 제1석유류

58 횡으로 설치한 원통형 위험물 저장탱크의 내용적이 500L일 때 공간용적은 최소 몇 L이어야 하는가? (단, 원칙적인 경우에 한한다.)
㉮ 15   ㉯ 25
㉰ 35   ㉱ 50

풀이 안전공간용적 5% 이상~10% 이하
500×0.05=25L

59 탄화칼슘을 습한 공기 중에 보관하면 위험한 이유로 가장 옳은 것은?
㉮ 아세틸렌과 공기가 혼합된 폭발성 가스가 생성될 수 있으므로
㉯ 에틸렌과 공기 중 질소가 혼합된 폭발성 가스가 생성 될 수 있으므로
㉰ 분진폭발의 위험성이 증가하기 때문에
㉱ 포스핀과 같은 독성 가스가 발생하기 때문에

풀이 탄화칼슘(카바이트) : 수분과 접촉 시 폭발성 아세틸렌 가스 발생

60 인화성액체 위험물을 저장 또는 취급하는 옥외탱크저장소의 방유제 내에 용량 10만 L와 5만 L인 옥외저장탱크 2기를 설치하는 경우에 확보하여야 하는 방유제의 용량은?
㉮ 50000L 이상   ㉯ 80000L 이상
㉰ 110000L 이상   ㉱ 150000L 이상

풀이 옥외탱크 저장소 방유제 용량 : 큰 탱크 용량의 110%
100,000×1.1=110,000L 이상

정답 57.㉰ 58.㉯ 59.㉮ 60.㉰

위험물기능사 기출문제 02 — 2013년 4월 14일 시행

01 지정수량의 몇 배 이상의 위험물을 취급하는 제조소에는 화재발생시 이를 알릴 수 있는 경보설비를 설치하여야하는가?

㉮ 5 ㉯ 10
㉰ 20 ㉱ 100

풀이 위험물 제조소 경보설비
지정수량 10배 이상의 위험물을 저장 또는 취급하는 제조소 등(이동탱크저장소 제외)

02 이산화탄소의 특성에 대한 설명으로 옳지 않은 것은?

㉮ 전기전도성이 우수하다.
㉯ 냉각, 압축에 의하여 액화된다.
㉰ 과량 존재 시 질식할 수 있다.
㉱ 상온, 상압에서 무색, 무취의 불연성 기체이다.

풀이 이산화탄소 : 전기전도성이 없음

03 이동탱크저장소에 의한 위험물의 운송에 있어서 운송책임자의 감독 또는 지원을 받아야 하는 위험물은?

㉮ 금속분 ㉯ 알킬알루미늄
㉰ 아세트알데히드 ㉱ 히드록실아민

풀이 운송책임자 감독 또는 지원 위험물 : 알킬알루미늄, 알킬리튬 등

04 위험물안전관리법령에 근거하여 자체소방대에 두어야하는 제독차의 경우 가성소오다 및 규조토를 각각 몇 kg 이상 비치하여야 하는가?

㉮ 30 ㉯ 50
㉰ 60 ㉱ 100

풀이 제독차 : 가성소다 및 규조토 각각 50kg 이상 비치

05 인화점이 낮은 것부터 높은 순서로 나열된 것은?

㉮ 톨루엔 - 아세톤 - 벤젠

정답 01.㉯ 02.㉮ 03.㉯ 04.㉯ 05.㉱

㉯ 아세톤 - 톨루엔 - 벤젠
㉰ 톨루엔 - 벤젠 - 아세톤
㉱ 아세톤 - 벤젠 - 톨루엔

풀이 아세톤(-18℃)-벤젠(-11℃)-톨류엔(4℃)

06

화재 시 이산화탄소를 방출하여 산소의 농도를 12.5%로 낮추어 소화하려면 공기 중의 이산화탄소의 농도는 약 몇 vol%로 해야 하는가?

㉮ 30.7　　　　　　　　㉯ 32.8
㉰ 40.5　　　　　　　　㉱ 68.0

풀이
$$CO_2 \text{ 농도} = \frac{21 - O_2}{21} \times 100$$
$$\frac{21 - 12.5}{21} \times 100 = 40.5\%$$

07

위험물안전관리법령상 고정주유설비는 주유설비의 중심선을 기점으로 하여 도로 경계선까지 몇 m 이상의 거리를 유지해야 하는가?

㉮ 1　　　　　　　　㉯ 3
㉰ 4　　　　　　　　㉱ 6

풀이 도로경계 : 4m 이상

08

위험물 옥외저장소에서 지정수량 200배 초과의 위험물을 저장할 경우 보유공지의 너비는 몇 m 이상으로 하여야 하는가? (단, 제4류 위험물과 제6류 위험물이 아닌 경우이다.)

㉮ 0.5　　　　　　　　㉯ 2.5
㉰ 10　　　　　　　　㉱ 15

풀이 옥외저장소 지정수량 200배 초과 : 15m 이상

09

소화설비의 주된 소화효과를 옳게 설명한 것은?

㉮ 옥내·옥외소화전설비 : 질식소화
㉯ 스프링클러설비, 물분무소화설비 : 억제소화
㉰ 포, 분말 소화설비 : 억제소화
㉱ 할로겐화합물 소화설비 : 억제소화

풀이 ㉮ 냉각소화 ㉯ 냉각소화 ㉰ 냉각 및 질식소화

정답 06.㉰ 07.㉰ 08.㉱ 09.㉱

10 다음 위험물의 화재시 물에 의한 소화방법이 가장 부적합한 것은?

㉮ 황린
㉯ 적린
㉰ 마그네슘분
㉱ 황분

풀이 마그네슘분말 : 주수 금지

11 분말소화약제의 식별 색을 옳게 나타낸 것은?

㉮ $KHCO_3$: 백색
㉯ $NH_4H_2PO_4$: 담홍색
㉰ $NaHCO_3$: 보라색
㉱ $KHCO_3 + (NH_2)_2CO$: 초록색

풀이 ㉮ 보라색 ㉰ 백색 ㉱ 회색

12 유류화재 소화 시 분말소화약제를 사용할 경우 소화 후에 재발화 현상이 가끔씩 발생할 수 있다. 다음 중 이러한 현상을 예방하기 위하여 병용하면 가장 효과적인 포소화약제는?

㉮ 단백포 소화약제
㉯ 수성막포 소화약제
㉰ 알코올형포 소화약제
㉱ 합성계면활성제포 소화약제

풀이 수성막포가 가장 적합하다.

13 위험물제조소 등의 소화설비의 기준에 관한 설명으로 옳은 것은?

㉮ 제조소 등 중에서 소화난이도등급 Ⅰ, Ⅱ 또는 Ⅲ의 어느 것에도 해당하지 않는 것도 있다.
㉯ 옥외탱크저장소의 소화난이도등급을 판단하는 기준 중 탱크의 높이는 기초를 제외한 탱크 측판의 높이를 말한다.
㉰ 제조소의 소화난이도등급을 판단하는 기준 중 면적에 관한 기준은 건축물 외에 설치된 것에 대해서는 수평투영면적을 기준으로 한다.
㉱ 제4류 위험물을 저장·취급하는 제조소등에도 스프링클러 소화설비가 적응성이 인정되는 경우가 있으며 이는 수원의 수량을 기준으로 판단한다.

풀이 제조소 등의 규모, 저장 또는 취급하는 위험물의 품명 및 최대수량으로 소화난이도 등급과 소화설비를 정한다.

정답 10. ㉰ 11. ㉯ 12. ㉯ 13. ㉮

14 수소화나트륨 240g 과 충분한 물이 완전 반응하였을 때 발생하는 수소의 부피는? (단, 표준상태를 가정하여 나트륨의 원자량은 23이다.)

㉮ 22.4L ㉯ 224L
㉰ 22.4㎥ ㉱ 224㎥

풀이 $NaH + H_2O \rightarrow NaOH + H_2\uparrow + Q$
24 : 22.4 = 240 : x, x = 224

15 소화난이도 등급 Ⅰ인 옥외탱크저장소에 있어서 제4류 위험물 중 인화점이 섭씨 70도 이상인 것을 저장, 취급하는 경우 어느 소화설비를 설치해야 하는가? (단, 지중탱크 또는 해상탱크 외의 것이다.)

㉮ 스프링클러소화설비 ㉯ 물분무소화설비
㉰ 이산화탄소소화설비 ㉱ 분말소화설비

풀이 옥외탱크 저장소 : 물분무소화설비 또는 고정식 포소화설비를 설치할 것

16 위험물제조소 내의 위험물을 취급하는 배관에 대한 설명으로 옳지 않은 것은?

㉮ 배관을 지하에 매설하는 경우 접합부분에는 점검구를 설치하여야 한다.
㉯ 배관을 지하에 매설하는 경우 금속성 배관의 외면에는 부식 방지 조치를 하여야 한다.
㉰ 최대상용압력의 1.5배 이상의 압력으로 수압시험을 실시하여 이상이 없어야 한다.
㉱ 지상에 설치하는 경우에는 안전한 구조의 지지물로 지면에 밀착하여 설치하여야 한다.

풀이 배관은 지면에서 떨어져서 설치한다.

17 위험물제조소 등의 화재예방 등 위험물 안전관리에 관한 직무를 수행하는 위험물 안전관리자의 선임 시기는?

㉮ 위험물제조소 등의 완공검사를 받은 후 즉시
㉯ 위험물제조소 등의 허가 신청 전
㉰ 위험물제조소 등의 설치를 마치고 완공검사를 신청하기 전
㉱ 위험물제조소 등에서 위험물을 저장 또는 취급하기 전

풀이 위험물안전관리자 선임 : 위험물을 저장 또는 취급하기 전에 선임한다.

18 소화효과 중 부촉매 효과를 기대할 수 있는 소화약제는?

정답 14.㉱ 15.㉯ 16.㉱ 17.㉱ 18.㉰

㉮ 물소화약제   ㉯ 포소화약제
㉰ 분말소화약제   ㉱ 이산화탄소소화약제

풀이 분말소화약제 중 제3종 분말의 열분해시 발생되는 메타인산의 경우 부촉매 효과가 크다.

19. 고온체의 색깔이 휘적색일 경우의 온도는 약 몇 ℃ 정도인가?
㉮ 500   ㉯ 950
㉰ 1300   ㉱ 1500

풀이 휘적색 온도 : 950℃

20. 다음 중 연소속도와 의미가 가장 가까운 것은?
㉮ 기화열의 발생속도   ㉯ 환원속도
㉰ 착화속도   ㉱ 산화속도

풀이 연소속도 = 산화속도

21. 위험물 옥외탱크저장소와 병원과는 안전거리를 얼마 이상 두어야 하는가?
㉮ 10m   ㉯ 20m
㉰ 30m   ㉱ 50m

풀이 1종보호시설인 병원 : 30 m 이상

22. 질산의 수소원자를 알킬기로 치환한 제5류 위험물의 지정수량은?
㉮ 10kg   ㉯ 100kg
㉰ 200kg   ㉱ 300kg

풀이 질산에스테르류 : 지정수량 10kg

23. 위험물제조소에 옥외소화전이 5개가 설치되어 있다. 이 경우 확보하여야 하는 수원의 법정 최소량은 몇 m³인가?
㉮ 28   ㉯ 35
㉰ 54   ㉱ 67.5

풀이 $Q = n \times q \times t$
$4 \times 450 \times 30 = 54 m^3$

정답 19. ㉯   20. ㉱   21. ㉰   22. ㉮   23. ㉰

24 다음은 위험물을 저장하는 탱크의 공간용적 산정기준이다. (   )에 알맞은 수치로 옳은 것은?

> ㉮ 위험물을 저장 또는 취급하는 탱크의 공간용적은 탱크의 내용적의 (A) 이상 (B) 이하의 용적으로 한다. 다만, 소화설비(소화약제 방출구를 탱크안의 윗부분에 설치하는 것에 한한다.)를 설치하는 탱크의 공간용적은 당해 소화설비의 소화약제방출구 아래의 0.3미터 이상 1미터 미만 사이의 면으로부터 윗부분의 용적으로 한다.
> ㉯ 암반탱크에 있어서는 당해 탱크내의 용출하는 (C)일간의 지하수의 양에 상당하는 용적과 당해 탱크의 내용적의 (D)의 용적 중에서 보다 큰 용적을 공간용적으로 한다.

㉮ A : 3/100, B : 10/100, C : 10, D : 1/100
㉯ A : 5/100, B : 5/100, C : 10, D : 1/100
㉰ A : 5/100, B : 10/100, C : 7, D : 1/100
㉱ A : 5/100, B : 10/100, C : 10, D : 3/100

풀이 탱크 내용적 산정방법에 대한 내용

25 다음 중 제6류 위험물로써 분자량이 약 63인 것은?
㉮ 과염소산
㉯ 질산
㉰ 과산화수소
㉱ 삼불화브롬

풀이 질산(HNO_3) 분자량 63

26 인화칼슘이 물과 반응하였을 때 발생하는 가스에 대한 설명으로 옳은 것은?
㉮ 폭발성인 수소를 발생한다.
㉯ 유독한 인화수소를 발생한다.
㉰ 조연성인 산소를 발생한다.
㉱ 가연성인 아세틸렌을 발생한다.

풀이 인화칼슘(Ca_3P_2)은 물과 반응 시 인화수소(PH_3) 가스를 발생한다.

27 위험물안전관리법령에 따른 위험물의 적재 방법에 대한 설명으로 옳지 않은 것은?
㉮ 원칙적으로 운반용기를 밀봉하여 수납할 것
㉯ 고체위험물은 용기 내용적의 95% 이하의 수납률로 수납할 것
㉰ 액체위험물은 용기 내용적의 99% 이상의 수납률로 수납할 것
㉱ 하나의 외장 용기에는 다른 종류의 위험물을 수납하지 않을 것

풀이 액체위험물 : 용기 내용적의 98% 이하

정답 24. ㉱ 25. ㉯ 26. ㉯ 27. ㉰

28 주유취급소에서 자동차 등에 위험물을 주유할 때에 자동차 등의 원동기를 정지시켜야 하는 위험물의 인화점 기준은? (단, 연료탱크에 위험물을 주유하는 동안 방출되는 가연성 증기를 회수하는 설비가 부착되지 않은 고정주유설비에 의하여 주유하는 경우이다.)

㉮ 20℃ 미만
㉯ 30℃ 미만
㉰ 40℃ 미만
㉱ 50℃ 미만

풀이 자동차(원동기) 정지 기준 : 인화점 40℃ 미만

29 저장하는 위험물의 최대수량이 지정수량의 15배일 경우, 건축물의 벽·기둥 및 바닥이 내화구조로 된 위험물 옥내저장소의 보유공지는 몇 m 이상이어야 하는가?

㉮ 0.5
㉯ 1
㉰ 2
㉱ 3

풀이 내화구조의 옥내저장소 : 2m 이상

30 위험물안전관리법령에 따른 이동저장탱크의 구조의 기준에 대한 설명으로 틀린 것은?

㉮ 압력탱크는 최대상용압력의 1.5배의 압력으로 10분간 수압시험을 하여 새지 말 것
㉯ 상용압력이 20KPa를 초과하는 탱크의 안전장치는 상용압력의 1.5배 이하의 압력으로 작동할 것
㉰ 방파판은 두께 1.6mm 이상의 강철판 또는 이와 동등 이상의 강도, 내식성 및 내열성이 있는 금속성의 것으로 할 것
㉱ 탱크는 두께 3.2mm 이상의 강철판 또는 이와 동등 이상의 강도, 내식성 및 내열성을 갖는 재질로 할 것

풀이 상용압력이 20KPa를 초과 시 : 상용압력의 1.1배 이하의 압력에서 작동할 것

31 내용적이 20000L인 옥내저장탱크에 대하여 저장 또는 취급의 허가를 받을 수 있는 최대용량은? (단, 원칙적인 경우에 한한다.)

㉮ 18000L
㉯ 19000L
㉰ 19400L
㉱ 20000L

풀이 $20000 \times 0.95 = 19{,}000L$

32 디에틸에테르에 관한 설명 중 틀린 것은?

정답 28.㉰ 29.㉰ 30.㉯ 31.㉯ 32.㉮

㉮ 비전도성이므로 정전기를 발생하지 않는다.
㉯ 무색 투명한 유동성의 액체이다.
㉰ 휘발성이 매우 높고, 마취성을 가진다.
㉱ 공기와 장시간 접촉하면 폭발성의 과산화물이 생성된다.

풀이 디에틸에테르
제4류 위험물, 특수인화물로 비전도성으로 정전기발생에 주의하여야 한다.

33. 위험물안전관리법령상에 따른 다음에 해당하는 동식물유류의 규제에 관한 설명으로 틀린 것은?

> "안전행정부령이 정하는 용기기준과 수납·저장기준에 따라 수납되어 저장·보관되고 용기의 외부에 물품의 통칭명, 수량 및 화기엄금(화기엄금과 동일한 의미를 갖는 표시를 포함한다.)의 표시가 있는 경우"

㉮ 위험물에 해당하지 않는다.
㉯ 제조소 등이 아닌 장소에 지정수량 이상 저장할 수 있다.
㉰ 지정수량 이상을 저장하는 장소도 제조소 등 설치허가를 받을 필요가 없다.
㉱ 화물자동차에 적재하여 운반하는 경우 위험물안전관리법상 운반기준이 적용되지 않는다.

풀이 운반 : 위험물안전관리법상 운반기준에 적용된다.

34. 질산암모늄의 일반적인 성질에 대한 설명으로 옳은 것은?

㉮ 조해성이 없다.
㉯ 무색, 무취의 액체이다.
㉰ 물에 녹을 때에는 발열한다.
㉱ 급격한 가열에 의한 폭발의 위험이 있다.

풀이 질산암모늄 : 제1류 위험물로서 단독 폭발이 가능하다

35. 에틸알코올에 관한 설명 중 옳은 것은?

㉮ 인화점은 0℃ 이하이다.
㉯ 비점은 물보다 낮다.
㉰ 증기밀도는 메틸알코올보다 작다.
㉱ 수용성이므로 이산화탄소소화기는 효과가 없다.

풀이 에탄올 비점 : 65℃

정답 33. ㉱ 34. ㉱ 35. ㉯

36. 종류(유별)가 다른 위험물을 동일한 옥내저장소의 동일한 실에 같이 저장하는 경우에 대한 설명으로 틀린 것은? (단, 유별로 정리하여 서로 1m 이상의 간격을 두는 경우에 한한다.)

㉮ 제1류 위험물과 황린은 동일한 옥내저장소에 저장할 수 있다.
㉯ 제1류 위험물과 제6류 위험물은 동일한 옥내저장소에 저장할 수 있다.
㉰ 제1류 위험물 중 알칼리금속의 과산화물과 제5류 위험물은 동일한 옥내저장소에 저장할 수 있다.
㉱ 제2류 위험물 중 인화성고체와 제4류 위험물을 동일한 옥내저장소에 저장할 수 있다.

풀이 알칼리금속 과산화물과 제5류 위험물은 동일저장소 저장 금지한다.

37. $C_6H_2(NO_2)_2OH$ 와 $C_2H_5NO_3$의 공통성질에 해당하는 것은?

㉮ 니트로화합물이다.
㉯ 인화성과 폭발성이 있는 액체이다.
㉰ 무색의 방향성 액체이다.
㉱ 에탄올에 녹는다.

풀이 TNP($C_6H_2(NO_2)_2OH$), 질산에틸($C_2H_5NO_3$)은 에탄올에 잘 녹는다.

38. 위험물을 저장하는 간이탱크저장소의 구조와 설비의 기준으로 옳은 것은?

㉮ 탱크의 두께는 2.5mm 이상, 용량 600L 이하
㉯ 탱크의 두께는 2.5mm 이상, 용량 800L 이하
㉰ 탱크의 두께는 3.2mm 이상, 용량 600L 이하
㉱ 탱크의 두께는 3.2mm 이상, 용량 800L 이하

풀이 간이탱크 : 두께 3.2mm 이상, 용량 600L 이하

39. 위험물안전관리법령상 예방규정을 정하여야 하는 제조소 등에 해당하지 않는 것은?

㉮ 지정수량 10배 이상의 위험물을 취급하는 제조소
㉯ 이송취급소
㉰ 암반탱크저장소
㉱ 지정수량의 200배 이상의 위험물을 저장하는 옥내탱크저장소

풀이 화재예방규정 : 지정수량 200배 이상의 옥외탱크저장소

정답 36.㉰ 37.㉱ 38.㉰ 39.㉱

40 유기과산화물의 화재 예방상 주의사항으로 틀린 것은?
㉮ 직사광선을 피하고 냉암소에 저장한다.
㉯ 불꽃, 불티 등의 화기 및 열원으로부터 멀리 한다.
㉰ 산화제와 접촉하지 않도록 주의한다.
㉱ 대형화재시 분말소화기를 이용한 질식소화가 유효하다.

풀이 유기과산화물 : 화재초기 대량의 냉각수에 의한 냉각소화가 유효하다.

41 위험물안전관리법령에 따라 기계에 의하여 하역하는 구조로 된 운반용기의 외부에 행하는 표시내용에 해당하지 않는 것은? (단, 국제해상위험물규칙에 정한 기준 또는 소방방재청장이 정하여 고시하는 기준에 적합한 표시를 한 경우는 제외한다.)
㉮ 운반용기의 제조년월   ㉯ 제조자의 명칭
㉰ 겹쳐쌓기시험하중   ㉱ 용기의 유효기간

풀이 용기의 유효기간은 해당 없음

42 산화성고체의 저장 및 취급방법으로 옳지 않은 것은?
㉮ 가연물과 접촉 및 혼합을 피한다.
㉯ 분해를 촉진하는 물품의 접근을 피한다.
㉰ 조해성물질의 경우 물속에 보관하고, 과열·충격·마찰 등을 피하여야 한다.
㉱ 알칼리금속의 과산화물은 물과의 접촉을 피하여야 한다.

풀이 조해성 물질 : 밀전 밀봉하여 냉암소에 보관한다.

43 제5류 위험물을 취급하는 위험물제조소에 설치하는 주의사항 게시판에서 표시하는 내용과 바탕색, 문자색으로 옳은 것은?
㉮ "화기주의", 백색바탕에 적색문자
㉯ "화기주의", 적색바탕에 백색문자
㉰ "화기엄금", 백색바탕에 적색문자
㉱ "화기엄금", 적색바탕에 백색문자

풀이 제5류 위험물 : 화기엄금-적색바탕에 백색문자

44 황의 성질로 옳은 것은?
㉮ 전기 양도체이다.
㉯ 물에는 매우 잘 녹는다.
㉰ 이산화탄소와 반응한다.

정답 40.㉱ 41.㉱ 42.㉰ 43.㉱ 44.㉱

㉣ 미분은 분진폭발의 위험성이 있다.

풀이 황은 분진폭발의 위험이 매우 크다.

45 경유를 저장하는 옥외저장탱크의 반지름이 2m이고 높이가 12m일 때 탱크 옆판으로부터 방유제까지의 거리는 몇 m 이상이어야 하는가?
㉮ 4 ㉯ 5
㉰ 6 ㉱ 7

풀이 탱크 지름이 15m 이하인 경우 - 탱크 높이의 1/3 이상일 것

46 삼황화린과 오황화린의 공통점이 아닌 것은?
㉮ 물과 접촉하여 인화수소가 발생한다.
㉯ 가연성 고체이다.
㉰ 분자식이 P와 S로 이루어져 있다.
㉱ 연소시 오산화린과 이산화황이 생성된다.

풀이 물과 접촉시 황화수소, 또는 인산이 발생한다.

47 다음 위험물 품명 중 지정수량이 나머지 셋과 다른 것은?
㉮ 염소산염류 ㉯ 질산염류
㉰ 무기과산화물 ㉱ 과염소산염류

풀이 ㉯ 300kg, 기타 : 50kg

48 제2류 위험물인 유황의 대표적인 연소형태는?
㉮ 표면연소 ㉯ 분해연소
㉰ 증발연소 ㉱ 자기연소

풀이 황 : 증발연소

49 소화난이도 등급 Ⅰ의 옥내탱크저장소에 설치하는 소화설비가 아닌 것은?
(단, 인화점이 70℃ 이상의 제4류 위험물만을 저장, 취급하는 장소이다.)
㉮ 물분무소화설비, 고정식포소화설비
㉯ 이동식외의 이산화탄소소화설비, 고정식포소화설비
㉰ 이동식의 분말소화설비, 스프링클러설비
㉱ 이동식외의 할로겐화합물소화설비, 물분무소화설비

정답 45. ㉮ 46. ㉮ 47. ㉯ 48. ㉰ 49. ㉰

풀이 스프링클러설비는 해당 없음

50 다음 위험물 중 인화점이 가장 낮은 것은?
㉮ 아세톤 ㉯ 이황화탄소
㉰ 클로로벤젠 ㉱ 디에틸에테르

풀이 ㉮ -18℃ ㉯ -30℃ ㉰ 27℃ ㉱ -45℃

51 분말소화기의 소화약제로 사용되지 않은 것은?
㉮ 탄산수소나트륨 ㉯ 탄산수소칼륨
㉰ 과산화나트륨 ㉱ 인산암모늄

풀이 과산화나트륨은 해당 없음

52 질산이 공기 중에서 분해되는 발생하는 유독한 갈색증기의 분자량은?
㉮ 16 ㉯ 40
㉰ 46 ㉱ 71

풀이 질산은 유독성의 NO_2 (46) 증기를 발생한다.

53 에틸알코올의 증기비중은 약 얼마인가?
㉮ 0.72 ㉯ 0.91
㉰ 1.13 ㉱ 1.59

풀이 $\dfrac{46}{29} = 1.59$

54 위험물안전관리법령상 예방규정을 정하여야 하는 제조소 등의 관계인은 위험물제조소등에 대하여 기술기준에 적합한지의 여부를 정기적으로 점검을 하여야 한다. 법적 최소 점검주기에 해당하는 것은? (단, 100만 리터 이상의 옥외탱크저장소는 제외한다.)
㉮ 주1회 이상 ㉯ 월1회 이상
㉰ 6개월 1회 이상 ㉱ 연1회 이상

풀이 정기점검 : 연 1회 이상

정답 50. ㉱ 51. ㉰ 52. ㉰ 53. ㉱ 54. ㉱

55. 염소산나트륨의 성상에 대한 설명으로 옳지 않은 것은?
㉮ 자신은 불연성 물질이지만 강한 산화제이다.
㉯ 유리를 녹이므로 철제 용기에 저장한다.
㉰ 열분해 하여 산소를 발생한다.
㉱ 산과 반응하면 유독성의 이산화염소를 발생한다.

풀이 염소산나트륨 : 철제 용기를 부식시킨다.

56. 탄화알루미늄 1몰을 물과 반응시킬 때 발생하는 가연성 가스의 종류와 양은?
㉮ 에탄, 4몰
㉯ 에탄, 3몰
㉰ 메탄, 4몰
㉱ 메탄, 3몰

풀이 $Al_4C_3 + 12H_2O \rightarrow 4Al(OH)_3 + 3CH_4 \uparrow$

57. 위험물안전관리법령에 따른 제6류 위험물의 특성에 대한 설명 중 틀린 것은?
㉮ 과염소산은 유기물과 접촉시 발화의 위험이 있다.
㉯ 과염소산은 불안전하며 강력한 산화성 물질이다.
㉰ 과산화수소는 알코올, 에테르에 녹지 않는다.
㉱ 질산은 부식성이 강하고 햇빛에 의해 분해된다.

풀이 물, 알코올, 에테르에 잘 녹는다.

58. 위험물안전관리법령에 대한 설명 중 옳지 않은 것은?
㉮ 군부대가 지정수량 이상의 위험물을 군사목적으로 임시로 저장 또는 취급하는 경우는 제조소등이 아닌 장소에서 지정수량 이상의 위험물을 취급할 수 있다.
㉯ 철도 및 궤도에 의한 위험물의 저장·취급 및 운반에 있어서는 위험물안전관리법령에 적용하지 아니한다.
㉰ 지정수량 미만인 위험물의 저장 또는 취급에 관한 기술상의 기준은 국가화재안전기준으로 정한다.
㉱ 업무상 과실로 제조소등에서 위험물을 유출, 방출 또는 확산시켜 사람의 생명, 신체 또는 재산에 대하여 위험을 발생시킨 자는 7년 이하의 금고 또는 2천만원 이하의 벌금에 처한다.

풀이 지정수량 미만 : 시·도조례로 정한다.

정답 55.㉯ 56.㉱ 57.㉰ 58.㉰

59 다음 중 인화점이 가장 높은 것은?
㉮ 니트로벤젠 ㉯ 클로로벤젠
㉰ 톨루엔 ㉱ 에틸벤젠

풀이 ㉮ 88℃ ㉯ 27℃ ㉰ 4℃ ㉱ 15℃

60 위험물안전관리법령상 지하탱크저장소의 위치·구조 및 설비의 기준에 따라 다음 ( )에 들어갈 수치로 옳은 것은?

> 탱크전용실은 지하의 가장 가까운 벽·피트·가스관 등의 시설물 및 대지경계선으로부터 (①)m 이상 떨어진 곳에 설치하고, 지하저장탱크와 탱크전용실의 안쪽과의 사이는 (②)m 이상의 간격을 유지하도록 하며, 당해 탱크의 주위에 마른 모래 또는 습기 등에 의하여 응고되지 아니하는 입자지름 (③)mm 이하의 마른 자갈분을 채워야 한다.

㉮ ① : 0.1, ② : 0.1, ③ : 5
㉯ ① : 0.1, ② : 0.3, ③ : 5
㉰ ① : 0.1, ② : 0.1, ③ : 10
㉱ ① : 0.1, ② : 0.3, ③ : 10

풀이 지하탱크 저장소 기준에 대한 설명임.

2013년 7월 21일 시행

01 주된 연소형태가 표면연소인 것을 옳게 나타낸 것은?
㉮ 중유, 알코올 ㉯ 코크스, 숯
㉰ 목재, 종이 ㉱ 석탄, 플라스틱

풀이 코크스, 숯 : 표면연소
㉮ 증발연소 ㉰ 분해연소 ㉱ 분해연소

02 다음 중 화학적 소화에 해당하는 것은?
㉮ 냉각소화 ㉯ 질식소화
㉰ 제거소화 ㉱ 억제소화

풀이 화학적 소화 : 억제소화

03 제3류 위험물 중 금수성 물질에 적응할 수 있는 소화설비는?
㉮ 포소화설비
㉯ 이산화탄소소화설비
㉰ 탄산수소염류 분말소화설비
㉱ 할로겐화합물소화설비

풀이 금수성물질 : 금속화재용 분말소화약제(탄산수소염류 분말소화약제)

04 가연물이 연소할 때 공기 중의 산소농도를 떨어뜨려 연소를 중단시키는 소화방법은?
㉮ 제거소화 ㉯ 질식소화
㉰ 냉각소화 ㉱ 억제소화

풀이 질식소화 : 산소농도를 15% 이하로 해서 소화하는 방법

05 다음 중 오존층 파괴지수가 가장 큰 것은?
㉮ Halon 104 ㉯ Halon 1211
㉰ Halon 1301 ㉱ Halon 2402

정답 01. ㉯ 02. ㉱ 03. ㉰ 04. ㉯ 05. ㉰

풀이 오존파괴지수(ODP :Ozone depletion Potential)
㉮ 1.1 ㉯ 3.0 ㉰ 10 ㉱ 6.0

06. 분말소화 약제 중 제1종과 제2종 분말이 각각 열분해 될 때 공통적으로 생성되는 물질은?

㉮ N_2, CO_2　　　　㉯ N_2, O_2
㉰ H_2O, CO_2　　　　㉱ H_2O, N_2

풀이 공통 생성물질 : CO_2, H_2O
제1종 분말 : $2NaHCO_3 \rightarrow Na_2CO_3 + CO_2 + H_2O - Q$
제2종 분말 : $2KHCO_3 \rightarrow K_2CO_3 + CO_2 + H_2O - Q$

07. 다음 중 발화점이 달라지는 요인으로 가장 거리가 먼 것은?

㉮ 가연성가스와 공기의 조성비
㉯ 발화를 일으키는 공간의 형태와 크기
㉰ 가열속도와 가열시간
㉱ 가열도구의 내구연한

풀이 발화점 : 가연물이 점화원 없이 연소가 시작되는 최저온도로 조성비, 가열시간·가열속도·용기의 크기 형태 등에 영향을 받는다.
㉱는 해당 없음

08. 이산화탄소소화기의 장점으로 옳은 것은?

㉮ 전기설비화재에 유용하다.
㉯ 마그네슘과 같은 금속분 화재시 유용하다.
㉰ 자기반응성 물질의 화재시 유용하다.
㉱ 알칼리금속 과산화물 화재시 유용하다.

풀이 이산화탄소 소화기 : 금속화재나 제5류 자기반응성 물질 화재에 사용 금지

09. 다음 중 폭발범위가 가장 넓은 물질은?

㉮ 메탄
㉯ 톨루엔
㉰ 에틸알코올
㉱ 에틸에테르

풀이 ㉮ 5~15% ㉯ 1.4~6.7 ㉰ 3.3~19 ㉱ 1.9~48

정답　06. ㉰　07. ㉱　08. ㉮　09. ㉱

2013년 7월 21일 시행

10 이산화탄소가 소화약제로 사용되는 이유에 대한 설명으로 가장 옳은 것은?
㉮ 산소와의 반응이 느리기 때문이다.
㉯ 산소와 반응하지 않기 때문이다.
㉰ 착화되어도 곧 불이 꺼지기 때문이다.
㉱ 산화반응이 되어도 열 발생이 없기 때문이다.

풀이 이산화탄소 : 완전산화물로서 산소와 반응하지 않는다.

11 니트로셀룰로오스 화재 시 가장 적합한 소화방법은?
㉮ 할로겐화합물 소화기를 사용한다.
㉯ 분말소화기를 사용한다.
㉰ 이산화탄소소화기를 사용한다.
㉱ 다량의 물을 사용한다.

풀이 제5류 위험물로서 다량의 냉각수에 의한 냉각소화가 유효하다.

12 자연발화를 방지하기 위한 방법으로 옳지 않은 것은?
㉮ 습도를 가능한 한 높게 유지한다.
㉯ 열 축적을 방지한다.
㉰ 저장실의 온도를 낮춘다.
㉱ 정촉매 작용을 하는 물질을 피한다.

풀이 자연발화 방지 : 습도는 높은 곳을 피할 것

13 건축물의 1층 및 2층 부분만을 방사능력범위로 하고 지하층 및 3층 이상의 층에 대하여 다른 소화설비를 설치해야 하는 소화설비는?
㉮ 스프링클러설비   ㉯ 포소화설비
㉰ 옥외소화전설비   ㉱ 물분무소화설비

풀이 옥외소화전 설비에 해당됨

14 위험물안전관리법령상 소화난이도 등급 I에 해당하는 제조소의 연면적 기준은?
㉮ 1000㎡ 이상   ㉯ 800㎡ 이상
㉰ 700㎡ 이상   ㉱ 500㎡ 이상

풀이 소화난이도 I등급 제조소 연면적 : 1000㎡ 이상

정답 10. ㉯ 11. ㉱ 12. ㉮ 13. ㉰ 14. ㉮

15 위험물 취급소의 건축물은 외벽이 내화구조인 경우 연면적 몇 m²를 1소요단위로 하는가?

㉮ 50 ㉯ 100
㉰ 150 ㉱ 200

풀이 연면적 100m² 이상을 1소요단위로 한다.

16 금속칼륨의 보호액으로서 적당하지 않은 것은?

㉮ 등유 ㉯ 유동파라핀
㉰ 경유 ㉱ 에탄올

풀이 금속칼륨 : 제3류 위험물로서 석유류 속에 보관한다.

17 위험물제조소에서 지정수량 이상의 위험물을 취급하는 건축물(시설)에는 원칙상 최소 몇 미터 이상의 보유공지를 확보하여야 하는가? (단, 최대수량은 지정수량의 10배이다.)

㉮ 1m 이상 ㉯ 3m 이상
㉰ 5m 이상 ㉱ 7m 이상

풀이 위험물 제조소 보유공지
지정수량 10배 초과 - 5m 이상
지정수량 10배 이하 - 3m 이상

18 이송취급소의 배관이 하천을 횡단하는 경우 하천 밑에 매설하는 배관의 외면과 계획하상(계획하상이 최심하상보다 높은 경우에는 최심하상)과의 거리는?

㉮ 1.2m 이상 ㉯ 2.5m 이상
㉰ 3.0m 이상 ㉱ 4.0m 이상

풀이 하천을 횡단하는 경우 : 4m

19 다음 중 주수소화를 하면 위험성이 증가하는 것은?

㉮ 과산화칼륨 ㉯ 과망간산칼륨
㉰ 과염소산칼륨 ㉱ 브롬산칼륨

풀이 과산화칼륨 : 주수소화 절대 금지
무기과산화물로서 물과 반응하여 산소를 발생한다.
$2K_2O_2 + 2H_2O \rightarrow 4KOH + O_2\uparrow + Q$

정답 15. ㉯ 16. ㉱ 17. ㉯ 18. ㉱ 19. ㉮

20 메탄 1g이 완전연소하면 발생되는 이산화탄소는 몇 g인가?
㉮ 1.25   ㉯ 2.75
㉰ 14   ㉱ 44

> 풀이 $CH_4 + 2O_2 \rightarrow CO_2 + 2H_2O$
> 16g : 44g = 1g : x, $x = 2.75g$

21 가연성고체 위험물의 일반적 성질로서 틀린 것은?
㉮ 비교적 저온에서 착화한다.
㉯ 산화제와의 접촉·가열은 위험하다.
㉰ 연소 속도가 빠르다.
㉱ 산소를 포함하고 있다.

> 풀이 가연성 고체 : 제2류 위험물로서 산소를 포함하지 않는다.

22 벤젠에 관한 설명 중 틀린 것은?
㉮ 인화점은 약 -11℃ 정도이다.
㉯ 이황화탄소보다 착화온도가 높다.
㉰ 벤젠 증기는 마취성은 있으나 독성은 없다.
㉱ 취급할 때 정전기 발생을 조심해야 한다.

> 풀이 벤젠 증기는 마취성과 독성을 갖고 있다.

23 1기압 20℃에서 액상이며 인화점이 200℃ 이상인 물질은?
㉮ 벤젠   ㉯ 톨루엔
㉰ 글리세린   ㉱ 실린더유

> 풀이 인화점 200℃~250℃ 미만 : 제4석유류에 해당, 실린더유

24 다음 중 질산에스테류에 속하는 것은?
㉮ 피크린산   ㉯ 니트로벤젠
㉰ 니트로글리세린 ㉱ 트리니트로톨루엔

> 풀이 ㉮ 니트로화합물 ㉯ 제3석유류 ㉱ 니트로화합물

25 제6류 위험물의 화재예방 및 진압대책으로 적합하지 않은 것은?
㉮ 가연물과의 접촉을 피한다.

정답 20.㉯ 21.㉱ 22.㉰ 23.㉱ 24.㉰ 25.㉯

㉯ 과산화수소를 장기보존 할 때는 유리용기를 사용하여 밀전한다.
㉰ 옥내소화전설비를 사용하여 소화할 수 있다.
㉱ 물분무소화설비를 사용하여 소화할 수 있다.

풀이 과산화수소 : 구멍뚫린 마개를 사용하여 보관한다.

26 지정수량이 50킬로그램이 아닌 위험물은?
㉮ 염소산나트륨   ㉯ 리튬
㉰ 과산화나트륨   ㉱ 나트륨

풀이 나트륨 : 지정수량 10kg

27 과산화수소와 산화프로필렌의 공통점으로 옳은 것은?
㉮ 특수인화물이다.
㉯ 분해 시 질소를 발생한다.
㉰ 끓는점이 100℃ 이하이다.
㉱ 수용액 상태에서도 자연발화 위험이 있다.

풀이 산화프로필렌 끓는점(비점) : 35℃

28 제2류 위험물인 마그네슘의 위험성에 관한 설명 중 틀린 것은?
㉮ 더운 물과 작용시키면 산소가스를 발생한다.
㉯ 이산화탄소 중에서도 연소한다.
㉰ 습기와 반응하여 열이 축적되면 자연발화의 위험이 있다.
㉱ 공기 중에 부유하면 분진폭발의 위험이 있다.

풀이 마그네슘 : 온수와 반응하여 수소가스를 발생한다.

29 과산화벤조일의 지정수량은 얼마인가?
㉮ 10kg   ㉯ 50L
㉰ 100kg   ㉱ 1000L

풀이 과산화벤조일 : 제5류 위험물, 지정수량 10kg

30 지하탱크저장소에서 인접한 2개의 지하저장탱크 용량의 합계가 지정수량이 100배일 경우 탱크 상호간의 최소 거리는?
㉮ 0.1m   ㉯ 0.3m

정답 26.㉱ 27.㉰ 28.㉮ 29.㉮ 30.㉰

㉰ 0.5m   ㉱ 1m

> **풀이** 탱크 2개 이상 설치 시 : 1m 이상 간격 유지
> 단, 지정수량의 100배 이하는 0.5m 이상 유지한다.

31. 위험물안전관리법령에서 정하는 위험등급 Ⅰ에 해당하지 않는 것은?

㉮ 제3류 위험물 중 지정수량이 20kg인 위험물
㉯ 제4류 위험물 중 특수인화물
㉰ 제1류 위험물 중 무기과산화물
㉱ 제5류 위험물 중 지정수량이 100kg인 위험물

> **풀이** ㉱ 위험등급 Ⅲ등급에 해당

32. 위험물안전관리법령에 명시된 아세트알데히드의 옥외저장탱크에 필요한 설비가 아닌 것은?

㉮ 보냉장치
㉯ 냉각장치
㉰ 동 합금 배관
㉱ 불활성 기체를 봉입하는 장치

> **풀이** ㉰는 해당사항 없음

33. 정기점검 대상 제조소 등에 해당하지 않는 것은?

㉮ 이동탱크저장소
㉯ 지정수량 120배의 위험물을 저장하는 옥외저장소
㉰ 지정수량 120배의 위험물을 저장하는 옥내저장소
㉱ 이송취급소

> **풀이** 옥내 저장소 : 지정수량 150배 이상일 것

34. 탄화칼슘에 대한 설명으로 옳은 것은?

㉮ 분자식은 CaC이다.
㉯ 물과의 반응 생성물에는 수산화칼슘이 포함된다.
㉰ 순수한 것은 흑회색의 불규칙한 덩어리이다.
㉱ 고온에서도 질소화는 반응하지 않는다.

> **풀이** 물과 반응하여 아세틸렌과 수산화칼슘을 발생한다.
> $CaC_2 + 2H_2O \rightarrow Ca(OH)_2 + C_2H_2 \uparrow + Q$

정답 31. ㉱ 32. ㉰ 33. ㉰ 34. ㉯

35 셀룰로이드에 관한 설명 중 틀린 것은?
㉮ 물에 잘 녹으며, 자연발화의 위험이 있다.
㉯ 지정수량은 10kg이다.
㉰ 탄력성이 있는 고체의 형태이다.
㉱ 장시간 방치된 것은 햇빛, 고온 등에 의해 분해가 촉진된다.

풀이 셀룰로이드 : 물에 녹지 않는다.

36 오황화린이 물과 작용 했을 때 주로 발생되는 기체는?
㉮ 포스핀   ㉯ 포스겐
㉰ 황산가스 ㉱ 황화수소

풀이 오황화린은 물과 반응하여 황화수소와 인산을 발생한다.
$P_2S_5 + 8H_2O \rightarrow 5H_2S + 2H_3PO_4$

37 다음 물질 중 물보다 비중이 작은 것으로만 이루어진 것은?
㉮ 에테르, 이황화탄소   ㉯ 벤젠, 글리세린
㉰ 가솔린, 메탄올   ㉱ 글리세린, 아닐린

풀이 비중
가솔린 : 0.65~0.76   메탄올 : 0.79

38 위험물 판매취급소에 관한 설명 중 틀린 것은?
㉮ 위험물을 배합하는 실의 바닥면적은 $6m^2$ 이상 $15m^2$ 이하이어야 한다.
㉯ 제1종 판매취급소는 건축물의 1층에 설치하여야 한다.
㉰ 일반적으로 페인트점, 화공약품점이 이에 해당한다.
㉱ 취급하는 위험물의 종류에 따라 제1종과 제2종으로 구분된다.

풀이 판매취급소 : 취급하는 위험물의 지정수량에 따라 제1종과 제2종으로 구분된다.

39 위험물안전관리법령에 따른 소화설비의 적응성에 관한 다음 내용 중 (   ) 안에 적합한 내용은?

" 제6류 위험물을 저장 또는 취급하는 장소로서 폭발의 위험이 없는 장소에 한하여 (   )가(이) 제6류 위험물에 대하여 적응성이 있다. "

㉮ 할로겐화합물 소화기
㉯ 분말소화기 - 탄산수소염류 소화기

정답 35. ㉮ 36. ㉱ 37. ㉰ 38. ㉱ 39. ㉱

㉰ 분말소화기 - 그 밖의 것
㉱ 이산화탄소소화기

풀이 이산화탄소 소화기의 경우 폭발의 위험이 없고 안전거리가 확보된 경우 사용이 가능하다.

40 위험물의 운반 및 적재시 혼재가 불가능한 것으로 연결된 것은? (단, 지정수량의 1/5 이상이다.)

㉮ 제1류와 제6류 ㉯ 제4류와 제3류
㉰ 제2류와 제3류 ㉱ 제5류와 제4류

풀이 제2류 위험물은 제4류 위험물과 제5류 위험물은 혼재가능하다.

41 위험물을 운반용기에 수납하여 적재할 때 차광성이 있는 피복으로 가려야 하는 위험물이 아닌 것은?

㉮ 제1류 위험물 ㉯ 제2류 위험물
㉰ 제5류 위험물 ㉱ 제6류 위험물

풀이 차광막 설치 대상 위험물
제1류 위험물, 자연발화성 물품
제2류 위험물, 제4류 위험물 중 특수인화물, 제5류 위험물, 제6류 위험물 등

42 염소산칼륨 20킬로그램과 아염소산나트륨 10킬로그램을 과염소산과 함께 저장하는 경우 지정수량 1배로 저장하려면 과염소산은 얼마나 저장할 수 있는가?

㉮ 20킬로그램 ㉯ 40킬로그램
㉰ 80킬로그램 ㉱ 120킬로그램

풀이 취급 수량을 품명별 지정 수량으로 나누어 얻은 수의 합계가 1 이상이 될 때 지정수량이상으로 본다.
$\frac{20}{50}+\frac{10}{50}+\frac{x}{300}=1$, $x=120$

43 위험물안전관리법상 주유취급소의 소화설비 기준과 관련한 설명 중 틀린 것은?

㉮ 모든 주유취급소는 소화난이도등급 Ⅱ 또는 소화난이도 등급 Ⅲ에 속한다.
㉯ 소화난이도등급 Ⅱ에 해당하는 주유취급소에는 대형수동식소화기 및 소형 수동식소화기 등을 설치하여야 한다.
㉰ 소화난이도등급 Ⅲ에 해당하는 주유취급소에는 소형수동식소화기 등을 설치하여야 하며, 위험물의 소요단위 산정은 지하탱크저장소의 기준을 준용한다.
㉱ 모든 주유취급소의 소화설비 설치를 위해서는 위험물의 소요단위를 산출하여야

정답 40. ㉰ 41. ㉯ 42. ㉱ 43. ㉰

한다.

> **풀이** 위험물의 소요단위 산정
> 위험물 양의 기준(지정수량의 10배-1소요단위)에 따라 산정한다.

44 위험물과 그 위험물이 물과 반응하여 발생하는 가스를 잘못 연결한 것은?
㉮ 탄화알루미늄 - 메탄
㉯ 탄화칼슘 - 아세틸렌
㉰ 인화칼슘 - 에탄
㉱ 수소화칼슘 - 수소

> **풀이** 인화칼슘 : 물과 반응하여 인화수소(PH3)를 발생한다.

45 제1류 위험물의 일반적인 성질에 해당하지 않는 것은?
㉮ 고체 상태이다.　　㉯ 분해하여 산소를 발생한다.
㉰ 가연성물질이다.　㉱ 산화제이다.

> **풀이** 제1류 위험물은 산화성고체이다.

46 다음은 위험물안전관리법령에 따른 이동저장탱크의 구조에 관한 기준이다. (　　)안에 알맞은 수치는?

> "이동저장탱크는그 내부에 (①)L 이하마다 (②)㎜ 이상의 강철판 또는 이와 동등 이상의 강도 · 내열성 및 내식성이 있는 금속성의 것으로 칸막이를 설치하여야 한다. 다만, 고체인 위험물을 저장하거나 고체인 위험물을 가열하여 액체 상태로 저장하는 경우에는 그러하지 아니하다."

㉮ ① : 2000, ② : 1.6　　㉯ ① : 2000, ② : 3.2
㉰ ① : 4000, ② : 1.6　　㉱ ① : 4000, ② : 3.2

> **풀이** 이동탱크 저장소 구조 기준에 대한 내용임

47 질산나트륨의 성상으로 옳은 것은?
㉮ 황색 결정이다.
㉯ 물에 잘 녹는다.
㉰ 흑색화약의 원료이다.
㉱ 상온에서 자연분해한다.

> **풀이** 질산나트륨 : 제1류 위험물, 물에 잘 녹는다.

정답 44.㉰　45.㉰　46.㉱　47.㉯

48 피크린산 제조에 사용되는 물질과 가장 관계가 있는 것은?
㉮ C_6H_6
㉯ $C_6H_5CH_3$
㉰ $C_3H_5(OH)_3$
㉱ C_6H_5OH

> **풀이** 피크린산(TNP) : 제5류 위험물로서 페놀+질산+황산을 가하여 제조한다.
> C_6H_5OH: 페놀

49 위험물안전관리법령상 위험물 옥외저장소에 저장할 수 있는 품명은?
(단, 국제해상위험물규칙에 적합한 용기에 수납하는 경우를 제외한다.)
㉮ 특수인화물
㉯ 무기과산화물
㉰ 알코올류
㉱ 칼륨

> **풀이** 옥외 저장가능 위험물
> 제2류 위험물 중 유황 또는 인화성고체(인화점 0℃ 이상), 제4류위험물 중 제1석유류(인화점 0℃ 이상), 알코올류, 제2석유류~동식물유류, 제6류 위험물 등

50 가연물에 따른 화재의 종류 및 표시색의 연결이 옳은 것은?
㉮ 폴리에틸렌 - 유류화재 - 백색
㉯ 석탄 - 일반화재 - 청색
㉰ 시너 - 유류화재 - 청색
㉱ 나무 - 일반화재 - 백색

> **풀이** ㉮ 일반화재 ㉯ 백색 ㉰ 황색

51 다음 중 위험물안전관리법령에 따른 지정수량이 나머지 셋과 다른 하나는?
㉮ 황린
㉯ 칼륨
㉰ 나트륨
㉱ 알킬리튬

> **풀이** 황린 : 20kg 기타 : 10kg

52 다음은 위험물안전관리법령에서 정한 정의이다. 무엇의 정의인가?

> "인화성 또는 발화성 등의 성질을 가지는 것으로서 대통령령이 정하는 물품을 말한다."

㉮ 위험물
㉯ 가연물
㉰ 특수인화물
㉱ 제4류 위험물

> **풀이** 위험물 정의에 관한 설명이다.

정답 48.㉱ 49.㉰ 50.㉱ 51.㉮ 52.㉮

53 과염소산나트륨의 성질이 아닌 것은?
㉮ 황색의 분말로 물과 반응하여 산소를 발생한다.
㉯ 가열하면 분해되어 산소를 방출한다.
㉰ 융점은 약 482℃이고 물에 잘 녹는다.
㉱ 비중은 약 2.5로 물보다 무겁다.

풀이 무색·무취의 결정 또는 백색 분말이다.

54 황린과 적린의 성질에 대한 설명으로 가장 거리가 먼 것은?
㉮ 황린과 적린은 이황화탄소에 녹는다.
㉯ 황린과 적린은 물에 불용이다.
㉰ 적린은 황린에 비하여 화학적으로 활성이 작다.
㉱ 황린과 적린을 각각 연소시키면 P_2O_5이 생성된다.

풀이 적린 : 물과 이황화탄소에 녹지 않는다.
황린 : 이황화탄소에 녹는다.

55 아세트알데히드와 아세톤의 공통 성질에 대한 설명 중 틀린 것은?
㉮ 증기는 공기보다 무겁다.
㉯ 무색 액체로서 인화점이 낮다.
㉰ 물에 잘 녹는다.
㉱ 특수인화물로 반응성이 크다.

풀이 아세톤은 제1석유류에 속한다.

56 다음 위험물 중 특수인화물이 아닌 것은?
㉮ 메틸에틸케톤 퍼옥사이드   ㉯ 산화프로필렌
㉰ 아세트알데히드   ㉱ 이황화탄소

풀이 ㉮ 제5류 위험물

57 다음 중 분자량이 약 74, 비중이 약 0.71인 물질로서 에탄올 두 분자에서 물이 빠지면서 축합반응이 일어나 생성되는 물질은?
㉮ $C_2H_5OC_2H_5$ ㉯ C_2H_5OH
㉰ C_6H_5Cl ㉱ CS_2

풀이 제4류 위험물 제1석유류의 디에틸케톤(DEK)에 대한 설명임

정답 53. ㉮ 54. ㉮ 55. ㉱ 56. ㉮ 57. ㉮

58 위험물 관련 신고 및 선임에 관한 사항으로 옳지 않은 것은?

㉮ 제조소의 위치·구조 변경 없이 위험물의 품명 변경 시는 변경한 날로부터 7일 이내에 신고하여야 한다.
㉯ 제조소 설치자의 지위를 승계한 자는 승계한 날로부터 30일 이내에 신고하여야 한다.
㉰ 위험물안전관리자가 퇴직한 경우는 퇴직일로부터 14일 이내에 신고하여야 한다.
㉱ 위험물안전관리자가 퇴직한 경우는 퇴직일로부터 30일 이내에 선임하여야 한다.

풀이 변경하기 7일 전까지 시·도지사에게 신고한다.

59 메탄올에 관한 설명으로 옳지 않은 것은?

㉮ 인화점은 약 11℃이다.
㉯ 술의 원료로 사용된다.
㉰ 휘발성이 강하다.
㉱ 최종산화물은 의산(포름산)이다.

풀이 술의 원료 : 에탄올(주정용 알코올)

60 다음 중 옥내저장소의 동일한 실에 서로 1m 이상의 간격을 두고 저장할 수 없는 것은?

㉮ 제1류 위험물과 제3류 위험물 중 자연발화성물질(황린 또는 이를 함유한 것에 한한다.)
㉯ 제4류 위험물과 제2류 위험물 중 인화성고체
㉰ 제1류 위험물과 제4류 위험물
㉱ 제1류 위험물과 제6류 위험물

풀이 1m 이상 간격 유지
- 제4류 위험물 중 유기과산화물과 제5류 위험물중 유기과산화물을 또는 이를 함유한 것
- 제4류 위험물(알킬알루미늄 또는 알킬리튬 함유한 것)과 제3류 위험물 중 알킬알루미늄

정답 58. ㉮ 59. ㉯ 60. ㉰

위험물기능사 기출문제 04 — 2013년 10월 12일 시행

01 점화원으로 작용할 수 있는 정전기를 방지하기 위한 예방 대책이 아닌 것은?
㉮ 정전기 발생이 우려되는 장소에 접지시설을 한다.
㉯ 실내의 공기를 이온화하여 정전기 발생을 억제한다.
㉰ 정전기는 습도가 낮을 때 많이 발생하므로 상대습도를 70% 이상으로 한다.
㉱ 전기의 저항이 큰 물질은 대전이 용이하므로 비전도체 물질을 사용한다.

풀이 정전기는 일반적으로 비전도성 물질에서 발생한다.

02 단백포소화약제 제조 공정에서 부동제로 사용하는 것은?
㉮ 에틸렌글리콜
㉯ 물
㉰ 가수분해 단백질
㉱ 황산제1철

풀이 부동액 : 에틸렌글리콜

03 다음과 같은 반응에서 5㎥의 탄산가스를 만들기 위해 필요한 탄산수소나트륨의 양은 약 몇 kg 인가? (단, 표준상태이고 나트륨의 원자량은 23 이다.)

$$2NaHCO_3 \rightarrow Na_2CO_3 + CO_2 + H_2O$$

㉮ 18.75 ㉯ 37.5
㉰ 56.25 ㉱ 75

풀이 (84×2) : 22.4 = x : 5
x = 37.5

04 건물의 외벽이 내화구조로서 연면적 300㎡의 옥내저장소에 필요한 소화기 소요단위수는?
㉮ 1단위 ㉯ 2단위
㉰ 3단위 ㉱ 4단위

풀이 건물 외벽이 내화구조인 경우 150㎡ 마다 1소요단위 이므로 2단위이다.

정답 01.㉱ 02.㉮ 03.㉯ 04.㉯

05 연쇄반응을 억제하여 소화하는 소화약제는?
㉮ 할론 1301   ㉯ 물
㉰ 이산화탄소   ㉱ 포

풀이 할론소화약제 : 연쇄반응을 차단하는 억제효과가 뛰어나다.

06 제조소등에 전기설비(전기배선, 조명기구 등은 제외)가 설치된 경우에는 면적 몇 m^2 마다 소형수동식소화기를 1개 이상 설치하여야 하는가?
㉮ 50   ㉯ 100
㉰ 150   ㉱ 200

풀이 전기설비 소화설비설치기준 : $100m^2$

07 화재별 급수에 따른 화재의 종류 및 표시색상을 모두 옳게 나타낸 것은?
㉮ A급 : 유류화재 - 황색   ㉯ B급 : 유류화재 - 황색
㉰ A급 : 유류화재 - 백색   ㉱ B급 : 유류화재 - 백색

풀이 A급 : 일반화재-백색
B급 : 유류화재- 황색

08 일반취급소의 형태가 옥외의 공작물로 되어 있는 경우에 있어서 그 최대수평 투영면적이 $500m^2$ 일 때 설치하여야 하는 소화설비의 소요단위는 몇 단위인가?
㉮ 5단위   ㉯ 10단위
㉰ 15단위   ㉱ 20단위

풀이 최대수평투영면적을 연면적으로 간주시 $100m^2$: 1소요단위

09 수용성 가연성 물질의 화재 시 다량의 물을 방사하여 가연물질의 농도를 연소농도 이하가 되도록 하여 소화시키는 것은 무슨 소화원리인가?
㉮ 제거소화   ㉯ 촉매소화
㉰ 희석소화   ㉱ 억제소화

풀이 희석소화에 대한 설명임

10 위험물을 운반용기에 담아 지정수량의 1/10 초과하여 적재하는 경우 위험물을 혼재하여도 무방한 것은?
㉮ 제1류 위험물과 제6류 위험물

정답 05. ㉮ 06. ㉯ 07. ㉱ 08. ㉮ 09. ㉰ 10. ㉮

㉯ 제2류 위험물과 제6류 위험물
㉰ 제2류 위험물과 제3류 위험물
㉱ 제3류 위험물과 제5류 위험물

풀이 제1류 위험물과 제6류 위험물을 혼재가 가능하다.

11 15℃의 기름 100g에 8000J 의 열량을 주면 기름의 온도는 몇 ℃ 가 되겠는가? (단, 기름의 비열은 2J/g · ℃ 이다.)

㉮ 25 ㉯ 45
㉰ 50 ㉱ 55

풀이 $Q = cm\Delta t$
$8000 = 2 \times 100 \times (\chi - 15), \chi = 55$

12 이산화탄소 소화기 사용시 줄·톰슨 효과에 의해서 생성되는 물질은?

㉮ 포스겐 ㉯ 일산화탄소
㉰ 드라이아이스 ㉱ 수성가스

풀이 이산화탄소소화기 : 줄톰슨효과(단열팽창)에 의해 드라이아이스가 생성된다.

13 탱크화재 현상 중 BLEVE (Boiling Liquid Expanding Vapor Explosion)에 대한 설명으로 가장 옳은 것은?

㉮ 기름탱크에서의 수증기 폭발현상이다.
㉯ 비등상태의 액화가스가 기화하여 팽창하고 폭발하는 현상이다.
㉰ 화재시 기름 속의 수분이 급격히 증발하여 기름거품이 되고 팽창해서 기름탱크에서 밖으로 내뿜어져 나오는 현상이다.
㉱ 고점도의 기름속에 수증기를 포함한 볼 형태의 물방울이 형성되어 탱크 밖으로 넘치는 현상이다.

풀이 BLEVE현상 : 액체상태의 액화가스가 비등하면서 기화하여 체적 팽창으로 폭발하는 현상

14 소화난이도등급 Ⅰ에 해당하지 않는 제조소등은?

㉮ 제1석유류 위험물을 제조하는 제조소로서 연면적 $1000m^2$ 이상인 것
㉯ 제1석유류 위험물을 저장하는 옥외탱크저장소로서 액표면적이 $40m^2$ 이상인 것
㉰ 모든 이송취급소
㉱ 제6류 위험물을 저장하는 암반탱크저장소

정답 11. ㉱ 12. ㉰ 13. ㉯ 14. ㉱

풀이 　제6류 위험물을 저장하는 암반탱크저장소

15 　위험물의 성질에 따라 강화된 기준을 적용하는 지정과산화물을 저장하는 옥내저장소에서 지정과산화물에 대한 설명으로 옳은 것은?
㉮ 지정과산화물이란 제5류 위험물 중 유기과산화물 또는 이를 함유한 것으로서 지정수량이 10kg 인 것을 말한다.
㉯ 지정과산화물에는 제4류 위험물에 해당하는 것도 포함된다.
㉰ 지정과산화물이란 유기과산화물과 알킬알루미늄을 말한다.
㉱ 지정과산화물이란 유기과산화물 중 소방방재청고시로 지정한 물질을 말한다.

풀이 　지정과산화물 : 소방방재청 고시로 지정한 물질

16 　위험물안전관리법령상 지하탱크저장소에 설치하는 강제이중벽탱크에 관한 설명으로 틀린 것은?
㉮ 탱크본체와 외벽사이에는 3㎜이상의 감지층을 둔다.
㉯ 스페이스는 탱크본체와 재질을 다르게 하여야 한다.
㉰ 탱크전용실 없이 지하에 직접 매설할 수도 있다.
㉱ 탱크외면에는 최대시험압력을 지워지지 않도록 표시하여야 한다.

풀이 　스페이스 : 탱크본체와 동일 재질을 사용한다.

17 　지정수량의 100배 이상을 저장 또는 취급하는 옥내저장소에 설치하여야 하는 경보설비는? (단, 고인화점 위험물만을 저장 또는 취급하는 것은 제외한다.)
㉮ 비상경보설비　　　　　　　　㉯ 자동화재탐지설비
㉰ 비상방송설비　　　　　　　　㉱ 비상조명등설비

풀이 　옥내저장소(지정수량 100배 이상) : 자동화재탐지설비

18 　금속분, 목탄, 코크스 등의 연소형태에 해당하는 것은?
㉮ 자기연소　　　　　　　　㉯ 증발연소
㉰ 분해연소　　　　　　　　㉱ 표면연소

풀이 　금속분, 목탄, 코크스 : 표면연소

19 　8L 용량의 소화전용 물통의 능력단위는?
㉮ 0.3　　　　　　　　㉯ 0.5
㉰ 1.0　　　　　　　　㉱ 1.5

정답　　15. ㉮　16. ㉯　17. ㉯　18. ㉱　19. ㉮

풀이 소화전용물통 : 용량 8L가 0.3단위이다.

20 위험물 제조소등별로 설치하여야 하는 경보설비의 종류에 해당하지 않는 것은?
㉮ 비상방송설비
㉯ 비상조명등설비
㉰ 자동화재탐지설비
㉱ 비상경보설비

풀이 비상조명등 설비 : 피난설비

21 염소산나트륨과 반응하여 ClO_2 가스를 발생시키는 것은?
㉮ 글리세린
㉯ 질소
㉰ 염산
㉱ 산소

풀이 염소산나트륨 : 제1류 위험물로서 산과 반응하여 유독성의 ClO_2 가스를 발생한다

22 위험물의 지하저장탱크 중 압력탱크 외의 탱크에 대해 수압시험을 실시할 때 몇 kPa의 압력으로 하여야 하는가? (단, 소방방재청장이 정하여 고시하는 기밀시험과 비파괴시험을 동시에 실시하는 방법으로 대신하는 경우는 제외한다.)
㉮ 40
㉯ 50
㉰ 60
㉱ 70

풀이 압력탱크 외 탱크 수압시험 : 70 kPa압력으로 10분간 실시한다.

23 다음 중 착화온도가 가장 낮은 것은?
㉮ 등유
㉯ 가솔린
㉰ 아세톤
㉱ 톨루엔

풀이 ㉮ 250℃ ㉯ 300℃ ㉰ 538℃ ㉱ 490℃

24 저장용기에 물을 넣어 보관하고 $Ca(OH)_2$ 을 넣어 pH9 의 약 알칼리성으로 유지시키면서 저장하는 물질은?
㉮ 적린
㉯ 황린
㉰ 질산
㉱ 황화린

풀이 황린(P_4) : 물속에 보관하며 $Ca(OH)_2$ 을 넣어 pH9 의 약 알칼리성으로 유지

정답 20. ㉯ 21. ㉰ 22. ㉱ 23. ㉮ 24. ㉯

25. 시·도의 조례가 정하는 바에 따라 관할소방서장의 승인을 받아 지정수량 이상의 위험물을 제조소등이 아닌 장소에서 임시로 저장 또는 취급하는 기간은 최대 며칠 이내인가?

㉮ 30 ㉯ 60
㉰ 90 ㉱ 120

풀이 임시저장기간 : 90일이내

26. 과염소산암모늄의 위험성에 대한 설명으로 올바르지 않은 것은?

㉮ 급격히 가열하면 폭발의 위험이 있다.
㉯ 건조시에는 안정하나 수분 흡수시에는 폭발한다.
㉰ 가연성 물질과 혼합하면 위험하다.
㉱ 강한 충격이나 마찰에 의해 폭발의 위험이 있다.

풀이 과염소산암모늄 : 130℃에서 분해가 시작되므로 건조시매우 위험하다.

27. 위험물안전관리법령상 제5류 위험물의 판정을 위한 시험의 종류로 옳은 것은?

㉮ 폭발성 시험, 가열분해성 시험
㉯ 폭발성 시험, 충격민감성 시험
㉰ 가열분해성 시험, 착화의 위험성 시험
㉱ 충격민감성 시험, 착화의 위험성 시험

풀이 제5류 위험물의 자기반응성 물질 판정 기준
폭발성 시험, 가열분해성 시험

28. 위험물 저장 방법에 관한 설명 중 틀린 것은?

㉮ 알킬알루미늄은 물 속에 보관한다.
㉯ 황린은 물 속에 보관한다.
㉰ 금속나트륨은 등유 속에 보관한다.
㉱ 금속칼륨은 경유 속에 보관한다.

풀이 알킬알루미늄 : 저장시 완전 밀봉하고 탱크에 저장시 질소가스로 충전하여 저장한다.

29. 위험물 운반에 관한 기준 중 위험등급 Ⅰ에 해당하는 위험물은?

㉮ 황화린 ㉯ 피크린산
㉰ 벤조일퍼옥사이드 ㉱ 질산나트륨

정답 25. ㉰ 26. ㉯ 27. ㉮ 28. ㉮ 29. ㉰

풀이 벤조일퍼옥사이드(BPO) : 제5류 위험물 I등급.

30. 톨루엔에 대한 설명으로 틀린 것은?

㉮ 벤젠의 수소원자 하나가 메틸기로 치환된 것이다.
㉯ 증기는 벤젠보다 가볍고 휘발성은 더 높다.
㉰ 독특한 향기를 가진 무색의 액체이다.
㉱ 물에 녹지 않는다.

풀이 톨루엔의 증기는 벤젠보다 무겁다.

31. 질산나트륨의 성상에 대한 설명 중 틀린 것은?

㉮ 조해성이 있다.
㉯ 강력한 환원제이며 물보다 가볍다.
㉰ 열분해하여 산소를 방출한다.
㉱ 가연물과 혼합하면 충격에 의해 발화할 수 있다.

풀이 질산나트륨 : 강산화제로 물보다 무겁다.

32. 2몰의 브롬산칼륨이 모두 열분해되어 생긴 산소의 양은 2기압 27℃에서 약 몇 L 인가?

㉮ 32.42
㉯ 36.92
㉰ 41.34
㉱ 45.64

풀이 $2KBrO_3 \rightarrow 2KBr + 3O_2$
열분해하여 3mol의 산소가 발생되므로
$PV = nRT$
$2 \times V = 3 \times 0.082 \times 300$, $V = 36.9$

33. 메탄올과 에탄올의 공통점을 설명한 내용으로 틀린 것은?

㉮ 휘발성의 무색 액체이다.
㉯ 인화점이 0℃ 이하이다.
㉰ 증기는 공기보다 무겁다.
㉱ 비중이 물보다 작다.

풀이 인화점
메탄올 : 11℃, 에탄올 : 13℃

34. 위험물안전관리법령상 유별이 같은 것으로만 나열된 것은?

정답 30.㉯ 31.㉯ 32.㉯ 33.㉯ 34.㉯

㉮ 금속의 인화물, 칼슘의 탄화물, 할로겐간화합물
㉯ 아조벤젠, 염산히드라진, 질산구아니딘
㉰ 황린, 적린, 무기과산화물
㉱ 유기과산화물, 질산에스테르류, 알킬리튬

풀이 아조벤젠, 염산히드라진, 질산구아니딘 : 제5류 위험물

35 위험물저장탱크 중 부상지붕구조로 탱크의 직경이 53m이상 60m미만인 경우 고정식 포소화설비의 포방출구 종류 및 수량으로 옳은 것은?
㉮ Ⅰ형 8개 이상
㉯ Ⅱ형 8개 이상
㉰ Ⅲ형 10개 이상
㉱ 특형 10개 이상

풀이 부상식 지붕형 탱크 포방출구 수량 : 탱크 직경 53m~67m 미만은 특형포 방출구 10개 이상이다.

36 위험물의 운반에 관한 기준에서 제4석유류와 혼재 할 수 없는 위험물은?
(단, 위험물은 각각 지정수량의 2배인 경우이다.)
㉮ 황화린
㉯ 칼륨
㉰ 유기과산화물
㉱ 과염소산

풀이 과염소산 : 제6류 위험물로 혼재 금지

37 주유취급소 일반점검표의 점검항목에 따른 점검내용 중 점검방법이 육안점검이 아닌 것은?
㉮ 가연성증기검지경보설비 - 손상의 유무
㉯ 피난설비의 비상전원 - 정전시의 점등상황
㉰ 간이탱크의 가연성증기회수밸브 - 작동상황
㉱ 배관의 전기방식 설비 - 단자의 탈락 유무

풀이 ㉯는 해당사항 없음

38 디에틸에테르에 대한 설명 중 틀린 것은?
㉮ 강산화제와 혼합 시 안전하게 사용할 수 있다.
㉯ 대량으로 저장 시 불활성가스를 봉입한다.
㉰ 정전기 발생 방지를 위해 주의를 기울여야 한다.
㉱ 통풍, 환기가 잘되는 곳에 저장한다.

풀이 디에틸에테르 : 제4류 위험물 특수인화물로서 강산화제와 혼합 시 연소폭발위험이 크다

정답 35.㉱ 36.㉱ 37.㉯ 38.㉮

39 다음 중 증기비중이 가장 큰 것은?
㉮ 벤젠 ㉯ 등유
㉰ 메틸알코올 ㉱ 디에틸에테르

> 풀이 등유가 분자량이 가장 크다.
> 비중=물질분자량/ 공기분자량(29)

40 휘발유에 대한 설명으로 옳은 것은?
㉮ 가연성 증기를 발생하기 쉬우므로 주위한다.
㉯ 발생된 증기는 공기보다 가벼워서 주변으로 확산하기 쉽다.
㉰ 전기를 잘 통하는 도체이므로 정전기를 발생시키지 않도록 조치한다.
㉱ 인화점이 상온보다 높으므로 여름철에 각별한 주의가 필요하다.

> 풀이 인화점 -20~ -43℃이며 발생증기는 공기보다 무겁고 부도체이다.

41 다음 중 위험물안전관리법령에 의한 지정수량이 가장 작은 품명은?
㉮ 질산염류 ㉯ 인화성고체
㉰ 금속분 ㉱ 질산에스테르류

> 풀이 질산에스테르류 : 제5류 위험물, 지정수량 10kg

42 위험물안전관리법령상 제2류 위험물에 속하지 않는 것은?
㉮ P_4S_3 ㉯ Al
㉰ Mg ㉱ Li

> 풀이 Li : 제3류 위험물

43 다음 위험물 중 발화점이 가장 낮은 것은?
㉮ 황 ㉯ 삼황화린
㉰ 황린 ㉱ 아세톤

> 풀이 황린 : 발화점 34℃

44 위험물안전관리법령에 의한 지정수량이 나머지 셋과 다른 하나는?
㉮ 유황 ㉯ 적린
㉰ 황린 ㉱ 황화린

정답 39.㉯ 40.㉮ 41.㉱ 42.㉱ 43.㉰ 44.㉰

풀이 황린 : 20kg
　　　기타 : 100kg.

45 인화성액체 위험물을 저장하는 옥외탱크저장소에 설치하는 방유제의 높이 기준은?

㉮ 0.5m 이상 1m 이하　　㉯ 0.5m 이상 3m 이하
㉰ 0.3m 이상 1m 이하　　㉱ 0.3m 이상 3m 이하

풀이 방유제 높이 : 0.5~3m 이하

46 위험물안전관리법령상 옥외저장탱크 중 압력탱크 외의 탱크에 통기관을 설치하여야 할 때 밸브 없는 통기관인 경우 통기관의 직경은 몇 ㎜ 이상으로 하여야 하는가?

㉮ 10　　㉯ 15
㉰ 20　　㉱ 30

풀이 통기관 직경 : 30mm 이상

47 금속나트륨과 금속칼륨의 공통적인 성질에 대한 설명으로 옳은 것은?

㉮ 불연성 고체이다.
㉯ 물과 반응하여 산소를 발생한다.
㉰ 은백색의 매우 단단한 금속이다.
㉱ 물보다 가벼운 금속이다.

풀이 제3류 위험물로서 무른 경금속이며 물보다 가볍다.

48 트리니트로페놀에 대한 일반적인 설명으로 틀린 것은?

㉮ 가연성 물질이다.
㉯ 공업용은 보통 휘황색의 결정이다.
㉰ 알코올에 녹지 않는다.
㉱ 납과 화합하여 예민한 금속염을 만든다.

풀이 TNP : 알코올, 벤젠, 온수에 녹는다.

49 위험물 저장탱크의 내용적이 300L 일 때 탱크에 저장하는 위험물의 용량의 범위로 적합한 것은? (단, 원칙적인 경우에 한한다.)

㉮ 240 ~ 270L　　㉯ 270 ~ 285L

정답　45.㉯　46.㉱　47.㉱　48.㉰　49.㉯

㉰ 290 ~ 295L ㉴ 295 ~ 298L

풀이 탱크 안전공간용적 : 5~10%이므로
(300×0.9)~(300×0.95)=270~285L

50 다음 각 위험물의 지정수량의 총합은 몇 Kg 인가?

> 알킬리튬, 리튬, 수소화나트륨, 인화칼슘, 탄화칼슘

㉮ 820 ㉯ 900
㉰ 960 ㉴ 1260

풀이 알킬리튬 : 10kg
리튬 : 50kg
수소화나트륨 : 300kg
인화칼슘 : 300kg
탄화칼슘 : 300kg

51 과산화수소의 분해 방지제로서 적합한 것은?
㉮ 아세톤 ㉯ 인산
㉰ 황 ㉴ 암모니아

풀이 분해방지제 : 인산, 요산 등

52 위험물안전관리법령상 산화성액체에 해당하지 않는 것은?
㉮ 과염소산 ㉯ 과산화수소
㉰ 과염소산나트륨 ㉴ 질산

풀이 과염소산나트륨 : 제1류 위험물 강산화성 고체

53 위험물안전관리법령상 염소화규소화합물은 제 몇 류 위험물에 해당하는가?
㉮ 제1류 ㉯ 제2류
㉰ 제3류 ㉴ 제5류

풀이 염소화규소화합물 : 제3류 위험물

54 가솔린의 연소범위에 가장 가까운 것은?
㉮ 1.4 ~ 7.6% ㉯ 2.0 ~ 23.0%
㉰ 1.8 ~ 36.5% ㉴ 1.0 ~ 50.0%

정답 50. ㉰ 51. ㉯ 52. ㉰ 53. ㉰ 54. ㉮

풀이 가솔린 : 1.4 ~ 7.6%

55 옥내저장탱크의 상호간에는 특별한 경우를 제외하고 최소 몇 m 이상의 간격을 유지하여야 하는가?
㉮ 0.1
㉯ 0.2
㉰ 0.3
㉱ 0.5

풀이 옥내저장탱크 : 최소0.5m 이상간격을 유지할 것

56 과산화벤조일에 대한 설명 중 틀린 것은?
㉮ 진한 황산과 혼촉 시 위험성이 증가한다.
㉯ 폭발성을 방지하기 위하여 희석제를 첨가할 수 있다.
㉰ 가열하면 약 100℃에서 흰 연기를 내면서 분해한다.
㉱ 물에 녹으며 무색, 무취의 액체이다.

풀이 과산화벤조일 : 제5류 위험물, 물에 녹지 않는다.

57 위험물 판매취급소에 대한 설명 중 틀린 것은?
㉮ 제1종 판매취급소라 함은 저장 또는 취급하는 위험물의 수량이 지정수량의 20배 이하인 판매취급소를 말한다.
㉯ 위험물을 배합하는 실의 바닥면적은 6m² 이상 15m²이하 이어야 한다.
㉰ 판매취급소에서는 도료류 외의 제1석유류를 배합하거나 옮겨 담는 작업을 할 수 없다.
㉱ 제1종 판매취급소는 건축물의 2층까지만 설치가 가능하다.

풀이 제1종 판매취급소 : 1층까지만 설치한다.

58 위험물안전관리법의 적용 제외와 관련된 내용으로 (　)안에 알맞은 것을 모두 나타낸 것은?

> 위험물안전관리법은 (　)에 의한 위험물의 저장·취급 및 운반에 있어서는 이를 적용하지 아니한다.

㉮ 항공기·선박(선박법 제1조의2제1항에 따른 선박을 말한다.)·철도 및 궤도
㉯ 항공기·선박(선박법 제1조의2제1항에 따른 선박을 말한다.)·철도
㉰ 항공기·철도 및 궤도
㉱ 철도 및 궤도

풀이 위험물안전관리법 적용제외 대상

정답　55.㉱　56.㉱　57.㉱　58.㉮

항공기 · 선박 · 철도 및 궤도에 의한 위험물의 저장 · 취급 및 운반의 경우

59 옥내저장소에 질산 600L를 저장하고 있다. 저장하고 있는 질산은 지정수량의 몇 배인가? (단, 질산의 비중은 1.5이다.)
㉮ 1
㉯ 2
㉰ 3
㉱ 4

풀이 질산 지정수량 300kg이므로
$$\frac{600 \times 1.5}{300} = 3$$

60 중크롬산칼륨에 대한 설명으로 틀린 것은?
㉮ 열분해하여 산소를 발생한다.
㉯ 물과 알코올에 잘 녹는다.
㉰ 등적색의 결정으로 쓴맛이 있다.
㉱ 산화제, 의약품 등에 사용된다.

풀이 중크롬산칼륨 : 제1류 위험물, 물에는 녹지만 알코올에는 녹지 않는다.

정답 59. ㉰ 60. ㉯

위·험·물·기·능·사·과·년·도
기출문제

위험물기능사

2014년 기출문제

위험물기능사 기출문제 01 — 2014년 1월 26일 시행

01 니트로셀룰로오스의 자연발화는 일반적으로 무엇에 기인한 것인가?
㉮ 산화열 ㉯ 중합열
㉰ 흡착열 ㉱ 분해열

풀이 니트로셀룰로오스(NC) : 햇빛이나 산·알칼리에 분해하여 자연발화 함.

02 인화점 70℃ 이상의 제4류 위험물을 저장하는 암반탱크 저장소에 설치하여야 하는 소화설비들로만 이루어진 것은? (단, 소화난이도 등급 I 에 해당한다.)
㉮ 물분무소화설비 또는 고정식 포소화설비
㉯ 이산화탄소소화설비 또는 물분무소화설비
㉰ 할로겐화합물소화설비 또는 이산화탄소소화설비
㉱ 고정식 포소화설비 또는 할로겐화합물소화설비

풀이 소화난이도 I 등급 : 물분무소화설비 또는 고정식 포소화설비

03 탄화알루미늄이 물과 반응하여 폭발의 위험이 있는 것은 어떤 가스가 발생하기 때문인가?
㉮ 수소 ㉯ 메탄
㉰ 아세틸렌 ㉱ 암모니아

풀이 물과 반응하여 메탄(CH_4)가스를 발생한다.
$Al_4C_3 + 12H_2O \rightarrow 4Al(OH)_3 + 3CH_4 \uparrow + Q$

04 위험물안전관리법령에 따른 옥외소화설비의 설치기준에 대해 다음 ( ) 안에 알맞은 수치를 차례로 나타낸 것은?

> 옥외소화전설비는 모든 옥외소화전(설치개수가 4개 이상인 경우는 4개의 옥외소화전)을 동시에 사용할 경우에 각 노즐선단의 방수압력이 (   )kPa 이상이고, 방수량이 1분당 (   )L 이상의 성능이 되도록 할 것

㉮ 350, 260 ㉯ 300, 260
㉰ 350, 450 ㉱ 300, 450

정답 01.㉱ 02.㉮ 03.㉯ 04.㉰

풀이 옥외소화전 설치기준에 관한 설명임.

05 위험물제조소에 설치하는 분말소화설비의 기준에서 분말소화약제의 가압용 가스로 사용할 수 있는 것은?
㉮ 헬륨 또는 산소
㉯ 네온 또는 염소
㉰ 아르곤 또는 산소
㉱ 질소 또는 이산화탄소

풀이 가압용 가스 : 질소 또는 이산화탄소

06 위험물별로 설치하는 소화설비 중 적응성이 없는 것과 연결된 것은?
㉮ 제3류 위험물 중 금수성물질 이외의 것 - 할로겐화합물 소화설비, 이산화탄소 소화설비
㉯ 제4류 위험물 - 물분무소화설비, 이산화탄소소화설비
㉰ 제5류 위험물 - 포소화설비, 스프링클러설비
㉱ 제6류 위험물 - 옥내소화전설비, 물분무설비

풀이 제3류 위험물 : 할로겐화합물, 이산화탄소소화설비 사용 금지

07 아세톤의 위험도를 구하면 얼마인가? (단, 아세톤의 연소범위는 2 ~ 13vol%이다.)
㉮ 0.846
㉯ 1.23
㉰ 5.5
㉱ 7.5

풀이 위험도 $= \dfrac{\text{H(상한값)} - \text{L(하한값)}}{\text{L(하한값)}} = \dfrac{13-2}{2} = 5.5$

08 주유취급소 중 건축물의 2층에 휴게음식점의 용도로 사용하는 것에 있어 해당 건축물의 2층으로부터 직접 주유취급소의 부지 밖으로 통하는 출입구와 해당 출입구로 통하는 통로·계단에 설치하여야 하는 것은?
㉮ 비상경보설비
㉯ 유도등
㉰ 비상조명등
㉱ 확성장치

풀이 피난설비기준에 해당되는 내용으로 유도등을 설치함.

09 제조소에서 취급하는 제4류 위험물의 최대수량의 합이 지정수량의 24만 배 이상 48만 배 미만인 사업소의 자체소방대에 두는 화학소방자동차수와 소방대원의 인원 기준으로 옳은 것은?

정답 05.㉱ 06.㉮ 07.㉰ 08.㉯ 09.㉰

㉮ 2대, 4인　　　　　　　　　㉯ 2대, 12인
㉰ 3대, 15인　　　　　　　　　㉱ 3대, 24인

> **풀이** 지정수량의 24만 배 이상 48만 배 미만 : 화학소방차 3대, 소방대원 15명

10 제6류 위험물을 저장하는 제조소 등에 적응성이 없는 소화설비는?
㉮ 옥외소화전설비　　　　　　㉯ 탄산수소염류 분말소화설비
㉰ 스프링클러설비　　　　　　㉱ 포소화설비

> **풀이** 탄산수소염류 분말소화설비는 해당 없음.

11 소화난이도 I 에 해당하는 위험물제조소등이 아닌 것은? (단, 원칙적인 경우에 한하며 다른 조건은 고려하지 않는다.)
㉮ 모든 이송취급소
㉯ 연면적 $600m^2$의 제조소
㉰ 지정수량이 150배인 옥내저장소
㉱ 액 표면적이 $40m^2$인 옥외탱크저장소

> **풀이** 소화난이도 I : 제조소의 경우 연면적 $1000m^2$ 이상인 것

12 위험물제조소등에 설치하는 이산화탄소 소화설비의 소화약제 저장용기 설치장소로 적합하지 않는 것은?
㉮ 방호구역 외의 장소
㉯ 온도가 40℃ 이하이고 온도변화가 적은 장소
㉰ 빗물이 침투할 우려가 적은 장소
㉱ 직사일광이 잘 들어오는 장소

> **풀이** 저장장소로서 직사광선은 피할 것

13 위험물제조소등에 설치해야 하는 각 소화설비의 설치기준에 있어서 각 노즐 또는 헤드선단의 방사압력 기준이 나머지 셋과 다른 설비는?
㉮ 옥내소화전설비　　　　　　㉯ 옥외소화전설비
㉰ 스프링클러설비　　　　　　㉱ 물분무소화설비

> **풀이** • 스프링클러설비 : 100kPa 이상
> 　　　• 기타 : 350kPa 이상

정답　　10. ㉯　11. ㉯　12. ㉱　13. ㉰

14 높이 15m, 지름 20m인 옥외저장탱크에 보유공지의 단축을 위해서 물분무설비로 방호조치를 하는 경우 수원의 양은 몇 L 이상으로 하여야 하는가?
㉮ 46496
㉯ 58090
㉰ 70259
㉱ 95880

풀이 수원의 양 = $20 \times \pi \times 37 l/min \times 20 min = 46496 L$

15 위험물의 품명·수량 또는 지정수량 배수의 변경신고에 대한 설명으로 옳은 것은?
㉮ 허가청과 협의하여 설치한 군용위험물 시설의 경우에도 적용된다.
㉯ 변경신고는 변경한 날로부터 7일 이내에 완공검사필증을 첨부하여 신고하여야 한다.
㉰ 위험물의 품명이나 수량의 변경을 위해 제소소 등의 위치·구조 또는 설비를 변경하는 경우에 신고한다.
㉱ 위험물의 품명·수량 및 지정수량의 배수를 모두 변경할 때에는 신고를 할 수 없고 허가를 신청하여야 한다.

풀이 • 변경신고대상에는 군용위험물 시설도 포함된다.
• 변경하고자 하는 날의 7일 전까지 시·도지사에게 신고한다.

16 과산화리튬의 화재현장에서 주수소화가 불가능한 이유는?
㉮ 수소가 발생하기 때문에
㉯ 산소가 발생하기 때문에
㉰ 이산화탄소가 발생하기 때문에
㉱ 일산화탄소가 발생하기 때문에

풀이 과산화리튬(Li_2O_2) : 제1류 위험물로서 물과 반응하여 산소를 발생한다.
$2Li_2O_2 + 2H_2O \rightarrow 4LiOH + O_2 \uparrow$

17 알루미늄 분말 화재 시 주수하여서는 안되는 가장 큰 이유는?
㉮ 수소가 발생하여 연소가 확대되기 때문에
㉯ 유독가스가 발생하여 연소가 확대되기 때문에
㉰ 산소의 발생으로 연소가 확대되기 때문에
㉱ 분말의 독성이 강하기 때문에

풀이 Al : 제2류 위험물 금속분류에 해당됨.
$2Al + 6H_2O \rightarrow 2Al(OH)_3 + 3H_2 \uparrow$

정답 14. ㉮ 15. ㉮ 16. ㉯ 17. ㉮

18 위험물제조소등에 설치하는 옥외소화전설비의 기준에서 옥외소화전함은 옥외소화전으로부터 보행거리 몇 m 이하의 장소에 설치하여야 하는가?

㉮ 1.5 ㉯ 5
㉰ 7.5 ㉱ 10

풀이 보행거리 5m 이하의 장소에 소화전함을 설치한다.

19 다음 중 질식소화 효과를 주로 이용하는 소화기는?

㉮ 포소화기 ㉯ 강화액 소화기
㉰ 수(물)소화기 ㉱ 할로겐화합물소화기

풀이 포소화기 : 질식소화

20 전기화재의 급수와 표시색상을 옳게 나타낸 것은?

㉮ C급 - 백색 ㉯ D급 - 백색
㉰ C급 - 청색 ㉱ D급 - 청색

풀이
- C급 전기화재 - 청색
- D급 금속화재 - 무색

21 인화점이 상온 이상인 위험물은?

㉮ 중유 ㉯ 아세트알데히드
㉰ 아세톤 ㉱ 이황화탄소

풀이 중유 : 인화점이 70 ~ 150℃

22 알킬알루미늄의 저장 및 취급방법으로 옳은 것은?

㉮ 용기는 완전밀봉하고 CH_4, C_3H_8 등을 봉입한다.
㉯ C_6H_6 등의 희석제를 넣어준다.
㉰ 용기의 마개에 다수의 미세한 구멍을 뚫는다.
㉱ 통기구가 달린 용기를 사용하여 압력상승을 방지한다.

풀이 벤젠, 헥산, 톨루엔 등의 희석제를 넣어 보관한다.

23 위험물제조소의 연면적이 몇 m^2 이상이 되면 경보설비 중 자동화재탐지설비를 설치하여야 하는가?

정답 18.㉯ 19.㉮ 20.㉰ 21.㉮ 22.㉯ 23.㉯

㉮ 400   ㉯ 500
㉰ 600   ㉱ 800

> **풀이** 자동화재탐지설비 : 제조소 및 일반 취급소의 경우 500m² 이상

24. 제조소 등에 있어서 위험물의 저장하는 기준으로 잘못된 것은?

㉮ 황린은 제3류 위험물이므로 물기가 없는 건조한 장소에 저장하여야 한다.
㉯ 덩어리 상태의 유황은 위험물 용기에 수납하지 않고 옥내저장소에 저장할 수 있다.
㉰ 옥내저장소에서는 용기에 수납하여 저장하는 위험물의 온도가 55℃를 넘지 않도록 필요한 조치를 강구하여야 한다.
㉱ 이동저장탱크에는 저장 또는 취급하는 위험물의 유별·품명·최대수량 및 적재중량을 표시하고 잘 보일 수 있도록 관리하여야 한다.

> **풀이** 황린 : 물속에 보관한다.

25. 염소산나트륨의 저장 및 취급 시 주의할 사항으로 틀린 것은?

㉮ 철제용기에 저장은 피해야 한다.
㉯ 열분해 시 이산화탄소가 발생하므로 질식에 유의한다.
㉰ 조해성이 있으므로 방습에 유의한다.
㉱ 용기에 밀전(密栓)하여 보관한다.

> **풀이** 열분해 시 유독성의 ClO_2 발생함.

26. 요오드(아이오딘)산 아연의 성질에 대한 설명으로 가장 거리가 먼 것은?

㉮ 결정성 분말이다.
㉯ 유기물과 혼합 시 연소 위험이 있다.
㉰ 환원력이 강하다.
㉱ 제1류 위험물이다.

> **풀이** 제1류 위험물로서 산화력이 강하다.

27. 메틸알코올의 위험성에 대한 설명으로 틀린 것은?

㉮ 겨울에는 인화의 위험이 여름보다 작다.
㉯ 증기밀도는 가솔린보다 크다.
㉰ 독성이 있다.
㉱ 연소범위는 에틸알코올보다 넓다.

정답 24. ㉮ 25. ㉯ 26. ㉰ 27. ㉯

풀이 증기밀도는 가솔린보다 작다.

28. 위험물안전관리법령에서 규정하고 있는 사항으로 틀린 것은?
㉮ 법정의 안전교육을 받아야 하는 사람은 안전관리자로 선임된 자, 탱크시험자의 기술인력으로 종사하는 자, 위험물운송자로 종사하는 자이다.
㉯ 지정수량의 150배 이상의 위험물을 저장하는 옥내저장소는 관계인이 예방규정을 정하여야 하는 제조소 등에 해당된다.
㉰ 정기검사의 대상이 되는 것은 액체위험물을 저장 또는 취급하는 10만 리터 이상의 옥외탱크저장소, 암반탱크저장소, 이송취급소이다.
㉱ 법정의 안전관리자교육이수와 소방공무원으로 근무한 경력이 3년 이상인 자는 제4류 위험물에 대한 위험물 취급 자격자가 될 수 있다.

풀이 정기점검 검사 : 100만 리터 이상의 옥외탱크저장소, 암반탱크저장소, 이송취급소

29. 이송취급소의 교체밸브, 제어밸브 등의 설치기준으로 틀린 것은?
㉮ 밸브는 원칙적으로 이송기지 또는 전용 부지 내에 설치할 것
㉯ 밸브는 그 개폐상태를 설치장소에서 쉽게 확인할 수 있도록 할 것
㉰ 밸브를 지하에 매설하는 경우에는 점검상자 안에 설치할 것
㉱ 밸브는 해당 밸브와 관리에 관계하는 자가 아니면 수동으로만 개폐할 수 있도록 할 것

풀이 밸브류 : 관리자가 아니면 수동으로 개폐할 수 없도록 할 것

30. 위험물안전관리법령에서 정한 물분무소화설비의 설치기준으로 적합하지 않은 것은?
㉮ 고압의 전기설비가 있는 장소에는 해당 전기설비와 분무헤드 및 배관과 사이에 전기절연을 위하여 필요한 공간을 보유한다.
㉯ 스트레이너 및 일제개방밸브는 제어밸브의 하류측 부근에 스트레이너, 일제개방 밸브의 순으로 설치한다.
㉰ 물분무소화설비에 2 이상의 방사구역을 두는 경우에는 화재를 유효하게 소화할 수 있도록 인접하는 방사구역이 상호 중복되도록 한다.
㉱ 수원의 수위가 수평회전식펌프보다 낮은 위치에 있는 가압송수장치의 물올림장치는 타설비와 겸용하여 설치한다.

풀이 가압송수장치의 물올림 장치는 타설비와 겸용 금지한다.

31 위험물 운송책임자의 감독 또는 지원의 방법으로 운송의 감독 또는 지원을 위하여 마련한 별도의 사무실에 운송 책임자가 대기하면서 이행하는 사항에 해당하지 않는 것은?

㉮ 운송 후에 운송경로를 파악하여 관할 경찰서에 신고하는 것
㉯ 이동탱크저장소의 운전자에 대하여 수시로 안전확보 상황을 확인할 것
㉰ 비상시의 응급처치에 관하여 조언을 하는 것
㉱ 위험물의 운송 중 안전확보에 관하여 필요한 정보를 제공하고 감독 또는 지원하는 것

풀이 • 운송책임자 감독 및 지원
• 운송경로를 미리 파악하고 관할 소방관서 또는 관련업체에 대한 연락체계를 갖출 것

32 과염소산에 관한 설명으로 틀린 것은?

㉮ 물과 접촉하면 발열한다.
㉯ 불연성이지만 유독성이 있다.
㉰ 증기비중은 약 3.5이다.
㉱ 산화제이므로 쉽게 산화할 수 있다.

풀이 강산화제로서 쉽게 환원됨.

33 제5류 위험물에 관한 내용으로 틀린 것은?

㉮ $C_2H_5ONO_2$: 상온에서 액체이다.
㉯ $C_6H_2OH(NO_2)_3$: 공기 중 자연분해가 매우 잘 된다.
㉰ $C_6H_3(NO_2)_2CH_3$: 담황색의 결정이다.
㉱ $C_3H_5(ONO_2)_3$: 혼산 중에 글리세린을 반응시켜 제조한다.

풀이 TNP : 공기 중에서 자연분해하지 않음.

34 이황화탄소 저장 시 물속에 저장하는 이유로 가장 옳은 것은?

㉮ 공기 중 수소와 접촉하여 산화되는 것을 방지하기 위하여
㉯ 공기와 접촉 시 환원하기 때문에
㉰ 가연성 증기의 발생을 억제하기 위하여
㉱ 불순물을 제거하기 위하여

풀이 이황화탄소 : 가연성 증기발생 억제를 위해 물속에 보관함.

정답 31. ㉮ 32. ㉱ 33. ㉯ 34. ㉰

35 1종 판매취급소에 설치하는 위험물 배합실의 기준으로 틀린 것은?
㉮ 바닥면적은 $6m^2$ 이상 $15m^2$ 이하일 것
㉯ 내화구조 또는 불연재료로 된 벽으로 구획할 것
㉰ 출입구는 수시로 열 수 있는 자동폐쇄식의 갑종방화문으로 설치할 것
㉱ 출입구 문턱의 높이는 바닥면으로부터 0.2m 이상일 것

풀이 출입구 문턱의 높이 : 0.1m 이상

36 과산화수소의 운반용기 외부에 표시하여야 하는 주의 사항은?
㉮ 화기주의   ㉯ 충격주의
㉰ 물기엄금   ㉱ 가연물접촉주의

풀이 제6류 위험물 : 가연물접촉주의

37 과산화벤조일 100kg을 저장하려고 한다. 지정수량의 배수는 얼마인가?
㉮ 5배   ㉯ 7배
㉰ 10배   ㉱ 15배

풀이 과산화벤조일 지정수량은 10kg이므로,
$\frac{100}{10} = 10$배

38 다음 중 제4류 위험물에 대한 설명으로 가장 옳은 것은?
㉮ 물과 접촉하면 발열하는 것
㉯ 자기 연소성 물질
㉰ 많은 산소를 함유하는 강산화제
㉱ 상온에서 액상인 가연성 액체

풀이 제4류 위험물 : 상온에서 인화성이 강한 액체임.

39 비중은 0.86이고 은백색의 무른 경금속으로 보라색 불꽃을 내면서 연소하는 제3류 위험물은?
㉮ 칼슘   ㉯ 나트륨
㉰ 칼륨   ㉱ 리튬

풀이 칼륨에 대한 설명임..

정답 35.㉱ 36.㉱ 37.㉰ 38.㉱ 39.㉰

40 1몰의 에틸알코올이 완전 연소하였을 때 생성되는 이산화탄소는 몇 몰인가?
㉮ 1몰 ㉯ 2몰
㉰ 3몰 ㉱ 4몰

풀이 $C_2H_5OH + 3O_2 \rightarrow 2CO_2 + 3H_2O$

41 제4류 위험물의 옥외저장탱크에 대기밸브부착 통기관을 설치할 때 몇 kPa 이하의 압력차이로 작동하여야 하는가?
㉮ 5kPa 이하 ㉯ 10kPa 이하
㉰ 15kPa 이하 ㉱ 20kPa 이하

풀이 대기밸브부착 통기관 : 5kPa 이하의 압력에 작동함.

42 건성유에 해당하지 않는 것은?
㉮ 들기름 ㉯ 동유
㉰ 아마인유 ㉱ 피마자유

풀이 피마자유 : 불건성유

43 규조토에 흡수시켜 다이너마이트를 제조할 때 사용하는 위험물은?
㉮ 디니트로톨루엔 ㉯ 질산에틸
㉰ 니트로글리세린 ㉱ 니트로셀룰로오스

풀이 니트로글리세린에 대한 설명임.

44 제조소 등에서 위험물을 유출시켜 사람의 신체 또는 재산에 대하여 위험을 발생시킨 자에 대한 벌칙기준으로 옳은 것은?
㉮ 1년 이상 3년 이하의 징역 ㉯ 1년 이상 5년 이하의 징역
㉰ 1년 이상 7년 이하의 징역 ㉱ 1년 이상 10년 이하의 징역

풀이 • 위험물 유출·방출 확산 또는 생명·신체 또는 재산에 관한 벌칙
• 1년 이상 10년 이하의 징역

45 위험물안전관리법령상 제3류 위험물에 속하는 담황색의 고체로서 물속에 보관해야 하는 것은?
㉮ 황린 ㉯ 적린
㉰ 유황 ㉱ 니트로글리세린

정답 40.㉯ 41.㉮ 42.㉱ 43.㉰ 44.㉱ 45.㉮

풀이 황린 : 물속에 보관함.

46 오황화린과 칠황화린이 물과 반응했을 때 공통으로 나오는 물질은?
㉮ 이산화황
㉯ 황화수소
㉰ 인화수소
㉱ 삼산화황

풀이 물과 반응 시 H_2S가 발생함.

47 위험물안전관리법령상 제5류 위험물의 위험등급에 대한 설명 중 틀린 것은?
㉮ 유기과산화물과 질산에스테르류는 위험등급 I에 해당한다.
㉯ 지정수량 100kg인 히드록실아민과 히드록실아민염류는 위험등급 II에 해당한다.
㉰ 지정수량 200kg에 해당되는 품명은 모두 위험등급 III에 해당된다.
㉱ 지정수량 10kg인 품명만 위험등급 I에 해당된다.

풀이 지정수량 200kg에 해당되는 품명 : 위험등급 II 또는 III에 해당됨.

48 과산화벤조일의 일반적인 성질로 옳은 것은?
㉮ 비중은 약 0.33이다.
㉯ 무미, 무취의 고체이다.
㉰ 물에는 잘 녹지만 디에틸에테르에는 녹지 않는다.
㉱ 녹는점은 약 300℃이다.

풀이 과산화벤조일 : 제5류 위험물로서 무색, 무미, 무취의 고체임.

49 다음은 위험물안전관리법령에 따른 이동탱크저장소에 대한 기준이다. (   ) 안에 알맞은 수치를 차례대로 나열한 것은?

> 이동탱크저장소는 그 내부에 (   )L 이하마다 (   )mm 이상의 강철판 또는 이와 동등 이상의 강도·내열성 및 내식성이 있는 금속성의 것으로 칸막이를 설치하여야 한다.

㉮ 2500, 3.2
㉯ 2500, 4.8
㉰ 4000, 3.2
㉱ 4000, 4.8

풀이 이동탱크저장소 기준에 대한 설명임.

정답   46.㉯   47.㉰   48.㉯   49.㉰

50 다음 중 위험물안전관리법령에서 정한 지정수량이 500kg인 것은?
㉮ 황화린
㉯ 금속분
㉰ 인화성 고체
㉱ 유황

> 풀이 제2류 위험물 중 철분 · 마그네슘 · 금속분류는 지정수량 500kg임.

51 알루미늄분의 위험성에 대한 설명 중 틀린 것은?
㉮ 할로겐원소와 접촉 시 자연발화의 위험성이 있다.
㉯ 산과 반응하여 가연성가스인 수소를 발생한다.
㉰ 발화하면 다량의 열이 발생한다.
㉱ 뜨거운 물과 격렬히 반응하여 산화알루미늄을 발생한다.

> 풀이 Al 분말 : 제2류 위험물 금속분류로 뜨거운 물과 반응하여 수소가스를 발생함.

52 고정 지붕 구조를 가진 높이 15m의 원통종형 옥외위험물 저장탱크 안의 탱크 상부로부터 아래로 1m 지점에 고정식 포 방출구가 설치되어 있다. 이 조건의 탱크를 신설하는 경우 최대 허가량은 얼마인가? (단, 탱크의 내부 단면적은 100m²이고, 탱크 내부에는 별다른 구조물이 없으며, 공간용적 기준은 만족하는 것으로 가정한다.)
㉮ 1400m³
㉯ 1370m³
㉰ 1350m³
㉱ 1300m³

> 풀이 원통종형의 탱크 용량 = 100 × 15 × 0.9 = 1350m³

53 $NaClO_2$을 수납하는 운반용기의 외부에 표시하여야 할 주의사항으로 옳은 것은?
㉮ "화기엄금" 및 "충격주의"
㉯ "화기주의" 및 "물기엄금"
㉰ "화기 · 충격주의" 및 "가연물접촉주의"
㉱ "화기엄금" 및 "공기접촉주의"

> 풀이 $NaClO_2$: 제1류 위험물로서 "화기 · 충격주의" 및 "가연물접촉주의" 표시함.

54 과산화칼륨이 물 또는 이산화탄소와 반응할 경우 공통적으로 발생하는 물질은?
㉮ 산소
㉯ 과산화수소
㉰ 수산화칼륨
㉱ 수소

> 풀이 과산화칼륨(K_2O_2) : 제1류 위험물로서 물 또는 이산화탄소와 반응 시 산소를 발생함.

정답 50.㉯ 51.㉱ 52.㉰ 53.㉰ 54.㉮

55. 제3류 위험물에 대한 설명으로 옳지 않은 것은?
- ㉮ 황린은 공기 중에 노출되면 자연발화하므로 물속에 저장하여야 한다.
- ㉯ 나트륨은 물보다 무거우며 석유 등의 보호액 속에 저장하여야 한다.
- ㉰ 트리에틸알루미늄은 상온에서 액체 상태로 존재한다.
- ㉱ 인화칼슘은 물과 반응하여 유독성의 포스핀을 발생한다.

풀이 나트륨 : 물보다 가벼운 경금속임.

56. 순수한 것은 무색, 투명한 기름상의 액체이고 공업용은 담황색인 위험물로 충격, 마찰에는 매우 예민하고 겨울철에는 동결할 우려가 있는 것은?
- ㉮ 펜트리트
- ㉯ 트리니트로벤젠
- ㉰ 니트로글리세린
- ㉱ 질산메틸

풀이 제5류 위험물 니트로글리세린(NG)에 대한 설명임.

57. 위험물제조소에서 다음과 같이 위험물을 취급하고 있는 경우 각각의 지정수량 배수의 총합은 얼마인가?

| • 브롬산나트륨 300kg | • 과산화나트륨 150kg | • 중크롬산나트륨 500kg |

- ㉮ 3.5
- ㉯ 4.0
- ㉰ 4.5
- ㉱ 5.0

풀이 위험물저장배수 = $\dfrac{저장 수량}{지정 수량}$

$\dfrac{300}{300} + \dfrac{150}{50} + \dfrac{500}{1000} = 4.5$

58. 위험물안전관리법령은 위험물의 유별에 따른 저장·취급상의 유의사항을 규정하고 있다. 이 규정에서 특히 과열, 충격, 마찰을 피하여야 할 류에 속하는 위험물 품명을 옳게 나열한 것은?
- ㉮ 히드록실아민, 금속의 아지화합물
- ㉯ 금속의 산화물, 칼슘의 탄화물
- ㉰ 무기금속화합물, 인화성 고체
- ㉱ 무기과산화물, 금속의 산화물

풀이 제5류 위험물은 가열, 충격, 마찰 등을 피해야 한다.

정답 55.㉯ 56.㉰ 57.㉰ 58.㉮

59. 이황화탄소에 관한 설명으로 틀린 것은?

㉮ 비교적 무거운 무색의 고체이다.
㉯ 인화점이 0℃ 이하이다.
㉰ 약 100℃에서 발화할 수 있다.
㉱ 이황화탄소의 증기는 유독하다.

풀이 이황화탄소(CS_2) : 비중이 1보다 큰 인화성 액체이다.

60. 액체위험물을 운반용기에 수납할 때 내용적의 몇 % 이하의 수납률로 수납하여야 하는가?

㉮ 95
㉯ 96
㉰ 97
㉱ 98

풀이 액체위험물 수납률 : 98% 이하

정답 59. ㉮ 60. ㉱

2014년 4월 6일 시행

01 다음 중 증발 연소를 하는 물질이 아닌 것은?
㉮ 황
㉯ 석탄
㉰ 파라핀
㉱ 나프탈렌

풀이 석탄 : 분해연소

02 제5류 위험물의 화재 시 소화방법에 대한 설명으로 옳은 것은?
㉮ 가연성 물질로서 연소속도가 빠르므로 질식소화가 효과적이다.
㉯ 할로겐화합물 소화기가 적응성이 있다.
㉰ CO_2 및 분말소화기가 적응성이 있다.
㉱ 다량의 주수에 의한 냉각소화가 효과적이다.

풀이 제5류 위험물 소화 : 화재초기에 대량의 냉각수로 냉각소화한다

03 1몰의 이황화탄소와 고온의 물이 반응하여 생성되는 독성 기체 물질의 부피는 표준상태에서 얼마인가?
㉮ 22.4L
㉯ 44.8L
㉰ 67.2L
㉱ 134.4L

풀이 $CS_2 + 2H_2O \rightarrow CO_2 + 2H_2S$
1몰의 CS_2는 독성을 갖는 2몰의 H_2S를 발생한다.

04 국소방출방식의 이산화탄소 소화설비의 분사헤드에서 방출되는 소화약제의 방사기준은?
㉮ 10초 이내에 균일하게 방사할 수 있을 것
㉯ 15초 이내에 균일하게 방사할 수 있을 것
㉰ 30초 이내에 균일하게 방사할 수 있을 것
㉱ 60초 이내에 균일하게 방사할 수 있을 것

풀이 • 국소방출방식 : 30초 이내에 방사
• 전역방출방식의 경우 표면화재 1분 이내, 심부화재 7분 이내일 것

정답 01. ㉯ 02. ㉱ 03. ㉯ 04. ㉰

05 화재 시 이산화탄소를 사용하여 공기 중 산소의 농도를 21vol%에서 13vol%로 낮추려면 공기 중 이산화탄소의 농도는 약 몇 vol%가 되어야 하는가?

㉮ 34.3 ㉯ 38.1
㉰ 42.5 ㉱ 45.8

풀이 $CO_2 = \dfrac{O_2 - x}{O_2} \times 100 = \dfrac{21-13}{21} \times 100 = 38.1\%$

06 포소화약제에 의한 소화방법으로 다음 중 가장 주된 소화효과는?

㉮ 희석소화 ㉯ 질식소화
㉰ 제거소화 ㉱ 자기소화

풀이 포소화약제 주된 소화효과 : 질식효과

07 알킬리튬에 대한 설명으로 틀린 것은?

㉮ 제3류 위험물이고 지정수량은 10kg이다.
㉯ 가연성의 액체이다.
㉰ 이산화탄소와는 격렬하게 반응한다.
㉱ 소화방법으로는 물로 주수는 불가하며 할로겐화합물 소화약제를 사용하여야 한다.

풀이 알킬리튬 : 할로겐소화약제와 반응하여 가연성 기체를 발생하며 폭발한다.

08 위험물안전관립법령상 위험물제조소등에서 전기설비가 있는 곳에 적응하는 소화설비는?

㉮ 옥내소화전설비 ㉯ 스프링클러설비
㉰ 포소화설비 ㉱ 할로겐화합물소화설비

풀이 전기설비에 적합한 소화약제 : 할로겐간 화합물 소화설비

09 Halon 1301 소화약제에 대한 설명으로 틀린 것은?

㉮ 저장 용기에 액체상으로 충전한다.
㉯ 화학식은 CF_3Br이다.
㉰ 비점이 낮아서 기화가 용이하다.
㉱ 공기보다 가볍다.

풀이 Halon 1301 : 공기보다 무겁다.

정답 05.㉯ 06.㉯ 07.㉱ 08.㉱ 09.㉱

10 위험물제조소의 안전거리 기준으로 틀린 것은?
- ㉮ 초·중등교육법 및 고등교육법에 의한 학교 - 20m 이상
- ㉯ 의료법에 의한 병원급 의료기관 - 30m 이상
- ㉰ 문화재보호법 규정에 의한 지정문화재 - 50m 이상
- ㉱ 사용전압이 35,000V를 초과하는 특고압가공전선 - 5m 이상

풀이 학교 : 30m 이상

11 다음 고온체의 색깔을 낮은 온도부터 옳게 나열한 것은?
- ㉮ 암적색 < 황적색 < 백적색 < 휘적색
- ㉯ 휘적색 < 백적색 < 황적색 < 암적색
- ㉰ 휘적색 < 암적색 < 황적색 < 백적색
- ㉱ 암적색 < 휘적색 < 황적색 < 백적색

풀이 암적색(522℃) < 휘적색(950℃) < 황적색(1100℃) < 백적색(1300℃)

12 위험물안전관리법령상 옥내주유취급소의 소화난이도 등급은?
- ㉮ I
- ㉯ II
- ㉰ III
- ㉱ IV

풀이 옥내 주유소 취급소 소화난이도 : II등급

13 다음 위험물의 화재 시 주수소화가 가능한 것은?
- ㉮ 철분
- ㉯ 마그네슘
- ㉰ 나트륨
- ㉱ 황

풀이 황(S) : 주수 소화가 가능함.

14 [보기]에서 소화기 사용방법을 옳게 설명한 것을 모두 나열한 것은?

[보기]
㉠ 적응화재에만 사용할 것
㉡ 불과 최대한 멀리 떨어져서 사용할 것
㉢ 바람을 마주보고 풍하에서 풍상 방향으로 사용할 것
㉣ 양옆으로 비로 쓸 듯이 골고루 사용할 것

- ㉮ ㉠, ㉡
- ㉯ ㉠, ㉢
- ㉰ ㉠, ㉣
- ㉱ ㉠, ㉢, ㉣

풀이 바람을 등지고 풍상에서 풍하로 사용할 것, 최대한 불과 가까이 사용할 것

정답 10.㉮ 11.㉱ 12.㉯ 13.㉱ 14.㉰

15 다음의 위험물 중에서 이동탱크저장소에 의하여 위험물을 운송할 때 운송책임자의 감독·지원을 받아야 하는 위험물은?

㉮ 알킬리튬 ㉯ 아세트알데히드
㉰ 금속의 수소화물 ㉱ 마그네슘

풀이 운송책임자 감독·지원 대상 위험물 : 알킬리튬, 알킬알루미늄 등

16 화재원인에 대한 설명으로 틀린 것은?

㉮ 연소 대상물의 열전도율이 좋을수록 연소가 잘 된다.
㉯ 온도가 높을수록 연소 위험이 높아진다.
㉰ 화학적 친화력이 클수록 연소가 잘 된다.
㉱ 산소와 접촉이 잘 될수록 연소가 잘 된다.

풀이 연소 대상물의 열전도율이 나쁠수록 연소가 잘 된다.

17 위험물안전관리법령의 소화설비 설치기준에 의하면 옥외소화전설비의 수원의 수량은 옥외소화전 설치개수(설치개수가 4 이상인 경우에는 4)에 몇 m^3을 곱한 양 이상이 되어야 하는가?

㉮ 7.5m^3 ㉯ 13.5m^3
㉰ 20.5m^3 ㉱ 25.5m^3

풀이 옥외소화전 수원의 양
$= n \times q(450 l/min) \times t(30min)$이므로 $450 \times 30 = 13.5m^3$

18 스프링클러설비의 장점이 아닌 것은?

㉮ 화재의 초기 진압에 효율적이다.
㉯ 사용 약제를 쉽게 구할 수 있다.
㉰ 자동으로 화재를 감지하고 소화할 수 있다.
㉱ 다른 소화설비보다 구조가 간단하고 시설비가 적다.

풀이 스프링클러 소화설비 : 구조가 복잡하고 설치비가 고가임.

19 폭발 시 연소파의 전파속도 범위에 가장 가까운 것은?

㉮ 0.1 ~ 10m/s ㉯ 100 ~ 1000m/s
㉰ 2000 ~ 3500m/s ㉱ 5000 ~ 10000m/s

풀이 연소파 : 0.1 ~ 10m/s

정답 15. ㉮ 16. ㉮ 17. ㉯ 18. ㉱ 19. ㉮

20 산화제와 환원제를 연소의 4요소와 연관지어 연결한 것으로 옳은 것은?
㉮ 산화제 - 산소공급원, 환원제 - 가연물
㉯ 산화제 - 가연물, 환원제 - 산소공급원
㉰ 산화제 - 연쇄반응, 환원제 - 점화원
㉱ 산화제 - 점화원, 환원제 - 가연물

풀이 산화제(산소공급원), 환원제(가연성 물질)

21 금속나트륨에 대한 설명으로 옳지 않는 것은?
㉮ 물과 격렬히 반응하여 발열하고 수소가스가 발생한다.
㉯ 에틸알코올과 반응하여 나트륨에틸라이트와 수소가스를 발생한다.
㉰ 할로겐화합물 소화약제는 사용할 수 없다.
㉱ 은백색의 광택이 있는 중금속이다.

풀이 금속나트륨 : 은백색이며 무른 경금속임.

22 과염소산칼륨과 아염소산나트륨의 공통 성질이 아닌 것은?
㉮ 지정수량이 50kg이다.
㉯ 열분해 시 산소를 방출한다.
㉰ 강산화성 물질이며 가연성이다.
㉱ 상온에서 고체의 형태이다.

풀이 과염소산칼륨, 아염소산나트륨 : 제1류 위험물로서 가연성은 아님.

23 황의 성질에 대한 설명 중 틀린 것은?
㉮ 물에 녹지 않으나 이황화탄소에 녹는다.
㉯ 공기 중에서 연소하여 아황산가스를 발생한다.
㉰ 전도성 물질이므로 정전기 발생에 유의하여야 한다.
㉱ 분진폭발의 위험성에 주의하여야 한다.

풀이 황은 비전도성 물질로서 정전기 발생에 유의한다.

24 제5류 위험물의 니트로화합물에 해당하지 않는 것은?
㉮ 니트로벤젠   ㉯ 테트릴
㉰ 트리니트로톨루엔   ㉱ 피크린산

풀이 니트로벤젠 : 제3석유류임.

정답 20. ㉮ 21. ㉱ 22. ㉰ 23. ㉰ 24. ㉮

25 위험물저장소에 해당하지 않는 것은?
㉮ 옥외저장소 ㉯ 지하탱크저장소
㉰ 이동탱크저장소 ㉱ 판매저장소

> 풀이 판매저장소는 해당 없음.

26 옥외탱크저장소의 소화설비를 검토 및 적용할 때에 소화 난이도 등급Ⅰ에 해당되는지를 검토하는 탱크 높이의 측정 기준으로서 적합한 것은?
㉮ ①
㉯ ②
㉰ ③
㉱ ④

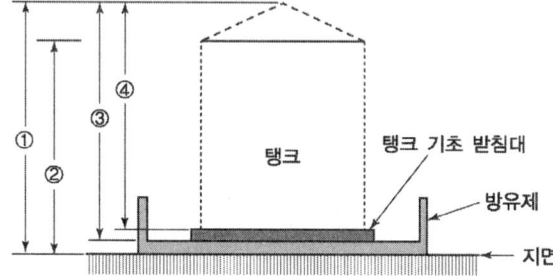

27 위험물제조소등에서 위험물안전관리법상 안전거리 규제 대상이 아닌 것은?
㉮ 제6류 위험물을 취급하는 제조소를 제외한 모든 제조소
㉯ 주유취급소
㉰ 옥외저장소
㉱ 옥외탱크저장소

> 풀이 주유취급소는 규제대상이 아님.

28 제2류 위험물의 일반적 성질에 대한 설명으로 가장 거리가 먼 것은?
㉮ 가연성 고체이다.
㉯ 연소 시 연소열이 크고 연소속도가 빠르다.
㉰ 산소를 포함하여 조연성 가스의 공급이 없이 연소가 가능하다.
㉱ 비중이 1보다 크고 물에 녹지 않는다.

> 풀이 제2류 위험물 : 가연성 고체로서 연소 시 산소를 필요로 함.

29 다음 중 자연발화의 위험성이 가장 큰 물질은?
㉮ 아마인유 ㉯ 야자유
㉰ 올리브유 ㉱ 피마자유

> 풀이 아마인유는 요오드값이 130 이상으로 자연발화의 위험이 매우 크다.

정답 25.㉱ 26.㉯ 27.㉯ 28.㉰ 29.㉮

30 위험물 분류에서 제1석유류에 대한 설명으로 옳은 것은?

㉮ 아세톤, 휘발유 그밖에 1기압에서 인화점이 섭씨 21도 미만인 것
㉯ 등유, 경유 그밖에 액체로서 인화점이 섭씨 21도 이상 70도 미만인 것
㉰ 중유, 도료류로서 인화점이 섭씨 70도 이상 200도 미만인 것
㉱ 기계유, 실린더유 그 밖의 액체로서 인화점이 200도 이상 250도 미만인 것

풀이 제1석유류 : 아세톤, 휘발유 그밖에 1기압에서 인화점이 섭씨 21도 미만인 것

31 등유의 지정수량에 해당하는 것은?

㉮ 100L ㉯ 200L
㉰ 1000L ㉱ 2000L

풀이 등유 : 제2석유류, 비수용성으로서 1000L임.

32 옥내저장소의 저장 창고에 150m² 이내마다 일정 규격의 격벽을 설치하여 저장하여야 하는 위험물은?

㉮ 제5류 위험물 중 지정과산화물 ㉯ 알킬알루미늄 등
㉰ 아세트알데히드 등 ㉱ 히드록실아민 등

풀이 제5류 위험물 중 지정과산화물 : 150m² 이내마다 일정 규격의 격벽을 설치함.

33 옥내탱크저장소 중 탱크 전용실을 단층건물 외의 건축물에 설치하는 경우 탱크 전용실을 건축물의 1층 또는 지하층에만 설치하여야 하는 위험물이 아닌 것은?

㉮ 제2류 위험물 중 덩어리 유황
㉯ 제3류 위험물 중 황린
㉰ 제4류 위험물 중 인화점이 38℃ 이상인 위험물
㉱ 제6류 위험물 중 질산

풀이 건축물의 1층 또는 지하층에 설치 가능한 위험물
• 제2류 위험물 중 황화린
• 적린 및 덩어리 유황
• 제3류 위험물 중 황린
• 제6류 위험물 중 질산의 탱크 전용실 등

34 벤젠 1몰을 충분한 산소가 공급되는 표준상태에서 완전연소시켰을 때 발생하는 이산화탄소의 양은 몇 L인가?

㉮ 22.4 ㉯ 134.4
㉰ 168.8 ㉱ 224.0

정답 30. ㉮ 31. ㉰ 32. ㉮ 33. ㉰ 34. ㉯

풀이 $C_6H_6 + O \rightarrow 6CO_2 + 3H_2O$
1몰의 벤젠은 6몰의 이산화탄소를 발생하므로 $6 \times 22.4 = 134.4L$

35 황린의 저장 방법으로 옳은 것은?
㉮ 물속에 저장한다.
㉯ 공기 중에 보관한다.
㉰ 벤젠 속에 저장한다.
㉱ 이황화탄소 속에 보관한다.

풀이 황린 : 물속에 보관함.(공기 중에서 산소와 반응하여 오산화인 발생함)

36 황화린에 대한 설명 중 옳지 않은 것은?
㉮ 삼황화린은 황색 결정으로 공기 중 약 100℃에서 발화할 수 있다.
㉯ 오황화린은 담황색 결정으로 조해성이 있다.
㉰ 오황화린은 물과 접촉하여 유독성 가스를 발생할 위험이 있다.
㉱ 삼황화린은 연소하여 황화수소 가스를 발생할 위험이 있다.

풀이 삼황화린 : 연소 시 이산화황 가스와 오산화인을 발생함.

37 다음 중 증기의 밀도가 가장 큰 것은?
㉮ 디에틸에테르   ㉯ 벤젠
㉰ 가솔린(옥탄 100%)   ㉱ 에틸알코올

풀이 분자량이 가장 큰 가솔린의 밀도가 가장 크다.

38 아세트알데히드의 저장·취급 시 주의사항으로 틀린 것은?
㉮ 강산화제와의 접촉을 피한다.
㉯ 취급설비에는 구리합금의 사용을 피한다.
㉰ 수용성이기 때문에 화재 시 물로 희석소화가 가능하다.
㉱ 옥외저장 탱크에 저장 시 조연성 가스를 주입한다.

풀이 아세트알데히드(CH_3CHO) : 옥외탱크 저장 시 불연성 가스를 주입함.

39 아염소산염류의 운반용기 중 적응성 있는 내장용기의 종류와 최대 용적이나 중량을 옳게 나타낸 것은? (단, 외장용기의 종류는 나무상자 또는 플라스틱상자이고 외장용기의 최대 중량은 125kg으로 한다.)

정답   35. ㉮ 36. ㉱ 37. ㉰ 38. ㉱ 39. ㉱

㉮ 금속제 용기 : 20L ㉯ 종이 포대 : 55kg
㉰ 플라스틱 필름 포대 : 60kg ㉱ 유리용기 : 10L

풀이 제1류 위험물 I 등급에 해당하며 내장용기는 유리 또는 플라스틱용기로 최대용적은 10L임.

40

위험물안전관리법령상 제조소 등의 정기점검 대상에 해당하지 않는 것은?

㉮ 지정수량 15배 제조소 ㉯ 지정수량 40배의 옥내탱크저장소
㉰ 지정수량 50배의 이동탱크저장소 ㉱ 지정수량 20배의 지하탱크저장소

풀이 옥내탱크저장소 : 정기점검 대상 아님.

41

질산메틸의 성질에 대한 설명으로 틀린 것은?

㉮ 비점은 약 66℃이다.
㉯ 증기는 공기보다 가볍다.
㉰ 무색 투명한 액체이다.
㉱ 자기반응성 물질이다.

풀이 질산메틸 증기는 공기보다 무겁다.

42

다음에서 설명하는 위험물에 해당하는 것은?

- 지정수량은 300kg이다.
- 산화성액체 위험물이다.
- 가열하면 분해하여 유독성 가스를 발생한다.
- 증기비중은 3.5이다.

㉮ 브롬산칼륨 ㉯ 클로로벤젠
㉰ 질산 ㉱ 과염소산

풀이 과염소산($NaClO_3$)에 관한 설명임.

43

염소산나트륨의 저장 및 취급방법으로 옳지 않은 것은?

㉮ 철제 용기에 저장한다.
㉯ 습기가 없는 찬 장소에 보관한다.
㉰ 조해성이 크므로 용기는 밀전한다.
㉱ 가열, 충격, 마찰을 피하고 점화원의 접근을 금한다.

풀이 염소산나트륨($NaClO_3$) : 철제 용기를 부식시킴.

정답 40.㉯ 41.㉯ 42.㉱ 43.㉮

44 과산화나트륨 78g과 충분한 양의 물이 반응하여 생성되는 기체의 종류와 생성량을 옳게 나타낸 것은?

㉮ 수소, 1g ㉯ 산소, 16g
㉰ 수소, 2g ㉱ 산소, 32g

풀이 과산화나트륨(Na_2O_2) 1몰은 78g이므로
$2Na_2O_2 + 2H_2O \rightarrow 4NaOH + O_2 \uparrow$
2몰의 과산화나트륨($2Na_2O_2$) 156g은 32g의 산소를 발생하므로 1몰의 과산화나트륨(Na_2O_2)은 16g의 산소를 발생한다.

45 다음 중 니트로글리세린을 다공질의 규조토에 흡수시켜 제조한 물질은?

㉮ 흑색화약 ㉯ 니트로셀룰로오스
㉰ 다이너마이트 ㉱ 면화약

풀이 다이너마이트 : 니트로글리세린(NG)을 다공성 규조토에 흡수시켜 제조

46 다음 중 벤젠 증기의 비중에 가장 가까운 값은?

㉮ 0.7 ㉯ 0.9
㉰ 2.7 ㉱ 3.9

풀이 벤젠 분자량은 78이므로, 증기비중 $= \dfrac{78}{29} = 2.7$

47 위험물안전관리법령상 제조소 등에 대한 긴급사용정지 명령 등을 할 수 있는 권한이 없는 자는?

㉮ 시·도지사 ㉯ 소방본부장
㉰ 소방서장 ㉱ 소방방재청장

풀이 소방방재청장은 긴급사용정지 명령권자가 아님.

48 위험물제조소등의 허가에 관계된 설명으로 옳은 것은?

㉮ 제조소 등을 변경하고자 하는 경우에는 언제나 허가를 받아야 한다.
㉯ 위험물의 품명을 변경하고자 하는 경우에는 언제나 허가를 받아야 한다.
㉰ 농예용으로 필요한 난방시설을 위한 지정수량 20배 이하의 저장소는 허가 대상이 아니다.
㉱ 저장하는 위험물의 변경을 지정수량의 배수가 달라지는 경우는 언제나 허가 대상이 아니다.

정답 44.㉯ 45.㉰ 46.㉰ 47.㉱ 48.㉰

> **풀이** 제조소 등의 허가 및 신고에서 제외되는 시설
> - 농예용·축산용 또는 수산용으로 필요한 난방시설 또는 건조시설을 위한 지정수량 20배 이하의 저장소
> - 주택의 난방시설을 위한 저장소 또는 취급소

49 지정과산화물을 저장 또는 취급하는 위험물 옥내저장소의 저장창고 기준에 대한 설명으로 틀린 것은?

㉮ 서까래의 간격은 30cm 이하로 할 것
㉯ 저장창고의 출입구에는 갑종방화문을 설치할 것
㉰ 저장창고의 외벽을 철근콘크리트조로 할 경우 두께를 10cm 이상으로 할 것
㉱ 저장창고의 창은 바닥면으로부터 2m 이상의 높이에 둘 것

> **풀이** 저장창고의 외벽 : 철근콘크리트조의 경우 20cm 이상일 것

50 위험물제조소등에 옥내소화전설비를 설치할 때 옥내소화전이 가장 많이 설치된 층의 소화전의 개수가 4개일 때 확보하여야 할 수원의 수량은?

㉮ $10.4m^3$
㉯ $20.8m^3$
㉰ $31.2m^3$
㉱ $41.6m^3$

> **풀이** 수원의 양(Q) = $n \times q \times t$
> $4 \times 260 \times 30 = 31,200L = 31.2m^3$

51 운반을 위하여 위험물을 적재하는 경우에 차광성이 있는 피복으로 가려주어야 하는 것은?

㉮ 특수인화물
㉯ 제1석유류
㉰ 알코올류
㉱ 동식물유류

> **풀이** 운반 시 차광성 덮개 사용 : 제1류, 제5류 및 제6류 위험물, 자연발화성물품, 특수인화물

52 과염소산나트륨에 대한 설명으로 옳지 않은 것은?

㉮ 가열하면 분해하여 산소를 방출한다.
㉯ 환원제이며 수용액은 강한 환원성이 있다.
㉰ 수용성이며 조해성이 있다.
㉱ 제1류 위험물이다.

> **풀이** 과염소산나트륨 : 산화제이며 수용액에서 강한 산화성을 갖음.

정답 49. ㉰ 50. ㉰ 51. ㉮ 52. ㉯

53 위험물안전관리법령상 지정수량이 다른 하나는?
㉮ 인화칼슘 ㉯ 루비듐
㉰ 칼슘 ㉱ 차아염소산칼륨

풀이 ㉮항 300kg, 기타 50kg

54 위험물안전관리법령상 동·식물유류의 경우 1기압에서 인화점은 섭씨 몇 도 미만으로 규정하고 있는가?
㉮ 150℃ ㉯ 250℃
㉰ 450℃ ㉱ 600℃

풀이 동·식물유류 : 인화점 250℃ 미만인 것

55 물과 접촉 시, 발열하면서 폭발 위험성이 증가하는 것은?
㉮ 과산화칼륨 ㉯ 과망간산나트륨
㉰ 요오드산칼륨 ㉱ 과염소산칼륨

풀이 과산화칼륨 : 물과 반응하여 산소를 발생하며 발열하므로 폭발할 수 있음.
$2K_2O_2 + 2H_2O \rightarrow 4KOH + O_2 \uparrow$

56 위험물안전관리법에서 규정하고 있는 사항으로 옳지 않은 것은?
㉮ 위험물저장소를 경매에 의해 시설의 전부를 인수할 경우에는 30일 이내에, 저장소의 용도를 폐기한 경우에는 14일 이내에 시·도지사에게 그 사실을 신고하여야 한다.
㉯ 제조소등의 위치·구조 및 설비기준을 위반하여 사용한 때에는 시·도지사는 허가취소, 전부 또는 일부의 사용정지를 명령할 수 있다.
㉰ 경우 20000L를 수산용 건조시설에 사용하는 경우에는 위험물법의 허가는 받지 아니하고 저정소를 설치할 수 있다.
㉱ 위치·구조 또는 설비의 변경없이 저장소에서 저장하는 위험물 지정수량의 배수를 변경하고자 하는 경우에는 변경하고자 하는 날의 7일전까지 시·도지사에게 신고하여야 한다.

풀이 제조소 등의 위치·구조 및 설비기준을 위반하여 사용 : 200만원 이하의 과태료에 처함.

57 과산화수소의 위험성으로 옳지 않은 것은?
㉮ 산화제로서 불연성 물질이지만 산소를 함유하고 있다.
㉯ 이산화망간 촉매하에서 분해가 촉진된다.

정답 53.㉮ 54.㉯ 55.㉮ 56.㉯ 57.㉰

㉰ 분해를 막기 위해 히드라진을 안정제로 사용할 수 있다.
㉱ 고농도의 것은 피부에 닿으면 화상의 위험이 있다.

풀이 과산화수소
안정제로 인산(H_3PO_4), 요산($C_5H_4N_4O_3$), 요소, 글리세린 등을 사용한다.

58 제조소 등의 소화설비 설치 시 소요단위 산정에 관한 내용으로 다음 ( ) 안에 알맞은 수치를 차례대로 나열한 것은?

> 제조소 또는 취급소의 건축물은 외벽이 내화구조인 것은 연면적( )m²를 1소요단위로 하며, 외벽이 내화구조가 아닌 것은 연면적 ( )m²를 1소요단위로 한다.

㉮ 200, 100   ㉯ 150, 100
㉰ 150, 50   ㉱ 100, 50

풀이 제조소 등의 소화설비 설치 시 소요 단위 산정에 관한 설명임.

59 탄화칼슘의 취급방법에 대한 설명으로 옳지 않은 것은?

㉮ 물, 습기와의 접촉을 피한다.
㉯ 건조한 장소에 밀봉·밀전하여 보관한다.
㉰ 습기와 작용하여 다량의 메탄이 발생하므로 저장 중에 메탄가스의 발생유무를 조사한다.
㉱ 저장용기에 질소가스 등 불활성 가스를 충전하여 저장한다.

풀이 탄화칼슘(CaC_2) : 물과 반응하여 아세틸렌(C_2H_2)을 발생한다.

60 제5류 위험물의 일반적 성질에 관한 설명으로 옳지 않은 것은?

㉮ 화재발생시 소화가 곤란하므로 적은 양으로 나누어 저장한다.
㉯ 운반용기 외부에 충격주의, 화기엄금의 주의사항을 표시한다.
㉰ 자기연소를 일으키며 연소속도가 대단히 빠르다.
㉱ 가연성 물질이므로 질식소화하는 것이 가장 좋다.

풀이 제5류 위험물 : 냉각소화가 가장 좋다.

정답 58. ㉱ 59. ㉰ 60. ㉱

2014년 7월 20일 시행

01. 다음 중 화재 발생 시 물을 이용한 소화가 효과적인 것은?
- ㉮ 트리메틸알루미늄
- ㉯ 황린
- ㉰ 나트륨
- ㉱ 인화칼슘

풀이 황린 : 물로 소화가 가능함.

02. 위험물안전관립법령에 따른 대형 수동식 소화기의 설치기준에서 방호대상물의 각 부분으로부터 하나의 대형 수동식 소화기까지의 보행거리가 몇 m 이하가 되도록 설치하여야 하는가? (단, 옥내소화전설비, 옥외소화전설비, 스프링클러설비 또는 물분무등 소화설비와 함께 설치하는 경우는 제외한다.)
- ㉮ 10
- ㉯ 15
- ㉰ 20
- ㉱ 30

풀이 수동식 대형소화기 : 보행거리 30m 이하마다 설치함.

03. 위험물안전관리법령상 스프링클러설비가 제4류 위험물에 대하여 적응성을 갖는 경우는?
- ㉮ 연기가 충만할 우려가 없는 경우
- ㉯ 방사밀도(살수밀도)가 일정수치 이상인 경우
- ㉰ 지하층의 경우
- ㉱ 수용성 위험물인 경우

풀이 스프링클러의 살수밀도가 일정수치 이상인 경우 제4류 위험물에 대해 적응성을 갖는다.

04. 위험물안전관리법령상 위험물의 품명이 다른 하나는?
- ㉮ CH_3COOH
- ㉯ C_6H_5Cl
- ㉰ $C_6H_5CH_3$
- ㉱ C_6H_5Br

풀이 ㉮ 2석유류　㉯ 2석유류
　　 ㉰ 1석유류　㉱ 2석유류

정답 01.㉯　02.㉱　03.㉯　04.㉰

05 어떤 소화기에 "ABC"라고 표시되어 있다. 다음 중 사용할 수 없는 화재는?
㉮ 금속화재　　　　　　　㉯ 유류화재
㉰ 전기화재　　　　　　　㉱ 일반화재

풀이 ABC : 일반화재, 유류화재, 전기화재

06 위험물안전관리법령에서 정한 소화설비의 소요단위 산정방법에 대한 설명 중 옳은 것은?
㉮ 위험물은 지정수량의 100배를 1소요단위로 함.
㉯ 저장소용 건축물로 외벽이 내화구조인 것은 연면적 $100m^2$를 1소요단위로 함.
㉰ 제조소용 건축물로 외벽이 내화구조가 아닌 것은 연면적 $50m^2$를 1소요단위로 함.
㉱ 저장소용 건축물로 외벽이 내화구조가 아닌 것은 연면적 $25m^2$를 1소요단위로 함.

풀이 소요단위 산정방법에 대한 내용임.
　㉮ 위험물은 지정수량 10배를 1소요단위로 함.
　㉯ 연면적 $150m^2$를 1소요단위로 함.

07 다음 중 기체연료가 완전 연소하기에 유리한 이유로 가장 거리가 먼 것은?
㉮ 활성화 에너지가 크다.
㉯ 공기 중에서 확산되기 쉽다.
㉰ 산소를 충분히 공급 받을 수 있다.
㉱ 분자의 운동이 활발하다.

풀이 활성화 에너지가 작아 연소가 유리하다.

08 위험물의 소화방법으로 적합하지 않은 것은?
㉮ 적린은 다량의 물로 소화한다.
㉯ 황화인의 소규모 화재 시에는 모래로 질식 소화한다.
㉰ 알루미늄분은 다량의 물로 소화한다.
㉱ 황의 소규모 화재 시에는 모래로 질식 소화한다.

풀이 알루미늄분 : 화재 시 물을 사용하면 폭발함.

09 위험물안전관리법령에서 정한 위험물의 유별 성질을 잘못 나타낸 것은?
㉮ 제1류 : 산화성　　　　　㉯ 제4류 : 인화성
㉰ 제5류 : 자기반응성　　　㉱ 제6류 : 가연성

정답　05.㉮　06.㉰　07.㉮　08.㉰　09.㉱

풀이 제6류 위험물 : 산화성

10 주된 연소의 형태가 나머지 셋과 다른 하나는?
㉮ 아연분 ㉯ 양초
㉰ 코크스 ㉱ 목탄

풀이 • 양초 : 분해연소
• 기타 : 표면연소

11 금속은 덩어리 상태보다 분말상태일 때 연소위험성이 증가하기 때문에 금속분을 제2류 위험물로 분류하고 있다. 연소위험성이 증가하는 이유로 잘못된 것은?
㉮ 비표면적이 증가하여 반응 면적이 증대되기 때문에
㉯ 비열이 증가하여 열의 축적이 용이하기 때문에
㉰ 복사열의 흡수율이 증가하여 열의 축적이 용이하기 때문에
㉱ 대전성이 증가하여 정전기가 발생되기 쉽기 때문에

풀이 ㉯는 해당 없음.

12 영하 20℃ 이하의 겨울철이나 한랭지에서 사용하기에 적합한 소화기는?
㉮ 분무주수소화기 ㉯ 봉상주수소화기
㉰ 물주수소화기 ㉱ 강화액소화기

풀이 강화액소화기 : 한랭지에서 사용이 적합한 소화기임.

13 다음 중 알칼리금속 과산화물 저장 창고에 화재가 발생하였을 때 가장 적합한 소화약제는?
㉮ 마른 모래 ㉯ 물
㉰ 이산화탄소 ㉱ 할론 1211

풀이 알칼리금속 과산화물 : 제1류 위험물로서 마른모래가 가장 적합함.

14 위험물안전관리법령상 제5류 위험물에 적응성이 있는 소화설비는?
㉮ 포소화설비 ㉯ 이산화탄소 소화설비
㉰ 할로겐화합물 소화설비 ㉱ 탄산수소염류 소화기

풀이 제5류 위험물 화재 시는 물 또는 포소화설비가 적응성이 있다.

정답 10.㉯ 11.㉯ 12.㉱ 13.㉮ 14.㉮

15 화재 시 이산화탄소를 방출하여 산소의 농도를 13vol%로 낮추어 소화를 하려면 공기 중의 이산화탄소는 몇 vol%가 되어야 하는가?

㉮ 28.1
㉯ 38.1
㉰ 42.86
㉱ 48.36

풀이 CO_2농도 $= \dfrac{21-O_2}{21} \times 100$ 이므로

$\dfrac{21-13}{21} \times 100 = 38.1$

16 소화전용물통 3개를 포함한 수조 80L의 능력단위는?

㉮ 0.3
㉯ 0.5
㉰ 1.0
㉱ 1.5

풀이 능력단위 1.5단위에 대한 설명임.

17 탄화칼슘과 물이 반응하였을 때 발생하는 가연성 가스의 연소범위에 가장 가까운 것은?

㉮ 2.1 ~ 9.5vol%
㉯ 2.5 ~ 81vol%
㉰ 4.1 ~ 74.2vol%
㉱ 15.0 ~ 28vol%

풀이 탄화칼슘(CaC_2) : 물과 반응하여 아세틸렌(2.5 ~ 81vol%)가스를 발생시킴.

18 위험물제조소등에 옥외소화전을 6개 설치할 경우 수원의 수량은 몇 m^3 이상이어야 하는가?

㉮ 48m^3 이상
㉯ 54m^3 이상
㉰ 60m^3 이상
㉱ 81m^3 이상

풀이 $Q = n \times q \times t$ 에서 $4 \times 450 \times 30 = 54000L = 54m^3$

19 위험물안전관리법령상 제조소 등의 화재예방과 재해발생시의 비상조치에 필요한 사항을 서면으로 작성하여 허가청에 제출하여야 한다. 이는 무엇에 관한 사항인가?

㉮ 예방규정
㉯ 소방계획서
㉰ 비상계획서
㉱ 화재영향평가서

풀이 화재예방 규정에 대한 설명임.

정답 15. ㉯ 16. ㉱ 17. ㉯ 18. ㉯ 19. ㉮

20 위험물안전관리법령상 압력수조를 이용한 옥내소화전설비의 가압송수장체에서 압력수조의 최소압력(MPa)은? (단, 소방용 호스의 마찰손실 수두압은 3MPa, 배관의 마찰손실 수두압은 1MPa, 낙차의 환산수두압은 1.35MPa이다.)

㉮ 5.35 ㉯ 5.70
㉰ 6.00 ㉱ 6.35

풀이 $P = p1 + p2 + p3 + 0.35$이므로 $3 + 1 + 1.35 + 0.35 = 5.70$

21 등유의 성질에 대한 설명 중 틀린 것은?

㉮ 증기는 공기보다 가볍다.
㉯ 인화점이 상온보다 높다.
㉰ 전기에 대해 불량도체이다.
㉱ 물보다 가볍다.

풀이 등유의 증기는 공기보다 무겁다.

22 다음 위험물 중 지정수량이 가장 작은 것은?

㉮ 니트로글리세린 ㉯ 과산화수소
㉰ 트리니트로톨루엔 ㉱ 피크린산

풀이 ㉮ 10kg ㉯ 300kg
㉰ 200kg ㉱ 200kg

23 적린의 일반적인 성질에 대한 설명으로 틀린 것은?

㉮ 비금속 원소이다.
㉯ 암적색의 분말이다.
㉰ 승화온도가 약 260℃이다.
㉱ 이황화탄소에 녹지 않는다.

풀이 적린의 발화점이 약 260℃이다.

24 이황화탄소 기체는 수소 기체보다 20℃, 1기압에서 몇 배 더 무거운가?

㉮ 11 ㉯ 22
㉰ 32 ㉱ 38

풀이 CS_2 중기비중 2.62, H_2 중기비중 0.069이므로 $\frac{2.62}{0.069} = 37.98 ≒ 38$

정답 20. ㉯ 21. ㉮ 22. ㉮ 23. ㉰ 24. ㉱

25 다음 중 물과 반응하여 가연성 가스를 발생하지 않는 것은?
㉮ 리튬 ㉯ 나트륨
㉰ 유황 ㉱ 칼슘

> 풀이 유황(S)은 물과 반응하지 않는다.

26 벤젠에 대한 설명으로 옳은 것은?
㉮ 휘발성이 강한 액체이다.
㉯ 물에 매우 잘 녹는다.
㉰ 증기의 비중은 1.5이다.
㉱ 순수한 것의 융점은 30℃이다.

> 풀이 벤젠 : 제4류 위험물 1석유류에 해당됨.

27 위험물안전관리법에서 정의하는 다음 용어는 무엇인가?

"인화성 또는 발화성 등의 성질을 가지는 것으로서 대통령령이 정하는 물품을 말한다."

㉮ 위험물 ㉯ 인화성물질
㉰ 자연발화성물질 ㉱ 가연물

> 풀이 위험물 정의에 대한 내용임.

28 다음 물질 중에서 위험물안전관리법상 위험물의 범위에 포함되는 것은?
㉮ 농도가 40중량퍼센트인 과산화수소 350kg
㉯ 비중이 1.40인 질산 350kg
㉰ 직경 2.5mm의 막대 모양인 마그네슘 500kg
㉱ 순도가 55중량퍼센트인 유황 50kg

> 풀이 • 질산 : 비중 1.49 이상
> • 마그네슘 : 지름 2mm의 체를 통과하는 것
> • 황 : 순도 60wt% 이상일 것

29 질화면을 강면약과 약면약으로 구분하는 기준은?
㉮ 물질의 경화도 ㉯ 수산기의 수
㉰ 질산기의 수 ㉱ 탄소 함유량

> 풀이 질산기의 수에 따라 강면약과 약면약으로 구분한다.

정답 25. ㉰ 26. ㉮ 27. ㉮ 28. ㉮ 29. ㉰

30 위험물 운반에 관한 사항 중 위험물안전관리법령에서 정한 내용과 틀린 것은?

㉮ 운반용기에 수납하는 위험물이 디에틸에테르이라면 운반 용기 중 최대 용적이 1L 이하라 하더라도 규정에 따른 품명, 주의사항 등 표시사항을 부착하여야 한다.
㉯ 운반용기에 담아 적재하는 물품이 황린이라면 파라핀 경우 등 보호액으로 채워 밀봉한다.
㉰ 운반용기에 담아 적재하는 물품이 알킬알루미늄이라면 운반용기의 내용적의 90% 이하의 수납률을 유지하여야 한다.
㉱ 기계에 의하여 하역하는 구조로 된 경질플라스틱제 운반용기는 제조된 때로부터 5년 이내의 것이어야 한다.

풀이 황린의 보호액은 물이며 물속에 보관한다.

31 비스코스레이온 원료로서, 비중이 약 1.3, 인화점이 약 −30℃이고, 연소 시 유독한 아황산가스를 발생시키는 위험물은?

㉮ 황린   ㉯ 이황화탄소
㉰ 테레핀유   ㉱ 장뇌유

풀이 이황화탄소에 해당되는 내용임.

32 위험물안전관리법령상 위험물 운송 시 제1류 위험물과 혼재 가능한 위험물은? (단, 지정수량의 10배를 초과하는 경우이다.)

㉮ 제2류 위험물   ㉯ 제3류 위험물
㉰ 제5류 위험물   ㉱ 제6류 위험물

풀이 제6류 위험물과는 혼재 가능함.

33 위험물 옥외저장탱크 중 압력탱크에 저장하는 디에틸에테르 등의 저장온도는 몇 ℃ 이하이어야 하는가?

㉮ 60   ㉯ 40
㉰ 30   ㉱ 15

풀이 압력탱크에 저장 시 40℃ 이하로 저장함.

34 주유취급소의 고정주유설비에서 펌프기기의 주유관 선단에서 최대 토출량으로 틀린 것은?

정답 30.㉯ 31.㉯ 32.㉱ 33.㉯ 34.㉱

㉮ 휘발유는 분당 50리터 이하
㉯ 경유는 분당 180리터 이하
㉰ 등유는 분당 80리터 이하
㉱ 제1석유류(휘발유 제외)는 분당 100리터 이하

풀이 제1석유류 : 분당 50리터 이하

35 에틸렌글리콜의 성질로 옳지 않은 것은?
㉮ 갈색의 액체로 방향성이 있고 쓴맛이 난다.
㉯ 물, 알코올 등에 잘 녹는다.
㉰ 분자량은 약 62이고, 비중은 약 1.1 이다.
㉱ 부동액의 원료로 사용한다.

풀이 에틸렌글리콜 : 무색으로 단맛이 있음.

36 제2류 위험물의 종류에 해당하지 않는 것은?
㉮ 마그네슘 ㉯ 고형알코올
㉰ 칼슘 ㉱ 안티몬분

풀이 칼슘(Ca) : 제3류 위험물, II등급

37 위험물저장소에서 다음과 같이 제3류 위험물을 저장하고 있는 경우 지정수량의 몇 배가 보관되어 있는가?

| - 칼륨 : 20kg | - 황린 : 40kg | - 칼슘의 탄화물 : 300kg |

㉮ 4 ㉯ 5
㉰ 6 ㉱ 7

풀이 $\dfrac{20}{10} + \dfrac{40}{20} + \dfrac{300}{300} = 5$

38 다음 중 제5류 위험물이 아닌 것은?
㉮ 니트로글리세린 ㉯ 니트로톨루엔
㉰ 니트로글리콜 ㉱ 트리니트로톨루엔

풀이 니트로톨루엔 : 제4류 위험물, 3석유류에 해당됨.

정답 35. ㉮ 36. ㉰ 37. ㉯ 38. ㉯

39
위험물을 저장할 때 필요한 보호물질을 옳게 연결한 것은?

㉮ 황린 - 석유
㉯ 금속칼륨 - 에탄올
㉰ 이황화탄소 - 물
㉱ 금속나트륨 - 산소

풀이 이황화탄소 : 특수인화물로서 물속에 보관함.

40
다음 중 "인화점 50℃"의 의미를 가장 옳게 설명한 것은?

㉮ 주변의 온도가 50℃ 이상이 되면 자발적으로 점화원 없이 발화한다.
㉯ 액체의 온도가 50℃ 이상이 되면 가연성 증기를 발생하여 점화원에 의해 인화한다.
㉰ 액체를 50℃ 이상으로 가열하면 발화한다.
㉱ 주변의 온도가 50℃일 경우 액체가 발화한다.

풀이 인화점 : 점화원에 의해 발화되는 온도

41
제1류 위험물 중의 과산화칼륨을 다음과 같이 반응시켰을 때 공통적으로 발생되는 기체는?

| ㉠ 물과 반응을 시켰다. | ㉡ 가열하였다. | ㉢ 탄산가스와 반응시켰다. |

㉮ 수소
㉯ 이산화탄소
㉰ 산소
㉱ 이산화황

풀이 과산화칼륨 : 물, 탄산가스 반응 및 가열로 인해 산소를 발생함.

42
위험물 이동저장탱크의 외부도장 색상으로 적합하지 않은 것은?

㉮ 제2류 - 적색
㉯ 제3류 - 청색
㉰ 제5류 - 황색
㉱ 제6류 - 회색

풀이 이동저장탱크의 외부도장
제1류 : 회색, 제2류 : 적색, 제3류 : 청색,
제5류 : 황색, 제6류 : 청색

43
과망간산칼륨의 위험성에 대한 설명 중 틀린 것은?

㉮ 진한 황산과 접촉하면 폭발적으로 반응한다.
㉯ 알코올, 에테르, 글리세린 등 유기물과 접촉을 금한다.
㉰ 가열하면 약 60℃에서 분해하여 수소를 방출한다.
㉱ 목탄, 황과 접촉 시 충격에 의해 폭발할 위험성이 있다.

정답 39. ㉰ 40. ㉯ 41. ㉰ 42. ㉱ 43. ㉰

풀이 과망간산칼륨 : 240℃에서 분해함.

44. 다음 중 제1류 위험물에 속하지 않는 것은?
㉮ 질산구아니딘
㉯ 과요오드산
㉰ 납 또는 요오드의 산화물
㉱ 염소화이소시아눌산

풀이 질산구아니딘 : 제5류 위험물

45. 질산의 비중이 1.5일 때 1소요단위는 몇 L인가?
㉮ 150
㉯ 200
㉰ 1500
㉱ 2000

풀이 위험물 1소요단위는 지정수량 10배마다 이므로 $300 \times 10 = 3000$

$$\frac{3000}{1.5} = 2000L$$

46. 질산메틸에 대한 설명 중 틀린 것은?
㉮ 액체 형태이다.
㉯ 물보다 무겁다.
㉰ 알코올에 녹는다.
㉱ 중기는 공기보다 가볍다.

풀이 중기는 공기보다 무겁다.

47. 삼황화린의 연소 시 발생하는 가스에 해당하는 것은?
㉮ 이산화황
㉯ 황화수소
㉰ 산소
㉱ 인산

풀이 $P_4S_3 + 8O_2 \rightarrow 2P_2O_5 \uparrow + 3SO_2$

48. 다음 위험물 중 발화점이 가장 낮은 것은?
㉮ 피크린산
㉯ TNT
㉰ 과산화벤조일
㉱ 니트로셀룰로오스

풀이 ㉮ 300℃ ㉯ 300℃
　　　㉰ 125℃ ㉱ 160℃

정답 44.㉮ 45.㉱ 46.㉱ 47.㉮ 48.㉰

49 건축물 외벽이 내화구조이며 연면적 300m²인 위험물 옥내저장소의 건축물에 대하여 소화설비의 소화능력 단위는 최소한 몇 단위 이상이 되어야 하는가?

㉮ 1단위 ㉯ 2단위
㉰ 3단위 ㉱ 4단위

풀이 외벽의 내화구조 : 150m²를 1소요단위로 함.

50 위험물안전관리법령상 위험물의 운반에 관한 기준에 따르면 알코올류의 위험등급은 얼마인가?

㉮ 위험등급 Ⅰ   ㉯ 위험등급 Ⅱ
㉰ 위험등급 Ⅲ   ㉱ 위험등급 Ⅳ

풀이 알코올류 : 위험등급 Ⅱ

51 다음 ( ) 안에 알맞은 수치를 차례대로 옳게 나열한 것은?

"위험물 암반 탱크의 공간 용적은 당해 탱크 내의 용출하는 ( )일간의 지하수 양에 상당하는 용적과 당해 탱크 내용적의 100분의 ( )의 용적 중에서 보다 큰 용적을 공간 용적으로 한다."

㉮ 1, 1   ㉯ 7, 1
㉰ 1, 5   ㉱ 7, 5

풀이 암반 탱크의 공간 용적에 대한 설명임.

52 HNO_3에 대한 설명으로 틀린 것은?

㉮ Al, Fe은 진한 질산에서 부동태를 생성해 녹지 않는다.
㉯ 질산과 염산을 3 : 1 비율로 제조한 것을 왕수라고 한다.
㉰ 부식성이 강하고 흡습성이 있다.
㉱ 직사광선에서 분해하여 NO_2를 발생한다.

풀이 왕수 : 염산과 질산을 3 : 1 비율로 제조한 것

53 지정수량 20배 이상의 제1류 위험물을 저장하는 옥내저장소에서 내화구조로 하지 않아도 되는 것은? (단, 원칙적인 경우에 한한다.)

㉮ 바닥   ㉯ 보
㉰ 기둥   ㉱ 벽

정답 49.㉯ 50.㉯ 51.㉯ 52.㉯ 53.㉯

풀이 보는 제외됨.

54 위험물안전관리법령상 다음 (   ) 안에 알맞은 수치는?

> 옥내저장소에서 위험물을 저장하는 경우 기계에 의하여 하역하는 구조로 된 용기만을 겹쳐 쌓는 경우에 있어서는 (   )미터 높이를 초과하여 용기를 겹쳐 쌓지 아니하여야 한다.

㉮ 2　　　　　　　　　　　㉯ 4
㉰ 6　　　　　　　　　　　㉱ 8

풀이 기계에 의한 하역의 경우 6m를 초과하지 말아야 한다.

55 칼륨의 화재 시 사용 가능한 소화제는?
㉮ 물　　　　　　　　　　㉯ 마른 모래
㉰ 이산화탄소　　　　　　㉱ 사염화탄소

풀이 칼륨 : 제3류 위험물로서 마른 모래로 소화함.

56 위험물안전관리법령에 따른 제3류 위험물에 대한 화재예방 또는 소화의 대책으로 틀린 것은?
㉮ 이산화탄소, 할로겐화합물, 분말소화약제를 사용하여 소화한다.
㉯ 칼륨은 석유, 등유 등의 보호액 속에 보관한다.
㉰ 알킬알루미늄은 헥산, 톨루엔 등 탄화수소용제를 희석제로 사용한다.
㉱ 알킬알루미늄, 알킬리튬을 저장하는 탱크에는 불활성가스의 봉입장치를 설치한다.

풀이 제3류 위험물 화재 시 이산화탄소, 할로겐화합물 소화약제를 사용 시 폭발함.

57 위험물안전관리법령에 따라 위험물 운반을 위해 적재하는 경우 제4류 위험물과 혼재가 가능한 액화석유가스 또는 압축천연가스의 용기 내용적은 몇 L 미만인가?
㉮ 120　　　　　　　　　　㉯ 150
㉰ 180　　　　　　　　　　㉱ 200

풀이 액화석유가스(LPG) 또는 압축천연가스(LNG)의 용기 내용적 120L 미만인 경우 가능함.

정답　54. ㉰　55. ㉯　56. ㉮　57. ㉮

58 위험물을 유별로 정리하여 상호 1m 이상의 간격을 유지하는 경우에도 동일한 옥내저장소에 저장할 수 없는 것은?

㉮ 제1류 위험물(알칼리금속의 과산화물 또는 이를 함유한 것을 제외한다)과 제5류 위험물
㉯ 제1류 위험물과 제6류 위험물
㉰ 제1류 위험물과 제3류 위험물 중 황린
㉱ 인화성 고체를 제외한 제2류 위험물과 제4류 위험물

[풀이] 제2류 위험물 중 인화성고체와 제4류 위험물은 혼재 가능함.

59 위험물의 지정수량이 틀린 것은?

㉮ 과산화칼륨 : 50kg
㉯ 질산나트륨 : 50kg
㉰ 과망간산나트륨 : 1000kg
㉱ 중크롬산암모늄 : 1000kg

[풀이] 질산나트륨 : 제1류 위험물, 지정수량 300kg

60 공기 중에서 산소와 반응하여 과산화물을 생성하는 물질은?

㉮ 디에틸에테르　　　　　㉯ 이황화탄소
㉰ 에틸알코올　　　　　　㉱ 과산화나트륨

[풀이] 디에틸에테르 : 특수인화물로서 공기중에 노출시 과산화물을 생성함.

정답　　58. ㉱　59. ㉯　60. ㉮

위험물기능사 기출문제 04 — 2014년 10월 11일 시행

01 제조소 등의 소요단위 신청 시 위험물은 지정수량의 몇 배를 1소요 단위로 하는가?
㉮ 5배
㉯ 10배
㉰ 20배
㉱ 50배

풀이 위험물 1 소요단위 : 지정수량 10배

02 다음 중 알킬알루미늄의 소화방법으로 가장 적합한 것은?
㉮ 팽창질석에 의한 소화
㉯ 알코올포에 의한 소화
㉰ 주수에 의한 소화
㉱ 산·알칼리 소화약제에 의한 소화

풀이 알킬알루미늄 : 팽창질석 또는 팽창진주암으로 소화함.

03 다음 물질 중 분진폭발의 위험이 가장 낮은 것은?
㉮ 마그네슘가루
㉯ 아연가루
㉰ 밀가루
㉱ 시멘트가루

풀이 시멘트가루 : 생석회로서 폭발위험이 낮음.

04 위험물안전관리법령상 제5류 위험물의 화재 발생 시 적응성이 있는 소화설비는?
㉮ 분말소화설비
㉯ 물분무소화설비
㉰ 이산화탄소소화설비
㉱ 할로겐화합물소화설비

풀이 제5류 위험물 : 물에 의한 냉각소화가 효과적임.

05 다음 중 제4류 위험물의 화재에 적응성이 없는 소화기는?
㉮ 포소화기
㉯ 봉상수소화기
㉰ 인산염류소화기
㉱ 이산화탄소소화기

풀이 제4류 위험물 : 물 주수소화는 금지함.

정답 01.㉯ 02.㉮ 03.㉱ 04.㉯ 05.㉯

06
위험물안전관리법령상 자동화재탐지설비의 경계구역 하나의 면적은 몇 m^2이어야 하는가? (단, 원칙적인 경우에 한한다.)

㉮ 250 ㉯ 300
㉰ 400 ㉱ 600

풀이 자동화재탐지설비 경계구역 : $600m^2$

07
플래시오버(Flash Over)에 대한 설명으로 옳은 것은?

㉮ 대부분 화재 초기(발화기)에 발생한다.
㉯ 대부분 화재 종기(쇠퇴기)에 발생한다.
㉰ 내장재의 종류와 개구부의 크기에 영향을 받는다.
㉱ 산소의 공급이 주요 요인이 되어 발생한다.

풀이 플래시오버 : 화재 최성기로 가는 과정으로 내장재의 종류와 개구부의 크기 등에 영향을 받음.

08
충격이나 마찰에 민감하고 가수분해 반응을 일으키는 단점을 가지고 있어 이를 개선하여 다이너마이트를 발명하는 데 주원료로 사용한 위험물은?

㉮ 셀룰로이드 ㉯ 니트로글리세린
㉰ 트리니트로톨루엔 ㉱ 트리니트로페놀

풀이 니트로글리세린(NG) : 제5류 위험물로서 다이너마이트의 주원료임.

09
다음은 어떤 화합물의 구조식 인가?

㉮ 할론 1301
㉯ 할론 1201
㉰ 할론 1011
㉱ 할론 2402

$$\begin{array}{c} Cl \\ | \\ H-C-H \\ | \\ Br \end{array}$$

풀이 할론 1011의 구조식임.

10
위험물안전관리법령상 제4류 위험물을 지정수량의 3천 배 초과 4천 배 이하로 저장하는 옥외탱크저장소의 보유공지는 얼마인가?

㉮ 6m 이상 ㉯ 9m 이상
㉰ 12m 이상 ㉱ 15m 이상

풀이 지정수량 3천 배 ~ 4천 배 : 공지너비 15m 이상

정답 06.㉱ 07.㉰ 08.㉯ 09.㉰ 10.㉱

11. 다음 중 분말소화약제를 방출시키기 위해 주로 사용되는 가압용 가스는?

㉮ 산소 ㉯ 질소
㉰ 헬륨 ㉱ 아르곤

풀이 방출용 가스 : 질소(N_2)

12. 연소의 연쇄반응을 차단 및 억제하여 소화하는 방법은?

㉮ 냉각소화 ㉯ 부촉매소화
㉰ 질식소화 ㉱ 제거소화

풀이 부촉매소화 : 연소시 연쇄반응을 차단함.

13. 위험물안전관리법령상 위험등급 Ⅰ의 위험물로 옳은 것은?

㉮ 무기과산화물 ㉯ 황화린, 적린, 유황
㉰ 제1석유류 ㉱ 알코올류

풀이 무기과산화물 : 제1류 위험물로서 위험등급 Ⅰ에 해당됨.

14. 소화기 속에 압축되어 있는 이산화탄소 1.1kg을 표준상태에서 분사하였다. 이산화탄소의 부피는 몇 m^3가 되는가?

㉮ 0.56 ㉯ 5.6
㉰ 11.2 ㉱ 24.6

풀이 $V = \dfrac{nRT}{P}$ 에서

$$\dfrac{(1100/44) \times 0.082 \times 273}{1} = 559.6L$$

∴ $0.56\,m^3$

15. 위험물안전관리법령상 자동화재탐지설비를 설치하지 않고 비상경보설비로 대신할 수 있는 것은?

㉮ 일반취급소로서 연면적 $600m^2$인 것
㉯ 지정수량 20배를 저장하는 옥내저장소로서 처마높이가 8m인 단층건물
㉰ 단층건물 외에 건축물에 설치된 지정수량 15배의 옥내탱크저장소로서 소화난이도등급 Ⅱ에 속하는 것
㉱ 지정수량 20배를 저장 취급하는 옥내주유취급소

풀이 ㉰의 경우 비상경보설비로 대신할 수 있음.

정답 11. ㉯ 12. ㉯ 13. ㉮ 14. ㉮ 15. ㉰

16
양초, 고급알코올 등과 같은 연료의 가장 일반적인 연소형태는?

㉮ 분무연소 ㉯ 증발연소
㉰ 표면연소 ㉱ 분해연소

[풀이] 양초, 고급알코올 : 증발연소

17
BCF(Bromochlorodifluoromethane) 소화약제의 화학식으로 옳은 것은?

㉮ CCl_4 ㉯ CH_2ClBr
㉰ CF_3Br ㉱ CF_2ClBr

[풀이] BCF : 할론 1211

18
제2류 위험물인 마그네슘에 대한 설명으로 옳지 않은 것은?

㉮ 2mm 체를 통과한 것만 위험물에 해당된다.
㉯ 화재시 이산화탄소 소화약제로 소화가 가능하다.
㉰ 가연성 고체로 산소와 반응하여 산화반응을 한다.
㉱ 주수소화를 하면 가연성의 수소가스가 발생한다.

[풀이] 마그네슘 : 화재시 이산화탄소를 사용하면 폭발함.

19
다음은 위험물안전관리법령에 따른 판매취급소에 대한 정의이다. ( )에 알맞은 말은?

> 판매취급소라 함은 점포에서 위험물을 용기에 담아 판매하기 위하여 지정수량의 (ⓐ)배 이하의 위험물을 (ⓑ)하는 장소

㉮ ⓐ 20 ⓑ 취급 ㉯ ⓐ 40 ⓑ 취급
㉰ ⓐ 20 ⓑ 저장 ㉱ ⓐ 40 ⓑ 저장

[풀이] 판매취급소에 관한 설명임.

20
취급하는 제4류 위험물의 수량이 지정수량의 30만 배인 일반취급소가 있는 사업장에 자체소방대를 설치함에 있어서 전체 화학소방차 중 포수용액을 방사하는 화학소방차는 몇 대 이상 두어야 하는가?

㉮ 필수적인 것은 아니다. ㉯ 1
㉰ 2 ㉱ 3

풀이 포수용액을 방사하는 화학소방차 : 지정수량에 의한 화학소방차 대수의 $\frac{2}{3}$ 이상으로 하므로 $3 \times \frac{2}{3} = 2$로 2대가 필요함.

21. 다음 ( ) 안에 적합한 숫자를 차례대로 나열한 것은?

자연발화성물질 중 알킬알루미늄 등은 운반용기의 내용적의 ( )% 이하의 수납률로 수납하되, 50℃의 온도에서 ( )% 이상의 공간용적을 유지하도록 할 것

㉮ 90, 5　　　㉯ 90, 10
㉰ 95, 5　　　㉱ 95, 10

풀이 알킬알루미늄의 운반용기 수납률에 대한 설명임.

22. 정전기로 인한 재해방지대책 중 틀린 것은?

㉮ 접지를 한다.
㉯ 실내를 건조하게 유지한다.
㉰ 공기 중의 상대습도를 70% 이상으로 유지한다.
㉱ 공기를 이온화한다.

풀이 실내 건조시 정전기 발생이 증가한다.

23. 삼황화린의 연소 생성물을 옳게 나열한 것은?

㉮ P_2O_5, SO_2
㉯ P_2O_5, H_2S
㉰ H_3PO_4, SO_2
㉱ H_3PO_4, H_2S

풀이 삼황화린은 연소시 오산화인(P_2O_5)과 이산화황(SO_2)을 발생한다.

24. 제3류 위험물에 해당하는 것은?

㉮ 유황　　　㉯ 적린
㉰ 황린　　　㉱ 삼황화린

풀이
- 황린(P4) : 제3류 위험물
- 기타 : 제2류 위험물

정답 21.㉮　22.㉯　23.㉮　24.㉰

25 제5류 위험물 중 니트로화합물의 지정수량을 옳게 나타낸 것은?
㉮ 10kg   ㉯ 100kg
㉰ 150kg   ㉱ 200kg

풀이 니트로화합물 : 지정수량 200kg

26 과염소산칼륨의 성질에 대한설명 중 틀린 것은?
㉮ 무색, 무취의 결정으로 물에 잘 녹는다.
㉯ 화학식은 $KClO_4$이다.
㉰ 에탄올, 에테르에는 녹지 않는다.
㉱ 화학, 폭약, 섬광제 등에 쓰인다.

풀이 과염소산칼륨 : 제1류 위험물로서 물에 잘녹지 않음.

27 0.99atm, 55℃에서 이산화탄소의 밀도는 약 몇 g/L인가?
㉮ 0.62   ㉯ 1.62
㉰ 9.65   ㉱ 12.65

풀이 $\sigma = \dfrac{PM}{RT}$ 에서, $\dfrac{0.99 \times 44}{0.082 \times (273+55)} = 1.62$

28 위험물안전관리법령에서 정한 제5류 위험물 이동저장탱크의 외부 도장 색상은?
㉮ 황색   ㉯ 회색
㉰ 적색   ㉱ 청색

풀이 제5류 위험물 : 황색

29 제조소 등의 관계인이 예방규정을 정하여야 하는 제조소 등이 아닌 것은?
㉮ 지정수량 100배의 위험물을 저장하는 옥외탱크저장소
㉯ 지정수량 150배의 위험물을 저장하는 옥내저장소
㉰ 지정수량 10배의 위험물을 취급하는 제조소
㉱ 지정수량 5배의 위험물을 취급하는 이송취급소

풀이 옥외탱크저장소 : 지정수량 200배

30 위험물안전관리법령상 제5류 위험물의 공통된 취급방법으로 옳지 않은 것은?
㉮ 용기의 파손 및 균열에 주의한다.

정답 25. ㉱ 26. ㉮ 27. ㉯ 28. ㉮ 29. ㉮ 30. ㉰

㈑ 저장시 과열, 충격, 마찰을 피한다.
㈒ 운반용기 외부에 주의사항으로 "화기주의" 및 "물기엄금"을 표기한다.
㈓ 불티, 불꽃, 고온체와의 접근을 피한다.

풀이 제5류 위험물 : 화기엄금 및 충격주의

31 다음 중 황 분말과 혼합했을 때 가열 또는 충격에 의해서 폭발할 위험이 가장 높은 것은?
㉮ 질산암모늄 ㉯ 물
㉰ 이산화탄소 ㉱ 마른 모래

풀이 질산암모늄 : 제1류 위험물 산화성 고체로서 황분말과 혼합시 점화원에 의해 폭발함.

32 다음은 위험물안전관리법령에서 정한 내용이다. ( ) 안에 알맞은 용어는?

( )라 함은 고형알코올 그 밖에 1기압에서 인화점이 섭씨 40도 미만인 고체를 말한다.

㉮ 가연성고체 ㉯ 산화성고체
㉰ 인화성고체 ㉱ 자기반응성고체

풀이 제2류 위험물 인화성고체에 대한 설명임.

33 유별을 달리하는 위험물을 운반할 때 혼재할 수 있는 것은? (단, 지정수량의 1/10을 넘는 양을 운반하는 경우이다.)
㉮ 제1류와 제3류 ㉯ 제2류와 제4류
㉰ 제3류와 제5류 ㉱ 제4류와 제6류

풀이 제2류 위험물과 4류, 5류 위험물은 혼재가 가능하다.

34 그림의 원통형 종으로 설치된 탱크에서 공간용적을 내용적의 10%라고 하면 탱크용량(허가용량)은 약 얼마인가?
㉮ 113.04
㉯ 124.34
㉰ 129.06
㉱ 138.16

풀이 탱크용량 = $\pi \times r^2 \times l$ 에서
$3.14 \times 2^2 \times 10 \times 0.9 = 113.04$

정답 31. ㉮ 32. ㉰ 33. ㉯ 34. ㉮

35
제4류 위험물에 속하지 않는 것은?
- ㉮ 아세톤
- ㉯ 실린더유
- ㉰ 트리니트로톨루엔
- ㉱ 니트로벤젠

풀이 트리니트로톨루엔(TNT) : 제5류 위험물

36
자기반응성 물질인 제5류 위험물에 해당하는 것은?
- ㉮ $CH_3(C_6H_4)NO_2$
- ㉯ CH_3COCH_3
- ㉰ $C_6H_2(NO_2)_3OH$
- ㉱ $C_6H_5NO_2$

풀이
- 트리니트로페놀(TNP) : 제5류 위험물
- 기타 : 제4류 위험물

37
경유 2000L, 글리세린 2000L를 같은 장소에 저장하려 한다. 지정수량의 배수의 합은 얼마인가?
- ㉮ 2.5
- ㉯ 3.0
- ㉰ 3.5
- ㉱ 4.0

풀이 $\dfrac{2000}{1000} + \dfrac{2000}{4000} = 2.5$

38
제2석유류에 해당하는 물질로만 짝지워진 것은?
- ㉮ 등유, 경유
- ㉯ 등유, 중유
- ㉰ 글리세린, 기계유
- ㉱ 글리세린, 장뇌유

풀이 제2석유류 : 등유, 경유

39
과망간산칼륨의 위험성에 대한 설명으로 틀린 것은?
- ㉮ 황산과 격렬하게 반응한다.
- ㉯ 유기물과 혼합 시 위험성이 증가한다.
- ㉰ 고온으로 가열하면 분해하여 산소와 수소를 방출한다.
- ㉱ 목탄, 황 등 환원성 물질과 격리하여 저장해야 한다.

풀이 과망간산칼륨 : 제1류 위험물, 고온에서 열분해시 산소를 방출함.

40
다음 중 지정수량이 나머지 셋과 다른 물질은?

정답 35.㉰ 36.㉰ 37.㉮ 38.㉮ 39.㉰ 40.㉰

㉮ 황화린 ㉯ 적린
㉰ 칼슘 ㉱ 유황

> **풀이**
> • 칼슘 : 50kg
> • 기타 : 100kg

41 위험물의 품명이 질산염류에 속하지 않는 것은?
㉮ 질산메틸 ㉯ 질산칼륨
㉰ 질산나트륨 ㉱ 질산암모늄

> **풀이** 질산메틸 : 제5류 위험물, 질산에스테르류

42 위험물과 그 보호액 또는 안정제의 연결이 틀린 것은?
㉮ 황린 - 물 ㉯ 인화석회 - 물
㉰ 금속칼륨 - 등유 ㉱ 알킬알루미늄 - 헥산

> **풀이** 인화석회(Ca_3P_2) : 물과 반응하여 독성의 포스핀가스(PH_3)를 발생함.

43 위험물안전관리법령상 염소화이소시아눌산은 제 몇 류 위험물인가?
㉮ 제1류 ㉯ 제2류
㉰ 제5류 ㉱ 제6류

> **풀이** 염소화이소시아눌산 : 제1류 위험물

44 경유에 대한 설명으로 틀린 것은?
㉮ 물에 녹지 않는다. ㉯ 비중은 1 이하이다.
㉰ 발화점이 인화점보다 높다. ㉱ 인화점은 상온 이하이다.

> **풀이** 경유 인화점은 50~70℃로 상온 이상이다.

45 다음은 위험물안전관리법령상 이동탱크저장소에 설치하는 게시판의 설치기준에 관한 내용이다. ( ) 안에 해당하지 않는 것은?

> 이동저장탱크의 뒷면 중 보기 쉬운 곳에는 해당 탱크에 저장 또는 취급하는 위험물의 ( )·( )·( ) 및 적재중량을 게시한 게시판을 설치하여야 한다.

㉮ 최대수량 ㉯ 품명
㉰ 유별 ㉱ 관리자명

정답 41. ㉮ 42. ㉯ 43. ㉮ 44. ㉱ 45. ㉱

풀이 관리자명은 해당 없음.

46 다음 중 인화점이 0℃ 보다 작은 것은 모두 몇 개인가?

$C_2H_5OC_2H_5$, CS_2, CH_3CHO

㉮ 0개 ㉯ 1개
㉰ 2개 ㉱ 3개

풀이
- $C_2H_5OC_2H_5$: −45℃
- CS_2 : −30℃
- CH_3CHO : −38℃

47 니트로셀룰로오스의 저장방법으로 올바른 것은?

㉮ 물이나 알코올로 습윤 시킨다.
㉯ 에탄올과 에테르 혼액에 침윤시킨다.
㉰ 수은염을 만들어 저장한다.
㉱ 산에 용해시켜 저장한다.

풀이 니트로셀룰로오스(NC) : 물이나 알코올로 적셔서 저장함.

48 위험물안전관리법령상 옥내소화전설비의 설치기준에서 옥내소화전은 제조소등의 건축물의 층마다 해당 층의 각 부분에서 하나의 호스접속구까지의 수평거리가 몇 m 이하가 되도록 설치하여야 하는가?

㉮ 5 ㉯ 10
㉰ 15 ㉱ 25

풀이 옥내소화전 : 호스 접속구 수평거리 25m 이하

49 유기과산화물의 저장 또는 운반 시 주의사항으로서 옳은 것은?

㉮ 일광이 드는 건조한 곳에 저장한다.
㉯ 가능한 한 대용량으로 저장한다.
㉰ 알코올류 등 제4류 위험물과 혼재하여 운반할 수 있다.
㉱ 산화제이므로 다른 강산화제와 같이 저장해도 좋다.

풀이 유기과산화물 : 제5류 위험물, 제4류 위험물과 혼재·운반 가능함.

46. ㉱ 47. ㉮ 48. ㉱ 49. ㉰

50 지하탱크저장소에 대한 설명으로 옳지 않은 것은?
㉮ 탱크전용실 벽의 두께는 0.3m 이상이어야 한다.
㉯ 지하저장탱크의 윗부분은 지면으로부터 0.6m 이상 아래에 있어야 한다.
㉰ 지하저장탱크와 탱크전용실 안쪽과의 간격은 0.1m 이상의 간격을 유지한다.
㉱ 지하저장탱크에는 두께 0.1m 이상의 철근콘크리트조로 된 뚜껑을 설치한다.

풀이 철근콘크리트조로 된 뚜껑 : 두께 0.3m 이상

51 황린의 위험성에 대한 설명으로 틀린 것은?
㉮ 공기 중에서 자연발화의 위험성이 있다.
㉯ 연소 시 발생되는 증기는 유독하다.
㉰ 화학적 활성이 커서 CO_2, H_2O와 격렬히 반응한다.
㉱ 강알칼리 용액과 반응하여 독성 가스를 발생한다.

풀이 황린(P_4) : CO_2, H_2O과의 반응성은 없음.

52 니트로셀룰로오스 5kg과 트리니트로페놀을 함께 저장하려고 한다. 이때 지정수량 1배로 저장하려면 트리니트로페놀을 몇 kg 저장하여야 하는가?
㉮ 5
㉯ 10
㉰ 50
㉱ 100

풀이 $\frac{5}{10} + \frac{100}{200} = 1$

53 다음 중 위험물안전관리법령에서 정한 제3류 위험물 금수성 물질의 소화설비로 적응성이 있는 것은?
㉮ 이산화탄소소화설비
㉯ 할로겐화합물소화설비
㉰ 인산염류 등 분말소화설비
㉱ 탄산수소염류 등 분말소화설비

풀이 제3류 위험물 금수성물질 : 탄산수소염류 소화설비가 효과적임.

54 다음 설명 중 제2석유류에 해당하는 것은? (단, 1기압 상태이다.)
㉮ 착화점이 21℃ 미만인 것
㉯ 착화점이 30℃ 이상 50℃ 미만인 것
㉰ 인화점이 21℃ 이상 70℃ 미만인 것
㉱ 인화점이 21℃ 이상 90℃ 미만인 것

정답 50.㉱ 51.㉰ 52.㉱ 53.㉱ 54.㉰

[풀이] 제2석유류 : 인화점이 21℃ 이상 70℃ 미만인 것

55 질산암모늄의 일반적 성질에 대한 설명 중 옳은 것은?
㉮ 불안정 물질이고 물에 녹을 때는 흡열반응을 나타낸다.
㉯ 물에 대한 용해도 값이 매우 작아 물에 거의 불용이다.
㉰ 가열시 분해하여 수소를 발생한다.
㉱ 과일향의 냄새가 나는 적갈색 비결정체이다.

[풀이] 질산암모늄(NH_4NO_3) : 폭발성을 가지며 불안정하고, 물에 녹을 때 흡열 반응함.

56 아염소산염류 500kg과 질산염류 3000kg을 함께 저장하는 경우 위험물의 소요단위는 얼마인가?
㉮ 2 ㉯ 4
㉰ 6 ㉱ 8

[풀이] $\dfrac{500}{50\times10} + \dfrac{3000}{300\times10} = 2$

57 유황에 대한 설명으로 옳지 않은 것은?
㉮ 연소 시 황색 불꽃을 보이며 유독한 이황화탄소를 발생한다.
㉯ 미세한 분말상태에서 부유하면 분진폭발의 위험이 있다.
㉰ 마찰에 의해 정전기가 발생할 우려가 있다.
㉱ 고온에서 용융된 유황은 수소와 반응한다.

[풀이] 유황은 연소 시 푸른 불꽃을 보이며 유독한 이산화황(SO_2) 가스를 발생한다.

58 위험물의 저장 및 취급방법에 대한 설명으로 틀린 것은?
㉮ 적린은 화기와 멀리하고 가열, 충격이 가해지지 않도록 한다.
㉯ 이황화탄소는 발화점이 낮으므로 물속에 저장한다.
㉰ 마그네슘은 산화제와 혼합되지 않도록 취급한다.
㉱ 알루미늄분은 분진폭발의 위험이 있으므로 분무 주수하여 저장한다.

[풀이] 알루미늄분 : 분진폭발 위험이 매우 크며 물과 반응하여 수소가스를 발생함.

정답 55. ㉮ 56. ㉮ 57. ㉮ 58. ㉱

59 과산화벤조일(벤조일퍼옥사이드)에 대한 설명 중 틀린 것은?

㉮ 환원성 물질과 격리하여 저장한다.
㉯ 물에 녹지 않으나 유기용매에 녹는다.
㉰ 희석제로 묽은 질산을 사용한다.
㉱ 결정성의 분말형태이다.

풀이 희석제로 프탈산메틸, 프탈산디부틸 등을 사용한다.

60 위험물안전관리법령에 따른 위험물의 운송에 관한 설명 중 틀린 것은?

㉮ 알킬리튬과 알킬알루미늄 또는 이 중 어느 하나 이상을 함유한 것은 운송책임자의 감독·지원을 받아야 한다.
㉯ 이동탱크저장소에 의하여 위험물을 운송할 때의 운송책임자에는 법정의 교육을 이수하고 관련 업무에 2년 이상 경력이 있는 자도 포함된다.
㉰ 서울에서 부산까지 금속의 인화물 300kg을 1명의 운전자가 휴식 없이 운송해도 규정위반이 아니다.
㉱ 운송책임자의 감독 또는 지원 방법에는 동승하는 방법과 별도의 사무실에서 대기하면서 규정된 사항을 이행하는 방법이 있다.

풀이 위험물 운송 : 장거리(고속도로 340km, 기타 200km 이상)운행시 2인 이상의 운전자로 함.

정답 59. ㉰ 60. ㉰

위·험·물·기·능·사·과·년·도
기출문제

위험물기능사

2015년 기출문제

위험물기능사 기출문제 01 — 2015년 1월 25일 시행

01 건조사와 같은 불연성 고체로 가연물을 덮는 것은 어떤 소화에 해당되는가?
㉮ 제거소화
㉯ 질식소화
㉰ 냉각소화
㉱ 억제소화

풀이 질식소화에 대한 설명임.

02 과산화칼륨의 저장창고에서 화재가 발생하였다. 다음 중 가장 적합한 소화약제는?
㉮ 물
㉯ 이산화탄소
㉰ 마른 모래
㉱ 염산

풀이 과산화칼륨(K_2O_2) : 제1류 위험물로서 마른 모래가 가장 적합함.

03 위험물 안전관리법령에 따른 스프링클러헤드의 설치방법에 대한 설명으로 옳지 않는 것은?
㉮ 개방형 헤드는 반사판으로부터 하방으로 0.45m, 수평방향으로 0.3m의 공간을 보유할 것
㉯ 폐쇄형 헤드는 가연성물질 수납 부분에 설치 시 반사판으로부터 하방으로 0.9m, 수평 방향으로 0.4m의 공간을 확보할 것
㉰ 폐쇄형 헤드 중 개구부에 설치하는 것은 해당 개구부의 상단으로부터 높이 0.15m 이내의 벽면에 설치할 것
㉱ 폐쇄형 헤드 설치 시 급배기용 덕트의 긴변의 길이가 1.2m를 초과하는 것이 있는 경우에는 해당 덕트의 윗부분에만 헤드를 설치할 것

풀이 급배기용 덕트의 긴변의 길이가 1.2m를 초과하는 것이 있는 경우 : 당해 덕트 등의 아랫면에도 스프링클러헤드를 설치할 것

04 할로겐화합물의 소화약제 중 할론 2402의 화학식은?
㉮ $C_2Br_4F_2$
㉯ $C_2Cl_4F_2$
㉰ $C_2Cl_4Br_2$
㉱ $C_2F_4Br_2$

정답 01.㉯ 02.㉰ 03.㉱ 04.㉱

> **풀이** 할론 2 4 0 2
>   ⓐ ⓑ ⓒ ⓓ
> ⓐ : C(탄소)   ⓑ : F(불소)
> ⓒ : Cl(염소)   ⓓ : Br(브롬)

05 Mg, Na의 화재에 이산화탄소 소화기를 사용하였다. 화재현장에서 발생되는 현상은?
 ㉮ 이산화탄소가 부착면을 만들어 질식소화된다.
 ㉯ 이산화탄소가 방출되어 냉각소화 된다.
 ㉰ 이산화탄소가 Mg, Na과 반응하여 화재가 확대된다.
 ㉱ 부촉매 효과에 의해 소화된다.

> **풀이** 금속화재에 이산화탄소 소화기를 사용 시 폭발함.

06 금속칼륨과 나트륨은 어떻게 보관하여야 하는가?
 ㉮ 공기 중에 노출하여 보관함.
 ㉯ 물속에 넣어서 밀봉하여 보관함.
 ㉰ 석유 속에 넣어서 밀봉하여 보관함.
 ㉱ 그늘지고 통풍이 잘되는 곳에 산소분위기에서 보관함.

> **풀이** 금속칼륨, 금속나트륨 : 석유류 속에 보관함.

07 알코올류 20000L에 대한 소화설비 설치 시 소요단위는?
 ㉮ 5   ㉯ 10
 ㉰ 15   ㉱ 20

> **풀이** 위험물 1소요 단위는 지정수량 10배마다이므로
> $400 \times 10 = 4000$
> $\dfrac{20000}{4000} = 5$

08 위험물제조소 등에 설치하는 고정식의 포 소화설비의 기준에서 포헤드 방식의 포헤드는 방호대상물의 표면적 몇 m^2당 1개의 헤드를 설치하여야 하는가?
 ㉮ 3   ㉯ 9
 ㉰ 15   ㉱ 30

> **풀이** 포헤드 방식 : 표면적 $9m^2$당 1개의 헤드를 설치

정답　05. ㉰　06. ㉰　07. ㉮　08. ㉯

09 위험물안전관리법령상 제2류 위험물 중 지정수량이 500kg인 물질에 의한 화재는?
- ㉮ A급 화재
- ㉯ B급 화재
- ㉰ C급 화재
- ㉱ D급 화재

풀이 지정수량 500kg : 철분, 마그네슘, 금속분류로 D급 화재임.

10 위험물안전관리법령상 제3류 위험물 중 금수성 물질의 화재에 적응성이 있는 소화설비는?
- ㉮ 탄산수소염류의 분말소화설비
- ㉯ 이산화탄소소화설비
- ㉰ 할로겐화합물소화설비
- ㉱ 인산염류의 분말소화설비

풀이 금수성 물질 : 탄산수소염류의 분말소화설비

11 위험물제조소 등에 설치하여야 하는 자동화재탐지설비의 설치기준에 대한 설명 중 틀린 것은?
- ㉮ 자동화재탐지설비의 경계구역은 건축물 그밖의 공작물의 2 이상의 층에 걸치도록 할 것
- ㉯ 하나의 경계구역에서 그 한변의 길이는 50m(광전식분리형 감지기를 설치할 경우에는 100m) 이하로 할 것
- ㉰ 자동화재탐지설비의 감지기는 지붕 또는 벽의 옥내에 면한 부분에 유효하게 화재의 발생을 감지할 수 있도록 설치할 것
- ㉱ 자동화재탐지설비에는 비상전원을 설치할 것

풀이 경계구역은 건축물 그 밖의 공작물의 2 이상의 층에 걸치지 아니하도록 할 것

12 플래시오버에 대한 설명으로 틀린 것은?
- ㉮ 국소화재에서 실내의 가연물들이 연소하는 대화재로의 전이
- ㉯ 환기지배형 화재에서 연료지배형 화재로의 전이
- ㉰ 실내의 천정 쪽에 축적된 미연소 가연성 증기나 가스를 통한 화염의 급격한 전파
- ㉱ 내화건축물의 실내화재 온도 상황으로 보아 성장기에서 최성기로의 진입

풀이
- 환기지배형 화재 : 고정된 가연물이 공기(산소)의 유입량에 의해 화재 양상이 달라짐.
- 연료지배형 화재 : 공기(산소)가 충분한 상태에서 가연물의 양과 위치에 따라 화재 양상이 달라짐.

정답   09. ㉱   10. ㉮   11. ㉮   12. ㉯

13 제3종 분말소화약제의 열분해 반응식을 옳게 나타낸 것은?

㉮ $NH_4H_2PO_4 \rightarrow HPO_3 + NH_3 + H_2O$
㉯ $2KNO_3 \rightarrow 2KNO_2 + O_2$
㉰ $KClO_4 \rightarrow KCl + 2O_2$
㉱ $2CaHCO_3 \rightarrow 2CaO + H_2CO_3$

풀이 제3종 분말소화약제 : 제1인산암모늄($NH_4H_2PO_4$)

14 소화효과에 대한 설명으로 틀린 것은?

㉮ 기화잠열이 큰 소화약제를 사용할 경우 냉각소화 효과를 기대할 수 있다.
㉯ 이산화탄소에 의한 소화는 주로 질식소화로 화재를 진압한다.
㉰ 할로겐화합물 소화약제는 주로 냉각소화를 한다.
㉱ 분말소화약제는 질식효과와 부촉매효과 등으로 화재를 진압한다.

풀이 할로겐화합 소화약제 : 억제소화

15 가연성액화가스의 탱크 주위에서 화재가 발생한 경우에 탱크의 가열로 인하여 그 부분의 강도가 약해져 탱크가 파열됨으로 인하여 그 부분의 강도가 약해져 탱크가 파열되므로 내부의 가열된 액화가스가 급속히 팽창하면서 폭발하는 현상은?

㉮ 블레비(BLEVE) 현상   ㉯ 보일오버(Boil Over) 현상
㉰ 플래시백(Flash Back) 현상   ㉱ 백드래프트(Back Draft) 현상

풀이 블레비(BLEVE) 현상에 대한 설명임.

16 위험물안전관리법령상 분말소화설비의 기준에서 규정한 전역방출방식 또는 국소방출방식 분말소화설비의 가압용 또는 축압용 가스에 해당하는 것은?

㉮ 네온가스   ㉯ 아르곤가스
㉰ 수소가스   ㉱ 이산화탄소가스

풀이 축압용가스 : 이산화탄소

17 제1종, 제2종, 제3종 분말소화약제의 주성분에 해당하지 않는 것은?

㉮ 탄산수소나트륨   ㉯ 황산마그네슘
㉰ 탄산수소칼륨   ㉱ 인산암모늄

풀이 황산마그네슘 : 해당 없음.

정답 13. ㉮ 14. ㉰ 15. ㉮ 16. ㉱ 17. ㉯

18 다음 중 수소, 아세틸렌과 같은 가연성 가스가 공기 중 누출되어 연소하는 형식에 가장 가까운 것은?

㉮ 확산 연소   ㉯ 증발 연소
㉰ 분해 연소   ㉱ 표면 연소

> 풀이 가연성 가스 : 확산 연소

19 위험물안전관리법에 의해 옥외저장소에 저장을 허가 받을 수 없는 위험물은?

㉮ 제2류 위험물 중 유황(금속제드럼에 수납)
㉯ 제4류 위험물 중 가솔린(금속제드럼에 수납)
㉰ 제6류 위험물
㉱ 국제해상위험물규칙(IMDG Code)에 적합한 용기에 수납된 위험물

> 풀이 제4류 위험물 중 1석유류에서 인화점이 0℃ 이상인 것은 저장 가능함.
> ※ 가솔린 인화점 : −20 ~ −43℃

20 위험물제조소 등의 용도폐지신고에 대한 설명으로 옳지 않은 것은?

㉮ 용도 폐지 후 30일 이내에 신고하여야 한다.
㉯ 완공검사필증을 첨부한 용도폐지신고서를 제출하는 방법으로 신고한다.
㉰ 전자문서로 된 용도폐지신고서를 제출하는 경우에도 완공검사필증을 제출하여야 한다.
㉱ 신고의무의 주체는 해당 제조소 등의 관계인이다.

> 풀이 신고기간 : 용도폐지한 날로부터 14일 이내

21 질산칼륨에 대한 설명 중 옳은 것은?

㉮ 유기물 및 강산에 보관할 때 매우 안정하다.
㉯ 열에 안정하여 1000℃를 넘는 고온에서도 분해되지 않는다.
㉰ 알코올에는 잘 녹으나 물, 글리세린에는 잘 녹지 않는다.
㉱ 무색, 무취의 결정 또는 분말로서 화약원료로 사용된다.

> 풀이 질산칼륨 : 제1류 위험물, 무색·무취의 결정, 흑색화약의 원료

22 트리니트로톨루엔의 성질에 대한 설명 중 옳지 않은 것은?

㉮ 담황색의 결정이다.
㉯ 폭약으로 사용된다.
㉰ 자연분해의 위험성이 적어 장시간 저장이 가능하다.
㉱ 조해성과 흡습성이 매우 크다.

정답 18. ㉮ 19. ㉯ 20. ㉮ 21. ㉱ 22. ㉱

> 풀이 ▸ 트리니트로톨루엔 : 조해성과 흡습성이 없음.

23. 위험물의 품명 분류가 잘못된 것은?
㉮ 제1석유류 : 휘발유   ㉯ 제2석유류 : 경유
㉰ 제3석유류 : 포름산   ㉱ 제4석유류 : 기어유

> 풀이 ▸ 포름산 : 제2석유류

24. 이동탱크 저장소에 의한 위험물의 운송 시 준수하여야 하는 기준에서 다음 중 어떤 위험물을 운송할 때 위험물 운송자는 위험물안전카드를 휴대하여야 하는가?
㉮ 특수인화물 및 제1석유류   ㉯ 알코올류 및 제2석유류
㉰ 제3석유류 및 동식물류   ㉱ 제4석유류

> 풀이 ▸ 운송자 위험물안전카드 휴대 대상 : 특수인화물, 제1석유류

25. 제5류 위험물의 위험성에 대한 설명으로 옳지 않은 것은?
㉮ 가연성 물질이다.
㉯ 대부분 외부의 산소 없이도 연소하며, 연소속도가 빠르다.
㉰ 물에 잘 녹지 않으며, 물과의 반응 위험성이 크다.
㉱ 가열, 충격, 타격 등에 민감하며, 강산화제 또는 강산류와 접촉 시 위험하다.

> 풀이 ▸ 제5류 위험물은 물과의 반응성이 없음.

26. [보기]에서 설명하는 물질은 무엇인가?

> [보기]
> • 살균제 및 소독제로도 사용한다.
> • 분해할 때 발생하는 발생기 산소(O)는 난분해성 유기물질을 산화시킬 수 있다.

㉮ $HClO_4$ ㉯ CH_3OH
㉰ H_2O_2 ㉱ H_2SO_4

> 풀이 ▸ 과산화수소(H_2O_2)에 대한 설명임.

27. 지정수량 20배의 알코올류를 저장하는 옥외탱크저장소의 경우 펌프실 외의 장소에 설치하는 펌프설비의 기준으로 옳지 않은 것은?
㉮ 펌프설비 주위에는 3m 이상의 공지를 보유한다.

정답 23. ㉰ 24. ㉮ 25. ㉰ 26. ㉰ 27. ㉱

㉯ 펌프설비 그 직하의 지반면 주위에 높이 0.15m 이상의 턱을 만든다.
㉰ 펌프설비 그 직하의 지반면의 최저부에는 집유설비를 만든다.
㉱ 집유설비에는 위험물이 배수구에 유입되지 않도록 유분리장치를 만든다.

풀이 알코올류 : 수용성으로서 유분리장치가 필요없다.

28 과산화칼륨과 과산화마그네슘이 염산과 각각 반응했을 때 공통으로 나오는 물질의 지정수량은?

㉮ 50L
㉯ 100kg
㉰ 300Kg
㉱ 1000L

풀이 과산화칼륨과 과산화마그네슘은 염산과 각각 반응하여 과산화수소(300kg)를 발생함.

29 위험물안전관리법령상 제2류 위험물의 위험등급에 대한 설명으로 옳은 것은?

㉮ 제2류 위험물은 위험등급 Ⅰ에 해당되는 품명이 없다.
㉯ 제2류 위험물 중 위험등급 Ⅲ에 해당되는 품명은 지정수량이 500kg인 품명만 해당된다.
㉰ 제2류 위험물 중 황화린, 적린, 유황 등 지정수량이 100kg인 품명은 위험등급 Ⅰ에 해당된다.
㉱ 제2류 위험물 중 지정수량이 1000kg인 인화성 고체는 위험등급 Ⅱ에 해당된다.

풀이 제2류 위험물 위험등급 : Ⅱ, Ⅲ

30 과염소산칼륨과 가연성고체 위험물이 혼합되는 것은 위험하다. 그 주된 이유는 무엇인가?

㉮ 전기가 발생하고 자연 가열되기 때문이다.
㉯ 중합반응을 하여 열이 발생되기 때문이다.
㉰ 혼합하면 과염소산칼륨이 연소하기 쉬운 액체로 변하기 때문이다.
㉱ 가열, 충격 및 마찰에 의하여 발화·폭발 위험이 높아지기 때문이다.

풀이 과염소산칼륨 : 제1류 위험물로서 가연성 고체와 혼합 시 폭발위험이 매우 큼.

31 유황의 성질을 설명한 것으로 옳은 것은?

㉮ 전기의 양도체이다.
㉯ 물에 잘 녹는다.
㉰ 연소하기 어려워 분진폭발의 위험성은 없다.
㉱ 높은 온도에서 탄소와 반응하여 이황화탄소가 생긴다.

정답 28. ㉰ 29. ㉮ 30. ㉱ 31. ㉱

풀이 이황화탄소 제조 : 가열된 탄소(C)에 황(S) 증기를 통과시켜 제조함.

32. 아세톤의 성질에 대한 설명으로 옳은 것은?
㉮ 자연발화성 때문에 유기용제로서 사용할 수 없다.
㉯ 무색, 무취이고 겨울철에 쉽게 응고한다.
㉰ 증기비중은 약 0.79이고 요오드포름 반응을 한다.
㉱ 물에 잘 녹으며 끓는점은 60℃보다 낮다.

풀이 아세톤 끓는점 : 56.5℃

33. 위험물안전관리법상의 위험물 운반에 관한 기준에서 액체위험물은 운반용기 내용적의 몇 % 이하의 수납율로 수납하여야 하는가?
㉮ 80   ㉯ 85
㉰ 90   ㉱ 98

풀이 액체위험물 : 98% 이하

34. 다음 중 발화점이 가장 낮은 것은?
㉮ 이황화탄소   ㉯ 산화프로필렌
㉰ 휘발유   ㉱ 메탄올

풀이 ㉮ 100℃, ㉯ 465℃, ㉰ 300℃, ㉱ 464℃

35. 트리메틸알루미늄이 물과 반응 시 생성되는 물질은?
㉮ 산화알루미늄   ㉯ 메탄
㉰ 메틸알코올   ㉱ 에탄

풀이 트리메틸알루미늄 : 물과 반응하여 메탄을 생성함.
$(CH_3)_3Al + 3H_2O \rightarrow Al(OH)_3 + 3CH_4 \uparrow$

36. 다음 중 위험성이 더욱 증가하는 경우는?
㉮ 황린을 수산화칼슘 수용액에 넣었다.
㉯ 나트륨을 등유 속에 넣었다.
㉰ 트리에틸알루미늄 보관용기 내에 아르곤 가스를 봉입시켰다.
㉱ 니트로셀룰로오스를 알코올 수용액에 넣었다.

풀이 황린은 수산화칼슘과 반응하여 맹독성의 포스핀가스(PH_3)를 발생한다.

정답 32. ㉱ 33. ㉱ 34. ㉮ 35. ㉯ 36. ㉮

37 다음 물질 중 제1류 위험물이 아닌 것은?

㉮ Na_2O_2 ㉯ $NaClO_3$
㉰ NH_4ClO_4 ㉱ $HClO_4$

풀이 ㉱는 제6류 위험물임.

38 칼륨을 물에 반응시키면 격렬한 반응이 일어난다. 이때 발생하는 기체는 무엇인가?

㉮ 산소 ㉯ 수소
㉰ 질소 ㉱ 이산화탄소

풀이 $2K + 2H_2O \rightarrow 2KOH + H_2 \uparrow$

39 [보기]의 위험물 중 비중이 물보다 큰 것은 모두 몇 개인가?

[보기] 과염소산, 과산화수소, 질산

㉮ 0 ㉯ 1
㉰ 2 ㉱ 3

풀이
- 과염소산 : 1.76
- 질산 : 1.49
- 과산화수소 : 1.46

40 메틸알코올의 위험성으로 옳지 않은 것은?

㉮ 나트륨과 반응하여 수소기체를 발생한다.
㉯ 휘발성이 강하다.
㉰ 연소범위가 알코올류 중 가장 좁다.
㉱ 인화점이 상온(25℃)보다 낮다.

풀이 연소범위 : 알코올의 분자량이 증가할수록 좁아진다.

41 다음 중 위험물안전관리법령상 제6류 위험물에 해당하는 것은?

㉮ 황산 ㉯ 염산
㉰ 질산염류 ㉱ 할로겐간화합물

풀이 할로겐간화합물 : 제6류 위험물

42 과산화나트륨이 물과 반응하면 어떤 물질과 산소를 발생하는가?
㉮ 수산화나트륨 ㉯ 수산화칼륨
㉰ 질산나트륨 ㉱ 아염소산나트륨

풀이 $2Na_2O_2 + 2H_2O \rightarrow 4NaOH + O_2 \uparrow$

43 흑색화약의 원료로 사용되는 위험물의 유별을 옳게 나타낸 것은?
㉮ 제1류, 제2류 ㉯ 제1류, 제4류
㉰ 제2류, 제4류 ㉱ 제4류, 제5류

풀이 흑색화약 원료 : 질산칼륨(제1류)+황가루(제2류)

44 칼륨이 에틸알코올과 반응할 때 나타나는 현상은?
㉮ 산소가스가 발생한다.
㉯ 칼륨에틸레이트를 생성한다.
㉰ 칼륨과 물이 반응할 때와 동일한 생성물이 나온다.
㉱ 에틸알코올이 산화되어 아세트알데히드를 생성한다.

풀이 $2K + 2C_2H_5OH \rightarrow 2C_2H_5OK + H_2 \uparrow$

45 다음 중 위험물안전관리법령상 위험물제조소와의 안전거리가 가장 먼 것은?
㉮ 「고등교육법」에서 정하는 학교
㉯ 「의료법」에 따른 병원급 의료기관
㉰ 「고압가스 안전관리법」에 의하여 허가를 받은 고압가스제조시설
㉱ 「문화재보호법」에 의한 유형문화재와 기념물 중 지정문화재

풀이 ㉮ 30m, ㉯ 30m, ㉰ 20m, ㉱ 50m

46 위험물안전관리법령상의 제3류 위험물 중 금수성 물질에 해당하는 것은?
㉮ 황린 ㉯ 적린
㉰ 마그네슘 ㉱ 칼륨

풀이 칼륨 : 제3류 위험물, 금수성 물질

47 질산이 직사광선에 노출될 때 어떻게 되는가?
㉮ 분해되지는 않으나 붉은 색으로 변한다.
㉯ 분해되지는 않으나 녹색으로 변한다.

정답 42. ㉮ 43. ㉮ 44. ㉯ 45. ㉱ 46. ㉱ 47. ㉱

㉰ 분해되어 질소를 발생한다.
㉱ 분해되어 이산화질소를 발생한다.

풀이 질산은 직사광선에 분해되어 이산화질소(NO_2)를 발생함.
$4HNO_3 \rightarrow 4NO_2 + 2H_2O + O_2 \uparrow$

48 위험물 저장탱크의 공간용적은 탱크 내용적의 얼마 이상, 얼마 이하로 하는가?

㉮ $\frac{2}{100}$ 이상, $\frac{3}{100}$ 이하
㉯ $\frac{2}{100}$ 이상, $\frac{5}{100}$ 이하
㉰ $\frac{5}{100}$ 이상, $\frac{10}{100}$ 이하
㉱ $\frac{10}{100}$ 이상, $\frac{20}{100}$ 이하

풀이 탱크 공간용적 : $\frac{5}{100}$ 이상, $\frac{10}{100}$ 이하

49 위험물안전관리법령상 위험물 운반 시 차광성이 있는 피복으로 덮지 않아도 되는 것은?

㉮ 제1류 위험물
㉯ 제2류 위험물
㉰ 제3류 위험물 중 자연발화성 물질
㉱ 제5류 위험물

풀이 제2류 위험물은 해당 없음.

50 제5류 위험물 중 유기과산화물 30kg과 히드록실아민 500kg을 함께 보관하는 경우 지정수량의 몇 배인가?

㉮ 3배
㉯ 8배
㉰ 10배
㉱ 18배

풀이 $\frac{30}{10} + \frac{500}{100} = 8$

51 위험물제조소에 설치하는 안전장치 중 위험물의 성질에 따라 안전밸브의 작동이 곤란한 가압설비에 한하여 설치하는 것은?

㉮ 파괴판
㉯ 안전밸브를 병용하는 경보장치
㉰ 감압측에 안전밸브를 부착한 감압밸브
㉱ 연성계

풀이 파괴판 : 위험물의 성질에 따라 안전밸브의 작동이 곤란한 가압설비에 설치함.

정답   48. ㉰ 49. ㉯ 50. ㉯ 51. ㉮

52 소화난이도 등급 Ⅰ의 옥내저장소에 설치하여야 하는 소화설비에 해당하지 않는 것은?

㉮ 옥외소화전설비 ㉯ 연결살수설비
㉰ 스프링클러설비 ㉱ 물분무소화설비

[풀이] 연결살수설비는 해당 없음.

53 디에틸에테르에 대한 설명으로 옳은 것은?

㉮ 연소하면 아황산가스를 발생하고, 마취제로 사용한다.
㉯ 증기는 공기보다 무거우므로 물속에 보관한다.
㉰ 에탄올을 진한 황산을 이용해 축합반응 시켜 제조할 수 있다.
㉱ 제4류 위험물 중 연소범위가 좁은 편에 속한다.

[풀이] 디에틸에테르 : 제4류 위험물 특수인화물, 에탄올을 진한 황산을 이용해 제조한다.

54 위험물제조소의 건축물 구조기준 중 연소의 우려가 있는 외벽은 출입구와의 개구부가 없는 내화구조의 벽으로 하여야 한다. 이때 연소의 우려가 있는 외벽은 제조소가 설치된 부지의 경계선에서 몇 m 이내에 있는 외벽을 말하는가? (단, 단층건물일 경우이다.)

㉮ 3 ㉯ 4
㉰ 5 ㉱ 6

[풀이] 연소의 우려가 있는 외벽 : 3m 이내

55 적린의 위험성에 관한 설명 중 옳은 것은?

㉮ 공기 중에 방치하면 폭발한다.
㉯ 산소와 반응하여 포스핀가스를 발생한다.
㉰ 연소 시 적색의 오산화인이 발생한다.
㉱ 강산화제와 혼합하면 충격·마찰에 의해 발화할 수 있다.

[풀이] 적린 : 제2류 위험물로서 강산화제와 혼촉 시 발화할 수 있다.

56 다음 중 물에 녹고 물보다 가벼운 물질로 인화점이 가장 낮은 것은?

㉮ 아세톤 ㉯ 이황화탄소
㉰ 벤젠 ㉱ 산화프로필렌

[풀이] ㉮ -18℃, ㉯ -30℃, ㉰ -11℃, ㉱ -37℃

정답 52.㉯ 53.㉰ 54.㉮ 55.㉱ 56.㉱

57 소화설비의 기준에서 용량 160L팽창질석의 능력 단위는?
㉮ 0.5 ㉯ 1.0
㉰ 1.5 ㉱ 2.5

풀이 팽창질석·팽창진주암(삽1개 포함) 160L : 1.0단위임.

58 위험물안전관리법령상 품명이 금속분에 해당하는 것은? (단, 150μm의 체를 통과하는 것이 50wt% 이상인 경우이다.)
㉮ 니켈분 ㉯ 마그네슘분
㉰ 알루미늄분 ㉱ 구리분

풀이 금속분류 : 알칼리 금속, 알칼리토금속, 철 및 마그네슘 이외의 금속분과 구리, 니켈분과 150μm의 체를 통과하는 것이 50wt% 이상인 경우이다.)

59 적린의 성질에 대한 설명 중 옳지 않은 것은?
㉮ 황린과 성분원소가 같다. ㉯ 발화온도는 황린보다 낮다.
㉰ 물, 이황화탄소에 녹지 않는다. ㉱ 브롬화인에 녹는다.

풀이 발화온도 : 적린 260℃, 황린 34℃

60 위험물안전관리법령상 총리령으로 정하는 제1류 위험물에 해당하지 않는 것은?
㉮ 과요오드산 ㉯ 질산구아니딘
㉰ 차아염소산염류 ㉱ 염소화이소시아눌산

풀이 질산구아니딘 : 제5류 위험물

정답 57.㉯ 58.㉱ 59.㉯ 60.㉯

2015년 1월 25일 시행

2015년 4월 4일 시행

01 위험물안전관리법령에 따라 다음 (   ) 안에 알맞은 용어는?

> 주유취급소 중 건축물의 2층 이상의 부분을 점포·휴게음식점 또는 전시장의 용도로 사용하는 것에 있어서는 당해 건축물의 2층 이상으로부터 주유취급소의 부지 밖으로 통하는 출입구와 당해 출입구로 통하는 통로·계단 및 출입구에 (   )을(를) 설치하여야 한다.

㉮ 피난사다리 ㉯ 경보기
㉰ 유도등 ㉱ CCTV

풀이 주유취급소 유도등 설치에 관한 사항

02 다음 중 물이 소화약제로 쓰이는 이유로 가장 거리가 먼 것은?
㉮ 쉽게 구할 수 있다. ㉯ 제거소화가 잘 된다.
㉰ 취급이 간편하다. ㉱ 기화잠열이 크다.

풀이 제거소화는 해당 없음.
• 제거소화 : 가연물을 없애는 소화

03 위험물안전관리법령상 전기설비에 적응성이 없는 소화설비는?
㉮ 포 소화설비 ㉯ 이산화탄소 소화설비
㉰ 할로겐화합물 소화설비 ㉱ 물분무 소화설비

풀이 포 소화설비
물을 함유하고 있어서 전기설비에는 적응성이 없으나 물분무 소화설비는 가능함.

04 니트로셀룰로오스의 저장·취급방법으로 틀린 것은?
㉮ 직사광선을 피해 저장한다.
㉯ 되도록 장기간 보관하여 안정화된 후에 사용한다.
㉰ 유기과산화물류, 강산화제와의 접촉을 피한다.
㉱ 건조상태에 이르면 위험하므로 습한 상태를 유지한다.

풀이 니트로셀룰로오스 : 건조하면 분해하여 폭발위험이 커서 장기간 보관이 어렵다.

정답 01. ㉰ 02. ㉯ 03. ㉮ 04. ㉯

05 위험물안전관리법령상 제3류 위험물의 금수성 물질 화재 시 적응성이 있는 소화약제는?
㉮ 탄산수소염류분말
㉯ 물
㉰ 이산화탄소
㉱ 할로겐화합물

풀이 금수성 물질 : 탄산수소염류분말 소화약제가 유효함.

06 할론 1301의 증기비중은? (단, 불소의 원자량은 19, 브롬의 원자량은 80, 염소의 원자량은 35.5이고 공기의 분자량은 29이다.)
㉮ 2.14
㉯ 4.15
㉰ 5.14
㉱ 6.15

풀이 $\frac{149}{29} = 5.14$

07 위험물안전관리법령상 간이탱크저장소에 대한 설명 중 틀린 것은?
㉮ 간이저장탱크의 용량은 600리터 이하여야 한다.
㉯ 하나의 간이탱크저장소에 설치하는 간이저장탱크는 5개 이하여야 한다.
㉰ 간이저장탱크는 두께 3.2mm 이상의 강판으로 흠이 없도록 제작하여야 한다.
㉱ 간이저장탱크는 70kPa의 압력으로 10분 간의 수압시험을 실시하여 새거나 변형되지 않아야 한다.

풀이 간이저장탱크 : 3개 이하일 것

08 가연성 물질과 주된 연소형태의 연결이 틀린 것은?
㉮ 종이, 섬유 - 분해연소
㉯ 셀룰로이드, TNT - 자기연소
㉰ 목재, 석탄 - 표면연소
㉱ 유황, 알코올 - 증발연소

풀이 목재, 석탄 - 분해연소

09 B, C급 화재뿐만 아니라 A급 화재까지도 사용이 가능한 분말소화약제는?
㉮ 제1종 분말소화약제
㉯ 제2종 분말소화약제
㉰ 제3종 분말소화약제
㉱ 제4종 분말소화약제

풀이 A, B, C급 화재 : 제3종 분말소화약제가 유효함.

정답 05.㉮ 06.㉰ 07.㉯ 08.㉰ 09.㉰

10 식용유 화재 시 제1종 분말소화약제를 이용하여 화재의 제어가 가능하다. 이때의 소화원리에 가장 가까운 것은?
㉮ 촉매효과에 의한 질식소화
㉯ 비누화 반응에 의한 질식소화
㉰ 요오드화에 의한 냉각소화
㉱ 가수분해 반응에 의한 냉각소화

풀이 식용유 화재 : 제1종 분말소화약제의 비누화반응에 의해 질식소화된다.

11 위험물안전관리법령에서 정한 자동화재탐지설비에 대한 기준으로 틀린 것은? (단, 원칙적인 경우에 한한다.)
㉮ 경계구역은 건축물 그 밖의 공작물의 2 이상의 층에 걸치지 아니하도록 할 것
㉯ 하나의 경계구역의 면적은 600m² 이하로 할 것
㉰ 하나의 경계구역의 한 변의 길이는 30m 이하로 할 것
㉱ 자동화재탐지설비에는 비상전원을 설치할 것

풀이 경계구역 한 변의 길이 : 50m 이하

12 다음 중 산화성 물질이 아닌 것은?
㉮ 무기과산화물
㉯ 과염소산
㉰ 질산염류
㉱ 마그네슘

풀이 산화성 물질 : 제1류, 제6류 위험물

13 위험물제조소에서 국소방식의 배출설비 배출능력이 1시간 당 배출장소 용적의 몇 배 이상인 것으로 하여야 하는가?
㉮ 5
㉯ 10
㉰ 15
㉱ 20

풀이 국소방식의 배출능력 : 배출장소 용적의 20배 이상

14 유류화재 시 발생하는 이상 현상인 보일오버(Boil Over)의 방지대책으로 가장 거리가 먼 것은?
㉮ 탱크 하부에 배수관을 설치하여 탱크 저면의 수층을 방지한다.
㉯ 적당한 시기에 모래나 팽창질석, 비등석을 넣어 물의 과열을 방지한다.
㉰ 냉각수를 대량 첨가하여 유류와 물의 과열을 방지한다.
㉱ 탱크 내용물의 기계적 교반을 통하여 에멀션 상태로 하여 수층 형성을 방지한다.

풀이 냉각수를 대량 첨가 시 보일오버 현상이 심해질 수 있다.

정답 10. ㉯ 11. ㉰ 12. ㉱ 13. ㉱ 14. ㉰

15 20℃의 물 100kg이 100℃ 수증기로 증발하면 최대 몇 kcal의 열량을 흡수할 수 있는가? (단, 물의 증발잠열은 540cal/g이다.)
㉮ 540
㉯ 7800
㉰ 62000
㉱ 108000

풀이 $Q = c \cdot m \cdot \triangle T + r \cdot m$
$(1 \times 100 \times 80) + (540 \times 100) = 62000\,kcal$

16 제5류 위험물의 화재 시 적응성이 있는 소화설비는?
㉮ 분말 소화설비
㉯ 할로겐화합물 소화설비
㉰ 물분무 소화설비
㉱ 이산화탄소 소화설비

풀이 제5류 위험물 : 물분무 소화설비

17 위험물안전관리법에서 정한 정전기를 유효하게 제거할 수 있는 방법에 해당하지 않는 것은?
㉮ 위험물 이송 시 배관 내 유속을 빠르게 하는 방법
㉯ 공기를 이온화하는 방법
㉰ 접지에 의한 방법
㉱ 공기 중의 상대습도를 70% 이상으로 하는 방법

풀이 정전기 방지책 : 배관 내 유속을 느리게 할 것

18 다음 중 가연물이 고체 덩어리보다 분말 가루일 때 화재 위험성이 큰 이유로 가장 옳은 것은?
㉮ 공기와의 접촉 면적이 크기 때문이다.
㉯ 열전도율이 크기 때문이다.
㉰ 흡열반응을 하기 때문이다.
㉱ 활성에너지가 크기 때문이다.

풀이 분말 : 공기와의 접촉 면적이 커져 화재 위험성이 큼.

19 소화약제로 사용할 수 없는 물질은?
㉮ 이산화탄소
㉯ 제1인산암모늄
㉰ 탄산수소나트륨
㉱ 브롬산암모늄

풀이 브롬산암모늄 : 해당 없음.

정답 15.㉰ 16.㉰ 17.㉮ 18.㉮ 19.㉱

20 물과 접촉하면 열과 산소가 발생하는 것은?
- ㉮ NaClO₂
- ㉯ NaClO₃
- ㉰ KMnO₄
- ㉱ Na₂O₂

....
풀이 알칼리금속과 산화물 : 물과 접촉하여 산소를 발생한다.

21 위험물에 대한 설명으로 틀린 것은?
- ㉮ 적린은 연소하면 유독성 물질이 발생한다.
- ㉯ 마그네슘은 연소하면 가연성의 수소가스가 발생한다.
- ㉰ 유황은 분진폭발의 위험이 있다.
- ㉱ 황화린에는 P₄S₃, P₂S₅, P₄S₇ 등이 있다.

....
풀이 연소 시 산화마그네슘이 생성된다
   2Mg + O₂ → 2MgO

22 위험물안전관리법령상 옥내저장탱크와 탱크전용실의 벽과의 사이 및 옥내저장탱크의 상호 간에는 몇 m 이상의 간격을 유지하여야 하는가? (단, 탱크의 점검 및 보수에 지장이 없는 경우는 제외한다.)
- ㉮ 0.5
- ㉯ 1
- ㉰ 1.5
- ㉱ 2

....
풀이 옥내저장탱크 상호 간, 벽과의 거리 : 0.5m 이상

23 벤조일퍼옥사이드에 대한 설명으로 틀린 것은?
- ㉮ 무색, 무취의 투명한 액체이다.
- ㉯ 가급적 소분하여 저장한다.
- ㉰ 제5류 위험물에 해당한다.
- ㉱ 품명은 유기과산화물이다.

....
풀이 벤조일퍼옥사이드 : 무색, 무취의 투명한 결정성 고체

24 2가지 물질이 섞였을 때 수소가 발생하는 것은?
- ㉮ 칼륨과 에탄올
- ㉯ 과산화마그네슘과 염화수소
- ㉰ 과산화칼륨과 탄산가스
- ㉱ 오황화린과 물

....
풀이 2K + 2C₂H₅OH → 2C₂H₅OK + H₂↑

정답 20. ㉱ 21. ㉯ 22. ㉮ 23. ㉮ 24. ㉮

25 다음 위험물의 지정수량 배수의 총합은 얼마인가?

> 질산 150kg, 과산화수소 420kg, 과염소산 300kg

㉮ 2.5 ㉯ 2.9
㉰ 3.4 ㉱ 3.9

풀이 $\dfrac{150}{300} + \dfrac{420}{300} + \dfrac{300}{300} = 2.9$

26 위험물안전관리법령상 운송책임자의 감독·지원을 받아 운송하여야 하는 위험물은?

㉮ 알킬리튬 ㉯ 과산화수소
㉰ 가솔린 ㉱ 경유

풀이 알킬리튬, 알킬알루미늄 또는 이들을 함유한 위험물이 해당됨.

27 「자동화재탐지설비 일반점검표」의 점검내용이 "변형·손상의 유무, 표시의 적부, 경계구역 일람도의 적부, 기능의 적부"인 점검항목은?

㉮ 감지기 ㉯ 중계기
㉰ 수신기 ㉱ 발신기

풀이 수신기 점검항목에 관한 사항임.

28 위험물안전관리법령상 지정수량 10배 이상의 위험물을 저장하는 제조소에 설치하여야 하는 경보설비의 종류가 아닌 것은?

㉮ 자동화재탐지설비 ㉯ 자동화재속보설비
㉰ 휴대용 확성기 ㉱ 비상방송설비

풀이 자동화재속보설비는 해당 없음.

29 위험물안전관리법령상 특수인화물의 정의에 관한 내용이다. ( ) 안에 알맞은 수치를 차례대로 나타낸 것은?

> "특수인화물"이라 함은 이황화탄소, 디에틸에테르 그 밖에 1기압하에서 발화점이 섭씨 100도 이하인 것 또는 인화점이 섭씨 영하 ( )도 이하이고 비점이 섭씨 ( )도 이하인 것을 말한다.

㉮ 40, 20 ㉯ 20, 40
㉰ 20, 100 ㉱ 40, 100

정답 25. ㉯ 26. ㉮ 27. ㉰ 28. ㉯ 29. ㉯

풀이 특수인화물의 정의에 대한 설명임.

30 제4류 위험물의 옥외저장탱크에 설치하는 밸브 없는 통기관은 직경이 얼마 이상인 것으로 설치해야 되는가? (단, 압력탱크는 제외한다.)
㉮ 10mm ㉯ 20mm
㉰ 30mm ㉱ 40mm

풀이 밸브 없는 통기관 : 직경 30mm 이상

31 위험물안전관리법령상 위험등급 Ⅰ의 위험물에 해당하는 것은?
㉮ 무기과산화물 ㉯ 황화린, 적린, 유황
㉰ 제1석유류 ㉱ 알코올류

풀이 ㉮항 Ⅰ등급
㉯, ㉰, ㉱항 Ⅱ등급

32 페놀을 황산과 질산의 혼산으로 니트로화하여 제조하는 제5류 위험물은?
㉮ 아세트산 ㉯ 피크르산
㉰ 니트로글리콜 ㉱ 질산에틸

풀이 피크르산(피크린산) : 황산과 질산을 혼산으로 니트로화 반응으로 제조함.

33 금속염을 불꽃반응 실험을 한 결과 노란색의 불꽃이 나타났다. 이 금속염에 포함된 금속은 무엇인가?
㉮ Cu ㉯ K
㉰ Na ㉱ Li

풀이 나트륨(Na) : 노란색 불꽃

34 위험물안전관리법령에서 정한 메틸알코올의 지정수량을 kg 단위로 환산하면 얼마인가? (단, 메틸알코올의 비중은 0.8이다.)
㉮ 200 ㉯ 320
㉰ 400 ㉱ 460

풀이 $400 \times 0.8 = 320$

정답 30.㉰ 31.㉮ 32.㉯ 33.㉰ 34.㉯

35
[보기]에서 나열한 위험물의 공통 성질을 옳게 설명한 것은?

> [보기] 나트륨, 황린, 트리에틸알루미늄

㉮ 상온, 상압에서 고체의 형태를 나타낸다.
㉯ 상온, 상압에서 액체의 형태를 나타낸다.
㉰ 금수성 물질이다.
㉱ 자연발화의 위험이 있다.

풀이 제3류 위험물로서 공통적으로 자연발화 위험성이 크다.

36
위험물안전관리법령상 제1류 위험물의 질산염류가 아닌 것은?

㉮ 질산은   ㉯ 질산암모늄
㉰ 질산섬유소   ㉱ 질산나트륨

풀이 ㉰항 해당 없음.

37
위험물안전관리법령상 제3류 위험물에 해당하지 않는 것은?

㉮ 적린   ㉯ 나트륨
㉰ 칼륨   ㉱ 황린

풀이 ㉮항 제2류 위험물

38
산화성 액체인 질산의 분자식으로 옳은 것은?

㉮ HNO_2 ㉯ HNO_3
㉰ NO_2 ㉱ NO_3

풀이 질산 : 제6류 위험물

39
위험물안전관리법령상 제4류 위험물 운반용기의 외부에 표시해야 하는 사항이 아닌 것은?

㉮ 규정에 의한 주의사항
㉯ 위험물의 품명 및 위험등급
㉰ 위험물의 관리자 및 지정수량
㉱ 위험물의 화학명

풀이 ㉰항 해당 없음.

정답 35.㉱ 36.㉰ 37.㉮ 38.㉯ 39.㉰

40 위험물안전관리법령상 그림과 같이 횡으로 설치한 원형탱크의 용량은 약 몇 m³인가? (단, 공간용적은 내용적의 $\frac{10}{100}$ 이다.)

㉮ 1690.9
㉯ 1335.1
㉰ 1268.4
㉱ 1201.7

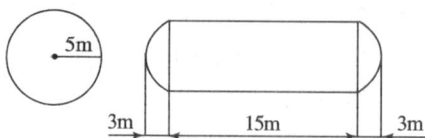

풀이 탱크용량 = $\pi r^2 (l + \frac{l_1 + l_2}{3}) \times 0.9 = 1201.7$

41 위험물안전관리법령에서 정한 아세트알데히드 등을 취급하는 제조소의 특례에 관한 내용이다. ( ) 안에 해당하는 물질이 아닌 것은?

"아세트알데히드 등을 취급하는 설비는 ( )·( )·( )·( ) 또는 이들을 성분으로 하는 합금으로 만들지 아니할 것"

㉮ 동
㉯ 은
㉰ 금
㉱ 마그네슘

풀이 금은 해당 없음.

42 다음 반응식과 같이 벤젠 1kg이 연소할 때 발생되는 CO_2의 양은 몇 m³인가? (단, 27℃, 750mmHg 기준이다.)

$$C_6H_6 + 7.5O_2 \rightarrow 6CO_2 + 3H_2O$$

㉮ 0.72
㉯ 1.22
㉰ 1.92
㉱ 2.42

풀이 $V = \frac{GRT}{P} = \frac{1kg \times \frac{848}{78} kg \cdot m/kg \cdot K \times 300K}{(\frac{750}{760}) \times 10332 kg/m^2} \times 6 = 1.92 m^3$

43 등유에 관한 설명으로 틀린 것은?

㉮ 물보다 가볍다.
㉯ 녹는점은 상온보다 높다.
㉰ 발화점은 상온보다 높다.
㉱ 증기는 공기보다 무겁다.

풀이 융점 : -46℃ 이하임.

44 벤젠(C_6H_6)의 일반성질로서 틀린 것은?
  ㉮ 휘발성이 강한 액체이다.
  ㉯ 인화점은 가솔린보다 낮다.
  ㉰ 물에 녹지 않는다.
  ㉱ 화학적으로 공명구조를 이룬다.

  풀이 벤젠 $-11℃$, 가솔린 $-20 \sim -40℃$

45 위험물안전관리법령에 의한 위험물에 속하지 않는 것은?
  ㉮ CaC_2 ㉯ S
  ㉰ P_2O_5 ㉱ K

  풀이 오산화인(P_2O_5) : 해당 없음.

46 제4류 위험물을 저장 및 취급하는 위험물제조소에 설치한 "화기엄금" 게시판의 색상으로 올바른 것은?
  ㉮ 적색바탕에 흑색문자 ㉯ 흑색바탕에 적색문자
  ㉰ 백색바탕에 적색문자 ㉱ 적색바탕에 백색문자

  풀이 화기엄금 : 적색바탕에 백색문자

47 과염소산암모늄에 대한 설명으로 옳은 것은?
  ㉮ 물에 용해되지 않는다.
  ㉯ 청녹색의 침상결정이다.
  ㉰ 130℃에서 분해하기 시작하여 CO_2가스를 방출한다.
  ㉱ 아세톤, 알코올에 용해된다.

  풀이 과염소산암모늄 : 물, 알코올, 아세톤에 잘 녹음.

48 휘발유의 일반적인 성질에 관한 설명으로 틀린 것은?
  ㉮ 인화점이 0℃보다 낮다.
  ㉯ 위험물안전관리법령상 제1석유류에 해당한다.
  ㉰ 전기에 대해 비전도성 물질이다.
  ㉱ 순수한 것은 청색이나 안전을 위해 검은색으로 착색해서 사용해야 한다.

  풀이 휘발유(가솔린) : 무색투명함.

정답 44. ㉯ 45. ㉰ 46. ㉱ 47. ㉱ 48. ㉱

49 톨루엔에 대한 설명으로 틀린 것은?
㉮ 휘발성이 있고 가연성 액체이다.
㉯ 증기는 마취성이 있다.
㉰ 알코올, 에테르, 벤젠 등과 잘 섞인다.
㉱ 노란색 액체로 냄새가 없다.

풀이 톨루엔 : 특이한 냄새가 나며 무색 액체임.

50 위험물안전관리법령상 혼재할 수 없는 위험물은? (단, 위험물은 지정수량은 1/10을 초과하는 경우이다.)
㉮ 적린과 황린
㉯ 질산염류와 질산
㉰ 칼륨과 특수인화물
㉱ 유기과산화물과 유황

풀이 제2류 위험물(적린)과 제3류 위험물(황린)은 혼재 금지함.

51 위험물의 품명과 지정수량이 잘못 짝지어진 것은?
㉮ 황화린 - 50kg
㉯ 마그네슘 - 500kg
㉰ 알킬알루미늄 - 10kg
㉱ 황린 - 20kg

풀이 황화린 : 100kg

52 디에틸에테르의 성질에 대한 설명으로 옳은 것은?
㉮ 발화온도가 400℃이다.
㉯ 증기는 공기보다 가볍고, 액상은 물보다 무겁다.
㉰ 알코올에 용해되지 않지만 물에 잘 녹는다.
㉱ 연소범위는 1.9~48% 정도이다.

풀이 발화온도 180℃이며 증기는 공기보다 무겁고 액상은 물보다 가볍다. 알코올에 잘 녹고 물에 잘 녹지 않음.

53 다음 물질 중 인화점이 가장 낮은 것은?
㉮ CH_3COCH_3
㉯ $C_2H_5OC_2H_5$
㉰ $CH_3(CH_2)_3OH$
㉱ CH_3OH

풀이 ㉮ -18℃, ㉯ -45℃, ㉰ 36℃, ㉱ 11℃

정답 49. ㉱ 50. ㉮ 51. ㉮ 52. ㉱ 53. ㉯

54 과산화수소의 성질에 대한 설명으로 옳지 않은 것은?
㉮ 산화성이 강한 무색투명한 액체이다.
㉯ 위험물안전관리법령상 일정 비중 이상일 때 위험물로 취급한다.
㉰ 가열에 의해 분해하면 산소가 발생한다.
㉱ 소독약으로 사용할 수 있다.

풀이 과산화수소 : 농도 36wt% 이상일 때 위험물임.

55 질산과 과염소산의 공통성질에 해당하지 않는 것은?
㉮ 산소를 함유하고 있다.
㉯ 불연성 물질이다.
㉰ 강산이다.
㉱ 비점이 상온보다 낮다.

풀이 비점은 상온보다 높다.
과염소산 39℃, 질산 86℃

56 다음 물질 중 위험물 유별에 따른 구분이 나머지 셋과 다른 하나는?
㉮ 질산은   ㉯ 질산에틸
㉰ 무수크롬산   ㉱ 질산암모늄

풀이 ㉯ 제5류 위험물, 기타 제1류 위험물

57 니트로셀룰로오스의 안전한 저장을 위해 사용하는 물질은?
㉮ 페놀   ㉯ 황산
㉰ 에탄올   ㉱ 아닐린

풀이 니트로셀룰로오스 : 저장 시 알코올로 습윤시켜 저장함.

58 1분자 내에 포함된 탄소의 수가 가장 많은 것은?
㉮ 아세톤   ㉯ 톨루엔
㉰ 아세트산   ㉱ 이황화탄소

풀이 ㉮ 3개, ㉯ 7개, ㉰ 2개, ㉱ 1개

정답 54.㉯ 55.㉱ 56.㉯ 57.㉰ 58.㉯

59 다음 중 위험물안전관리법령에 따라 정한 지정수량이 나머지 셋과 다른 것은?
㉮ 황화린 ㉯ 적린
㉰ 유황 ㉱ 철분

풀이 ㉱는 500kg, 기타 100kg

60 위험물안전관리법령상 해당하는 품명이 나머지 셋과 다른 것은?
㉮ 트리니트로페놀 ㉯ 트리니트로톨루엔
㉰ 니트로셀룰로오스 ㉱ 테트릴

풀이 니트로화합물 : 200kg, 니트로셀룰로오스 : 10kg

정답 59. ㉱ 60. ㉰

2015년 7월 19일 시행

01 과산화나트륨의 화재 시 물을 사용한 소화가 위험한 이유는?
㉮ 수소와 열을 발생하므로
㉯ 산소와 열을 발생하므로
㉰ 수소를 발생하고 이 가스가 폭발적으로 연소하므로
㉱ 산소를 발생하고 이 가스가 폭발적으로 연소하므로

풀이 무기과산화물 : 화재 시 주수하면 산소와 열을 발생하며 폭발한다.

02 위험물안전관리법령상 경보설비로 자동화재탐지설비를 설치해야 할 위험물 제조소의 규모의 기준에 대한 설명으로 옳은 것은?
㉮ 연면적 500m^2 이상인 것
㉯ 연면적 1000m^2 이상인 것
㉰ 연면적 1500m^2 이상인 것
㉱ 연면적 2000m^2 이상인 것

풀이 자동화재탐지설비 : 연면적 500m^2 이상

03 $NH_4H_2PO_4$이 열분해하여 생성되는 물질 중 암모니아와 수증기의 부피 비율은?
㉮ 1 : 1
㉯ 1 : 2
㉰ 2 : 1
㉱ 3 : 2

풀이 $NH_4H_2PO_4 \rightarrow HPO_3 + NH_3 + H_2O$

04 위험물안전관리법령에서 정한 탱크안전성능검사의 구분에 해당하지 않는 것은?
㉮ 기초·지반 검사
㉯ 충수·수압검사
㉰ 용접부검사
㉱ 배관검사

풀이 배관검사는 해당 없음.

05 제3류 위험물 중 금수성 물질에 적응성이 있는 소화설비는?
㉮ 할로겐화물 소화설비
㉯ 포 소화설비
㉰ 이산화탄소 소화설비
㉱ 탄산수소염류 등 분말소화설비

정답 01. ㉯ 02. ㉮ 03. ㉮ 04. ㉱ 05. ㉱

풀이 금수성 물질 : 탄산수소염류 등 분말소화설비

06 제5류 위험물을 저장 또는 취급하는 장소에 적응성이 있는 소화설비는?
㉮ 포 소화설비 ㉯ 분말 소화설비
㉰ 이산화탄소 소화설비 ㉱ 할로겐화합물 소화설비

풀이 제5류 위험물 적응소화설비 : 포 소화설비, 옥내·외 소화설비, 물분무 소화설비

07 화재의 종류와 가연물이 옳게 연결된 것은?
㉮ A급 - 플라스틱 ㉯ B급 - 섬유
㉰ A급 - 페인트 ㉱ B급 - 나무

풀이 A급 - 일반화재(플라스틱)

08 팽창진주암(삽 1개 포함)의 능력단위 1은 용량이 몇 L인가?
㉮ 70 ㉯ 100
㉰ 130 ㉱ 160

풀이 팽창진주암(삽 1개 포함) : 130L

09 위험물안전관리법령상 위험물을 유별로 정리하여 저장하면서 서로 1m 이상의 간격을 두면 동일한 옥내저장소에 저장할 수 있는 경우는?
㉮ 제1류 위험물과 제3류 위험물 중 금수성 물질을 저장하는 경우
㉯ 제1류 위험물과 제4류 위험물을 저장하는 경우
㉰ 제1류 위험물과 제6류 위험물을 저장하는 경우
㉱ 제2류 위험물 중 금속분과 제4류 위험물 중 동식물유류를 저장하는 경우

풀이 제1류, 제6류 위험물 : 1m 이상의 간격을 유지하는 경우 혼재 가능함.

10 제6류 위험물을 저장하는 장소에 적응성이 있는 소화설비가 아닌 것은?
㉮ 물분무 소화설비 ㉯ 포 소화설비
㉰ 이산화탄소 소화설비 ㉱ 옥내소화전설비

풀이 이산화탄소 소화설비 및 할로겐화합물 소화설비는 해당 없음.

정답 06.㉮ 07.㉮ 08.㉱ 09.㉰ 10.㉰

11 피난설비를 설치하여야 하는 위험물제조소 등에 해당하는 것은?
㉮ 건축물의 2층 부분을 자동차 정비소로 사용하는 주유취급소
㉯ 건축물의 2층 부분을 전시장으로 사용하는 주유취급소
㉰ 건축물의 1층 부분을 주유사무소로 사용하는 주유취급소
㉱ 건축물의 1층 부분을 관계자의 주거시설로 사용하는 주유취급소

풀이 피난설비설치 : 2층 부분을 전시장으로 사용하는 주유취급소

12 제1종 분말소화약제의 적응 화재 종류는?
㉮ A급   ㉯ BC급
㉰ AB급   ㉱ ABC급

풀이 제1종 분말소화약제 : BC급

13 연소의 3연소를 모두 포함하는 것은?
㉮ 과염소산, 산소, 불꽃   ㉯ 마그네슘분말, 연소열, 수소
㉰ 아세톤, 수소, 산소   ㉱ 불꽃, 아세톤, 질산암모늄

풀이 연소의 3요소 : 가연물(아세톤), 점화원(불꽃), 산소공급원(질산암모늄)

14 액화 이산화탄소 1kg이 25℃, 2atm에서 방출되어 모두 기체가 되었다. 방출된 기체상의 이산화탄소 부피는 약 몇 L인가?
㉮ 238   ㉯ 278
㉰ 308   ㉱ 340

풀이 $PV = GRT$

$$V = \frac{1 \times \frac{848}{44} \times 298}{10332 \times 2} = 0.2779 \text{ m}^3 ≒ 278L$$

15 소화약제에 따른 주된 소화효과로 틀린 것은?
㉮ 수성막포소화약제 : 질식효과
㉯ 제2종 분말소화약제 : 탈수탄화효과
㉰ 이산화탄소소화약제 : 질식효과
㉱ 할로겐화합물소화약제 : 화학억제효과

풀이 제2종 분말소화약제 : 질식과 냉각효과

정답 11.㉯ 12.㉯ 13.㉱ 14.㉯ 15.㉯

16 위험물안전관리법령에서 정한 "물분무 등 소화설비"의 종류에 속하지 않는 것은?
㉮ 스프링클러설비　　　㉯ 포 소화설비
㉰ 분말 소화설비　　　　㉱ 이산화탄소 소화설비

　풀이　㉮는 물분무 등 소화설비에 해당하지 않음.

17 혼합물인 위험물이 복수의 성상을 가지는 경우에 적용하는 품명에 관한 설명으로 틀린 것은?
㉮ 산화성 고체의 성상 및 가연성 고체의 성상을 가지는 경우 : 산화성 고체의 품명
㉯ 산화성 고체의 성상 및 자기반응성 물질의 성상을 가지는 경우 : 자기반응성 물질의 품명
㉰ 가연성 고체의 성상과 자연발화성 물질의 성상 및 금수성 물질의 성상을 갖는 경우 : 자연발화성 물질 및 금수성 물질의 품명
㉱ 인화성 액체의 성상 및 자기반응성 물질의 성상을 가지는 경우 : 자기반응성 물질의 품명

　풀이　㉮항 가연성 고체의 품명

18 위험물시설에 설비하는 자동화재탐지설비의 하나의 경계구역 면적과 그 한 변의 길이의 기준으로 옳은 것은? (단, 광전식 분리형 감지기를 설치하지 않은 경우이다.)
㉮ $300m^2$ 이하, 50m 이하　　　㉯ $300m^2$ 이하, 100m 이하
㉰ $600m^2$ 이하, 50m 이하　　　㉱ $600m^2$ 이하, 100m 이하

　풀이　자동화재탐지설비 : $600m^2$ 이하, 50m 이하

19 다음 위험물의 저장 창고에 화재가 발생하였을 때 주수(注水)에 의한 소화가 오히려 더 위험한 것은?
㉮ 염소산칼륨　　　㉯ 과염소산나트륨
㉰ 질산암모늄　　　㉱ 탄화칼슘

　풀이　탄화칼슘 : 물과 반응하여 아세틸렌가스를 발생시켜 폭발한다.

20 옥외저장소에 덩어리 상태의 유황만을 지반면에 설치한 경계표시의 안쪽에서 저장할 경우 하나의 경계표시의 내부면적은 몇 m^2 이하 이어야 하는가?
㉮ 75　　　㉯ 100
㉰ 150　　㉱ 300

정답　16. ㉮　17. ㉮　18. ㉰　19. ㉱　20. ㉯

풀이 경계표시 : 100m² 이하일 것

21 황의 성상에 관한 설명으로 틀린 것은?
㉮ 연소할 때 발생하는 가스는 냄새를 가지고 있으나 인체에 무해하다.
㉯ 미분이 공기 중에 떠 있을 때 분진폭발의 우려가 있다.
㉰ 용융된 황을 물에서 급랭하면 고무상황을 얻을 수 있다.
㉱ 연소할 때 아황산가스를 발생한다.

풀이 황은 연소시 유독성의 이산화황 가스를 발생시킨다.

22 과산화수소의 성질에 대한 설명 중 틀린 것은?
㉮ 알칼리성 용액에 의해 분해될 수 있다.
㉯ 산화제로 사용할 수 있다.
㉰ 농도가 높을수록 안정하다.
㉱ 열, 햇빛에 의해 분해될 수 있다.

풀이 과산화수소 : 농도가 높을수록 불안정하다.

23 위험물안전관리법령상 위험물의 운송에 있어서 운송책임자의 감독 또는 지원을 받아 운송하여야 하는 위험물에 속하지 않는 것은?
㉮ $Al(CH_3)_3$ ㉯ CH_3Li
㉰ $Cd(CH_3)_2$ ㉱ $Al(C_4H_9)_3$

풀이 ㉰는 해당 없음.

24 무색의 액체로 융점이 −112℃이고, 물과 접촉하면 심하게 발열하는 제6류 위험물은?
㉮ 과산화수소   ㉯ 과염소산
㉰ 질산   ㉱ 오불화요오드

풀이 과염소산에 대한 설명임.

25 위험물안전관리법령에서 정한 특수인화물의 발화점 기준으로 옳은 것은?
㉮ 1기압에서 100℃ 이하   ㉯ 0기압에서 100℃ 이하
㉰ 1기압에서 25℃ 이하   ㉱ 0기압에서 25℃ 이하

풀이 특수인화물 : 1기압에서 100℃ 이하

정답 21. ㉮ 22. ㉰ 23. ㉰ 24. ㉯ 25. ㉮

26. 알킬알루미늄 등 또는 아세트알데히드 등을 취급하는 제조소의 특례기준으로 옳은 것은?

㉮ 알킬알루미늄 등을 취급하는 설비에는 불활성 기체 또는 수증기를 봉입하는 장치를 설치한다.
㉯ 알킬알루미늄 등을 취급하는 설비는 은·수은·동·마그네슘을 성분으로 하는 것으로 만들지 않는다.
㉰ 아세트알데히드 등을 취급하는 탱크에는 냉각장치 또는 보냉장치 및 불활성 기체 봉입장치를 설치한다.
㉱ 아세트알데히드 등을 취급하는 설비의 주위에는 누설범위를 국한하기 위한 설비와 누설되었을 때 안전한 장소에 설치된 저장실에 유입시킬 수 있는 설비를 갖춘다.

풀이 ㉮, ㉱ : 아세트알데히드에 해당
     ㉯ 알킬알루미늄에 해당

27. 그림의 시험장치는 제 몇 류 위험물의 위험성 판정을 위한 것인가? (단, 고체물질의 위험성 판정이다.)

㉮ 제1류
㉯ 제2류
㉰ 제3류
㉱ 제5류

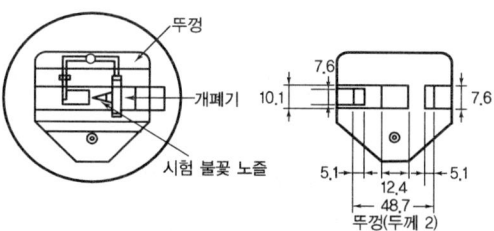
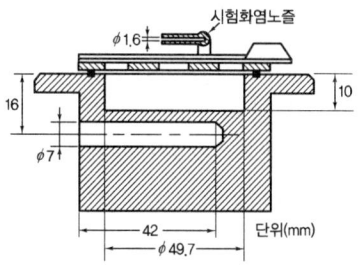

풀이 인화 위험성 시험방법으로 세타밀 폐식 인화점 측정기이며 제2류 위험물 가연성 고체 시험방법에 해당됨.

28. 디에틸에테르의 보관·취급에 관한 설명으로 틀린 것은?

㉮ 용기는 밀봉하여 보관한다.
㉯ 환기가 잘 되는 곳에 보관한다.
㉰ 정전기가 발생하지 않도록 취급한다.
㉱ 저장용기에 빈 공간이 없게 가득 채워 보관한다.

풀이 체적팽창계수가 커서 안전공간을 확보해 보관해야 한다.

29. 과산화나트륨에 대한 설명 중 틀린 것은?

㉮ 순수한 것은 백색이다.

정답 26. ㉰ 27. ㉯ 28. ㉱ 29. ㉯

㉯ 상온에서 물과 반응하여 수소 가스를 발생한다.
㉰ 화재 발생 시 주수소화는 위험할 수 있다.
㉱ CO, CO_2 제거제를 제조할 때 사용된다.

....
풀이 상온에서 물과 반응하여 산소 가스를 발생한다.

30

위험물안전관리법령상 품명이 "유기과산화물"인 것만으로만 나열된 것은?
㉮ 과산화벤조일, 과산화메틸에틸케톤
㉯ 과산화벤조일, 과산화마그네슘
㉰ 과산화마그네슘, 과산화메틸에틸케톤
㉱ 과산화초산, 과산화수소

....
풀이 유기과산화물 : 제5류 위험물

31

염소산염류 250kg, 요오드산 염류 600kg, 질산염류 900kg을 저장하고 있는 경우 지정수량의 몇 배가 보관되어 있는가?
㉮ 5배   ㉯ 7배
㉰ 10배   ㉱ 12배

....
풀이 $\dfrac{250}{50} + \dfrac{600}{300} + \dfrac{900}{300} = 10$

32

옥외저장소에서 저장 또는 취급할 수 있는 위험물이 아닌 것은? (단, 국제해상위험물규칙에 적합한 용기에 수납된 위험물의 경우는 제외한다.)
㉮ 제2류 위험물 유황
㉯ 제1류 위험물 중 과염소산염류
㉰ 제6류 위험물
㉱ 제2류 위험물 중 인화점이 10℃인 인화성 고체

33

히드라진에 대한 설명으로 틀린 것은?
㉮ 외관은 물과 같이 무색 투명하다.
㉯ 가열하면 분해하여 가스를 발생한다.
㉰ 위험물안전관리법령상 제4류 위험물에 해당한다.
㉱ 알코올, 물 등의 비극성 용매에 잘 녹는다.

....
풀이 히드라진 : 알코올, 물 등의 극성 용매에 잘 녹는다.

정답　30. ㉮　31. ㉰　32. ㉯　33. ㉱

34 다음 중 제2석유류만으로 짝지어진 것은?

㉮ 시클로헥산 - 피리딘
㉯ 염화아세틸 - 휘발유
㉰ 시클로헥산 - 중유
㉱ 아크릴산 - 포름산

> **풀이**
> • 시클로헥산, 휘발유, 염화아세틸 : 제1석유류
> • 중유 : 제3석유류

35 시약(고체)의 명칭이 불분명한 시약병의 내용물을 확인하려고 뚜껑을 열어 시계접시에 소량을 담아놓고 공기 중에서 햇빛을 받는 곳에 방치하던 중 시계접시에서 갑자기 연소현상이 일어났다. 다음 물질 중 이 시약의 명칭으로 예상할 수 있는 것은?

㉮ 황
㉯ 황린
㉰ 적린
㉱ 질산암모늄

> **풀이** 황린 : 발화점이 34℃로 햇빛에 의해 자연발화가 가능함.

36 위험물제조소 및 일반취급소에 설치하는 자동화재탐지설비의 설치기준으로 틀린 것은?

㉮ 하나의 경계구역은 600m² 이하로 하고, 한 변의 길이는 50m 이하로 한다.
㉯ 주요한 출입구에서 내부전체를 볼 수 있는 경우 경계구역은 1000m² 이하로 할 수 있다.
㉰ 광전식 분리형 감지기를 설치할 경우에는 하나의 경계구역을 1000m² 이하로 할 수 있다.
㉱ 비상전원을 설치하여야 한다.

> **풀이** 광전식 분리형 감지기 : 경계구역은 600m² 이하, 한 변의 길이는 100m 이하

37 무기물과산화의 일반적인 성질에 대한 설명으로 틀린 것은?

㉮ 과산화수소의 수소가 금속으로 치환된 화합물이다.
㉯ 산화력이 강해 스스로 쉽게 산화한다.
㉰ 가열하면 분해되어 산소를 발생한다.
㉱ 물과의 반응성이 크다.

> **풀이** 무기과산화물 : 강산화제로서 산소를 쉽게 방출하여 자신은 환원된다.

38 다음 중 물과의 반응성이 가장 낮은 것은?

㉮ 인화알루미늄
㉯ 트리에틸알루미늄
㉰ 오황화린
㉱ 황린

정답 34. ㉱ 35. ㉯ 36. ㉰ 37. ㉯ 38. ㉱

풀이 황린 : 물과 반응성이 없어 물속에 보관함.

39 다음 위험물 중 비중이 물보다 큰 것은?
㉮ 디에틸에테르 ㉯ 아세트알데히드
㉰ 산화프로필렌 ㉱ 이황화탄소

풀이 이황화탄소 : 1.26

40 위험물안전관리자를 해임할 때에는 해임한 날로부터 며칠 이내에 위험물안전관리자를 다시 선임하여야 하는가?
㉮ 7 ㉯ 14
㉰ 30 ㉱ 60

풀이 선·해임신고 : 30일 이내

41 황린에 관한 설명 중 틀린 것은?
㉮ 물에 잘 녹는다.
㉯ 화재 시 물로 냉각소화할 수 있다.
㉰ 적린에 비해 불안정하다.
㉱ 적린과 동소체이다.

풀이 황린 : 제3류 위험물 자연발화성 물질, 물에 녹지 않아 물속에 보관함.

42 위험물 옥내저장소에 과염소산 300kg, 과산화수소 300kg을 저장하고 있다. 저장창고에는 지정수량 몇 배의 위험물을 저장하고 있는가?
㉮ 4 ㉯ 3
㉰ 2 ㉱ 1

풀이 $\dfrac{300}{300} + \dfrac{300}{300} = 2$

43 금속나트륨, 금속칼륨 등을 보호액 속에 저장하는 이유를 가장 옳게 설명한 것은?
㉮ 온도를 낮추기 위하여 ㉯ 승화하는 것을 막기 위하여
㉰ 공기와의 접촉을 막기 위하여 ㉱ 운반 시 충격을 적게 하기 위하여

풀이 금속나트륨, 금속칼륨 : 금수성 물질로서 공기와의 접촉을 피하기 위해 보호액 속에 보관함.

정답 39. ㉱ 40. ㉰ 41. ㉮ 42. ㉰ 43. ㉰

44 위험물안전관리법령에서 정한 품명이 서로 다른 물질을 나열한 것은?
㉮ 이황화탄소, 디에틸에테르   ㉯ 에틸알코올, 고형알코올
㉰ 등유, 경유   ㉱ 중유, 클레오소오트유

풀이 • 에틸알코올 : 제4류 위험물 알코올류
• 고형알코올 : 제2류 위험물 인화성 고체

45 위험물안전관리법령에 의한 위험물 운송에 관한 규정으로 틀린 것은?
㉮ 이동탱크저장소에 의하여 위험물을 운송하는 자는 당해 위험물을 취급할 수 있는 국가기술자격자 또는 안전교육을 받은자이어야 한다.
㉯ 안전관리자 · 탱크시험자 · 위험물운송자 등 위험물의 안전관리와 관련된 업무를 수행하는 자는 시 · 도지사가 실시하는 안전교육을 받아야 한다.
㉰ 운송책임자의 범위, 감독 또는 지원의 방법 등에 관한 구체적인 기준은 총리령으로 정한다.
㉱ 위험물운송자는 이동탱크저장소에 의하여 위험물을 운송하는 때에는 총리령으로 정하는 기준을 준수하는 등 당해 위험물의 안전확보를 위하여 세심한 주의를 기울여야 한다.

풀이 안전관리자 · 탱크시험자 · 위험물운송자 : 한국소방안전협회에서 실시하는 교육을 받아야 함.

46 다음 아세톤 완전연소반응식에서 ( )에 알맞은 계수를 차례대로 옳게 나타낸 것은?

$$CH_3COCH_3 + (\ )O_2 \rightarrow (\ )CO_2 + 3H_2O$$

㉮ 3, 4   ㉯ 4, 3
㉰ 6, 3   ㉱ 3, 6

풀이 $CH_3COCH_3 + 4O_2 \rightarrow 3CO_2 + 3H_2O$

47 위험물탱크의 용량은 탱크의 내용적에서 공간 용적을 뺀 용적으로 한다. 이 경우 소화약제 방출구를 탱크 안의 윗부분에 설치하는 탱크의 공간용적은 당해 소화설비의 소화약제 방출구 아래의 어느 범위의 면으로부터 윗부분의 용적으로 하는가?
㉮ 0.1미터 이상 0.5미터 미만 사이의 면
㉯ 0.3미터 이상 1미터 미만 사이의 면
㉰ 0.5미터 이상 1미터 미만 사이의 면
㉱ 0.5미터 이상 1.5미터 미만 사이의 면

풀이 소화약제 방출구로부터 0.3미터 이상 1미터 미만 사이의 면

48 위험물의 지정수량이 잘못된 것은?
㉮ $(C_2H_5)_3Al$: 10kg
㉯ Ca : 50kg
㉰ LiH : 300kg
㉱ Al_4C_3 : 500kg

풀이 ㉱항은 300kg이다.

49 위험물안전관리법령상 에틸렌글리콜과 혼재하여 운반할 수 없는 위험물은? (단, 지정수량의 10배일 경우이다.)
㉮ 유황
㉯ 과망간산나트륨
㉰ 알루미늄분
㉱ 트리니트로톨루엔

풀이 제1류 위험물과는 혼재할 수 없음.

50 다음 중 위험등급 I의 위험물이 아닌 것은?
㉮ 무기과산화물
㉯ 적린
㉰ 나트륨
㉱ 과산화수소

풀이 적린 : II등급

51 탄소 80%, 수소 14%, 황 6%인 물질 1kg이 완전연소하기 위해 필요한 이론 공기량은 약 몇 kg인가? (단, 공기 중 산소는 23wt%이다.)
㉮ 3.31
㉯ 7.05
㉰ 11.62
㉱ 14.41

풀이 C : $\dfrac{1kg \times 0.8}{12kg/kmol} = 0.067 kmol$

H₂ : $\dfrac{1kg \times 0.14}{2kg/kmol} = 0.07 kmol$

S : $\dfrac{1kg \times 0.06}{32kg/kmol} = 1.9 \times 10^{-3} kmol$

연소반응에서 C와 O_2는 1 : 1, H_2와 O_2는 2 : 1, S와 O_2는 1 : 1 반응하므로 전체 필요한 산소의 양은 $0.067 + 0.035 + 0.0019 = 0.1039 kmol$

이론공기량 = $\dfrac{0.1039 \times 32}{0.23} = 14.41$

정답 48. ㉱ 49. ㉯ 50. ㉯ 51. ㉱

52 다음 중 요오드 값이 가장 낮은 것은?
㉮ 해바라기유   ㉯ 오동유
㉰ 아마인유   ㉱ 낙화생유

풀이 ㉮ 건성유, 113~146   ㉯ 건성유, 145~176
　　㉰ 건성유, 168~190   ㉱ 낙화생 : 반건성유, 80~109

53 시클로헥산에 관한 설명으로 가장 거리가 먼 것은?
㉮ 고리형 분자구조를 가진 방향족 탄화수소화합물이다.
㉯ 화학식은 C_6H_{12}이다.
㉰ 비수용성 위험물이다.
㉱ 제4류 제1석유류에 속한다.

풀이 시클로헥산 : 방향족 탄화수소화합물이 아님.

54 제6류 위험물을 저장하는 옥내탱크저장소로서 단층 건물에 설치된 것의 소화난이도 등급은?
㉮ Ⅰ등급   ㉯ Ⅱ등급
㉰ Ⅲ등급   ㉱ 해당 없음

풀이 제6류 위험물 : 해당 없음.

55 이황화탄소를 화재예방상 물속에 저장하는 이유는?
㉮ 불순물을 물에 용해시키기 위해
㉯ 가연성 증기의 발생을 억제하기 위해
㉰ 상온에서 수소가스를 발생시키기 때문에
㉱ 공기와 접촉하면 즉시 폭발하기 때문에

풀이 가연성 증기발생을 억제하기 위해 물속에 보관함.

56 위험물안전관리법령상 판매취급소에 관한 설명으로 옳지 않은 것은?
㉮ 건축물의 1층에 설치하여야 한다.
㉯ 위험물을 저장하는 탱크시설을 갖추어야 한다.
㉰ 건축물의 다른 부분과는 내화구조의 격벽으로 구획하여야 한다.
㉱ 제조소와 달리 안전거리 또는 보유공지에 관한 규제를 받지 않는다.

풀이 ㉯는 해당 없음.

정답 52. ㉱   53. ㉮   54. ㉱   55. ㉯   56. ㉯

57. $C_6H_2CH_3(NO_2)_3$을 녹이는 용제가 아닌 것은?

㉮ 물
㉯ 벤젠
㉰ 에테르
㉱ 아세톤

풀이 TNT : 물에 녹지 않음.

58. 질산의 저장 및 취급법이 아닌 것은?

㉮ 직사광선을 차단한다.
㉯ 분해방지를 위해 요산, 인산 등을 가한다.
㉰ 유기물과 접촉을 피한다.
㉱ 갈색병에 넣어 보관한다.

풀이 ㉯는 과산화수소에 해당됨.

59. 다음 중 위험물 운반용기의 외부에 "제4류"와 "위험등급 II"의 표시만 보이고 품명이 잘 보이지 않을 때 예상할 수 있는 수납위험물의 품명은?

㉮ 제1석유류
㉯ 제2석유류
㉰ 제3석유류
㉱ 제4석유류

풀이 위험등급 II : 제1석유류, 알코올류

60. 과염소산의 성질로 옳지 않는 것은?

㉮ 산화성 액체이다.
㉯ 무기화합물이며 물보다 무겁다.
㉰ 불연성 물질이다.
㉱ 증기는 공기보다 가볍다.

풀이 과염소산 증기비중 : 3.46

정답 57. ㉮ 58. ㉯ 59. ㉮ 60. ㉱

위험물기능사 기출문제 04
2015년 10월 10일 시행

01. 제조소에 옥외에 모두 3기의 휘발유 취급탱크를 설치하고 그 주위에 방유제를 설치하고자 한다. 방유제 안에 설치하는 각 취급탱크의 용량이 5만L, 3만L, 2만L일 때 필요한 방유제의 용량은 몇 L 이상인가?
㉮ 66000
㉯ 60000
㉰ 33000
㉱ 30000

풀이 옥외에 있는 위험물탱크 방유제 용량
- 탱크 1기 : 당해 탱크용량의 50% 이상
- 탱크 2기 이상 : 탱크 중 용량이 최대인 것의 50% + 나머지 탱크 용량합계의 10%
  $(50000 \times 0.5) + (30000 + 20000) \times 0.1 = 30000$

02. 위험물안전관리법령에 따라 위험물을 유별로 정리하여 서로 1m 이상의 간격을 두었을 때 옥내저장소에서 함께 저장하는 것이 가능한 경우가 아닌 것은?
㉮ 제1류 위험물(알칼리금속의 과산화물 또는 이를 함유한 것을 제외한다)과 제5류 위험물을 저장하는 경우
㉯ 제3류 위험물 중 알킬알루미늄과 제4류 위험물(알킬알루미늄 또는 알킬리튬을 함유한 것에 한한다)을 저장하는 경우
㉰ 제1류 위험물과 제3류 위험물 중 금수성 물질을 저장하는 경우
㉱ 제2류 위험물 중 인화성 고체와 제4류 위험물을 저장하는 경우

풀이 ㉰항 제1류 위험물과 제3류 위험물 중 자연발화성 물질(황린 포함)

03. 다음 중 스프링클러 설비의 소화작용으로 가장 거리가 먼 것은?
㉮ 질식작용
㉯ 희석작용
㉰ 냉각작용
㉱ 억제작용

풀이 스프링클러 설비 소화약제는 물로서 억제작용과는 거리가 멀다.

04. 금속화재를 옳게 설명한 것은?
㉮ C급 화재이고, 표시색상은 청색이다.
㉯ C급 화재이고, 별도의 표시색상은 없다.
㉰ D급 화재이고, 표시색상은 청색이다.
㉱ D급 화재이고, 별도의 표시색상은 없다.

정답 01.㉱ 02.㉰ 03.㉱ 04.㉱

풀이 금속화재 : D급, 무색

05 위험물안전관리법령상 개방형 스프링클러 헤드를 이용하는 스프링클러 설비에서 수동식 개방밸브를 개방 조작하는 데 필요한 힘은 얼마 이하가 되어야 하는가?
㉮ 5kg ㉯ 10kg
㉰ 15kg ㉱ 20kg

풀이 수동식 개방밸브 조작 : 15kg 이하

06 과산화바륨과 물이 반응하였을 때 발생하는 것은?
㉮ 수소 ㉯ 산소
㉰ 탄산가스 ㉱ 수성가스

풀이 무기과산화물은 물과 반응하여 산소를 발생한다.

07 트리에틸알루미늄의 화재 시 사용할 수 있는 소화약제(설비)가 아닌 것은?
㉮ 마른모래 ㉯ 팽창질석
㉰ 팽창진주암 ㉱ 이산화탄소

풀이 이산화탄소는 사용금지함.

08 다음 중 할로겐화합물 소화약제의 주된 소화효과는?
㉮ 부촉매효과 ㉯ 희석효과
㉰ 파괴효과 ㉱ 냉각효과

풀이 할로겐 소화약제 : 부촉매(억제)효과

09 가연물이 되기 쉬운 조건이 아닌 것은?
㉮ 산소와 친화력이 클 것
㉯ 열전도율이 클 것
㉰ 발열량이 클 것
㉱ 활성화에너지가 작을 것

풀이 열전도율이 작을수록 가연물이 되기 쉽다.

정답 05. ㉰ 06. ㉯ 07. ㉱ 08. ㉮ 09. ㉯

10 위험물안전관리법령상 옥내 주유취급소에 있어서 해당 사무소 등의 출입구 및 피난구와 당해 피난구로 통하는 통로·계단 및 출입구에 무엇을 설치해야 하는가?
  ㉮ 화재감지기 ㉯ 스프링클러 설비
  ㉰ 자동화재탐지설비 ㉱ 유도등

  풀이 유도등 설치에 관한 사항임.

11 철분, 금속분, 마그네슘의 화재에 적응성이 있는 소화약제는?
  ㉮ 탄산수소염류 분말 ㉯ 할로겐화합물
  ㉰ 물 ㉱ 이산화탄소

  풀이 철분, 금속분, 마그네슘 화재 시 탄산수소염류 분말소화약제가 효과적이다.

12 제1종 분말소화약제의 주성분으로 사용되는 것은?
  ㉮ $KHCO_3$ ㉯ H_2SO_4
  ㉰ $NaHCO_3$ ㉱ $NH_4H_2PO_4$

  풀이 제1종 분말소화약제 : 중탄산칼륨($KHCO_3$)

13 소화설비의 설치기준에서 유기과산화물 1,000 kg은 몇 소요단위에 해당하는가?
  ㉮ 10 ㉯ 20
  ㉰ 100 ㉱ 200

  풀이 위험물 1소요단위 : 지정수량 10배
  $$\frac{1000}{10 \times 10} = 10$$

14 위험물안전관리법령상 주유취급소에서의 위험물 취급기준으로 옳지 않은 것은?
  ㉮ 자동차에 주유할 때에는 고정주유설비를 이용하여 직접 주유할 것
  ㉯ 자동차에 경유 위험물을 주유할 때에는 자동차의 원동기를 반드시 정지시킬 것
  ㉰ 고정주유설비에는 당해 주유설비에 접속한 전용탱크 또는 간이탱크의 배관외의 것을 통하여서는 위험물을 공급하지 아니할 것
  ㉱ 고정주유설비에 접속하는 탱크에 위험물을 주입할 때에는 당해 탱크에 접속된 고정주유설비의 사용을 중지할 것

  풀이 경유(디젤)차량 : 엔진정지는 의무사항이 아님.

정답 10. ㉱ 11. ㉮ 12. ㉰ 13. ㉮ 14. ㉯

15 위험물안전관리자에 대한 설명 중 옳지 않은 것은?
- ㉮ 이동탱크 저장소는 위험물안전관리자 선임대상에 해당하지 않는다.
- ㉯ 위험물안전관리자가 퇴직한 경우 퇴직한 날로부터 30일 이내에 다시 안전관리자를 선임하여야 한다.
- ㉰ 위험물안전관리자를 선임한 경우에는 선임한 날로부터 14일 이내에 소방본부장 또는 소방서장에게 신고하여야 한다.
- ㉱ 위험물안전관리자가 일시적으로 직무를 수행할 수 없는 경우에는 안전교육을 받고 6개월 이상 실무경력이 있는 사람을 대리자로 지정할 수 있다.

풀이 1년 이상의 실무경력자를 대리자로 지정할 수 있다.

16 Halon 1211에 해당하는 물질의 분자식은?
- ㉮ CF_2FCl
- ㉯ CF_2ClBr
- ㉰ CCl_2FBr
- ㉱ FC_2BrCl

풀이 Halon 1211 : CF_2ClBr

17 주유취급소의 벽(담)에 유리를 부착할 수 있는 기준에 대한 설명으로 옳은 것은?
- ㉮ 유리 부착위치는 주입구, 고정주유설비로부터 2m 이상 이격되어야 한다.
- ㉯ 지반면으로부터 50센티미터를 초과하는 부분에 한하여 설치하여야 한다.
- ㉰ 하나의 유리판 가로의 길이는 2m 이내로 한다.
- ㉱ 유리의 구조는 기준에 맞는 강화유리로 하여야 한다.

풀이 주유취급소 벽의 유리 설치 기준 : 가로 2m 이내일 것

18 다음 중 위험물안전관리법령에서 정한 지정수량이 나머지 셋과 다른 물질은?
- ㉮ 아세트산
- ㉯ 히드라진
- ㉰ 클로로벤젠
- ㉱ 니트로벤젠

풀이 ㉰ 1000리터, 기타 2000리터

19 제3류 위험물을 취급하는 제조소는 300명 이상을 수용할 수 있는 극장으로부터 몇 m 이상의 안전거리를 유지하여야 하는가?
- ㉮ 5
- ㉯ 10
- ㉰ 30
- ㉱ 70

풀이 300명 이상 수용극장가 : 안전거리 30m 이상

정답 15. ㉱ 16. ㉯ 17. ㉰ 18. ㉰ 19. ㉰

20. 표준상태에서 탄소 1몰이 완전히 연소하면 몇 L의 이산화탄소가 생성되는가?
㉮ 11.2 ㉯ 22.4
㉰ 44.8 ㉱ 56.8

풀이 탄소 1몰이 연소 시 1몰의 이산화탄소 22.4리터 생성
$C + O_2 \rightarrow CO_2$

21. 위험물안전관리법령에서 정한 알킬알루미늄 등을 저장 또는 취급하는 이동탱크저장소에 비치해야 하는 물품이 아닌 것은?
㉮ 방호복 ㉯ 고무장갑
㉰ 비상조명등 ㉱ 휴대용 확성기

풀이 비상조명등은 해당 없음.

22. 제4류 위험물에 대한 일반적인 설명으로 옳지 않은 것은?
㉮ 대부분 연소 하한값이 낮다.
㉯ 발생증기는 가연성이며 대부분 공기보다 무겁다.
㉰ 대부분 무기화합물이므로 정전기발생에 주의한다.
㉱ 인화점이 낮을수록 화재 위험이 높다.

풀이 제4류 위험물 : 유기화합물

23. 위험물안전관리법령에서 정한 아세트알데히드등을 취급하는 제조소의 특례에 따라 다음 (   )안에 해당하지 않는 것은?

> 아세트알데히드 등을 취급하는 설비는 (   )·동·(   ) 또는 이들을 성분으로 하는 합금으로 만들지 아니할 것

㉮ 금 ㉯ 은
㉰ 수은 ㉱ 마그네슘

풀이 금은 해당 없음.

24. 위험물안전관리법령상 이동탱크저장소에 의한 위험물의 운송 시 장거리에 걸친 운송을 하는 때에는 2명 이상의 운전자로 하는 것이 원칙이다. 다음 중 예외적으로 1명의 운전자가 운송하여도 되는 경우의 기준으로 옳은 것은?
㉮ 운송도중에 2시간 이내마다 10분 이상씩 휴식하는 경우
㉯ 운송도중에 2시간 이내마다 20분 이상씩 휴식하는 경우

정답 20.㉯ 21.㉰ 22.㉰ 23.㉮ 24.㉯

㉰ 운송도중에 4시간 이내마다 10분 이상씩 휴식하는 경우
㉱ 운송도중에 4시간 이내마다 20분 이상씩 휴식하는 경우

풀이 이동탱크저장소 1명의 운송자 가능기준 : 운송 중 2시간마다 20분 이상 휴식을 할 경우

25 나트륨에 관한 설명으로 옳은 것은?

㉮ 물보다 무겁다.
㉯ 융점이 100℃보다 높다.
㉰ 물과 격렬히 반응하여 산소를 발생시키고 발열한다.
㉱ 등유는 반응이 일어나지 않아 저장에 사용된다.

풀이 나트륨 : 저장 시 보호액으로 등유를 사용함.

26 다음은 위험물을 저장하는 탱크의 공간용적 산정기준이다. ( )에 알맞은 수치로 옳은 것은?

> 암반탱크에 있어서는 당해 탱크 내의 용출하는 ( )일간의 지하수의 양에 상당하는 용적과 당해 탱크의 내용적의 ( )의 용적 중에서 보다 큰 용적을 공간용적으로 한다.

㉮ 7, 1/100　　　　　　㉯ 7, 5/100
㉰ 10, 1/100　　　　　㉱ 10, 5/100

풀이 암반탱크의 공간용적 산정기준에 대한 설명임.

27 위험물안전관리법령상 예방규정을 정하여야 하는 제조소등의 관계인은 위험물제조소등에 대하여 기술기준에 적합한지의 여부를 정기적으로 점검을 하여야 한다. 법적 최소 점검주기에 해당하는 것은? (단, 100만리터 이상의 옥외탱크저장소는 제외한다.)

㉮ 월 1회 이상　　　　　㉯ 6개월 1회 이상
㉰ 연 1회 이상　　　　　㉱ 2년 1회 이상

풀이 법적 최소점검주기 : 연 1회 이상

28 $CH_3COC_2H_5$의 명칭 및 지정수량을 옳게 나타낸 것은?

㉮ 메틸에틸케톤, 50L　　　㉯ 메틸에틸케톤, 200L
㉰ 메틸에틸에테르, 50L　　㉱ 메틸에틸에테르, 200L

풀이 메틸에틸케톤($CH_3COC_2H_5$) : 비수용성, 200L

정답　25. ㉱　26. ㉮　27. ㉰　28. ㉯

29 위험물안전관리법령상 제4석유류를 저장하는 옥내저장탱크의 용량은 지정수량의 몇 배 이하여야 하는가?
- ㉮ 20
- ㉯ 40
- ㉰ 100
- ㉱ 150

풀이 제4석유류 : 지정수량의 40배 이하

30 위험물제조소의 환기설비 중 급기구는 급기구가 설치된 실의 바닥면적 몇 m²마다 1개 이상으로 설치해야 하는가?
- ㉮ 100
- ㉯ 150
- ㉰ 200
- ㉱ 800

풀이 급기구 : 바닥면적 150m²마다 1개 이상 설치함.

31 위험물제조소등의 종류가 아닌 것은?
- ㉮ 간이탱크저장소
- ㉯ 일반취급소
- ㉰ 이송취급소
- ㉱ 이동판매취급소

풀이 이동판매취급소는 해당 없음.

32 공기를 차단하고 황린을 약 몇 ℃로 가열하면 적린이 생성되는가?
- ㉮ 60
- ㉯ 100
- ㉰ 150
- ㉱ 260

풀이 황린(P_4)을 약 260℃로 가열 시 적린(P)이 생성됨.

33 위험물안전관리법령상 정기점검 대상인 제조소등의 조건이 아닌 것은?
- ㉮ 예방규정 작성대상인 제조소등
- ㉯ 지하탱크저장소
- ㉰ 이동탱크저장소
- ㉱ 지정수량 5배의 위험물을 취급하는 옥외탱크를 둔 제조소

풀이 ㉱의 경우는 정기점검 대상에서 제외됨.

34 다음 중 지정수량이 가장 큰 것은?
- ㉮ 과염소산칼륨
- ㉯ 트리니트로톨루엔
- ㉰ 황린
- ㉱ 유황

정답 29.㉯ 30.㉯ 31.㉱ 32.㉱ 33.㉱ 34.㉯

풀이 ㉮ 50kg ㉯ 200kg
㉰ 20kg ㉱ 100kg

35 제2류 위험물에 대한 설명으로 옳지 않은 것은?
㉮ 대부분 물보다 가벼우므로 주수소화는 어려움이 있다.
㉯ 점화원으로부터 멀리하고 가열을 피한다.
㉰ 금속분은 물과의 접촉을 피한다.
㉱ 용기 파손으로 인한 위험물의 누설에 주의한다.

풀이 비중이 1보다 크고 금속분을 제외하고는 물로 소화함.

36 다음 물질 중 물에 대한 용해도가 가장 낮은 것은?
㉮ 아크릴산   ㉯ 아세트알데히드
㉰ 벤젠   ㉱ 글리세린

풀이 벤젠은 비수용성으로 용해도가 가장 낮음.

37 분자량이 약 110인 무기과산화물로 물과 접촉하여 발열하는 것은?
㉮ 과산화마그네슘   ㉯ 과산화벤젠
㉰ 과산화칼슘   ㉱ 과산화칼륨

풀이 $2K_2O_2 + 2H_2O \rightarrow 4KOH + O_2 \uparrow$

38 1차 알코올에 대한 설명으로 가장 적절한 것은?
㉮ OH 기의 수가 하나이다.
㉯ OH 기가 결합된 탄소 원자에 붙은 알킬기의 수가 하나이다.
㉰ 가장 간단한 알코올이다.
㉱ 탄소의 수가 하나인 알코올이다.

풀이 1차 알코올 : 하이드록시기(OH)와 결합하고 있는 탄소 원자에 알킬기가 1개 결합한 알코올 분자

39 위험물안전관리법령상 산화성 액체에 대한 설명으로 옳은 것은?
㉮ 과산화수소는 농도와 밀도가 비례한다.
㉯ 과산화수소는 농도가 높을수록 끓는점이 낮아진다.
㉰ 질산은 상온에서 불연성이지만 고온으로 가열하면 스스로 발화한다.
㉱ 질산을 황산과 일정비율로 혼합하여 왕수를 제조할 수 있다.

정답 35. ㉮ 36. ㉰ 37. ㉱ 38. ㉯ 39. ㉮

풀이 과산화수소의 끓는점은 152℃이며 순수한 과산화수소 용액은 안정도 높다. 질산은 연소성이 없고, 염산과 질산을 3 : 1의 비율로 혼합하여 왕수를 제조함.

40 위험물안전관리법령상 제4류 위험물 운반용기의 외부에 표시하여야 하는 주의사항을 모두 옳게 나타낸 것은?
㉮ 화기엄금 및 충격주의 ㉯ 가연물 접촉주의
㉰ 화기엄금 ㉱ 화기주의 및 충격주의

풀이 제4류 위험물 운반용기 : 화기엄금

41 알루미늄분이 염산과 반응하였을 경우 생성되는 가연성 가스는?
㉮ 산소 ㉯ 질소
㉰ 메탄 ㉱ 수소

풀이 $2Al + 6HCl \rightarrow 2AlCl_3 + H_2 \uparrow$

42 휘발유의 성질 및 취급 시의 주의사항에 관한 설명 중 틀린 것은?
㉮ 증기가 모여 있지 않도록 통풍을 잘 시킨다.
㉯ 인화점이 상온이므로 상온 이상에서는 취급 시 각별한 주의가 필요하다.
㉰ 정전기 발생에 주의해야 한다.
㉱ 강산화제 등과 혼촉 시 발화할 위험이 있다.

풀이 인화점 : $-20 \sim -43℃$

43 위험물안전관리법령에서 정한 주유취급소의 고정주유설비 주위에 보유하여야 하는 주유공지의 기준은?
㉮ 너비 10m 이상, 길이 6m 이상 ㉯ 너비 15m 이상, 길이 6m 이상
㉰ 너비 10m 이상, 길이 10m 이상 ㉱ 너비 15m 이상, 길이 10m 이상

풀이 주유공지 : 너비 15m 이상, 길이 6m 이상

44 위험물안전관리법령상 벌칙의 기준이 나머지 셋과 다른 하나는?
㉮ 제조소등에 대한 긴급 사용정지 제한 명령을 위반한 자
㉯ 탱크시험자로 등록하지 아니하고 탱크시험자의 업무를 한 자
㉰ 저장소 또는 제조소등이 아닌 장소에서 지정수량 이상의 위험물을 저장 또는 취급한 자
㉱ 제조소등의 완공검사를 받지 아니하고 위험물을 저장·취급한 자

정답 40. ㉰ 41. ㉱ 42. ㉯ 43. ㉯ 44. ㉱

풀이 ㉮, ㉯, ㉰항 1년 이하 징역 또는 1천만원 이하 벌금
㉱항 500만원 이하 벌금

45 위험물안전관리법령에서 정하는 위험등급 II에 해당하지 않는 것은?
㉮ 제1류 위험물 중 질산염류
㉯ 제2류 위험물 중 적린
㉰ 제3류 위험물 중 유기금속화합물
㉱ 제4류 위험물 중 제2석유류

풀이 ㉱는 위험등급 III에 해당한다.

46 니트로셀룰로오스의 위험성에 대하여 옳게 설명한 것은?
㉮ 물과 혼합하면 위험성이 감소된다.
㉯ 공기 중에서 산화되지만 자연발화의 위험은 없다.
㉰ 건조할수록 발화의 위험성이 낮다.
㉱ 알코올과 반응하여 발화한다.

풀이 니트로셀룰로오스(NC) : 건조 시 자연발화 위험이 커지므로 운반·보관 시 물로 적신다.

47 $C_6H_2(NO_2)_3OH$와 CH_3NO_3의 공통성질에 해당하는 것은?
㉮ 니트로화합물이다.
㉯ 인화성과 폭발성이 있는 액체이다.
㉰ 무색의 방향성 액체이다.
㉱ 에탄올에 녹는다.

풀이 $C_6H_2(NO_2)_3OH$와 CH_3NO_3는 에탄올에 녹는다.

48 위험물안전관리법령에서 정한 소화설비의 설치기준에 따라 다음 (   )에 알맞은 숫자를 차례대로 나타낸 것은?

제조소 등에 전기설비(전기배선, 조명기구 등은 제외한다)가 설치된 경우에는 당해 장소의 면적 (   )m^2 마다 소형수동식 소화기를 (   )개 이상 설치할 것

㉮ 50, 1　　　　　　　　㉯ 50, 2
㉰ 100, 1　　　　　　　 ㉱ 100, 2

풀이 소형수동식 소화기 설치기준에 관한 사항임.

정답　　45. ㉱　46. ㉮　47. ㉱　48. ㉰

49. 알루미늄 분말의 저장 방법 중 옳은 것은?
㉮ 에틸알코올 수용액에 넣어 보관한다.
㉯ 밀폐용기에 넣어 건조한 곳에 보관한다.
㉰ 폴리에틸렌 병에 넣어 수분이 많은 곳에 보관한다.
㉱ 염산 수용액에 넣어 보관한다.

풀이 Al분말은 밀폐용기에 넣어 건조 상태로 보관한다.

50. 다음 중 산을 가하면 이산화염소를 발생시키는 물질로 분자량이 약 90.5인 물질인 것은?
㉮ 아염소산나트륨
㉯ 브롬산나트륨
㉰ 옥소산칼륨(요오드산칼륨)
㉱ 중크롬산나트륨

풀이 $NaClO_3$는 산과 반응하여 ClO_2를 발생시킨다.

51. 니트로글리세린에 관한 설명으로 틀린 것은?
㉮ 상온에서 액체 상태이다.
㉯ 물에는 잘 녹지만 유기 용매에는 녹지 않는다.
㉰ 충격 및 마찰에 민감하므로 주의해야 한다.
㉱ 다이너마이트 원료로 쓰인다.

풀이 니트로글리세린(NG) : 물과 유기용매에 잘 녹음.

52. 아세트산에틸의 일반 성질 중 틀린 것은?
㉮ 과일 냄새를 갖는 휘발성 액체이다.
㉯ 증기는 공기보다 무거워 낮은 곳에 체류한다.
㉰ 강산화제와의 혼촉은 위험하다.
㉱ 인화점은 $-20°C$ 이하이다.

풀이 아세트산에틸 : 인화점 $7.2°C$

53. 위험물안전관리법령상 운송책임자의 감독, 지원을 받아 운송하여야 하는 위험물에 해당하는 것은?
㉮ 알킬알루미늄, 산화프로필렌, 알킬리튬
㉯ 알킬알루미늄, 산화프로필렌
㉰ 알킬알루미늄, 알킬리튬
㉱ 산화프로필렌, 알킬리튬

정답 49. ㉯ 50. ㉮ 51. ㉯ 52. ㉱ 53. ㉰

풀이 운송책임자의 감독, 지원을 받아 운송 대상 위험물 — 알킬알루미늄, 알킬리튬 또는 이들을 함유한 것

54. 위험물안전관리법령상 다음 ( )에 알맞은 수치를 모두 합한 값은?

- 과염소산의 지정수량은 ( )kg이다.
- 과산화수소는 농도가 ( )wt % 미만인 것은 위험물에 해당하지 않는다.
- 질산은 비중이 ( ) 이상인 것만 위험물로 규정한다.

㉮ 349.36 ㉯ 549.36
㉰ 337.49 ㉱ 537.49

풀이 300 + 36 + 1.49 = 337.49

55. 살충제 원료로 사용되기도 하는 암회색 물질로 물과 반응하여 포스핀 가스를 발생할 위험이 있는 것은?

㉮ 인화아연 ㉯ 수소화나트륨
㉰ 칼륨   ㉱ 나트륨

풀이 P_2Zn_3 : 물 또는 습한 공기와 접촉 시 포스핀 가스를 발생시킨다.

56. 유황의 특성 및 위험성에 대한 설명 중 틀린 것은?

㉮ 산화성 물질이므로 환원성 물질과 접촉을 피해야 한다.
㉯ 전기의 부도체이므로 전기절연체로 쓰인다.
㉰ 공기 중 연소 시 유해가스를 발생한다.
㉱ 분말상태인 경우 분진폭발의 위험성이 있다.

풀이 환원성 물질로서 산화성 물질과 접촉을 피해야 한다.

57. 과산화벤조일 취급 시 주의사항에 대한 설명 중 틀린 것은?

㉮ 수분을 포함하고 있으면 폭발하기 쉽다.
㉯ 가열, 충격, 마찰을 피해야 한다.
㉰ 저장용기는 차고 어두운 곳에 보관한다.
㉱ 희석제를 첨가하여 폭발성을 낮출 수 있다.

풀이 물에 녹지 않기 때문에 수분에 흡수시켜 저장한다.

정답 54. ㉰ 55. ㉮ 56. ㉮ 57. ㉮

58 과염소산칼륨의 성질에 관한 설명 중 틀린 것은?
㉮ 무색, 무취의 결정이다.
㉯ 알코올, 에테르에 잘 녹는다.
㉰ 진한 황산과 접촉하면 폭발할 위험이 있다.
㉱ 400℃ 이상으로 가열하면 분해하여 산소가 발생할 수 있다.

풀이 알코올, 에테르에 녹지 않는다.

59 분말의 형태로서 150마이크로미터의 체를 통과하는 것이 50중량퍼센트 이상인 것만 위험물로 취급되는 것은?
㉮ Zn   ㉯ Fe
㉰ Ni   ㉱ Cu

풀이 Zn, Al, Sb 등

60 다음 물질 중 인화점이 가장 높은 것은?
㉮ 아세톤   ㉯ 디에틸에테르
㉰ 메탄올   ㉱ 벤젠

풀이 ㉮ -18℃   ㉯ -45℃
      ㉰ 11℃   ㉱ -11℃

정답 58. ㉯ 59. ㉮ 60. ㉰

위·험·물·기·능·사·과·년·도
기출문제

위험물기능사

2016년 기출문제

2016년 1월 24일 시행

01 연소가 잘 이루어지는 조건으로 거리가 먼 것은?
㉮ 가연물의 발열량이 클 것
㉯ 가연물의 열전도율이 클 것
㉰ 가연물과 산소와의 접촉표면적이 클 것
㉱ 가연물의 활성화에너지가 작을 것

[풀이] 열전도율은 작을 것

02 위험물안전관리법령상 위험등급 I 등급의 위험물에 해당되는 것은?
㉮ 무기과산화물
㉯ 황화린
㉰ 제1석유류
㉱ 유황

[풀이] • 무기과산화물 : 위험등급 I 등급
• 기타 : II등급

03 위험물안전관리법령상 제6류 위험물에 적응성이 없는 것은?
㉮ 스프링클러설비
㉯ 포소화설비
㉰ 불활성가스소화설비
㉱ 물분무소화설비

[풀이] 제6류 위험물 적응소화설비
물분무, 포, 인산염류 소화설비

04 피크르산의 위험성과 소화방법에 대한 설명으로 틀린 것은?
㉮ 금속과 화합하여 예민한 금속염이 만들어질 수 있다.
㉯ 운반 시 건조한 것보다는 물에 젖게 하는 것이 안전하다.
㉰ 알코올과 혼합된 것은 충격에 의한 폭발 위험이 있다.
㉱ 화재 시에는 질식소화가 효과적이다.

[풀이] 피크르산 : 화재시 주수에 의한 냉각소화함.

정답 01. ㉯ 02. ㉮ 03. ㉰ 04. ㉱

05
석유류가 연소할 때 발생하는 가스로 강한 자극적인 냄새가 나며 취급하는 장치를 부식시키는 것은?

㉮ H_2
㉯ CH_4
㉰ NH_3
㉱ SO_2

풀이 SO_2 : 강한 자극적 냄새를 갖으며 기계설비 장치부식과 산성비의 원인이 됨.

06
다음 중 연소의 3요소를 모두 갖춘 것은?

㉮ 휘발유 + 공기 + 수소
㉯ 적린 + 수소 + 성냥불
㉰ 성냥불 + 황 + 염소산암모늄
㉱ 알코올 + 수소 + 염소산암모늄

풀이 연소의 3요소 : 가연물, 점화원, 산소공급원

07
위험물 취급함에 있어서 정전기를 유효하게 제거하기 위한 설비를 설치하고자 한다. 위험물안전관리법령상 공기 중의 상대 습도를 몇 % 이상 되게 하여야 하는가?

㉮ 50
㉯ 60
㉰ 70
㉱ 80

풀이 상대습도 : 70% 이상

08
그림과 같이 횡으로 설치된 원통형 위험물탱크에 대하여 탱크의 용량을 구하면 약 몇 m^3인가? (단, 탱크의 공간용적은 탱크 내용적의 100분의 5로 한다.)

㉮ 52.4
㉯ 261.6
㉰ 994.8
㉱ 1047.2

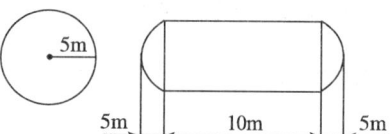

풀이 $\pi r^2 (l + \frac{l_1 + l_2}{3}) = \pi \times 25 \times (10 + \frac{10}{3}) \times 0.95 = 994.8$

09
위험물제조소의 경우 연면적이 최소 몇 m^2이면 자동화재탐지설비를 설치해야 하는가?

㉮ 100
㉯ 300
㉰ 500
㉱ 1000

풀이 자동화재탐지설비 : $500m^2$

10 제3종 분말소화약제의 열분해 시 생성되는 메타인산의 화학식은?
㉮ H_3PO_4
㉯ HPO_3
㉰ $H_4P_2O_7$
㉱ $CO(NH_2)_2$

> 풀이 메타인산 : HPO_3

11 주된 연소형태가 증발연소인 것은?
㉮ 나트륨
㉯ 코크스
㉰ 양초
㉱ 니트로셀룰로오스

> 풀이 증발연소 : 양초, 황 등

12 위험물안전관리법령상 제조소등의 관계인은 예방규정을 정하여 누구에게 제출하여야 하는가?
㉮ 국민안전처장관 또는 행정자치부장관
㉯ 국민안전처장관 또는 소방서장
㉰ 시·도지사 또는 소방서장
㉱ 한국소방안전협회장 또는 국민안전처장관

> 풀이 예방규정 : 시·도지사 또는 소방서장에게 제출

13 금속화재에 마른모래를 피복하여 소화하는 방법은?
㉮ 제거소화
㉯ 질식소화
㉰ 냉각소화
㉱ 억제소화

> 풀이 마른모래 : 질식소화

14 단층건물에 설치하는 옥내탱크저장소의 탱크전용실에 비수용성의 제2석유류 위험물을 저장하는 탱크 1개를 설치할 경우, 설치할 수 있는 탱크의 최대 용량은?
㉮ 10,000 l
㉯ 20,000 l
㉰ 40,000 l
㉱ 80,000 l

> 풀이 비수용성의 제2석유류 : 20,000 l

정답 10.㉯ 11.㉰ 12.㉰ 13.㉯ 14.㉯

15 메틸알코올 8000리터에 대한 소화능력으로 삽을 포함한 마른 모래를 몇 리터 설치하여야 하는가?

㉮ 100
㉯ 200
㉰ 300
㉱ 400

풀이 $\dfrac{8000}{400 \times 10} = 2$ 이므로 마른 모래 50L가 0.5단위이므로 2단위는 200L

16 위험물안전관리법령상 옥내저장소에서 기계에 의하여 하역하는 구조로 된 용기만을 겹쳐 쌓아 위험물을 저장하는 경우 그 높이는 몇 미터를 초과하지 않아야 하는가?

㉮ 2
㉯ 4
㉰ 6
㉱ 8

풀이 기계에 의한 하역 : 6m를 초과하지 말 것

17 위험물안전관리법령상 위험물의 운반에 관한 기준에서 적재 시 혼재가 가능한 위험물을 옳게 나타낸 것은? (단, 각각 지정수량의 10배 이상인 경우이다.)

㉮ 제1류와 제4류
㉯ 제3류와 제6류
㉰ 제1류와 제5류
㉱ 제2류와 제4류

풀이 제2류와 4류, 5류는 혼재가 가능함.

18 지정수량의 몇 배 이상의 위험물을 취급하는 제조소에는 화재 발생 시 이를 알릴 수 있는 경보 설비를 설치하여야 하는가?

㉮ 5
㉯ 10
㉰ 15
㉱ 100

풀이 경보설비 : 지정수량의 10배 이상

19 위험물제조소 표지 및 게시판에 대한 설명이다. 위험물안전관리법령상 옳지 않은 것은?

㉮ 표지는 한 변의 길이가 0.3m, 다른 한 변의 길이가 0.6m 이상으로 하여야 한다.
㉯ 표지의 바탕은 백색, 문자는 흑색으로 하여야 한다.
㉰ 취급하는 위험물에 따라 규정에 의한 주의 사항을 표시한 게시판을 설치하여야 한다.
㉱ 제2류 위험물(인화성고체 제외)은 "화기엄금" 주의사항 게시판을 설치하여야 한다.

정답 15. ㉯ 16. ㉰ 17. ㉱ 18. ㉯ 19. ㉱

풀이 제2류 위험물(인화성고체 제외) : "화기주의" 주의사항 게시판을 설치함.

20 위험물안전관리법령상 위험물옥외탱크저장소에 방화에 관하여 필요한 사항을 게시한 게시판에 기재하여야 하는 내용이 아닌 것은?
㉮ 위험물의 지정수량의 배수
㉯ 위험물의 저장최대수량
㉰ 위험물의 품명
㉱ 위험물의 성질

풀이 위험물의 성질은 해당 없음.

21 위험물안전관리법령상 자동화재탐지설비의 설치기준으로 옳지 않은 것은?
㉮ 경계구역은 건축물의 최소 2개 이상의 층에 걸치도록 할 것
㉯ 하나의 경계구역의 면적은 $600m^2$ 이하로 할 것
㉰ 감지기는 지붕 또는 벽의 옥내에 면한 부분에 유효하게 화재의 발생을 감지할 수 있도록 설치할 것
㉱ 비상전원을 설치할 것

풀이 경계구역 : 건축물의 최소 2개 이상의 층에 걸치지 않도록 할 것

22 연소할 때 연기가 거의 나지 않아 밝은 곳에서 연소 상태를 잘 느끼지 못하는 물질로 독성이 매우 강해, 먹으면 실명 또는 사망에 이를 수 있는 것은?
㉮ 메틸알코올
㉯ 에틸알코올
㉰ 등유
㉱ 경유

풀이 메틸알코올(CH_3OH)에 대한 설명임.

23 위험물안전관리법령상 옥내저장소 저장창고의 바닥은 물이 스며 나오거나 스며들지 아니하는 구조로 하여야 한다. 다음 중 반드시 이 구조로 하지 않아도 되는 위험물은?
㉮ 제1류 위험물 중 알칼리금속의 과산화물
㉯ 제4류 위험물
㉰ 제5류 위험물
㉱ 제2류 위험물 중 철분

풀이 제5류 위험물은 해당 없음.

정답 20.㉱ 21.㉮ 22.㉮ 23.㉰

24 위험물안전관리법령상 제조소에서 취급하는 제4류 위험물의 최대수량의 합이 지정수량의 12만배 미만인 사업소에 두어야 하는 화학소방자동차 및 자체소방대원의 수의 기준으로 옳은 것은?

㉮ 1대 − 5인 ㉯ 2대 − 10인
㉰ 3대 − 15인 ㉱ 4대 − 20인

풀이 지정수량 12만배 미만 : 화학소방차 1대, 소방대원 5인

25 가솔린의 연소범위(vol%)에 가장 가까운 것은?

㉮ 1.4 ~ 7.6 ㉯ 8.3 ~ 11.4
㉰ 12.5 ~ 19.7 ㉱ 22.3 ~ 32.8

풀이 가솔린(제4류 위험물) : 1.4 ~ 7.6

26 위험물안전관리법령상 품명이 나머지 셋과 다른 하나는?

㉮ 트리니트로톨루엔 ㉯ 니트로글리세린
㉰ 니트로글리콜 ㉱ 셀룰로이드

풀이 ㉮ 200kg, 기타 10kg

27 다음 중 위험물안전관리법에서 정의한 "제조소"의 의미로 가장 옳은 것은?

㉮ "제조소"라 함은 위험물을 제조할 목적으로 지정수량 이상의 위험물을 취급하기 위하여 허가를 받은 장소임.
㉯ "제조소"라 함은 지정수량 이상의 위험물을 제조할 목적으로 위험물을 취급하기 위하여 허가를 받은 장소임.
㉰ "제조소"라 함은 지정수량 이상의 위험물을 제조할 목적으로 지정수량 이상의 위험물을 취급하기 위하여 허가를 받은 장소임.
㉱ "제조소"라 함은 위험물을 제조할 목적으로 위험물을 취급하기 위하여 허가를 받은 장소임.

풀이 제조소의 정의에 관한 설명임.

28 위험물안전관리법령상 위험물 운반 시 방수성 덮개를 하지 않아도 되는 위험물은?

㉮ 나트륨 ㉯ 적린
㉰ 철분 ㉱ 과산화칼륨

풀이 적린 : 제2류 위험물로서 물과의 반응성이 없음.

정답 24. ㉮ 25. ㉮ 26. ㉮ 27. ㉮ 28. ㉯

29 위험물안전관리법령상 운반차량에 혼재해서 적재할 수 없는 것은? (단, 각각의 지정수량은 10배인 경우이다.)

㉮ 염소화규소화합물 – 특수인화물
㉯ 고형알코올 – 니트로화합물
㉰ 염소산염류 – 질산
㉱ 질산구아니딘 – 황린

풀이 질산구아니딘(제5류 위험물) + 황린(제3류 위험물)은 혼재 할 수 없음.

30 제4류 위험물의 화재예방 및 취급방법으로 옳지 않은 것은?

㉮ 이황화탄소는 물속에 저장한다.
㉯ 아세톤은 일광에 의해 분해될 수 있으므로 갈색병에 보관한다.
㉰ 초산은 내산성 용기에 저장하여야 한다.
㉱ 건성유는 다공성 가연물과 함께 보관한다.

풀이 건성유 : 자연발화위험이 커서 다공성 가연물과 함께 보관할 수 없음.

31 위험물안전관리법령상 운송책임자의 감독·지원을 받아 운송하여야 하는 위험물에 해당하는 것은?

㉮ 특수인화물   ㉯ 알킬리튬
㉰ 질산구아니딘   ㉱ 히드라진 유도체

풀이 알킬리튬, 알킬알루미늄 또는 이들 물질을 함유한 것.

32 다음 중 산화성고체 위험물에 속하지 않는 것은?

㉮ Na_2O_2 ㉯ $HClO_4$
㉰ NH_4ClO_4 ㉱ $KClO_3$

풀이 $HClO_4$: 산화성 액체임.

33 질산암모늄에 대한 설명으로 옳은 것은?

㉮ 물에 녹을 때 발열반응을 한다.
㉯ 가열하면 폭발적으로 분해하여 산소와 암모니아를 생성한다.
㉰ 소화방법으로 질식소화가 좋다.
㉱ 단독으로도 급격한 가열, 충격으로 분해·폭발할 수 있다.

풀이 질산암모늄(NH_4NO_3) : 제1류 위험물로서 단독으로도 폭발가능함.

정답 29.㉱ 30.㉱ 31.㉯ 32.㉯ 33.㉱

34 상온에서 액체인 물질로만 조합된 것은?
- ㉮ 질산메틸, 니트로글리세린
- ㉯ 피크린산, 질산메틸
- ㉰ 트리니트로톨루엔, 디니트로벤젠
- ㉱ 니트로글리콜, 테트릴

풀이 질산메틸, 니트로글리세린 : 제5류 위험물로 상온에서 액체임.

35 위험물안전관리법령상 위험물 운반용기의 외부에 표시하여야 하는 사항에 해당하지 않는 것은?
- ㉮ 위험물에 따라 규정된 주의사항
- ㉯ 위험물의 지정수량
- ㉰ 위험물의 수량
- ㉱ 위험물의 품명

풀이 위험물의 지정수량은 해당 없음.

36 니트로화합물, 니트로소화합물, 질산에스테르류, 히드록실아민을 각각 50킬로그램씩 저장하고 있을 때 지정수량의 배수가 가장 큰 것은?
- ㉮ 니트로화합물
- ㉯ 니트로소화합물
- ㉰ 질산에스테르류
- ㉱ 히드록실아민

풀이 지정수량 배수는
- ㉮ $\frac{50}{200} = 0.25$
- ㉯ $\frac{50}{200} = 0.25$
- ㉰ $\frac{50}{10} = 5$
- ㉱ $\frac{50}{100} = 0.5$

37 다음 위험물 중 착화온도가 가장 높은 것은?
- ㉮ 이황화탄소
- ㉯ 디에틸에테르
- ㉰ 아세트알데히드
- ㉱ 산화프로필렌

풀이 ㉮ 100℃ ㉯ 180℃ ㉰ 185℃ ㉱ 465℃

38 저장 또는 취급하는 위험물의 최대수량이 지정수량의 500배 이하일 때 옥외저장탱크의 측면으로부터 몇 m 이상의 보유공지를 유지하여야 하는가? (단, 제6류 위험물은 제외한다.)
- ㉮ 1
- ㉯ 2
- ㉰ 3
- ㉱ 4

풀이 지정수량의 500배 이하 : 공지 너비 3m 이상

정답 34. ㉮ 35. ㉯ 36. ㉰ 37. ㉱ 38. ㉰

39 적린이 연소하였을 때 발생하는 물질은?
- ㉮ 인화수소
- ㉯ 포스겐
- ㉰ 오산화인
- ㉱ 이산화황

풀이 적린 : 연소 시 오산화인(P_2O_5)이 발생함.

40 니트로글리세린은 여름철(30℃)과 겨울철(0℃)에 어떤 상태인가?
- ㉮ 여름 - 기체, 겨울 - 액체
- ㉯ 여름 - 액체, 겨울 - 액체
- ㉰ 여름 - 액체, 겨울 - 고체
- ㉱ 여름 - 고체, 겨울 - 고체

풀이 니트로글리세린(NG) : 액체(여름), 고체(겨울)

41 동·식물유류에 대한 설명 중 틀린 것은?
- ㉮ 연소하면 열에 의해 액온이 상승하여 화자가 커질 위험이 있다.
- ㉯ 요오드값이 낮을수록 자연발화의 위험이 높다.
- ㉰ 동유는 건성유이므로 자연발화의 위험이 있다.
- ㉱ 요오드값이 100~130인 것을 반건성유라고 한다.

풀이 자연발화 : 요오드값이 높을수록 위험함.

42 위험물의 인화점에 대한 설명으로 옳은 것은?
- ㉮ 톨루엔이 벤젠보다 낮다.
- ㉯ 피리딘이 톨루엔보다 낮다.
- ㉰ 벤젠이 아세톤보다 낮다.
- ㉱ 아세톤이 피리딘보다 낮다.

풀이 인화점 : 아세톤(-18℃) < 피리딘(20℃)

43 위험물안전관리법령상 지정수량이 50kg 인 것은?
- ㉮ $KMnO_4$
- ㉯ $KClO_2$
- ㉰ $NaIO_3$
- ㉱ NH_4NO_3

풀이 아염소산염류 : 지정수량 50kg

44 특수인화물 200L와 제4석유류 12000L를 저장할 때 각각의 지정수량 배수의 합은 얼마인가?
- ㉮ 3
- ㉯ 4
- ㉰ 5
- ㉱ 6

정답 39.㉰ 40.㉰ 41.㉯ 42.㉱ 43.㉯ 44.㉱

[풀이] $\frac{200}{50} + \frac{12000}{6000} = 6$

45 저장하는 위험물의 최대수량이 지정수량의 15배일 경우, 건축물의 벽·기둥 및 바닥이 내화구조로 된 위험물옥내저장소의 보유공지는 몇 m 이상이어야 하는가?

㉮ 0.5　　㉯ 1
㉰ 2　　㉱ 3

[풀이] 지정수량 10배 초과 20배 이하에 해당되므로 보유공지는 2m 이상임.

46 제조소등의 위치·구조 또는 설비의 변경 없이 해당 제조소등에서 저장하거나 취급하는 위험물의 품명·수량 또는 지정수량의 배수를 변경하고자 하는 자는 변경하고자 하는 날의 며칠 전까지 총리령이 정하는 바에 따라 시·도지사에게 신고하여야 하는가?

㉮ 7일　　㉯ 14일
㉰ 21일　　㉱ 30일

[풀이] 시·도지사 신고일 : 7일 전까지

47 위험물의 저장방법에 대한 설명으로 옳은 것은?

㉮ 황화린은 알코올 또는 과산화물 속에 저장하여 보관한다.
㉯ 마그네슘은 건조하면 분진폭발의 위험성이 있으므로 물에 습윤하여 저장한다.
㉰ 적린은 화재예방을 위해 할로겐 원소와 혼합하여 저장한다.
㉱ 수소화리튬은 저장용기에 아르곤과 같은 불활성 기체로 봉입한다.

[풀이] 수소화리튬(LiH) : 제3류 위험물로서 저장 시 불활성 기체로 봉입함.

48 부틸리튬(n-Butyl lithium)에 대한 설명으로 옳은 것은?

㉮ 무색의 가연성고체이며 자극성이 있다.
㉯ 증기는 공기보다 가볍고 점화원에 의해 선화의 위험이 있다.
㉰ 화재발생시 이산화탄소 소화설비는 적응성이 없다.
㉱ 탄화수소나 다른 극성의 액체에 용해가 잘되며 휘발성은 없다.

[풀이] 부틸리튬(LiC_4H_9) : 제3류 위험물로서 이산화탄소 소화설비는 적응성이 없음.

정답　45. ㉰　46. ㉮　47. ㉱　48. ㉰

49 과산화벤조일과 과염소산의 지정수량의 합은 몇 kg인가?
- ㉮ 310
- ㉯ 350
- ㉰ 400
- ㉱ 500

풀이 과산화벤조일 10kg + 과염소산 300kg=310kg

50 질산과 과산화수소의 공통적인 성질을 옳게 설명한 것은?
- ㉮ 물보다 가볍다.
- ㉯ 물에 녹는다.
- ㉰ 점성이 큰 액체로서 환원제이다.
- ㉱ 연소가 매우 잘 된다.

풀이 제6류 위험물로서 물에 잘 녹는다.

51 제3류 위험물 중 금수성 물질을 제외한 위험물에 적응성이 있는 소화설비가 아닌 것은?
- ㉮ 분말소화설비
- ㉯ 스프링클러설비
- ㉰ 옥내소화전설비
- ㉱ 포소화설비

풀이 분말, 이산화탄소, 할론소화설비 등은 적응성이 없다.

52 위험물안전관리법령상 "연소의 우려가 있는 외벽"은 기산점이 되는 선으로부터 3m(2층 이상의 층에 대해서는 5m) 이내에 있는 제조소등의 외벽을 말하는데 이 기산점이 되는 선에 해당하지 않는 것은?
- ㉮ 동일 부지내의 다른 건축물과 제조소 부지 간의 중심선
- ㉯ 제조소등에 인접한 도로의 중심선
- ㉰ 제조소등이 설치된 부지의 경계선
- ㉱ 제조소등의 외벽과 동일 부지내의 다른 건축물의 외벽간의 중심선

풀이 ㉮는 해당 없음.

53 위험물에 대한 설명으로 틀린 것은?
- ㉮ 과산화나트륨은 산화성이 있다.
- ㉯ 과산화나트륨은 인화점이 매우 낮다.
- ㉰ 과산화바륨과 염산을 반응시키면 과산화수소가 생긴다.
- ㉱ 과산화바륨의 비중은 물보다 크다.

풀이 과산화나트륨(Na_2O_2) : 제1류 위험물로서 산화성고체임.

정답 49.㉮ 50.㉯ 51.㉮ 52.㉮ 53.㉯

54 위험물안전관리법령에 명기된 위험물의 운반용기 재질에 포함되지 않는 것은?
㉮ 고무류 ㉯ 유리
㉰ 도자기 ㉱ 종이

풀이 운반용기 재질에 도자기는 포함하지 않는다.

55 염소산칼륨의 성질에 대한 설명으로 옳은 것은?
㉮ 가연성 고체이다.
㉯ 강력한 산화제이다.
㉰ 물보다 가볍다.
㉱ 열분해하면 수소를 발생한다.

풀이 염소산칼륨($KClO_3$) : 제1류 위험물로서 강력한 산화제임.

56 황가루가 공기 중에 떠 있을 때의 주된 위험성에 해당하는 것은?
㉮ 수증기 발생 ㉯ 전기감전
㉰ 분진폭발 ㉱ 인화성 가스 발생

풀이 황가루는 부유시 분진폭발한다.

57 위험물의 저장방법에 대한 설명 중 틀린 것은?
㉮ 황린은 공기와의 접촉을 피해 물속에 저장한다.
㉯ 황은 정전기의 축적을 방지하여 저장한다.
㉰ 알루미늄 분말은 건조한 공기 중에서 분진폭발의 위험이 있으므로 정기적으로 분무상의 물을 뿌려야 한다.
㉱ 황화린은 산화제와의 혼합을 피해 격리해야 한다.

풀이 알루미늄분말은 물과 반응 시 수소가스를 발생시켜 폭발한다.

58 정기점검대상 제조소등에 해당하지 않는 것은?
㉮ 이동탱크저장소
㉯ 지정수량 120배의 위험물을 저장하는 옥외저장소
㉰ 지정수량 120배의 위험물을 저장하는 옥내저장소
㉱ 이송취급소

풀이 옥내저장소 : 지정수량 150배 이상

정답 54.㉰ 55.㉯ 56.㉰ 57.㉰ 58.㉰

59 다음은 P_2S_5와 물의 화학반응이다. ( )에 알맞은 숫자를 차례대로 나열한 것은?

$$P_2S_5 + ( )H_2O \rightarrow ( )H_2S + ( )H_3PO_4$$

㉮ 2, 8, 5
㉯ 2, 5, 8
㉰ 8, 5, 2
㉱ 8, 2, 5

풀이 $P_2O_5 + 8H_2O \rightarrow 5H_2S + 2H_3PO_4$

60 탄화칼슘의 성질에 대하여 옳게 설명한 것은?

㉮ 공기 중에서 아르곤과 반응하여 불연성 기체를 발생한다.
㉯ 공기 중에서 질소와 반응하여 유독한 기체를 낸다.
㉰ 물과 반응하면 탄소가 생성된다.
㉱ 물과 반응하여 아세틸렌가스가 생성된다.

풀이 탄화칼슘(CaC_2)은 물과 반응하여 아세틸렌(C_2H_2)가스를 발생한다.

정답 59. ㉰ 60. ㉱

2016년 4월 2일 시행

01 다음 중 제4류 위험물의 화재 시 물을 이용한 소화를 시도하기 전에 고려해야 하는 위험물의 성질로 가장 옳은 것은?
㉮ 수용성, 비중
㉯ 증기비중, 끓는점
㉰ 색상, 발화점
㉱ 분해온도, 녹는점

풀이 제4류 위험물은 수용성과 비수용성으로 나뉘며, 물에 의한 낙차압으로 화재를 확대할 수 있어서 수용성과 비중을 고려해서 화재진압을 해야 한다.

02 다음 점화에너지 중 물리적 변화에서 얻어지는 것은?
㉮ 압축열
㉯ 산화열
㉰ 중합열
㉱ 분해열

풀이 • 물리적 변화 : 압축열
• 기타 : 화학적 변화

03 금속분의 연소 시 주수소화 하면 위험한 원인으로 옳은 것은?
㉮ 물에 녹아 산이 된다.
㉯ 물과 작용하여 유독가스를 발생한다.
㉰ 물과 작용하여 수소가스를 발생한다.
㉱ 물과 작용하여 산소가스를 발생한다.

풀이 금속분은 물과 반응하여 가연성의 수소가스를 발생한다.

04 다음 중 유류저장 탱크화재에서 일어나는 현상으로 거리가 먼 것은?
㉮ 보일오버
㉯ 플래쉬오버
㉰ 슬롭오버
㉱ BELVE

풀이 플래쉬오버 : 화재의 최성기를 말함.

정답 01. ㉮ 02. ㉮ 03. ㉰ 04. ㉯

05 다음 중 정전기 방지대책으로 가장 거리가 먼 것은?
㉮ 접지를 한다.
㉯ 공기를 이온화한다.
㉰ 21% 이상의 산소농도를 유지하도록 한다.
㉱ 공기의 상대습도를 70% 이상으로 한다.

> 풀이 산소농도와는 무관함.

06 폭발의 종류에 따른 물질이 잘못 짝지어진 것은?
㉮ 분해폭발 – 아세틸렌, 산화에틸렌
㉯ 분진폭발 – 금속분, 밀가루
㉰ 중합폭발 – 시안화수소, 염화비닐
㉱ 산화폭발 – 히드라진, 과산화수소

> 풀이 히드라진, 과산화수소 : 분해폭발

07 착화 온도가 낮아지는 원인과 가장 관계가 있는 것은?
㉮ 발열량이 적을 때
㉯ 압력이 높을 때
㉰ 습도가 높을 때
㉱ 산소와의 결합력이 나쁠 때

> 풀이 착화온도가 낮아지는 요인
> ① 발열량이 클 때
> ② 습도가 낮을 때
> ③ 산소와의 결합력이 클 때
> ④ 압력이 높을 때

08 제5류 위험물의 화재예방상 유의사항 및 화재 시 소화방법에 관한 설명으로 옳지 않은 것은?
㉮ 대량의 주수에 의한 소화가 좋다.
㉯ 화재초기에는 질식소화가 효과적이다.
㉰ 일부 물질의 경우 운반 또는 저장 시 안정제를 사용해야 한다.
㉱ 가연물과 산소공급원이 같이 있는 상태이므로 점화원의 방지에 유의하여야 한다.

> 풀이 화재초기 대량의 냉각수로 냉각소화가 효과적이다.

정답 05.㉰ 06.㉱ 07.㉯ 08.㉯

09 과염소산의 화재 예방에 요구되는 주의사항에 대한 설명으로 옳은 것은?
㉮ 유기물과 접촉 시 발화의 위험이 있기 때문에 가연물과 접촉시키지 않는다.
㉯ 자연발화의 위험이 높으므로 냉각시켜 보관한다.
㉰ 공기 중 발화하므로 공기와의 접촉을 피해야 한다.
㉱ 액체 상태는 위험하므로 고체 상태로 보관한다.

풀이 과염소산 : 제1류 위험물로서 유기물 등의 가연물과 접촉 시 위험하다.

10 15℃의 기름 100g에 8000J의 열량을 주면 기름의 온도는 몇 ℃가 되겠는가? (단, 기름의 비열은 2J/g·℃이다.)
㉮ 25 ㉯ 45
㉰ 50 ㉱ 55

풀이 $Q = Cm \triangle T$에서
$8000 = 2 \times 100 \times (T_2 - 15)$
$T_2 = 55℃$

11 제6류 위험물의 화재에 적응성이 없는 소화설비는?
㉮ 옥내소화전설비
㉯ 스프링클러설비
㉰ 포소화설비
㉱ 불활성가스소화설비

풀이 불활성가스소화설비는 제6류 위험물화재에 적응성이 없다.

12 소화약제로서 물의 단점인 동결현상을 방지하기 위하여 주로 사용되는 물질은?
㉮ 에틸알콜   ㉯ 글리세린
㉰ 에틸렌글리콜   ㉱ 탄산칼슘

풀이 에틸렌글리콜 : 부동액으로 동결현상을 방지함.

13 다음 중 D급 화재에 해당하는 것은?
㉮ 플라스틱 화재   ㉯ 나트륨 화재
㉰ 휘발유 화재   ㉱ 전기 화재

풀이 D급 화재 : 금속 화재

정답 09.㉮ 10.㉱ 11.㉱ 12.㉰ 13.㉯

14 위험물안전관리법령상 철분, 금속분, 마그네슘에 적응성이 있는 소화설비는?
㉮ 불활성가스소화설비   ㉯ 할로겐화합물소화설비
㉰ 포소화설비   ㉱ 탄산수소염류소화설비

풀이 금속분말 소화약제 : 탄산수소염류소화설비

15 위험물안전관리법령상 제4류 위험물에 적응성이 없는 소화설비는?
㉮ 옥내소화전설비   ㉯ 포소화설비
㉰ 불활성가스소화설비   ㉱ 할로겐화합물소화설비

풀이 옥내소화전설비는 제4류 위험물에 적응성이 없다.

16 물은 냉각소화가 주된 대표적인 소화약제이다. 물의 소화효과를 높이기 위하여 무상 주수를 함으로서 부가적으로 작용하는 소화효과로 이루어진 것은?
㉮ 질식소화작용, 제거소화작용   ㉯ 질식소화작용, 유화소화작용
㉰ 타격소화작용, 유화소화작용   ㉱ 타격소화작용, 피복소화작용

풀이 물분무(무상주수) : 질식소화작용, 유화소화작용

17 다음 중 소화약제 강화액의 주성분에 해당하는 것은?
㉮ K_2CO_3 ㉯ K_2O_2
㉰ CaO_2 ㉱ $KBrO_3$

풀이 강화액 소화약제 주성분 : K_2CO_3

18 위험물안전관리법령상 소화설비의 적응성에 관한 내용이다. 옳은 것은?
㉮ 마른모래는 대상물 중 제1류 ~ 제6류 위험물에 적응성이 있다.
㉯ 팽창질석은 전기설비를 포함한 모든 대상물에 적응성이 있다.
㉰ 분말소화약제는 셀룰로이드류의 화재에 가장 적당하다.
㉱ 물분무소화설비는 전기설비에 사용할 수 없다.

풀이 마른모래는 만능소화약제이다.

19 다음 중 공기포 소화약제가 아닌 것은?
㉮ 단백포 소화약제   ㉯ 합성계면활성제포 소화약제
㉰ 화학포 소화약제   ㉱ 수성막포 소화약제

정답 14. ㉱ 15. ㉮ 16. ㉯ 17. ㉮ 18. ㉮ 19. ㉰

[풀이] 화학포 소화약제 : 중탄산나트륨, 황산알루미늄

20 분말소화약제 중 제1종과 제2종 분말이 각각 열분해 될 때 공통적으로 생성되는 물질은?
㉮ N_2, CO_2 ㉯ N_2, O_2
㉰ H_2O, CO_2 ㉱ H_2O, N_2

[풀이] 공통적으로 열분해하여 물과 이산화탄소를 발생한다.

21 포름산에 대한 설명으로 옳지 않은 것은?
㉮ 물, 알코올, 에테르에 잘 녹는다. ㉯ 개미산이라고도 한다.
㉰ 강한 산화제이다. ㉱ 녹는점이 상온보다 낮다.

[풀이] 포름산 : 제4류 위험물

22 제3류 위험물에 해당하는 것은?
㉮ NaH ㉯ Al
㉰ Mg ㉱ P_4S_3

[풀이] ㉯, ㉰, ㉱ : 제2류 위험물

23 지방족 탄화수소가 아닌 것은?
㉮ 톨루엔 ㉯ 아세트알데히드
㉰ 아세톤 ㉱ 디에틸에테르

[풀이] 톨루엔 : 방향족 탄화수소

24 위험물안전관리 법령상 위험물의 지정수량으로 옳지 않은 것은?
㉮ 니트로셀룰로오스 : 10kg ㉯ 히드록실아민 : 100kg
㉰ 아조벤젠 : 50kg ㉱ 트리니트로페놀 : 200kg

[풀이] 아조벤젠 : 200kg

25 셀룰로이드에 대한 설명으로 옳은 것은?
㉮ 질소가 함유된 무기물이다 ㉯ 질소가 함유된 유기물이다.
㉰ 유기의 염화물이다. ㉱ 무기의 염화물이다.

정답 20. ㉰ 21. ㉰ 22. ㉮ 23. ㉮ 24. ㉰ 25. ㉯

풀이 셀룰로이드 : 질소가 함유된 유기물임.

26. 에틸알코올의 증기 비중은 약 얼마인가?
㉮ 0.72 ㉯ 0.91
㉰ 1.13 ㉱ 1.59

풀이 $\frac{46}{29} = 1.59$

27. 과염소산나트륨의 성질이 아닌 것은?
㉮ 물과 급격히 반응하여 산소를 발생한다.
㉯ 가열하면 분해되어 조연성 가스를 방출한다.
㉰ 융점은 400℃보다 높다.
㉱ 비중은 물보다 무겁다.

풀이 과염소산나트륨($NaClO_4$) : 제1류 위험물, 물에 잘 녹지만 급격한 반응은 하지 않는다.

28. 인화칼슘이 물과 반응할 경우에 대한 설명 중 틀린 것은?
㉮ 발생 가스는 가연성이다.   ㉯ 포스겐 가스가 발생한다.
㉰ 발생 가스는 독성이 강하다. ㉱ $Ca(OH)_2$가 생성된다.

풀이 인화칼슘(Ca_3P_2)은 물과 반응하여 포스핀(PH_3)을 발생한다.
$Ca_3P_2 + 6H_2O \rightarrow 2PH_3 + 3Ca(OH)_2$

29. 화학적으로 알코올을 분류할 때 3가 알코올에 해당하는 것은?
㉮ 에탄올   ㉯ 메탄올
㉰ 에틸렌글리콜 ㉱ 글리세린

풀이 3가알코올 : OH 수가 3개인 알코올로 글리세린이 해당됨.

30. 위험물안전관리법령상 품명이 다른 하나는?
㉮ 니트로글리콜   ㉯ 니트로글리세린
㉰ 셀룰로이드   ㉱ 테트릴

풀이 질산에스테르류 : ㉮, ㉯, ㉰

정답 26.㉱ 27.㉮ 28.㉯ 29.㉱ 30.㉱

31. 주수소화를 할 수 없는 위험물은?
- ㉮ 금속분
- ㉯ 적린
- ㉰ 유황
- ㉱ 과망간산칼륨

풀이 금속분 : 주수소화 시 가연성가스(H_2)를 발생시켜 폭발한다.

32. 제1류 위험물 중 흑색화약의 원료로 사용되는 것은?
- ㉮ KNO_3
- ㉯ $NaNO_3$
- ㉰ BaO_2
- ㉱ NH_4NO_3

풀이 흑색화약의 원료 : 제1류 위험물 KNO_3

33. 다음 중 제6류 위험물에 해당하는 것은?
- ㉮ IF_5
- ㉯ $HClO_3$
- ㉰ NO_3
- ㉱ H_2O

풀이 염소산($HClO_3$) : 제6류 위험물

34. 다음 중 제4류 위험물에 해당하는 것은?
- ㉮ $Pb(N_3)_2$
- ㉯ CH_3ONO_2
- ㉰ N_2H_4
- ㉱ NH_2OH

풀이
- 히드라진(N_2H_4) : 제2석유류
- 수용성 기타 : 제5류 위험물

35. 다음의 분말은 모두 150마이크로미터의 체를 통과하는 것이 50중량퍼센트 이상이 된다. 이들 분말 중 위험물안전관리법령상 품명이 "금속분"으로 분류되는 것은?
- ㉮ 철분
- ㉯ 구리분
- ㉰ 알루미늄분
- ㉱ 니켈분

풀이 금속분류 : 알칼리금속, 알칼리토금속, 철 및 마그네슘 이외의 금속분을 말하며, 구리, 니켈분과 150μm체를 통과하는 것이 50wt% 미만은 위험물에서 제외한다.

36. 다음 중 분자량이 가장 큰 위험물은?
- ㉮ 과염소산
- ㉯ 과산화수소
- ㉰ 질산
- ㉱ 히드라진

정답 31. ㉮ 32. ㉮ 33. ㉯ 34. ㉰ 35. ㉰ 36. ㉮

풀이 ㉮ 100.45 ㉯ 34 ㉰ 63 ㉱ 32

37 인화칼슘, 탄화알루미늄, 나트륨이 물과 반응하였을 때 발생하는 가스에 해당하지 않는 것은?
㉮ 포스핀가스   ㉯ 수소
㉰ 이황화탄소   ㉱ 메탄

풀이 이황화탄소(CS_2)는 발생하지 않음.

38 연소 시 발생하는 가스를 옳게 나타낸 것은?
㉮ 황린 - 황산가스
㉯ 황 - 무수인산가스
㉰ 적린 - 아황산가스
㉱ 삼황화사인(삼황화린) - 아황산가스

풀이 ㉮ 오산화인 ㉯ 이산화황 ㉰ 오산화인

39 염소산나트륨에 대한 설명으로 틀린 것은?
㉮ 조해성이 크므로 보관용기는 밀봉하는 것이 좋다.
㉯ 무색, 무취의 고체이다.
㉰ 산과 반응하여 유독성의 이산화나트륨 가스가 발생한다.
㉱ 물, 알코올, 글리세린에 녹는다.

풀이 산과 반응하여 유독한 이산화염소(ClO_2)를 발생함.

40 질산칼륨을 약 400℃에서 가열하여 열분해시킬 때 주로 생성되는 물질은?
㉮ 질산과 산소   ㉯ 질산과 칼륨
㉰ 아질산칼륨과 산소   ㉱ 아질산칼륨과 질소

풀이 $2KNO_3 \rightarrow 2KNO_2 + O_2 \uparrow$

41 위험물안전관리법령에서 정한 피난설비에 관한 내용이다. ( )에 알맞은 것은?

> 주유취급소 중 건축물의 2층 이상의 부분을 점포·휴게음식점 또는 전시장의 용도로 사용하는 것에 있어서는 해당 건축물의 2층 이상으로부터 주유취급소의 부지 밖으로 통하는 출입구와 해당 출입구로 통하는 통로·계단 및 출입구에 ( )을(를) 설치하여야 한다.

㉮ 피난사다리   ㉯ 유도등
㉰ 공기호흡기   ㉱ 시각경보기

정답 37. ㉰ 38. ㉱ 39. ㉰ 40. ㉰ 41. ㉯

풀이 유도등 설치에 관한 내용임.

42 옥내저장소에 제3류 위험물인 황린을 저장하면서 위험물안전관리 법령에 의한 최소한의 보유공지로 3m를 옥내저장소 주위에 확보하였다. 이 옥내저장소에 저장하고 있는 황린의 수량은? (단, 옥내저장소의 구조는 벽·기둥 및 바닥이 내화구조로 되어 있고 그 외의 다른 사항은 고려하지 않는다.)

㉮ 100kg 초과 500kg 이하
㉯ 400kg 초과 1000kg 이하
㉰ 500kg 초과 5000kg 이하
㉱ 1000kg 초과 40000kg 이하

풀이 • 보유공지 3m 이상은 지정수량의 20배 초과 50배 이하에 해당.
• 황린의 지정수량 20kg이므로 20 × 20 ~ 20 × 50 = 400kg 초과 1000kg 이하임.

43 위험물안전관리법령상 이동탱크저장소에 의한 위험물운송 시 위험물운송자는 장거리에 걸치는 운송을 하는 때에는 2명 이상의 운전자로 하여야 한다. 다음 중 그러하지 않아도 되는 경우가 아닌 것은?

㉮ 적린을 운송하는 경우
㉯ 알루미늄의 탄화물을 운송하는 경우
㉰ 이황화탄소를 운송하는 경우
㉱ 운송도중에 2시간 이내마다 20분 이상씩 휴식하는 경우

풀이 제2류 위험물, 제3류 위험물(칼슘 또는 알루미늄 탄화물), 제4류 위험물(특수인화물 제외)

44 각각 지정수량의 10배인 위험물을 운반할 경우 제5류 위험물과 혼재 가능한 위험물에 해당하는 것은?

㉮ 제1류 위험물
㉯ 제2류 위험물
㉰ 제3류 위험물
㉱ 제6류 위험물

풀이 제5류위험물과 혼재 가능한 위험물 : 제2류 및 제4류 위험물

45 위험물안전관리법령상 옥외탱크저장소의 기준에 따라 다음의 인화성 액체 위험물을 저장하는 옥외저장탱크 1~4호를 동일의 방유제 내에 설치하는 경우 방유제에 필요한 최소 용량으로서 옳은 것은? (단, 암반탱크 또는 특수액체위험물탱크의 경우는 제외한다.)

㉮ 1650kL
㉯ 1500kL
㉰ 500kL
㉱ 250kL

1호 탱크 - 등유 1500kL
2호 탱크 - 가솔린 1000kL
3호 탱크 - 경유 500kL
4호 탱크 - 중유 250kL

정답 42.㉯ 43.㉰ 44.㉯ 45.㉮

> [풀이] 가장 큰 탱크 용량의 110% 이상일 것.
> 1500 × 1.1 = 1650kL

46. 위험물안전관리법령상 사업소의 관계인이 자체소방대를 설치 하여야할 제조소등의 기준으로 옳은 것은?

㉮ 제4류 위험물을 지정수량의 3천배 이상 취급하는 제조소 또는 일반취급소
㉯ 제4류 위험물을 지정수량의 5천배 이상 취급하는 제조소 또는 일반취급소
㉰ 제4류 위험물 중 특수인화물을 지정수량의 3천배 이상 취급하는 제조소 또는 일반취급소
㉱ 제4류 위험물 중 특수인화물을 지정수량의 5천배 이상 취급하는 제조소 또는 일반취급소

> [풀이] 자체소방대 : 제4류 위험물을 지정수량의 3천배 이상 취급하는 제조소 또는 일반취급소

47. 소화난이도등급Ⅱ의 제조소에 소화설비를 설치할 때 대형 수동식소화기와 함께 설치하여야 하는 소형 수동식소화기등의 능력단위에 관한 설명으로 맞는 것은?

㉮ 위험물의 소요단위에 해당하는 능력단위의 소형 수동식소화기등을 설치할 것
㉯ 위험물의 소요단위의 1/2 이상에 해당하는 능력단위의 소형 수동식소화기등을 설치할 것
㉰ 위험물의 소요단위의 1/5 이상에 해당하는 능력단위의 소형 수동식소화기등을 설치할 것
㉱ 위험물의 소요단위의 10배 이상에 해당하는 능력단위의 소형 수동식소화기등을 설치할 것

> [풀이] 소형 수동식소화기 : 능력단위의 수치가 당해 소요단위의 1/5 이상일 것

48. 다음 중 위험물안전관리법이 적용되는 영역은?

㉮ 항공기에 의한 대한민국 영공에서의 위험물의 저장, 취급 및 운반
㉯ 궤도에 의한 위험물의 저장, 취급 및 운반
㉰ 철도에 의한 위험물의 저장, 취급 및 운반
㉱ 자가용승용차에 의한 지정수량 이하의 위험물의 저장, 취급 및 운반

> [풀이] 위험물안전관리법 적용제외 : 항공기·선박·철도 및 궤도에 의한 위험물의 저장·취급 및 운반

정답   46. ㉮   47. ㉰   48. ㉱

49 위험물안전관리법령상 위험물의 운반 시 운반용기는 다음의 기준에 따라 수납 적재하여야 한다. 다음 중 틀린 것은?

㉮ 수납하는 위험물과 위험한 반응을 일으키지 않아야 한다.
㉯ 고체 위험물은 운반용기 내용적의 95% 이하로 수납하여야 한다.
㉰ 액체위험물은 운반용기 내용적의 95% 이하로 수납하여야 한다.
㉱ 하나의 외장용기에는 다른 종류의 위험물을 수납하지 않는다.

풀이 액체 위험물 : 운반용기 내용적 98% 이하로 수납할 것

50 위험물안전관리법령상 위험물을 운반하기 위해 적재할 때 예를 들어 제6류 위험물은 1가지 유별(제1류 위험물)하고만 혼재할 수 있다. 다음 중 가장 많은 유별과 혼재가 가능한 것은? (단, 지정수량의 1/10을 초과하는 위험물이다.)

㉮ 제1류　　　　　　　　㉯ 제2류
㉰ 제3류　　　　　　　　㉱ 제4류

풀이 제4류 위험물 : 제1류와 제6류 위험물을 제외하고는 혼재 가능함.

51 다음 위험물 중에서 옥외저장소에서 저장·취급할 수 없는 것은? (단, 특별시·광역시 또는 도의 조례에서 정하는 위험물과 IMDG Code에 적합한 용기에 수납된 위험물의 경우는 제외한다.)

㉮ 아세트산　　　　　　㉯ 에틸렌글리콜
㉰ 크레오소트유　　　　㉱ 아세톤

풀이 • 저장가능 위험물 : 제4류 위험물중 제1석유류
　　　(인화점 0℃ 이상)
　　• 아세톤 인화점 −18℃로 저장 불가능함.

52 디에틸에테르에 대한 설명으로 틀린 것은?

㉮ 일반식은 R − CO − R'이다.　　㉯ 연소범위는 약 1.9 ~ 48% 이다.
㉰ 증기비중 값이 비중 값보다 크다.　㉱ 휘발성이 높고 마취성을 가진다.

풀이 일반식 : R − O − R'

53 위험물안전관리상 지하탱크저장소 탱크전용실의 안쪽과 지하저장탱크와의 사이는 몇 m 이상의 간격을 유지하여야 하는가?

㉮ 0.1　　　　　　　　㉯ 0.2
㉰ 0.3　　　　　　　　㉱ 0.5

정답　49. ㉰　50. ㉱　51. ㉱　52. ㉮　53. ㉮

풀이 전용실과 저장탱크 간 거리 : 0.1m

54 다음 ( ) 안에 들어갈 수치를 순서대로 바르게 나열한 것은? (단, 제4류 위험물에 적응성을 갖기 위한 살수밀도기준을 적용하는 경우를 제외한다.)

> 위험물제조소등에 설치하는 폐쇄형 헤드의 스프링클러설비는 30개의 헤드를 동시에 사용할 경우 각 선단의 방사 압력이 ( )kPa 이상이고 방수량이 1분당 ( ) 이상이어야 한다.

㉮ 100, 80 ㉯ 120, 80
㉰ 100, 100 ㉱ 120, 100

풀이 제조소등 폐쇄형 헤드 설치기준에 관한 사항임.

55 위험물안전관리법령상 제조소등의 위치·구조 또는 설비 가운데 총리령이 정하는 사항을 변경허가를 받지 아니하고 제조소등의 위치·구조 또는 설비를 변경한 때 1차 행정처분기준으로 옳은 것은?

㉮ 사용정지 15일 ㉯ 경고 또는 사용정지 15일
㉰ 사용정지 30일 ㉱ 경고 또는 업무정지 30일

풀이 행정처분기준
 • 1차 : 경고 또는 사용정지 15일
 • 2차 : 사용정지
 • 3차 : 허가취소

56 위험물안전관리법령상 제조소등의 관계인이 정기적으로 점검하여야 할 대상이 아닌 것은?

㉮ 지정수량의 10배 이상의 위험물을 취급하는 제조소
㉯ 지하탱크저장소
㉰ 이동탱크저장소
㉱ 지정수량의 100배 이상의 위험물을 저장하는 옥외탱크저장소

풀이 옥외탱크저장소 : 지정수량의 100배 이상

57 위험물안전관리법령상 위험물제조소의 옥외에 있는 하나의 액체위험물 취급탱크 주위에 설치하는 방유제의 용량은 해당 탱크용량의 몇 % 이상으로 하여야 하는가?

㉮ 50% ㉯ 60%
㉰ 100% ㉱ 110%

정답 54. ㉮ 55. ㉯ 56. ㉱ 57. ㉮

[풀이] 탱크 1기 : 해당 탱크 용량의 50% 이상

58. 위험물안전관리법령상 이송취급소에 설치하는 경보·설비의 기준에 따라 이송기지에 설치하여야 하는 경보설비로만 이루어진 것은?
㉮ 확성장치, 비상벨장치
㉯ 비상방송설비, 비상경보설비
㉰ 확성장치, 비상방송설비
㉱ 비상방송설비, 자동화재탐지설비

[풀이] 이송기지 경보설비 : 확성장치, 비상벨장치

59. 위험물안전관리법령상 위험물의 탱크 내용적 및 공간용적에 관한 기준으로 틀린 것은?
㉮ 위험물을 저장 또는 취급하는 탱크의 용량은 해당 탱크의 내용적에서 공간용적을 뺀 용적으로 한다.
㉯ 탱크의 공간용적은 탱크의 내용적의 100분의 5 이상 100분의 10 이하의 용적으로 한다.
㉰ 소화설비(소화약제 방출구를 탱크안의 윗부분에 설치하는 것에 한한다)를 설치하는 탱크의 공간용적은 해당 소화설비의 소화약제방출구 아래의 0.3m 이상 1m 미만 사이의 면으로부터 윗부분의 용적으로 한다.
㉱ 암반탱크에 있어서는 해당 탱크 내에 용출하는 30일 간의 지하수의 양에 상당하는 용적과 해당 탱크의 내용적의 100분의 1의 용적 중에서 보다 큰 용적을 공간용적으로 한다.

[풀이] 암반탱크의 공간용적
당해 탱크내에 용출하는 7일 간의 지하수의 양에 상당하는 용적과 당해 탱크의 내용적의 100분의 1의 용적 중에서 보다 큰 용적을 공간용적으로 한다.

60. 위험물안전관리법령상 위험등급의 종류가 나머지 셋과 다른 하나는?
㉮ 제1류 위험물 중 중크롬산염류
㉯ 제2류 위험물 중 인화성고체
㉰ 제3류 위험물 중 금속의 인화물
㉱ 제4류 위험물 중 알코올류

[풀이] ㉱ 400L, 기타 : 1000kg

정답 58.㉮ 59.㉱ 60.㉱

위험물기능사 기출문제 03 — 2016년 7월 10일 시행

01 다음과 같은 반응에서 5m³의 탄산가스를 만들기 위해 필요한 탄산수소나트륨의 양은 몇 kg인가? (단, 표준상태이고 나트륨의 원자량은 23이다.)

$$2NaHCO_3 \rightarrow Na_2CO_3 + CO_2 + H_2O$$

㉮ 18.75
㉯ 37.5
㉰ 56.25
㉱ 75

풀이 $(2 \times 84) : 22.4 = x : 5,\ x = \dfrac{840}{22.4} = 37.5$

∴ 37.5 kg

02 연소에 대한 설명으로 옳지 않은 것은?

㉮ 산화되기 쉬운 것일수록 타기 쉽다.
㉯ 산소와의 접촉면적이 큰 것일수록 타기 쉽다.
㉰ 충분한 산소가 있어야 타기 쉽다.
㉱ 열전도율이 큰 것일수록 타기 쉽다.

풀이 열전도율이 작을수록 타기 쉽다.

03 위험물의 자연발화를 방지하는 방법으로 가장 거리가 먼 것은?

㉮ 통풍을 잘 시킬 것
㉯ 저장실의 온도를 낮출 것
㉰ 습도가 높은 곳에 저장할 것
㉱ 정촉매 작용을 하는 물질과의 접촉을 피할 것

풀이 습도가 높은 곳을 피해 저장할 것.

04 탄화칼슘은 물과 반응 시 위험성이 증가하는 물질이다. 주수소화 시 물과 반응하면 어떤 가스가 발생하는가?

㉮ 수소
㉯ 메탄
㉰ 에탄
㉱ 아세틸렌

정답 01. ㉯ 02. ㉱ 03. ㉰ 04. ㉱

풀이 탄화칼슘(CaC_2)은 물과 반응하여 아세틸렌 (C_2H_2)가스를 발생한다.

05 위험물안전관리법령상 제3류 위험물 중 금수성 물질의 제조소에 설치하는 주의사항 게시판의 바탕색과 문자색을 옳게 나타낸 것은?
㉮ 청색 바탕에 황색 문자　　㉯ 황색 바탕에 청색 문자
㉰ 청색 바탕에 백색 문자　　㉱ 백색 바탕에 청색 문자

풀이 청색 바탕에 백색 문자일 것.

06 다음 중 제5류 위험물의 화재 시에 가장 적당한 소화방법은?
㉮ 물에 의한 냉각소화　　㉯ 질소에 의한 질식소화
㉰ 사염화탄소에 의한 부촉매소화　　㉱ 이산화탄소에 의한 질식소화

풀이 제5류 위험물 : 물에 의한 냉각소화

07 공기 중의 산소농도를 한계산소량 이하로 낮추어 연소를 중지시키는 소화방법은?
㉮ 냉각소화　　㉯ 제거소화
㉰ 억제소화　　㉱ 질식소화

풀이 질식소화 : 산소농도를 15% 이하로 하여 소화한다.

08 폭굉유도거리(DID)가 짧아지는 경우는?
㉮ 정상 연소속도가 작은 혼합가스일수록 짧아진다.
㉯ 압력이 높을수록 짧아진다.
㉰ 관지름이 넓을수록 짧아진다.
㉱ 점화원 에너지가 약할수록 짧아진다.

풀이 DID가 짧아지는 경우
① 정상연소 속도가 클수록　② 압력이 높을수록
③ 관지름이 좁을수록　　　④ 점화에너지가 클수록

09 연소의 3요소인 산소의 공급원이 될 수 없는 것은?
㉮ H_2O_2　　㉯ KNO_3
㉰ HNO_3　　㉱ CO_2

정답　05.㉰　06.㉮　07.㉱　08.㉯　09.㉱

풀이 CO_2는 소화약제임.

10 인화칼슘이 물과 반응하였을 때 발생하는 가스는?
㉮ 수소 ㉯ 포스겐
㉰ 포스핀 ㉱ 아세틸렌

풀이 인화칼슘(Ca_3P_2) : 물과 반응하여 포스핀(PH_3) 가스를 발생시킴.

11 수성막포 소화약제에 사용되는 계면활성제는?
㉮ 염화단백포 계면활성제
㉯ 산소계 계면활성제
㉰ 황산계 계면활성제
㉱ 불소계 계면활성제

풀이 수성막포 소화약제 : 불소계 계면활성제

12 질소와 아르곤과 이산화탄소의 용량비가 52대40대8인 혼합물 소화약제에 해당하는 것은?
㉮ IG-541 ㉯ HCFC BLEND A
㉰ HFC-125 ㉱ HFC-23

풀이 청정소화약제

종류	비율(%)
IG-01	Ar : 100
IG-100	N_2 : 100
IG-541	N_2 : 52, Ar : 40, CO_2 : 8
IG-55	N_2 : 50, Ar : 50

13 위험물안전관리법령상 알칼리금속 과산화물에 적응성이 있는 소화설비는?
㉮ 할로겐화합물소화설비
㉯ 탄산수소염류분말소화설비
㉰ 물분무소화설비
㉱ 스프링클러설비

풀이 알칼리금속 과산화물 : 제1류 위험물로서 탄산수소염류분말소화설비가 효과적임.

정답 10.㉰ 11.㉱ 12.㉮ 13.㉯

14 이산화탄소 소화약제에 관한 설명 중 틀린 것은?
㉮ 소화약제에 의한 오손이 없다.
㉯ 소화약제 중 증발잠열이 가장 크다.
㉰ 전기 절연성이 있다.
㉱ 장기간 저장이 가능하다.

풀이 증발잠열
물(539kcal/kg) > 고체탄산(153kcal/kg)

15 Halon 1001의 화학식에서 수소 원자의 수는?
㉮ 0 ㉯ 1
㉰ 2 ㉱ 3

풀이 Halon 1001 : CH_3Br

16 다음 중 강화액 소화약제의 주된 소화원리에 해당하는 것은?
㉮ 냉각소화 ㉯ 절연소화
㉰ 제거소화 ㉱ 발포소화

풀이 강화액 소화약제 : 냉각소화

17 다음 중 탄산칼륨을 물에 용해시킨 강화액 소화약제의 pH에 가장 가까운 값은?
㉮ 1 ㉯ 4
㉰ 7 ㉱ 12

풀이 강알칼리성으로 pH는 12임.

18 불활성 가스 청정소화약제의 기본 성분이 아닌 것은?
㉮ 헬륨 ㉯ 질소
㉰ 불소 ㉱ 아르곤

풀이 불소는 해당 없음.

19 위험물안전관리법령상 제4류 위험물에 적응성이 있는 소화기가 아닌 것은?
㉮ 이산화탄소 소화기 ㉯ 봉상강화액 소화기
㉰ 포소화기 ㉱ 인산염류분말 소화기

정답 14.㉯ 15.㉱ 16.㉮ 17.㉱ 18.㉰ 19.㉯

풀이 제4류 위험물에 봉상강화액 소화기는 적용성이 없음.

20 물과 친화력이 있는 수용성 용매의 화재에 보통의 포소화약제를 사용하면 포가 파괴되기 때문에 소화 효과를 잃게 된다. 이와 같은 단점을 보완한 소화약제로 가연성인 수용성 용매의 화재에 유효한 효과를 가지고 있는 것은?
㉮ 알코올형포 소화약제 ㉯ 단백포 소화약제
㉰ 합성계면활성제포 소화약제 ㉱ 수성막포 소화약제

풀이 알코올형포 소화약제 : 특수포로서 수용성 액체 인화물 화재에 효과가 있음.

21 알루미늄분의 성질에 대한 설명으로 옳은 것은?
㉮ 금속 중에서 연소열량이 가장 작다.
㉯ 끓는 물과 반응해서 수소를 발생한다.
㉰ 수산화나트륨 수용액과 반응해서 산소를 발생한다.
㉱ 안전한 저장을 위해 할로겐 원소와 혼합한다.

풀이 $2Al + 6H_2O \rightarrow 2Al(OH)_3 + 3H_2$

22 위험물안전관리법령에서는 특수인화물을 1기압에서 발화점이 100℃ 이하인 것 또는 인화점은 얼마 이하이고 비점이 40℃ 이하인 것으로 정의하는가?
㉮ −10℃ ㉯ −20℃
㉰ −30℃ ㉱ −40℃

풀이 인화점 : −20℃ 이하

23 트리니트로톨루엔의 작용기에 해당하는 것은?
㉮ −NO ㉯ −NO_2
㉰ −NO_3 ㉱ −NO_4

풀이 트리니트로톨루엔(TNT) : 니트로기(−NO_2)가 3개임.

24 위험물의 성질에 대한 설명 중 틀린 것은?
㉮ 황린은 공기 중에서 산화할 수 있다.
㉯ 적린은 $KClO_3$와 혼합하면 위험하다.
㉰ 황은 물에 매우 잘 녹는다.
㉱ 황화린은 가연성 고체이다.

정답 20. ㉮ 21. ㉯ 22. ㉯ 23. ㉯ 24. ㉰

풀이 황은 물에 녹지 않음.

25. 피리딘의 일반적인 성질에 대한 설명 중 틀린 것은?
㉮ 순수한 것은 무색 액체이다.
㉯ 약알칼리성을 나타낸다.
㉰ 물보다 가볍고, 증기는 공기보다 무겁다.
㉱ 흡습성이 없고, 비수용성이다.

풀이 피리딘 : 흡습성이 있으며 수용성 물질임.

26. 니트로글리세린에 대한 설명으로 옳은 것은?
㉮ 물에 매우 잘 녹는다.
㉯ 공기 중에서 점화하면 연소하나 폭발의 위험은 없다.
㉰ 충격에 대하여 민감하여 폭발을 일으키기 쉽다.
㉱ 제5류 위험물의 니트로화합물에 속한다.

풀이 니트로글리세린(NG) : 충격에 민감하며 폭발을 일으킴.

27. 다음 물질 중 과염소산칼륨과 혼합했을 때 발화폭발의 위험이 가장 높은 것은?
㉮ 석면   ㉯ 금
㉰ 유리   ㉱ 목탄

풀이 과염소산칼륨($KClO_4$) : 제1류 위험물로서 목탄등과 혼합 시 폭발위험이 큼.

28. 메틸리튬과 물의 반응 생성물로 옳은 것은?
㉮ 메탄, 수소화리튬   ㉯ 메탄, 수산화리튬
㉰ 에탄, 수소화리튬   ㉱ 에탄, 수산화리튬

풀이 $CH_3Li + H_2O \rightarrow LiOH + CH_4$

29. 다음 위험물 중 물보다 가벼운 것은?
㉮ 메틸에틸케톤   ㉯ 니트로벤젠
㉰ 에틸렌글리콜   ㉱ 글리세린

풀이 메틸에틸케톤 : 제4류 위험물로서 비중이 0.853임.

정답 25. ㉱ 26. ㉰ 27. ㉱ 28. ㉯ 29. ㉮

30 제4류 위험물의 일반적인 성질에 대한 설명 중 틀린 것은?
㉮ 대부분 유기화합물이다.　　㉯ 액체상태이다.
㉰ 대부분 물보다 가볍다.　　㉱ 대부분 물에 녹기 쉽다.

풀이 대부분 물에 녹기 어렵다.

31 질산과 과염소산의 공통성질이 아닌 것은?
㉮ 가연성이며 강산화제이다.
㉯ 비중이 1보다 크다.
㉰ 가연물과 혼합으로 발화의 위험이 있다.
㉱ 물과 접촉하면 발열한다.

풀이 강산화제이지만 가연성 물질은 아님.

32 과산화나트륨에 대한 설명으로 틀린 것은?
㉮ 알코올에 잘 녹아서 산소와 수소를 발생시킨다.
㉯ 상온에서 물과 격렬하게 반응한다.
㉰ 비중이 약 2.8이다.
㉱ 조해성 물질이다.

풀이 알콜올에 녹지 않는다.

33 다음 중 제5류 위험물로만 나열되지 않은 것은?
㉮ 과산화벤조일, 질산메틸
㉯ 과산화초산, 디니트로벤젠
㉰ 과산화요소, 니트로글리콜
㉱ 아세토니트릴, 트리니트로톨루엔

풀이 아세토니트릴(CH_3CN) : 제4류 위험물, 제1석유류

34 아조화합물 800kg, 히드록실아민 300kg, 유기과산화물 40kg의 총 양은 지정수량의 몇 배에 해당하는가?
㉮ 7배　　㉯ 9배
㉰ 10배　　㉱ 11배

풀이 $\frac{800}{200} + \frac{300}{100} + \frac{40}{10} = 11$

정답　30.㉱　31.㉮　32.㉮　33.㉱　34.㉱

35 물과 반응하여 가연성 가스를 발생하지 않는 것은?
㉮ 칼륨 ㉯ 과산화칼륨
㉰ 탄화알루미늄 ㉱ 트리에틸알루미늄

[풀이] 과산화칼륨은 물과 반응하여 조연성의 산소가스를 발생한다.

36 다음 중 인화점이 가장 높은 것은?
㉮ 등유 ㉯ 벤젠
㉰ 아세톤 ㉱ 아세트알데히드

[풀이] ㉮ 43~72℃ ㉯ −11℃
㉰ −18℃ ㉱ −38℃

37 다음 중 제6류 위험물이 아닌 것은?
㉮ 할로겐간화합물 ㉯ 과염소산
㉰ 아염소산 ㉱ 과산화수소

[풀이] 아염소산은 해당 없음.

38 제4류 위험물인 클로로벤젠의 지정수량으로 옳은 것은?
㉮ 200L ㉯ 400L
㉰ 1000L ㉱ 2000L

[풀이] 클로로벤젠 : 제2석유류, 1000L

39 다음 중 제1류 위험물에 해당되지 않는 것은?
㉮ 염소산칼륨 ㉯ 과염소산암모늄
㉰ 과산화바륨 ㉱ 질산구아니딘

[풀이] 질산구아니딘 : 제5류 위험물

40 다음 위험물 중 지정수량이 나머지 셋과 다른 하나는?
㉮ 마그네슘 ㉯ 금속분
㉰ 철분 ㉱ 유황

[풀이] • 유황 : 100kg
• 기타 : 500kg

정답 35. ㉯ 36. ㉮ 37. ㉰ 38. ㉰ 39. ㉱ 40. ㉱

41 아염소산나트륨의 저장 및 취급 시 주의사항으로 가장 거리가 먼 것은?
㉮ 물 속에 넣어 냉암소에 저장한다.
㉯ 강산류와의 접촉을 피한다.
㉰ 취급 시 충격, 마찰을 피한다.
㉱ 가연성 물질과 접촉을 피한다.

풀이 아염소산나트륨 : 제1류 위험물로서 조해성이 있으며 물에 잘 녹음.

42 위험물안전관리법령상 연면적이 450m²인 저장소의 건축물 외벽이 내화구조가 아닌 경우 이 저장소의 소화기 소요단위는?
㉮ 3 ㉯ 4.5
㉰ 6 ㉱ 9

풀이 외벽이 내화구조 이외의 저장소는 75m²가 1소요단위이므로 450/75=6

43 위험물안전관리법령상 주유취급소에 설치, 운영할 수 없는 건축물 또는 시설은?
㉮ 주유취급소를 출입하는 사람을 대상으로 하는 그림 전시장
㉯ 주유취급소를 출입하는 사람을 대상으로 하는 일반음식점
㉰ 주유원 주거시설
㉱ 주유취급소를 출입하는 사람을 대상으로 하는 휴게음식점

풀이 ㉯는 해당 없음.

44 위험물안전관리법령상 옥외저장소 중 덩어리상태의 유황만을 지반면에 설치한 경계표시의 안쪽에서 저장 또는 취급할 때 경계표시의 높이는 몇 m 이하로 하여야 하는가?
㉮ 1 ㉯ 1.5
㉰ 2 ㉱ 2.5

풀이 경계높이 : 1.5m 이상

45 위험물 옥외저장탱크의 통기관에 관한 사항으로 옳지 않은 것은?
㉮ 밸브없는 통기관의 직경은 30mm 이상으로 한다.
㉯ 대기밸브부착 통기관은 항시 열려 있어야 한다.
㉰ 밸브 없는 통기관의 선단은 수평면보다 45도 이상 구부려 빗물 등의 침투를 막는 구조로 한다.
㉱ 대기밸브부착 통기관은 5kPa 이하의 압력차이로 작동할 수 있어야 한다.

정답 41. ㉮ 42. ㉰ 43. ㉯ 44. ㉯ 45. ㉯

[풀이] 통기관 : 평상시는 닫혀 있을 것

46 위험물안전관리법령상 주유취급소 중 건축물의 2층을 휴게음식점의 용도로 사용하는 것에 있어 해당 건축물의 2층으로부터 직접 주유취급소의 부지 밖으로 통하는 출입구와 해당 출입구로 통하는 통로, 계단에 설치하여야 하는 것은?
㉮ 비상경보설비 ㉯ 유도등
㉰ 비상조명등 ㉱ 확성장치

[풀이] 유도등 설치에 대한 내용임.

47 위험물안전관리법령상 소화전용물통 8L의 능력단위는?
㉮ 0.3 ㉯ 0.5
㉰ 1.0 ㉱ 1.5

[풀이] 소화전용 물통 8L : 0.3단위

48 위험물안전관리법령상 위험물제조소에 설치하는 배출설비에 대한 내용으로 틀린 것은?
㉮ 배출설비는 예외적인 경우를 제외하고는 국소방식으로 하여야 한다.
㉯ 배출설비는 강제배출 방식으로 한다.
㉰ 급기구는 낮은 장소에 설치하고 인화방지망을 설치한다.
㉱ 배출구는 지상 2m 이상 높이에 연소의 우려가 없는 곳에 설치한다.

[풀이] 배출설비 : 급기구는 높은 곳에 설치함.

49 위험물안전관리법령상 옥내소화전설비의 기준에 따르면 펌프를 이용한 가압송수장치에서 펌프의 토출량은 옥내소화전의 설치개수가 가장 많은 층에 대해 해당 설치개수(5개 이상인 경우에는 5개)에 얼마를 곱한 양 이상이 되도록 하여야 하는가?
㉮ 260L/min ㉯ 360L/min
㉰ 460L/min ㉱ 560L/min

[풀이] 펌프의 토출량 : 260L/min

정답 46.㉯ 47.㉮ 48.㉰ 49.㉮

50. 위험물의 운반에 관한 기준에서 다음 ( )에 알맞은 온도는 몇 ℃인가?

> 적재하는 제5류 위험물 중 ( )℃ 이하의 온도에서 분해될 우려가 있는 것은 보냉컨테이너에 수납하는 등 적정한 온도관리를 유지하여야 한다.

㉮ 40　　　　　　　　　　㉯ 50
㉰ 55　　　　　　　　　　㉱ 60

풀이 위험물 운반기준에 관한 내용임.

51. 위험물안전관리법령상 제4류 위험물의 품명에 따른 위험등급과 옥내저장소 하나의 저장창고 바닥면적 기준을 옳게 나열한 것은? (단, 전용의 독립된 단층건물에 설치하며, 구획된 실이 없는 하나의 저장창고인 경우에 한한다.)

㉮ 제1석유류 : 위험등급I, 최대바닥면적 $1000m^2$
㉯ 제2석유류 : 위험등급I, 최대바닥면적 $2000m^2$
㉰ 제3석유류 : 위험등급II, 최대바닥면적 $2000m^2$
㉱ 알코올류 : 위험등급II, 최대바닥면적 $1000m^2$

풀이 ① 제4류 위험물 중 특수인화물, 제1석유류 및 알코올류 : $1000m^2$
② 기타 : $2000m^2$

52. 인화점이 21℃ 미만인 액체위험물의 옥외저장탱크 주입구에 설치하는 "옥외저장탱크 주입구"라고 표시한 게시판의 바탕 및 문자색을 옳게 나타낸 것은?

㉮ 백색 바탕 - 적색 문자　　　㉯ 적색 바탕 - 백색 문자
㉰ 백색 바탕 - 흑색 문자　　　㉱ 흑색 바탕 - 백색 문자

풀이 게시판(백색 바탕) 및 문자색(흑색)

53. 위험물안전관리법령상 위험물안전관리자의 책무에 해당하지 않는 것은?

㉮ 화재 등의 재난이 발생한 경우 소방관서 등에 대한 연락업무
㉯ 화재 등의 재난이 발생한 경우 응급조치
㉰ 위험물의 취급에 관한 일지의 작성, 기록
㉱ 위험물안전관리자의 선임, 신고

풀이 ㉱는 해당 없음.

정답　50. ㉰　51. ㉱　52. ㉰　53. ㉱

54. 위험물안전관리법령상 옥내탱크저장소의 기준에서 옥내저장탱크 상호간에는 몇 m 이상의 간격을 유지하여야 하는가?

㉮ 0.3 ㉯ 0.5
㉰ 0.7 ㉱ 1.0

[풀이] 옥내저장탱크 상호 간 거리 : 0.5m 이상

55. 제2류 위험물 중 인화성고체의 제조소에 설치하는 주의사항 게시판에 표시할 내용을 옳게 나타낸 것은?

㉮ 적색 바탕에 백색 문자로 "화기엄금"표시
㉯ 적색 바탕에 백색 문자로 "화기주의"표시
㉰ 백색 바탕에 적색 문자로 "화기엄금"표시
㉱ 백색 바탕에 적색 문자로 "화기주의"표시

[풀이] 주의사항 게시판 : 적색 바탕에 백색 문자 "화기엄금"

56. 위험물안전관리법령상 배출설비를 설치하여야 하는 옥내저장소의 기준에 해당하는 것은?

㉮ 가연성 증기가 액화할 우려가 있는 장소
㉯ 모든 장소의 옥내저장소
㉰ 가연성 미분이 체류할 우려가 있는 장소
㉱ 인화점이 70℃ 미만인 위험물의 옥내저장소

[풀이] 옥내저장소 배출설비 설치 기준 : 인화점이 70℃ 미만인 위험물의 옥내저장소

57. 이동저장탱크에 알킬알루미늄을 저장하는 경우에 불활성 기체를 봉입하는데 이때의 압력은 몇 kPa 이하이어야 하는가?

㉮ 10 ㉯ 20
㉰ 30 ㉱ 40

[풀이] 불활성 기체를 봉입압력 : 20kPa 이하

58. 다음 중 위험물안전관리법령상 지정수량의 1/10을 초과하는 위험물을 운반할 때 혼재할 수 없는 경우는?

㉮ 제1류위험물과 제6류위험물
㉯ 제2류위험물과 제4류위험물
㉰ 제4류위험물과 제5류위험물
㉱ 제5류위험물과 제3류위험물

정답 54.㉯ 55.㉮ 56.㉱ 57.㉯ 58.㉱

풀이 제5류위험물과 제3류위험물은 혼재 불가함.

59 그림과 같은 위험물 저장탱크의 내용적은 약 몇 m³인가?
㉮ 4681
㉯ 5482
㉰ 6283
㉱ 7080

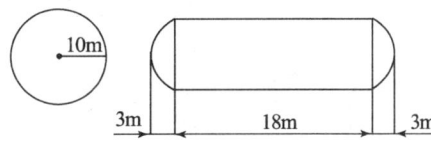

풀이 $\pi r^2 (l + \frac{l_1 + l_2}{3}) = \pi \times 100 \times (18 + \frac{6}{3}) = 6283$

60 위험물 옥외저장소에서 지정수량 200배 초과의 위험물을 저장할 경우 경계표시 주위의 보유공지 너비는 몇 m 이상으로 하여야 하는가? (단, 제4류 위험물과 제6류 위험물이 아닌 경우이다.)
㉮ 0.5
㉯ 2.5
㉰ 10
㉱ 15

풀이 지정수량 200배 초과 : 15m 이상

2016년 5회 CBT시험 예상문제

01 위험물을 취급함에 있어서 정전기를 유효하게 제거하기 위한 설비를 설치하고자 한다. 공기 중의 상대습도를 몇 % 이상 되게 하여야 하는가?
- ㉮ 50
- ㉯ 60
- ㉰ 70
- ㉱ 80

풀이 공기 중의 상대습도를 70% 이상 유지하면 정전기를 예방할 수 있다.

02 다음 중 소화약제가 아닌 것은?
- ㉮ CF_3Br
- ㉯ $NaHCO_3$
- ㉰ $Al_2(SO_4)_3$
- ㉱ $KClO_4$

풀이 ㉱는 제1류 위험물에 해당됨.

03 황의 성상에 관한 설명으로 틀린 것은?
- ㉮ 연소할 때 발생하는 가스는 냄새를 갖고 있으나 인체에 무해하다.
- ㉯ 미분이 공기 중에 떠 있을 때 분진폭발의 우려가 있다.
- ㉰ 용융된 황을 물에서 급냉하면 고무상황을 얻을 수 있다.
- ㉱ 연소할 때 아황산가스를 발생한다.

풀이 황은 연소 시 독성인 이산화황(SO_2)을 가스를 발생시킨다.

04 황린의 취급에 관한 설명으로 옳은 것은?
- ㉮ 보호액의 pH를 측정한다.
- ㉯ 1기압, 25°C의 공기 중에 보관한다.
- ㉰ 주수에 의한 소화는 절대 금한다.
- ㉱ 취급 시 보호구는 착용하지 않는다.

풀이 황린(P_4) : 제3류 위험물
저장 시는 pH9 정도의 물속에 저장한다.

정답 01. ㉰ 02. ㉱ 03. ㉮ 04. ㉮

05 금속분, 나트륨, 코크스 같은 물질이 공기 중에서 점화원을 제공 받아 연소할 때의 주된 연소형태는?

㉮ 표면연소
㉯ 확산연소
㉰ 분해연소
㉱ 증발연소

풀이 금속분, 나트륨, 코크스, 숯 등은 표면연소를 한다.

06 주유취급소 중 건축물의 2층에 휴게음식점의 용도로 사용하는 것에 있어 당해 건축물의 2층으로부터 직접 주유취급소의 부지 밖으로 통하는 출입구와 당해 출입구로 통하는 통로계단에 설치하여야 하는 것은?

㉮ 비상경보설비
㉯ 유도등
㉰ 비상조명등
㉱ 확성장치

풀이 피난설비 중 유도등에 대한 설명임.

07 위험물안전관리자의 선임 등에 대한 설명으로 옳은 것은?

㉮ 안전관리자는 국가기술자격 취득자 중에서만 선임하여야 한다.
㉯ 안전관리자를 해임한 때에는 14일 이내에 다시 선임하여야 한다.
㉰ 제조소등의 관계인은 안전관리자가 일시적으로 직무를 수행할 수 없는 경우에는 14일 이내의 범위에서 안전관리자의 대리자를 지정하여 직무를 대행하게 하여야 한다.
㉱ 안전관리자를 선임 또는 해임한 때는 14일 이내에 신고하여야 한다.

풀이 안전관리자 선임 또는 해임 및 퇴직 신고 : 14일 이내에 신고한다.
※ 안전관리자 선임 : 퇴직 날로부터 30일 이내 선임할 것

08 다음 중 위험물의 지정수량을 틀리게 나타낸 것은?

㉮ S : 100kg
㉯ Mg : 100kg
㉰ K : 100kg
㉱ Al : 500kg

풀이 Mg : 500kg

09 제조소의 게시판 사항 중 위험물의 종류에 따른 주의 사항이 옳게 연결된 것은?

㉮ 제2류 위험물(인화성 고체 제외) - 화기엄금
㉯ 제3류 위험물 중 금수성 물질 - 물기엄금
㉰ 제4류 위험물 - 화기주의
㉱ 제5류 위험물 - 물기엄금

정답   05. ㉮   06. ㉯   07. ㉱   08. ㉯   09. ㉯

풀이 ㉮ 화기주의 ㉰ 화기엄금 ㉱ 화기엄금

10. 위험물제조소의 연면적이 몇 m² 이상이 되면 경보설비 중 자동화재탐지설비를 설치하여야 하는가?
㉮ 400
㉯ 500
㉰ 600
㉱ 800

풀이 자동화재탐지설비 : 연면적이 500m² 이상

11. 아염소산염류 500kg과 질산염류 3000kg을 저장하는 경우 위험물의 소요단위는 얼마인가?
㉮ 2
㉯ 4
㉰ 6
㉱ 8

풀이 소요단위 $= \dfrac{500}{50 \times 10} + \dfrac{3000}{300 \times 10} = 2$

12. 물은 냉각소화가 주된 대표적인 소화약제이다. 물의 소화효과를 높이기 위하여 무상주수를 함으로서 부가적으로 작용하는 소화효과로 이루어진 것은?
㉮ 질식소화 작용, 제거소화 작용
㉯ 질식소화 작용, 유화소화 작용
㉰ 타격소화 작용, 유화소화 작용
㉱ 타격소화 작용, 피복소화 작용

풀이 무상주수 : 질식 및 유화소화

13. 인화성 액체 위험물의 저장 및 취급시 화재 예방상 주의사항에 대한 설명 중 틀린 것은?
㉮ 증기가 대기 중에 누출된 경우 인화의 위험성이 크므로 증기의 누출을 예방할 것
㉯ 액체가 누출된 경우 확대되지 않도록 주의 할 것
㉰ 전기 전도성이 좋을수록 정전기발생에 유의할 것
㉱ 다량을 저장·취급 시에는 배관을 통해 입·출고할 것

풀이 정전기 : 전기부도체에서 발생한다.

정답 10. ㉯ 11. ㉮ 12. ㉯ 13. ㉰

14

위험물 적재 방법 중 위험물을 수납한 운반용기를 겹쳐쌓는 경우 높이는 몇 m 이하로 하여야 하는가?

㉮ 2   ㉯ 3
㉰ 4   ㉱ 6

풀이 운반용기를 겹쳐쌓는 경우 : 3m 이하일 것

15

그림과 같이 횡으로 설치한 원형탱크의 용량은 양 몇 m³인가? (단, 공간용적은 내용적의 10/1000이다.)

㉮ 1690.9
㉯ 1335.1
㉰ 1268.4
㉱ 1201.7

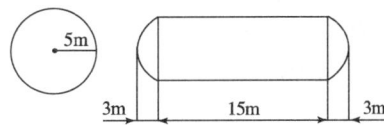

풀이 탱크용량 $= \pi r^2 \left(L + \dfrac{L_1 + L_2}{3} \right)$

$3.14 \times 5^2 \times \left(15 + \dfrac{3+3}{3} \right) = 1334.5$

$1334.5 \times 0.9 = 1201.5 m^3$

16

지정수량의 10배의 위험물을 운반할 경우 제5류 위험물과 혼재 가능한 위험물에 해당하는 것은?

㉮ 제1류 위험물   ㉯ 제2류 위험물
㉰ 제3류 위험물   ㉱ 제6류 위험물

풀이 제5류 위험물은 2류와 4류 위험물과 혼재가능하다.

17

위험물을 운반용기에 수납하여 적재할 때 차광성이 있는 피복으로 가려야 하는 위험물이 아닌 것은?

㉮ 제1류 위험물   ㉯ 제2류 위험물
㉰ 제5류 위험물   ㉱ 제6류 위험물

풀이 차광 덮게를 사용하는 위험물
① 제1류 위험물
② 자연발화성 물품
③ 제4류 위험물 중 특수인화물
④ 제5류 위험물
⑤ 제6류 위험물

정답 14. ㉯ 15. ㉱ 16. ㉯ 17. ㉯

18 자연발화가 잘 일어나는 경우와 가장 거리가 먼 것은?
㉮ 주변의 온도가 높을 것
㉯ 습도가 높을 것
㉰ 표면적이 넓을 것
㉱ 전도율이 클 것

풀이 자연발화의 조건 : 발열량이 클 것, 열전도율이 적을 것, 표면적이 넓을 것, 고온다습할 것

19 요리용 기름의 화재 시 비누화 반응을 일으켜 질식효과와 재발화 방지 효과를 나타내는 소화약재는?
㉮ $NaHCO_3$
㉯ $KHCO_3$
㉰ $BaCl_2$
㉱ $NH_4H_2PO_4$

풀이 제1종 분말소화약제는 비누화 반응을 일으킨다.

20 20℃의 물 100kg이 100℃ 수증기로 증발하면 최대 몇 kcal의 열량을 흡수할 수 있는가?
㉮ 540
㉯ 7800
㉰ 62000
㉱ 108000

풀이 ① 20℃ 물 100kg이 100℃ 물로 변하는 열량 1×100×80=8000kcal
② 100℃ 물 100kg이 수증기로 변하는 열량 100×539=53900kcal
전체열량 = ① + ② = 61900 ≒ 62000kcal

21 가솔린의 연소범위에 가장 가까운 것은?
㉮ 1.4 ~ 7.6%
㉯ 2.0 ~ 23.0%
㉰ 1.8 ~ 36.5%
㉱ 1.0 ~ 50.0%

풀이 가솔린의 연소범위 : 1.4 ~ 7.6%

22 이산화탄소 소화기 사용시 줄톰슨 효과에 의해서 생성되는 물질은?
㉮ 포스겐
㉯ 일산화탄소
㉰ 드라이아이스
㉱ 수성가스

풀이 단열팽창에 의한 줄톰슨 효과에 의해 드라이아이스가 생성된다.

정답 18.㉱ 19.㉮ 20.㉰ 21.㉮ 22.㉰

23

제조소등의 위치·구조 또는 설비의 변경없이 당해 제조소등에서 취급하는 위험물의 품명을 변경하고자 하는 자는 변경하고자 하는 날의 몇일(개월)전까지 신고하여야 하는가?

㉮ 7일   ㉯ 14일
㉰ 1개월   ㉱ 6개월

풀이 변경신고 : 7일 이내일 것

24

그림과 같은 타원형 위험물 탱크의 내용적을 구하는 식으로 옳게 나타낸 것은?

㉮ $\dfrac{\pi ab}{4}\left(L+\dfrac{L_1+L_2}{3}\right)$

㉯ $\dfrac{\pi ab}{4}\left(L+\dfrac{L_1-L_2}{3}\right)$

㉰ $\pi ab\left(L+\dfrac{L_1+L_2}{3}\right)$

㉱ πabL^2

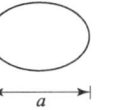
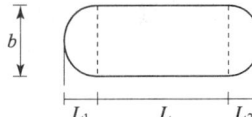

풀이 타원형 탱크 내용적 구하는 공식
$\dfrac{\pi ab}{4}\left(L+\dfrac{L_1+L_2}{3}\right)$

25

할로겐 화합물의 소화약제 중 할론 2402의 화학식은?

㉮ $C_2Br_4F_2$ ㉯ $C_2Cl_4F_2$
㉰ $C_2Cl_4Br_2$ ㉱ $C_2F_4Br_2$

풀이 할론 2402 화학식
할론 2402 : C, F, Cl, Br을 문자와 개수로 표시한 것 $C_2F_4Br_2$

26

화재 시 이산화탄소를 방출하여 산소의 농도를 13vol%로 낮추어 소화를 하려면 공기 중의 이산화탄소는 몇 vol%가 되어야 하는가?

㉮ 28.1   ㉯ 38.1
㉰ 42.86   ㉱ 48.36

풀이
CO_2 농도 $= \dfrac{21-O_2}{21} \times 100$

$\dfrac{21-13}{21} \times 100 = 38.1\%$

정답 23.㉮ 24.㉮ 25.㉱ 26.㉯

27 화학식과 Halon 번호 옳게 연결한 것은?

㉮ CBr_2F_2 - 1202
㉯ $C_2Br_2F_2$ - 2422
㉰ $CBrClF_2$ - 1102
㉱ $C_2Br_2F_4$ - 1242

풀이 ㉯ 2202, ㉰ 1211, ㉱ 2402

28 분말의 형태로서 150마이크로미터의 체를 통과하는 것이 50중량퍼센트 이상인 것만 위험물로 취급되는 것은?

㉮ Fe
㉯ Sn
㉰ Ni
㉱ Cu

풀이 금속분류 : 알칼리금속, 알칼리토금속(이상 3류), 철 및 마그네슘 이외의 금속분을 말하며, 구리, 니켈분과 150μm의 체를 통과하는 것이 50wt% 미만인 것은 위험물에서 제외된다.

29 위험물안전관리법령에 따라 다음 ( ) 안에 알맞은 용어는?

> 주유취급소 중 건축물의 2층 이상의 부분을 점포·휴게음식점 또는 전시장의 용도로 사용하는 것에 있어서는 당해 건축물의 2층 이상으로부터 직접 주유취급소의 부지 밖으로 통하는 출입구와 당해 출입구로 통하는 통로·계단 및 출입구에 ( )을(를) 설치하여야 한다.

㉮ 피난사다리
㉯ 경보기
㉰ 유도등
㉱ CCTV

풀이 유도등 설치에 관한 사항이다.

30 위험물의 운반에 관한 기준에서 적재방법 기준으로 틀린 것은?

㉮ 고체 위험물은 운반용기의 내용적 95% 이하의 수납율로 수납할 것
㉯ 액체 위험물은 운반용기의 내용적 98% 이하의 수납율로 수납할 것
㉰ 알킬알루미늄은 운반용기 내용적의 95% 이하의 수납율로 수납하되, 50℃의 온도에서 5% 이상의 공간용적을 유지할 것
㉱ 제3류 위험물 중 자연발화성물질에 있어서는 불활성 기체를 봉입하여 밀봉하는 등 공기와 접하지 아니하도록 할 것

풀이 알킬알루미늄
운반용기 내용적의 90% 이하로 수납한다.

정답 27.㉮ 28.㉯ 29.㉰ 30.㉰

31 분자량이 약 169인 백색의 정방정계 분말로서 알칼리토금속의 과산화물 중 매우 안정한 물질이며 테르밋의 점화제 용도로 사용되는 제1류 위험물은?

㉮ 과산화칼슘 ㉯ 과산화바륨
㉰ 과산화마그네슘 ㉱ 과산화칼륨

풀이 과산화바륨(BaO_2)에 대한 설명임

32 BCF 소화기의 약제를 화학식으로 옳게 나타낸 것은?

㉮ CCl_4 ㉯ CH_2ClBr
㉰ CF_3Br ㉱ CF_2ClBr

풀이 할론1211(CF_2ClBr) : BCF

33 물의 소화능력을 강화시키기 위해 개발된 것으로 한냉지 또는 겨울철에도 사용할 수 있는 소화기에 해당하는 것은?

㉮ 산알칼리 소화기 ㉯ 강화액 소화기
㉰ 포 소화기 ㉱ 할로겐화물 소화기

풀이 강화액 소화기
추운지방에서 사용하기 위해 탄산칼륨 용해하여 빙점을 -25~-30℃로 조절하였다.

34 지정수량 10배의 위험물을 저장 또는 취급하는 제조소에 있어서 연면적이 최소 몇 m^2이면 자동화재탐지설비를 설치해야 하는가?

㉮ 100 ㉯ 300
㉰ 500 ㉱ 1000

풀이 자동화재탐지설비 설치 연면적 : 500m^2

35 열의 이동 원리 중 복사에 관한 예로 적당하지 않은 것은?

㉮ 그늘이 시원한 이유
㉯ 더러운 눈이 빨리 녹는 현상
㉰ 보온병 내부를 거울 벽으로 만드는 것
㉱ 해풍과 육풍이 일어나는 원리

풀이 복사(열) : 대류나 전도와 같은 현상을 거치지 않고, 열이 직접 전달되는 현상

정답 31. ㉯ 32. ㉱ 33. ㉯ 34. ㉰ 35. ㉱

36 제5류 위험물을 취급하는 위험물제조소에 설치하는 주의사항 게시판에서 표시하는 내용과 바탕색, 문자색으로 옳은 것은?

㉮ "화기주의", 백색바탕에 적색문자
㉯ "화기주의", 적색바탕에 백색문자
㉰ "화기엄금", 백색바탕에 적색문자
㉱ "화기엄금", 적색바탕에 백색문자

풀이 제5류 위험물 : 화기엄금-적색바탕에 백색문자

37 삼황화린과 오황화린의 공통점이 아닌 것은?

㉮ 물과 접촉하여 인화수소가 발생한다.
㉯ 가연성 고체이다.
㉰ 분자식이 P와 S로 이루어져 있다.
㉱ 연소시 오산화린과 이산화황이 생성된다.

풀이 물과 접촉시 황화수소, 또는 인산이 발생한다.

38 주된 연소형태가 표면연소인 것을 옳게 나타낸 것은?

㉮ 중유, 알코올   ㉯ 코크스, 숯
㉰ 목재, 종이   ㉱ 석탄, 플라스틱

풀이 코크스, 숯 : 표면연소
㉮ 증발연소 ㉰ 분해연소 ㉱ 분해연소

39 15℃의 기름 100g에 8000J의 열량을 주면 기름의 온도는 몇 ℃가 되겠는가? (단, 기름의 비열은 2J/g·℃이다.)

㉮ 25   ㉯ 45
㉰ 50   ㉱ 55

풀이 $Q = cm\Delta t$
$8000 = 2 \times 100 \times (\chi - 15)$, $\chi = 55$

40 금속분, 목탄, 코크스 등의 연소형태에 해당하는 것은?

㉮ 자기연소   ㉯ 증발연소
㉰ 분해연소   ㉱ 표면연소

풀이 금속분, 목탄, 코크스 : 표면연소

정답 36. ㉱ 37. ㉮ 38. ㉯ 39. ㉱ 40. ㉱

41 주유취급소 중 건축물의 2층에 휴게음식점의 용도로 사용하는 것에 있어 해당 건축물의 2층으로부터 직접 주유취급소의 부지 밖으로 통하는 출입구와 해당 출입구로 통하는 통로·계단에 설치하여야 하는 것은?
㉠ 비상경보설비　㉡ 유도등
㉢ 비상조명등　㉣ 확성장치

풀이 피난설비기준에 해당되는 내용으로 유도등을 설치함.

42 1종 판매취급소에 설치하는 위험물 배합실의 기준으로 틀린 것은?
㉠ 바닥면적은 $6m^2$ 이상 $15m^2$ 이하일 것
㉡ 내화구조 또는 불연재료로 된 벽으로 구획할 것
㉢ 출입구는 수시로 열 수 있는 자동폐쇄식의 갑종방화문으로 설치할 것
㉣ 출입구 문턱의 높이는 바닥면으로부터 0.2m 이상일 것

풀이 출입구 문턱의 높이 : 0.1m 이상

43 위험물안전관리법령의 소화설비 설치기준에 의하면 옥외소화전설비의 수원의 수량은 옥외소화전 설치개수(설치개수가 4 이상인 경우에는 4)에 몇 m^3을 곱한 양 이상이 되어야 하는가?
㉠ $7.5m^3$　㉡ $13.5m^3$
㉢ $20.5m^3$　㉣ $25.5m^3$

풀이 옥외소화전 수원의 양
$= n \times q(450 l/min) \times t(30min)$ 이므로 $450 \times 30 = 13.5m^3$

44 다음 중 자연발화의 위험성이 가장 큰 물질은?
㉠ 아마인유　㉡ 야자유
㉢ 올리브유　㉣ 피마자유

풀이 아마인유는 요오드값이 130 이상으로 자연발화의 위험이 매우 크다.

45 황화린에 대한 설명 중 옳지 않은 것은?
㉠ 삼황화린은 황색 결정으로 공기 중 약 100℃에서 발화할 수 있다.
㉡ 오황화린은 담황색 결정으로 조해성이 있다.
㉢ 오황화린은 물과 접촉하여 유독성 가스를 발생할 위험이 있다.
㉣ 삼황화린은 연소하여 황화수소 가스를 발생할 위험이 있다.

풀이 삼황화린 : 연소 시 이산화황 가스와 오산화인을 발생함.

정답 41.㉡　42.㉣　43.㉡　44.㉠　45.㉣

46 위험물제조소등에 옥내소화전설비를 설치할 때 옥내소화전이 가장 많이 설치된 층의 소화전의 개수가 4개일 때 확보하여야 할 수원의 수량은?

㉮ $10.4m^3$
㉯ $20.8m^3$
㉰ $31.2m^3$
㉱ $41.6m^3$

[풀이] 수원의 양(Q) = $n \times q \times t$
$4 \times 260 \times 30 = 31,200L = 31.2m^3$

47 주된 연소의 형태가 나머지 셋과 다른 하나는?

㉮ 아연분
㉯ 양초
㉰ 코크스
㉱ 목탄

[풀이] • 양초 : 분해연소
• 기타 : 표면연소

48 BCF(Bromochlorodifluoromethane) 소화약제의 화학식으로 옳은 것은?

㉮ CCl_4
㉯ CH_2ClBr
㉰ CF_3Br
㉱ CF_2ClBr

[풀이] BCF : 할론 1211

49 다음 ( ) 안에 적합한 숫자를 차례대로 나열한 것은?

> 자연발화성물질 중 알킬알루미늄 등은 운반용기의 내용적의 ( )% 이하의 수납률로 수납하되, 50℃의 온도에서 ( )% 이상의 공간용적을 유지하도록 할 것

㉮ 90, 5
㉯ 90, 10
㉰ 95, 5
㉱ 95, 10

[풀이] 알킬알루미늄의 운반용기 수납률에 대한 설명임.

50 유별을 달리하는 위험물을 운반할 때 혼재할 수 있는 것은? (단, 지정수량의 1/10을 넘는 양을 운반하는 경우이다.)

㉮ 제1류와 제3류
㉯ 제2류와 제4류
㉰ 제3류와 제5류
㉱ 제4류와 제6류

[풀이] 제2류 위험물과 4류, 5류 위험물은 혼재가 가능하다.

정답 46.㉰ 47.㉯ 48.㉱ 49.㉮ 50.㉯

51 위험물안전관리법령상 염소화이소시아눌산은 제 몇 류 위험물인가?
㉮ 제1류 ㉯ 제2류
㉰ 제5류 ㉱ 제6류

풀이 염소화이소시아눌산 : 제1류 위험물

52 위험물안전관리법령상 옥내소화전설비의 설치기준에서 옥내소화전은 제조소등의 건축물의 층마다 해당 층의 각 부분에서 하나의 호스접속구까지의 수평거리가 몇 m 이하가 되도록 설치하여야 하는가?
㉮ 5   ㉯ 10
㉰ 15 ㉱ 25

풀이 옥내소화전 : 호스 접속구 수평거리 25m 이하

53 위험물의 저장 및 취급방법에 대한 설명으로 틀린 것은?
㉮ 적린은 화기와 멀리하고 가열, 충격이 가해지지 않도록 한다.
㉯ 이황화탄소는 발화점이 낮으므로 물속에 저장한다.
㉰ 마그네슘은 산화제와 혼합되지 않도록 취급한다.
㉱ 알루미늄분은 분진폭발의 위험이 있으므로 분무 주수하여 저장한다.

풀이 알루미늄분 : 분진폭발 위험이 매우 크며 물과 반응하여 수소가스를 발생함.

54 위험물안전관리법령에 따른 위험물의 운송에 관한 설명 중 틀린 것은?
㉮ 알킬리튬과 알킬알루미늄 또는 이 중 어느 하나 이상을 함유한 것은 운송책임자의 감독·지원을 받아야 한다.
㉯ 이동탱크저장소에 의하여 위험물을 운송할 때의 운송책임자에는 법정의 교육을 이수하고 관련 업무에 2년 이상 경력이 있는 자도 포함된다.
㉰ 서울에서 부산까지 금속의 인화물 300kg을 1명의 운전자가 휴식 없이 운송해도 규정위반이 아니다.
㉱ 운송책임자의 감독 또는 지원 방법에는 동승하는 방법과 별도의 사무실에서 대기하면서 규정된 사항을 이행하는 방법이 있다.

풀이 위험물 운송 : 장거리(고속도로 340km, 기타 200km 이상)운행시 2인 이상의 운전자로 함.

55 알코올류 20000L에 대한 소화설비 설치 시 소요단위는?
㉮ 5   ㉯ 10
㉰ 15 ㉱ 20

정답 51. ㉮ 52. ㉱ 53. ㉱ 54. ㉰ 55. ㉮

> **풀이** 위험물 1소요 단위는 지정수량 10배마다이므로
> $400 \times 10 = 4000$
> $\dfrac{20000}{4000} = 5$

56. 가연성액화가스의 탱크 주위에서 화재가 발생한 경우에 탱크의 가열로 인하여 그 부분의 강도가 약해져 탱크가 파열됨으로 인하여 그 부분의 강도가 약해져 탱크가 파열되므로 내부의 가열된 액화가스가 급속히 팽창하면서 폭발하는 현상은?

㉮ 블레비(BLEVE) 현상 ㉯ 보일오버(Boil Over) 현상
㉰ 플래시백(Flash Back) 현상 ㉱ 백드래프트(Back Draft) 현상

> **풀이** 블레비(BLEVE) 현상에 대한 설명임.

57. [보기]에서 설명하는 물질은 무엇인가?

> [보기] • 살균제 및 소독제로도 사용한다.
> • 분해할 때 발생하는 발생기 산소(O)는 난분해성 유기물질을 산화시킬 수 있다.

㉮ $HClO_4$ ㉯ CH_3OH
㉰ H_2O_2 ㉱ H_2SO_4

> **풀이** 과산화수소(H_2O_2)에 대한 설명임.

58. 위험물안전관리법상의 위험물 운반에 관한 기준에서 액체위험물은 운반용기 내용적의 몇 % 이하의 수납율로 수납하여야 하는가?

㉮ 80 ㉯ 85
㉰ 90 ㉱ 98

> **풀이** 액체위험물 : 98% 이하

59. 위험물안전관리법령상 위험물 운반 시 차광성이 있는 피복으로 덮지 않아도 되는 것은?

㉮ 제1류 위험물 ㉯ 제2류 위험물
㉰ 제3류 위험물 중 자연발화성 물질 ㉱ 제5류 위험물

> **풀이** 제2류 위험물은 해당 없음.

정답 56. ㉮ 57. ㉰ 58. ㉱ 59. ㉯

60 위험물제조소의 건축물 구조기준 중 연소의 우려가 있는 외벽은 출입구와의 개구부가 없는 내화구조의 벽으로 하여야 한다. 이때 연소의 우려가 있는 외벽은 제조소가 설치된 부지의 경계선에서 몇 m 이내에 있는 외벽을 말하는가? (단, 단층건물일 경우이다.)

㉮ 3 ㉯ 4
㉰ 5 ㉱ 6

풀이 연소의 우려가 있는 외벽 : 3m 이내

61 위험물안전관리법령에 따라 다음 (   ) 안에 알맞은 용어는?

> 주유취급소 중 건축물의 2층 이상의 부분을 점포·휴게음식점 또는 전시장의 용도로 사용하는 것에 있어서는 당해 건축물의 2층 이상으로부터 주유취급소의 부지 밖으로 통하는 출입구와 당해 출입구로 통하는 통로·계단 및 출입구에 (   )을(를) 설치하여야 한다.

㉮ 피난사다리 ㉯ 경보기
㉰ 유도등 ㉱ CCTV

풀이 주유취급소 유도등 설치에 관한 사항

62 할론 1301의 증기비중은? (단, 불소의 원자량은 19, 브롬의 원자량은 80, 염소의 원자량은 35.5이고 공기의 분자량은 29이다.)

㉮ 2.14 ㉯ 4.15
㉰ 5.14 ㉱ 6.15

풀이 $\dfrac{149}{29} = 5.14$

63 가연성 물질과 주된 연소형태의 연결이 틀린 것은?

㉮ 종이, 섬유 - 분해연소 ㉯ 셀룰로이드, TNT - 자기연소
㉰ 목재, 석탄 - 표면연소 ㉱ 유황, 알코올 - 증발연소

풀이 목재, 석탄 - 분해연소

64 20℃의 물 100kg이 100℃ 수증기로 증발하면 최대 몇 kcal의 열량을 흡수할 수 있는가? (단, 물의 증발잠열은 540cal/g이다.)

㉮ 540 ㉯ 7800
㉰ 62000 ㉱ 108000

정답 60. ㉮ 61. ㉰ 62. ㉰ 63. ㉰ 64. ㉰

풀이 $Q = c \cdot m \cdot \triangle T + r \cdot m$
$(1 \times 100 \times 80) + (540 \times 100) = 62000 \, \text{kcal}$

65. 위험물안전관리법에서 정한 정전기를 유효하게 제거할 수 있는 방법에 해당하지 않는 것은?

㉮ 위험물 이송 시 배관 내 유속을 빠르게 하는 방법
㉯ 공기를 이온화하는 방법
㉰ 접지에 의한 방법
㉱ 공기 중의 상대습도를 70% 이상으로 하는 방법

풀이 정전기 방지책 : 배관 내 유속을 느리게 할 것

66. 위험물안전관리법령상 위험물의 운송에 있어서 운송책임자의 감독 또는 지원을 받아 운송하여야 하는 위험물에 속하지 않는 것은?

㉮ $Al(CH_3)_3$ ㉯ CH_3Li
㉰ $Cd(CH_3)_2$ ㉱ $Al(C_4H_9)_3$

풀이 ㉰는 해당 없음.

67. 위험물안전관리자를 해임할 때에는 해임한 날로부터 며칠 이내에 위험물안전관리자를 다시 선임하여야 하는가?

㉮ 7 ㉯ 14
㉰ 30 ㉱ 60

풀이 선·해임신고 : 30일 이내

68. 위험물안전관리법령상 옥내 주유취급소에 있어서 해당 사무소 등의 출입구 및 피난구와 당해 피난구로 통하는 통로·계단 및 출입구에 무엇을 설치해야 하는가?

㉮ 화재감지기 ㉯ 스프링클러 설비
㉰ 자동화재탐지설비 ㉱ 유도등

풀이 유도등 설치에 관한 사항임.

69. Halon 1211에 해당하는 물질의 분자식은?

㉮ CF_2FCl ㉯ CF_2ClBr
㉰ CCl_2FBr ㉱ FC_2BrCl

정답 65. ㉮ 66. ㉰ 67. ㉰ 68. ㉱ 69. ㉯

풀이 Halon 1211 : CF_2ClBr

70 위험물안전관리법령에서 정한 소화설비의 설치기준에 따라 다음 (   )에 알맞은 숫자를 차례대로 나타낸 것은?

> 제조소 등에 전기설비(전기배선, 조명기구 등은 제외한다)가 설치된 경우에는 당해 장소의 면적 (   )m^2 마다 소형수동식 소화기를 (   )개 이상 설치할 것

㉮ 50, 1 　　　　　　　　　㉯ 50, 2
㉰ 100, 1 　　　　　　　　　㉱ 100, 2

풀이 소형수동식 소화기 설치기준에 관한 사항임.

71 살충제 원료로 사용되기도 하는 암회색 물질로 물과 반응하여 포스핀 가스를 발생할 위험이 있는 것은?

㉮ 인화아연 　　　　　　　　㉯ 수소화나트륨
㉰ 칼륨 　　　　　　　　　　㉱ 나트륨

풀이 P_2Zn_3 : 물 또는 습한 공기와 접촉 시 포스핀 가스를 발생시킨다.

72 다음 물질 중 인화점이 가장 높은 것은?

㉮ 아세톤 　　　　　　　　　㉯ 디에틸에테르
㉰ 메탄올 　　　　　　　　　㉱ 벤젠

풀이 ㉮ $-18℃$　㉯ $-45℃$
　　㉰ $11℃$　㉱ $-11℃$

정답　70. ㉰　71. ㉮　72. ㉰

위·험·물·기·능·사·과·년·도
기출문제

위험물기능사

CBT 모의고사

제1회 CBT 모의고사

01 금속화재를 옳게 설명한 것은?
  ㉮ C급 화재이고, 표시색상은 청색이다.
  ㉯ C급 화재이고, 별도의 표시색상은 없다.
  ㉰ D급 화재이고, 표시색상은 청색이다.
  ㉱ D급 화재이고, 별도의 표시색상은 없다.

  풀이 D급 금속화재 - 무색이다.

02 트리에틸알루미늄의 화재 시 사용할 수 있는 소화약제(설비)가 아닌 것은?
  ㉮ 마른모래   ㉯ 팽창질석
  ㉰ 팽창진주암   ㉱ 이산화탄소

  풀이 이산화탄소 소화약제는 사용 금함.

03 다음 중 할로겐화합물 소화약제의 주된 소화효과는?
  ㉮ 부촉매효과   ㉯ 희석효과
  ㉰ 파괴효과   ㉱ 냉각효과

  풀이 할로겐화합물 소화약제 : 부촉매(억제)효과

04 위험물 안전관리법령상 옥내 주유취급소에 있어서 해당 사무소 등의 출입구 및 피난구와 당해 피난구로 통하는 통로·계단 및 출입구에 무엇을 설치해야 하는가?
  ㉮ 화재감지기   ㉯ 스프링클러
  ㉰ 자동화재탐지설비 ㉱ 유도등

  풀이 유도등 설치에 관한 사항임

05 제1종 분말소화약제의 주성분으로 사용되는 것은?
  ㉮ $KHCO_3$ ㉯ H_2SO_4
  ㉰ $NaHCO_3$ ㉱ $NH_4H_2PO_4$

  풀이 제1종 분말소화약제 : 중탄산나트륨($NaHCO_3$)

정답 01.㉱ 02.㉱ 03.㉮ 04.㉱ 05.㉰

06 제3류 위험물을 취급하는 제조소는 300명 이상을 수용할 수 있는 극장으로부터 몇 m 이상의 안전거리를 유지하여야 하는가?

㉮ 5 ㉯ 10
㉰ 30 ㉱ 70

풀이 300명 이상 수용극장가 : 안전거리 30m 이상

07 표준상태에서 탄소 1몰이 완전히 연소하면 몇 L의 이산화탄소가 생성되는가?

㉮ 11.2 ㉯ 22.4
㉰ 44.8 ㉱ 56.8

풀이 탄소 1몰이 연소 시 1몰의 이산화탄소 22.4L 생성
$C + O_2 \rightarrow CO_2$

08 위험물안전관리법령에서 정한 알킬알루미늄 등을 저장 또는 취급하는 이동탱크저장소에 비치해야 하는 물품이 아닌 것은?

㉮ 방호복 ㉯ 고무장갑
㉰ 비상조명등 ㉱ 휴대용 확성기

풀이 비상조명등은 해당 없음

09 위험물제조소의 환기설비 중 급기구는 급기구가 설치된 실의 바닥면적 몇 m^2마다 1개 이상으로 설치해야 하는가?

㉮ 100 ㉯ 150
㉰ 200 ㉱ 800

풀이 급기구 : 바닥면적 150m^2마다 1개 이상 설치함

10 위험물안전관리법령상 제4류 위험물 운반용기의 외부에 표시하여야 하는 주의사항을 모두 옳게 나타낸 것은?

㉮ 화기엄금 및 충격주의
㉯ 가연물접촉주의
㉰ 화기엄금
㉱ 화기주의 및 충격주의

풀이 제4류 위험물 운반용기 : 화기엄금

정답 06. ㉰ 07. ㉯ 08. ㉰ 09. ㉯ 10. ㉰

11 위험물안전관리법령에서 정한 주유취급소의 고정주유설비 주위에 보유하여야 하는 주유공지의 기준은?

㉮ 너비 10m 이상, 길이 6m 이상
㉯ 너비 15m 이상, 길이 6m 이상
㉰ 너비 10m 이상, 길이 10m 이상
㉱ 너비 15m 이상, 길이 10m 이상

풀이 주유공지의 기준 : 너비 15m 이상, 길이 6m 이상

12 위험물안전관리법령에서 정하는 위험등급 II에 해당하지 않는 것은?

㉮ 제1류 위험물 중 질산염류
㉯ 제2류 위험물 중 적린
㉰ 제3류 위험물 중 유기금속화합물
㉱ 제4류 위험물 중 제2석유류

풀이 ㉱는 위험등급 III등급에 해당됨

13 위험물안전관리법령상 다음 ( )에 알맞은 수치를 모두 합한 값은?

• 과염소산의 지정수량은 ( )kg이다.
• 과산화수소는 농도가 ( )wt % 미만인 것은 위험물에 해당하지 않는다.
• 질산은 비중이 ( ) 이상인 것만 위험물로 규정한다.

㉮ 349.36
㉯ 549.36
㉰ 337.49
㉱ 537.49

풀이 300 + 36 + 1.49 = 337.49

14 분말의 형태로서 150마이크로미터의 체를 통과하는 것이 50중량퍼센트 이상인 것만 위험물로 취급되는 것은?

㉮ Zn
㉯ Fe
㉰ Ni
㉱ Cu

풀이 Zn, Al, Sb 등이 해당됨

15 다음 중 제5류 위험물의 화재 시에 가장 적당한 소화방법은?

㉮ 물에 의한 냉각소화
㉯ 질소에 의한 질식소화
㉰ 사염화탄소에 의한 부촉매소화
㉱ 이산화탄소에 의한 질식소화

풀이 제5류 위험물 : 물에 의한 냉각소화

정답 11.㉯ 12.㉱ 13.㉰ 14.㉮ 15.㉮

16 위험물안전관리법령상 위험등급 Ⅰ등급의 위험물에 해당되는 것은?

㉮ 무기과산화물 ㉯ 황화린
㉰ 제1석유류 ㉱ 유황

풀이 • 무기과산화물 : 위험등급 Ⅰ등급
• 기타 : Ⅱ등급

17 위험물안전관리법령상 제6류 위험물에 적응성이 없는 것은?

㉮ 스프링클러설비 ㉯ 포소화설비
㉰ 불활성가스소화설비 ㉱ 물분무소화설비

풀이 제6류 위험물 : 물분무, 포, 인산염류 소화설비 등이 효과적임

18 석유류가 연소할 때 발생하는 가스로 강한 자극적인 냄새가 나며 취급하는 장치를 부식시키는 것은?

㉮ H_2 ㉯ CH_4
㉰ NH_3 ㉱ SO_2

풀이 SO_2 : 강한 자극적 냄새를 갖으며 기계설비 장치 부식과 산성비의 원인이 됨

19 적린과 황린의 공통적인 사항으로 옳은 것은?

㉮ 연소할 때는 오산화인의 흰 연기를 낸다.
㉯ 냄새가 없는 적색가루이다.
㉰ 물, 이황화탄소에 녹는다.
㉱ 맹독성이다.

풀이 적린과 황린의 연소생성물은 오산화린(P_2O_5)이다.

20 제6류 위험물을 수납한 용기에 표시하여야 하는 주의사항은?

㉮ 가연물 접촉주의 ㉯ 화기엄금
㉰ 화기, 충격주의 ㉱ 물기엄금

풀이 제6류 위험물의 수납용기 : 가연물 접촉주의

21 다음 중 연소의 3요소를 모두 갖춘 것은?

㉮ 휘발유 + 공기 + 수소 ㉯ 적린 + 수소 + 성냥불
㉰ 성냥불 + 황 + 염소산나트륨 ㉱ 알코올 + 수소 + 염소산암모늄

정답 16. ㉮ 17. ㉰ 18. ㉱ 19. ㉮ 20. ㉮ 21. ㉰

풀이 연소의 3요소 : 가연물, 점화원, 산소공급원

22. 제3종 분말소화약제의 열분해 시 생성되는 메타인산의 화학식은?
㉮ H_3PO_4 ㉯ HPO_3
㉰ $H_4P_3O_7$ ㉱ $CO(NH_2)_2$

풀이 메타인산 화학식 : HPO_3

23. 주된 연소형태가 증발연소인 것은?
㉮ 나트륨 ㉯ 코크스
㉰ 양초 ㉱ 니트로셀룰로오스

풀이 증발연소 : 양초, 황 등

24. 금속화재에 마른모래를 피복하여 소화하는 방법은?
㉮ 제거소화 ㉯ 질식소화
㉰ 냉각소화 ㉱ 억제소화

풀이 마른모래 : 질식소화

25. 위험물안전관리법령상 옥내저장소에서 기계에 의하여 하역하는 구조로 된 용기만을 겹쳐 쌓아 위험물을 저장하는 경우 그 높이는 몇 미터를 초과하지 않아야 하는가?
㉮ 2 ㉯ 4
㉰ 6 ㉱ 8

풀이 기계에 의한 하역 : 6m를 초과하지 말 것

26. 지정수량의 몇 배 이상의 위험물을 취급하는 제조소에는 화재 발생 시 이를 알릴 수 있는 경보 설비를 설치하여야 하는가?
㉮ 5 ㉯ 10
㉰ 15 ㉱ 100

풀이 경보설비 : 지정수량의 10배 이상

정답 22.㉯ 23.㉰ 24.㉯ 25.㉰ 26.㉯

27 위험물안전관리법령상 제조소에서 취급하는 제4류 위험물의 최대수량의 합이 지정수량의 12만배 미만인 사업소에 두어야 하는 화학소방자동차 및 자체소방대원의 수의 기준으로 옳은 것은?

㉮ 1대 - 5인 ㉯ 2대 - 10인
㉰ 3대 - 15인 ㉱ 4대 - 20인

[풀이] 지정수량 12만배 미만 : 화학소방차 1대, 소방대원 5인

28 위험물안전관리법령상 운송책임자의 감독·지원을 받아 운송하여야 하는 위험물에 해당하는 것은?

㉮ 특수인화물 ㉯ 알킬리튬
㉰ 질산구아니딘 ㉱ 히드라진 유도체

[풀이] 알킬리튬, 알킬알루미늄 또는 이들 물질을 함유한 것

29 다음 중 산화성고체 위험물에 속하지 않는 것은?

㉮ Na_2O_2 ㉯ $HClO_4$
㉰ NH_4ClO_4 ㉱ $KClO_3$

[풀이] $HClO_4$: 산화성액체임

30 저장 또는 취급하는 위험물의 최대수량이 지정수량의 500배 이하일 때 옥외저장탱크의 측면으로부터 몇 m 이상의 보유공지를 유지하여야 하는가? (단, 제6류 위험물은 제외한다.)

㉮ 1 ㉯ 2
㉰ 3 ㉱ 4

[풀이] 지정수량의 500배 이하 : 공지 너비 3m 이상

31 위험물안전관리법령상 지정수량이 50kg인 것은?

㉮ $KMnO_4$ ㉯ $KClO_2$
㉰ $NaIO_3$ ㉱ NH_4NO_3

[풀이] 아염소산염류($KClO_2$) : 지정수량 50kg

정답 27.㉮ 28.㉯ 29.㉯ 30.㉰ 31.㉯

32 제3류 위험물 중 금수성 물질을 제외한 위험물에 적응성이 있는 소화설비가 아닌 것은?

㉮ 분말소화설비
㉯ 스프링클러설비
㉰ 옥내소화전설비
㉱ 포소화설비

풀이 분말, 이산화탄소, 할론소화설비 등은 적응성이 없음

33 위험물안전관리법령에 명기된 위험물의 운반용기 재질에 포함되지 않는 것은?

㉮ 고무류
㉯ 유리
㉰ 도자기
㉱ 종이

풀이 운반용기 재질에 도자기는 포함하지 않음

34 다음 중 유류저장 탱크화재에서 일어나는 현상으로 거리가 먼 것은?

㉮ 보일오버
㉯ 플래쉬오버
㉰ 슬롭오버
㉱ BELVE

풀이 플래쉬오버 : 화재의 최성기를 말함

35 다음 중 D급 화재에 해당하는 것은?

㉮ 플라스틱 화재
㉯ 나트륨 화재
㉰ 휘발유 화재
㉱ 전기 화재

풀이 D급 화재 : 금속화재

36 위험물안전관리법령상 철분, 금속분, 마그네슘에 적응성이 있는 소화설비는?

㉮ 불활성가스소화설비
㉯ 할로겐화합물소화설비
㉰ 포소화설비
㉱ 탄산수소염류소화설비

풀이 금속분말 소화약제 : 탄산수소염류소화설비

37 분말소화약제 중 제1종과 제2종 분말이 각각 열분해 될 때 공통적으로 생성되는 물질은?

㉮ N_2, CO_2
㉯ N_2, O_2
㉰ H_2O, CO_2
㉱ H_2O, N_2

풀이 공통적으로 열분해하여 물과 이산화탄소를 발생함

정답 32.㉮ 33.㉰ 34.㉯ 35.㉯ 36.㉱ 37.㉰

38 주수소화를 할 수 없는 위험물은?

㉮ 금속분 ㉯ 적린
㉰ 유황 ㉱ 과망간산칼륨

> 풀이 금속분 : 주수소화 시 가연성가스(H_2)를 발생시켜 폭발한다.

39 연소 시 발생하는 가스를 옳게 나타낸 것은?

㉮ 황린 - 황산가스
㉯ 황 - 무수인산가스
㉰ 적린 - 아황산가스
㉱ 삼황화사인(삼황화린) - 아황산가스

> 풀이 ㉮ 오산화인 ㉯ 이산화황 ㉰ 오산화인

40 각각 지정수량의 10배인 위험물을 운반할 경우 제5류 위험물과 혼재 가능한 위험물에 해당하는 것은?

㉮ 제1류 위험물 ㉯ 제2류 위험물
㉰ 제3류 위험물 ㉱ 제6류 위험물

> 풀이 제5류 위험물과 혼재 가능한 위험물 : 제2류 및 제4류 위험물

41 위험물안전관리법령상 위험물의 운반 시 운반용기는 다음의 기준에 따라 수납 적재하여야 한다. 다음 중 틀린 것은?

㉮ 수납하는 위험물과 위험한 반응을 일으키지 않아야 한다.
㉯ 고체 위험물은 운반용기 내용적의 95% 이하로 수납하여야 한다.
㉰ 액체위험물은 운반용기 내용적의 95% 이하로 수납하여야 한다.
㉱ 하나의 외장용기에는 다른 종류의 위험물을 수납하지 않는다.

> 풀이 액체위험물은 운반용기 내용적 98% 이하로 수납할 것

42 위험물안전관리법령상 위험물제조소의 옥외에 있는 하나의 액체위험물 취급탱크 주위에 설치하는 방유제의 용량은 해당 탱크용량의 몇 % 이상으로 하여야 하는가?

㉮ 50% ㉯ 60%
㉰ 100% ㉱ 110%

> 풀이 탱크 1기 : 해당 탱크용량의 50% 이상

정답 38. ㉮ 39. ㉱ 40. ㉯ 41. ㉰ 42. ㉮

43 공기 중의 산소농도를 한계산소량 이하로 낮추어 연소를 중지시키는 소화방법은?

㉮ 냉각소화 ㉯ 제거소화
㉰ 억제소화 ㉱ 질식소화

> 풀이 질식소화 : 산소농도를 15% 이하로 하여 소화한다.

44 인화칼슘이 물과 반응하였을 때 발생하는 가스는?

㉮ 수소 ㉯ 포스겐
㉰ 포스핀 ㉱ 아세틸렌

> 풀이 인화칼슘(Ca_3P_2) : 물과 반응하여 포스핀(PH_3) 가스를 발생시킴

45 다음 중 강화액 소화약제의 주된 소화원리에 해당하는 것은?

㉮ 냉각소화 ㉯ 절연소화
㉰ 제거소화 ㉱ 발포소화

> 풀이 강화액 소화약제 : 냉각소화

46 아조화합물 800kg, 히드록실아민 300kg, 유기과산화물 40kg의 총 양은 지정수량의 몇 배에 해당하는가?

㉮ 7배 ㉯ 9배
㉰ 10배 ㉱ 11배

> 풀이 $\dfrac{800}{200} + \dfrac{300}{100} + \dfrac{40}{10} = 11$

47 다음 중 인화점이 가장 높은 것은?

㉮ 등유 ㉯ 벤젠
㉰ 아세톤 ㉱ 아세트알데히드

> 풀이 ㉮ 43~72℃ ㉯ -11℃
> ㉰ -18℃ ㉱ -38℃

48 다음 중 제6류 위험물이 아닌 것은?

㉮ 할로겐화합물 ㉯ 과염소산
㉰ 아염소산 ㉱ 과산화수소

정답 43.㉱ 44.㉰ 45.㉮ 46.㉱ 47.㉮ 48.㉰

풀이 아염소산은 해당 없음

49 다음 위험물 중 지정수량이 나머지 셋과 다른 하나는?
㉮ 마그네슘 ㉯ 금속분
㉰ 철분 ㉱ 유황

풀이 • 유황 : 100kg
• 기타 : 500kg

50 위험물안전관리법령상 주유취급소 중 건축물의 2층을 휴게음식점의 용도로 사용하는 것에 있어 해당 건축물의 2층으로부터 직접 주유취급소의 부지 밖으로 통하는 출입구와 해당 출입구로 통하는 통로, 계단에 설치하여야 하는 것은?
㉮ 비상경보설비 ㉯ 유도등
㉰ 비상조명등 ㉱ 확성장치

풀이 유도등 설치에 대한 내용임

51 제2류 위험물 중 인화성고체의 제조소에 설치하는 주의사항 게시판에 표시할 내용을 옳게 나타낸 것은?
㉮ 적색바탕에 백색문자로 "화기엄금"표시
㉯ 적색바탕에 백색문자로 "화기주의"표시
㉰ 백색바탕에 적색문자로 "화기엄금"표시
㉱ 백색바탕에 적색문자로 "화기주의"표시

풀이 주의사항 게시판 : 적색바탕에 백색문자 "화기엄금"

52 다음 중 위험물안전관리법령상 지정수량의 1/10을 초과하는 위험물을 운반할 때 혼재할 수 없는 경우는?
㉮ 제1류위험물과 제6류위험물
㉯ 제2류위험물과 제4류위험물
㉰ 제4류위험물과 제5류위험물
㉱ 제5류위험물과 제3류위험물

풀이 제5류위험물과 제3류위험물은 혼재 불가함

정답 49. ㉱ 50. ㉯ 51. ㉮ 52. ㉱

53 그림과 같은 위험물 저장탱크의 내용적은 약 몇 m³인가?

㉮ 4681
㉯ 5482
㉰ 6283
㉱ 7080

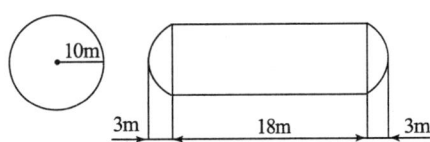

풀이 $\pi r^2 (l + \dfrac{l_1 + l_2}{3}) = \pi \times 100 \times (18 + \dfrac{6}{3}) = 6283$

54 탄화칼슘은 물과 반응 시 위험성이 증가하는 물질이다. 주수소화 시 물과 반응하면 어떤 가스가 발생하는가?

㉮ 수소
㉯ 메탄
㉰ 에탄
㉱ 아세틸렌

풀이 탄화칼슘(CaC_2)은 물과 반응하여 아세틸렌(C_2H_2)가스를 발생한다.

55 위험물을 취급함에 있어서 정전기를 유효하게 제거하기 위한 설비를 설치하고자 한다. 공기 중의 상대습도를 몇 % 이상 되게 해야 하는가?

㉮ 50
㉯ 60
㉰ 70
㉱ 80

풀이 공기 중 상대습도 : 70% 이상

56 제조소의 게시판 사항 중 위험물의 종류에 따른 주의 사항이 옳게 연결된 것은?

㉮ 제2류 위험물(인화성고체 제외) - 화기엄금
㉯ 제3류 위험물 중 금수성 물질 - 물기엄금
㉰ 제4류 위험물 - 화기주의
㉱ 제5류 위험물 - 물기엄금

풀이 ㉮ 화기주의
㉰ 화기엄금
㉱ 화기엄금

57 지정수량 10배의 위험물을 운반할 경우 제5류 위험물과 혼재 가능한 위험물에 해당하는 것은?

㉮ 제1류 위험물
㉯ 제2류 위험물
㉰ 제3류 위험물
㉱ 제6류 위험물

정답 53.㉰ 54.㉱ 55.㉰ 56.㉯ 57.㉯

풀이 제5류 위험물 : 제2류, 제4류 위험물과 혼재 가능함

58 이산화탄소 소화기 사용 시 줄-톰슨 효과에 의해서 생성되는 물질은 무엇인가?
㉮ 포스겐 ㉯ 일산화탄소
㉰ 드라이아이스 ㉱ 수성가스

풀이 단열팽창에 의한 드라이아이스(CO_2) 생성됨

59 그림과 같은 타원형 위험물 탱크의 내용적을 구하는 식으로 옳게 나타낸 것은?

㉮ $\dfrac{\pi ab}{4}\left(L + \dfrac{L_1 + L_2}{3}\right)$

㉯ $\dfrac{\pi ab}{4}\left(L + \dfrac{L_1 - L_2}{3}\right)$

㉰ $\pi ab\left(L + \dfrac{L_1 + L_2}{3}\right)$

㉱ $\pi ab L^2$

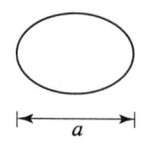
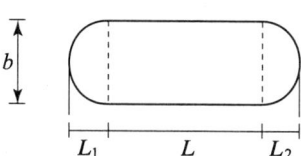

풀이 타원형 위험물 탱크의 내용적 구하는 공식
$\dfrac{\pi ab}{4}\left(L + \dfrac{L_1 + L_2}{3}\right)$

60 할로겐 화합물의 소화약제 중 할론 2402의 화학식은?
㉮ $C_2Br_4F_2$ ㉯ $C_2Cl_4F_2$
㉰ $C_2Cl_4Br_2$ ㉱ $C_2F_4Br_2$

풀이 할론 2402 : C, F, Cl, Br을 문자와 개수로 표시한 것

정답 58. ㉰ 59. ㉮ 60. ㉱

제2회 CBT 모의고사

위험물기능사 기출문제

01. 화학식과 Halon 번호가 옳게 연결된 것은?
- ㉮ CBr_2F_2 - 1201
- ㉯ $C_2Br_2F_2$ - 2422
- ㉰ $CBrClF_2$ - 1102
- ㉱ $C_2Br_2F_4$ - 1242

풀이 ㉯ 2202   ㉰ 1211   ㉱ 2402

02. BCF 소화기의 약제를 화학식으로 옳게 나타낸 것은?
- ㉮ CCl_4
- ㉯ CH_2ClBr
- ㉰ CF_3Br
- ㉱ CF_2ClBr

풀이 할론 1211(CF_2ClBr) : BCF

03. 제5류 위험물을 취급하는 위험물제조소에 설치하는 주의사항 게시판에서 표시하는 내용과 바탕색, 문자색으로 옳은 것은?
- ㉮ "화기주의", 백색바탕에 적색문자
- ㉯ "화기주의", 적색바탕에 백색문자
- ㉰ "화기엄금", 백색바탕에 적색문자
- ㉱ "화기엄금", 적색바탕에 백색문자

풀이 제5류 위험물 : "화기엄금", 적색바탕에 백색문자

04. 주된 연소가 표면연소인 것을 옳게 나타낸 것은?
- ㉮ 중유, 알코올
- ㉯ 코크스, 숯
- ㉰ 목재, 종이
- ㉱ 석탄, 플라스틱

풀이 ㉮ 증발연소   ㉰ 분해연소   ㉱ 분해연소

05. 유별을 달리하는 운반물을 운반할 때 혼재할 수 있는 것은? (단, 지정수량의 1/10을 넘는 양을 운반하는 경우이다.)
- ㉮ 제1류와 제3류
- ㉯ 제2류와 제4류
- ㉰ 제3류와 제5류
- ㉱ 제4류와 제6류

정답 01. ㉮   02. ㉱   03. ㉱   04. ㉯   05. ㉯

> **풀이** 제2류 위험물과 4류, 5류 위험물은 혼재가 가능함

06 위험물안전관리법상의 위험물 운반에 관한 기준에서 액체 위험물은 운반용기 내용적의 몇 %이하의 수납율로 수납하여야 하는가?
㉮ 80 ㉯ 85
㉰ 90 ㉱ 98

> **풀이** 액체 위험물 : 98% 이하

07 위험물안전관리법에서 정한 정전기를 유효하게 제거할 수 있는 방법에 해당하지 않는 것은?
㉮ 위험물 이송 시 배관 내 유속을 빠르게 하는 방법
㉯ 공기를 이온화하는 방법
㉰ 접지에 의한 방법
㉱ 공기 중의 상대습도를 70% 이상으로 하는 방법

> **풀이** 정전기 방지책 : 배관 내 유속을 느리게 할 것

08 위험물안전관리법령상 위험물의 운송에 있어서 운송책임자의 감독 또는 지원을 받아 운송하여야 하는 위험물에 속하지 않는 것은?
㉮ $Al(CH_3)_3$ ㉯ CH_3Li
㉰ $Cd(CH_3)_2$ ㉱ $Al(C_4H_9)_3$

> **풀이** ㉰는 해당없음

09 위험물 안전관리자를 선임할 때에는 해임한 날로부터 몇일 이내에 위험물안전관리자를 다시 선임하여야 하는가?
㉮ 7 ㉯ 14
㉰ 30 ㉱ 60

> **풀이** 선·해임신고 : 30일 이내

10 가연물이 되기 쉬운 조건이 아닌 것은?
㉮ 산화반응의 활성이 크다. ㉯ 표면적이 넓다.
㉰ 활성화에너지가 크다. ㉱ 열전도율이 낮다.

정답 06. ㉱ 07. ㉮ 08. ㉰ 09. ㉰ 10. ㉰

[풀이] 활성화에너지는 작을 것

11 지정수량이 50kg인 것은?
㉮ 칼륨 ㉯ 리튬
㉰ 나트륨 ㉱ 알킬알루미늄

[풀이] ㉮ 10kg ㉯ 50kg
㉰ 10kg ㉱ 10kg

12 위험물안전관리법령에서는 특수인화물을 1기압에서 발화점이 100℃ 이하인 것 또는 인화점은 얼마이고 비점이 40℃ 이하인 것으로 정의하는가?
㉮ −10℃ ㉯ −20℃
㉰ −30℃ ㉱ −40℃

[풀이] 인화점 : −20℃ 이하

13 위험물안전관리법령에서 정하는 경보설비가 아닌 것은?
㉮ 자동화재탐지설비 ㉯ 비상조명설비
㉰ 비상경보설비 ㉱ 비상방송설비

[풀이] ㉯는 해당 없음

14 소화기에 "A-2"로 표시되어 있었다면 숫자 "2"가 의미하는 것은 무엇인가?
㉮ 소화기의 제조번호 ㉯ 소화기의 소요단위
㉰ 소화기의 능력단위 ㉱ 소화기의 사용순위

[풀이] A-2 : A급 화재, 능력단위 2단위

15 공장 창고에 보관되어 있던 톨루엔이 유출되어 미상의 점화원에 의해 착화되어 화재가 발생하였다면 이 화재의 분류로 옳은 것은?
㉮ A급 화재 ㉯ B급 화재
㉰ C급 화재 ㉱ D급 화재

[풀이] 톨루엔 : 제1석유류에 해당하므로 B급 화재임

정답 11.㉯ 12.㉯ 13.㉯ 14.㉰ 15.㉯

16. 화재 시 물을 이용한 냉각소화를 할 경우 오히려 위험성이 증가하는 물질은 무엇인가?
㉮ 질산에틸 ㉯ 마그네슘
㉰ 적린 ㉱ 황

풀이 마그네슘 : 물과 반응하여 수소가스가 발생함

17. 위험물과 그 보호액 또는 안정제의 연결이 틀린 것은?
㉮ 황린 – 물 ㉯ 인화석회 – 물
㉰ 금속칼륨 – 등유 ㉱ 알킬알루미늄 – 헥산

풀이 인화석회(Ca_3P_2) : 물과 반응하여 독성의 포스핀(PH_3)가스를 발생함

18. 어떤 소화기에 "ABC"라고 표시되어 있다. 다음 중 사용할 수 없는 화재는?
㉮ 금속화재 ㉯ 유류화재
㉰ 전기화재 ㉱ 일반화재

풀이
- A : 일반화재
- B : 유류화재
- C : 전기화재

19. 전기화재에 적응성이 없는 소화설비는?
㉮ 이산화탄소소화설비 ㉯ 물분무소화설비
㉰ 포소화설비 ㉱ 할로겐화합물소화설비

풀이 전기설비 : 수분을 함유한 소화약제는 금함

20. 위험물을 유별로 정리하여 상호 1m 이상의 간격을 유지하는 경우에도 동일한 옥내저장소에 저장할 수 없는 것은?
㉮ 제1류 위험물(알칼리금속의 과산화물 또는 이를 함유한 것을 제외한다.)과 제5류 위험물
㉯ 제1류 위험물과 제6류 위험물
㉰ 제1류 위험물과 제3류 위험물 중 황린
㉱ 인화성 고체를 제외한 제2류 위험물과 제4류 위험물

풀이 혼재 가능한 위험물 : 제2류 위험물 중 인화성 고체와 제4류 위험물을 저장하는 경우

정답 16. ㉯ 17. ㉯ 18. ㉮ 19. ㉰ 20. ㉱

21 금수성 물질 저장시설에 설치하는 주의사항 게시판의 바탕색과 문자색을 옳게 나타낸 것은?

㉮ 적색바탕에 백색문자   ㉯ 백색바탕에 적색문자
㉰ 청색바탕에 백색문자   ㉱ 백색바탕에 청색문자

풀이 금수성 물질 게시판 : 청색바탕에 백색문자

22 다음 중 지정수량이 가장 큰 것은?

㉮ 과염소산칼륨   ㉯ 트리니트로톨루엔
㉰ 황린   ㉱ 유황

풀이 트리니트로롤루엔(TNT) : 200kg

23 다음 중 산화성 물질이 아닌 것은?

㉮ 무기과산화물   ㉯ 과염소산
㉰ 질산염류   ㉱ 마그네슘

풀이 산화성 물질 : 제1류, 제6류 위험물

24 다음 위험물의 화재 시 주수소화가 가능한 것은?

㉮ 철분   ㉯ 마그네슘
㉰ 나트륨 ㉱ 황

풀이 황(S) : 주수 소화가 가능함.

25 아염소산염류 100kg, 질산염류 3000kg 및 과망간산염류 1000kg을 같은 장소에 저장하려 한다. 각각의 지정수량 배수의 합은 얼마인가?

㉮ 5배   ㉯ 10배
㉰ 13배   ㉱ 15배

풀이
- 아염소산염류 : 50kg
- 질산염류 : 300kg
- 과망간산염류 : 1000kg

$$\frac{100}{50} + \frac{3000}{300} + \frac{1000}{1000} = 13$$

정답 21. ㉰ 22. ㉯ 23. ㉱ 24. ㉱ 25. ㉰

26 제3종 분말 소화약제의 열분해 반응식을 옳게 나타낸 것은?

㉮ $NH_4H_2PO_4 \rightarrow HPO_3 + NH_3 + H_2O$
㉯ $2KNO_3 \rightarrow 2KNO_2 + O_2$
㉰ $KClO_4 \rightarrow KCl + 2O_2$
㉱ $2CaHCO_3 \rightarrow 2CaO + H_2CO_3$

풀이 $NH_4H_2PO_4$(인산암모늄) $\rightarrow HPO_3 + NH_3 + H_2O$

27 다음 중 증기의 밀도가 가장 큰 것은?

㉮ 디에틸에테르 ㉯ 벤젠
㉰ 가솔린(옥탄 100%) ㉱ 에틸알코올

풀이 분자량이 가장 큰 가솔린의 밀도가 가장 크다.

28 가연성액화가스의 탱크 주위에서 화재가 발생한 경우에 탱크의 가열로 인하여 그 부분의 강도가 약해져 탱크가 파열되므로 내부의 가열된 액화가스가 급속히 팽창하면서 폭발하는 현상은?

㉮ 블레비(BLEVE) 현상
㉯ 보일오버(Boil Over) 현상
㉰ 플래시백(Flash Back) 현상
㉱ 백드래프트(Back Draft) 현상

풀이 블레비(BLEVE) 현상에 대한 설명임

29 제1종 분말소화약제의 적응 화재 급수는?

㉮ A급 ㉯ BC급
㉰ AB급 ㉱ ABC급

풀이 제1종 분말소화약제 : BC급

30 다음 중 질산에스테르류에 속하는 것은?

㉮ 피크린산 ㉯ 니트로벤젠
㉰ 니트로글리세린 ㉱ 트리니트로톨루엔

풀이 ㉮ 니트로화합물
㉯ 제3석유류
㉱ 니트로화합물

정답 26. ㉮ 27. ㉰ 28. ㉮ 29. ㉯ 30. ㉰

31 일반취급소의 형태가 옥외의 공작물로 되어 있는 경우에 있어서 그 최대수평 투영면적이 500m²일 때 설치하여야 하는 소화설비의 소요단위는 몇 단위인가?

㉮ 5단위
㉯ 10단위
㉰ 15단위
㉱ 20단위

풀이 최대수평투영면적을 연면적으로 간주 시 100m² 마다 1소요단위임

32 위험물안전관리법령상에 따른 다음에 해당하는 동식물유류의 규제에 관한 설명으로 틀린 것은?

> "행정안전부령이 정하는 용기기준과 수납·저장기준에 따라 수납되어 저장·보관되고 용기의 외부에 물품의 통칭명, 수량 및 화기엄금(화기엄금과 동일한 의미를 갖는 표시를 포함한다.) 표시가 있는 경우"

㉮ 위험물에 해당하지 않는다.
㉯ 제조소 등이 아닌 장소에 지정수량 이상 저장할 수 있다.
㉰ 지정수량 이상을 저장하는 장소도 제조소 등 설치허가를 받을 필요가 없다.
㉱ 화물자동차에 적재하여 운반하는 경우 위험물안전관리법상 운반기준이 적용되지 않는다.

풀이 운반 : 위험물안전관리법상 운반기준에 적용됨.

33 물과 작용하여 메탄과 수소를 발생시키는 것은?

㉮ Al_4C_3
㉯ Mn_3C
㉰ Na_2C_2
㉱ MgC_2

풀이 $Mn_3C + 6H_2O \rightarrow 3Mn(OH)_2 + CH_4\uparrow + H_2\uparrow$

34 위험물안전관리법령상 소화난이도 등급 I에 해당하는 제조소의 연면적 기준은?

㉮ 1000m² 이상
㉯ 800m² 이상
㉰ 700m² 이상
㉱ 500m² 이상

풀이 소화난이도 I등급 제조소 연면적 : 1000m² 이상

정답 31. ㉮ 32. ㉱ 33. ㉯ 34. ㉮

35 다음은 위험물안전관리법령에서 정한 정의이다. 무엇의 정의인가?

> "인화성 또는 발화성 등의 성질을 가지는 것으로서 대통령령이 정하는 물품을 말한다."

㉮ 위험물 ㉯ 가연물
㉰ 특수인화물 ㉱ 제4류 위험물

풀이 위험물 정의에 관한 설명임.

36 다음은 위험물을 저장하는 탱크의 공간용적 산정기준이다. ( )에 알맞은 수치로 옳은 것은?

> 암반탱크에 있어서는 당해 탱크 내의 용출하는 ( )일 간의 지하수의 양에 상당하는 용적과 당해 탱크의 내용적의 ( )의 용적 중에서 보다 큰 용적을 공간용적으로 한다.

㉮ 7, 1/100 ㉯ 7, 5/100
㉰ 10, 1/100 ㉱ 10, 5/100

풀이 암반탱크의 공간용적 산정기준에 대한 설명임.

37 이동탱크 저장소에 의한 위험물의 운송 시 준수하여야 하는 기준에서 다음 중 어떤 위험물을 운송할 때 위험물 운송자는 위험물안전카드를 휴대하여야 하는가?

㉮ 특수인화물 및 제1석유류 ㉯ 알코올류 및 제2석유류
㉰ 제3석유류 및 동식물류 ㉱ 제4석유류

풀이 운송자 위험물안전카드 휴대 대상 : 특수인화물, 제1석유류

38 다음 중 알킬알루미늄의 소화방법으로 가장 적합한 것은?

㉮ 팽창질석에 의한 소화 ㉯ 알코올포에 의한 소화
㉰ 주수에 의한 소화 ㉱ 산·알칼리 소화약제에 의한 소화

풀이 알킬알루미늄 : 팽창질석 또는 팽창진주암으로 소화함.

39 B, C급 화재뿐만 아니라 A급 화재까지도 사용이 가능한 분말소화약제는?

㉮ 제1종 분말소화약제 ㉯ 제2종 분말소화약제
㉰ 제3종 분말소화약제 ㉱ 제4종 분말소화약제

풀이 A, B, C급 화재 : 제3종 분말소화약제가 유효함.

정답 35.㉮ 36.㉮ 37.㉮ 38.㉮ 39.㉰

40 「자동화재탐지설비 일반점검표」의 점검내용이 "변형·손상의 유무, 표시의 적부, 경계구역 일람도의 적부, 기능의 적부"인 점검항목은?
㉮ 감지기　　　　　　　　㉯ 중계기
㉰ 수신기　　　　　　　　㉱ 발신기

풀이 수신기 점검항목에 관한 사항임

41 제5류 위험물을 저장 또는 취급하는 장소에 적응성이 있는 소화설비는?
㉮ 포 소화설비　　　　　　㉯ 분말 소화설비
㉰ 이산화탄소 소화설비　　㉱ 할로겐화합물 소화설비

풀이 제5류 위험물 적응소화설비 : 포 소화설비, 옥내·외 소화설비, 물분무 소화설비

42 위험물안전관리법령에서 정한 아세트알데히드 등을 취급하는 제조소의 특례에 관한 내용이다. ( ) 안에 해당하는 물질이 아닌 것은?

> "아세트알데히드 등을 취급하는 설비는 (　)·(　)·(　)·(　) 또는 이들을 성분으로 하는 합금으로 만들지 아니할 것"

㉮ 동　　　　　　　　　　㉯ 은
㉰ 금　　　　　　　　　　㉱ 마그네슘

풀이 ㉰ 해당사항 없음.

43 위험물안전관리법령상 제3류 위험물에 해당하지 않는 것은?
㉮ 적린　　　　　　　　　㉯ 나트륨
㉰ 칼륨　　　　　　　　　㉱ 황린

풀이 ㉮항 제2류 위험물

44 황린에 관한 설명 중 틀린 것은?
㉮ 물에 잘 녹는다.
㉯ 화재 시 물로 냉각소화할 수 있다.
㉰ 적린에 비해 불안정하다.
㉱ 적린과 동소체이다.

풀이 황린 : 제3류 위험물 자연발화성 물질, 물에 녹지 않아 물속에 보관함

정답　40.㉰　41.㉮　42.㉰　43.㉮　44.㉮

45 시클로헥산에 관한 설명으로 가장 거리가 먼 것은?

㉮ 고리형 분자구조를 가진 방향족 탄화수소화합물이다.
㉯ 화학식은 C_6H_{12}이다.
㉰ 비수용성 위험물이다.
㉱ 제4류 제1석유류에 속한다.

....

풀이 시클로헥산 : 방향족 탄화수소화합물이 아님

46 제5류 위험물을 취급하는 위험물제조소에 설치하는 주의사항 게시판에서 표시하는 내용과 바탕색, 문자색으로 옳은 것은?

㉮ "화기주의", 백색바탕에 적색문자 ㉯ "화기주의", 청색바탕에 백색문자
㉰ "화기엄금", 백색바탕에 적색문자 ㉱ "화기엄금", 적색바탕에 백색문자

....

풀이 제5류 위험물 : 화기엄금 - 적색바탕에 백색문자

47 에틸알코올의 증기비중은 약 얼마인가?

㉮ 0.72 ㉯ 0.91
㉰ 1.13 ㉱ 1.59

....

풀이 증기비중 = $\dfrac{\text{물질의 분자량}}{\text{공기의 평균 분자량}} = \dfrac{46}{29} = 1.59$

48 적린과 황린의 공통적인 사항으로 옳은 것은?

㉮ 연소할 때는 오산화인의 흰 연기를 낸다.
㉯ 냄새가 없는 적색가루이다.
㉰ 물, 이황화탄소에 녹는다.
㉱ 맹독성이다.

....

풀이 적린과 황린의 연소생성물은 오산화인(P_2O_5)

49 지하탱크저장소에서 인접한 2개의 지하저장탱크 용량의 합계가 지정수량이 100배일 경우 탱크 상호간의 최소 거리는?

㉮ 0.1m ㉯ 0.3m
㉰ 0.5m ㉱ 1m

....

풀이 탱크 2개 이상 설치 시
1m 이상 간격 유지. 단, 지정수량의 100배 이하는 0.5m 이상 유지

정답 45. ㉮ 46. ㉱ 47. ㉱ 48. ㉮ 49. ㉰

50 지하탱크저장소에 대한 설명으로 옳지 않은 것은?
㉮ 탱크전용실 벽의 두께는 0.3m 이상이어야 한다.
㉯ 지하저장탱크의 윗부분은 지면으로부터 0.6m 이상 아래에 있어야 한다.
㉰ 지하저장탱크와 탱크전용실 안쪽과의 간격은 0.1m 이상의 간격을 유지한다.
㉱ 지하저장탱크에는 두께 0.1m 이상의 철근콘크리트조로 된 뚜껑을 설치한다.

풀이 철근콘크리트조로 된 뚜껑 : 두께 0.3m 이상

51 알코올류 2000L에 대한 소화설비 설치 시 소요단위는?
㉮ 5   ㉯ 10
㉰ 15 ㉱ 20

풀이 위험물 1소요단위는 지정수량 10배마다이므로
$$\frac{20000}{400 \times 10} = 5$$

52 벤조일퍼옥사이드의 위험성에 대한 설명으로 틀린 것은?
㉮ 상온에서 분해되며 수분이 흡수되면 폭발성을 가지므로 건조된 상태로 보관·운반한다.
㉯ 강산에 의해 분해 폭발의 위험이 있다.
㉰ 충격, 마찰 등에 의해 분해되어 폭발할 위험이 있다.
㉱ 가연성 물질과 접촉하면 발화의 위험이 높다.

풀이 상온에서 안정하고 저장 시는 분해를 막기 위해 수분에 흡수시켜 저장함.

53 식용유 화재 시 제1종 분말소화약제를 이용하여 화재의 제어가 가능하다. 이때의 소화원리에 가장 가까운 것은?
㉮ 촉매효과에 의한 질식소화   ㉯ 비누화 반응에 의한 질식소화
㉰ 요오드화에 의한 냉각소화   ㉱ 가수분해 반응에 의한 냉각소화

풀이 1종 분말(중탄산나트륨) : 식용유 화재 시 비누화 현상은 질식소화 효과가 있음

54 지정수량 10배의 벤조일퍼옥사이드 운송 시 혼재할 수 있는 위험물류로 옳은 것은?
㉮ 제1류   ㉯ 제2류
㉰ 제3류   ㉱ 제6류

풀이 벤조일퍼옥사이드(BPO) : 제5류 위험물로서 제2류 위험물과 혼재 가능함

정답 50.㉱ 51.㉮ 52.㉮ 53.㉯ 54.㉯

55 물과 반응하여 발열하면서 위험성이 증가하는 것은?
㉮ 과산화칼륨   ㉯ 과망간산나트륨
㉰ 요오드산칼륨   ㉱ 과염소산칼륨

풀이 과산화칼륨(K_2O_2) : 제1류 위험물 무기과산화물로 물과 접촉 시 발열함

56 지정수량의 100배 이상을 저장 또는 취급하는 옥내저장소에 설치하여야 하는 경보설비는? (단, 고인화점 위험물만 저장 또는 취급하는 것은 제외한다.)
㉮ 비상경보설비   ㉯ 자동화재탐지설비
㉰ 비상방송설비   ㉱ 확성장치

풀이 자동화재탐지설비 : 지정수량 100배 이상의 위험물을 저장, 취급하는 곳에 설치

57 대형수동식소화기의 설치기준은 방호대상물의 각 부분으로부터 하나의 대형수동식소화기까지의 보행거리가 몇 m 이하가 되도록 설치하여야 하는가?
㉮ 10   ㉯ 20
㉰ 30   ㉱ 40

풀이 대형수동식소화기 : 보행거리 30m 이하

58 제6류 위험물을 수납한 용기에 표시하여야 하는 주의사항은?
㉮ 가연물 접촉주의   ㉯ 화기엄금
㉰ 화기, 충격주의   ㉱ 물기엄금

풀이 제6류 위험물의 수납용기 : 가연물 접촉주의

59 다음 중 가연물이 연소할 때 공기 중의 산소 농도를 떨어뜨려 연소를 중단시키는 소화 방법은?
㉮ 제거소화   ㉯ 질식소화
㉰ 냉각소화   ㉱ 억제소화

풀이 질식소화 : 산소농도를 15% 이하로 해서 소화하는 소화방법

60 팽창질석(삽 1개 포함) 160리터의 소화능력 단위는?
㉮ 0.5   ㉯ 1.0
㉰ 1.5   ㉱ 2.0

풀이 팽창질석·팽창진주암(삽 1개 포함) 160리터 : 1단위

정답 55.㉮ 56.㉯ 57.㉰ 58.㉮ 59.㉯ 60.㉯

제3회 CBT 모의고사

01 주된 연소가 나머지 셋과 다른 것은?
- ㉮ 아연분
- ㉯ 양초
- ㉰ 코크스
- ㉱ 목탄

[풀이]
- 양초 : 분해연소
- 기타 : 표면연소

02 위험물안전관리법령상 품명이 나머지 셋과 다른 하나는?
- ㉮ 클로로벤젠
- ㉯ 아닐린
- ㉰ 니트로벤젠
- ㉱ 글리세린

[풀이] ㉮ 제2석유류, 기타 제3석유류

03 위험물의 저장 및 취급방법에 대한 설명으로 틀린 것은?
- ㉮ 적린은 화기와 멀리하고 가열, 충격이 가해지지 않도록 한다.
- ㉯ 이황화탄소는 발화점이 낮으므로 물속에 저장한다.
- ㉰ 마그네슘은 산화제와 혼합되지 않도록 취급한다.
- ㉱ 알루미늄분은 분진폭발의 위험이 있으므로 분무 주수하여 저장한다.

[풀이] 알루미늄분 : 분진폭발 위험이 매우 크며 물과 반응하여 수소가스를 발생함

04 [보기]에서 소화기의 사용방법을 옳게 설명한 것을 모두 나열한 것은?

[보 기]
㉠ 적응화재에만 사용할 것
㉡ 불과 최대한 멀리 떨어져서 사용할 것
㉢ 바람을 마주보고 풍하에서 풍상방향으로 사용할 것
㉣ 양 옆으로 비로 쓸 듯이 골고루 사용할 것

- ㉮ ㉠, ㉡
- ㉯ ㉠, ㉢
- ㉰ ㉠, ㉣
- ㉱ ㉠, ㉢, ㉣

[풀이] ㉡ 불과 가까이 사용할 것
㉢ 바람을 등지고 풍상에서 풍하로 사용할 것

정답 01.㉯ 02.㉮ 03.㉱ 04.㉰

05 위험장소 중 0종 장소에 대한 설명으로 올바른 것은?

㉮ 정상상태에서 위험 분위기가 장시간 지속적으로 존재하는 장소
㉯ 이상상태 하에서 위험 분위기가 주기적 또는 간헐적으로 생성될 우려가 있는 장소
㉰ 이상상태 하에서 위험 분위기가 단시간 동안 생성될 우려가 있는 장소
㉱ 이상상태 하에서 위험 분위기가 장시간 동안 생성될 우려가 있는 장소

풀이 0종 장소
정상상태에서 위험 분위기가 장시간 지속적으로 존재하는 장소

06 지정수량 10배의 벤조일퍼옥사이드 운송 시 혼재할 수 있는 위험물류로 옳은 것은?

㉮ 제1류　　　　　　　　㉯ 제2류
㉰ 제3류　　　　　　　　㉱ 제6류

풀이 벤조일퍼옥사이드(BPO)
제5류 위험물로서 제2류 위험물과 혼재 가능.

07 스프링클러설비의 장점이 아닌 것은?

㉮ 화재의 초기 진압에 효율적이다.
㉯ 사용 약제를 쉽게 구할 수 있다.
㉰ 자동으로 화재를 감지하고 소화할 수 있다.
㉱ 다른 소화설비보다 구조가 간단하고 시설비가 적다.

풀이 스프링클러 소화설비 : 구조가 복잡하고 설치비가 고가임.

08 위험물안전관리법령상 다음 (　) 안에 알맞은 수치는?

> 옥내저장소에서 위험물을 저장하는 경우 기계에 의하여 하역하는 구조로 된 용기만을 겹쳐 쌓는 경우에 있어서는 (　)미터 높이를 초과하여 용기를 겹쳐 쌓지 아니하여야 한다.

㉮ 2　　　　　　　　　　㉯ 4
㉰ 6　　　　　　　　　　㉱ 8

풀이 기계에 의한 하역의 경우 6m를 초과하지 말아야 함.

정답　　05.㉮　06.㉯　07.㉱　08.㉰

09
제2석유류에 해당하는 물질로만 짝지어진 것은?
- ㉮ 등유, 경유
- ㉯ 등유, 중유
- ㉰ 글리세린, 기계유
- ㉱ 글리세린, 장뇌유

풀이 제2석유류 : 등유, 경유

10
가연성액화가스의 탱크 주위에서 화재가 발생한 경우에 탱크의 가열로 인하여 그 부분의 강도가 약해져 탱크가 파열되므로 내부의 가열된 액화가스가 급속히 팽창하면서 폭발하는 현상은?
- ㉮ 블레비(BLEVE) 현상
- ㉯ 보일오버(Boil Over) 현상
- ㉰ 플래시백(Flash Back) 현상
- ㉱ 백드래프트(Back Draft) 현상

풀이 블레비(BLEVE) 현상에 대한 설명임

11
위험물의 운반에 관한 기준에서 적재방법 기준으로 틀린 것은?
- ㉮ 고체 위험물은 운반용기의 내용적 95% 이하의 수납률로 수납할 것
- ㉯ 액체 위험물은 운반용기의 내용적 98% 이하의 수납률로 수납할 것
- ㉰ 알킬알루미늄은 운반용기 내용적의 95% 이하의 수납률로 수납하되, 50℃의 온도에서 5% 이상의 공간용적을 유지할 것
- ㉱ 제3류 위험물 중 자연발화성물질에 있어서는 불활성 기체를 봉입하여 밀봉하는 등 공기와 접하지 아니하도록 할 것

풀이 알킬알루미늄 : 운반용기 내용적의 90% 이하로 수납 할 것

12
위험물안전관리법령상 지정수량이 다른 하나는?
- ㉮ 인화칼슘
- ㉯ 루비듐
- ㉰ 칼슘
- ㉱ 차아염소산칼륨

풀이 ㉮항 300kg, 기타 50kg

13
위험물안전관리법령의 위험물 운반에 관한 기준에서 고체위험물은 운반용기 내용적의 몇 % 이하의 수납률로 수납하여야 하는가?
- ㉮ 80
- ㉯ 85
- ㉰ 90
- ㉱ 95

풀이 고체위험물 : 운반용기 내용적의 95% 이하로 수납할 것.

정답 09.㉮ 10.㉮ 11.㉰ 12.㉮ 13.㉱

14 지정수량이 50킬로그램이 아닌 것은?
㉮ 염소산나트륨　　㉯ 리튬
㉰ 과산화나트륨　　㉱ 디에틸에테르

> 풀이 디에틸에테르 : 제4류 위험물, 특수인화물, 지정수량 50L

15 다음은 위험물을 저장하는 탱크의 공간용적 산정기준이다. ( )에 알맞은 수치로 옳은 것은?

> 암반탱크에 있어서는 당해 탱크 내의 용출하는 ( )일 간의 지하수의 양에 상당하는 용적과 당해 탱크의 내용적의 ( )의 용적 중에서 보다 큰 용적을 공간용적으로 한다.

㉮ 7, 1/100　　㉯ 7, 5/100
㉰ 10, 1/100　　㉱ 10, 5/100

> 풀이 암반탱크의 공간용적 산정기준에 대한 설명임.

16 금속나트륨에 대한 설명으로 옳지 않은 것은?
㉮ 물과 격렬히 반응하여 발열하고 수소가스가 발생한다.
㉯ 에틸알코올과 반응하여 나트륨에틸라이트와 수소가스를 발생한다.
㉰ 할로겐화합물 소화약제는 사용할 수 없다.
㉱ 은백색의 광택이 있는 중금속이다.

> 풀이 금속나트륨 : 은백색이며 무른 경금속임.

17 다음의 분말은 모두 150마이크로미터의 체를 통과하는 것이 50중량퍼센트 이상이 된다. 이들 분말 중 위험물안전관리법령상 품명이 "금속분"으로 분류되는 것은?
㉮ 철분　　㉯ 구리분
㉰ 알루미늄분　　㉱ 니켈분

> 풀이 금속분류 : 알칼리금속, 알칼리토금속, 철 및 마그네슘 이외의 금속분을 말하며, 구리, 니켈분과 150 μm 체를 통과하는 것이 50wt% 미만은 위험물에서 제외함.

18 위험물제조소의 건축물 구조기준 중 연소의 우려가 있는 외벽은 개구부가 없는 내화구조의 벽으로 하여야 한다. 이때 연소의 우려가 있는 외벽은 제조소가 설치된 부지의 경계선에서 몇 m 이내에 있는 외벽을 말하는가? (단, 단층건물일 경우이다.)
㉮ 3　　㉯ 4
㉰ 5　　㉱ 6

정답　　14. ㉱　15. ㉮　16. ㉱　17. ㉰　18. ㉮

[풀이] 연소의 우려가 있는 외벽 : 3m 이내

19. 다음 중 물이 소화약제로 쓰이는 이유로 가장 거리가 먼 것은?
㉮ 쉽게 구할 수 있다.
㉯ 제거소화가 잘 된다.
㉰ 취급이 간편하다.
㉱ 기화잠열이 크다.

[풀이] 제거소화는 해당 없음

20. 위험물의 저장방법에 대한 설명으로 옳은 것은?
㉮ 황화린은 알코올 또는 과산화물 속에 저장하여 보관한다.
㉯ 마그네슘은 건조하면 분진폭발의 위험성이 있으므로 물에 습윤하여 저장한다.
㉰ 적린은 화재예방을 위해 할로겐 원소와 혼합하여 저장한다.
㉱ 수소화리튬은 저장용기에 아르곤과 같은 불활성 기체로 봉입한다.

[풀이] 수소화리튬(LiH) : 제3류 위험물로서 저장 시 불활성 기체로 봉입함

21. 수납하는 위험물에 따라 위험물의 운반용기 외부에 표시하는 주의사항이 잘못된 것은?
㉮ 제1류 위험물 중 알칼리금속 과산화물 : 화기·충격주의, 물기엄금, 가연물접촉주의
㉯ 제4류 위험물 : 화기엄금
㉰ 제3류 위험물 중 자연발화성물질 : 화기엄금, 공기접촉엄금
㉱ 제2류 위험물 중 철분 : 화기엄금

[풀이] 제2류 위험물 : 철분, 금속분, 마그네슘은 물기엄금임.

22. 위험물제조소등에 옥내소화전설비를 설치할 때 옥내소화전이 가장 많이 설치된 층의 소화전의 개수가 4개일 때 확보하여야 할 수원의 수량은?
㉮ $10.4m^3$　　㉯ $20.8m^3$
㉰ $31.2m^3$　　㉱ $416m^3$

[풀이] 수원의 양(Q) = n × q × t
　　　　　　　　= 4 × 260 × 30
　　　　　　　　= 31,200L = $31.2m^3$

정답　19. ㉯　20. ㉱　21. ㉱　22. ㉰

23
다음 중 인화점이 0℃보다 작은 것은 모두 몇 개인가?

$$C_2H_5OC_2H_5, \ CS_2, \ CH_3CHO$$

㉮ 0개 ㉯ 1개
㉰ 2개 ㉱ 3개

풀이
- $C_2H_5OC_2H_5$: −45℃
- CS_2 : −30℃
- CH_3CHO : −38℃

24
아염소산염류의 운반용기 중 적응성 있는 내장용기의 종류와 최대 용적이나 중량을 옳게 나타낸 것은? (단, 외장용기의 종류는 나무상자 또는 플라스틱상자이고 외장용기의 최대 중량은 125kg으로 한다.)

㉮ 금속제 용기 : 20L ㉯ 종이포대 : 55kg
㉰ 플라스틱 필름포대 : 60kg ㉱ 유리용기 : 10L

풀이 제1류 위험물 I 등급에 해당하며 내장용기는 유리 또는 플라스틱용기로 최대용적은 10L임.

25
알킬알루미늄의 저장 및 취급방법으로 옳은 것은?

㉮ 용기는 완전히 밀봉하고 CH_4, C_3H_8 등을 봉입한다.
㉯ C_6H_6 등의 희석제를 넣어준다.
㉰ 용기의 마개에 다수의 미세한 구멍을 뚫는다.
㉱ 통기구가 달린 용기를 사용하여 압력상승을 방지한다.

풀이 알킬알루미늄류(R_3Al) : 희석제는 벤젠, 헥산, 톨루엔을 사용함.

26
위험물을 운반용기에 수납하여 적재할 때 차광성이 있는 피복으로 가려야 하는 위험물이 아닌 것은?

㉮ 제1류 위험물 ㉯ 제2류 위험물
㉰ 제5류 위험물 ㉱ 제6류 위험물

풀이 차광덮개를 사용하는 위험물
① 제1류 위험물
② 자연발화성 물품
③ 제4류 위험물 중 특수인화물
④ 제5류 위험물
⑤ 제6류 위험물

정답 23. ㉱ 24. ㉱ 25. ㉯ 26. ㉯

27 다음은 위험물안전관리법령에서 정한 정의이다. 무엇의 정의인가?

> "인화성 또는 발화성 등의 성질을 가지는 것으로서 대통령령이 정하는 물품을 말한다."

㉮ 위험물 ㉯ 가연물
㉰ 특수인화물 ㉱ 제4류 위험물

풀이 위험물 정의에 관한 설명이다.

28 지정수량 10배의 위험물을 운반할 때 혼재가 가능한 것은?

㉮ 제1류 위험물과 제2류 위험물
㉯ 제1류 위험물과 제4류 위험물
㉰ 제4류 위험물과 제5류 위험물
㉱ 제5류 위험물과 제3류 위험물

풀이 제4류 위험물과 제5류 위험물은 혼재가 가능함.

29 니트로화합물, 니트로소화합물, 질산에스테르류, 히드록실아민을 각각 50킬로그램씩 저장하고 있을 때 지정수량의 배수가 가장 큰 것은?

㉮ 니트로화합물 ㉯ 니트로소화합물
㉰ 질산에스테르류 ㉱ 히드록실아민

풀이 지정수량배수는
㉮ $\frac{50}{200} = 0.25$ ㉯ $\frac{50}{200} = 0.25$
㉰ $\frac{50}{10} = 5$ ㉱ $\frac{50}{100} = 0.5$

30 주유취급소에서 자동차 등에 위험물을 주유할 때에 자동차 등의 원동기를 정지시켜야 하는 위험물의 인화점 기준은? (단, 연료탱크에 위험물을 주유하는 동안 방출되는 가연성 증기를 회수하는 설비가 부착되지 않은 고정주유설비에 의하여 주유하는 경우이다.)

㉮ 20℃ 미만 ㉯ 30℃ 미만
㉰ 40℃ 미만 ㉱ 50℃ 미만

풀이 자동차(원동기) 정지 기준 : 인화점 40℃ 미만

정답 27. ㉮ 28. ㉰ 29. ㉰ 30. ㉰

31 연쇄반응을 억제하여 소화하는 소화약제는?
- ㉮ 할론 1301
- ㉯ 물
- ㉰ 이산화탄소
- ㉱ 포

풀이 할론소화약제 : 연쇄반응을 차단하는 억제효과가 뛰어남

32 경유 옥외탱크저장소에서 10000리터 탱크 1기가 설치된 곳의 방유제 용량은 얼마 이상이 되어야 하는가?
- ㉮ 5000리터
- ㉯ 10000리터
- ㉰ 11000리터
- ㉱ 20000리터

풀이 방유제의 용량
① 탱크가 1기가 있을 경우 : 당해 탱크용량의 11% 이상
② 탱크가 2기 이상 있을 경우 : 110% 이상이 될 것
  10000L × 110% = 11,000L

33 건성유에 해당되지 않는 것은?
- ㉮ 들기름
- ㉯ 동유
- ㉰ 아마인유
- ㉱ 피마자유

풀이 피마자유 : 불건성유

34 할로겐화합물의 소화약제 중 할론 2402의 화학식은?
- ㉮ $C_2Br_4F_2$
- ㉯ $C_2Cl_4F_2$
- ㉰ $C_2Cl_4Br_2$
- ㉱ $C_2F_4Br_2$

풀이 할론 2402 화학식($C_2F_4Br_2$)
C, F, Cl, Br을 문자와 개수로 표시한 것

35 위험물안전관리법령상 소화난이도 등급 I 에 해당하는 제조소의 연면적 기준은?
- ㉮ 1000m² 이상
- ㉯ 800m² 이상
- ㉰ 700m² 이상
- ㉱ 500m² 이상

풀이 소화난이도 I 등급 제조소 연면적 : 1000m² 이상

정답 31. ㉮ 32. ㉰ 33. ㉱ 34. ㉱ 35. ㉮

36 위험물안전관리법령에 따른 이동저장탱크의 구조의 기준에 대한 설명으로 틀린 것은?

㉮ 압력탱크는 최대상용압력의 1.5배의 압력으로 10분간 수압시험을 하여 새지 말 것
㉯ 상용압력 20kPa를 초과하는 탱크의 안전장치는 상용압력의 1.5배 이하의 압력으로 작동할 것
㉰ 방파판은 1.6mm 이상의 강철판 또는 이와 동등 이상의 강도, 내식성 및 내열성이 있는 금속성의 것으로 할 것
㉱ 탱크는 두께 3.2mm 이상의 강철판 또는 이와 동등 이상의 강도, 내식성 및 내열성을 갖는 재질로 할 것

풀이 상용압력이 20kPa를 초과 시 : 상용압력의 1.1배 이하의 압력에서 작동할 것

37 그림과 같이 횡으로 설치한 원통형 위험물탱크에 대하여 탱크의 용량을 구하면 몇 m²인가? (단, 공간용적은 탱크 내용적의 100분의 5로 한다.)

㉮ 196.3
㉯ 261.6
㉰ 785.0
㉱ 994.8

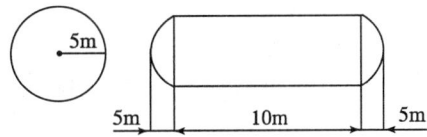

풀이 탱크용량 $= \pi r^2 (1 + \dfrac{l_1 + l_2}{3}) \times 0.95$

$= 3.14 \times 25 \times (1 + \dfrac{5+5}{3}) \times 0.95$

$= 994.8$

38 다음 [보기]에서 올바른 정전기 방지방법을 모두 나열한 것은?

[보 기]
㉠ 접지할 것
㉡ 공기를 이온화할 것
㉢ 공기 중의 상대습도를 70% 미만으로 할 것

㉮ ㉠, ㉡ ㉯ ㉠, ㉢
㉰ ㉡, ㉢ ㉱ ㉠, ㉡, ㉢

풀이 정전기 방지대책
㉠ 접지
㉡ 공기 이온화
㉢ 공기 중 상대습도를 70% 이상 유지

정답 36.㉯ 37.㉱ 38.㉮

39 포소화약제에 의한 소화방법으로 다음 중 가장 주된 소화효과는?
㉮ 희석소화
㉯ 질식소화
㉰ 제거소화
㉱ 자기소화

> 풀이 포소화약제 주된 소화효과 : 질식효과

40 옥내에서 지정수량 100배 이상을 취급하는 일반취급소에 설치하여야 하는 경보설비는? (단, 고인화점 위험물만을 취급하는 경우는 제외한다.)
㉮ 비상경보설비
㉯ 자동화재탐지설비
㉰ 비상방송설비
㉱ 비상벨설비 및 확성장치

> 풀이 자동화재탐지설비 : 지정수량 100배 이상의 위험물을 저장, 취급하는 곳에 설치

41 [보기]의 위험물을 위험등급Ⅰ, 위험등급Ⅱ, 위험등급Ⅲ의 순서로 옳게 나열한 것은?

[보기] 황린, 인화칼슘, 리튬

㉮ 황린, 인화칼슘, 리튬
㉯ 황린, 리튬, 인화칼슘
㉰ 인화칼슘, 황린, 리튬
㉱ 인화칼슘, 리튬, 황린

> 풀이 황린(Ⅰ등급), 리튬(Ⅱ등급), 인화칼슘(Ⅲ등급)

42 위험물의 유별 구분이 나머지 셋과 다른 하나는?
㉮ 니트로글리콜
㉯ 벤젠
㉰ 아조벤젠
㉱ 디니트로벤젠

> 풀이 • 벤젠 : 제4류 위험물, 제1석유류
> • 기타 : 제5류 위험물

43 질산의 성상에 대한 설명으로 옳은 것은?
㉮ 흡습성이 강하고 부식성이 있는 무색의 액체이다.
㉯ 햇빛에 의해 분해하여 암모니아가 생성되는 흰색을 띤다.
㉰ Au, Pt와 잘 반응하여 질산염과 질소가 생성된다.
㉱ 비휘발성이고 정전기에 의한 발화에 주의해야 한다.

> 풀이 질산(HNO_3)
> 제6류 위험물 산화성 액체로 발화의 위험이 없고, 흡습성과 부식성이 강하다. Au, Pt 등과는 반응하지 않으며, 열분해 시 발생되는 적갈색증기(NO_2)는 매우 유독하다.

정답 39.㉯ 40.㉯ 41.㉯ 42.㉯ 43.㉮

44 다음 물질 중 인화점이 가장 높은 것은?
㉮ 아세톤 ㉯ 디에틸에테르
㉰ 메탄올 ㉱ 벤젠

풀이 ㉮ -18℃ ㉯ -45℃ ㉰ 11℃ ㉱ -11℃

45 전기설비에 적응성이 없는 소화설비는?
㉮ 이산화탄소소화설비 ㉯ 물분무소화설비
㉰ 포소화설비 ㉱ 할로겐화합물소화설비

풀이 전기설비 : 수분을 함유하고 있는 포소화설비는 금지한다(단, 물분무소화설비는 가능함).

46 위험물저장소에서 다음과 같이 제4류 위험물을 저장하고 있는 경우 지정수량의 몇 배가 보관되어 있는가?

- 디에틸에테르 : 50L
- 이황화탄소 : 150L
- 아세톤 : 800L

㉮ 4배 ㉯ 5배
㉰ 6배 ㉱ 8배

풀이 지정수량 배수의 합 $= \dfrac{50}{50} + \dfrac{150}{50} + \dfrac{800}{400} = 6$

47 다음은 어떤 화합물의 구조식인가?
㉮ 할론 1301
㉯ 할론 1201
㉰ 할론 1011
㉱ 할론 2402

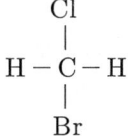

풀이 할론 1011의 구조식임

48 제2류 위험물인 마그네슘에 대한 설명으로 옳지 않는 것은?
㉮ 가연성 고체로 산소와 반응하여 산화반응을 한다.
㉯ 화재 시 이산화탄소 소화약제로 소화가 가능하다.
㉰ 주수소화를 하면 가연성이 수소가스가 발생한다.
㉱ 2mm 체를 통과한 분말은 위험물에 해당된다.

정답 44. ㉰ 45. ㉰ 46. ㉰ 47. ㉰ 48. ㉯

> 풀이 화재 시 이산화탄소 소화약제를 사용하면 폭발함.

49 아세톤, 메탄올, 피리딘 및 아세트알데히드 등의 공통된 성질은?

㉮ 모두 액체로 무색이다.
㉯ 인화점이 0℃ 이하이다.
㉰ 모두 분자 내 산소를 함유하고 있다.
㉱ 모두 물에 녹는다.

> 풀이 물질 모두 수용성임

50 다음 중 화재 시 사용하면 독성의 $COCl_2$가스를 발생시킬 위험이 가장 높은 물질은?

㉮ 액화이산화탄소   ㉯ 공기포
㉰ 사염화탄소   ㉱ 제1종 분말

> 풀이 사염화탄소(CCl_4)를 사용 시 포스겐($COCl_2$)가스를 발생함.

51 시·도 조례가 정하는 바에 따라 관할 소방서장의 승인을 받아 지정수량 이상의 위험물을 제조소등이 아닌 장소에서 임시로 저장 또는 취급하는 기간은 최대 며칠 이내인가?

㉮ 90   ㉯ 120
㉰ 30   ㉱ 60

> 풀이 임시저장기간 : 90일 이내

52 제2류 위험물에 대한 설명 중 틀린 것은?

㉮ 오황화린은 CS_2에 녹는다.
㉯ 칠황화린은 뜨거운 물에 분해되어 이산화황을 발생한다.
㉰ 삼황화린은 가연성 물질이다.
㉱ 유황은 물에 녹지 않는다.

> 풀이 칠황화린(P_4S_7)
> 뜨거운 물에 분해되어 황화수소(H_2S)와 인산(H_3PO_4)을 발생함

정답 49. ㉱ 50. ㉰ 51. ㉮ 52. ㉯

53 과망산칼륨(KMnO₄)에 대한 설명이다. 옳은 것은?

㉮ 물에 잘 녹은 흑자색의 결정이다.
㉯ 에탄올, 아세톤에 녹지 않는다.
㉰ 물에 녹았을 때는 진한 노란색을 띤다.
㉱ 강알칼리와 반응하여 수소를 방출하며 폭발한다.

> 풀이 과망산칼륨(KMnO₄)
> 흑자색결정, 강알칼리와 반응하여 산소발생, 물에 녹아 보라색을 띠며 에탄올과 아세톤에 잘 녹음.

54 다음 위험물 중 제4석유류로 지정되어 있는 품목은?

㉮ 중유   ㉯ 등유
㉰ 크레오소트유   ㉱ 실린더유

> 풀이 제4석유류 지정품목 : 실린더유, 기어유

55 메탄올과 비교한 에탄올의 성질에 대한 설명 중 틀린 것은?

㉮ 인화점이 낮다.   ㉯ 비점이 높다.
㉰ 발화점이 낮다.   ㉱ 증기비중이 크다.

> 풀이 인화점 : 메탄올 11℃ < 에탄올 13℃

56 과산화나트륨에 대한 설명으로 틀린 것은?

㉮ 알코올에 녹아 산소를 발생시킨다.
㉯ 상온에서 물과 격렬하게 반응한다.
㉰ 흡습성이 강하고 조해성이 있다.
㉱ 비중이 약 2.8이다.

> 풀이 알코올에는 녹지 않음.

57 분말소화 약제 중 제1종과 제2종 분말이 각각 열분해 될 때 공통적으로 생성되는 물질은?

㉮ N_2, CO_2 ㉯ N_2, O_2
㉰ H_2O, CO_2 ㉱ H_2O, N_2

정답   53. ㉮   54. ㉱   55. ㉮   56. ㉮   57. ㉰

풀이 공통 생성물질 : H_2O, CO_2
- 제1종 분말
  : $2NaHCO_3 \rightarrow Na_2CO_3 + CO_2 + H_2O - Q$
- 제2종 분말
  : $2KHCO_3 \rightarrow K_2CO_3 + CO_2 + H_2O - Q$

58 다음 중 황 분말과 혼합했을 때 가열 또는 충격에 의해서 폭발할 위험이 가장 높은 것은?

㉮ 질산암모늄 ㉯ 물
㉰ 이산화탄소 ㉱ 마른 모래

풀이 질산암모늄 : 제1류 위험물 산화성 고체로서 황 분말과 혼합 시 점화원에 의해 폭발함.

59 벤젠의 위험성에 대한 설명으로 틀린 것은?

㉮ 휘발성이 있다.
㉯ 인화점이 0℃보다 낮다.
㉰ 증기는 유독하여 흡입하면 위험하다.
㉱ 이황화탄소보다 착화온도가 낮다.

풀이 벤젠 : 착화온도 562℃, CS_2의 착화온도 100℃보다 높다.

60 이황화탄소를 물속에 저장하는 이유로 가장 타당한 것은?

㉮ 공기와 접촉하면 즉시 폭발하므로
㉯ 가연성 증기의 발생을 방지하므로
㉰ 온도의 상승을 방지하므로
㉱ 불순물을 물에 용해시키므로

풀이 CS_2 : 가연성 증기의 발생을 억제하기 위해 물 속에 저장함.

정답 58. ㉮ 59. ㉱ 60. ㉯

■ 저 자 소 개 ■

• 김선기 : (주)두산엔진 EHS팀

위험물 기능사 [과년도]

정가 ▌ 23,000원

지은이 ▌ 이응재 · 윤두수 · 김선기
펴낸이 ▌ 차　승　녀
펴낸곳 ▌ 도서출판 건기원

2008년　7월 31일　제1판　제1인쇄발행
2009년　1월　5일　제2판　제1인쇄발행
2010년　1월　5일　제3판　제1인쇄발행
2011년　1월 25일　제4판　제1인쇄발행
2012년　1월 15일　제5판　제1인쇄발행
2013년　1월　4일　제6판　제1인쇄발행
2014년　1월 20일　제7판　제1인쇄발행
2015년　1월　5일　제8판　제1인쇄발행
2016년　1월　5일　제9판　제1인쇄발행
2016년 12월 20일　제10판　제1인쇄발행
2018년　1월 15일　제11판　제1인쇄발행
2018년 10월 31일　제12판　제1인쇄발행
2019년 12월 26일　제13판　제1인쇄발행
2020년　3월 25일　제13판　제2인쇄발행
2020년 12월 31일　제14판　제1인쇄발행

주소 ▌ 경기도 파주시 연다산길 244(연다산동)
전화 ▌ (02)2662-1874~5
팩스 ▌ (02)2665-8281
등록 ▌ 제11-162호, 1998. 11. 24

• 건기원은 여러분을 책의 주인공으로 만들어 드리며 출판 윤리 강령을 준수합니다.
• 본 수험서를 복제 · 변형하여 판매 · 배포 · 전송하는 일체의 행위를 금하며, 이를 위반할 경우 저작권법 등에 따라 처벌받을 수 있습니다.

ISBN　979-11-5767-558-6　13570